高等职业教育制冷与空调技术专业系列教材

暖通CAD

主　编　石晓明
副主编　魏光远
参　编　张丽清　郝东江
　　　　杨　淼　张海伟

机械工业出版社

本书以讲述图样绘制操作的方式系统地介绍了基本图样、轴测图样、机械图样、建筑图样、暖通图样的绘制操作，还介绍了鸿业暖通 CAD 软件、浩辰暖通 CAD 软件、天正暖通 CAD 软件的暖通工程计算与暖通工程设计。

本书共 15 个项目，项目 1~8 讲述在 AutoCAD 软件平台上的基本绘图操作，项目 9~15 为鸿业、浩辰、天正暖通 CAD 专业软件的暖通工程计算与设计操作。

本书按绘制图样步骤方法、绘图步骤方法、操作步骤方法和操作等层次进行讲述。本书提出的偏侧复制绘图法等绘图方法适用于任何 AutoCAD 软件版本，“图形绘制语句操作式”为本书独创。

本书可作为高职高专院校、中等职业技术学校及专业培训学校的暖通类、机械类、建筑类专业教学用书，也可作为本科院校学生、工程技术人员、CAD 课程的自学、教学参考用书。

本书配有电子课件，凡使用本书作为教材的教师可登录机械工业出版社教育服务网 www.cmpedu.com 注册后下载。咨询邮箱：cmpgaozhi@sina.com。咨询电话：010-88379375。

图书在版编目（CIP）数据

暖通 CAD/石晓明主编. —北京：机械工业出版社，2014.8（2024.7 重印）
高等职业教育制冷与空调技术专业系列教材
ISBN 978-7-111-48392-2

Ⅰ.①暖…　Ⅱ.①石…　Ⅲ.①采暖设备-AutoCAD 软件-高等职业教育-教材②通风设备-AutoCAD 软件-高等职业教育-教材　Ⅳ.①TU83-39

中国版本图书馆 CIP 数据核字（2014）第 249241 号

机械工业出版社（北京市百万庄大街 22 号　邮政编码 100037）
策划编辑：张双国　责任编辑：刘良超　张双国
版式设计：赵颖喆　责任校对：刘怡丹
封面设计：马精明　责任印制：单爱军
北京虎彩文化传播有限公司印刷
2024 年 7 月第 1 版第 5 次印刷
184mm×260mm · 26.25 印张 · 641 千字
标准书号：ISBN 978-7-111-48392-2
定价：66.80 元

电话服务
客服电话：010-88361066
010-88379833
010-68326294

网络服务
机　工　官　网：www.cmpbook.com
机　工　官　博：weibo.com/cmp1952
金　书　网：www.golden-book.com
机工教育服务网：www.cmpedu.com

前　言

AutoCAD 软件是 Autodesk 公司推出的通用计算机辅助设计和绘图软件，自问世以来，在应用领域、用户数量、二次应用开发等方面得到了广泛的发展。在这一平台上，多家公司开发出了暖通 CAD 专业软件，如“鸿业暖通空调系列软件”“浩辰 CAD 暖通 2012”“天正暖通 THvac”等。

国内的暖通 CAD 软件从 20 世纪 80 年代末期开始起步，20 世纪 90 年代中期，鸿业、天正、浩辰公司相继推出各自的暖通专业设计软件，并延续至今，成为市场主流产品。

暖通 CAD 软件发展至今，已具备了计算机辅助绘图和专业的计算机辅助设计功能，包括负荷计算、焓湿图及空气处理过程计算、水力计算、设备选型、图形自动绘制等。暖通 CAD 软件不仅严格遵循规范和手册的设计要求，同时还归纳了经验设计，吸收了许多设计人员的设计习惯。

本书共 15 个项目，项目 1～8 讲述在 AutoCAD 软件平台上的基本绘图操作，包括基本知识，基本操作，绘图方法，操作方法，基本机械图样的绘制与尺寸标注，机械正等轴测图的绘制与尺寸标注，机械斜二轴测图的绘制与标注，比例绘图，建筑平面图的绘制与标注，正面斜等轴测图的绘制与标注，采暖系统斜等轴测图的绘制与标注，地板辐射采暖方式平面图的绘制与标注；项目 9～15 为暖通 CAD 专业软件的基本操作，其中项目 9～11 为鸿业软件暖通空调工程的负荷计算、工程设计、多联机工程的设计，项目 12、13 为浩辰软件暖通工程的计算和工程设计，项目 14、15 为天正软件暖通工程的负荷计算和风机盘管加新风系统设计。

本书主要有以下特点：

1）本书不是以讲述命令的执行来进行 CAD 软件的操作，而是以讲述图样的绘制来进行 CAD 软件的操作。

2）本书不以软件命令的分类关系进行操作的编排，而是按图样的类型与工程设计进行操作的编排。

3）本书围绕图样、图形与工程设计，按绘制图样步骤方法、绘图步骤方法、操作步骤方法和操作等层次进行讲述，便于记忆，能够使初学者快速掌握 CAD 绘图技能。

4）本书提出的“偏侧复制绘图法”等绘图方法步骤，是编者二十多年的设计与教学工作中使用的基本方法。

5）本书提出的绘图、操作方法不受版本限制，是适用于任何 AutoCAD 软件版本的基本绘图方法。

6）本书提出的“图形绘制语句操作式”为本书独创，便于进行绘图操作的描述。

7）本书对主要例图的绘制操作采用表格的形式列出，表述清晰，便于学习与掌握。

8）本书中暖通 CAD 专业软件部分的内容，由企业中长期从事开发和培训的技术骨干人员编写，重点突出，便于入门掌握。

9）本书暖通 CAD 软件版本为：鸿业暖通空调 ACS V9.0、鸿业负荷计算 HCLoad V7.0、浩辰暖通 2013（兼容 AutoCAD）、天正软件 - 暖通系统 T - Hvac 2013。

10）俗话说，师傅领进门，修行在个人。本书不以内容翔实、面面俱到为目的，而是以内容浅显、掌握基本操作为要义。

11）本书涉及的制图内容符合最新国家标准，涉及的暖通 CAD 专业软件均符合最新的行业规范。

本书可作为高职高专院校、中等职业技术学校及专业培训学校的暖通类、机械类、建筑类专业的教学用书，也可作为本科院校学生、工程技术人员、CAD 课程的自学、教学参考用书。

无锡商业职业技术学院石晓明担任本书主编；北京鸿业同行科技有限公司魏光远担任本书副主编。参与本书编写的有：河北农业大学张丽清，苏州浩辰软件股份有限公司郝东江，北京天正软件股份有限公司杨淼，天津职业大学张海伟。其中，石晓明编写项目 1～4，张海伟编写项目 5、7，张丽清编写项目 6、8，魏光远编写项目 9～11，郝东江编写项目 12、13，杨淼编写项目 14、15。

由于本书在编写方式上采用了新思路和新方法，难免会有疏漏、错误和不当之处，敬请读者批评指正。

编　者

目　录

项目 1 AutoCAD 入门、偏侧复制绘图法、基本机械图样的绘制

学习目标

1）掌握基本机械图样的绘制操作。
2）掌握偏侧复制绘图法的步骤和方法。
3）掌握 AutoCAD 绘制与修改等命令的操作。
4）掌握制图与 AutoCAD 软件的相关知识。

工作任务

任务 1 绘制梯形楔块图样

一、例图

任务 1 的梯形楔块例图图样如图 1-1 所示。

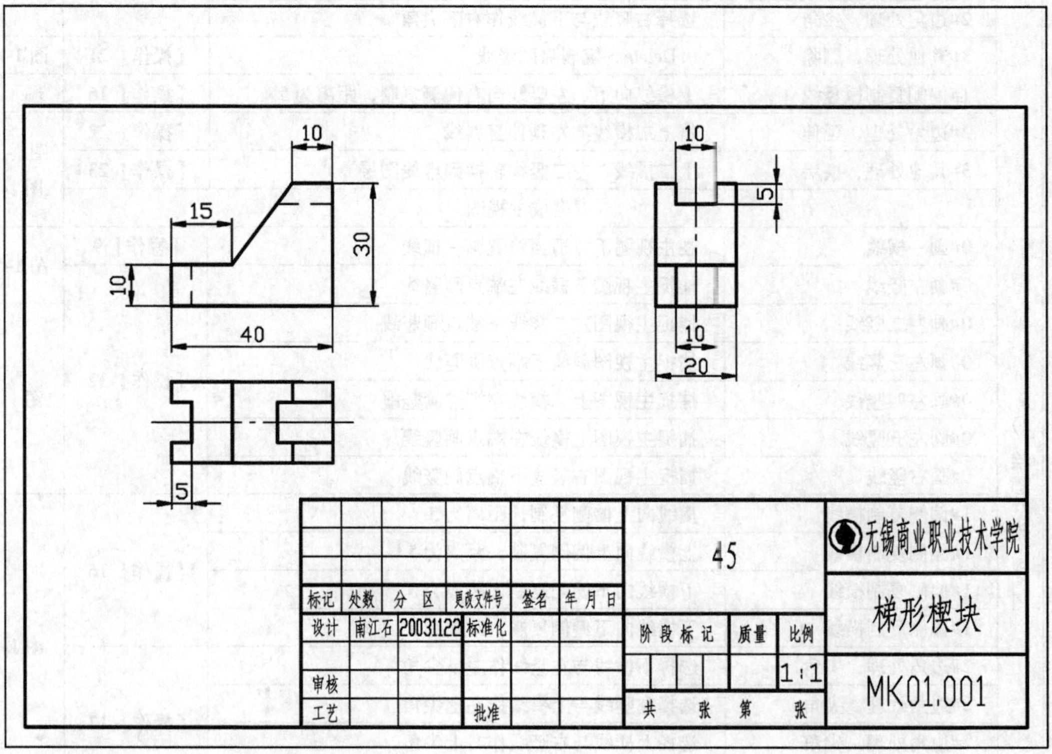

图 1-1 梯形楔块例图

二、梯形楔块例图绘制的步骤方法

梯形楔块例图按『绘制图样步骤方法』1 绘制基本图样的总体步骤方法和『绘图步骤方法』1 偏侧复制绘图法的步骤与方法进行绘制，具体操作步骤见表 1-1。

表 1-1　梯形楔块例图的绘制步骤方法

步骤与方法			操作		示例图
0#启动软件			双击桌面图标启动 AutoCAD 软件	『操作』1	图 1-38
1#新建图形文件			使用 A4H. dwt 样板新建图形文件	『操作』3	图 1-42
2#保存图形文件			将图形文件定位赋名保存为文件	『操作』5	图 1-46
3#绘图	1）绘制主视图	0#画一横线	在适当位置画一条横线	『操作』9	图 1-2
		0#画一竖线	在适当位置画一条竖线		
		1#偏侧复制横线	横线向上偏侧复制，距离为 30	『操作』16	图 1-3
		1#偏侧复制竖线	竖线向右偏侧复制，距离为 40		
		1#偏侧复制横、竖线	下横线向上、右竖线向左偏侧复制，距离为 10		
		1#偏侧复制竖线	左竖线向右偏侧复制，距离为 15		
		0#画斜线	捕捉两处交点绘制斜线	『操作』10	
		2#边角处理，尖角	选择下横线与左竖线作左下尖角	『操作』17	图 1-4
		2#边角处理，尖角	选择左竖线与中横线作左上尖角		
		2#边角处理，尖角	选择中横线与斜线作右下尖角		
		2#边角处理，尖角	选择斜线与上横线作左上尖角		
		2#边角处理，尖角	选择上横线与右竖线作右上尖角		
		2#边角处理，尖角	选择右竖线与下横线作右下尖角		
		3#其他处理，删除	<Delete>键删除两竖线	『操作』21	图 1-83
		1#偏侧复制横竖线	上横线向下、左竖线向右偏侧复制，距离为 5	『操作』16	图 1-4
		2#边角处理，延伸	将上二横线向左延伸至斜线	『操作』22	图 1-1、图 1-7
		3#其他处理，换层	上二横线、左二竖线转换到虚线图层	『操作』23	
		完成主视图			
	2）绘制俯视图	0#画一横线	在主视图下方适当位置画一横线	『操作』9	图 1-57
		0#画左竖线	捕捉主视图下横线左端点画竖线	『操作』12	
		0#画左二竖线	捕捉主视图左二竖线下端点画竖线		图 1-5
		0#画左三竖线	捕捉主视图斜线下端点画竖线		
		0#画左四竖线	捕捉主视图上二横线左端点画竖线		
		0#画左五竖线	捕捉主视图上横线左端点画竖线		
		0#画右竖线	捕捉主视图右竖线下端点画竖线		
		1#偏侧复制横线	横线向上偏侧复制，距离为 5	『操作』16	图 1-6
		1#偏侧复制横线	上横线向上偏侧复制，距离为 5		
		1#偏侧复制横线	下横线向下偏侧复制，距离为 5		
		1#偏侧复制横线	下横线向下偏侧复制，距离为 5		
		2#边角处理，尖角	选择下横线与左竖线作左下尖角	『操作』17	
		2#边角处理，尖角	选择左竖线与上横线作左上尖角		
		2#边角处理，尖角	选择上横线与右竖线作右上尖角		
		2#边角处理，尖角	选择右竖线与下横线作右下尖角		

（续）

		步骤与方法	操作		示例图
3#绘图	2）绘制俯视图	2#边角处理，修剪	选择上横线边界修剪掉竖线上段	『操作』24	图1-94
		2#边角处理，修剪	选择下横线左右竖线为修剪边界，修剪掉横竖线的左、右、下长出部分	『操作』25	图1-95
		2#边角处理，修剪	选择上二横线和下二横线为边界	『操作』24	图1-7
		2#边角处理，修剪	修剪掉左竖线的中间段		
		2#边角处理，修剪	修剪掉左二竖线的上下段		
		2#边角处理，修剪	修剪掉右三竖线的上下段		
		2#边角处理，修剪	修剪掉右二竖线的中间段		
		2#边角处理，修剪	完成修剪		图1-8
		2#边角处理，修剪	选择左二竖线和右三竖线为边界		
		2#边角处理，修剪	修剪掉上二横线的中间段		
		2#边角处理，修剪	修剪掉下二横线的中间段		
		2#边角处理，修剪	完成修剪		图1-101、图1-1
		3#其他处理，拉长	定增量向左右两端拉长中心线，增量为5	『操作』29	
		3#其他处理，换层	将中心线转换到点画线图层	『操作』23	
		3#其他处理，修改线型比例	将中心线的线型比例改为0.25	『操作』30	
		完成俯视图			
	3）绘制左视图	0#画上横线	捕捉主视图右竖线上端点画横线	『操作』12	图1-58
		0#画上二横线	捕捉主视图上二横线右端点画横线		图1-9
		0#画上三横线	捕捉主视图斜线下端点画横线		
		0#画下横线	捕捉主视图下横线右端点画横线		
		0#画一竖线	在主视图右侧适当位置画一竖线	『操作』9	
		1#偏侧复制竖线	竖线向左偏侧复制，距离为5	『操作』16	图1-10
		1#偏侧复制竖线	左竖线向左偏侧复制，距离为5		
		1#偏侧复制竖线	右竖线向右偏侧复制，距离为5		
		1#偏侧复制竖线	右竖线向右偏侧复制，距离为5		
		2#边角处理，尖角	选择下横线与左竖线作左下尖角	『操作』17	图1-11
		2#边角处理，尖角	选择左竖线与上横线作左上尖角		
		2#边角处理，尖角	选择上横线与右竖线作右上尖角		
		2#边角处理，尖角	选择右竖线与下横线作右下尖角		
		2#边角处理，修剪	选择上下横线左右竖线为边界，修剪掉横竖线的长出部分	『操作』26	
		2#边角处理，修剪	选择左二竖线和右二竖线为边界	『操作』24	
		2#边角处理，修剪	修剪掉上横线的中间段		
		2#边角处理，修剪	修剪掉上二横线的左右两端		

（续）

步骤与方法			操作		示例图
3#绘图	3）绘制左视图	2#边角处理，修剪	完成修剪	『操作』24	图 1-1、图 1-12
		2#边角处理，修剪	不选边界修剪，修剪掉左二竖线、右二竖线的中间段部分	『操作』27	
		3#其他处理，拉长	定增量向上下两端拉长中心线，增量为 5	『操作』29	
		3#其他处理，特性匹配	以俯视图中心线为源对象，修改左视图中心线图层与线型比例	『操作』31	
		完成左视图			
	完成三视图图形的绘制				
4#尺寸标注			表 2-1		图 1-1
5#插入填写标题栏			插入文件图块，填写标题栏	『操作』33	图 1-116
6#结束	1）缩放到全图		使用范围缩放操作缩放到全图	『操作』34	
	2）保存		保存文件	『操作』5	图 1-1
	3）退出		关闭图形文件或关闭软件	『操作』7	
	4）FTP 上传		登录，在自建文件夹中上传文件	『操作』35	图 1-117
完成					图 1-1

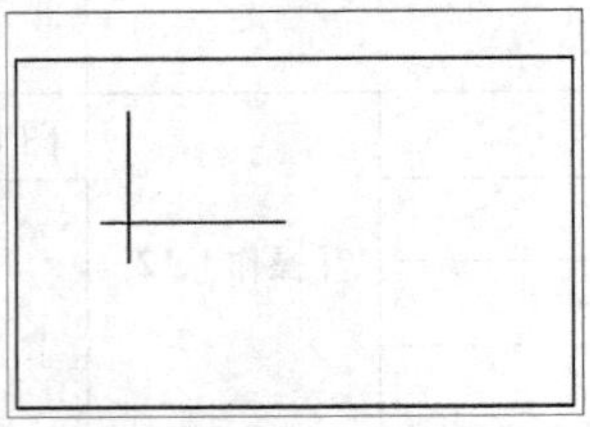

图 1-2 新建，画一横线、画一竖线

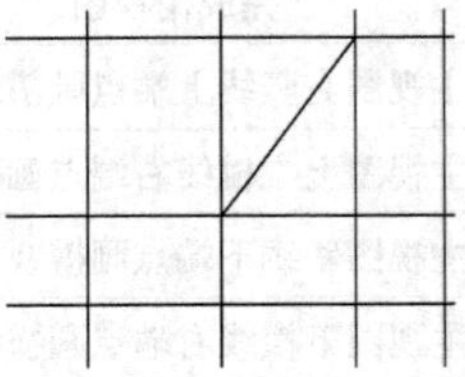

图 1-3 偏侧复制横线、竖线，捕捉交点画斜线

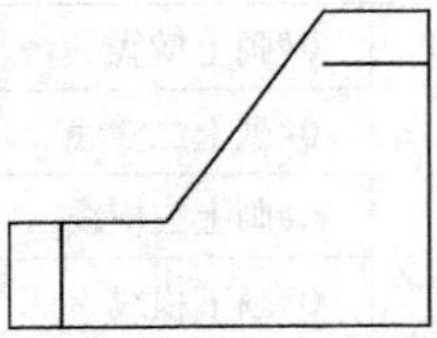

图 1-4 尖角，删除，偏侧复制

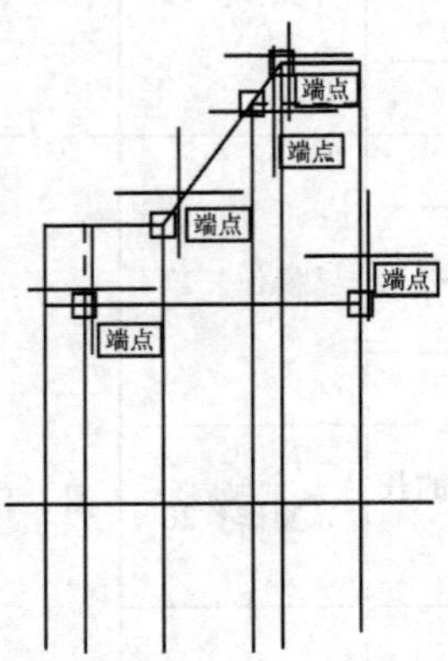

图 1-5 画一横线，捕捉主视图直线端点画竖线

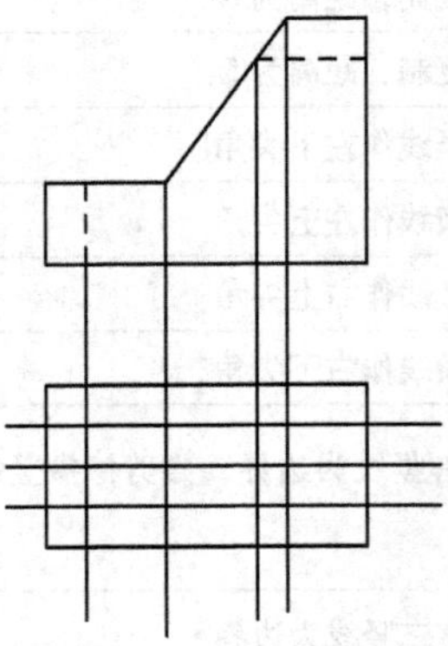

图 1-6 定距 5 偏侧复制出其他横线，尖角

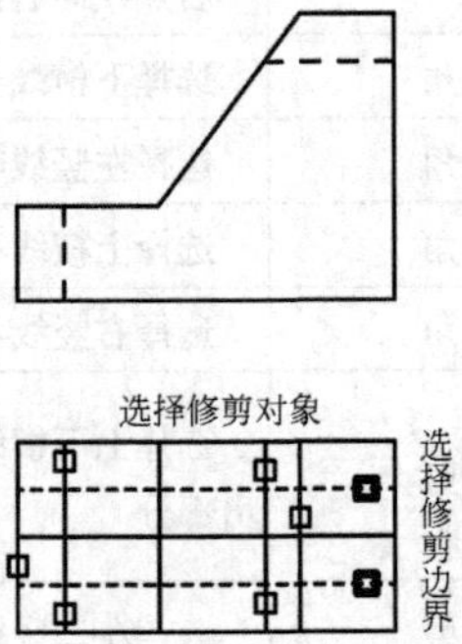

图 1-7 边界修剪掉四周长出线，选择两横线边界修剪四条竖线

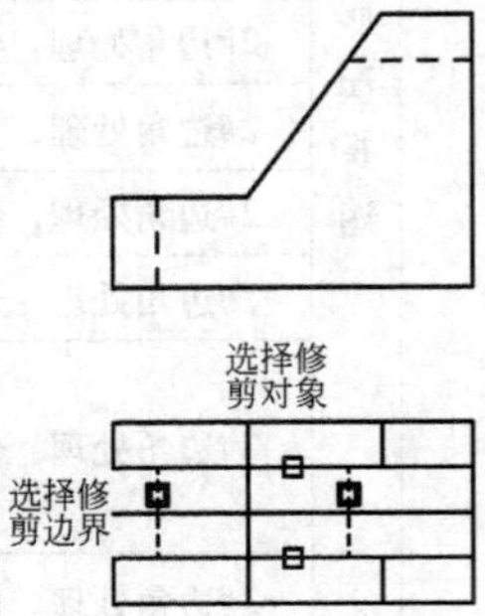

图 1-8 选择两竖线边界修剪两横线

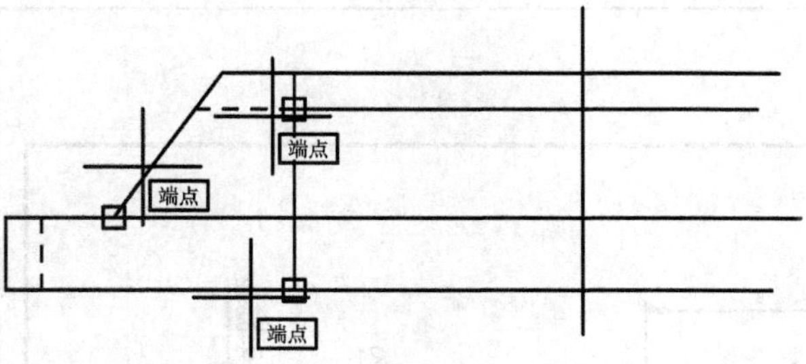

图 1-9　捕捉主视图直线的端点画横线，画一竖线

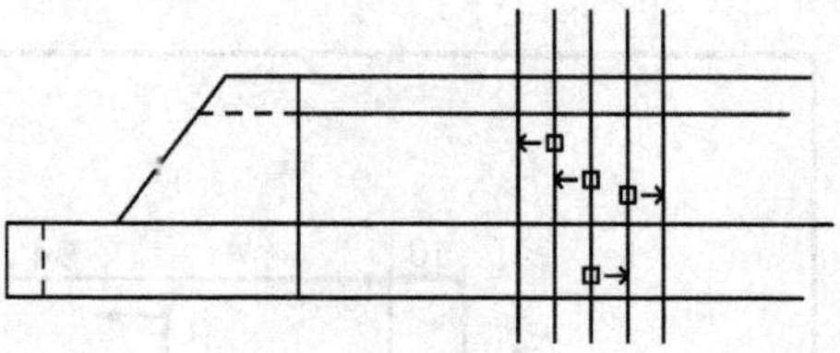

图 1-10　定距 5 偏侧复制出其他竖线

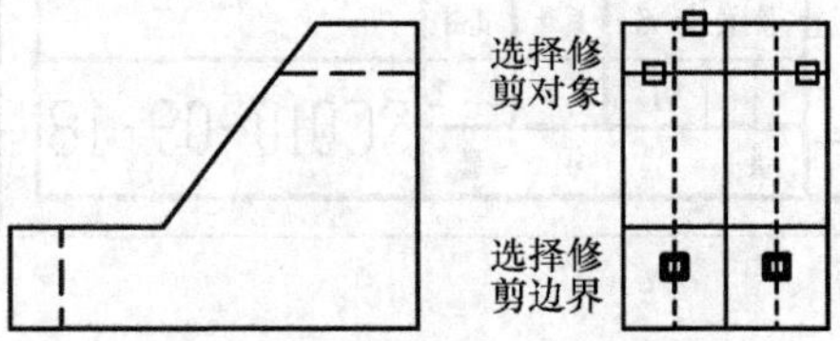

图 1-11　尖角，修剪掉四周长出线，选择两竖线边界修剪两横线

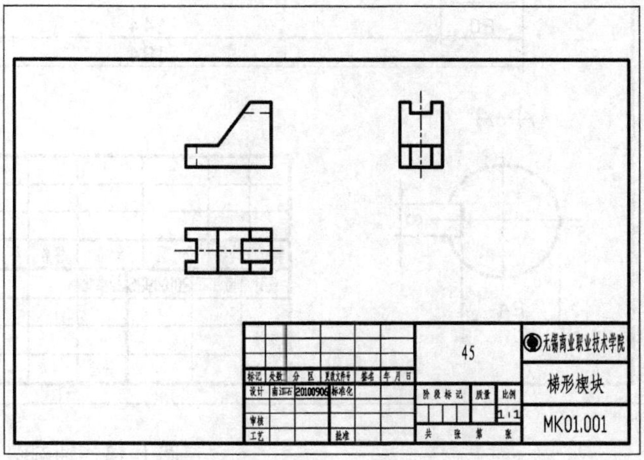

图 1-12　插入填写标题栏

任务 2　绘制轴的图样

一、例图

任务 2 的轴的例图图样如图 1-13 所示。

二、轴例图绘制的步骤方法

轴的例图按『绘制图样步骤方法』2 参照电子档例图绘制基本图样的总体步骤方法、『绘图步骤方法』1 偏侧复制绘图法的步骤与方法和『绘图步骤方法』4 轴向复制绘图法的步骤与方法进行绘制，具体操作步骤见表 1-2。

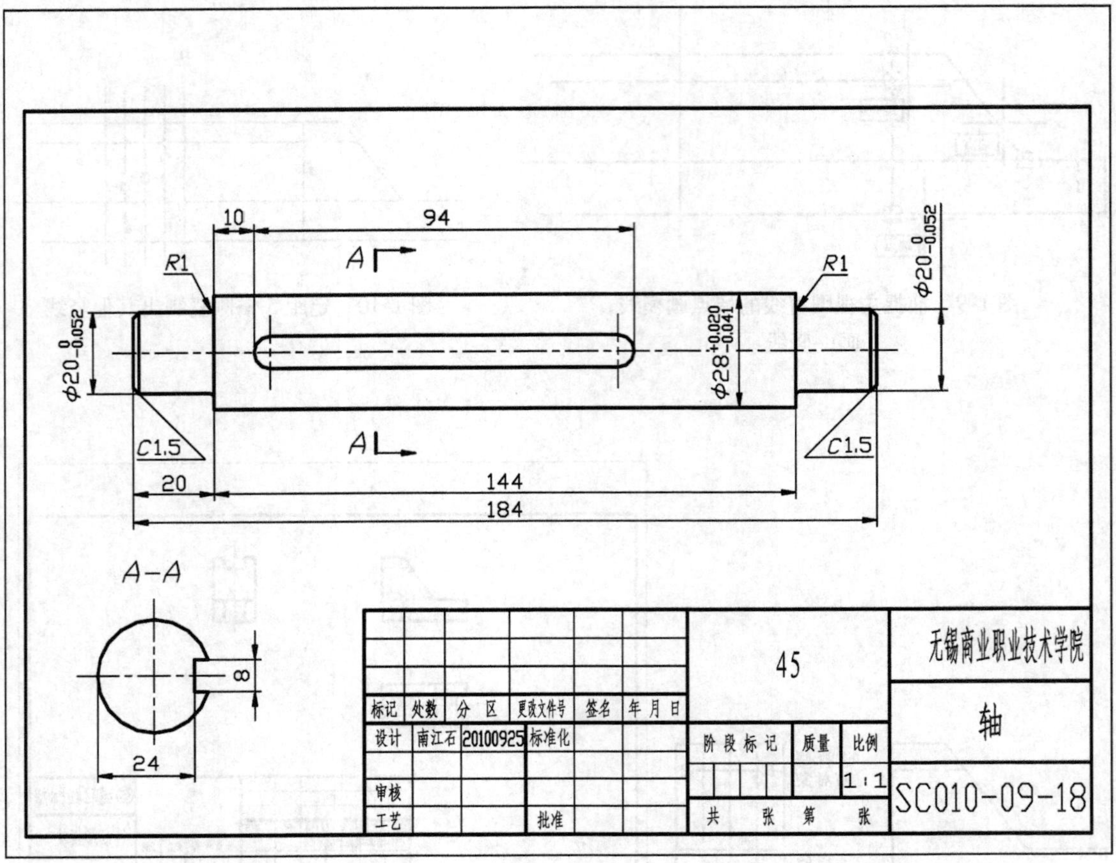

图 1-13　轴例图

表 1-2　轴的例图绘制步骤方法

步骤与方法			操作		示例图
0#启动 AutoCAD 软件			双击桌面图标启动软件，第一窗口	『操作』1	图 1-38
01#打开例图			在第一窗口中打开例图	『操作』4	图 1-13
0#启动 AutoCAD 软件			双击桌面图标启动软件，第二窗口	『操作』1	图 1-38
1#新建图形文件			使用 A4H. dwt 样板新建图形文件	『操作』3	图 1-2
2#保存图形文件			将文件定位赋名保存为图形文件	『操作』5	图 1-46
3#绘图	1）绘制主视图	0#画一横线	在适当位置画一条横线	『操作』9	图 1-14
		0#画一竖线	在适当位置画一条竖线		
		1#偏侧复制横线	横线向上、向下偏侧复制，距离为 10	『操作』16	
		1#偏侧复制竖线	竖线向右偏侧复制，距离为 20		
		2#边角处理，倒角	下横线与左竖线作左下 C1.5 倒角	『操作』19	图 1-15
		2#边角处理，倒角	上横线与左竖线作左上 C1.5 倒角		
		0#画竖线	捕捉倒角上、下两处端点，绘制竖线	『操作』10	
		2#边角处理，修剪	不选边界修剪掉右竖线的中上段	『操作』27	

（续）

步骤与方法			操作		示例图
3#绘图	1）绘制主视图	2#边角处理，圆角	上横线与右上竖线作右下 $R1$ 圆角	『操作』18	图 1-16
		2#边角处理，圆角	下横线与右下竖线作右上 $R1$ 圆角		
		1#偏侧复制横线	中横线向上、向下偏侧复制，距离为 14	『操作』16	
		3#其他处理，删除	按 <Delete> 键删除上竖线	『操作』21	图 1-17
		2#边角处理，尖角	选择右竖线与上横线作左上尖角	『操作』17	
		2#边角处理，尖角	选择右竖线与下横线作左下尖角		
		1#偏侧复制竖线	右竖线向右偏侧复制，距离为 144	『操作』16	图 1-18
		2#边角处理，修剪	不选边界修剪掉上下横线的右端	『操作』27	
		1#偏侧复制横线	中横线向上、向下偏侧复制，距离为 10	『操作』16	
		1#偏侧复制竖线	左竖线向右偏侧复制，距离为 184		
		2#边角处理，倒角	上二横线与右竖线作右上 $C1.5$ 倒角	『操作』19	
		2#边角处理，倒角	下二横线与右竖线作右下 $C1.5$ 倒角		
		0#画竖线	捕捉倒角上下两处端点绘制竖线	『操作』10	图 1-19
		0#画上竖线	捕捉上横线右端点向上画竖线	『操作』12	
		0#画下竖线	捕捉下横线右端点向下画竖线		
		2#边角处理，圆角	上二横线与上竖线作左下 $R1$ 圆角	『操作』18	图 1-20
		2#边角处理，圆角	下二横线与下竖线作左上 $R1$ 圆角		
		3#其他处理，删除	删除上下竖线	『操作』21	图 1-21
		1#偏侧复制竖线	左三竖线向右偏侧复制，距离为 14	『操作』16	
		1#偏侧复制竖线	左四竖线向右偏侧复制，距离为 86		
		1#偏侧复制横线	中横线向上、向下偏侧复制，距离为 4		
		2#边角处理，尖角	下三横线与左四竖线作左下尖角	『操作』17	图 1-22
		2#边角处理，尖角	左四竖线与上三横线作左上尖角		
		2#边角处理，尖角	上三横线与右四竖线作右上尖角		
		2#边角处理，尖角	右四竖线与下三横线作右下尖角		
		2#边角处理，圆弧连接	在上三下三横线两端作圆弧连接	『操作』20	
		2#边角处理，修剪	不选边界修剪掉中横线左右两端	『操作』27	
		3#其他处理，换层	将中横线转换到点画线图层	『操作』23	
		3#修改线型比例	将中横线的线型比例改为 0.25	『操作』30	
		3#其他处理，拉长	定增量向左右两端拉长中心横线，增量为 5	『操作』29	图 1-23
		3#其他处理，拉长	向上向下拉长两圆弧中心竖线，增量为 5		
		3#其他处理，特性匹配	以中心横线为源对象，修改两圆弧中心竖线的图层与线型比例	『操作』31	
		完成主视图			

（续）

步骤与方法			操作		示例图
3#绘图	2）绘制剖面图	0#画一横线	在主视图下方适当位置画一横线	『操作』9	图 1-23
		0#画一竖线	在主视图下方适当位置画一竖线		
		0#画圆	以横竖线交点为圆心画直径为 28 的圆	『操作』15	
		0#画左竖线	捕捉横线与圆的左交点向下画竖线	『操作』12	
		1#偏侧复制竖线	左竖线向右偏侧复制，距离为 24	『操作』16	图 1-24
		1#偏侧复制横线	中横线向上向下偏侧复制，距离为 4		
		2#边角处理，尖角	选择上横线与右竖线作左上尖角	『操作』17	图 1-25
		2#边角处理，尖角	选择左竖线与下横线作左下尖角		
		3#其他处理，删除	删除左竖线	『操作』21	
		2#边角处理，修剪	不选边界修剪掉横竖线的长出部分	『操作』27	
		3#其他处理，拉长	拉长横竖中心线，4 个端部各拉长 5	『操作』29	图 1-26
		3#其他处理，特性匹配	以主视图中心线为源对象，修改剖面图中心线的图层与线型比例	『操作』31	
		2#边角处理，修剪	修剪掉键槽开口处的圆弧线	『操作』27	
		3#其他处理，移动	用相对移动向左下方向移动剖面图	『操作』32	
		完成剖面图			图 1-27
	完成主视图和剖面图图形的绘制				
4#尺寸标注			表 2-2		图 1-13
5#插入填写标题栏			使用插入文件图块操作插入填写标题栏	『操作』33	图 1-27
6#结束	1）缩放到全图		使用范围缩放操作缩放到全图	『操作』34	
	2）保存		保存文件	『操作』5	图 1-13
	3）退出		关闭图形文件或关闭软件	『操作』7	
	4）FTP 上传		登录，在自建文件夹中上传文件	『操作』35	图 1-117
完成					图 1-13

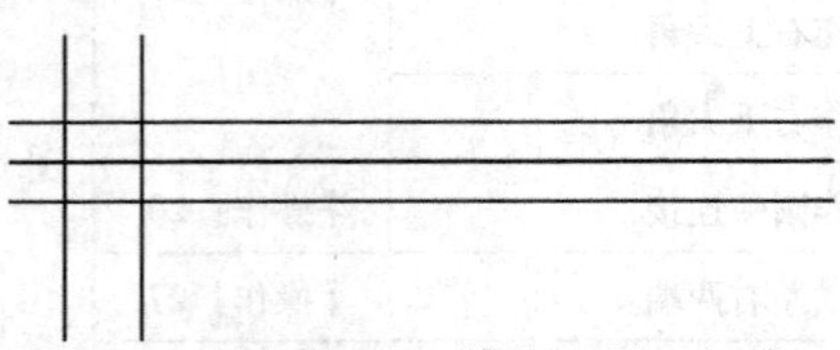

图 1-14 新建，画一横线，画一竖线，偏侧复制出其他横线竖线

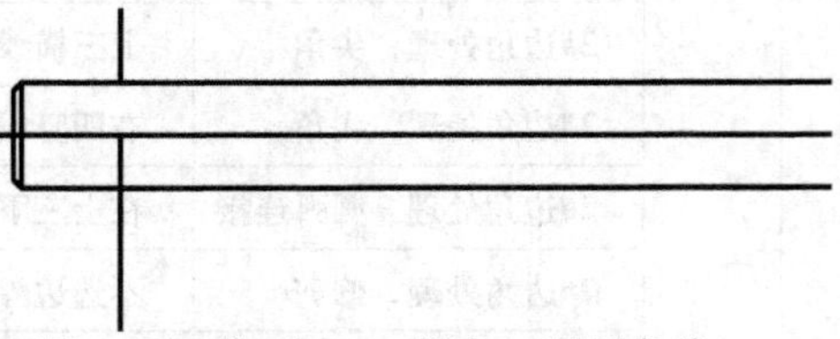

图 1-15 作两 C1.5 倒角，画倒角线，修剪右竖线

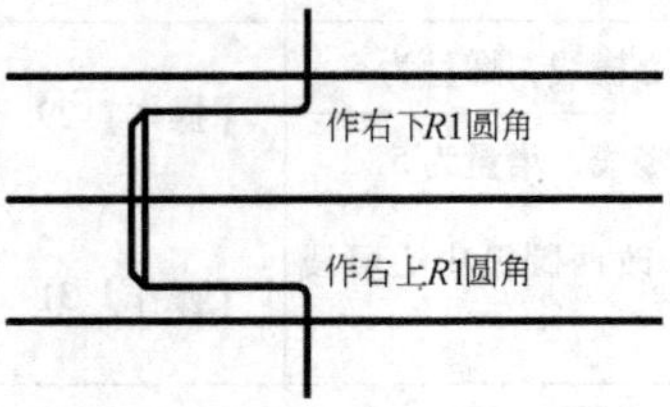

图 1-16 作两 R1 圆角，中横线上下偏移 14

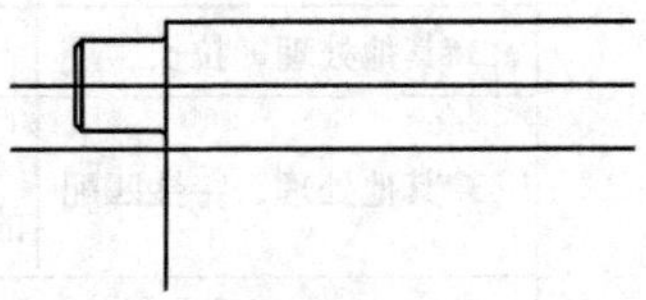

图 1-17 删除上竖线，竖线与上横线作尖角

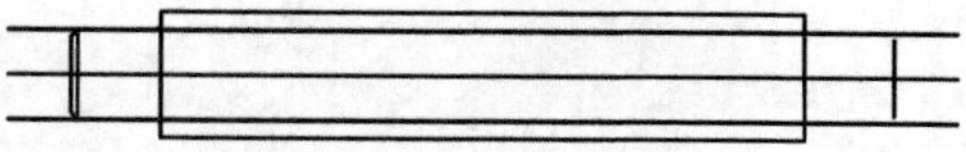

图 1-18　作左下尖角，偏移竖线 144，修剪上下横线，偏移竖线 184，偏移横线

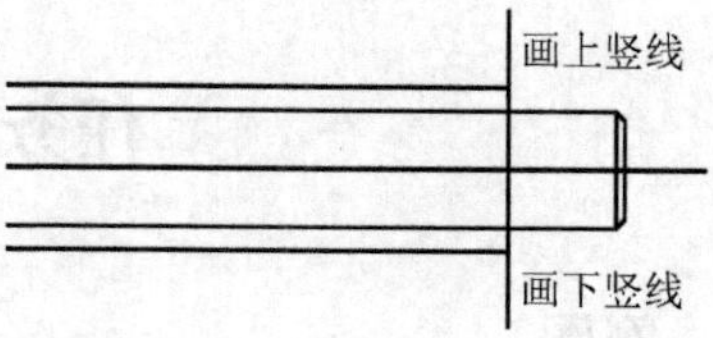

图 1-19　右端作两 C1.5 倒角；画到角竖线，画上下竖线

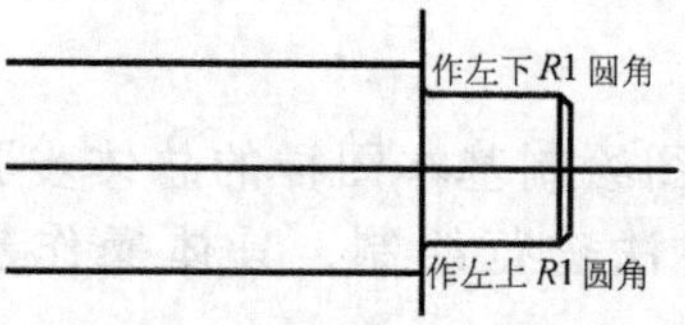

图 1-20　作两 R1 圆角

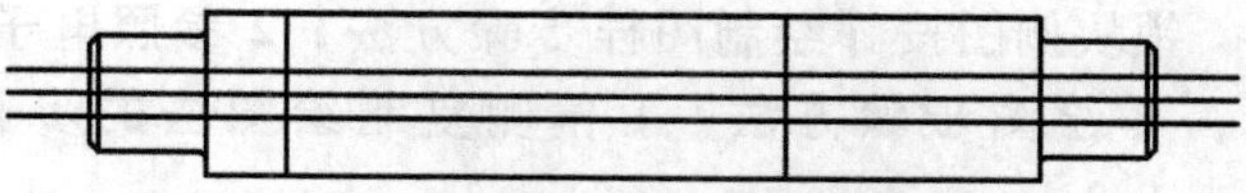

图 1-21　删除上下竖线，偏侧复制横线、竖线

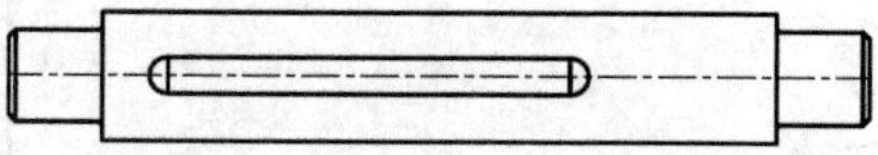

图 1-22　中间横竖线作 4 个尖角、两横线两端圆弧连接，中横线修剪、换层、修改线型比例

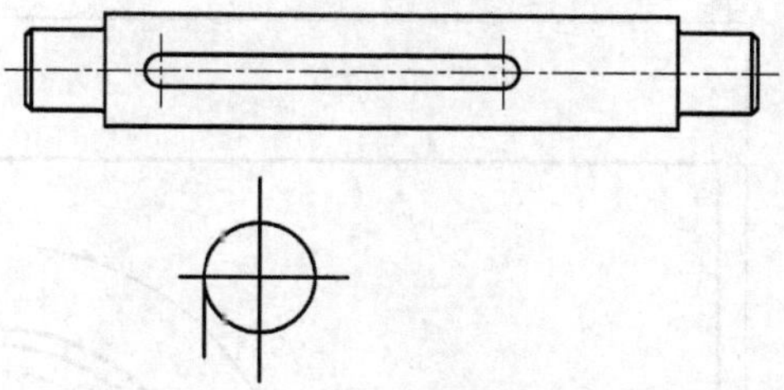

图 1-23　拉长中心线，特性匹配修改两竖中心线，剖面图画横竖线，画圆，画左竖线

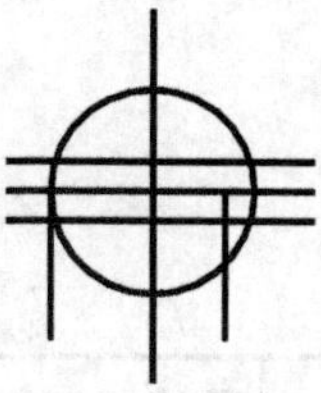

图 1-24　偏侧复制横线竖线

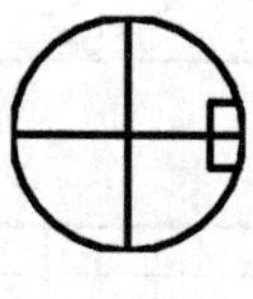

图 1-25　尖角，删除，修剪

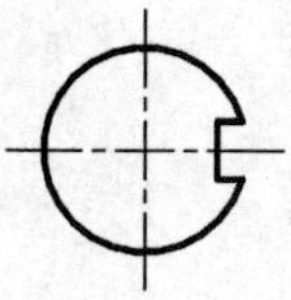

图 1-26　中心线拉长、特性匹配修改，修剪

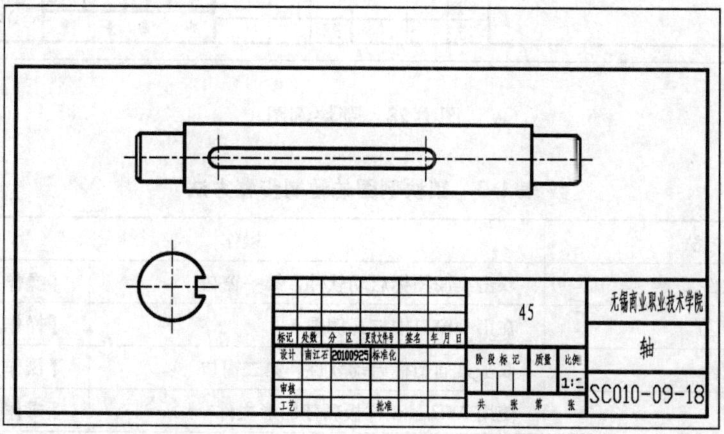

图 1-27　移动，插入填写标题栏，缩放到全图

任务 3　绘制锁块图样

一、例图

任务 3 的锁块例图图样如图 1-28 所示。

二、锁块例图绘制的步骤方法

锁块例图按『绘制图样步骤方法』2 参照电子档例图绘制基本图样的总体步骤方法、『绘图步骤方法』1 偏侧复制绘图法的步骤与方法进行绘制，具体操作步骤见表 1-3。

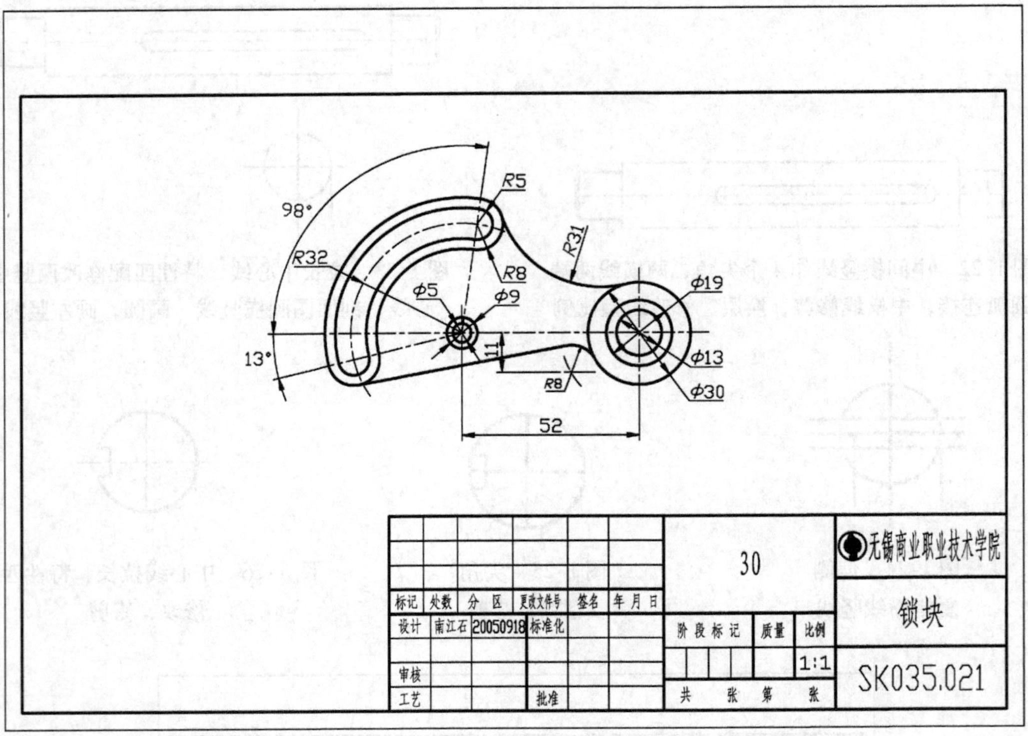

图 1-28　锁块例图

表 1-3　锁块例图的绘制步骤方法

步骤与方法	操作		示例图
0#启动 AutoCAD 软件	双击桌面图标启动软件，第一窗口	『操作』1	图 1-38
01#打开例图	在第一窗口中打开例图	『操作』4	图 1-28
0#启动 AutoCAD 软件	双击桌面图标启动软件，第二窗口	『操作』1	图 1-38
1#新建图形文件	使用 A4H. dwt 样板新建图形文件	『操作』3	图 1-29
2#保存图形文件	将文件定位赋名保存为图形文件	『操作』5	图 1-46

（续）

步骤与方法			操作		示例图
3#绘图	绘制主视图	0#画一横线	在适当位置画一条横线	『操作』9	图1-29
		0#画一竖线	在适当位置画一条竖线		
		1#偏侧复制竖线	竖线向左偏侧复制，距离为52	『操作』16	图1-30
		0#画圆	左两直线交点处画直径为5的圆	『操作』15	
		0#画圆	画直径为9的圆，同心圆		
		0#画圆	右两直线交点处画直径为13的圆		
		0#画圆	画直径为19的圆，同心圆		
		0#画圆	画直径为30的圆，同心圆		
		0#画圆	画半径为32的圆，左同心圆	『操作』14	
		0#角度控制画直线	自圆心控制13°向反方向画直线	『操作』65	
		0#角度控制画直线	自圆心控制-98°向反方向画直线		
		2#边角处理，修剪	修剪掉*R*32圆右下部分的圆弧	『操作』27	图1-31
		1#偏侧复制圆弧	将*R*32圆弧向内向外偏侧复制，距离为5	『操作』16	
		1#偏侧复制圆弧	将*R*32圆弧向内向外偏侧复制，距离为8		
		0#画圆	在*R*32圆弧两端点处画半径为5的圆	『操作』14	
		0#画圆	在*R*32圆弧两端点处画半径为8的圆		
		2#边角处理，圆角	上外圆与右外圆作*R*31圆角	『操作』18	图1-32
		1#偏侧复制圆	右外圆向外偏侧复制，距离为8	『操作』16	
		1#偏侧复制横线	横线向下偏侧复制，距离为11		
		0#画圆	在右外圆与下横线的中间交点处画半径为8的圆	『操作』14	
		0#画内公切线	左下圆与中右圆画内公切线	『操作』13	
		2#边角处理，修剪	选择上斜线为边界修剪上两圆	『操作』24	图1-33
		2#边角处理，修剪	选择左上斜线为边界修剪左两圆		
		2#边角处理，修剪	以右大圆为边界修剪下横线左段		
		2#边角处理，修剪	以两横线为边界修剪大圆		
		2#边角处理，修剪	不选边界修剪掉上斜线上端	『操作』27	
		2#边角处理，修剪	不选边界修剪掉上横线左端		
		2#边角处理，修剪	不选边界修剪掉左斜线左端		
		2#边角处理，修剪	修剪中左圆处竖线的上下端	『操作』24	
		2#边角处理，延伸	延伸*R*32圆弧上端到外圆弧	『操作』22	图1-34
		2#边角处理，延伸	延伸*R*32圆弧下端到外圆弧		
		3#其他处理，拉长	向上拉长上斜线，增量为5	『操作』29	
		3#其他处理，拉长	向左拉长上横线，增量为5		
		3#其他处理，拉长	向左拉长左斜线，增量为5		
		3#其他处理，拉长	向左拉长下横线，增量为5		

（续）

步骤与方法			操作		示例图
3#绘图	绘制主视图	3#其他处理，拉长	向上拉长右外圆弧，增量为5	『操作』29	图1-34
		3#其他处理，拉长	向上、向下拉长 *R*32 圆弧，增量为5		图1-35
		3#其他处理，拉长	向上拉长中左圆处竖线，增量为5		
		3#其他处理，拉长	向下拉长中左圆处竖线，增量为7		
		2#边角处理，修剪	选择右圆弧边界修剪下横线右端	『操作』24	
		2#边角处理，修剪	选择下横线边界修剪右圆弧下部		
		2#边角处理，修剪	不选边界修剪右圆处竖线上下端	『操作』27	
		2#边角处理，修剪	不选边界修剪上横线右端		
		2#边角处理，修剪	选右圆与公切线边界修剪中右圆	『操作』24	
		3#其他处理，拉长	向上、向下拉长右圆处竖线，增量为5	『操作』29	图1-36
		3#其他处理，拉长	向右拉长上横线，增量为5		
		3#其他处理，拉长	向右拉长下横线，增量为5		
		3#其他处理，拉长	向下拉长中右圆弧，增量为5		
		3#其他处理，换层	将上横线转换到点画线图层	『操作』23	
		3#修改线型比例	将上横线的线型比例改为0.25	『操作』30	
		3#其他处理，特性匹配	以上横线为源对象特性匹配修改右圆处竖线、中右圆弧与下横线，中左圆处竖线、上斜线、左斜线	『操作』31	
		3#其他处理，特性匹配	修改 *R*32 圆弧图层与线型比例		
		3#移动，相对移动	将图形移动到合适的位置	『操作』32	图1-37
		完成主视图			
		完成图形的绘制			
4#尺寸标注			表2-3		图1-28
5#插入填写标题栏			使用插入文件图块操作插入填写标题栏	『操作』33	图1-37
6#结束	1）缩放到全图		使用范围缩放操作缩放到全图	『操作』34	
	2）保存		保存文件	『操作』5	图1-28
	3）退出		关闭图形文件或关闭软件	『操作』7	
	4）FTP上传		登录，在自建文件夹中上传文件	『操作』35	图1-117
完成					图1-28

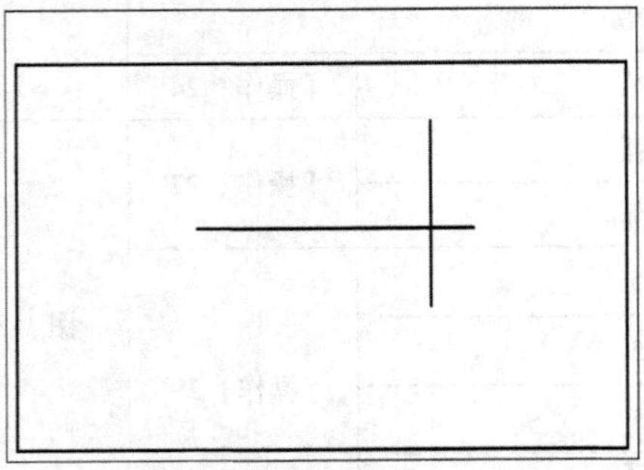

图1-29　新建，画一横线，画一竖线

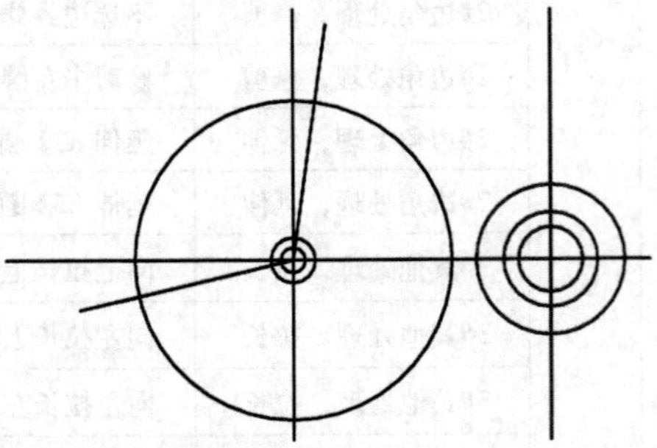

图1-30　偏移竖线，画同心圆，画斜直线

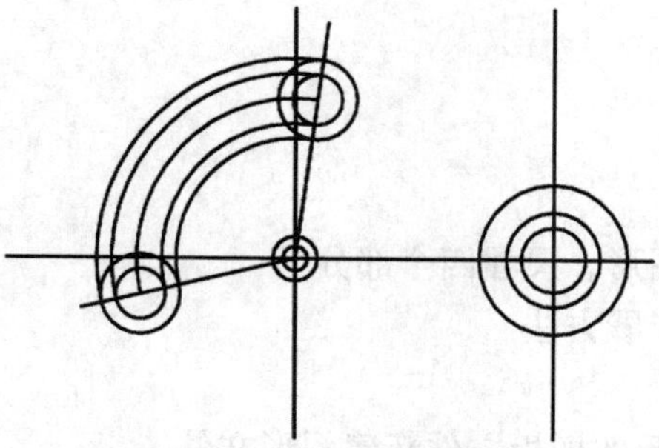

图 1-31　修剪成圆弧，圆弧向内、向外偏侧复制，在 *R*32 圆弧两端点处画同心圆

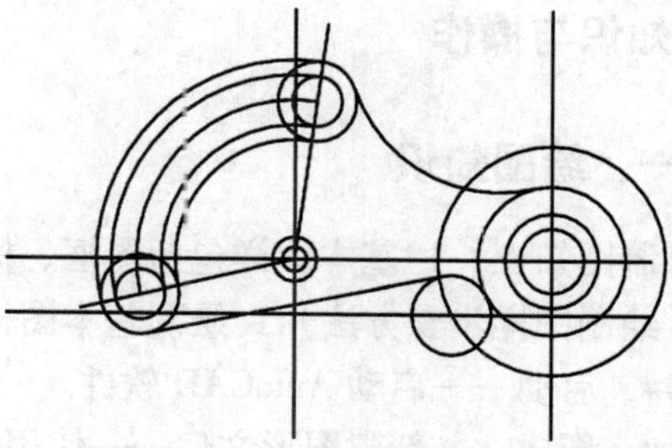

图 1-32　圆角，偏移圆与横线，画半径为 8 的圆，作内公切线

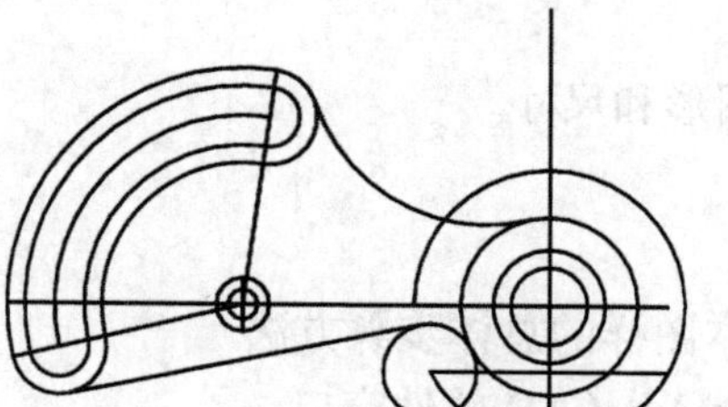

图 1-33　边界修剪上两圆、左两圆、右大圆与下横线，修剪两斜线、中左圆处竖线

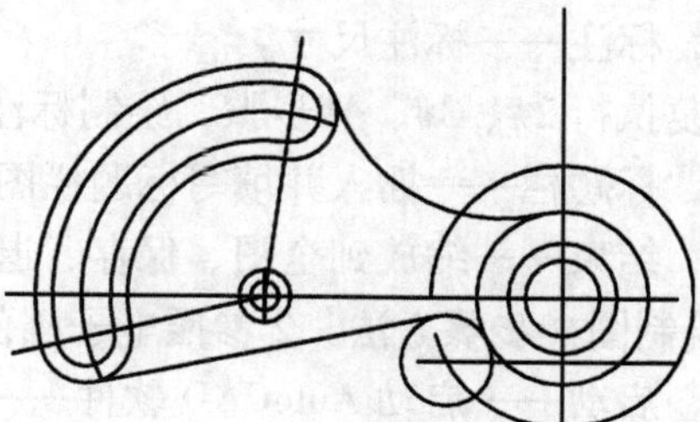

图 1-34　延伸 *R*32 圆弧，拉长斜线、上、下横线，右圆弧

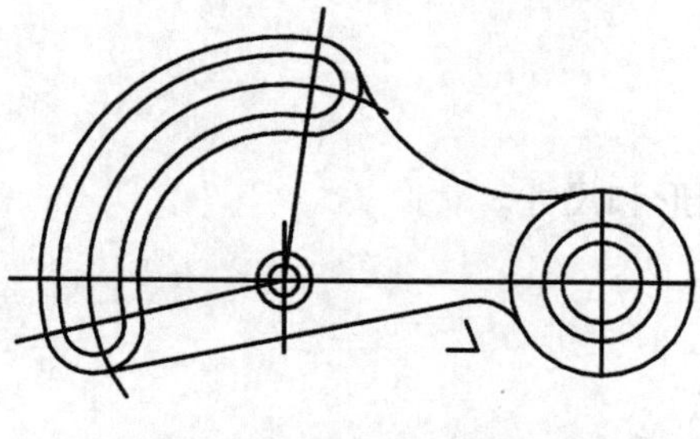

图 1-35　拉长 *R*32 圆弧、中左圆处竖线，修剪右圆弧与下横线、右圆处竖线、上横线、中右圆

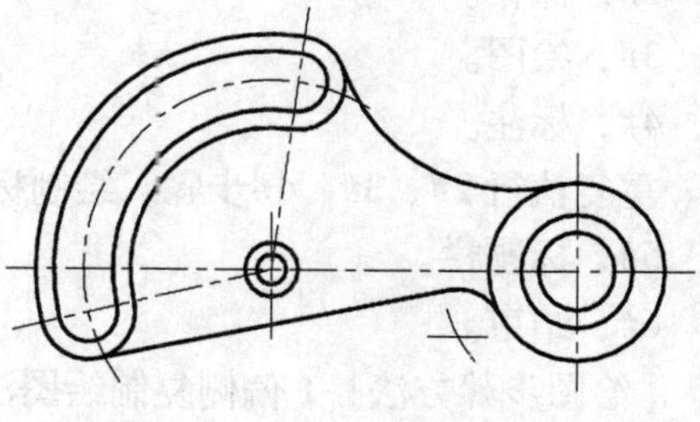

图 1-36　拉长中心线，中心线换层、修改线型比例，特性匹配修改其他中心线

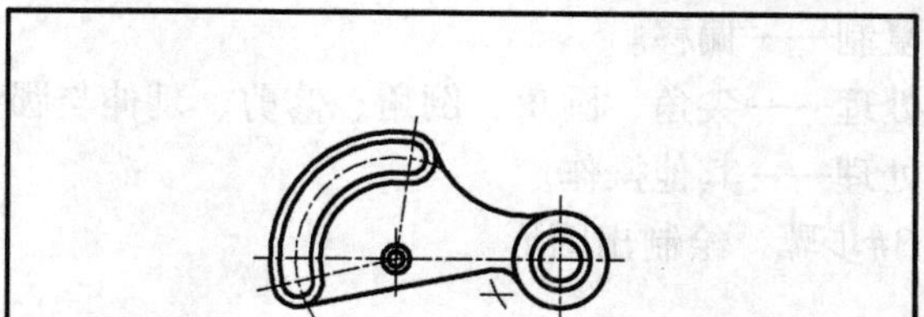

图 1-37　移动，插入并填写标题栏，缩放到全图

相关知识与操作

一、绘图知识

『制图知识』1 基本图样包括图框、标题栏、图形、尺寸四个部分

『绘制图样步骤方法』1 绘制基本图样的总体步骤方法

0#，启动——启动 AutoCAD 软件。

1#，新建——新建图形文件——使用带有图框等的样板文件新建图形文件。

2#，保存——将图形文件保存为磁盘文件。

3#，绘图——绘制图形——使用偏侧复制法、直线法、轴向复制法绘制。

4#，标注——标注尺寸。

重复执行 2#、3#、4#步骤，绘制标注出所有的图形和尺寸。

5#，标题栏——插入并填写标题栏图块。

6#，结束——缩放到全图、保存、退出、上传。

『绘制图样步骤方法』2 参照电子档例图绘制基本图样的总体步骤方法

0#，启动——启动 AutoCAD 软件——打开第一个 AutoCAD 软件窗口。

01#，打开——打开例图文件——在第一个窗口中打开例图电子文件。

0#，启动——再次启动 AutoCAD 软件——打开第二个 AutoCAD 软件窗口。

1#，新建——新建图形文件——在第二个窗口中使用样板文件新建图形文件。

2#，保存。

3#，绘图。

4#，标注。

重复执行 2#、3#、4#步骤，绘制标注出所有的图形和尺寸。

5#，标题栏。

6#，结束。

『绘图步骤方法』1 偏侧复制绘图法的步骤与方法

0#，画线——画直线或圆——画横线、竖线、斜线、圆、轴测圆、构造线、正多边形、矩形、圆弧、样条曲线等。

1#，偏侧——偏侧复制——偏移。

2#，边角——边角处理——尖角、圆角、倒角、修剪、延伸与圆弧连接等。

3#，其他——其他处理——其他操作。

循环执行 1#、2#、3#步骤，绘制出图形。

二、AutoCAD 软件与操作知识

1. AutoCAD 软件的启动与关闭

『软件知识』1 启动 AutoCAD 软件的三种方式

A. 双击图标——见『操作』1。

B. 单击菜单项——单击 Windows 开始菜单中的菜单项。

C. 双击文件——双击 AutoCAD 图形文件。

『操作』1 双击桌面图标启动 AutoCAD 软件的操作

双击 AutoCAD 的桌面图标，如图 1-38 所示，启动AutoCAD 软件。

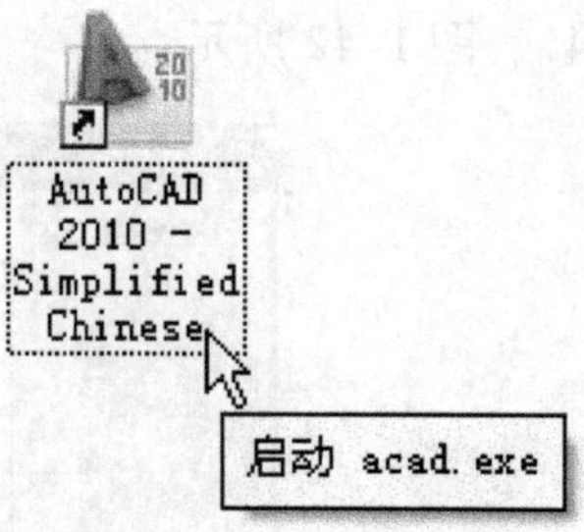

图 1-38 双击桌面图标启动 AutoCAD 软件

『软件知识』2 关闭 AutoCAD 软件的七种方式

A. 单击关闭按钮，见『操作』2。

B. 单击软件窗口应用程序菜单的“退出 AutoCAD”按钮。

C. 在软件窗口标题栏中段单击右键，在弹出的系统菜单中单击“关闭”菜单项。

D. 单击“文件”菜单的“退出”菜单项。

E. 按 <Alt + F4> 快捷键。

F. 按 <Ctrl + Q> 快捷键。

G. 在命令行执行“Quit”命令。

『操作』2 单击“关闭”按钮关闭 AutoCAD 软件的操作

图 1-39 单击窗口右上角“关闭”按钮关闭 AutoCAD 软件

图 1-40 关闭文件时弹出保存提示

单击 AutoCAD 软件窗口右上角标题栏右端的“关闭”按钮，如图 1-39 所示，关闭软件。

『软件知识』3 关闭图形文件时提示保存或放弃修改

在关闭图形文件时，如果图形文件中的图形已经修改，则在退出前 AutoCAD 会提示保存或放弃所作的修改，如图 1-40 所示。

『软件知识』4 关闭 AutoCAD 软件时将先关闭所有的图形文件

关闭 AutoCAD 软件时，将先关闭所有的图形文件，然后再关闭软件。

2. AutoCAD 软件的文件操作

『软件知识』5 AutoCAD 软件常用的基本文件操作为新建、打开、保存和关闭

A. 新建——新建图形文件。

B. 打开——打开已有的图形文件。

C. 保存——将所编辑的文件保存为磁盘文件，又称存盘。

D. 关闭——关闭图形文件。

『特别注意』1 打开文件不要点击“新建”按钮，新建文件不要点击“打开”按钮

3. 图形文件的新建、打开、保存与关闭

『操作』3 使用图形样板文件新建图形文件的操作

1#，新建 CtrlN，启动新建图形文件命令：单击“标准”工具栏的“新建”按钮（图 2-18），或按 <Ctrl + N> 快捷键启动新建图形文件命令，弹出“选择样板”对话框，如图

1-41、图 1-42 所示。

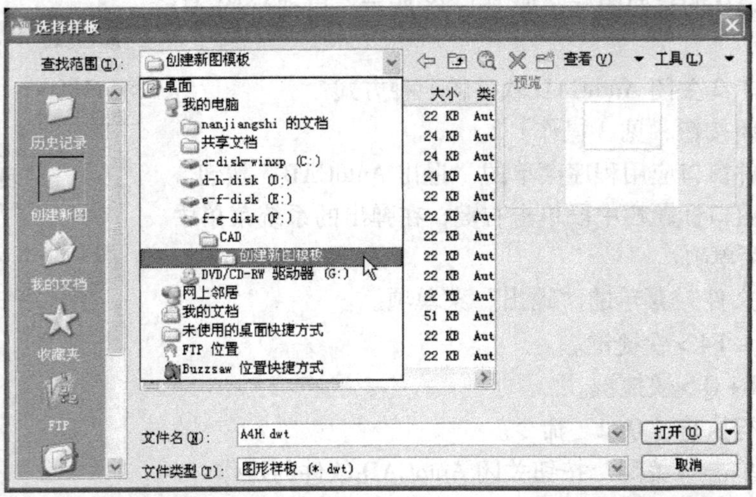

图 1-41　新建图形文件，“选择样板”对话框，定位样板文件文件夹路径位置

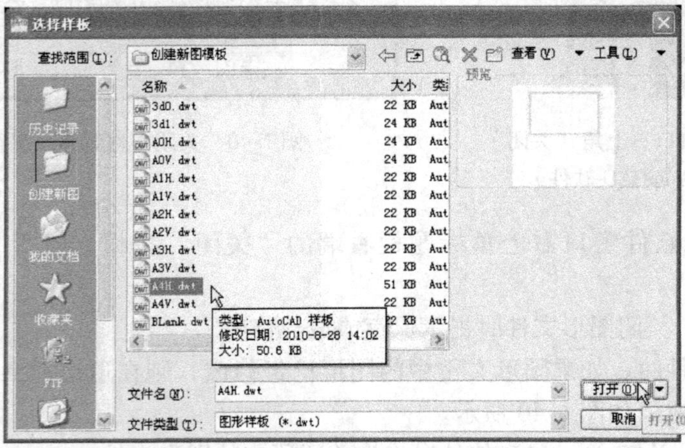

图 1-42　选择、预览并打开样板文件

2#，定位，定位图形样板文件的路径位置：在“选择样板”对话框的查找范围和文件夹文件列表框中，定位保存样板文件的文件夹路径位置，如图 1-41 所示。

3#，样板，预览并选择合适的图形样板文件：在“选择样板”对话框的文件夹文件列表框中，可以单击预览样板文件，也可以用上下键移动光标预览样板文件，并选择所需要的图形样板文件，如图 1-42 所示。

4#，打开：单击“打开”按钮（图 1-42），新建图形文件。

『操作』4 打开已有图形文件的操作

1#，打开 CtrlO，启动打开图形文件命令：单击“标准”工具栏的“打开”按钮（图 2-18），或按 < Ctrl + O > 键启动打开图形文件命令，弹出“选择文件”对话框，如图 1-43、图 1-44 所示。

2#，定位，定位图形文件的路径位置：在“选择文件”对话框的查找范围和文件夹文

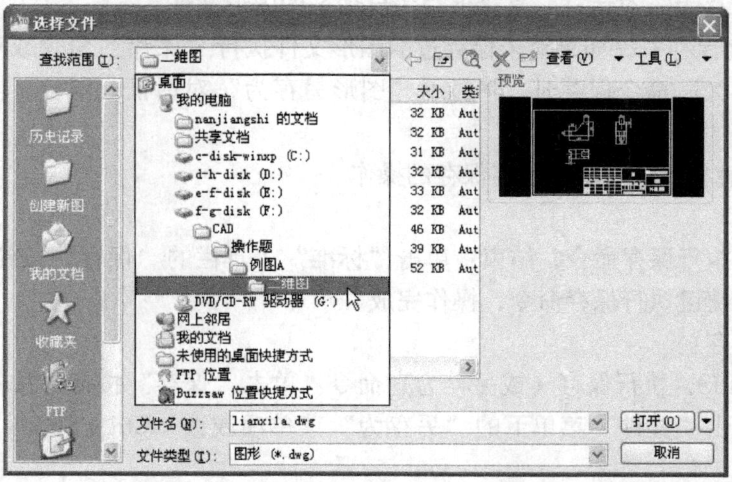

图1-43　打开图形文件，“选择文件”对话框，定位图形文件文件夹路径位置

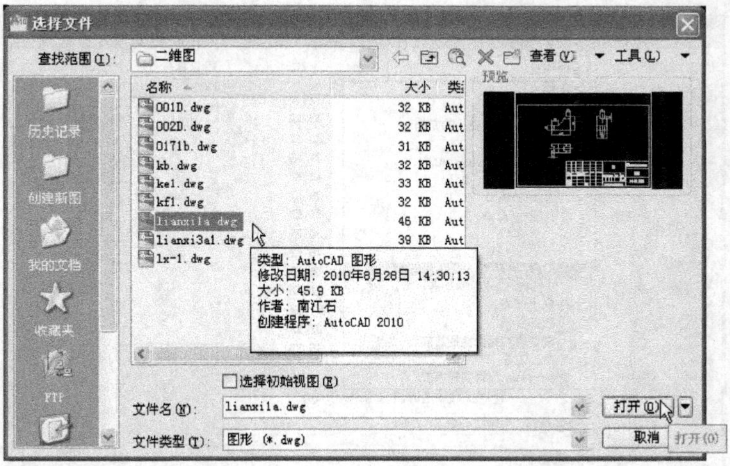

图1-44　选择、预览并打开图形文件

件列表框中，定位图形文件的文件夹路径位置，如图1-43所示。

3#，文件，预览并选择图形文件：在“选择文件”对话框的文件夹文件列表框中，可以单击预览图形文件，也可以用上下键移动光标预览图形文件，找到所要打开的文件，如图1-44所示。

4#，打开：单击“打开”按钮（图1-44），打开图形文件。

『特别提示』1　新建文件为“选择样板”对话框，打开文件为“选择文件”对话框

『特别注意』2　不要两次或多次同时打开同一个图形文件

两次或多次同时打开同一个图形文件，第二次及之后打开的图形文件都是“只读”的，图形文件被写保护，修改后不可以保存。

『特别提示』2　被写保护的图形文件可以另存为到其他位置保存或改名保存

『软件知识』6　保存分为直接保存与定位赋名保存

A. 直接保存——如果图形文件已命名并保存过，则执行“保存”命令保存图形时，将

不显示“图形另存为”对话框，直接保存为已命名的图形文件。

B. 定位赋名保存——如果对未保存过的图形文件执行“保存”命令或对保存过的图形文件执行“另存为”命令保存时，将显示“图形另存为”对话框，定位、输入文件名并保存为图形文件。

『操作』5 直接保存与定位赋名保存的操作

直接保存：

1#，保存，执行保存命令，结束：单击“标准”工具栏的“保存”按钮（图 2-18）或按 <Ctrl + S> 快捷键执行保存命令，操作完成。

定位赋名保存：

1#，保存 CtrlS，执行保存（或另存为）命令：单击“保存”按钮或按 <Ctrl + S> 键启动保存命令；单击“文件”菜单下的“另存为”菜单项或按 <Ctrl + Shift + S> 键启动另存为命令。

命令启动后，将弹出“图形另存为”对话框（图 1-45），如果是没有保存过的新建图形文件，可以赋名保存；如果是已经保存过的图形文件，可以改名保存。

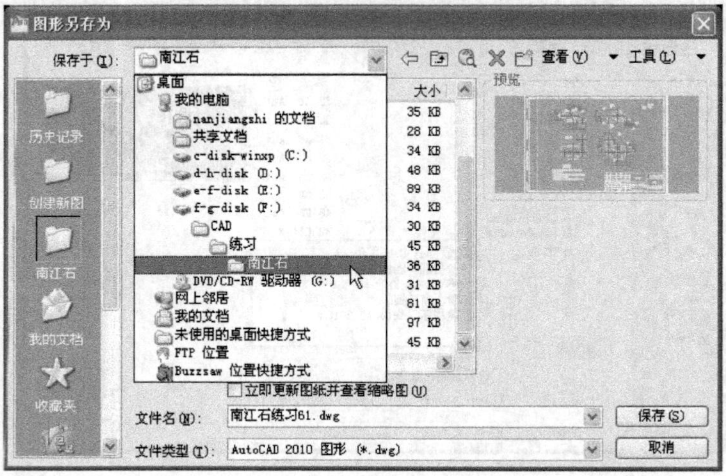

图 1-45　保存文件，“图形另存为”对话框，定位保存文件的文件夹

2#，定位，定位图形文件的保存位置：在“图形另存为”对话框的“保存于”栏和文件夹文件列表框中，定位保存图形文件的文件夹路径位置（图 1-45）。

3#，赋名，给定保存文件的文件名：在对话框的“文件名”栏中，输入文件名，如图 1-46 所示。

4#，保存：单击“保存”按钮（图 1-46），保存图形文件。

『操作』6 在文件对话框中定位文件保存的文件夹的操作

先在文件对话框搜索栏中单击定位文件所在的硬盘分区，然后在文件栏中按路径一级一级双击进入，定位文件的最终文件夹位置，如图 1-41、图 1-43、图 1-45 所示。

『特别注意』3 一定要记住保存文件的文件夹的路径位置

在保存文件时，一定要记住保存文件的文件夹的路径位置，避免“找不到”文件。

『特别提示』3 用“学号 + 姓名”建立文件夹保存文件

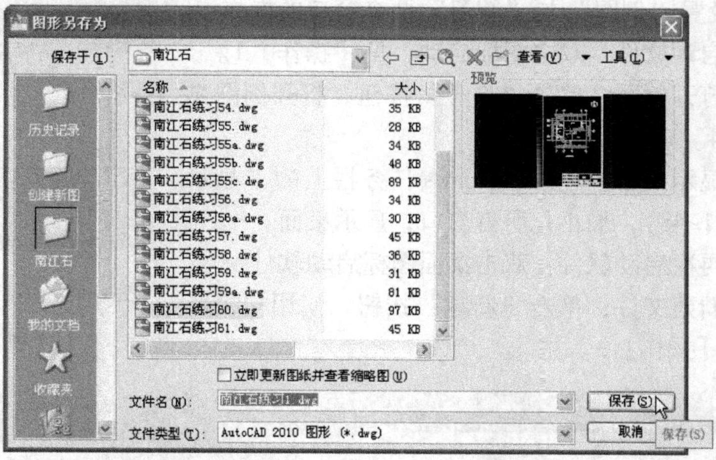

图1-46 保存文件，定位保存文件的最终文件夹，赋名，保存

建议学生在教师指定的硬盘分区上建立一个以“学号+姓名”命名的文件夹，将文件保存于该文件夹中。

『特别提示』4 用“学号+姓名+顺序号”作为文件名保存文件

例如，保存文件的文件名为“09131460南江石01”。

『软件知识』7 关闭图形文件的五种方式

下列A、B、C、D方式为关闭当前图形文件，E方式为关闭全部图形文件。

A. 单击文件窗口的“关闭”按钮。

B. 单击文件窗口系统菜单的“关闭”菜单项。

C. 单击“文件”菜单的“关闭”菜单项。

D. 在命令行执行“Close”命令。

E. 在命令行执行“CloseALL”命令，关闭全部图形文件。

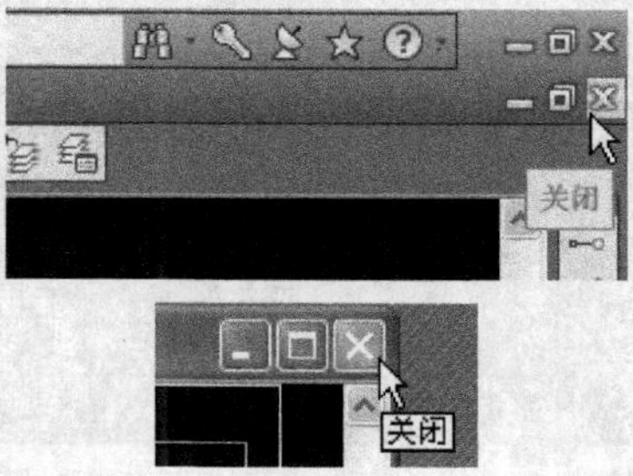

图1-47 单击文档窗口的“关闭”按钮关闭文件

『操作』7 单击文档窗口的关闭按钮进行关闭文件的操作

单击文档窗口右上角的“关闭”按钮（图1-47），关闭图形文件。

在关闭文档时，对于修改过的图形文件会弹出保存提示，如图1-40所示。

『特别注意』4 关闭图形文件或关闭软件时一定要看清楚对话框的提示信息

不看清楚对话框的提示信息就随意单击“否（N）”按钮，将会造成图形文件改动的丢失。

4. 设置“例图”和“练习”两个窗口及切换窗口的操作

『特别提示』5 设置“例图”和“练习”两个窗口，方便对照例图进行操作练习

可以分两次启动AutoCAD软件，打开两个AutoCAD窗口，在其中一个窗口中打开例图电子文件，在另一个窗口中新建练习图形文件，然后进行两个窗口的切换，可以方便地对照例图进行操作练习。当然，也可以将两个窗口左右平铺进行对照练习，如图1-49所示。

『操作』8 设置“例图”与“练习”两个窗口的操作

1#，启动，启动软件：双击图标启动，见『操作』1。

2#，打开，打开例图：单击“打开”按钮，打开例图文件，见『操作』4。

3#，桌面，显示桌面：单击 Windows 任务栏上的“显示桌面”按钮（图 1-48），最小化所有窗口，显示桌面。

4#，再启，再次启动软件：双击桌面图标启动软件。

5#，新建，新建文件：单击“新建”按钮，使用样板新建练习文件，见『操作』3。

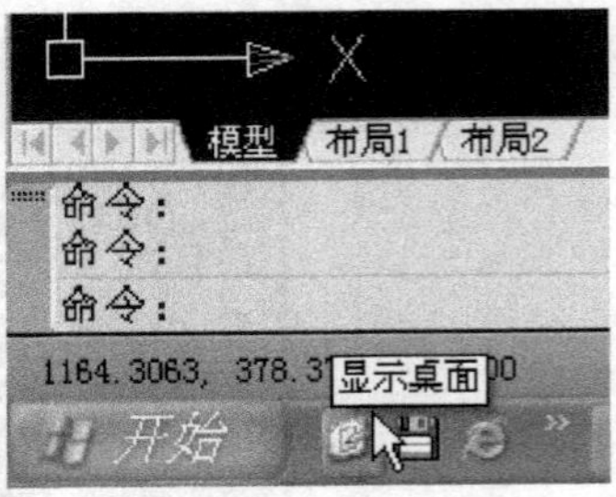

图 1-48　单击任务栏“显示桌面”按钮

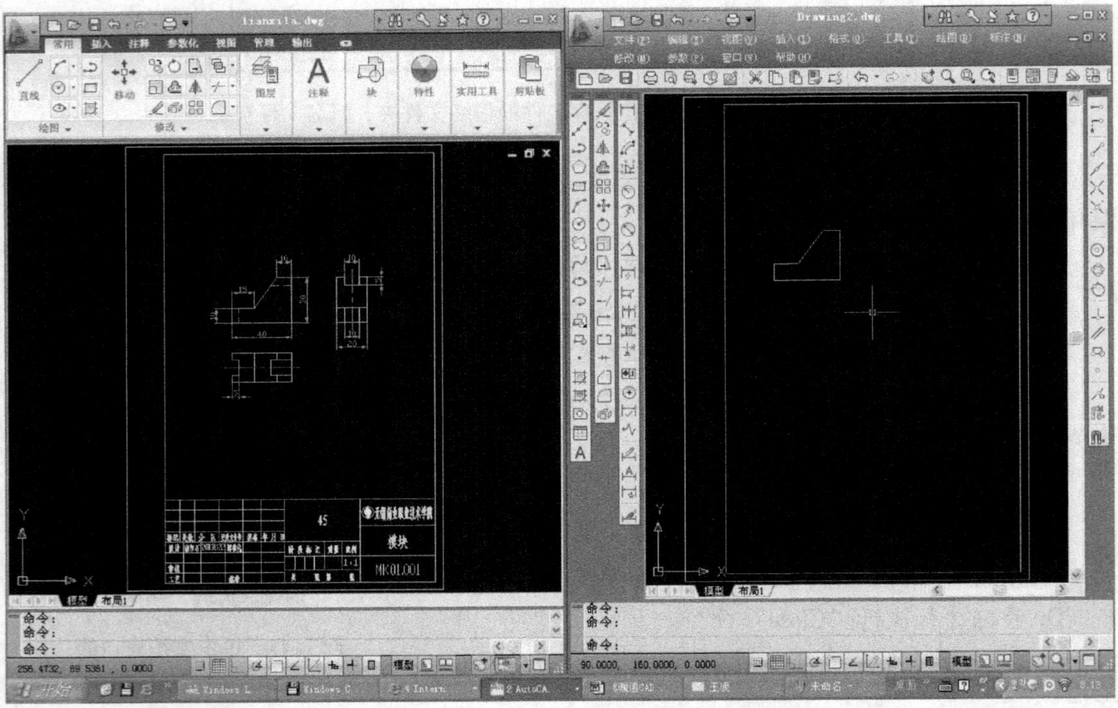

图 1-49　平铺例图窗口与练习窗口进行对照操作练习

『软件知识』8 切换“例图”和“练习”窗口的两种操作方式

A. 单击 Windows 任务栏上的按钮切换，如图 1-50 所示。

图 1-50　单击 Windows 任务栏上的按钮切换软件窗口

B. 使用 <Alt + Tab> 快捷键切换，按住 <Alt> 键，然后单击 <Tab> 键，进行软件窗口的切换，如图 1-51 所示。

5. 绘制直线

『操作步骤方法』1 绘制直线的步骤方法

1#，直线——启动直线命令。

2#，点，第一点/前一点——输入一点或按<Enter>键，或已经输入了前一点。

3#，拉伸——拉动光标，出现上一点到光标的皮筋线，皮筋线指示出直线的方向和位置，同时也指示出下一点的方向和距离。

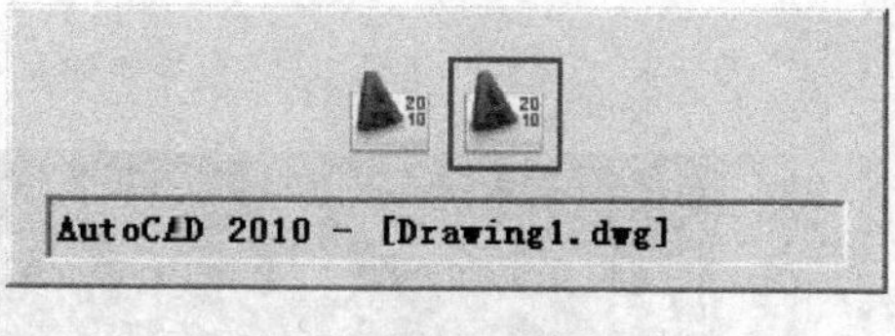

图1-51 用<Alt + Tab>快捷键切换软件窗口

4#，选项/点，U/C/下一点——输入一点或输入“U”放弃、“C”闭合选项。

重复3#、4#步骤，可以画出多段直线。

5#，回车——按<Enter>键结束。

『软件知识』9 输入点的十种方式

当命令提示输入点时，可以采取多种方式及其组合方式输入点。

A. 在空白处适当位置单击输入点。

B. 用坐标数据输入点。

C. 光标捕捉输入点。

D. 对象捕捉输入点。

E. 正交控制光标方向（皮筋线方向）输入点。

F. 极轴控制光标方向（皮筋线方向）输入点。

G. 对象捕捉追踪输入点。

H. 直接距离输入点——用光标确定方向（皮筋线方向）、用键盘确定距离输入点。

I. 角度控制输入点——先输入角度控制方向，再用光标确定角度控制的正反方向，然后单击或用键盘确定距离输入点。

J. 对象捕捉、极轴、追踪等综合输入点。

『软件知识』10 绘制直线时“U”选项放弃

绘制直线时，对于刚输入的上一点及刚画出的上一段线段的取消改正，不需要中断或结束直线命令，在提示“指定下一点或［放弃（U）]：”时，输入“U”选项，即可放弃上一点的输入，放弃上一段直线的绘制。

『特别提示』6 对刚画的上一段线段的改正，应当使用“U”选项放弃，然后重画

『软件知识』11 绘制直线时“C”选项闭合

绘制直线时，在提示“指定下一点或闭合（C）/放弃（U）”时，输入“C”选项，表示将第一点作为需要输入的下一点，形成闭合，并自动结束。

『特别注意』5 避免在一条线上重复画线

『操作』9 绘制单横线、单竖线的操作

1#，直线 L，启动直线命令：单击绘图工具栏上“直线”按钮（图2-19），或在命令行输入“Line”或“L”命令，按<Enter>键，启动直线命令。

2#，点，输入第一点：在适当位置单击输入第一点，如图1-52、图1-53所示。

3#，横竖，向左、向右或向上、向下拉动光标：用正交或极轴控制光标方向，向左180°方向或向右0°方向拉动光标，并出现水平皮筋线，如图1-52所示，向上90°方向或向下270°方向拉伸光标，并出现竖直皮筋线，如图1-53所示。

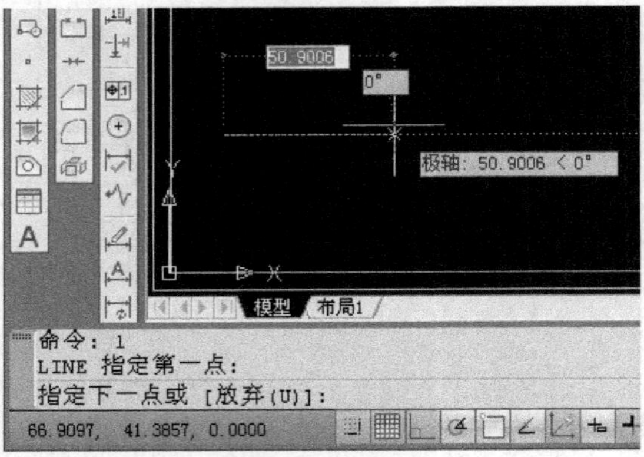

图 1-52　绘制水平横线，输入第一点，向右拉动光标，对齐极轴 0°方向

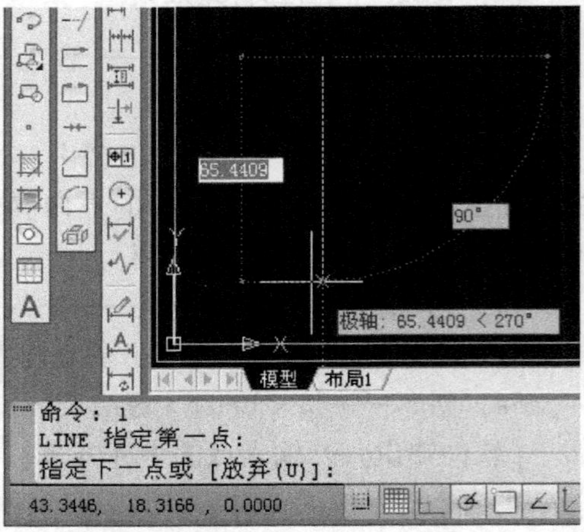

图 1-53　绘制铅垂竖线，输入第一点，向下拉动光标，对齐极轴 270°方向

4#，点，输入下一点：将光标拉动到适当位置，单击输入第二点。

5#，回车，按 <Enter> 键结束。

『操作』10　给定两点绘制单线（横线、竖线、斜线）的操作

1#，直线 L 启动直线命令。

2#，定点，输入第一点：捕捉输入中横线与左二竖线的交点，见『操作』11，作为直线的第一点，如图 1-54 所示。

3#，拉伸，向右上方拉动光标。

4#，定点，输入第二点：捕捉输入上横线与右二竖线的交点（图 1-55），作为直线的第二点。

5#，回车，按 <Enter> 键结束。

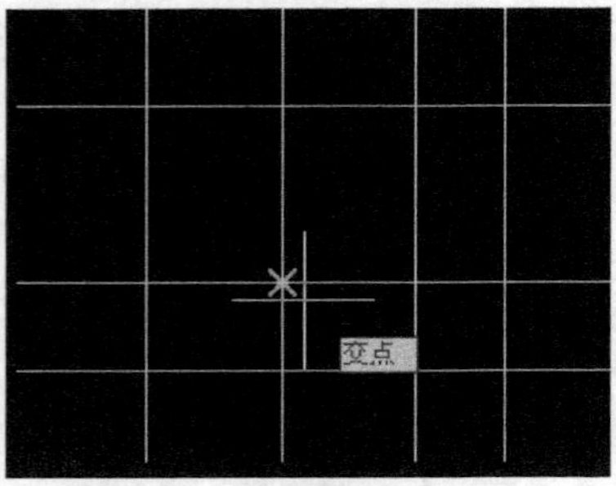

图 1-54　斜直线第一点捕捉交点

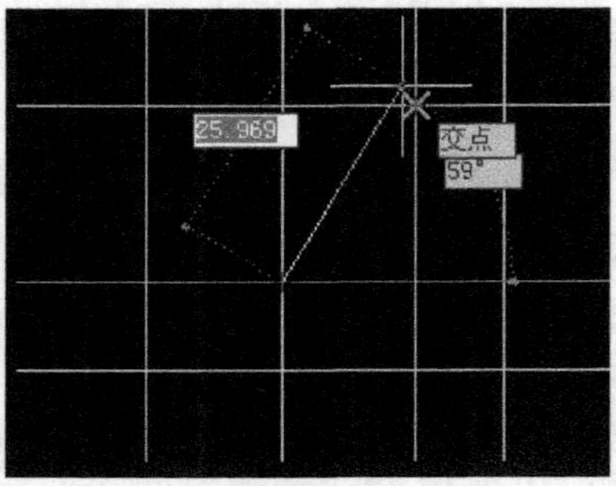

图 1-55　斜直线第二点捕捉交点

『操作』11　用对象捕捉输入图形对象上的特征点的操作

1#，捕捉——启用捕捉：启用自动捕捉（图 2-46），或在对象捕捉工具栏上单击所需的按钮（图 2-22），使用临时捕捉。

2#，捕捉点——靠近捕捉：将光标靠近或贴在需要捕捉的点上，或将光标靠近弧线或圆时，会出现对象捕捉提示的黄色符号，光标停留 3s，还会出现捕捉的文字提示：

交点捕捉显示“×”符号，文字提示“交点”，如图1-55所示。

端点捕捉显示“□”符号，文字提示“端点”，如图1-58、图2-50所示。

中点捕捉显示“△”符号，文字提示“中点”，如图2-51所示。

圆心捕捉显示“○”符号，文字提示“圆心”，如图2-52所示。

3#，输入点——单击输入：在出现捕捉提示时，单击鼠标左键，输入捕捉到的特征点。

『特别提示』7　在画直线时，不要按住鼠标左键不放

在画直线时，单击输入一点后，应松开鼠标左键，拉动鼠标到要输入的下一点位置时，再单击鼠标。特别注意，在单击输入一点后移动鼠标时，不要按住鼠标左键不放。

『特别注意』6　画水平横线或铅垂竖线时，一定要打开正交控制或极轴控制

『操作』12　自捕捉点绘制单横线、单竖线的操作

1#，直线L，启动直线命令。

2#，定点，输入第一点：捕捉输入第一点，如捕捉输入下横线的左端点（图1-56）或输入右竖线的上端点（图1-58）。

3#，横竖拉动光标：向上、向下或向左、向右拉动光标。

4#，点，输入下一点。

5#，回车，按<Enter>键结束，如图1-57、图1-58所示。

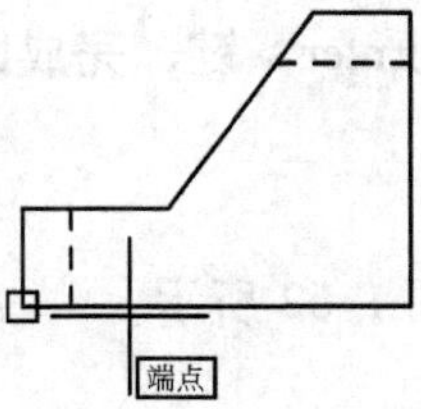

图1-56　第一点捕捉输入下横线的左端点

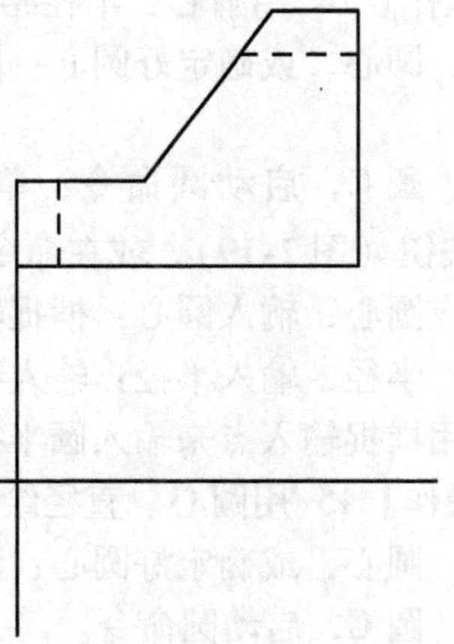

图1-57　画横线，自端点向下画竖线

『操作』13　绘制两弧圆公切线的操作

1#，直线L，启动直线命令。

2#，切点，第一点切点，捕捉输入一弧圆的切点：先单击对象捕捉工具栏上的“捕捉到切点”按钮（图2-22），然后将光标靠近圆弧捕捉切点，出现“递延切点”的提示（图1-59）时，单击输入捕捉的切点。

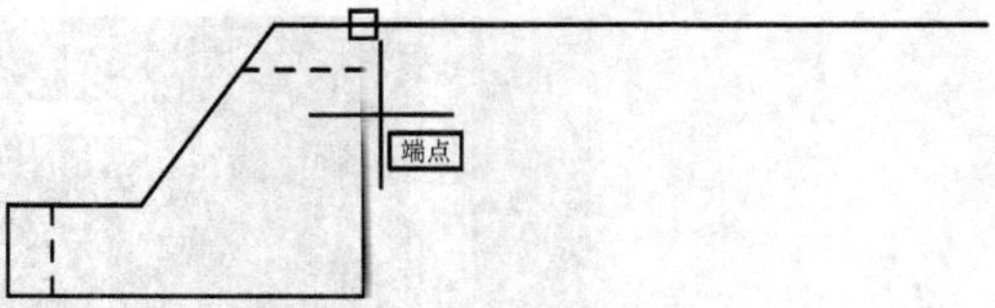

图1-58　捕捉主视图右竖线上端点向右画横线

3#，切点，下一点切点，捕捉输入另一弧圆的切点：再次单击对象捕捉工具栏上的“捕捉到切点”按钮，然后将光标靠近另一圆弧捕捉切点，出现“递延切点”的提示时，单击左键输入捕捉的切点，画出两圆弧的公切线（图1-60）。

4#，回车，按 <Enter> 键结束。

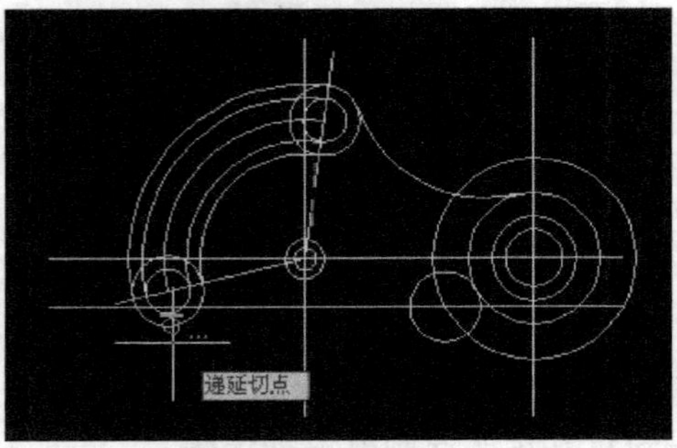

图 1-59　画两弧圆的公切线，
第一点捕捉输入递延切点

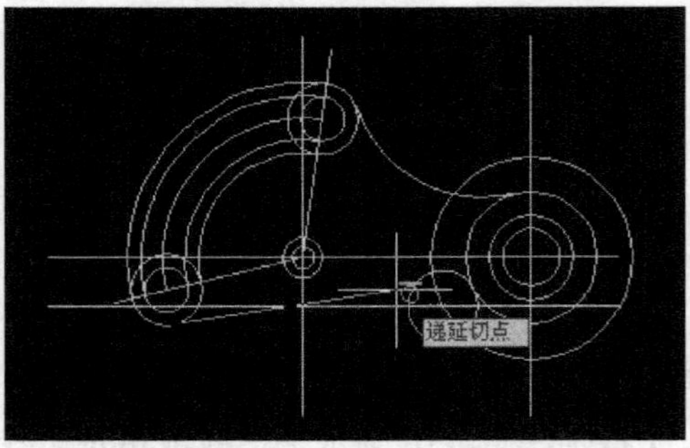

图 1-60　画两弧圆的公切线，
第二点捕捉输入递延切点

『软件知识』12　递延切点、递延交点等，是待定的对象捕捉点

递延切点、递延交点等，是待定的对象捕捉点，是需要根据后续补充条件或前定条件才能最后确定的点。

6. 绘制圆

『操作』14　用圆心、半径绘制圆的操作

0#，圆心，或确定好圆心：圆弧端点，如图1-61 所示。

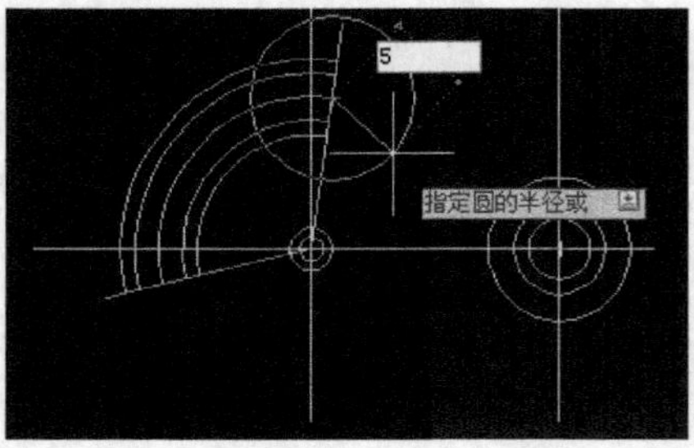

图 1-61　用圆心、半径画圆

1#，圆 C，启动圆命令：单击绘图工具栏上的“圆”按钮（图 2-19），或在命令行输入“C”，按 <Enter> 键，启动圆命令。

2#，圆心，输入圆心：捕捉输入圆弧的上端点并以之作为圆心，如图 1-61 所示。

3#，半径，输入半径：输入半径 5（图 1-61），按 <Enter> 键，完成圆的绘制，自动退出；或用捕捉输入点来输入圆半径（图 4-49）。

『操作』15　用圆心、直径绘制圆的操作

0#，圆心，或确定好圆心：画一横线、一竖线，如图 1-62 所示。

1#，圆 C，启动圆命令。

2#，圆心，输入圆心：捕捉输入横竖线的交点作为圆心。

3#，D，在命令行输入“D”直径选项：如图 1-62 所示。

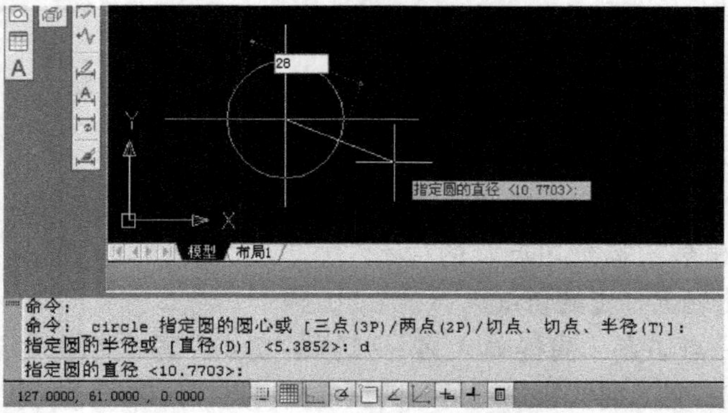

图 1-62　用圆心、直径画圆

4#，直径，输入直径：输入直径28（图1-62），按 < Enter > 键，完成圆的绘制，自动退出。

『特别提示』8 已有一圆，要画其同心圆，应捕捉输入其圆心作为同心圆的圆心

7. 偏侧复制（偏移）

『操作』16 定距偏侧复制（偏移）的操作

1#，偏移O，启动偏移命令：单击修改工具栏的“偏移”按钮（图2-20），或在命令行输入“O”，按 <Enter> 键，启动偏移命令。

2#，距离，输入偏移距离：在命令行提示“指定偏移距离”时输入距离“30”，如图1-65所示。

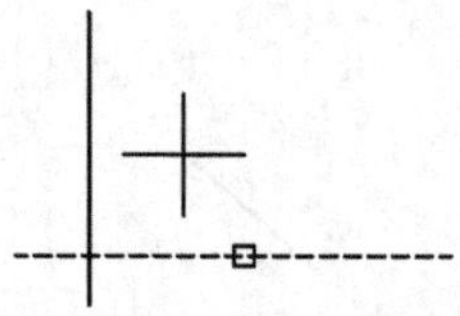

图1-63 偏侧复制（偏移）选择横线，在横线上方单击，指定向上偏侧复制

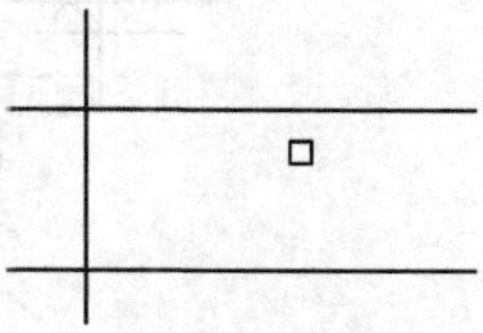

图1-64 完成横线向上的偏侧复制

3#，对象，选择偏移对象：选择偏侧复制的图形对象，如选择横线，如图1-63所示。

4#，方向，指定偏侧方向：命令行提示“指定点”时（图1-65），光标移动到图形对象的某一侧，单击输入一点，指定偏侧复制的方向。例如在横线的上方单击（图1-63），指定横线向上偏侧复制（图1-64）；在横线的下方单击（图1-65），则指定向下偏侧复制。

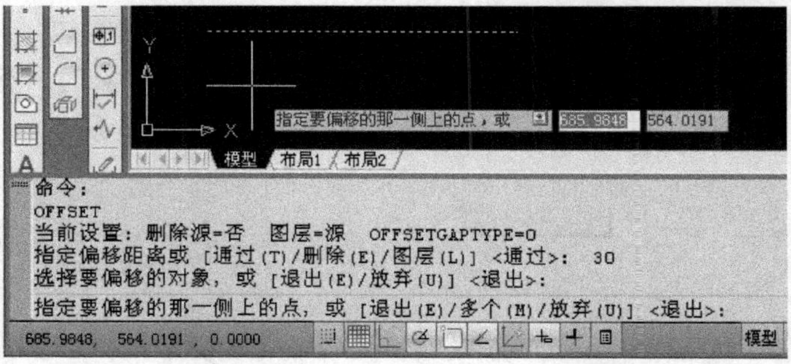

图1-65 输入偏移距离，在横线下方单击，指定向下偏侧复制

重复执行3#、4#步骤，可以用相同距离对多个图形对象进行偏侧复制。

5#，回车，按 <Enter> 键结束。

8. 圆角、尖角、倒角与圆弧连接

『概念』1 尖角

两线（直线、曲线、圆弧、椭圆弧、圆、椭圆等）交于一点，且该交点为两线的端点或为其中一线的端点时，两线所形成的角为尖角。

『软件知识』13 当圆角半径为0时，所作的圆角为尖角

『软件知识』14 两直线作倒角，当两个倒角距离均为0时，所作的倒角为尖角

『概念』2 实交点

两条线相交，并且有实际的交点，如图 1-66 所示。

『概念』3 虚交点

两条线不相交，没有实际的交点，但其中一条线延长或两条线都延长时，两条线相交，如图 1-67 所示。

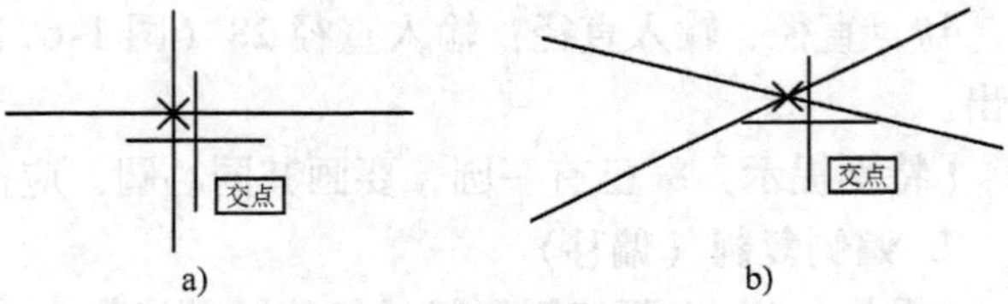

图 1-66　两条线的实交点

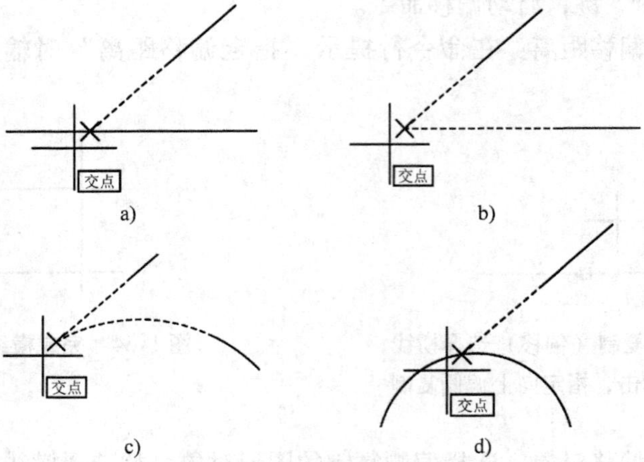

图 1-67　两条线的虚交点

『软件知识』15 两线有实交点或虚交点时可以作尖角

『软件知识』16 两线既没有实交点也没有虚交点则不可以作尖角

『特别提示』9 圆角、尖角、倒角操作的要点——保留哪边选哪边

在作圆角、尖角、倒角时，要得到需要的“角”，在选择对象时，应以两线的交点为界，按“保留哪边选哪边”的口诀进行操作，如图 1-68～图 1-75 所示。

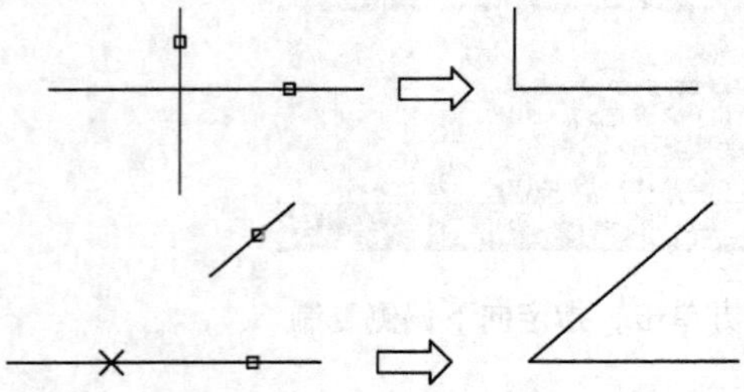

图 1-68　选择两线交点的上边和交点的右边，得到左下尖角

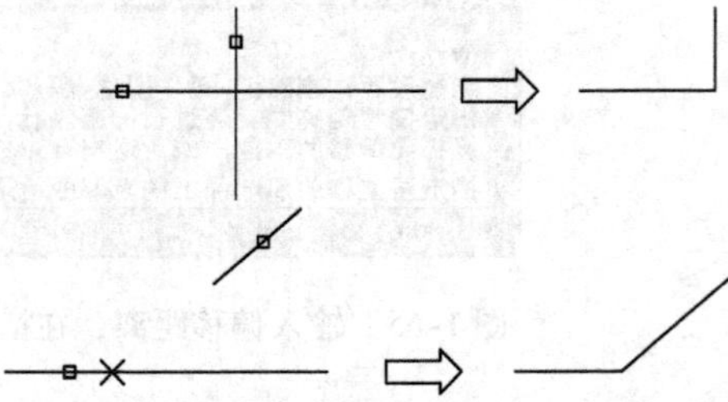

图 1-69　选择两线交点的上边和交点的左边，得到右下尖角

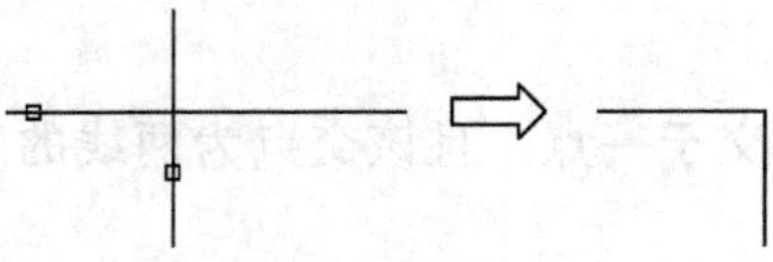

图 1-70　选择两线交点的下边和交点的左边，得到右上尖角

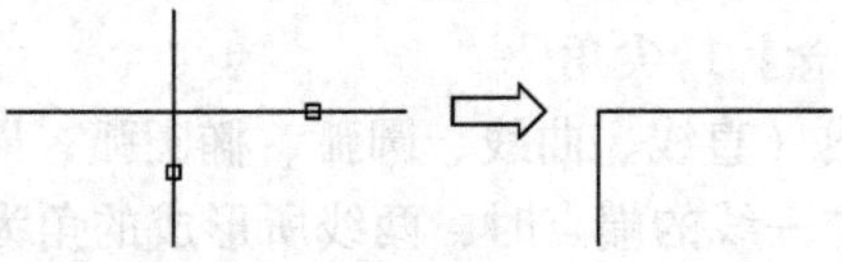

图 1-71　选择两线交点的下边和交点的右边，得到左上尖角

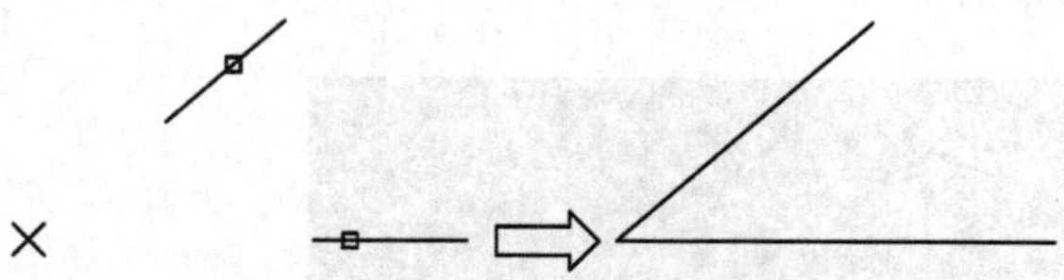

图1-72 选择两线，得到左下尖角

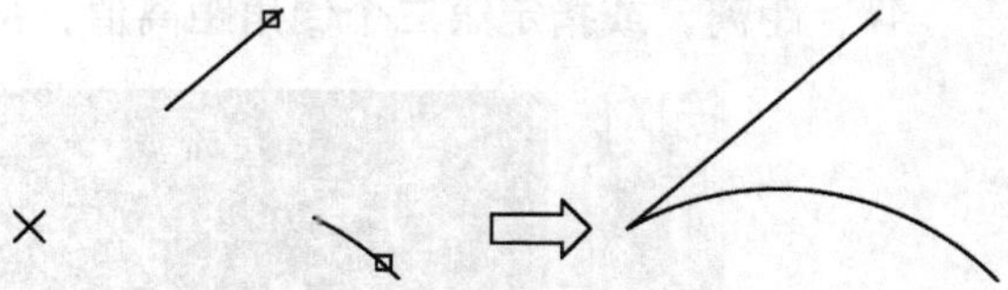

图1-73 选择两线，得到左下尖角

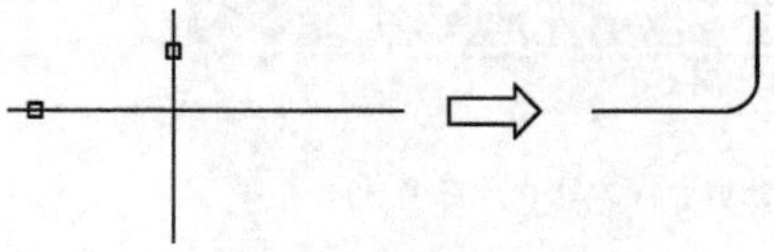

图1-74 选择两线交点上边和交点的左边，得到右下圆角

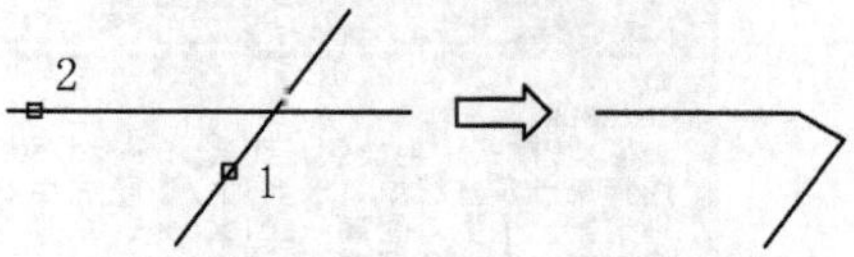

图1-75 选择两线交点下边和交点的左边，得到右上倒角

『操作』17 尖角操作——圆角 F，R，0，对象，对象

『操作』18 圆角操作

1#，圆角 F，启动圆角命令：单击修改工具栏的“圆角”命令按钮（图2-20），或在命令行输入“F”，按 <Enter> 键，启动圆角命令。

2#，R，或输入“R”选项修改圆角半径：如图1-76、图1-78 所示。

3#，半径，或给定圆角的圆弧半径值：0（图1-76）或5（图1-78）。

4#，对象，选择第一个对象：如图1-68～图1-74、图1-77、图1-78 所示。

5#，对象，选择第二个对象：如图1-68～图1-74、图1-77、图1-78 所示，完成后自动退出。

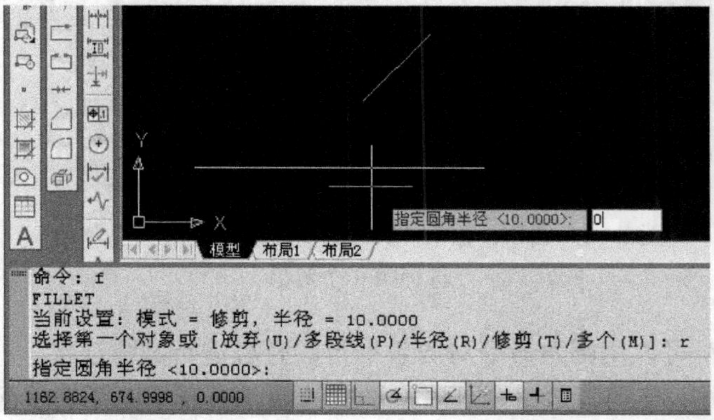

图1-76 圆角，输入“R”选项，指定圆角半径为0，作尖角

『操作』19 倒角操作

1#，倒角 Cha，启动倒角命令：单击修改工具栏的“倒角”命令按钮（图2-20），或输入“CHA”，按 <Enter> 键，启动倒角命令。

2#，D，或输入“D”选项修改倒角距离：如图1-77 所示。

3#，距离，或指定第一个倒角距离值：例如5。

4#，距离，或指定第二个倒角距离值：例如10。

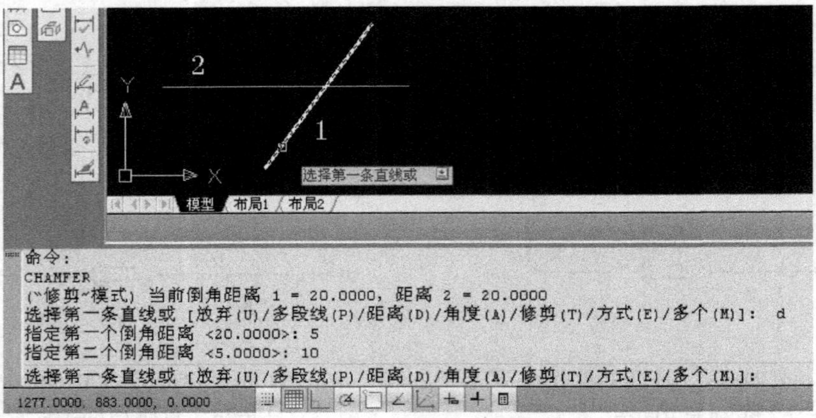

图1-77 倒角，输入“D”选项，指定倒角距离为5、10，选择第一条直线

5#，对象，选择第一个对象：如图1-75、图1-77所示。

6#，对象，选择第二个对象：如图1-75、图1-77所示，完成。

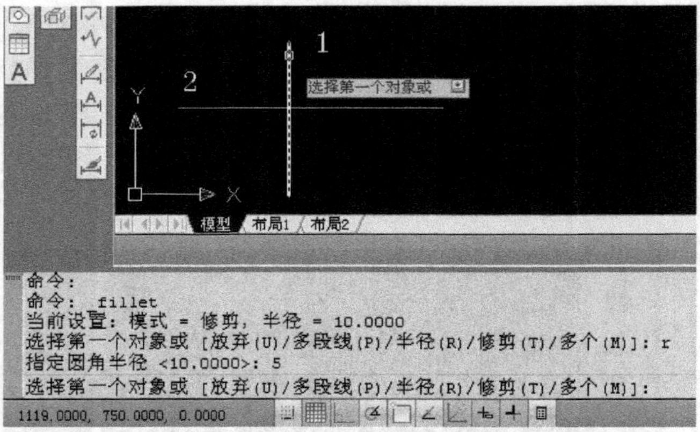

图1-78 圆角，输入“R”选项，指定圆角半径为5，选择第一个对象

『软件知识』17 可以用圆角命令对两条平行的直线进行圆弧连接

两条直线平行时，使用圆角命令可以将平行的两条直线用圆弧连接起来，且不论圆角半径或两平行线距离是多少，均可以实行圆弧连接，如图1-79所示。

『操作』20 两平行直线圆弧连接的操作

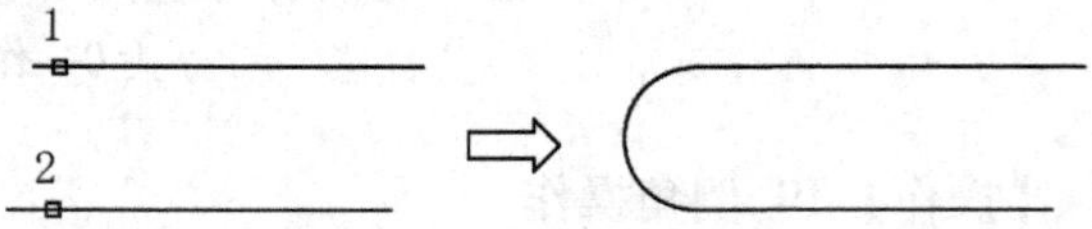

图1-79 圆角，作两条平行线直线的圆弧连接

1#，圆角F，启动圆角命令。

2#，对象，选择第一个对象：选择一条直线，如图1-79所示。

3#，对象，选择第二个对象：选择另一条直线，如图1-79所示，完成。

9. 选择图形对象

使用修改类命令对图形对象进行编辑操作时，需要选择已有的图形对象。所有已选择的图形对象的集合称为选择集，选择对象称为构造选择集，构造选择集的方式方法即选择对象的方式方法。

『软件知识』18 常用选择对象的方式有拾取、窗口、窗交、自动、栏选 F 等

『软件知识』19 拾取选择与单击选择——直接选择图形对象

直接拾取选择——当命令行提示选择对象时，光标会改变成“对象选择目标框”或“拾取框”的小方框，将拾取小方框光标移动到要选择的对象上，单击拾取图形对象进行直接选择，如图 1-80a 所示；在软件待命状态，可以用带小方框的“十字点选光标”直接单击对象选择，如图 1-80b 所示。

『软件知识』20 窗口选择——选择包含在窗口框线内的图形对象

窗口选择——用光标在要选择对象区域的左上角或左下角空白处单击，然后向右下角或右上角拉出矩形实线框，实线框框线内的图形对象将被选择，与实框线相交和在框线外的图形对象不被选择，如图 1-81 所示。

『软件知识』21 窗交选择——选择包含在窗口框线内和与框线相交的图形对象

窗交选择——用光标在要选择对象区域的右上角或右下角空白处单击，然后向左下角或左上角拉出矩形虚线框，虚线框框线内和与虚框线相交的图形对象将被选择，在框线外的图形对象不被选择，如图 1-82 所示。

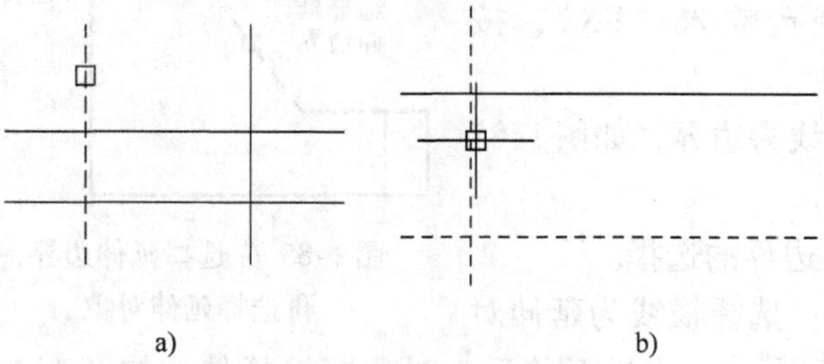

图 1-80　直接选择图形对象

a）拾取选择图形对象　b）单击选择图形对象

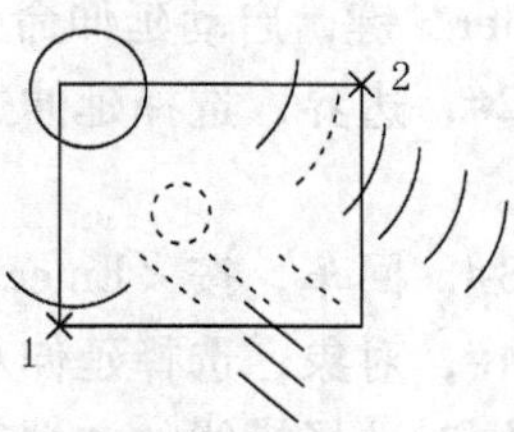

图 1-81　窗口选择图形对象

『软件知识』22 自动选择包括拾取、窗口、窗交三种选择对象方式，自动选择是 AutoCAD 软件的默认选择对象方式

自动选择是一种组合选择对象的方式，可以直接拾取选择对象，也可以自左向右拉实线框窗口选择对象，也可以自右向左拉虚线框窗交选择对象。

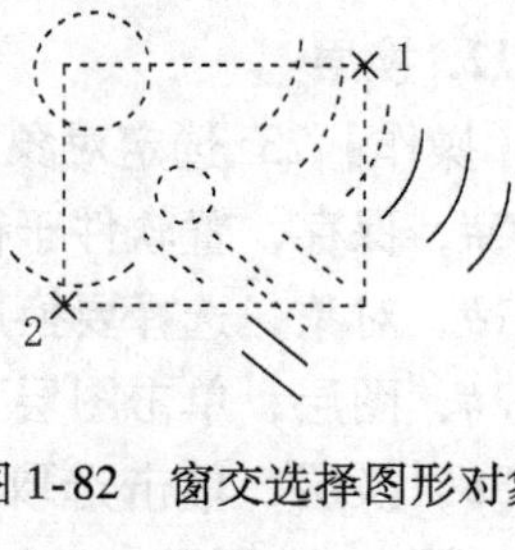

图 1-82　窗交选择图形对象

『软件知识』23 栏选 F——选择与线相交的图形对象

栏选 F——在命令行提示选择对象时，输入 F 栏选选项，用两个或两个以上在空白处单击的点拉出虚线折线，与该虚折线相交的、或者被该虚折线碰到的图形对象被选择到，见『操作』25，如图 1-95 所示。

『软件知识』24 按住 SHIFT 键选择，可以从选择集中删除对象，即取消选择

10. 删除

『操作』21 用 Delete 键进行删除的操作

0#，保存，置软件于待命状态：保存。

1#，选择，选择所要删除的对象：直接单击拾取或用窗交方式选择两条竖线，如图1-83所示。

2#，Delete，按 <Delete> 键删除：如图 1-84、图 1-83、图 1-4 所示。

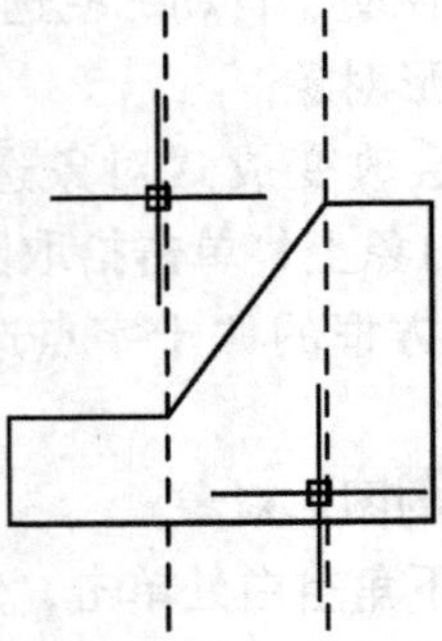

图 1-83　选择要删除的图形对象

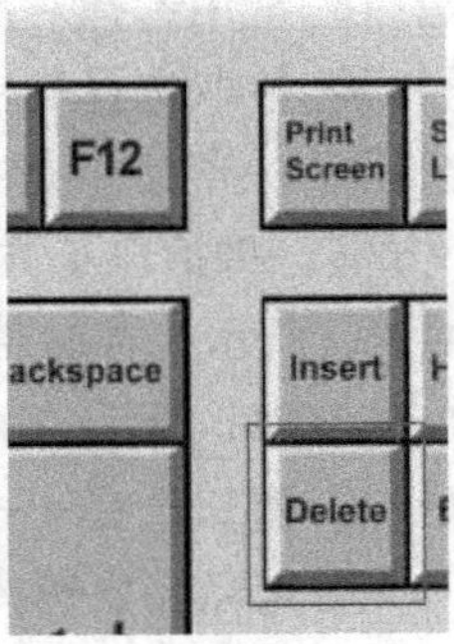

图 1-84　按 Delete 键删除

『特别提示』10　应使用删除重画的方式改正画错的地方，尽可能不要使用回退操作

11. 延伸

『操作』22　选定边界延伸的操作

1#，延伸 EX，启动延伸命令：单击修改工具栏的“延伸”命令按钮（图 2-20），或在命令行输入“EX”，按 <Enter> 键，启动延伸命令。

2#，边界，选择延伸边界：选择斜线为边界，如图 1-85 所示。

3#，回车，按 <Enter> 键结束延伸边界的选择。

4#，对象，选择延伸对象实施延伸：选择横线为延伸对象，同时选择横线的左端部，如图 1-85 所示。选择对象后，对象即被延伸，如图 1-1、图 1-7 所示。

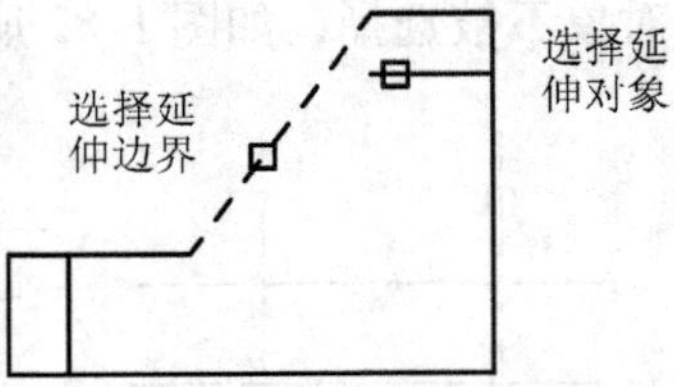

图 1-85　先选择延伸边界，再选择延伸对象

5#，回车，按 <Enter> 键结束。

12. 换层

『操作』23　选定对象换层的操作

0#，保存，置软件于待命状态：保存。

1#，对象，选择要换层的图形对象：如图 1-86 所示。

2#，图层，单击图层下拉列表框：如图 1-87、图 1-88 所示。

3#，换层，单击选取要转换到的图层的图层名进行换层：如图 1-87、图 1-88 所示。

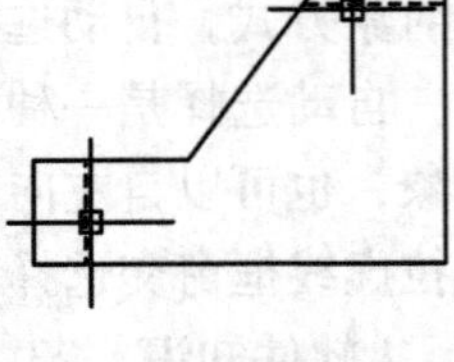

图 1-86　选择要换层的图形对象

4#，保存，执行保存完成，如图 1-1 所示。

『特别注意』7　一般不要直接修改颜色

『特别注意』8　一般不要直接修改线型

『特别注意』9　一般不要直接修改线宽

应当以图层来分类管理图形，暖通 CAD 软件也是以图层来对设备、管线等进行分类管理的，在图层中都已经对颜色、线型、线宽等进行了设置。不要在绘图时对图形对象的颜色、线型或线宽进行直接修改，应当将其都设置为“随层”，即“ByLayer”，如图 1-89、图 1-91 所示；也不要修改当前绘图环境的颜色、线型、线宽等，应当将其都设置为“随层”，即“ByLayer”，如图 1-90、图 1-92 所示。

图 1-87　单击图层工具栏的图层下拉列表框，选择图形对象要转换到的图层

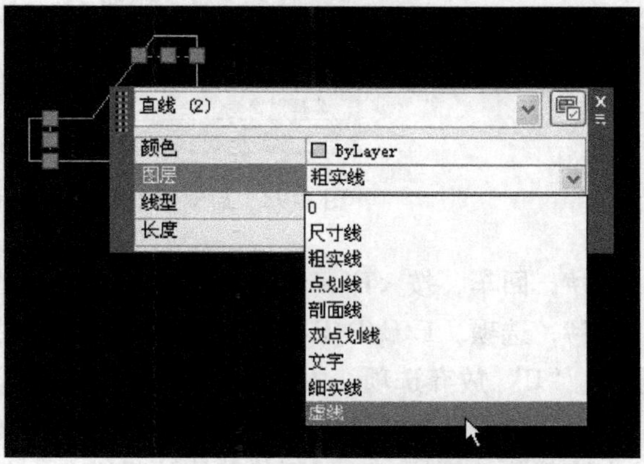

图 1-88　单击快捷特性框中的图层下拉列表框，选择图形对象要转换到的图层

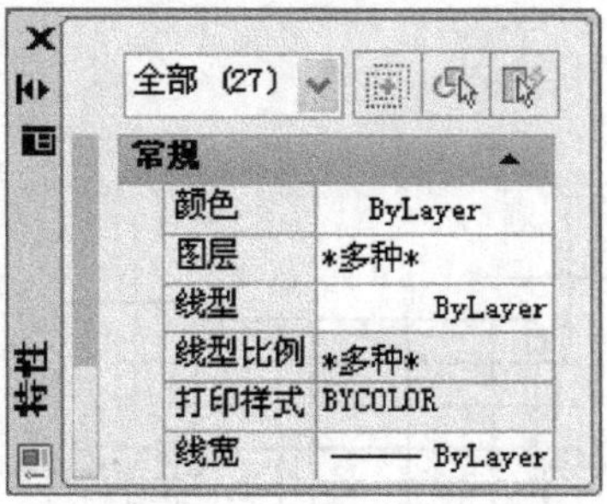

图 1-89　图形对象颜色、线型、线宽应设置为 ByLayer

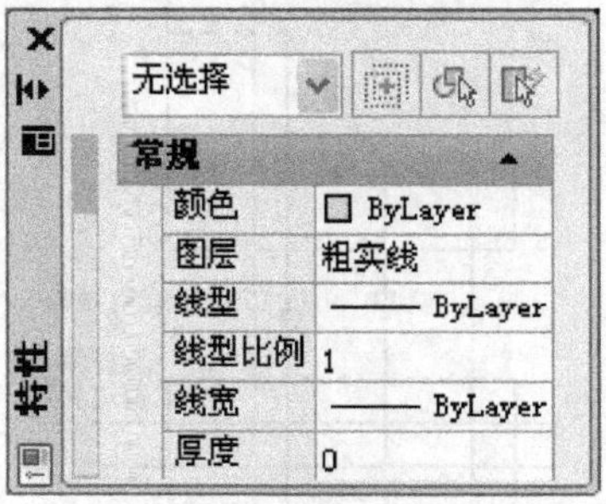

图 1-90　当前绘图环境的颜色、线型、线宽应设置为 ByLayer

图 1-91　图形对象的颜色、线型、线宽应设置为 ByLayer

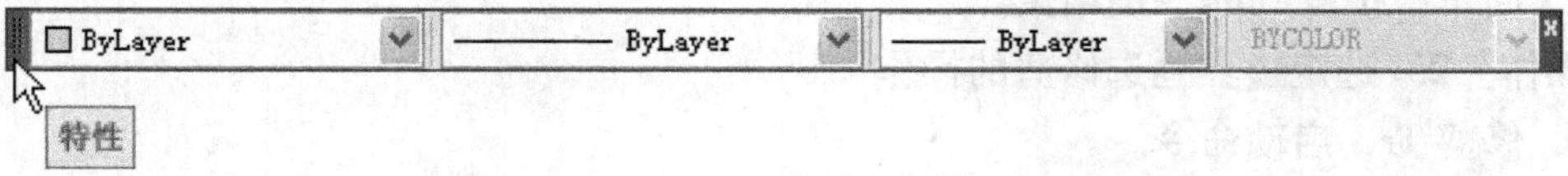

图 1-92　当前绘图环境的颜色、线型、线宽应设置为 ByLayer

13. 修剪

『操作』24 选定边界单选修剪的操作

1#，修剪 Tr，启动修剪命令：单击修改工具栏的“修剪”按钮（图 2-20），或在命令

行输入“Tr”，按<Enter>键，启动修剪命令。

2#，边界，选择修剪边界：启动命令后，命令行提示选择修剪边界，如图 1-93 所示，拾取选择俯视图上的横线为修剪边界，如图 1-94 所示。

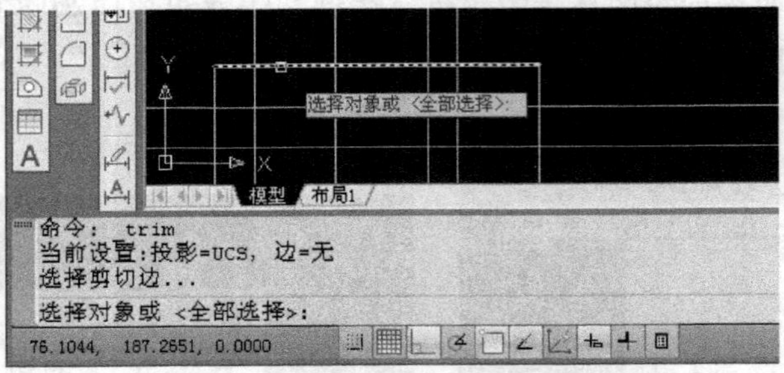

图 1-93　启动修剪命令后，命令行提示“选择剪切边”

3#，回车，按<Enter>键，结束修剪边界的选择。

4#，选项，F/C/P/E/R/U：或输入“F”栏选、“C”窗交、“P”投影、“E”边、“R”删除、“U”放弃选项，本例不作。

5#，对象，单选修剪对象：命令行提示“选择要修剪的对象”时，拾取选择修剪对象的去除部分。例如，选择要修剪掉的竖线向上长出的部分，如图 1-94 所示，将竖线修剪到上横线边界，如图 1-95 所示。

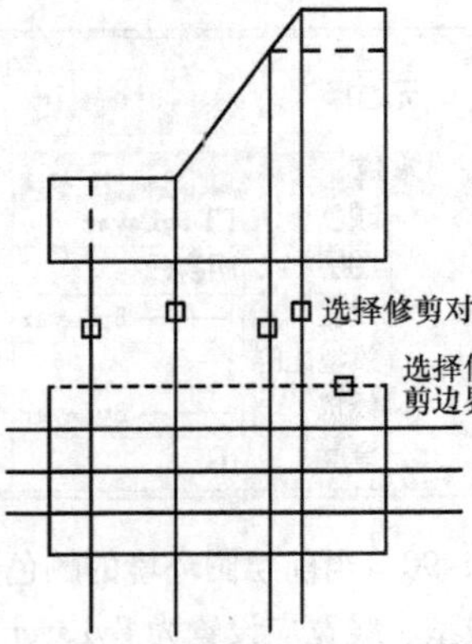

图 1-94　修剪，选择上横线为修剪边界，选择修剪掉竖线向上的长出部分

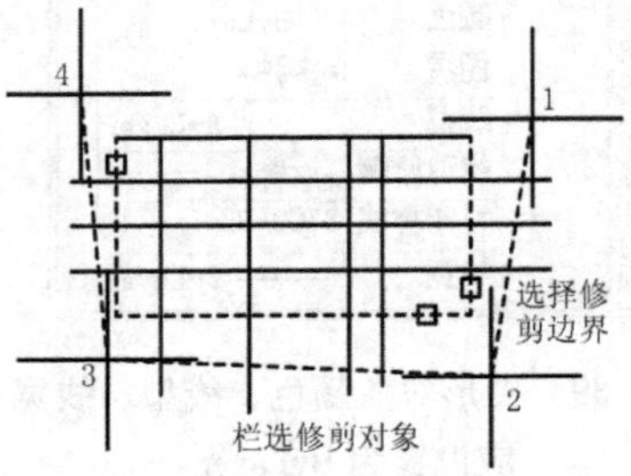

图 1-95　选择下横线左右竖线为修剪边界，栏选修剪掉横竖线的长出部分

6#，回车，按<Enter>键结束。

『操作』25 选定边界栏选修剪的操作

1#，修剪 Tr，启动命令。

2#，边界：选择俯视图下横线与左右竖线作为修剪边界，如图 1-95 所示。

3#，按<Enter>键，结束选择修剪边界。

4#，F，“F”栏选：在命令行输入“F”选项，按<Enter>键。

5#，栏选对象，拉出栏选虚线选择修剪对象：在空白处单击输入栏选第 1 点、第 2 点、第 3 点、第 4 点，拉出 3 段栏选虚线，与要修剪掉的横竖线长出部分相交，如图 1-95 所示；

按<Enter>键，修剪掉横竖线的长出边界部分，如图1-7所示。

6#，回车，结束。

『操作』26 选定边界窗交选择修剪的操作

1#，修剪Tr，启动命令。

2#，边界：选择左视图的上下横线与左右竖线作为修剪边界，如图1-96所示；又如，选择三视图的上下横线与左右竖线作为修剪边界，如图1-97所示。

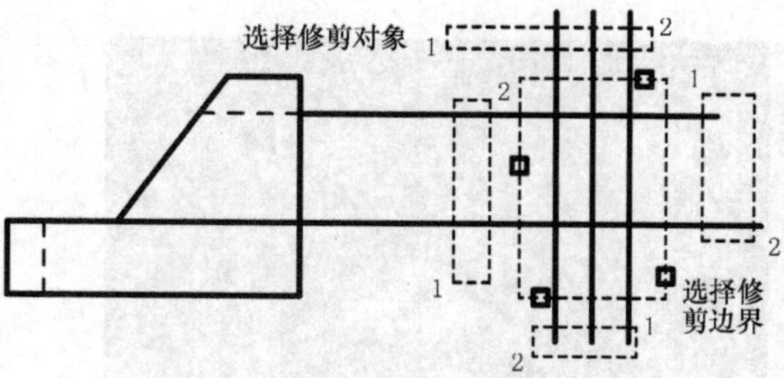

图1-96　修剪，选择边界，单击第1点、第2点窗交选择，修剪掉横竖线的长出部分

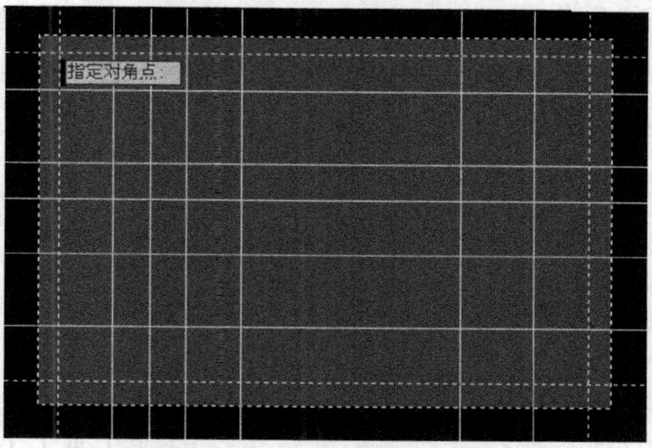

图1-97　修剪，选择上下横线左右竖线为边界，窗交选择修剪掉外围横竖线的长出部分

3#，回车，按<Enter>键，结束修剪边界的选择。

5#，窗交，窗交选择修剪对象：单击输入第1点、第2点，拉出窗交选择虚线框，与要修剪掉的横竖线长出部分相交，如图1-96、图1-97所示，单击输入第2点时即修剪掉横竖线的长出边界部分，如图1-11、图3-19所示。

6#，回车，结束。

『软件知识』25 修剪命令选择修剪对象时，系统默认的选择方式为拾取和窗交

『软件知识』26 修剪有选定边界修剪与不选边界修剪两种

不选边界修剪又称不给边界修剪、“无边界”修剪。

『特别提示』11 修剪操作不给出边界，并不是没有边界，也不是不需要边界

『软件知识』27 不选边界修剪是以所有图形对象为边界进行的修剪

『特别提示』12 不选边界的修剪，修剪对象被修剪到最近的边界图形对象，或者说以最近的图形对象作为修剪边界

『特别提示』13 在进行不选边界修剪操作时，操作者一定要非常明确其边界所在

在进行不选边界修剪操作时，对所选择的修剪对象所要修剪掉的部分，一定要明确其修剪的边界在哪里，要明确是以哪个圆（弧）哪条线为边界进行修剪的。

『特别提示』14 不选边界修剪，在修剪操作提示选择修剪边界时不选择边界，直接按<Enter>键

『操作』27 不选边界修剪的操作

1#，修剪Tr，启动命令。

3#，回车，不选边界，直接按<Enter>键。

5#，对象，选择修剪对象：直接拾取选择左 2、右 2 竖线要修剪掉的中间段部分进行修剪（图 1-98）。

6#，回车，结束，如图 1-1、图 1-12 所示。

『操作』28 不选边界窗交选择修剪的操作

1#，修剪 Tr，启动命令。

3#，回车，不选边界直接按 <Enter> 键。

5#，窗交，窗交选择修剪对象：例如，单击输入第 1 点、第 2 点，拉出窗交选择虚线框，与要修剪的横竖线相交，如图 1-99 所示，单击输入第 2 点时即修剪掉与窗交线相交的横竖线线段，如图 3-19 所示。

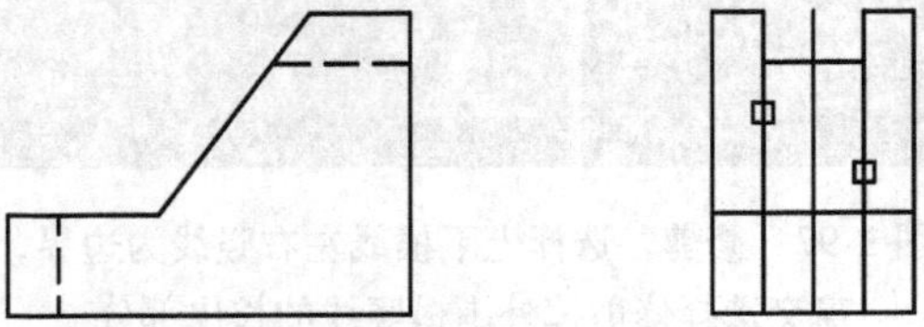

图 1-98 不选边界修剪，直接拾取选择左 2、右 2 竖线要修剪掉的中间段部分

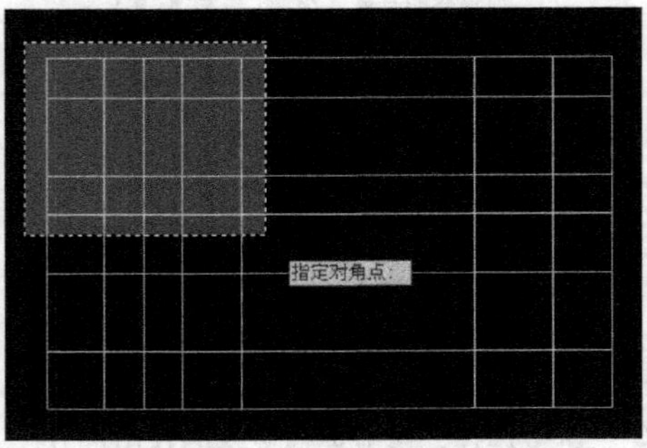

图 1-99 不选边界修剪，窗交选择修剪与窗交线相交的横竖线

6#，回车结束。

『特别提示』15 修剪对象的窗交选择相当于矩形栏选

在图 1-97 修剪外围横竖线、图 1-99 修剪主视图周围横竖线与图 3-19 的示例中，可以看出选择对象时的窗交选择，相当于拉出一个矩形栏选线，与栏选线接触的图形对象即被修剪掉。

14. 拉长

『操作步骤方法』2 拉长的步骤方法

1#，拉长 Len——启动拉长命令。

2#，选项，DE/P/T/DY——输入 “DE” 增量、“P” 百分数、“T” 全部、“DY” 动态选项。

3#，数值——输入增量值、百分数、全部的数值。

4#，对象——选择拉长对象，并选择拉长对象的拉长端。

5#，点，新端点——动态拉长指定新端点。

6#，回车——按 <Enter> 键结束。

『操作』29 定增量拉长的操作

1#，拉长 Len，启动拉长命令：单击 “修改 \ 拉长” 菜单命令，或输入 “Len”，按 <Enter> 键，启动命令。

2#，DE，输入 “DE” 增量选项：提示 “选择对象或 [增量 (DE)/百分数 (P)/全部 (T)/动态 (DY)]:” 时，输入 “DE” 增量选项，如图 1-100 所示，按 <Enter> 键。

3#，增量，输入增量数值：输入增量数值5，如图1-100所示，按<Enter>键。

4#，对象，选择拉长对象：选择拉长对象的拉长端，例如选择直线的左端和右端（图1-101），将直线向左拉长5、向右拉长5，如图1-1所示。

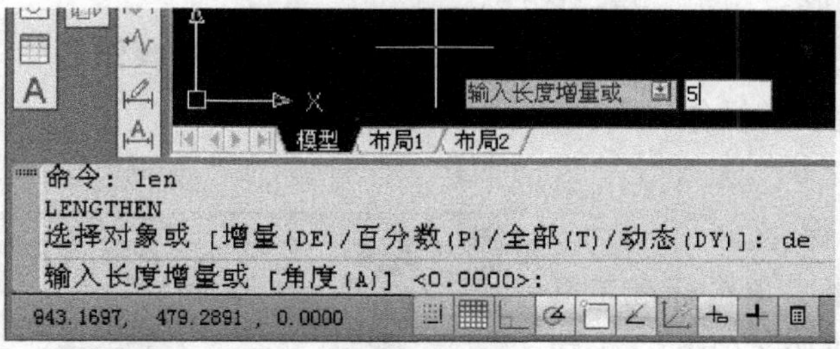

图1-100　拉长，输入“DE”增量选项，输入增量值5

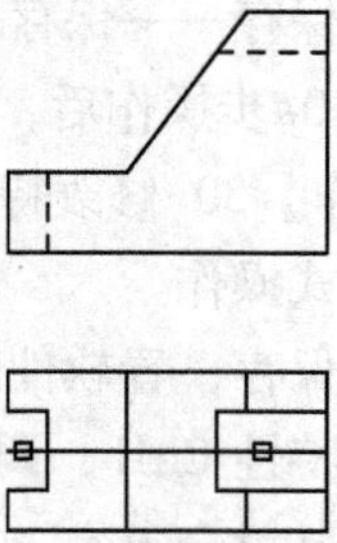

图1-101　拉长，选择对象

6#，回车，按<Enter>键结束。

15. AutoCAD命令操作方式

AutoCAD的命令操作方式有两种，分为主谓式与动宾式。

主谓式，又称对象-命令方式，即先选择对象、后启动命令进行操作的方式。

动宾式，又称命令-对象方式，即先启动命令、后选择对象进行操作的方式。

绘制类命令没有主谓式操作，只有动宾式操作；修改类命令既有主谓式操作，又有动宾式操作。

『操作步骤方法』3　主谓式命令操作的步骤方法

0#，待命——置软件于待命状态，通常使用保存操作，既保存了图形文件，又可以取消所有的操作和选择，置软件为待命状态。

1#，对象——选择要修改的对象。

2#，命令——启动操作命令。

3#，操作——执行命令的操作。

4#，结束——结束命令的操作，正常情况下结束操作后，应返回软件待命状态。

『操作步骤方法』4　动宾式命令操作的步骤方法

0#，待命——置软件于待命状态，有时也可以不置待命状态，直接单击命令按钮启动操作。

1#，命令——启动操作命令；在待命状态下，可以输入快捷命令启动操作命令。

2#，对象——选择要修改的对象。

3#，操作——执行命令的操作。

4#，结束——结束命令的操作。

16. 修改特性项目

『操作步骤方法』5　修改特性项目的步骤方法

动宾式	主谓式
0#，待命——置软件于待命状态。	0#，待命。
1#，特性——调用特性对话框。	1#，对象。

2#，对象——选择要修改的对象。　　　2#，特性。
3#，项目——修改特性项目。　　　3#，项目。
4#，关闭——关闭特性对话框。　　　4#，关闭。
5#，保存——保存取消选取，完成。　　　5#，保存。

在第0#步操作后，直接双击图形对象，可以同时完成第1#步和第2#步的操作。

『操作』30 修改特性——线型比例的操作

动宾式操作

0#，保存，置软件于待命状态：保存。

1#，特性 Ctrl1，调用特性对话框：单击标准工具栏上的“特性”按钮（图2-18），或按 <Ctrl+1> 快捷键，弹出特性对话框，如图1-102所示。

2#，对象，选择要修改的对象：单击选择中心线，选择直线后，特性对话框的第一行“无选择”会改变为“直线”，如图1-103所示。

在第0#步后双击直线，可以同时完成第1#步和第2#步操作。

3#，线型比例，修改特性项目——线型比例：在特性对话框的“常规”特性类别中，修改“线型比例”为“0.25”，按 <Enter> 键。

4#，关闭，关闭特性对话框：单击特性对话框左上角的“关闭”按钮（图1-103）或按 <Ctrl+1> 快捷键，关闭特性对话框。

5#，保存，执行保存完成：保存，同时取消对线的选择，完成修改特性——线型比例的操作，修改后的中心线如图1-1、图1-28、图1-36所示。

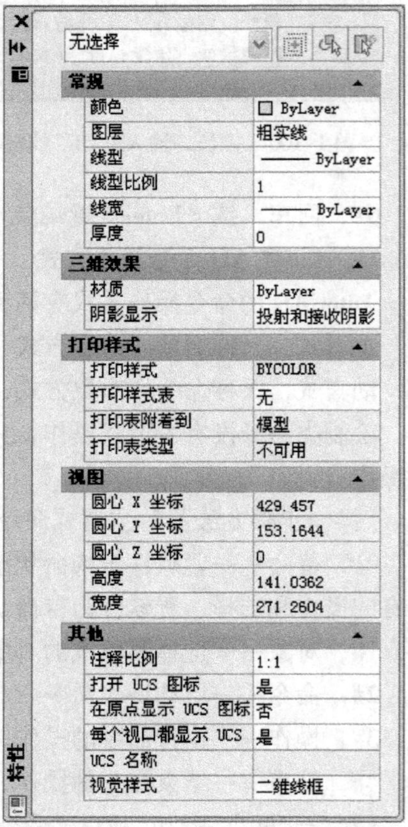

图1-102　特性，无选择

17. 特性匹配（格式刷）

『软件知识』28 特性匹配（格式刷）操作——将源对象的特性赋予目标对象的操作

将源图形对象的某些特性或全部特性赋予其他图形对象的操作称为特性匹配操作，或称为格式刷操作。

『软件知识』29 特性匹配源对象即特性匹配操作的特性来源图形对象

『软件知识』30 特性匹配源对象只能有一个

『软件知识』31 特性匹配目标对象即需要将源对象的特性复制到其上的图形对象

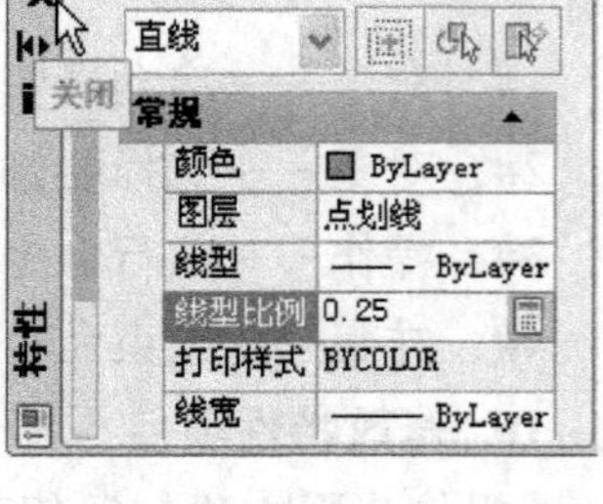

图1-103　特性，直线，修改线型比例为0.25

『操作』31 特性匹配（格式刷）修改特性的操作

动宾式

1#，特性匹配 ma，启动特性匹配命令：单击标准工具栏“特性匹配”按钮（图2-18），或在命令行输入“MA”，按<Enter>键，启动特性匹配命令。

2#，源，选择作为源对象的一个图形对象：命令行提示“选择源对象：”时，直接拾取选择一个已经具备所需要特性的图形对象作为源对象，如图1-104所示。

3#，目标，选择作为目标对象的图形对象：命令行提示“选择目标对象”时，光标变为格式刷拾取光标，用格式刷拾取光标的小方框直接拾取选择目标对象，如图1-105所示。

4#，回车，按<Enter>键结束，如图1-1、图1-12所示。

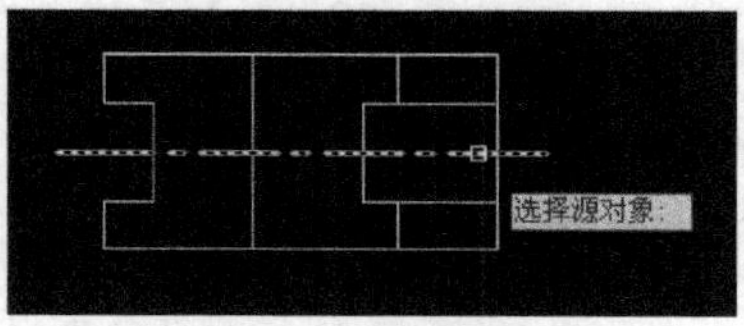

图1-104　特性匹配，选择源对象

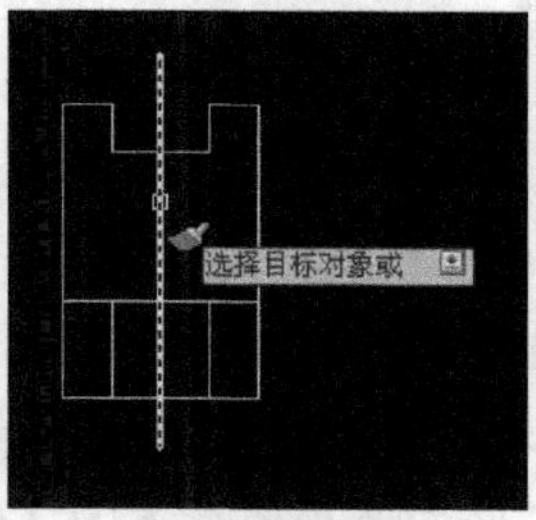

图1-105　特性匹配，选择目标对象

18. 移动

『操作』32　相对移动的操作

1#，移动m，启动移动命令：单击修改工具栏的“移动”按钮（图2-20），或在命令行输入“m”，按<Enter>键，启动移动命令。

2#，对象，选择移动对象：启动命令后，命令行提示“选择对象：”时，选择要移动的图形对象，如图1-106所示。

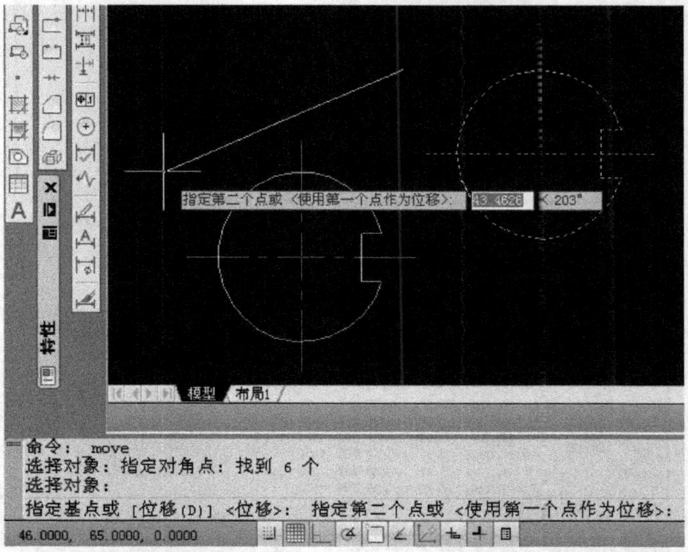

图1-106　移动，选择对象，指定基点，拉伸，指定第二点

3#，任意点，在空白处任意单击输入一点：如图1-106所示。

4#，拉伸，拉伸指示出移动对象将到达的位置：拉动光标，从指定的基点到移动的光标点会出现一条皮筋线，指示出移动的方向和距离，同时选择的对象也会跟随光标移动，并指示出移动后对象到达的位置，如图1-106所示。

5#，点，单击输入第二点：将图形对象移动到适当位置后，单击输入第二点，确定图形对象的移动，如图 1-27 所示。

19. 插入文件图块

可以采用插入文件图块的方法插入填写标题栏。

『操作』33 插入文件图块的操作

1#，插入 i，启动插入图块命令：单击绘图工具栏的“插入块”命令按钮（图 2-19），或在命令行输入“i”，按 <Enter> 键，启动插入图块命令，调出“插入”对话框，如图 1-107 所示。

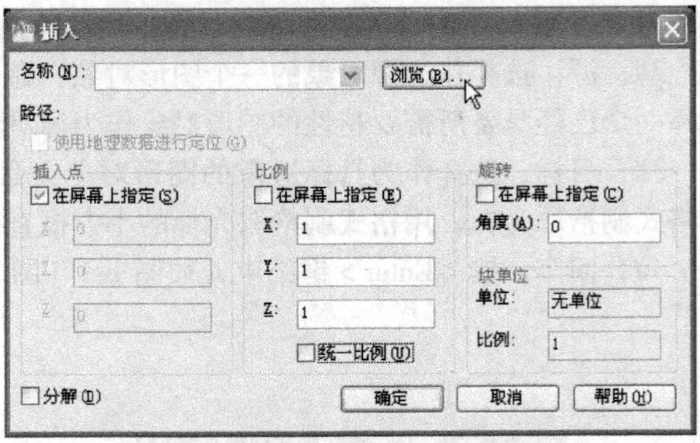

图 1-107　“插入”对话框

2#，文件，选择要插入的文件图块的文件。

2#1，浏览，单击浏览按钮，弹出“选择图形文件”对话框，如图 1-108 所示。

2#2，定位，定位图块文件的文件夹路径位置：如图 1-108 所示。

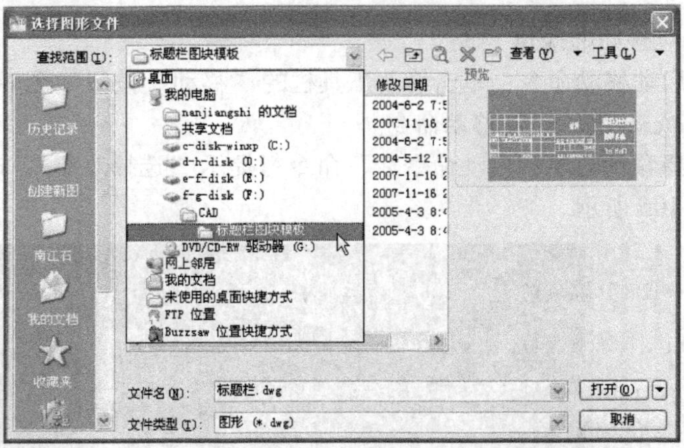

图 1-108　插入文件图块，定位图块文件的路径位置

2#3，选定，预览选定图块文件：如图 1-109 所示。

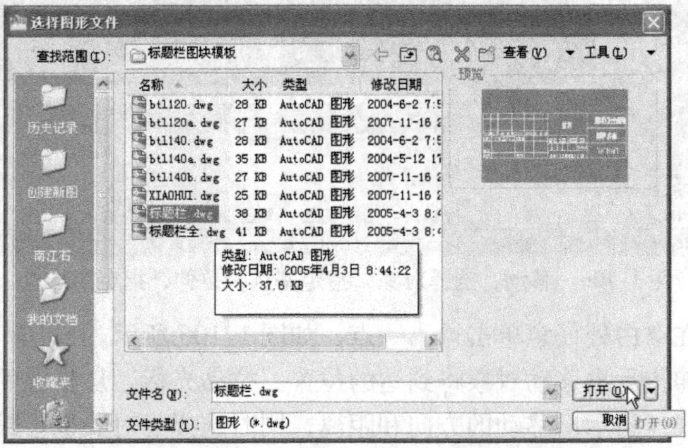

图 1-109　定位最终文件夹，选择、预览并打开图块文件

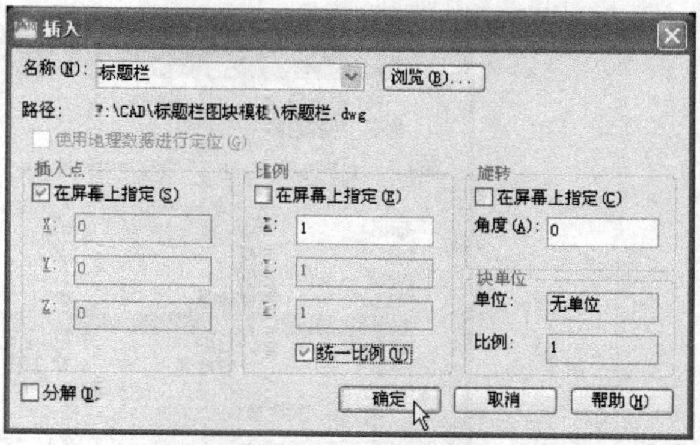

图1-110　给定比例和旋转角度，单击“确定”按钮插入

2#4，打开，打开图块文件：单击“打开”按钮打开图块文件，返回到“插入”对话框，如图1-110所示。

3#，插入点：勾选在“屏幕上指定”。

4#，分解：不勾选“分解”。

5#，统一比例：勾选“统一比例”。

6#，比例：给定比例1。

7#，角度，给定插入图块的旋转角度：给定角度0。

8#，插入，确定插入：单击“确定”按钮插入图块。

9#，或插入点，给定插入点：确定后，“插入”对话框关闭，命令行提示“指定插入点”，同时在绘图区会出现一个跟随光标移动的标题栏图形，如图1-111所示，将十字光标移动到图框内框的右下角处，捕捉输入内框线的右下角端点，给定标题栏图块的插入点。

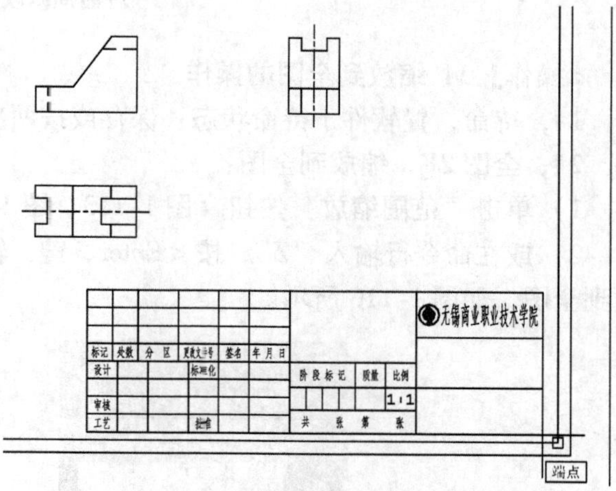

图1-111　插入标题栏文件图块，给定插入点

10#，属性，给出图块属性值：命令行提示“输入属性值”，在接下来的命令行提示下输入各属性值，并按<Enter>键：

命令行提示	输入的属性值
材料：	45，按<Enter>键
比例<1:1>：	按<Enter>键（默认值）
图样代号：	MK01.001，按<Enter>键
图样名称：	梯形楔块，按<Enter>键
设计日期：	20100906，按<Enter>键
设计者姓名：	南江石，按<Enter>键

在最后一个属性值输入完成并按<Enter>键后，标题栏图块被插入到图框内框线的右下角端点处，如图1-1、图1-13、图1-28、图1-116所示。

『软件知识』32 双击图块，可以弹出“增强属性编辑器”对话框修改图块属性

要修改标题栏所填写的内容，可以双击标题栏图块上的任意线或文字，弹出“增强属性编辑器”对话框，如图1-112所示，在对话框中修改其属性值，然后单击“确定”按钮完成。

20. 缩放到全图

『概念』4 显示全图

放大或缩小图形以显示图形范围，并使图形中所有对象均以尽可能大的尺寸显示。

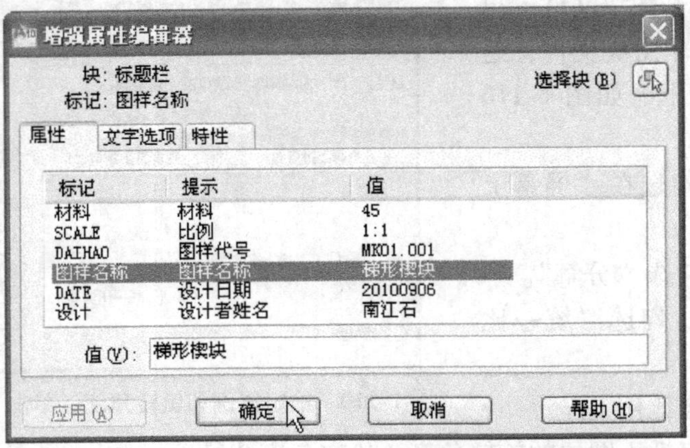

图 1-112　双击图块，用“增强属性编辑器”对话框修改属性

『操作』34 缩放到全图的操作

1#，待命，置软件于待命状态：保存或按两次 <ESC> 键，置软件于待命状态。

2#，全图 ZE，缩放到全图：

1）单击“范围缩放”按钮（图 1-113、图 1-115），缩放到全图，如图 1-116 所示。

2）或在命令行输入“Z”，按 <Enter> 键，输入“E”，按 <Enter> 键（图 1-114），缩放到全图，如图 1-116 所示。

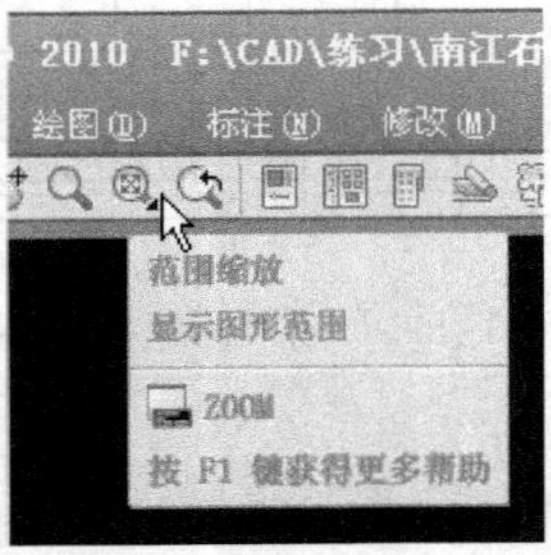

图 1-113　单击标准工具栏上“范围缩放”按钮

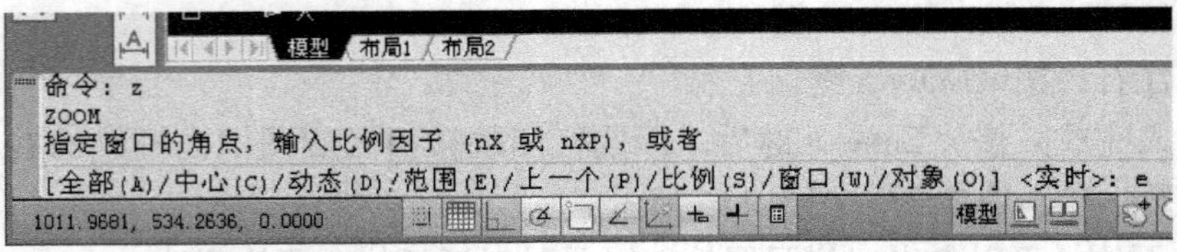

图 1-114　在命令行输入“Z”，按 <Enter> 键，输入“E”，按 <Enter> 键，缩放到全图

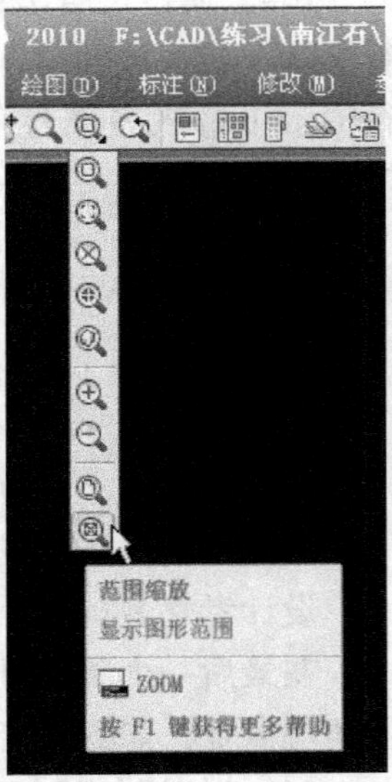

图 1-115　在弹出的工具栏上单击“范围缩放”按钮

当标准工具栏上没有“范围缩放”按钮时，在标准工具栏的“缩放”按钮上按住鼠标左键不放，弹出缩放工具栏，按住鼠标左键将光标移动到“范围缩放”按钮上，然后放开鼠标左键，执行范围缩放命令，缩放到全图，如图 1-115 所示。

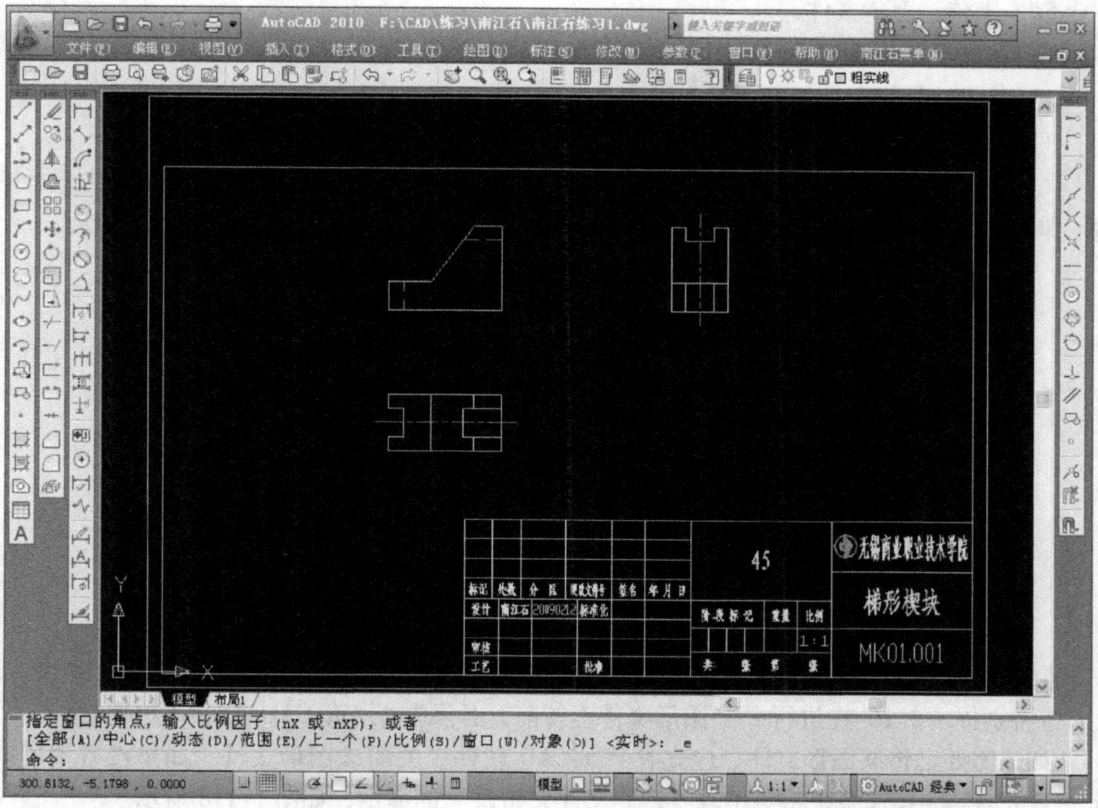

图1-116 插入标题栏，缩放到全图

操作完成后，标准工具栏的下拉“缩放”工具栏按钮处的原“窗口缩放”按钮变为“范围缩放”按钮，如图1-113所示。

当标准工具栏上有“范围缩放”按钮时（图1-113），直接单击“范围缩放”按钮，缩放到全图。

『软件知识』33 任何时候双击鼠标中键（滚轮键）均可以缩放到全图

21. FTP上传

作业绘制的图样文件或上机操作考试绘制的图样文件，可以通过网络，采用FTP上传的方式上传到教师指定的计算机中。

『操作』35 FTP上传文件的操作

0#，关图，关闭图形文件：缩放到全图显示、保存、退出。

1#，FTP，连接到FTP服务器：在文件夹或浏览器地址栏中输入“FTP:192.168.1.100”，按<Enter>键，连接到FTP服务器。

2#，登录，或登录服务器：单击“文件\登录”菜单，在弹出的“登录身份”对话框中输入用户名和密码，登录到FTP服务器的用户名文件夹中。

3#，新建文件夹：单击“文件\新建\文件夹”菜单命令，新建文件夹，修改文件夹名称。如果需要的文件夹已经存在，则直接进行下一步操作。

4#，进入文件夹：双击进入FTP服务器的指定（自己的）文件夹中。

5#，上传，上传文件：

1）在自己的计算机中定位图形文件所在的文件夹。

2）单击选择需要上传的图形文件。

3）单击“编辑\复制”菜单命令，或单击鼠标右键，再选择“复制”命令。

4）在打开的 FTP 服务器的文件夹窗口中单击“编辑\粘贴”菜单命令，或单击鼠标右键，再选择“粘贴”命令，图形文件即被复制上传到 FTP 服务器中，如图 1-117 所示。

图 1-117 FTP 上传

6#，关闭，关闭连接：单击 FTP 窗口右上角的“关闭”按钮，关闭 FTP 连接，结束。

『特别提示』16 在进行 FTP 图形文件上传前，必须先在 AutoCAD 软件中关闭文件

如果需要上传某图形文件，应先在 AutoCAD 软件中关闭该图形文件。如果没有关闭就上传，Windows 操作系统将会出现“FTP 文件夹错误”的提示，如图 1-118 所示。

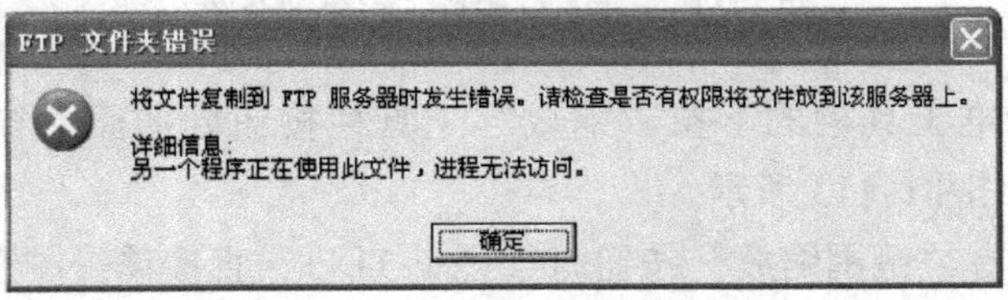

图 1-118 FTP 文件夹错误，AutoCAD 中打开的图形文件不可以上传

『特别提示』17 FTP 文件上传服务器 IP 地址由教师提供

『特别提示』18 FTP 文件上传的实际步骤方法可能会有所不同，请按教师指导操作

三、图形绘制语句操作式说明

1. 图形绘制语句操作式

图形绘制语句是由命令或操作、操作对象、选项、参数等组成表达操作步骤方法的语句。

操作式 1，命令或操作代号 + 主要参数/选项或参数/…/参数 > 新参数/原对象→新对象。

操作式 2，命令或操作代号 + 操作对象/选项或参数/…/参数 > 新参数。

2. 常用命令简称

常用命令的简称见表 1-4。

表1-4　常用命令简称

命令简称	操作	命令简称	操作	命令简称	操作	命令简称	操作
L	直线	I	插入图块	MI	镜像	LEN	拉长
XL	构造线	B	创建图块	O	偏移/偏侧复制	TR	修剪
POL	正多边形	ATT	定义属性	AR	阵列	EX	延伸
REC	矩形	DT	单行文字	M	移动	CHA	倒角
C	圆	DEL	<Delete>键删除	RO	旋转	F	圆角
SPL	样条曲线	E	ERASE 删除	SC	比例缩放	MO	特性
EL	椭圆	CP	复制	S	拉伸	MA	特性匹配/格式刷

3. 操作代号

常用操作的操作代号见表1-5。

表1-5　常用操作代号

操作代号	操作	操作代号	操作
N	按<Ctrl+N>键新建图形文件	LA/图层名	设置当前图层
G	Grip 穴点（夹点）编辑	LA/对象>图层名	图形对象换层
F0	尖角操作		

4. 操作对象代号

操作式中操作对象、原对象、新对象采用数字代号，顺序编号，在示例图中标注。

5. 点代号

操作式中的点代号用“P+数字”、“PT+数字”、“T+数字”表示；圆心点用圆的数字代号表示；两个图形对象的交点用两个对象的代号表示。

6. 数值与角度值

数值与角度值的表示见表1-6。

表1-6　数值与角度值的表示

数字表示	含义	数字表示	含义
<+数字	角度值或极轴的角度方向	D+数字	直径值
C+数字	画圆命令与圆半径	F+数字	圆角命令与圆角半径
CHA+数字1&数字2	倒角命令与倒角距离1和倒角距离2	F0	半径为零的圆角－尖角
		O+数字	偏移命令与偏移距离
d+数字	距离值	R+数字	半径值

7. 其他代号

1）X/Y/Z为x、y、z坐标轴代号。L/R/U/D为方位代号，表示L左、R右、U上、D下。XL为x轴左，XR为x轴右；YL为y轴左，YR为y轴右；ZU为z轴上，ZD为z轴下。

2）“&”代表“和”。“/”为操作步骤分割符号。“－”为连接符号。“>”为赋值或改变值。“→”为产生新的图形对象，在不会引起误解时可以省略。“( )”括号中的内容为操作式子式，括号子式可以独立出现，也可以作为对括号前面对象的限定。

3）捕捉代号：“ENDP”捕捉到端点；“INT”捕捉到交点，可以省略；“CEN”圆心点，可以省略；“TAN”捕捉到切点；“PER”捕捉到垂足。

思考与练习

1. 思考题

1）基本图样包括哪些部分？

2）偏侧复制绘图法的步骤与方法？

3）偏侧复制绘图法的第0#步用到哪些命令？

4）偏侧复制绘图法的核心操作是什么，用到什么命令？

5）偏侧复制绘图法的第2#步用到哪些命令？

6）关闭 AutoCAD 软件或关闭图形文件，出现保存或放弃图形文件的修改的提示时，应该怎么做？

A. “是”保存　　B. “否”不保存　　C. “取消”　　D. 不知道

E. ________。

7）新建、打开、关闭、保存等文件操作，怎样操作效率比较高？

8）新建文件时为什么会找不到图形样板文件？

9）图框的外框线代表什么？

10）打开例图时为什么会找不到例图文件？

11）打开的图形文件是“只读”的，且保存时提示“图形文件被写保护”，为什么？

12）被写保护的只读文件可以保存吗？

13）保存好的练习图形文件，为什么找不到？

14）保存好的练习图形文件，为什么打开是“空”的？

15）怎样切换例图和练习两个窗口？

16）绘制水平横线或铅垂竖线应注意什么？

17）刚画的上一段线段画错了，应当怎样改正？

18）在正交控制时可以绘制斜线吗？

19）命令执行完毕返回到软件待命状态时，按 <Enter> 键做什么？

20）角度控制绘制直线，关键的地方要做什么？

21）绘制两弧圆公切线，要几次捕捉切点？

22）绘制两圆公切线时，怎样区分出绘制内公切线与外公切线？

23）用圆心半径画圆时，需要输入“R”半径选项吗？

24）怎样绘制同心圆？

25）偏侧复制操作的命令是什么？

26）除直线和圆外，还有哪些种类的图形对象可以偏移？

27）两平行直线可以作尖角或圆角吗？

28）两平行直线可以作倒角吗？

29）圆角、尖角、倒角操作时选择图形对象的要点是什么？

30）圆角、尖角操作时，每次启动圆角命令后，都要输入“R”选项修改半径吗？

31）倒角操作时，每次启动倒角命令后，都要输入“D”选项修改距离吗？

32）用圆角命令圆弧连接两平行直线时，需要设置好圆角半径吗？

33）发现图形画错，要改正图形，应该怎么做？

A. 回退，重画　　B. 删除，重画　　C. 尽可能修改　　D. 不知道

E. ________。

34）窗口选择与窗交选择有什么不同？

35）系统默认的选择方式是什么，其中包含哪些选择方式？

36）延伸命令有________次对象选择，第一次对象选择是选择________，选择以后应

________，第二次对象选择是选择________，第三次选择________……？

37）延伸命令选择延伸对象的方式有哪几种？

38）修剪命令有________次对象选择，第一次对象选择是选择________，选择以后应________，第二次对象选择是选择________，第三次选择________……？

39）修剪命令选择修剪对象的方式有哪几种？

40）没有边界可以延伸，没有边界可以修剪。（判断对错）

41）不选边界延伸就是延伸时不要边界，也就是延伸时没有边界。（判断对错）

42）不选边界修剪就是修剪时不要边界，也就是修剪时没有边界。（判断对错）

43）在延伸命令执行时可以进行修剪操作，在修剪命令执行时可以进行延伸操作；即延伸时可以修剪，修剪时可以延伸。（判断对错）

44）下图中要删除中间横线，可以选择中间竖线为边界，修剪掉中间横线的左段和右段进行删除。（判断对错）

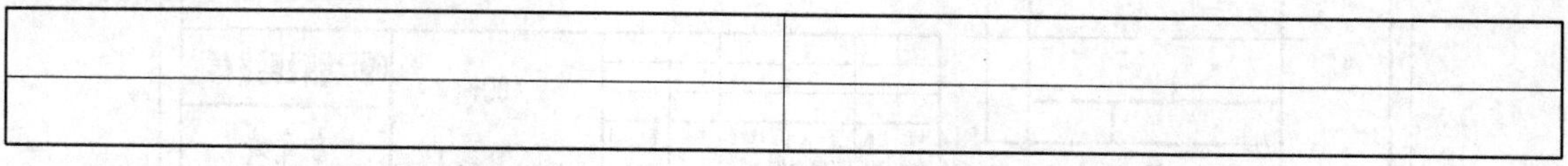

45）下图中要修剪掉下横线的右段，应选择哪些线为边界？

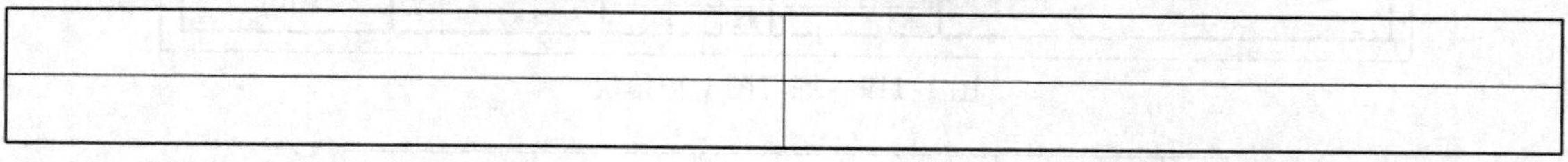

46）拉长命令可以拉长直线，也可以拉长________。

A. 样条曲线　　B. 圆弧　　C. 椭圆弧　　D. 多段线

E. 射线

47）拉长命令不仅可以拉长直线等图形对象，还可以缩短图形对象。（判断对错）

48）AutoCAD 软件中，应当用________来管理图形，一般不要直接修改________、________、________。

49）AutoCAD 软件中，________、________、________应当设置为随层，随层的英文拼写为________。

50）特性对话框中无选择时，不可以修改直线的线型比例。（判断对错）

51）特性匹配操作时，源对象可以选择多个对象。（判断对错）

52）特性匹配操作时，目标对象可以选择多个对象。（判断对错）

53）相对移动时，基点一定要捕捉到移动对象上的点。（判断对错）

54）相对移动时，可以在空白处合适的位置单击输入一点作为基点。（判断对错）

55）相对移动时，用光标拉出皮筋线指引移动的方向，用键盘输入移动的距离。（判断对错）

56）插入文件图块时，不可以选择“分解”选项。（判断对错）

57）标题栏图块插入到内框线的右下角处，插入时插入点应捕捉输入内框线的右下角端点。（判断对错）

58）插入图块后，图块的属性是不可以更改的。（判断对错）

59）用命令行操作的方式缩放到全图，怎样操作？

60）FTP 无法上传文件的原因可能是什么？

2. 练习图

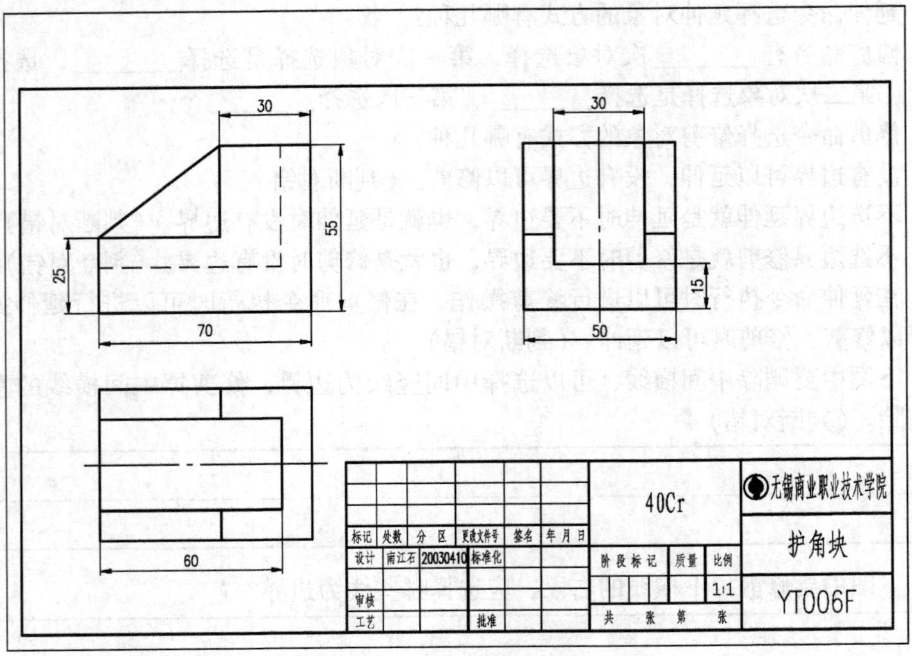

图 1-119 练习图 1 护角块

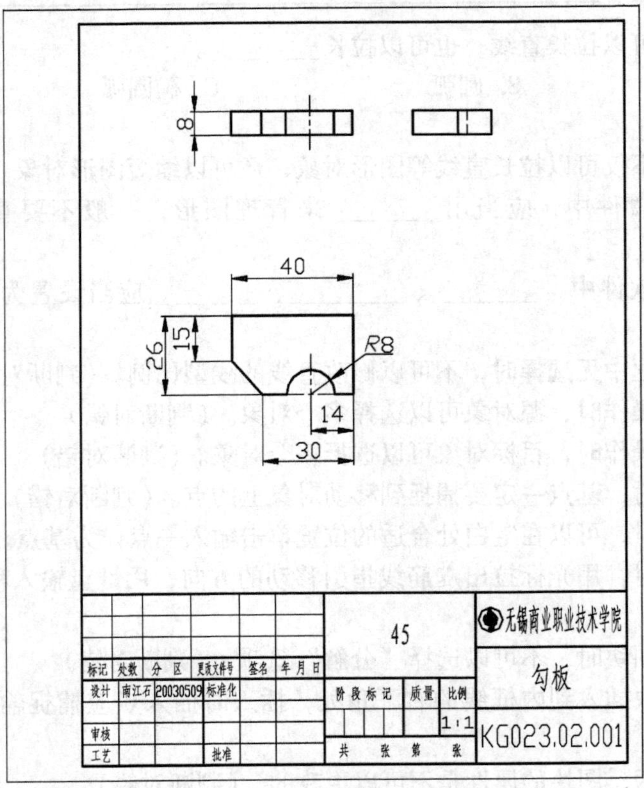

图 1-120 练习图 2 勾板

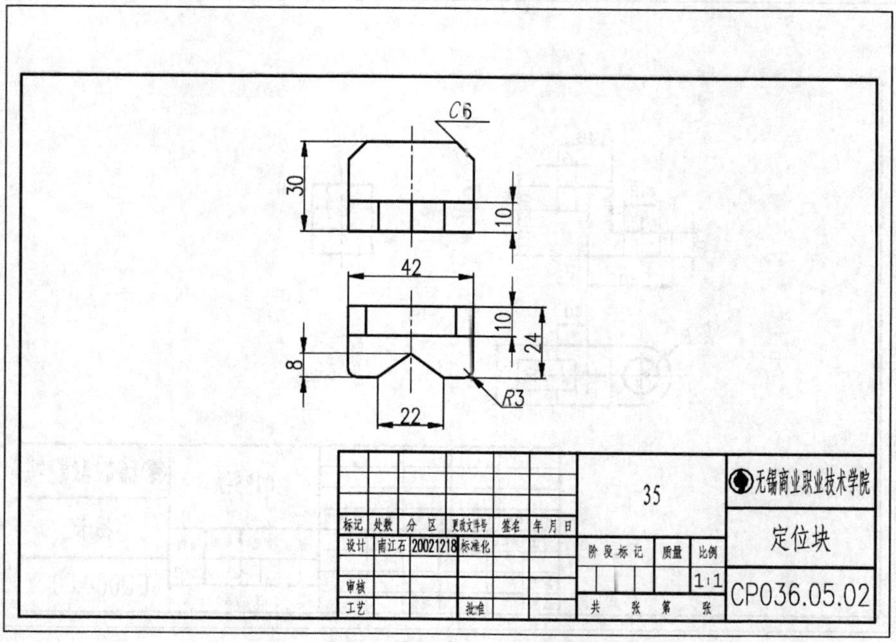

图1-121 练习图3 定位块

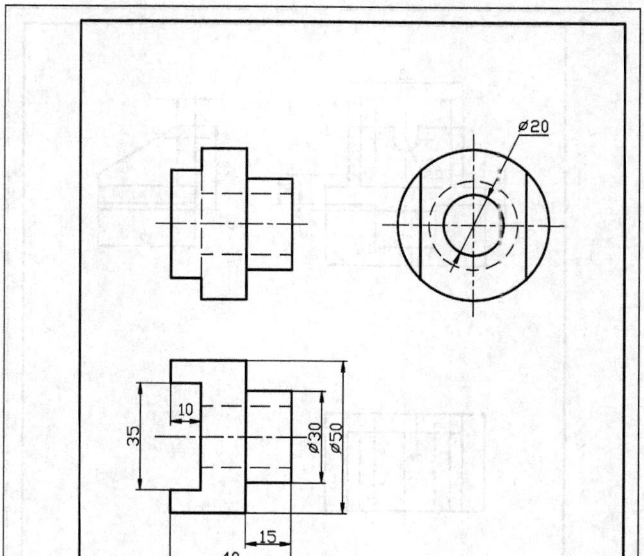

图1-122 练习图4 连轴套

3. 练习图操作提示

（1）图1-119 练习图1-1 护角块图形绘制操作参考

N/A3H. dwt，LA/粗实线，极轴（或正交）。L/1，L/2，O25/1→3，O55/1→4，O30/2

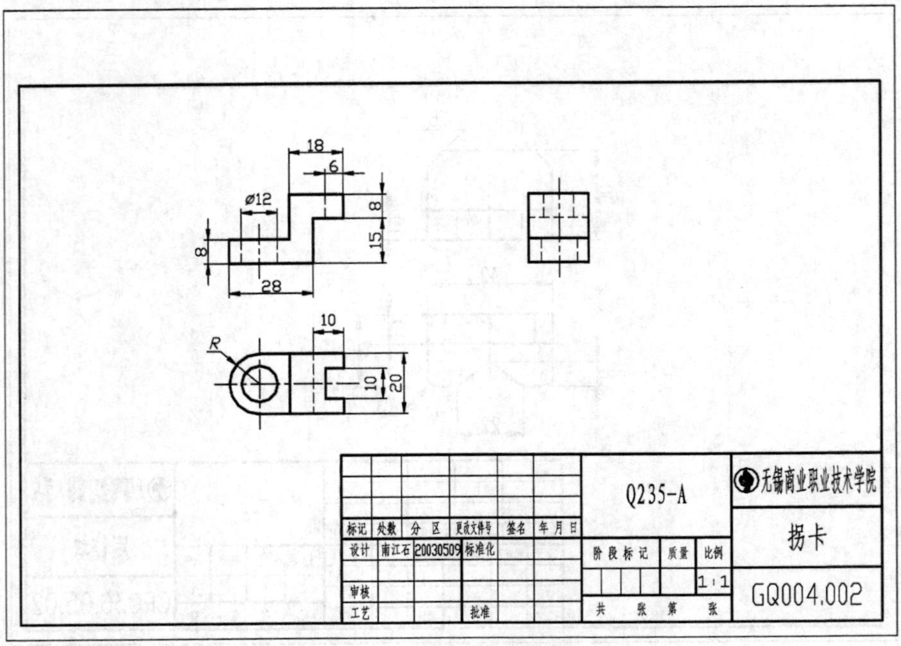

图 1-123　练习图 5 拐卡

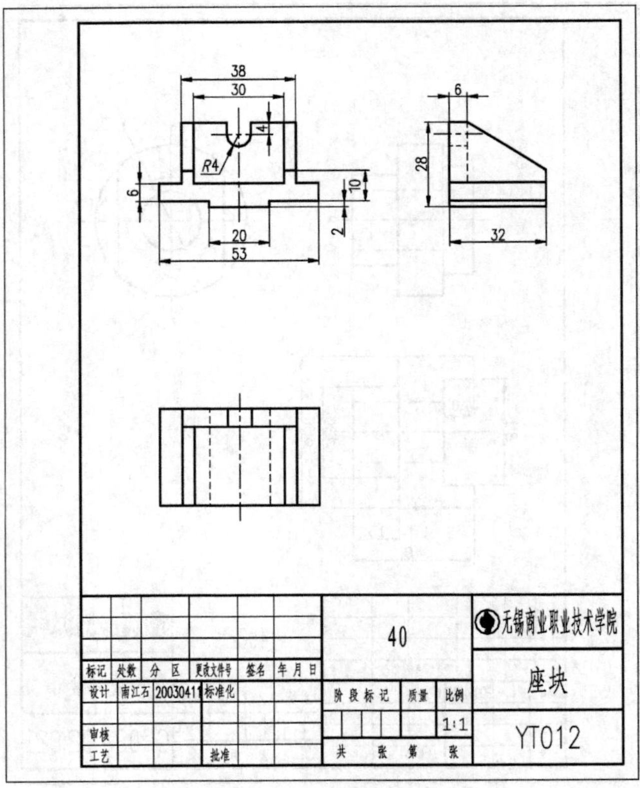

图 1-124　练习图 6 座块

→5，O70/2→6，L/3&6 -4&5→7，O60/6→8，O15/1→9，图 1-129。F0/1&6→P1/6&3→P2/3&5→P3/5&4→P4/4&2→P5/2&1→P6/9&8→P7，TR4/8→P8，TR6/9→P9，LA/8&9 >虚线，MO/8&9/线型比例 >0.5。

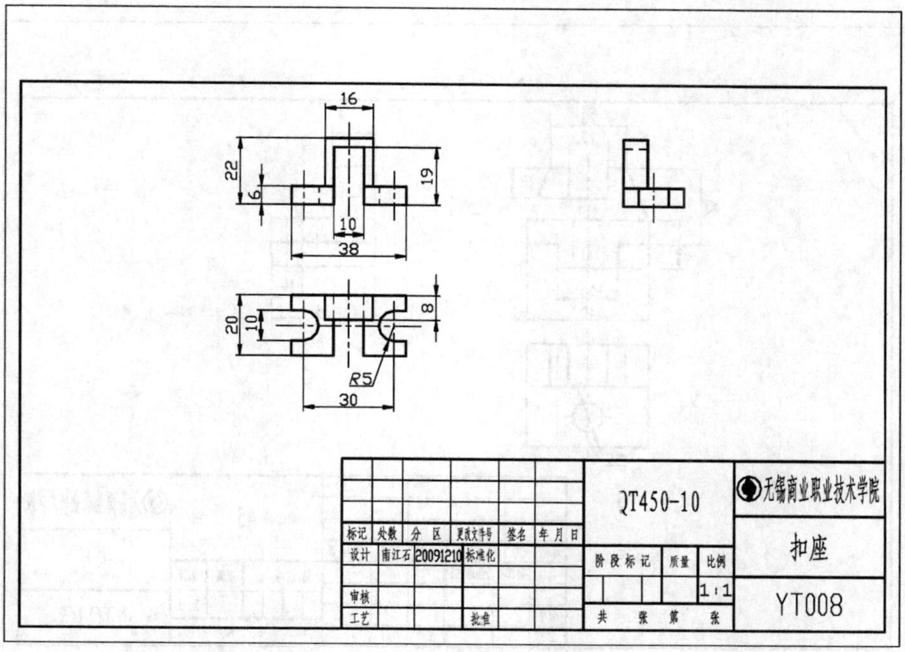

图1-125 练习图7扣座

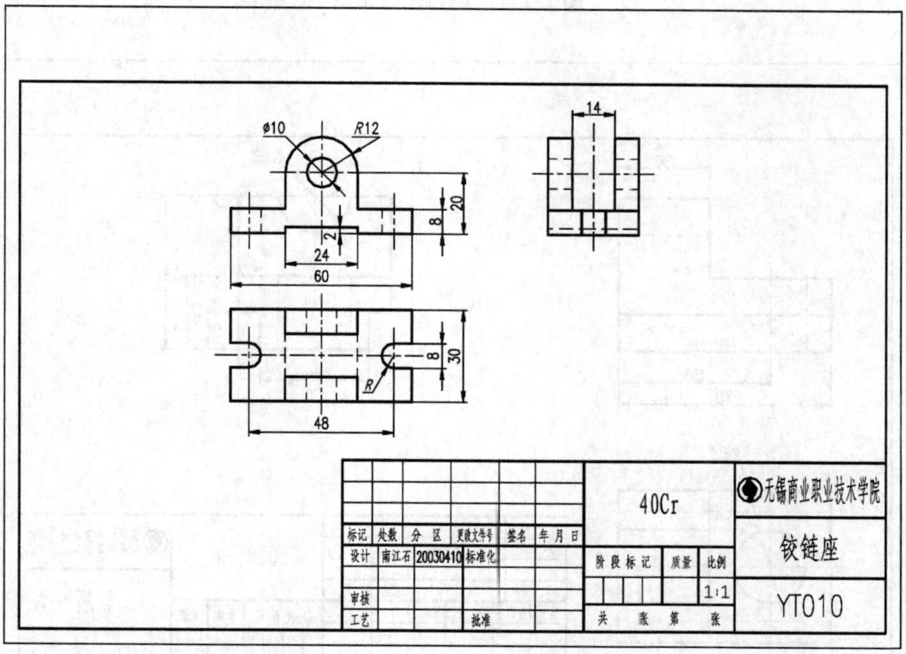

图1-126 练习图8铰链座

L/P5→10，L/P3→11，L/P7→12，L/P6→13，L/14，O15/14→15/14→16，O25/14→17/14→18，如图1-130所示。

F0/13&17→P10/17&10→P11/10&18→P12/18&13→P13/15&12→P14/12&16→P15，TR10/15→P16/14→P17/16→P18，TR17&15&16&18/11→P19&P20&P21&P22，TR/14→P23，如图1-131所示。LEN/DE5/14→P17/14→P23，LA/14 > 点画线，MO/14/线型比例 > 0.25，如图1-133所示。

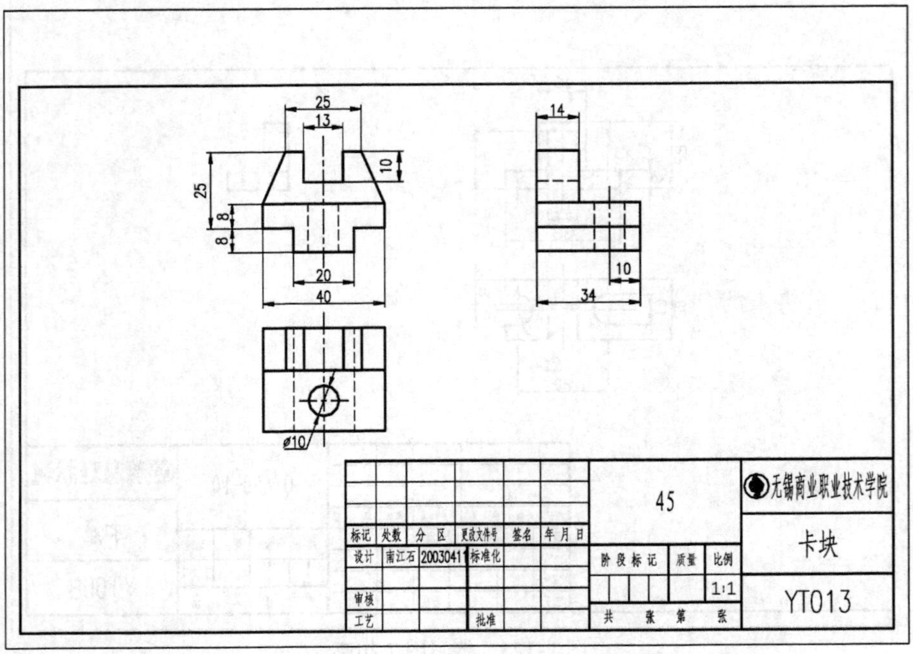

图 1-127　练习图 9 卡块

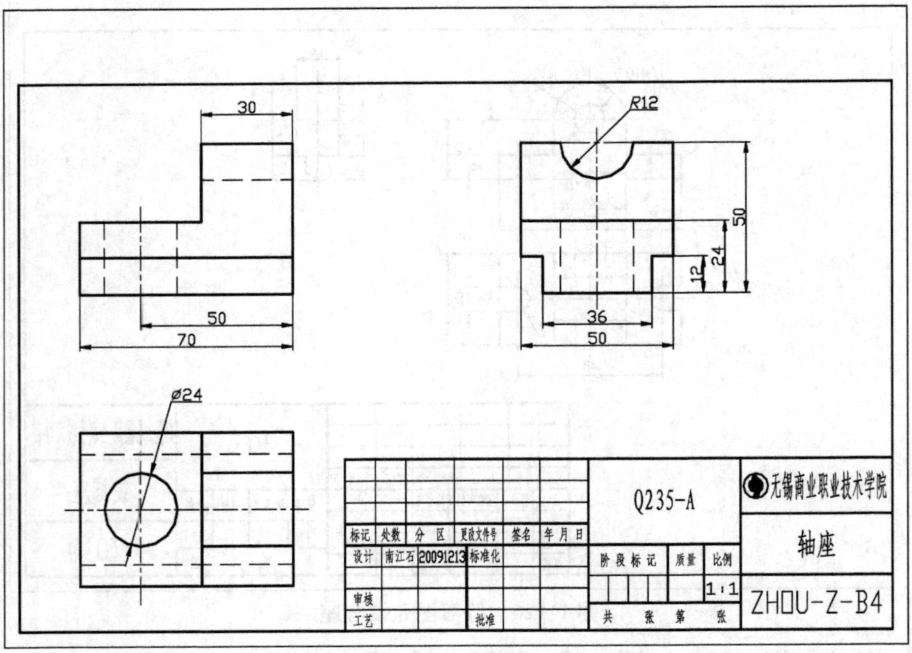

图 1-128　练习图 10 轴座

XL/V/P1→20/P3→21/P7→22/P6→23，XL/H/24，O15/24→25/24→26，O25/24→27/24→28，如图 1-133 所示。

F0/28&20→P24/20&27→P25/27&23→P26/23&28→P27/25&22→P28/22&26→P29，TR20/25→P30/24→P31/26→P32，TR27&25&26&28/21→P33&P34&P35&P36，TR23/24→

P37，LEN/DE5/24 > P31/24 > P37，MA/14 > 24，如图 1-132 所示。

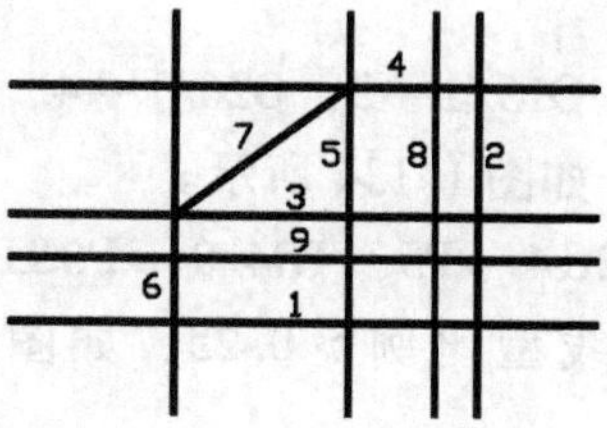

图 1-129 练习图 1 主视图

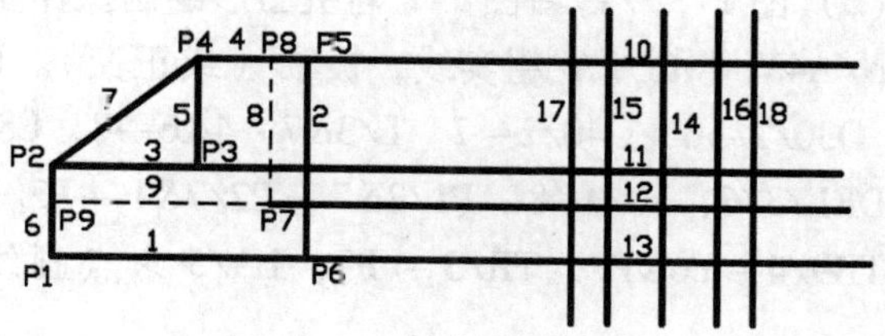

图 1-130 练习图 1 主视图与左视图

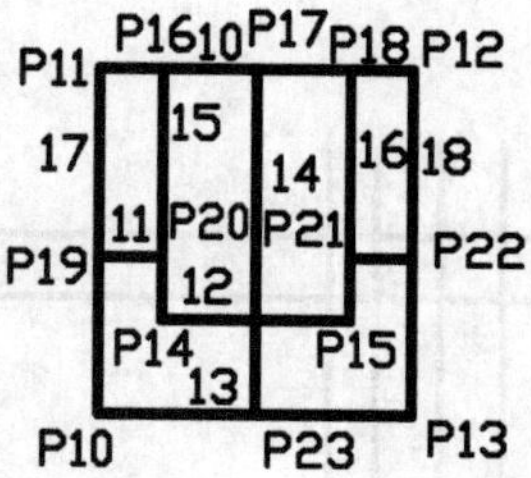

图 1-131 练习图 1 左视图

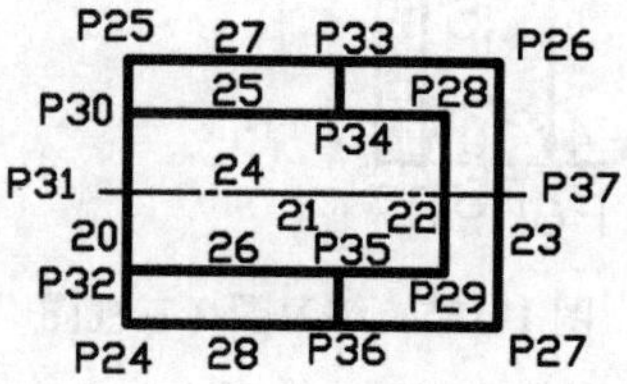

图 1-132 练习图 1 俯视图

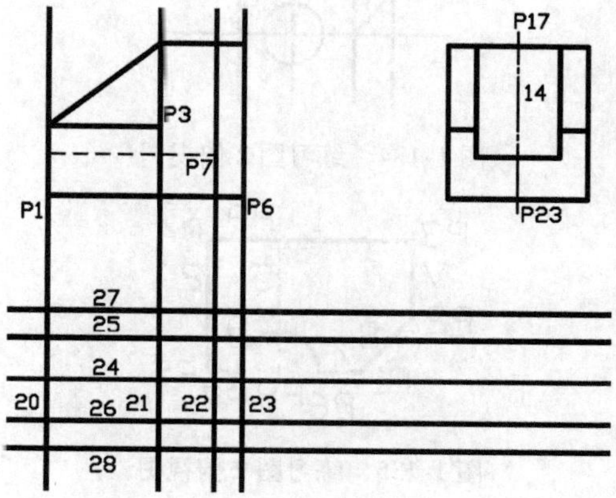

图 1-133 练习图 1 三视图

说明：

1） N/A3H. dwt，表示以 A3H. dwt 图形样板文件新建图形文档。

2） LA/粗实线，表示设置当前图层为粗实线层。LA/8&9 > 虚线，将直线 8 和直线 9 转换到虚线图层。

3） 极轴（或正交），表示打开极轴控制，或打开正交控制。

4） L/1，画出直线 1；L/3&6 - 4&5→7，从直线 3 和 6 的交点画到直线 4 和 5 的交点，画出直线 7；L/P5→10，从 P5 点画出直线 10。

5） XL/V/P1→20/P3→21/P7→22/P6→23，构造线 V 垂直选项，从 P1 点画出直线 20，……；XL/H/24，构造线 H 水平选项，画出直线 24 水平构造线。

6） O25/1→3，偏移距离 25，由直线 1 偏侧复制出 3；O15/14→15/14→16，偏移距离 15，由直线 14 复制出 15 和 16。

7） F0/9&8→P7，F0 尖角操作，由直线 9 与直线 8 作出 P7 点尖角；F0/1&6→P1/6&3→P2/……，连续作尖角，由直线 1 和 6 作 P1 点尖角，由直线 6 和 3 作 P2 点尖角，……。

8） TR4/8→P8，以直线 4 为边界，将直线 8 修剪到 P8 点；TR10/15→P16/14→P17/16→P18，边界为直线 10，修剪直线 15 到 P16 点，直线 14 到 P17 点，直线 16 到 P18 点；TR17&15&16&18/11→P19&P20&P21&P22，以 17、15、16、18 为边界，修剪 11，得到 P19、P20、P21、P22 点；TR/14→P23，表示不选边界修剪，将直线 14 修剪到 P23 点。

9） LEN/DE5/14 > P17/14 > P23，拉长 DE 增量 5，拉长直线 14 的 P17 点处的端部和 P23 点处的端部。

10） MO/8&9/线型比例 > 0.5，修改直线 8 和 9 的特性，线型比例修改为 0.5。

11）MA/14 >24，以直线 14 为源对象，用特性匹配格式刷修改直线 24。

（2）图 1-120 练习图 1-2 勾板图形绘制操作参考

N/A4V. dwt，LA/粗实线，极轴（或正交）。L/1，L/2，O15/1→3，O26/1→4，O14/2→5，O30/2→6，O40/2→7，L/3&7 - 4&6→8，C8/4&5→9，如图 1-134 所示。

DEL/3/6，F0/4&8→P1/8&7→P2/7&1→P3/1&2→P4/2&4→P5，TR4/9→P6&P7/5→P8，TR9/4→P6&P7，TR/5→P9，LA/5 >点画线，MO/5/线型比例 >0.25，如图 1-136 所示。

LEN/DE5/5 >P8/5 >P9，L/P6 - P7→10，MA/5 >10，如图 1-135 所示。后略。

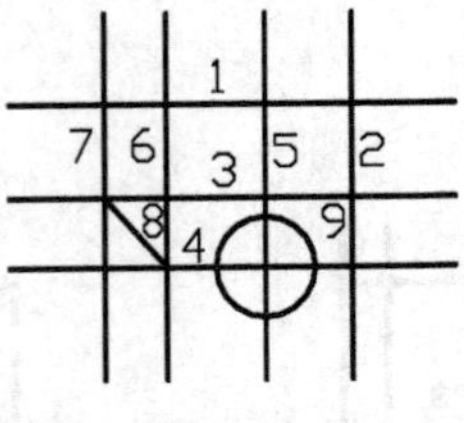

图 1-134 练习图 2 俯视图

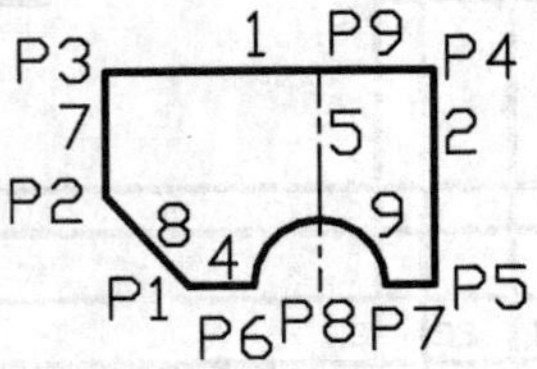

图 1-135 练习图 2 俯视图

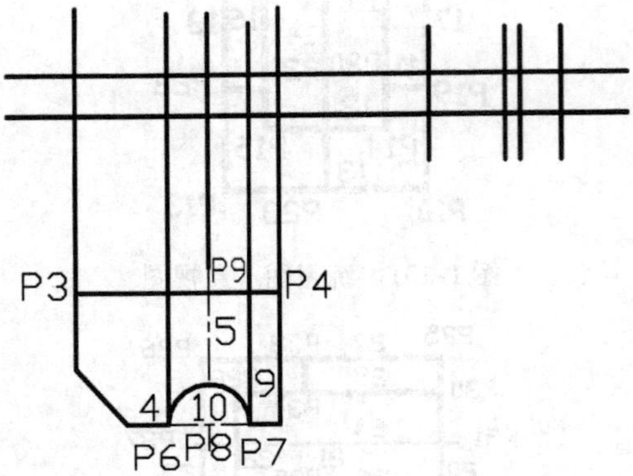

图 1-136 练习图 2 三视图

说明：L/P6 - P7→10，从 P6 点到 P7 点画出直线 10。

C8/4&5→9，以直线 4 和 5 的交点为圆心，画半径为 8 的圆 9。

DEL/3/6，软件待命状态选择直线 3 和 6，按 Delete 键删除。

（3）图 1-121 练习图 1-3 定位块图形绘制操作参考

N/A4H. dwt，LA/粗实线，极轴（或正交）。XL/1/2，O10/1→3，O30/1→4/1→5，O10/5→6，O24/5→7，O8/7→8，O11/2→9/2→10，O21/2→11/2→12，L/7&9 - 8&2 - 7&10→13&14，如图 1-137 所示。

CHA6&6/11&4→P1&P2/4&12→P3&P4，F3/11&7/7&12，TR4&7&11&12/PT1 - PT2，TR/PT3 - PT4，图 1-138。LA/2 >点画线，MO/2/线型比例 >0.25，MA/2 >15，如图 1-139 所示。

DEL/8/16/17，TR13&14/7，TR3/9/10，LEN/DE5/2 >P5/2 >P7/15 >P8/15 >P9，L/P6 - P7，L/P2→19，L/P3→20，如图 1-140 所示。TR5/19/20。

说明：TR13&14/7，以直线 13 和 14 为边界修剪直线 7。TR3/9/10，以直线 3 为边界修剪直线 9 和 10。

CHA6&6/11&4→P1&P2/4&12→P3&P4，以倒角距离 6 和 6，选择直线 11 和 4，作出 P1 点到 P2 点的倒角，选择直线 4 和 12，作出 P3 点到 P4 点的倒角。

F3/11&7/7&12，表示作半径为 3 的圆角，选择直线 11 和 7 作圆角，选择直线 7 和 12 作圆角。

L/P6 - P7，从 P6 点到 P7 点画直线。L/7&9 - 8&2 - 7&10→13&14，从直线 7 和 9 的交点到直线 8 和 2 的交点画直线，再画到直线 7 和 10 的交点，画出直线 13 和 14。

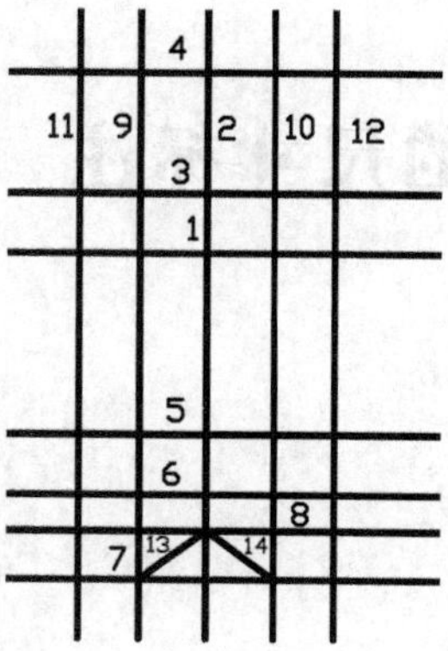

图1-137　练习图3绘制1

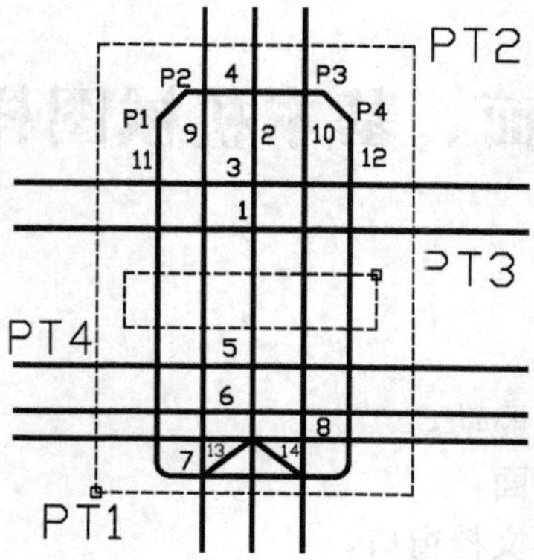

图1-138　练习图3绘制2

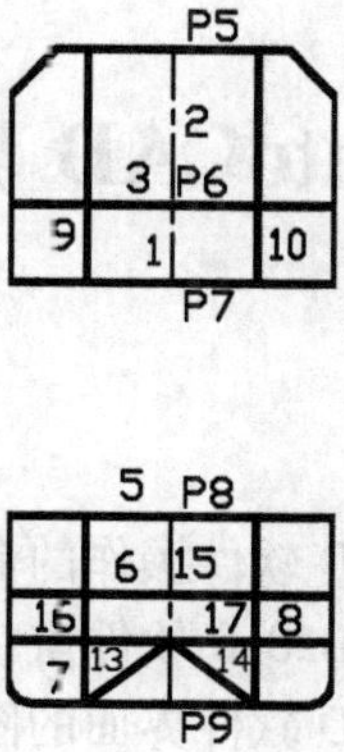

图1-139　练习图3绘制3

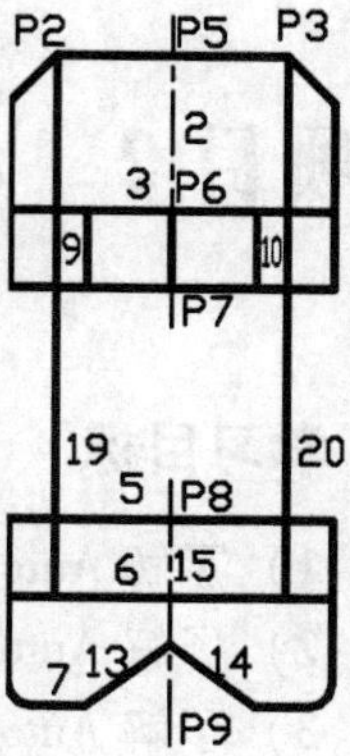

图1-140　练习图3绘制4

（4）图1-122练习图1-4连轴套图形绘制操作参考

N/A4V.dwt，LA/粗实线，极轴（或正交）。L/1，L/2，C/D20/1&2→3，C/D30/3→4，C/D50/3→5，O17.5/2→6/2→7。

LA/1&2＞点画线，MO/1&2/线型比例＞0.25，LA/4＞虚线，MO/4/线型比例＞0.5。

L/P1→8，L/P7→9，L/P2→10，L/P3→11，L/P8→12，L/P4→13，L/P5→14，L/P9→15，L/P6→16。

L/17，O15/17→18，O40/17→19，O10/19→20。

L/21，O10/21→22/21→23，O15/21→24/21→25，O17.5/21→26/21→27，O25/21→28/21→29，如图1-141所示。后略。

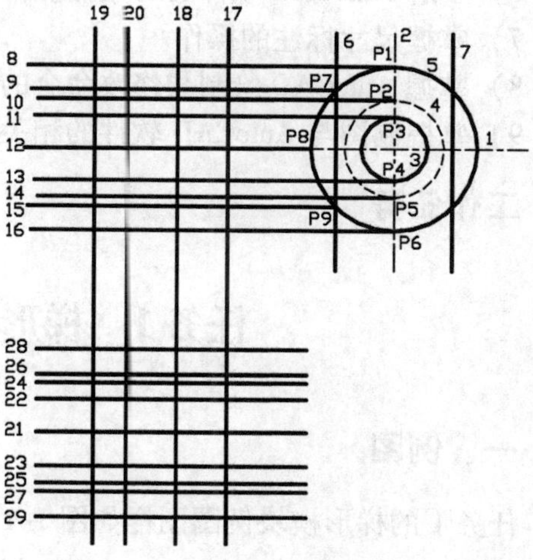

图1-141　练习图1-4三视图

说明：C/D20/1&2→3，以直线1和2的交点为圆心画直径20的圆3；

C/D30/3→4，表示用直径30画圆3的同心圆圆4。

项目 2　AutoCAD 界面、基本机械图样的尺寸标注

学习目标

1）了解 AutoCAD 软件操作的命令驱动。
2）了解 AutoCAD2010 软件窗口界面。
3）了解 AutoCAD 软件界面的图形文档窗口。
4）了解 AutoCAD 软件界面的命令栏。
5）了解 AutoCAD 软件界面的状态栏。
6）了解 AutoCAD 软件的对象捕捉。
7）掌握尺寸标注的操作。
8）掌握 AutoCAD 绘制与修改命令的操作。
9）掌握制图与 AutoCAD 软件的相关知识。

工作任务

任务 1　梯形楔块例图的尺寸标注

一、例图

任务 1 的梯形楔块例图图样如图 1-1 所示。

二、梯形楔块尺寸标注的步骤方法

梯形楔块例图图形绘制完成后如图 1-12 所示，其尺寸标注按『绘图步骤方法』2 尺寸标注的步骤与方法进行操作，具体操作步骤见表 2-1。

表 2-1　梯形楔块例图的尺寸标注

<table>
<tr><th colspan="3">步骤方法</th><th colspan="2">操作</th><th>示例图</th></tr>
<tr><td colspan="3">0#，改变当前图层</td><td>将尺寸线图层设置为当前图层</td><td>『操作』42</td><td>图 2-54</td></tr>
<tr><td rowspan="10">1#，尺寸标注</td><td rowspan="5">A. 主视图的尺寸标注</td><td>1）2pt 横向标注 10</td><td>指定上横线两端点标注</td><td rowspan="2">『操作』45</td><td>图 2-60</td></tr>
<tr><td>2）2pt 竖向标注 30</td><td>指定右竖线两端点标注</td><td>图 2-63</td></tr>
<tr><td>3）1ob 横向标注 15</td><td>选择左下二横线标注</td><td rowspan="3">『操作』46</td><td>图 2-65</td></tr>
<tr><td>4）1ob 竖向标注 10</td><td>选择左竖线标注</td><td rowspan="7">图 2-1</td></tr>
<tr><td>5）1ob 横向标注 40</td><td>选择下横线标注</td></tr>
<tr><td rowspan="4">B. 左视图尺寸标注</td><td>6）2pt 横向标注 10</td><td>指定两点捕捉 10 尺寸端点标注</td><td rowspan="2">『操作』47</td></tr>
<tr><td>7）2pt 横向标注 10</td><td>指定两点捕捉 40 尺寸端点标注</td></tr>
<tr><td>8）1ob 横向标注 20</td><td>选择下横线标注</td><td>『操作』46</td></tr>
<tr><td>9）2pt 竖向标注 5</td><td>指定右竖线上端点与右二上竖线下端点标注</td><td rowspan="2">『操作』45</td></tr>
<tr><td>C. 俯视图标注</td><td>10）2pt 横向标注 5</td><td>指定下横线左端点与左下二横线右端点标注</td></tr>
<tr><td colspan="3">3#，其他处理，缩放到全图</td><td>使用范围缩放操作缩放到全图</td><td>『操作』34</td><td rowspan="2">图 1-1</td></tr>
<tr><td colspan="5">完成</td></tr>
</table>

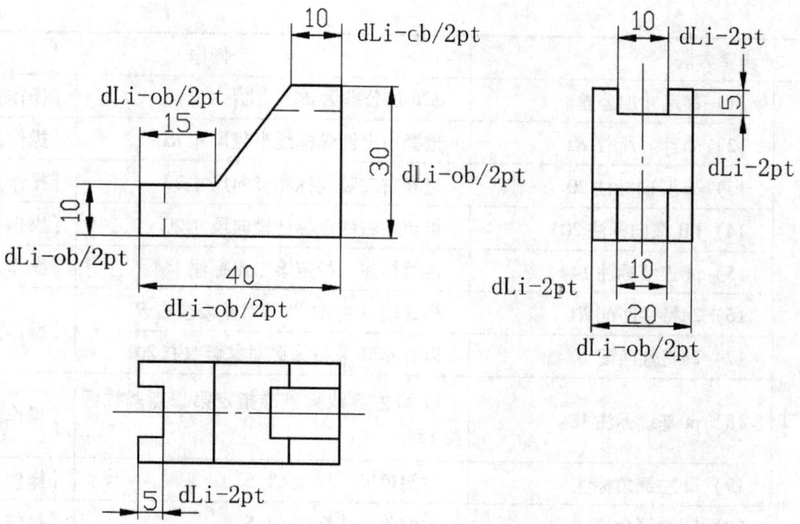

图 2-1　主视图、左视图、俯视图尺寸标注

任务 2　轴的例图的尺寸标注

一、例图

任务 2 的轴例图的图样如图 1-13 所示。

二、轴的尺寸标注的步骤方法

轴的例图图形绘制完成后如图 1-27 所示，其尺寸标注按『绘图步骤方法』2 尺寸标注的步骤与方法进行操作，具体操作步骤见表 2-2。

表 2-2　轴的例图的尺寸标注

步骤方法			操作		示例图
0#，改变当前图层			将尺寸线图层设置为当前图层	『操作』42	图 2-54
1 #，尺寸标注；2#，尺寸编辑	A. 主视图的尺寸标注	1）ob 竖向标注 20	选择左二竖线标注	『操作』46	图 2-2
		2）2#尺寸加前缀	20 尺寸加前缀%%c 成为 $\phi20$	『操作』56	图 2-3
		3）2#尺寸加公差	$\phi20$ 加公差为 $\phi20^{0}_{-0.052}$	『操作』57	
		4）2#调整尺寸位置	穴点拉伸，调整尺寸标注位置	『操作』58	
		5）ob 半径标注 $R1$	选择左上圆弧标注半径尺寸 $R1$	『操作』48	
		6）2#修改半径标注	用特性匹配间接修改法修改 $R1$ 半径标注，关闭‘文字界外对齐’	『操作』60	图 2-5
		7）LR 横向标注 10	指定左右两点标注横向尺寸 10	『操作』45	
		8）pt 连续标注 94	连续标注，指定第二点标注 94	『操作』50	图 2-71
		9）ob 竖向标注 28	选择右三竖线标注	『操作』46	图 2-5
		10）2#尺寸加前缀	28 尺寸加前缀%%c 成为 $\phi28$	『操作』56	

（续）

步骤方法			操作		示例图
1 #，尺寸标注；2#，尺寸编辑	A. 主视图的尺寸标注	11）2#尺寸加公差	$\phi 28$ 加公差为 $\phi 28^{-0.020}_{-0.041}$	『操作』57	图 2-5
		12）ob 半径标注 *R*1	选择右上圆弧标注半径尺寸 *R*1	『操作』48	
		13）ob 竖向标注 20	选择右二竖线标注竖向尺寸 20	『操作』46	
		14）LR 横向标注 20	指定左右两点标注横向尺寸 20	『操作』45	
		15）pt 连续标注 144	连续标注，指定第二点标注 144	『操作』50	
		16）2#特性匹配 *R*1	格式刷以左 *R*1 为源对象修改右 *R*1	『操作』31	
		17）2#特性匹配 20	以左 $\phi 20^{\ 0}_{-0.052}$ 为源对象修改右 20		
		18）pt 基线标注 184	以 20 左界线为基准指定第二点基线标注 184	『操作』51	图 2-76、图 2-5
		19）Lt 左倒角标注	左倒角尺寸标注 *C*1.5	『操作』53	
		20）Lt 右倒角标注	右倒角尺寸标注 *C*1.5	『操作』53	图 2-5
		21）L 引线标注箭头	向左标注右向箭头，长度 10	『操作』54	
		22）3#画短竖线，长 5	在引线标注尾端画向下竖线，长 5	『操作』12	
		23）3#换层	将长 5 的竖线转换到粗实线图层	『操作』23	
		24）3#注写文字 *A*	Text 单行文字注写“*A*”，字高 5	『操作』55	
		25）3#修改 MirrText 值	修改系统变量 MirrText 值为 0	『操作』44	图 1-13
		26）3#镜像剖切标注	上下镜像剖切位置方向代号	『操作』43	
	B. 剖面图标注	27）2pt 横向标注 8	指定圆弧上下两端点标注	『操作』45	图 2-6
		28）2pt 横向标注 24	指定圆弧与横线的交点，及右竖线下端点，标注横向尺寸 24，对齐尺寸 144	『操作』47	
		29）3#注写文字 *A—A*	单行文字注写“*A—A*”，字高 5	『操作』55	
3#，其他处理，缩放到全图			使用范围缩放操作缩放到全图	『操作』34	图 1-13
完成					

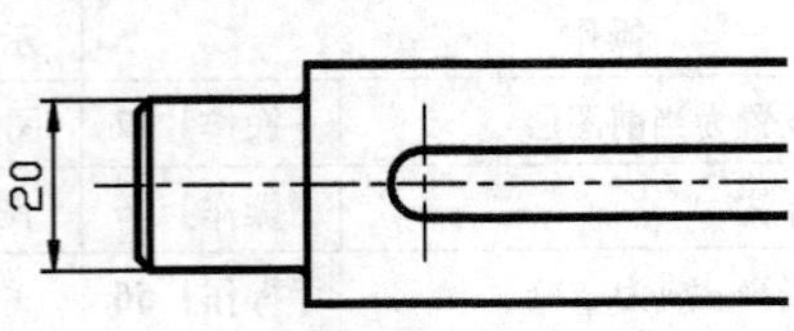

图 2-2　选择左二竖线标注 20

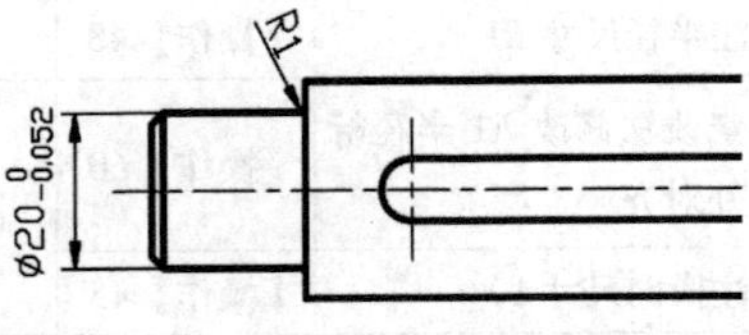

图 2-3　20 尺寸加前缀 ϕ，加公差，调整位置，标注左上圆弧半径 *R*1

图 2-4　$\phi 28$ 尺寸公差参数调整

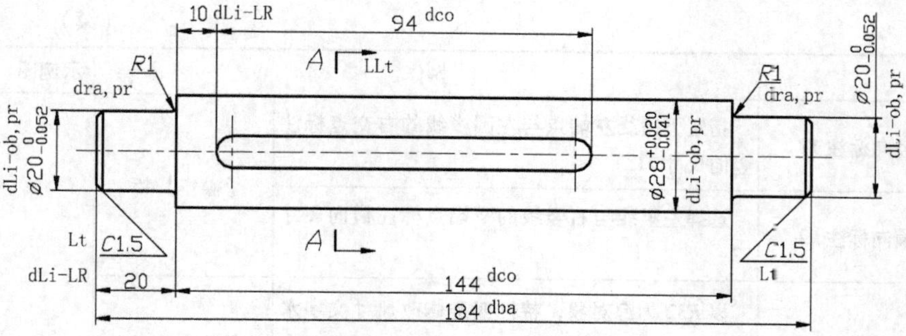

图 2-5 主视图的尺寸标注，标注剖切位置方向代号

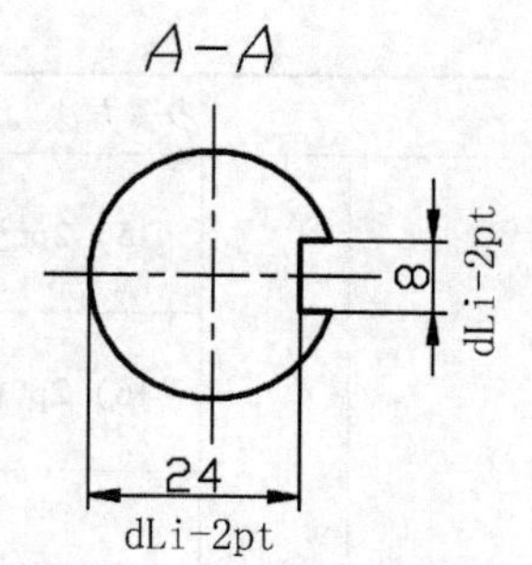

图 2-6 剖面图尺寸标注，注写文字

任务 3 锁块例图的尺寸标注

一、例图

任务 3 的例图锁块图样如图 1-28 所示。

二、锁块尺寸标注的步骤方法

锁块例图图形绘制完成后如图 1-37 所示，其尺寸标注按『绘图步骤方法』2 尺寸标注的步骤与方法进行操作，具体操作步骤见表2-3。

表 2-3 锁块例图的尺寸标注

步骤方法			操作		示例图
0#，改变当前图层			将尺寸线图层设置为当前图层	『操作』42	图 2-54
1 #，尺寸标注；2#，尺寸编辑	主视图的尺寸标注	1）ob 半径标注 R32	选择左中圆弧，标注半径尺寸 R32	『操作』48	图 2-7
		2）2#修改半径标注	用特性匹配间接修改法修改 R32 半径标注，关闭“文字界外对齐”	『操作』60	
		3）2#调整尺寸位置	夹点拉伸，调整尺寸标注位置	『操作』58	
		4）UDob 标角度 98°	先选上斜线，后选横线，标注 98°	『操作』52	图 2-79
		5）pt 连续标注 13°	连续标注，指定第二点标注 13°	『操作』50	图 2-73
		6）ob 半径标注 R5	选择上内圆弧，标注半径尺寸 R5	『操作』48	图 2-7
		7）ob 半径标注 R8	选择上外圆弧，标注半径尺寸 R8		
		8）ob 直径标注 ϕ9	选择左外圆，标注直径尺寸 ϕ9	『操作』49	
		9）ob 直径标注 ϕ5	选择左内圆，标注直径尺寸 ϕ5		
		10）ob 半径标注 R31	选择右上圆弧，标注半径尺寸 R31	『操作』48	
		11）ob 半径标注 R8	选择右下圆弧，标注半径尺寸 R8		
		12）ob 直径标注 ϕ13	选择右内圆，标注直径尺寸 ϕ13	『操作』49	
		13）ob 直径标注 ϕ30	选择右外圆，标注直径尺寸 ϕ30		
		14）ob 直径标注 ϕ19	选择右中圆，标注直径尺寸 ϕ19		

（续）

步骤方法			操作		示例图
1 #，尺寸标注；2#，尺寸编辑	主视图的尺寸标注	15）2pt 竖向标注 11	指定下横线左端点与左圆横线的右交点标注竖向尺寸 11	『操作』45	图 2-7
		16）2pt 横向标注 52	选择左竖线与右竖线的下端点标注横向尺寸 52		
		17）2#特性匹配修改	以 *R*32 为源对象，特性匹配修改尺寸文字水平，修改 *R*5、*R*8、ϕ5、ϕ9、ϕ13、ϕ30、ϕ19、*R*8 文字水平	『操作』31	
		18）2#调整尺寸位置	穴点拉伸，调整尺寸标注位置：调整 *R*5、*R*8、*R*32、ϕ5、ϕ9、11、ϕ30、ϕ13、ϕ19 尺寸标注位置	『操作』58	
		19）2#调整尺寸位置	用编辑标注文字为半径标注 *R*8 的文字指定新位置	『操作』61	
		20）2#修改尺寸特性	修改 13°尺寸标注特性，关闭“文字界内对齐”	『操作』59	
		21）2#调整 13°位置	穴点拉伸调整 13°尺寸标注位置	『操作』58	
3#，其他处理，缩放到全图			使用范围缩放操作缩放到全图	『操作』34	图 1-28
完成					

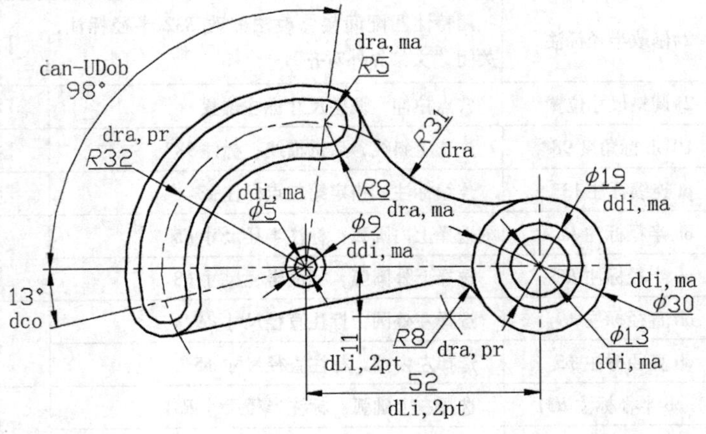

图 2-7　标注尺寸，特性修改，特性匹配修改尺寸及文字水平，调整位置

相关知识与操作

一、AutoCAD软件知识与操作知识

1. AutoCAD2010软件窗口界面

『软件知识』34 AutoCAD2010软件窗口界面

AutoCAD2010二维草图与注释工作空间窗口界面如图2-8所示，AutoCAD2010软件经典界面如图2-9所示。本书采用经典界面。

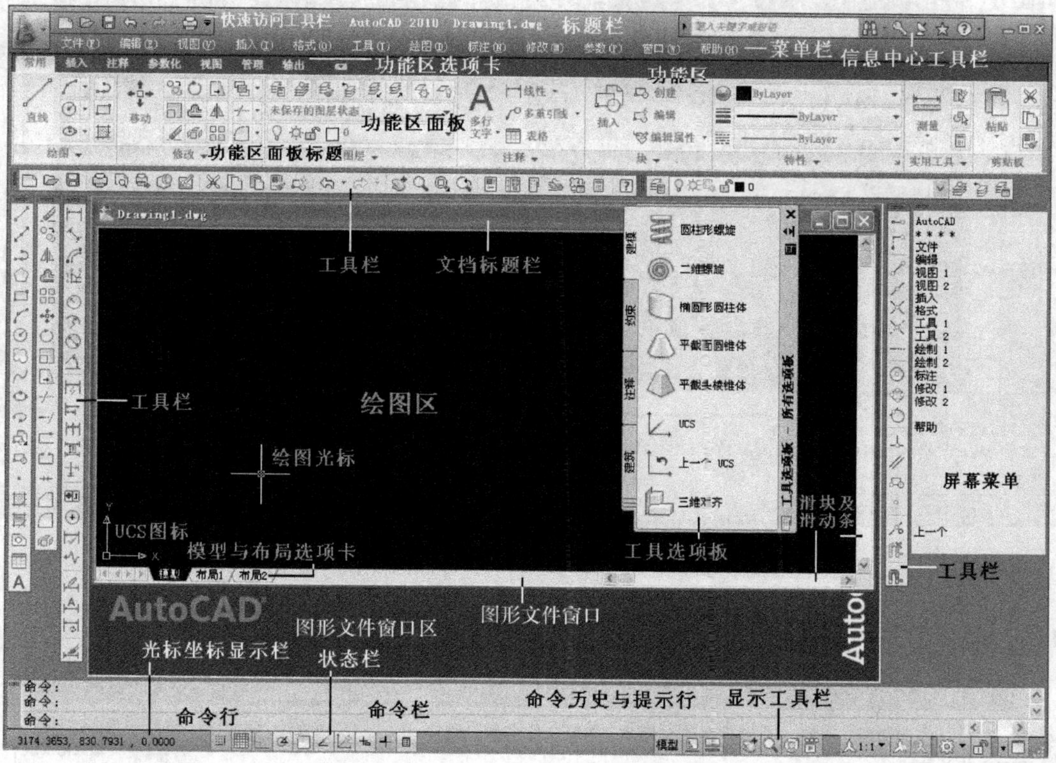

图2-8　AutoCAD2010二维草图与注释工作空间窗口界面

『软件知识』35 AutoCAD2010软件窗口界面的组成部分

AutoCAD2010软件窗口界面的组成部分如图2-8、图2-9所示，主要包括下列部分：标题栏、菜单栏、功能区、工具栏、屏幕菜单、工具选项板、图形文件窗口区、命令栏、状态栏。

2. AutoCAD2010软件标题栏

『软件知识』36 AutoCAD软件标题栏

AutoCAD软件窗口的最上端为标题栏，或称为标题行。

『软件知识』37 AutoCAD2010软件标题栏的组成

AutoCAD2010软件标题栏的组成如图2-10所示。

标题栏左段：软件图标与应用程序菜单按钮；快速访问工具栏（图2-11）；标题栏中段：软件名称与版本；图形文件名称与路径（图2-11）；标题栏右段：信息中心工具栏（图

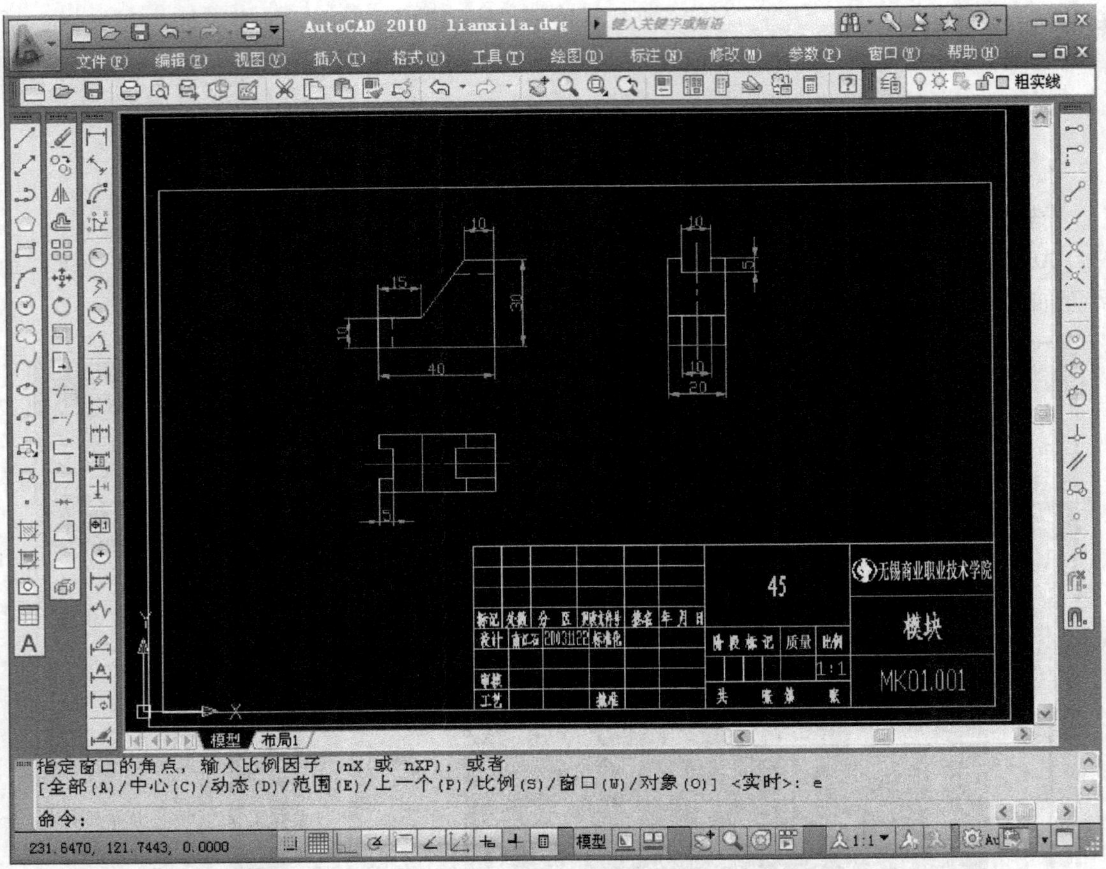

图 2-9　AutoCAD2010 软件经典界面

2-13)；软件窗口控制按钮。

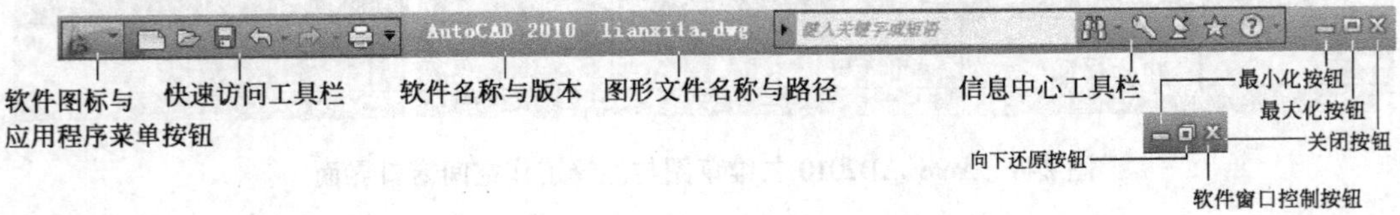

图 2-10　AutoCAD 软件窗口标题栏

『软件知识』38 AutoCAD2010 软件图标与应用程序菜单按钮

单击标题行最左端的图标按钮会弹出 AutoCAD2010 软件应用程序菜单，单击菜单项可以进行指定的文件操作。

『软件知识』39 AutoCAD2010 软件快速访问工具栏

软件图标与应用程序菜单按钮右侧是快速访问工具栏，如图 2-10、图 2-11 所示，在快速访问工具栏中，有“新建”“打开”“保存”“放弃”“重做”“打印”等按钮，如图 2-11 所示。

『软件知识』40 AutoCAD2010 软件标题栏中段

在标题栏的中间位置处，显示有软件名称“AutoCAD”、软件版本“2010”和图形文件

图 2-11 AutoCAD 软件窗口标题栏，快速访问工具栏，标题栏中段

的名称与路径，如图 2-10、图 2-11 所示；在标题栏中段双击，可以最大化或还原软件窗口；在标题行中段按住鼠标左键，可以移动软件窗口；在标题栏中段单击鼠标右键，可以弹出软件系统菜单，如图 2-12 所示，单击菜单项可以进行最大化、最小化、还原、关闭等操作。

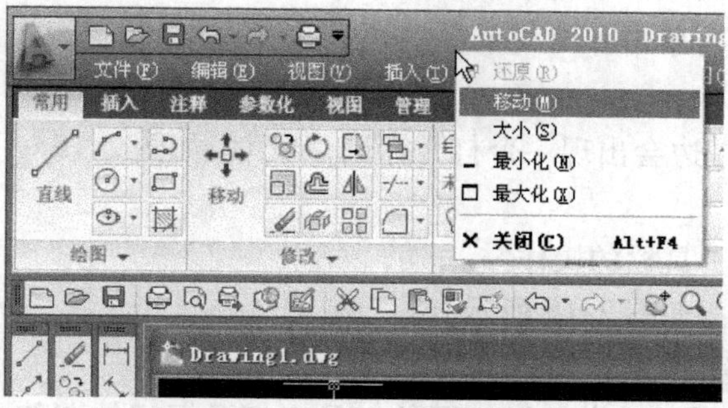

图 2-12 在标题栏中段单击右键弹出系统菜单

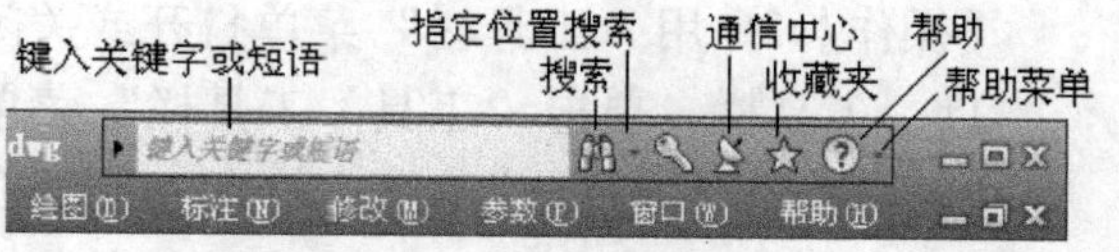

图 2-13 AutoCAD 软件窗口标题栏，信息中心工具栏

『软件知识』41 AutoCAD2010 软件窗口控制按钮

标题行右端为软件窗口控制按钮，有“最小化”“最大化”“还原”“关闭”等按钮，如图 2-10 所示，单击按钮可以进行相应的窗口操作。

3. AutoCAD2010 软件窗口菜单栏与功能区

『软件知识』42 AutoCAD 软件菜单栏

AutoCAD 软件菜单栏在标题行的下方，有文件、编辑、视图、插入、格式、工具、绘图、标注、修改、窗口、帮助等菜单，如图 2-8、图 2-9 所示。

单击菜单名称，弹出下拉菜单，单击下拉菜单中的菜单项可以启动相应的操作命令。

『软件知识』43 AutoCAD2010 软件功能区

AutoCAD2010 软件功能区在菜单栏的下方，有常用、插入、注释、参数化、视图、管理、输出等选项卡，如图 2-8 所示。

单击功能区中的按钮可以启动相应的操作命令。

4. AutoCAD2010 软件工具栏

AutoCAD 软件工具栏又称为工具条。

『软件知识』44 AutoCAD2010 软件工具栏的组成

AutoCAD2010 软件工具栏组成部分包括控制条、关闭按钮及命令按钮，如图 2-14 所示。

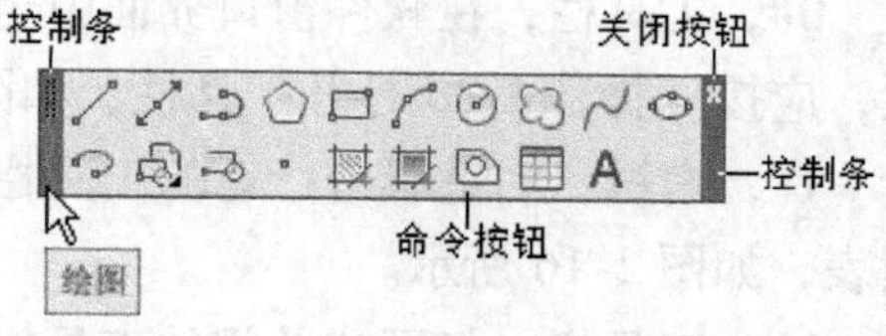

图 2-14 AutoCAD 软件工具栏的组成

『软件知识』45 对 AutoCAD 软件工具栏的操作

对 AutoCAD 软件工具栏可以进行如下操作：

A. 打开工具栏。

B. 关闭工具栏。

C. 浮动工具栏——拖动固定工具栏，使其成为浮动工具栏。

D. 拖动工具栏——拖动浮动工具栏，改变其在屏幕上的位置。

E. 固定工具栏——拖动浮动工具栏，靠边泊定，使其成为固定工具栏。

F. 改变工具栏——拉动浮动工具栏任意一边，改变工具栏的行数与形状。

『软件知识』46 打开 AutoCAD 软件工具栏的三种操作方式

A. 单击“工具/工具栏”菜单下的菜单组下的菜单项。

B. 在已有的工具栏上单击右键，再单击弹出菜单中的菜单项。

C. 在已有工具栏旁的空白区域单击右键，再单击弹出菜单组中的菜单项。

『软件知识』47 工具栏的打开标记

在显示工具栏列表时，已经打开的工具栏左边会出现一个打开标记“✔”，如图 2-15 ~ 图 2-17 所示。

『操作』36 用“工具栏”菜单打开或关闭工具栏的操作

1#，工具栏，单击“工具\工具栏”菜单：如图 2-15 所示。

2#，菜单组，选择菜单组：单击 AutoCAD 菜单组，如图 2-15 所示。

3#，工具栏，单击需要打开或关闭的工具栏：单击已经打开的、具有打开标记的“修改”工具栏，以关闭“修改”工具栏，如图 2-15 所示。

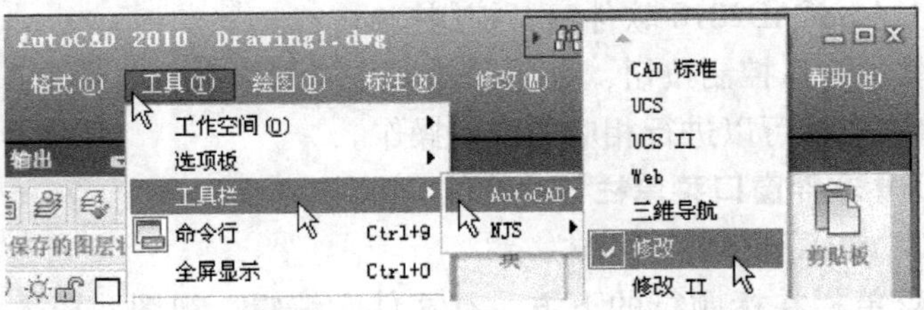

图 2-15 用“工具栏”菜单打开或关闭工具栏的操作

『特别提示』19 如果菜单栏未显示，可用快速访问工具栏上的“自定义”按钮打开

如果在软件界面中未显示菜单栏，可以单击快速访问工具栏上的“自定义”按钮，然后在弹出的下拉菜单中单击“显示菜单栏”，以显示菜单栏。

『操作』37 在已有的工具栏处单击鼠标右键打开或关闭工具栏的操作

0#，工具栏，在软件窗口界面中至少应有一个工具栏：如果软件窗口界面中未显示工具栏，应按『操作』36 打开工具栏，如图 2-15 所示。

1#，右键，右键单击已有的工具栏：在已有的工具栏上单击鼠标右键，可以弹出工具栏列表，如图 2-16 所示。

2#，工具栏，打开或关闭的工具栏：

打开工具栏：将光标移动到没有“✔”打开标记的、需要打开的工具栏处，单击鼠标左键打开该工具栏，如图 2-16 所示。

关闭工具栏：将光标移动到已有“✔”打开标记的工具栏处，单击鼠标左键关闭该工具栏，如图2-16所示。

『操作』38 在已有工具栏旁的空白区域单击鼠标右键打开或关闭工具栏的操作

0#，工具栏，在软件窗口界面中至少应有一个工具栏。

1#，右键，在已有工具栏旁的空白区域单击鼠标右键：在已有工具栏旁的空白区域单击鼠标右键，弹出菜单组菜单，如图2-17所示。

2#，菜单组，选择菜单组：单击AutoCAD菜单组，如图2-17所示。

3#，工具栏，单击需要打开或关闭的工具栏：单击已经打开的、具有打开标记的“绘图”工具栏，以关闭“绘图”工具栏，如图2-17所示。

『特别提示』20 六个常用工具栏——标准、绘图、修改、标注、对象捕捉、图层

常用工具栏上的按钮如图2-18～图2-24所示。

『特别提示』21 常用工具栏的建议固定位置

工具栏应泊定在固定的位置上，以尽可能减少启动命令操作时寻找按钮的时间。常用工具栏的建议固定位置见表2-4、图2-8、图2-9。

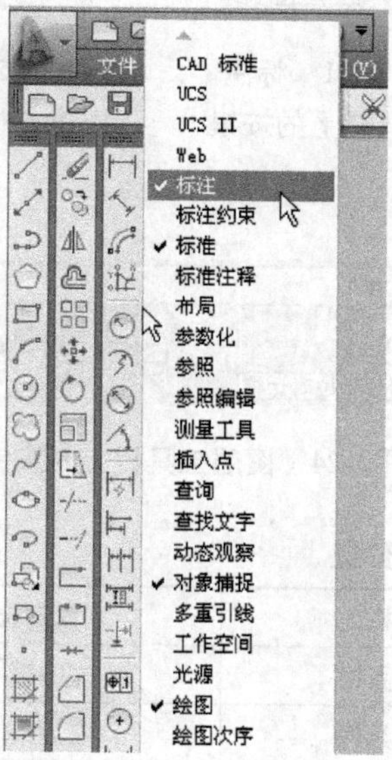

图2-16　在已有的工具栏上单击鼠标右键，打开或关闭工具栏

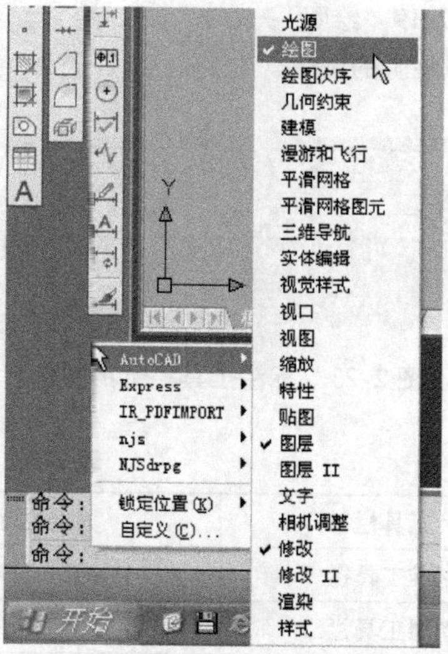

图2-17　在工具栏旁的空白区域单击鼠标右键，单击菜单组，打开或关闭工具栏

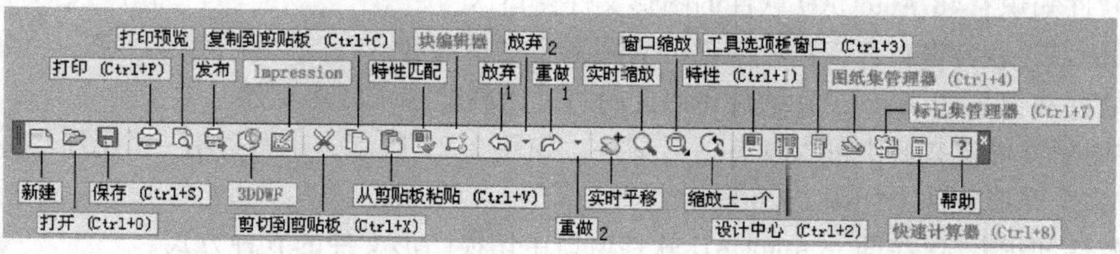

图2-18　标准工具栏上的按钮

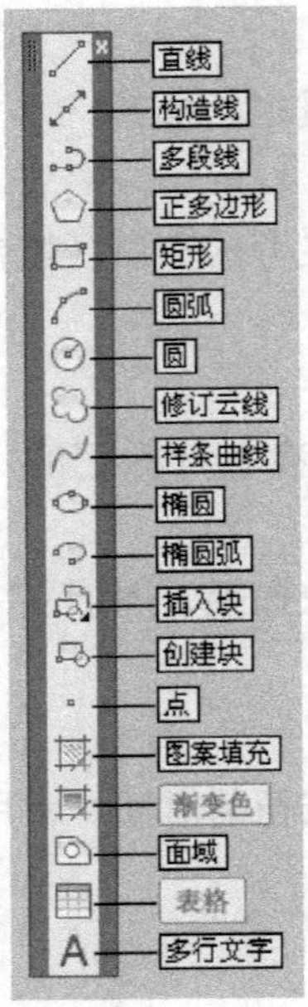

图 2-19　绘图工具栏上的按钮

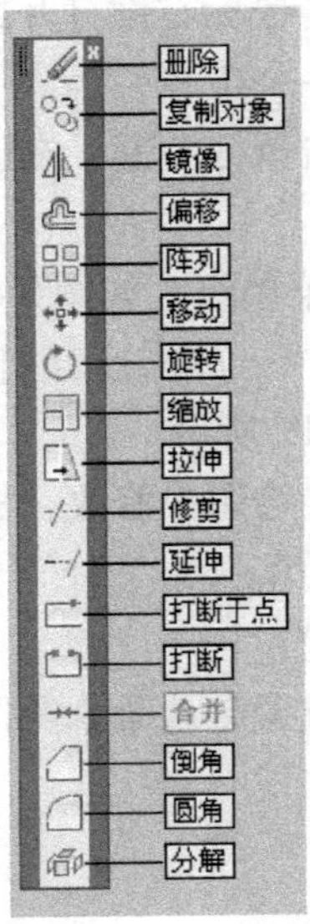

图 2-20　修改工具栏上的按钮

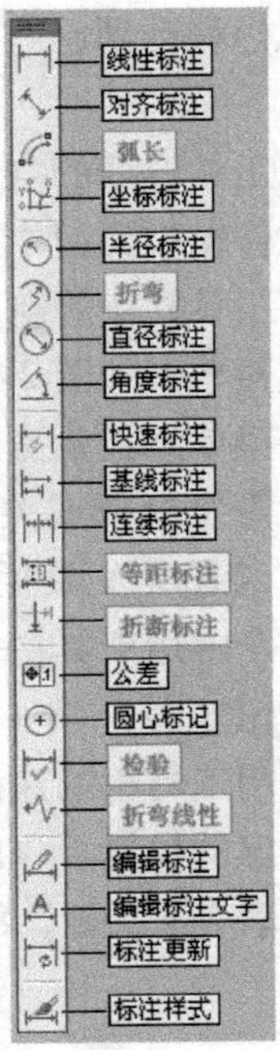

图 2-21　标注工具栏上的按钮

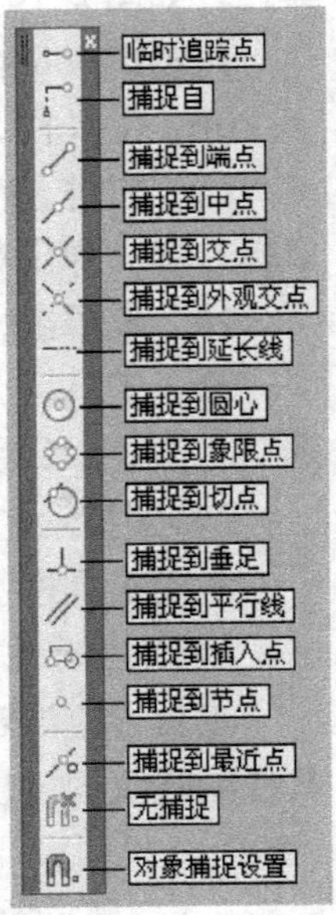

图 2-22　对象捕捉工具栏上的按钮

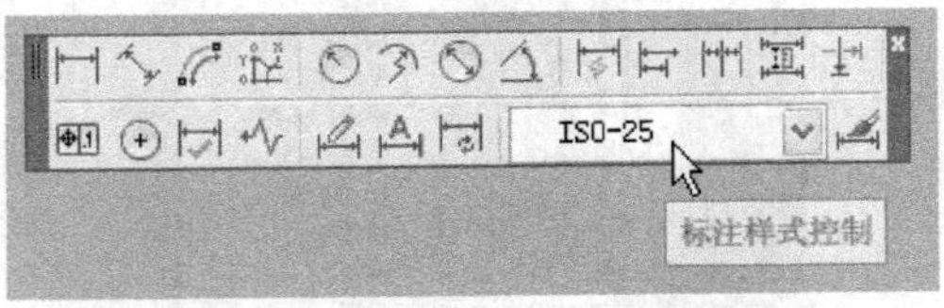

图 2-23　标注工具栏上的按钮

图 2-24　图层工具栏上的按钮

表 2-4　六个常用工具栏的建议位置

工具栏	固定位置	工具栏	固定位置
标准工具栏	上方第一行左端	绘图工具栏	左侧第一列
图层工具栏	上方第一行右边	修改工具栏	左侧第二列
对象捕捉工具栏	右侧第一列	标注工具栏	左侧第三列

5. AutoCAD 软件的图形文件窗口

『软件知识』48 AutoCAD 软件的图形文件窗口区

AutoCAD 软件窗口界面的中间部分为图形文件窗口区。

『软件知识』49 AutoCAD 软件可以同时打开、新建多个图形文件

在图形文件窗口区中可以没有图形文件，如图 2-25 所示，也可以有一个图形文件，还可以有多个图形文件，如图 2-26 所示。

『软件知识』50 在同一 AutoCAD 软件窗口中切换图形文件的五种方式

A. 用“窗口”菜单切换，如图 2-27 所示。

B. 用 <Ctrl + Tab> 快捷键切换。

图 2-25　没有图形文件的图形文件窗口区

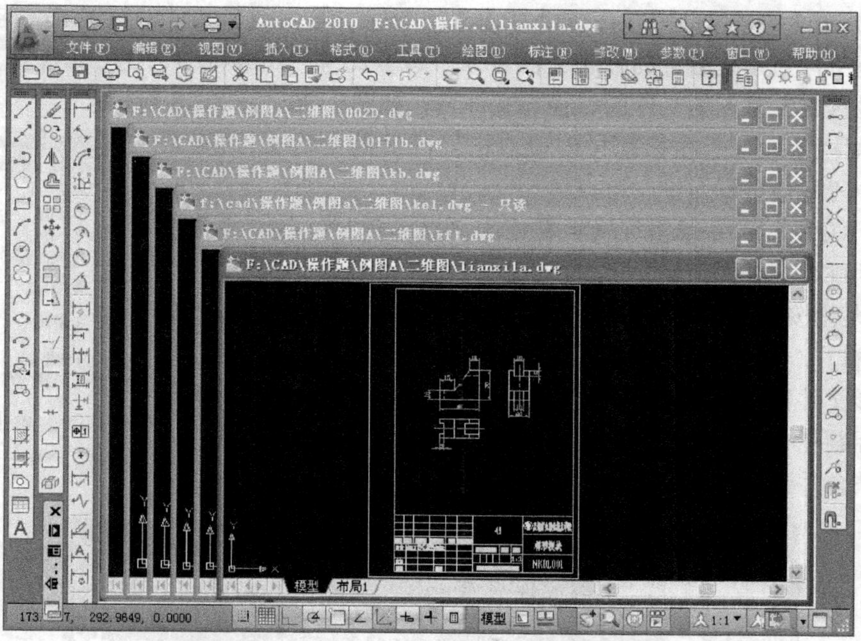

图 2-26　打开多个图形文件

C. 用 <Ctrl + F6> 快捷键切换。

D. 用状态栏“快速查看图形”按钮切换，如图 2-42 所示。

E. 单击“还原”按钮，然后选择切换，如图 2-26所示。

『软件知识』51 AutoCAD 软件图形文件窗口的组成

AutoCAD 软件窗口界面中间部分为图形文件窗口，如图 2-8、图 2-26 所示，图形文件窗口的组成如下：标题栏；滑块及滚动条；模型与布局选项卡标签；标签滚动按钮；绘图区。

『软件知识』52 AutoCAD 软件图形文件标题栏

在 AutoCAD 图形文件窗口的最上端为图形文件

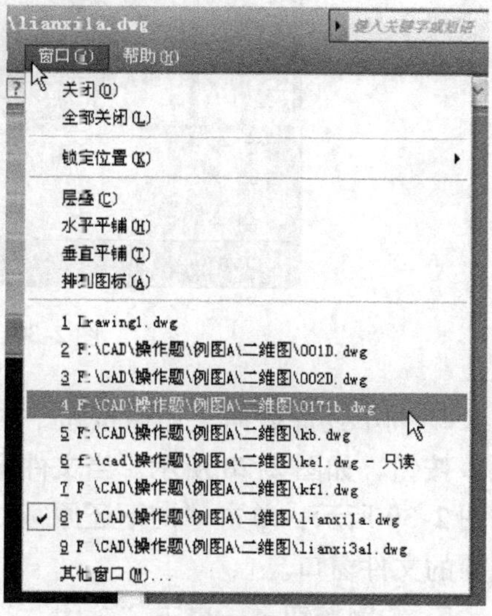

图 2-27　用“窗口”菜单切换图形文件

标题栏，或称为标题行，如图 2-8 所示，其组成如图 2-28 所示。

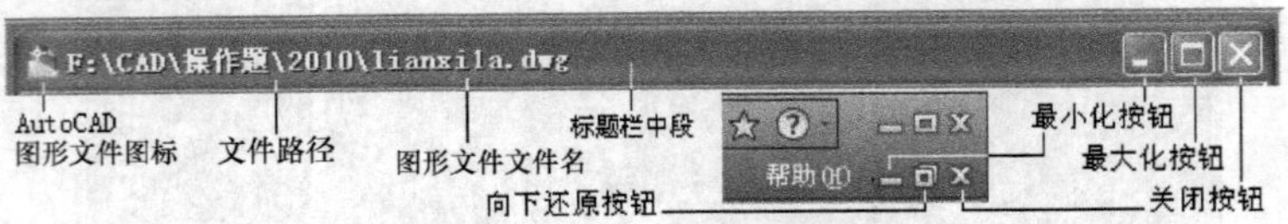

图 2-28　图形文件窗口标题栏

A. 图形文件图标——在标题栏最左端，单击图标，弹出文件系统菜单，如图 2-29 所示，单击菜单项，可以进行最大化、最小化、还原、关闭、切换到下一个文件等操作。

B. 图形文件的名称——在标题栏左端文件图标右侧为图形文件的路径文件名称，未保存过的新建文件为系统给定的临时文档名称，其形式为"Drawing + 序号 . dwg"；保存过的或打开的磁盘文件显示为文件的路径与文件名，如图 2-26、图 2-28 所示。

C. 标题栏中段——在标题栏中段双击，可以最大化文件窗口；在标题栏中段按住鼠标左键，可以移动文件窗口。

D. 最小化按钮——单击标题栏右端的"最小化"按钮，文件窗口最小化并排列到软件图形文件窗口区的下方，如图 2-30 所示。

E. 最大化按钮——单击标题栏右端的"最大化"按钮，可以最大化文件窗口。

当图形文件窗口最大化时，文件窗口的标题栏将与 AutoCAD 软件窗口的标题栏合并，如图 2-9 所示。合并后，文件窗口标题栏右端的按钮被合并到软件窗口菜单栏的右端，如图 2-31 所示。

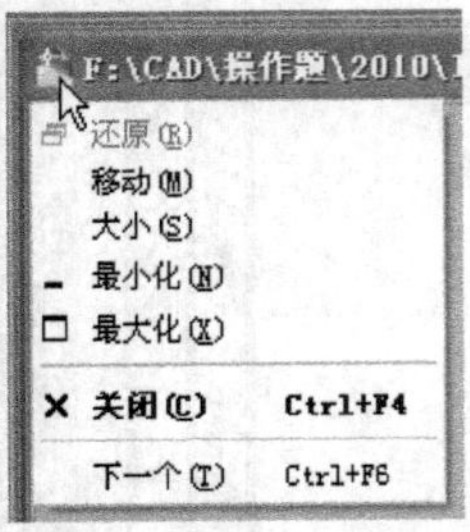

图 2-29　单击图形文件图标，弹出系统菜单

图 2-30　图形文件的最小化界面按钮

F. 向下还原或向上还原按钮——当文件窗口最大化时，"最大化"按钮变为"向下还原"按钮，如图 2-28 所示。当文件窗口最小化时，"最小化"按钮变为"向上还原"按钮，如图 2-30 所示；单击"向下还原"、"向上还原"按钮，文件窗口将还原到最大化或最小化之前的文件窗口。

G. 关闭按钮——单击"关闭"按钮将关闭图形文件，如图 2-28、图 2-30 所示。

『软件知识』53 AutoCAD 软件图形文件窗口绘图区

图形文件窗口的中间区域为绘图区，即图形绘制区域，用于绘制编辑图形、标注尺寸、输入文字等，是AutoCAD软件的工作区域，如图2-8所示。

『软件知识』54 AutoCAD软件UCS图标

图形文件绘图区的左下角为UCS图标，即用户坐标系图标，如图2-8所示，图标反映出坐标系的x坐标轴方向和y坐标轴方向。

『软件知识』55 图形文件为标准模式时，光标有三种形式

当图形文件被设置为标准模式时，在绘图区，光标有三种形式，如图2-32所示。

『软件知识』56 图形文件为等轴测模式时，光标有七种形式

图2-31　图形文件最大化后，三个按钮被合并到软件菜单栏的右端

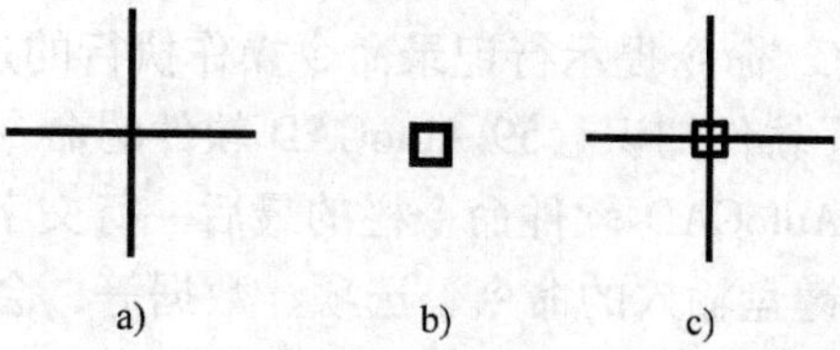

图2-32　标准模式光标
a）点输入光标　b）对象选择光标
c）点输入与对象选择光标

当图形文件被设置为等轴测模式时，在绘图区，光标有七种形式，如图2-33所示。

A. 等轴测平面左视，点输入光标，光标形状为斜十字形，如图2-33a所示。

B. 等轴测平面俯视，点输入光标，光标形状为×字形，如图2-33b所示。

C. 等轴测平面右视，点输入光标，光标形状为斜十字形，如图2-33c所示。

D. 对象选择光标，光标形状为小方框形，如图2-32b所示。

E. 等轴测平面左视，点输入与对象选择光标，光标形状为斜十字形加小方框形，如图2-33d所示。

F. 等轴测平面俯视，点输入与对象选择光标，光标形状为×字形加小方框形，如图2-33e所示。

G. 等轴测平面右视，点输入与对象选择光标，光标形状为斜十字形加小方框形，如图2-33f所示。

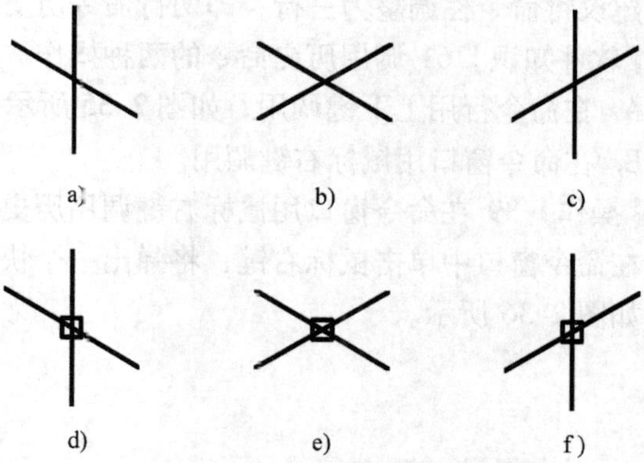

图2-33　等轴测模式光标
a）左视，点输入　b）俯视，点输入
c）右视，点输入　d）左视，点输入与选择
e）俯视，点输入与选择　f）右视，点输入与选择

6. AutoCAD软件的命令窗口

『软件知识』57 AutoCAD软件命令窗口包括两个部分

AutoCAD软件命令栏又称为命令窗口，包括以下两个部分，如图2-34所示。

A. 命令行。

B. 命令历史行及提示行。

图 2-34 AutoCAD 软件命令窗口，命令行、命令历史行及提示行

『软件知识』58 命令窗口的作用

A. 命令行用于输入及执行命令。

B. 命令行和命令提示行在命令操作过程中显示操作提示。

C. 命令提示行记录命令操作执行的过程。

『软件知识』59 AutoCAD 软件的命令行

AutoCAD 软件命令栏的最后一行文字行为命令行，如图 2-34 所示。

键盘输入的命令、选项、数据等，会在命令行显示出来。

『特别提示』22 在命令行输入命令、选项或数据时，不需要先将光标点到命令行上

在 AutoCAD 软件窗口中，按下字母、数字或符号键，相应的命令、选项或数据就会直接输入到命令行中，不要也不需要先将光标点到命令行上。

『软件知识』60 AutoCAD 软件的命令历史行及提示行

命令行上方的文字行为命令历史行及提示行，如图 2-34 所示。

『特别提示』23 命令栏推荐采用三行的形式

建议将命令栏调整为三行，即两行命令历史行及提示行加一行命令行，如图 2-34 所示。

『软件知识』61 调用历史命令的两种操作

A. 在命令行用上下键调用，如图 2-35 所示。

B. 在命令窗口用鼠标右键调用。

『操作』39 在命令窗口用鼠标右键调用历史命令的操作

在命令窗口中单击鼠标右键，将弹出一个快捷菜单，从中可以访问最近使用过的六个命令，如图 2-36 所示。

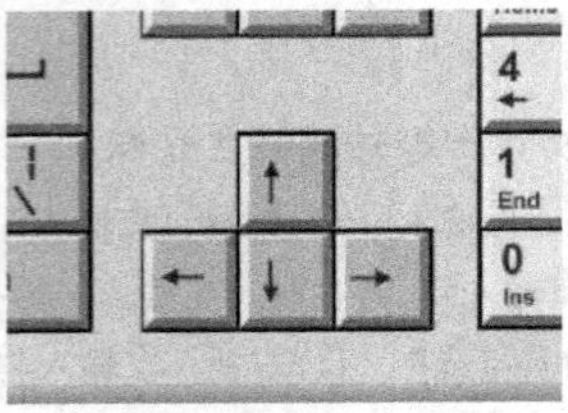

图 2-35 上下左右光标移动键

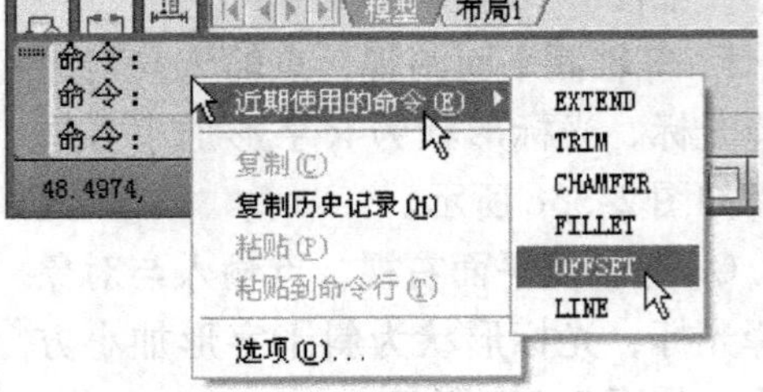

图 2-36 命令栏右键调用最近使用过的六个命令

7. AutoCAD2010 软件窗口状态栏

『软件知识』62 AutoCAD 软件窗口状态栏

AutoCAD 软件窗口的最下端为软件状态栏。

『软件知识』63 AutoCAD2010 软件状态栏的组成

AutoCAD2010 软件状态栏的组成如下，如图 2-37 所示。

A. 光标坐标显示栏。

B. 绘图状态显示控制栏。

C. 文档查看工具栏。

D. 导航工具栏。

E. 注释工具栏。

F. 工作空间栏。

G. 显示锁定栏。

H. 状态栏菜单。

I. 全屏显示按钮。

图 2-37　AutoCAD2010 软件窗口状态栏

『软件知识』64 光标坐标显示栏动态显示光标的坐标位置

AutoCAD 软件界面窗口的左下角、状态栏的左端为光标坐标显示栏，如图 2-37、图 2-38所示，当在绘图区移动光标时，在坐标显示栏中会动态显示光标的坐标位置。

『操作』40 光标坐标显示栏的打开、关闭与切换

单击光标坐标显示栏可以打开或关闭坐标显示，可以切换直角坐标与极坐标显示，如图 2-38 所示。

『软件知识』65 绘图状态显示控制栏的状态显示与控制开关按钮

在绘图状态显示控制栏中有“捕捉模式”等十个状态显示与控制开关按钮，如图2-37、图 2-39 所示，单击按钮，可以将控制按钮打开或关闭。按钮打开时，开关按钮亮显，并受到相应的控制；按钮关闭时，开关按钮暗显，并解除相应的控制。

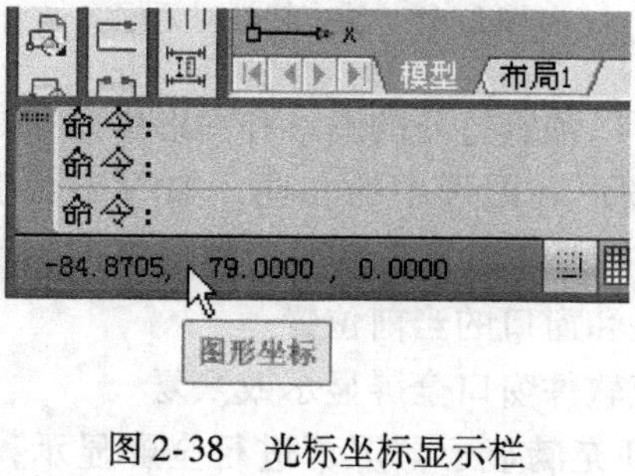

图 2-38　光标坐标显示栏

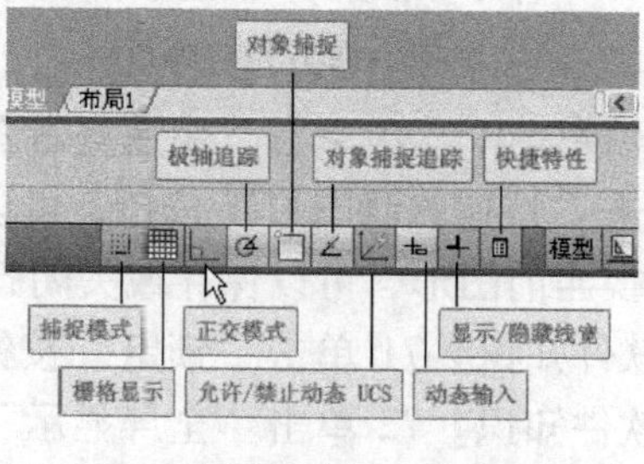

图 2-39　绘图状态显示控制栏的状态显示与开关控制按钮及建议设置

『软件知识』66 正交模式与极轴追踪不能同时打开

正交模式与极轴追踪不能同时打开，正交模式打开时，极轴追踪关闭；极轴追踪打开时，正交模式关闭，但它们可以同时关闭。

『软件知识』67 绘图状态显示控制栏中开关的建议设置

绘图状态显示控制栏中的各状态显示与控制开关按钮的建议设置见表2-5、图2-39，本书中如无特殊说明，均按此设置。

表2-5　状态显示与控制开关按钮的建议设置

状态开关	建议状态	状态开关	建议状态	状态开关	建议状态	状态开关	建议状态	状态开关	建议状态
捕捉模式	关闭	栅格显示	关闭	正交模式	关闭	极轴追踪	打开	显示/隐藏线宽	关闭隐藏
对象捕捉	打开	对象捕捉追踪	打开	动态 UCS	关闭禁止	动态输入	打开	快捷特性	关闭

『软件知识』68 动态输入

打开动态输入后，在光标附近右下方会出现动态提示并可以进行动态输入，如图2-40所示。

在绘制图形时，人的视线会专注于绘图区，且光标通常在视线的专注点附近。打开动态输入，将命令行的提示和输入显示在光标附近的右下方，可以减少视线在绘图区与命令行之间的转换，提高绘图效率。

『软件知识』69 快捷特性

打开快捷特性后，在软件待命状态时选择图形对象时，在光标附近右上方会出现简单的动态特性对话框，如图2-41所示。

在动态特性对话框中，可以方便地对图形对象常用特性进行修改，提高绘图效率；但动态特性对话框会对图形产生阻挡，造成一定的不便。

图2-40　打开动态输入，在光标附近右下方会出现动态提示和动态输入

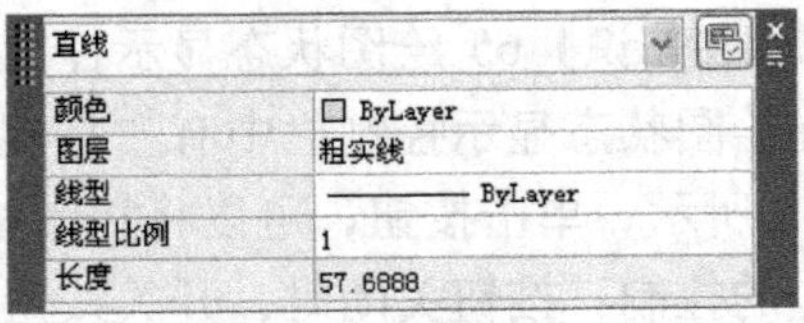

图2-41　动态特性对话框

『软件知识』70 单击“快速查看图形”按钮，可以预览打开的图形和图形中的布局

单击“快速查看图形”按钮，可以预览打开的图形和图形中的布局，如图2-42所示；可以切换当前图形，可以保存或关闭打开的图形，可以打印或发布图形，如图2-43所示。

『软件知识』71 单击“锁定”按钮可锁定工具栏和窗口的当前位置

『软件知识』72 单击“全屏显示”按钮，可以使软件窗口全屏显示或恢复

单击“全屏显示”按钮，可以使软件窗口扩展到充满显示器屏幕进行全屏显示，并关闭所有工具栏、功能区面板、工具选项板、屏幕菜单等，使绘图区达到最大并最大化图形文件窗口，再次单击该按钮可以恢复原窗口的大小和工具栏等进行显示。

『软件知识』73 单击“切换工作空间”按钮，可以切换工作空间。

单击工作空间栏的“切换工作空间”按钮（图2-44），在弹出菜单中单击选择工作空间（图2-45），可以切换工作空间。二维草图与注释工作空间如图2-8所示，AutoCAD经典工作空间如图2-9所示。

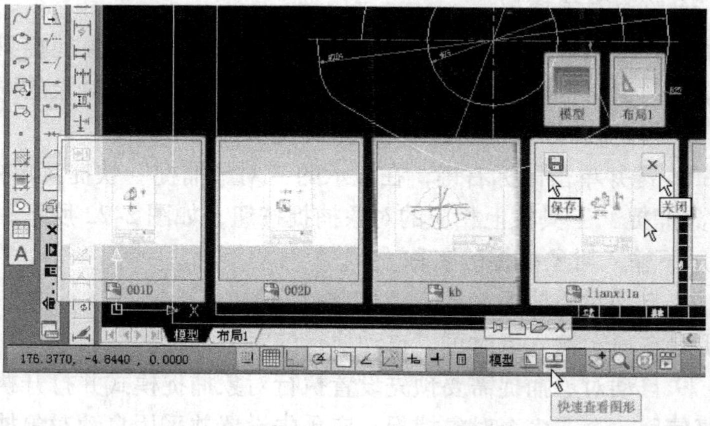

图 2-42　单击“快速查看图形”按钮，预览打开的图形和图形中的布局

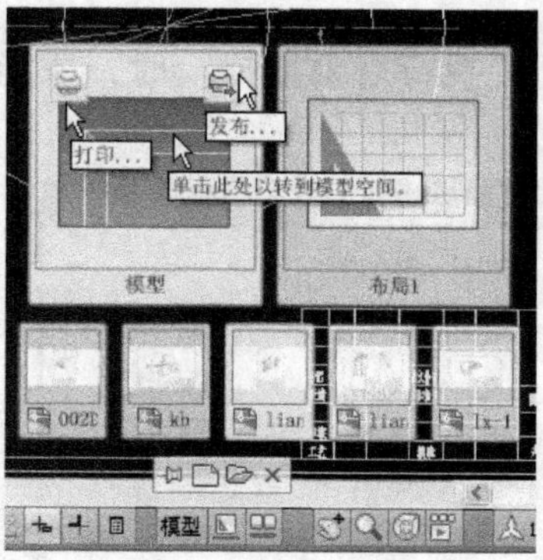

图 2-43　单击“快速查看图形”按钮，打印或发布

图 2-44　单击“切换工作空间”按钮

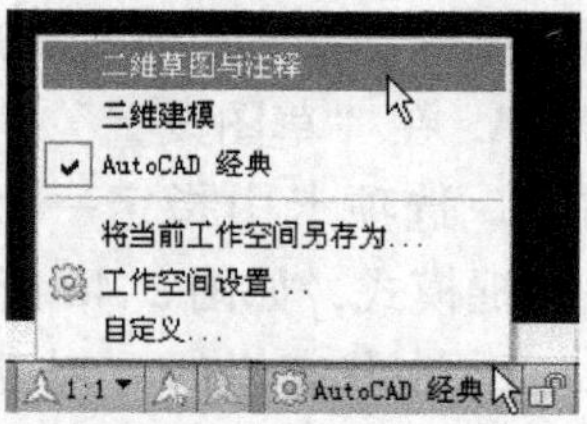

图 2-45　选择要切换到的工作空间

8. AutoCAD 软件的 F*n* 功能键

AutoCAD 软件 F*n* 功能键的作用见表 2-6。

表 2-6　AutoCAD 软件 F*n* 功能键的作用

功能键	功能	功能键	功能	功能键	功能
F1	打开帮助	F2	文本窗口开关	F3	对象捕捉开关
F4	数字化仪开关	F5	等轴测平面转换	F6	动态 UCS 开关
F7	栅格开关	F8	正交开关	F9	光标捕捉开关
F10	极轴开关	F11	对象捕捉追踪开关	F12	动态输入开关

9. AutoCAD 软件的对象捕捉

『软件知识』74 AutoCAD 软件对象捕捉是精确指定图形对象上的点的工具

在需要输入点时，使用对象捕捉可指定图形对象上的点的精确位置。

『软件知识』75 AutoCAD 软件有自动和临时两种对象捕捉方式

A. 自动对象捕捉。

B. 临时对象捕捉。

『软件知识』76 临时对象捕捉

临时对象捕捉是在提示输入点时临时指定的对象捕捉。临时对象捕捉只对当前输入点有效。有时在提示选择对象时也使用临时对象捕捉，可以在选择操作对象的同时精确指定点。

『软件知识』77 指定临时对象捕捉模式的方式

A. 按住 <Shift> 键并单击鼠标右键，在显示的“对象捕捉”快捷菜单中单击选择。

B. 单击“对象捕捉”工具栏上相应的对象捕捉按钮，如图 2-22 所示。

C. 在命令提示下输入对象捕捉的名称。

『软件知识』78 自动对象捕捉

自动对象捕捉是在提示输入点时可以自动执行的对象捕捉。

『软件知识』79 自动对象捕捉需要预先设置执行对象捕捉模式并打开执行对象捕捉

如果需要重复使用一个或多个对象捕捉，应预先设置并采用自动对象捕捉。

预先设置执行对象捕捉模式又称“预置对象捕捉模式”“预置对象捕捉”或“预置对象捕捉项目”。

预置的对象捕捉，只有在“对象捕捉”开关打开，即打开“执行对象捕捉”时，才能够起作用。

『软件知识』80 在 AutoCAD 软件中预置执行对象捕捉模式的方式

A. 在“草图设置”对话框的“对象捕捉”选项卡中指定一个或多个执行对象捕捉模式，如图 2-46 所示。

B. 在状态栏的“对象捕捉”按钮上单击鼠标右键，在弹出的对象捕捉模式菜单中单击设置，如图 2-49 所示。

『操作』41 用草图设置对话框预置对象捕捉的操作

1#，草图设置 DS，调出草图设置对话框：见『软件知识』81，如图 2-46 所示。

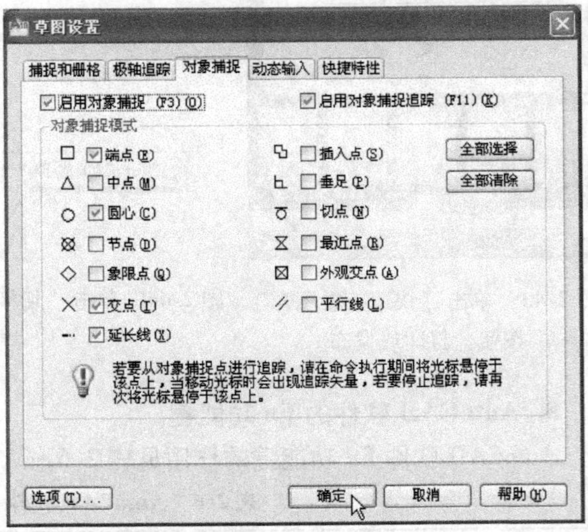

图 2-46　草图设置对话框，预置对象捕捉模式

2#，捕捉，单击对象捕捉选项卡。

3#，设置，勾选设置对象捕捉模式：如勾选端点、圆心、交点、延伸等，如图 2-46 所示。

4#，确定，确定完成设置：单击“确定”按钮完成设置。

『软件知识』81 调出草图设置对话框的三种方式

A. 鼠标右键单击状态栏按钮，再单击设置，如图 2-47 所示。

B. 单击“工具 \ 草图设置”菜单命令，如图 2-48 所示。

C. 命令行执行“DSETTINGS”、“DS”或“SE”命令。

『特别提示』24 建议的预置执行对象捕捉模式为：端点、交点、圆心、延长线

推荐的执行对象捕捉预置模式为：端点、交点、圆心、延长线（范围），如图 2-46、图 2-49 所示。本书中如无特殊说明，均按此设置。

图2-47 右键单击状态栏按钮，单击设置

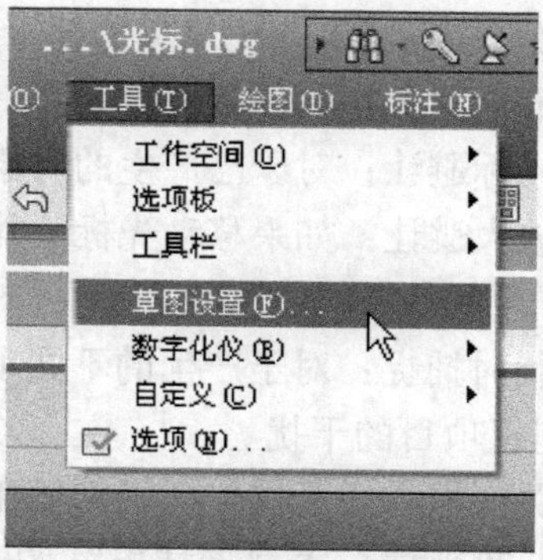

图2-48 单击“工具\草图设置”菜单命令

对象捕捉的预置模式可以根据绘图的需要进行调整。

『特别提示』25 预置对象捕捉的项目以够用为原则，不要设置太多

预置对象捕捉可以方便绘图，但并不是设置的项目越多越好。任何事物都有两面性，预置的对象捕捉在帮助绘图的同时，也会造成对绘图的“捕捉干扰”，捕捉项目设置的越多，干扰就越多。所以，执行对象捕捉项目的预先设置应以够用为原则，不要设置太多。

『特别提示』26 用对象捕捉输入点时，不需要考虑正交、极轴控制的方向

『软件知识』82 对象捕捉的干扰

当命令行提示输入点时，要利用执行对象捕捉来捕捉输入一点，但实际捕捉到的是其他的点，单击后输入的点不是想要的点，操作中这种捕捉输入点时其他的点对需要捕捉输入的点产生的干扰称为对象捕捉的干扰，会降低绘图效率或造成绘图错误。

『软件知识』83 对象捕捉干扰的四种类型

A. 不需要捕捉时，产生捕捉。

B. 同一个图形对象，不同的执行对象捕捉项目的干扰。

C. 不同的图形对象，相同的执行对象捕捉项目的干扰。

D. 不同的图形对象，不同的执行对象捕捉项目的干扰。

例A，在空白处单击输入一点，结果却捕捉到了邻近直线的端点。

例B，要捕捉输入直线的端点，结果却捕捉到了该直线的中点；要捕捉输入圆弧的圆心点，结果却捕捉到了该圆弧的端点。

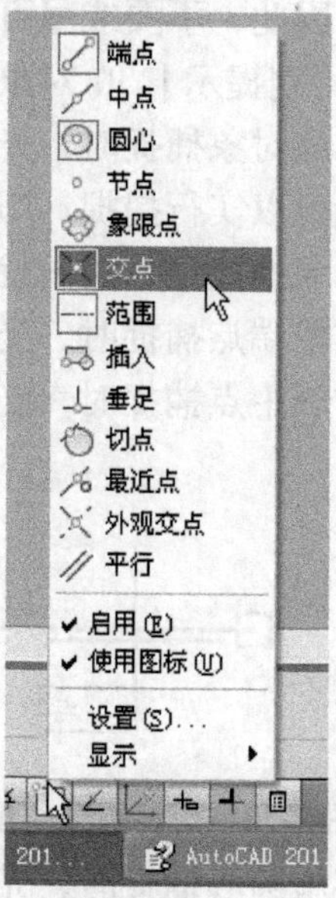

图2-49 在对象捕捉按钮上单击右键，弹出对象捕捉模式菜单

例C，要捕捉输入直线的端点，结果却捕捉到了尺寸界线的端点；要捕捉输入圆弧的中点，结果却捕捉到了一条直线的中点。

例D，要捕捉输入直线的端点，结果却捕捉到了圆弧的中点；要捕捉输入圆的象限点，结果却捕捉到了直线与圆的交点。

『特别提示』27 避免对象捕捉干扰的方法

A. 靠近对象：要捕捉的点是哪一个图形对象上的点，光标就应靠近该对象进行捕捉。

B. 光标避让：对于已产生的对象捕捉干扰，应移动光标避开干扰。

C. 放大避让：如果移动光标不能避开对象捕捉干扰，可以放大显示图形对象，再移动光标避开干扰。

D. 临时捕捉：对于产生的不同项目的捕捉干扰，可以指定临时捕捉项目进行捕捉，消除其他捕捉项目的干扰。

E. 关闭捕捉或无捕捉：不需要用捕捉来输入点时，若发生对象捕捉干扰，可以关闭捕捉（图 2-39）或单击“无捕捉”按钮（图 2-22），临时取消捕捉。

F. <TAB>键：在指定捕捉输入点之前，按<TAB>键可遍历自动对象捕捉的各种可能选择。

『特别提示』28 对象捕捉要明确捕捉对象，要明确捕捉点

用对象捕捉输入点时，要明确地指出是捕捉哪个图形对象，并明确地指出是捕捉图形对象上的哪个点。

『特别提示』29 不要在或尽可能避免在多个图形对象重叠处实施捕捉

在多个图形对象的重叠处捕捉，捕捉到哪个图形对象是不确定的，捕捉到的点也是不确定的。因此，不要或尽可能避免在多个图形对象重叠处实施捕捉。

『特别提示』30 对象捕捉时光标可以离捕捉点“远一点”

实施对象捕捉时，光标可以离捕捉点“远一点”，只要在需要捕捉的点上出现了捕捉标记，就可以实行捕捉。“远一点”可以更加明确需要捕捉的图形对象与捕捉点，还可以避免其他对象捕捉项目的干扰。

实施端点捕捉时，光标离端点远一点，如图 2-50 所示。

实施中点捕捉时，光标离中点远一点，如图 2-51 所示。

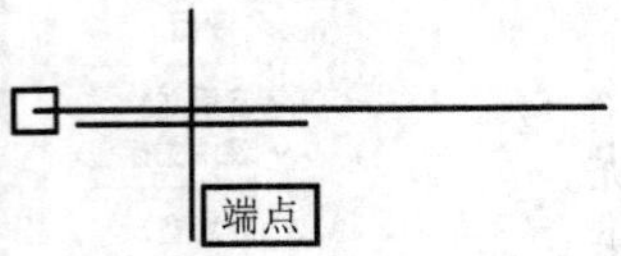

图 2-50　捕捉端点，光标离端点远一点

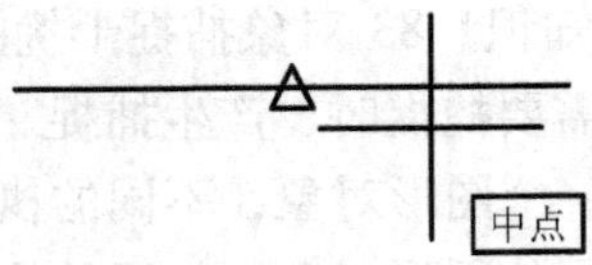

图 2-51　捕捉中点，光标离中点远一点

实施圆心捕捉时，光标可以靠在圆弧上捕捉，如图 2-52 所示。

实施象限点捕捉时，光标离象限点远一点，如图 2-53 所示。

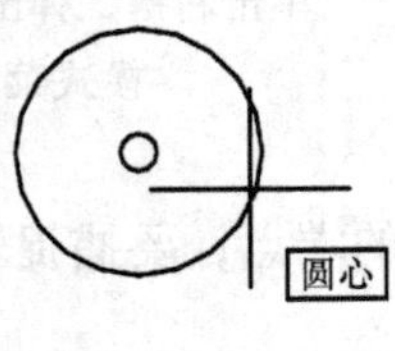

图 2-52　捕捉圆心点，光标靠在圆弧上捕捉

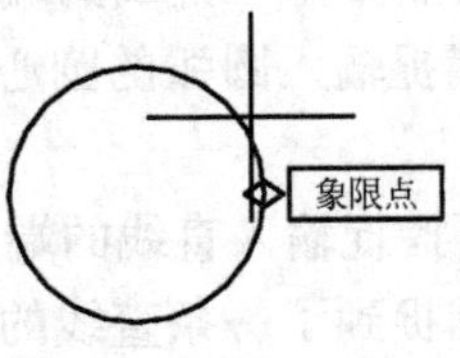

图 2-53　捕捉象限点，光标离象限点远一点

10. 改变当前图层

『操作』42 改变当前图层的操作

0#，保存，置软件于待命状态：保存。

1#，图层，单击图层下拉列表框：将光标移动到图层工具栏上，单击图层下拉列表框，如图2-54所示。

2#，改层，单击选取要转换到图层的图层名进行改换：光标移动到图层下拉列表框中的“尺寸线”图层名处，单击“尺寸线”图层，当前绘图的图层被改变为尺寸线图层，如图2-55所示。

对比『操作』23 选定对象换层的操作，选定对象换层需要先选择图形对象，而改变当前层不需要也不应选择图形对象。

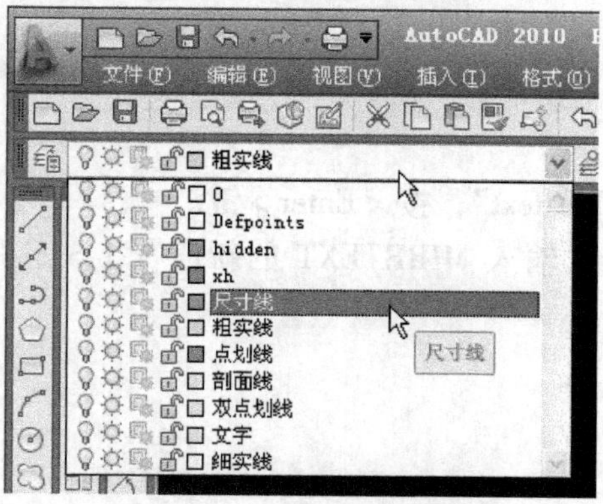

图2-54　单击尺寸线图层名

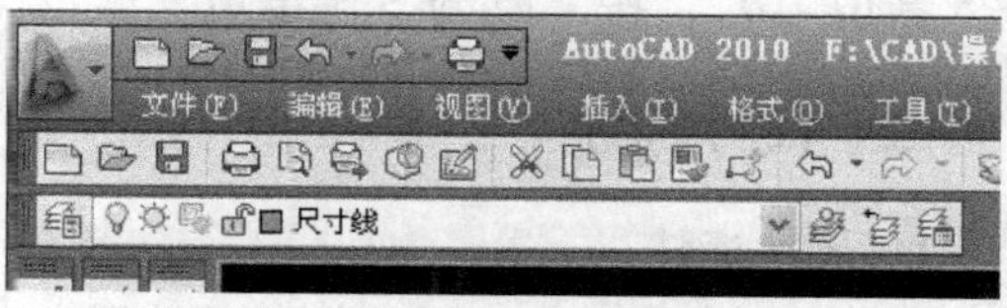

图2-55　当前图层改变为尺寸线图层

11. 镜像移动或复制

『软件知识』84 镜像时，删除源对象为镜像移动，不删除源对象为镜像复制

『软件知识』85 MirrText系统变量控制Mirror镜像命令反映文字的方式

MirrText系统变量为0时，执行Mirror镜像命令，文字镜像后保持文字的原方向不变；MirrText系统变量为1时，执行Mirror镜像命令，文字镜像后将镜像显示。

『操作』43 镜像移动或复制的操作

1#，镜像MI，启动镜像命令：单击修改工具栏上的镜像按钮（图2-20）或在命令行输入“MI”命令，按<Enter>键，启动镜像命令。

2#，对象，选择镜像对象：选择剖切位置方向代号的标注，按<Enter>键，如图2-56所示。

3#，第一点，指定镜像线的第一点：捕捉输入左圆弧处横竖线的交点，指定为镜像线的第一点，如图2-56所示。

4#，拉动预览，拉动光标预览图形：作上下镜像时，应左右拉动光标；作左右镜像时，应上下拉动光标。如图2-56所示，光标向右拉动，作出上下镜像，在镜像线下方可以看到镜像对象的镜像预览图形。

5#，第二点，指定镜像线的第二点：光标拉动到适当位置，注意避开对象捕捉的干扰，单击输入一点作为镜像线的第二点，如图2-57所示。

6#，Y/N，是否删除源对象：在命令行输入“N”，按<Enter>键，或直接按<Enter>键，不删除镜像源对象，完成镜像，如图1-13所示。

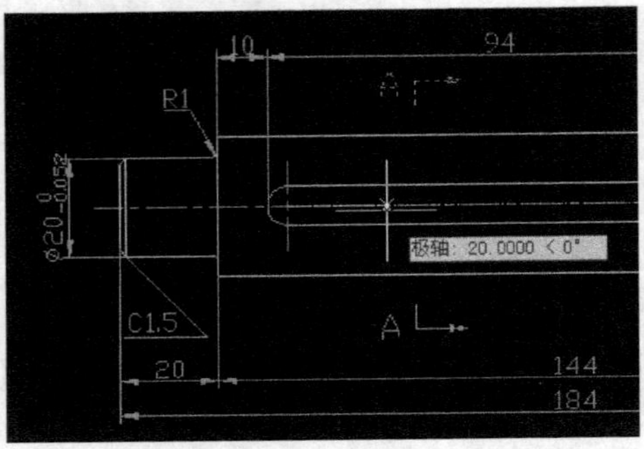

图 2-56 选择对象，指定横竖线交点作为镜像线的第一点，向右拉动光标作上下镜像

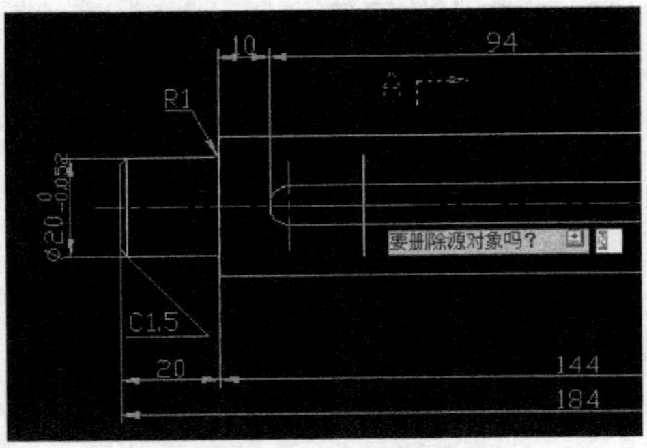

图 2-57 向右拉动光标，在适当位置单击作为镜像线的第二点，提示是否删除对象

12. 修改系统变量的值

『操作』44 修改系统变量值的操作

0#，待命，置软件待命状态。

1#，变量，输入系统变量名：在命令行输入“Mirrtext”，按 <Enter> 键。

2#，新值，输入系统变量的新值：命令行提示“输入 MIRRTEXT 的新值 <1>：”时，输入新值“0”，按 <Enter> 键结束。

二、尺寸标注

1. 尺寸标注

『绘图步骤方法』2 尺寸标注的步骤与方法

0#，尺寸图层——将尺寸线图层设置为当前图层。

1#，尺寸标注——标注尺寸。

2#，尺寸编辑——对已标注的尺寸进行编辑修改。

3#，其他——其他操作。

重复执行 1#、2#步骤，标注出尺寸。

『软件知识』86 尺寸标注的方式与代号

A. 给定一点标注，1pt 或 pt（点）。

B. 给定两点标注，2pt 或 LR（先左后右）、RL（先右后左）、UD（先上后下）、DU（先下后上）。

C. 给定三点标注，3pt。

D. 选择一个对象标注，1ob 或 ob（对象）。

E. 选择两个对象标注，2ob 或 LRob（左右对象）、RLob（右左对象）、UDob（上下对象）、DUob（下上对象）。

F. 引线标注，L（Leader 或 le－qleader）。

G. 画线注写文字标注，Lt（Line＋dText）。

H. 引线、画线注写文字标注，LLt（L＋Lt）。

『软件知识』87 尺寸标注的项目、方式与命令简称

A. 横竖标注——标注横向尺寸和竖向尺寸 dli——2pt 或 LR、RL、UD、DU，ob。

B. 斜向标注——标注斜向尺寸 dal——2pt 或 LR、RL、UD、DU，ob。

C. 弧长标注——标注弧长尺寸 dar——ob。

D. 角度标注——标注角度尺寸 dan——ob，2ob 或 LRob、RLob、UDob、DUob，3pt。

E. 基线标注——基线标注尺寸 dba——pt。

F. 连续标注——连续标注尺寸 dco——pt。

G. 半径标注——标注半径尺寸 dra——ob。

H. 直径标注——标注直径尺寸 ddi——ob。

I. 引线标注——引线标注 le/lead——L。

J. 倒角标注——标注倒角尺寸 L&dt——Lt。

K. 剖切符号标注——标注剖切文字、投影方向和代号——LLt。

2. 尺寸标注的要点和事项

『特别注意』10 尺寸线不可以使用其他图线

『特别注意』11 尺寸线不可以与其他图线重合

『特别注意』12 尺寸线不可以在其他图线的延长线上

『特别注意』13 尺寸数字不可以被任何图线穿过

『特别注意』14 尺寸界线不要或尽可能减少与其他图线重合

『特别注意』15 标注尺寸时，第一条延伸线原点与第二条延伸线原点应选择图形中距离尺寸线最近的点

『特别注意』16 小尺寸标注在内，大尺寸标注在外

『特别注意』17 尺寸应尽可能标注在图形之外

『特别注意』18 尺寸线应尽可能对齐到同一条直线上

『特别注意』19 连续标注的尺寸应在同一条直线上

『特别注意』20 平行尺寸的尺寸线间距，在图样中应相同

尺寸标注的其他要点

A. 尺寸标注不应相交。

B. 尺寸数字高度与尺寸箭头大小数值相同。

C. 机械图样中尺寸数字高度为 3.5 或 5，建筑图样中可以为 2.5。

『特别提示』31 标注尺寸操作时要注意避免对象捕捉的干扰

『特别提示』32 横竖尺寸与斜向尺寸，应优先采用选择对象的方式进行尺寸标注

3. 横竖尺寸标注

『操作』45 指定两点进行横竖尺寸标注的操作

1#，标注 dLi，启动线性标注命令：单击标注工具栏上的“线性标注”按钮（图2-21），或在命令行输入“dLi”命令，按 <Enter> 键，启动线性标注命令。

2#，第一点，捕捉输入点，指定第一条尺寸界线原点：启动标注命令后，命令行提示“指定第一条延伸线原点或 <选择对象>:”，如图 2-58、图 2-61 所示；捕捉输入端点作为第一点，如图 2-59、图 2-61 所示。

3#，第二点，捕捉输入点，指定第二条尺寸界线原点：命令行提示“指定第二条延伸线原点:”，如图 2-59、图 2-61 所示，捕捉输入端点作为第二点，如图 2-60、图 2-62 所示。

4#，拉动，移动光标拉动尺寸线到适当位置：命令行提示“指定尺寸线位置或 [多行文字(M)/文字(T)/角度(A)/水平(H)/垂直(V)/旋转（R)]:”，横向尺寸上下移动、竖向

尺寸左右移动光标，将尺寸线拉动到适当位置，如图 2-60、图 2-62 所示。

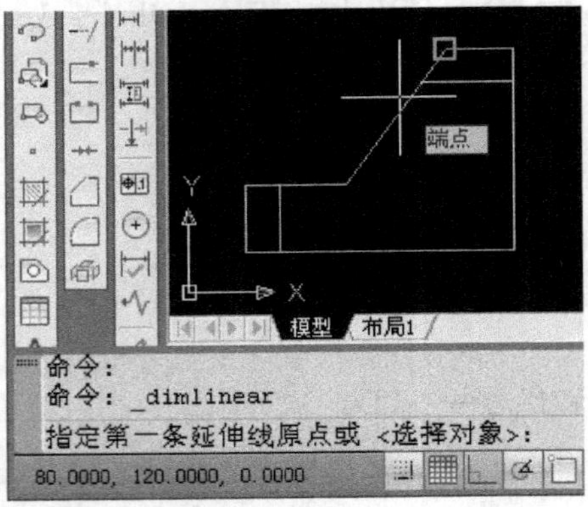

图 2-58　横竖标注，提示、捕捉输入第一点

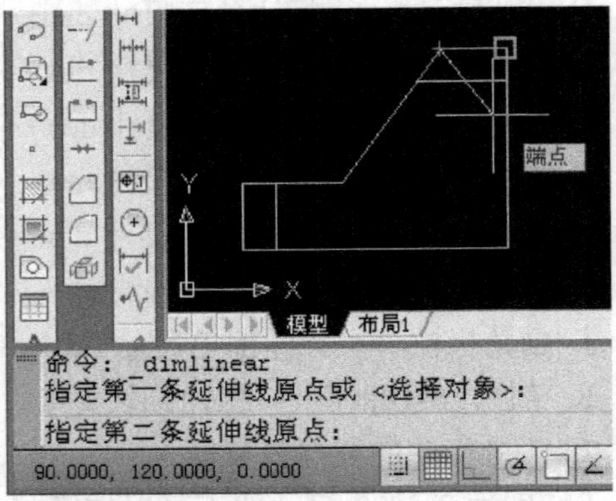

图 2-59　横竖标注，输入第一点，提示第二点

5#，位置，指定尺寸线位置：在适当位置单击输入一点，作为尺寸线的定位点，标注完成，如图 2-63、图 2-1 所示。

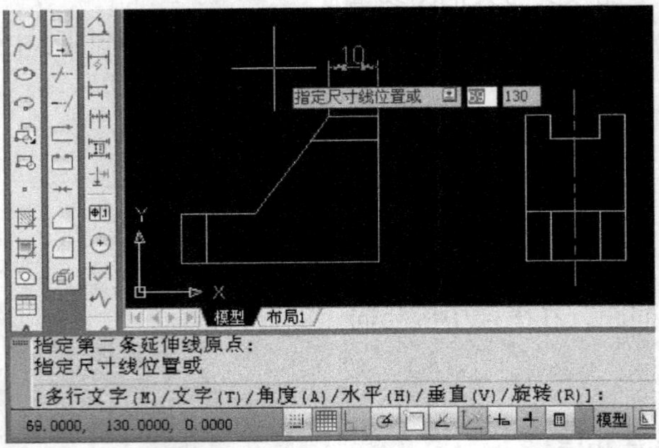

图 2-60　横竖标注，捕捉输入第二点，提示尺寸线位置

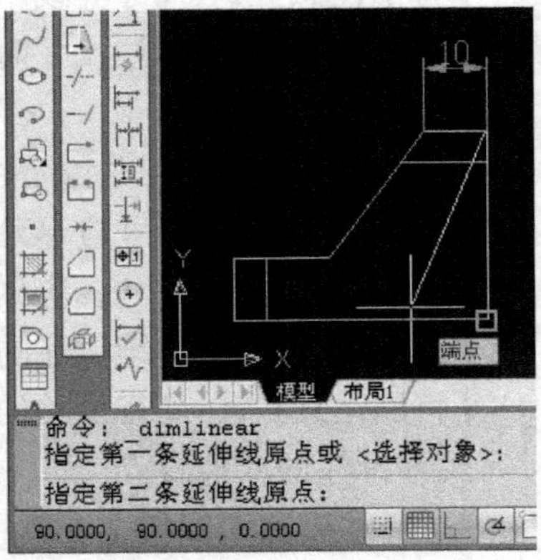

图 2-61　横竖标注，捕捉输入第一点，提示第二点

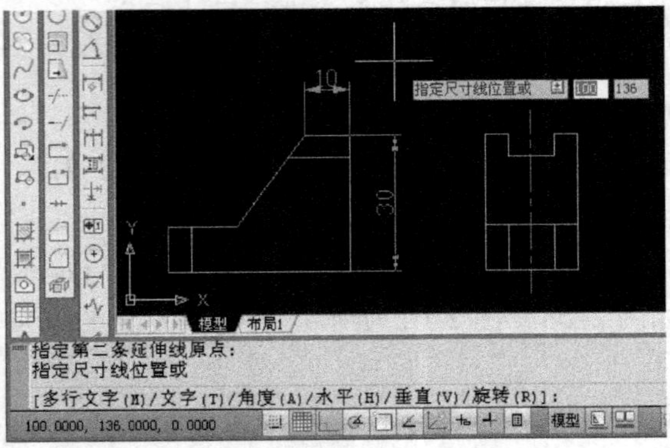

图 2-62　横竖标注，捕捉输入第二点，提示尺寸线位置

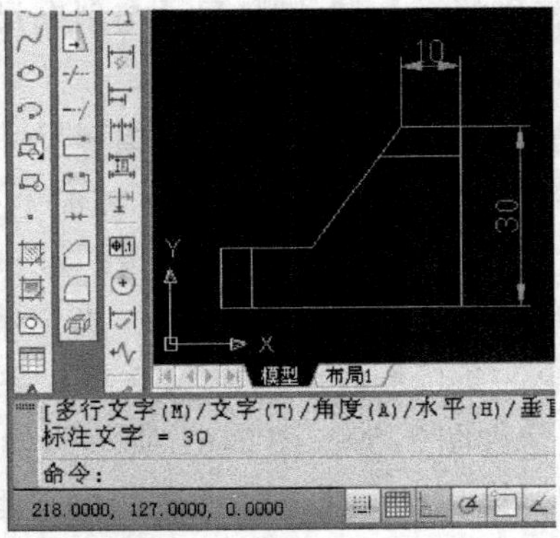

图 2-63　横竖标注，输入一点指定尺寸线位置，完成

『操作』46 选择对象进行横竖尺寸标注的操作

1#，标注 dLi，启动线性标注命令。

2#，回车，提示输入第一点时回车：命令行提示“指定第一条延伸线原点或 <选择对象>:”，按 <Enter> 键，默认为选择对象，如图 2-64 所示。

3#，对象，选择标注对象：命令行提示“选择标注对象:”，用拾取光标选择拾取横线。

4#，拉动，移动光标拉动尺寸线到适当位置：选择标注对象后，命令行提示指定尺寸线位置，移动光标，将尺寸线拉动到适当位置，如图 2-65 所示。

5#，位置，指定尺寸线位置：在适当位置单击输入一点，作为尺寸线的定位点，完成标注，如图 2-65、图 2-1 所示。

『操作』47 指定两点或选择对象确定位置进行横竖尺寸标注的操作

1#，标注 dLi，启动线性标注命令。

2#，第一点或回车：左视图标注 10，捕捉端点输入第一点，如图 2-66 所示。

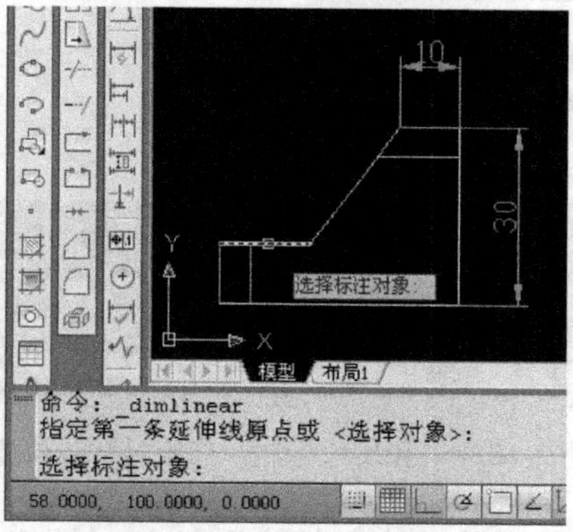

图 2-64　横竖标注，提示第一点时按 <Enter> 键，选择对象

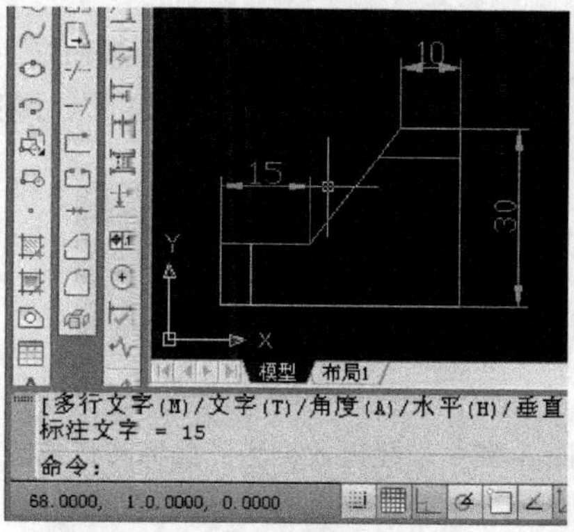

图 2-65　横竖标注，输入一点指定尺寸线位置，完成标注

3#，第二点或对象：捕捉端点输入尺寸 10 的第二点。

4#，拉动，移动光标拉动尺寸线到适当位置：向上移动光标拉动尺寸线，用光标捕捉主视图已有的尺寸线箭头的端点，如图 2-66 所示。

5#，定点，捕捉输入点指定尺寸线位置：单击输入捕捉到的箭头端点，完成标注，如图 2-66、图 2-1 所示。

4. 半径直径尺寸标注

『操作』48 半径尺寸标注的操作

1#，标注 dRa，启动半径标注命令：单击标注工具栏的“半径标注”按钮（图 2-21），或在命令行输入“dRa”，按 <Enter> 键，启动命令。

2#，弧圆，选择圆弧或圆：选择需要标注尺寸的圆弧或圆，如图 2-67 所示。

3#，位置，指定尺寸线位置：在适当位置单击输入一点，指定尺寸线位置，完成标注，如图 2-68、图 2-7 所示。

『操作』49 直径尺寸标注的操作

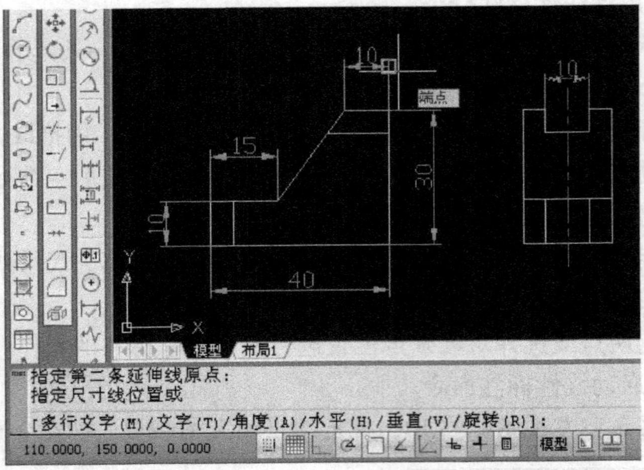

图 2-66　横向标注左视图 10，捕捉主视图已经标注的尺寸箭头的端点，对齐尺寸线

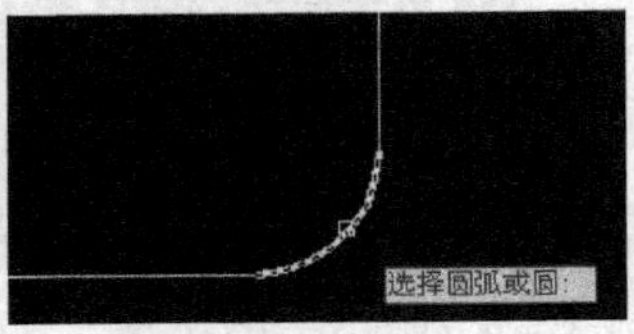

图 2-67　半径尺寸标注，选择圆弧或圆

图 2-68　半径尺寸标注，指定尺寸线位置

1#，标注 dDi，启动直径标注命令：单击标注工具栏的“直径标注”按钮（图 2-21），或在命令行输入“dDi”，按 <Enter> 键，启动命令。

2#，弧圆，选择圆弧或圆：选择需要标注尺寸的圆弧或圆，如图 2-69 所示。

3#，定位，指定尺寸线位置：在适当位置单击输入一点，指定尺寸线位置，完成标注，如图 2-70 所示。

5. 连续尺寸标注

『操作』50 连续尺寸标注的操作

0#，已标，前已标注尺寸：先左后右指定两点标注横向尺寸 10，如图 2-71 所示，先选上斜线、后选横线标注角度尺寸 98°，如图 2-77、图 2-78、图 2-72 所示。

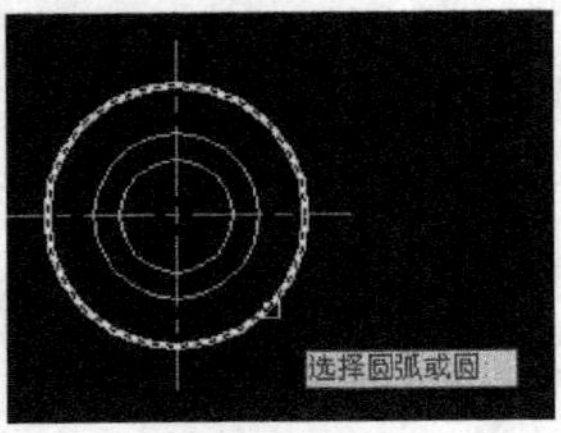

图 2-69　直径尺寸标注，选择圆弧或圆

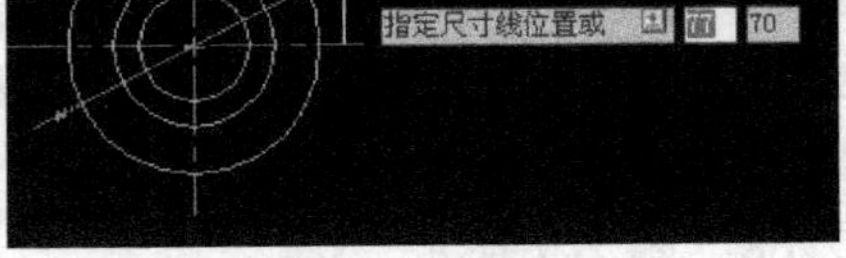

图 2-70　直径尺寸标注，指定尺寸线位置

1#，标注 dCo，启动连续标注命令：单击标注工具栏的“连续标注”按钮（图 2-21），或在命令行输入“dCo”，按 < Enter > 键，启动命令，提示“指定第二条延伸线原点”，如图 2-71、图 2-72 所示。

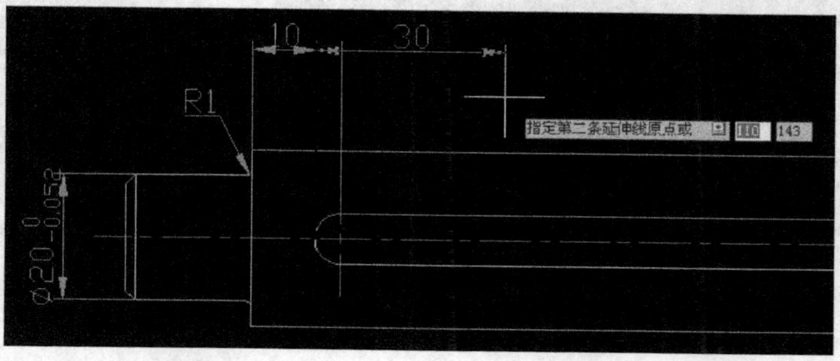

图 2-71 启动连续标注命令，提示指定第二条延伸线原点

2#，或选择，或按 < Enter > 键选择已注尺寸：本例不作。

3#，第二点，捕捉输入点，指定第二条尺寸界线原点：捕捉输入交点，如图 2-5 所示；捕捉输入端点，如图 2-73 所示。

4#，回车结束，按 < Enter > 键结束：完成标注，如图 2-5、图 2-7 所示。

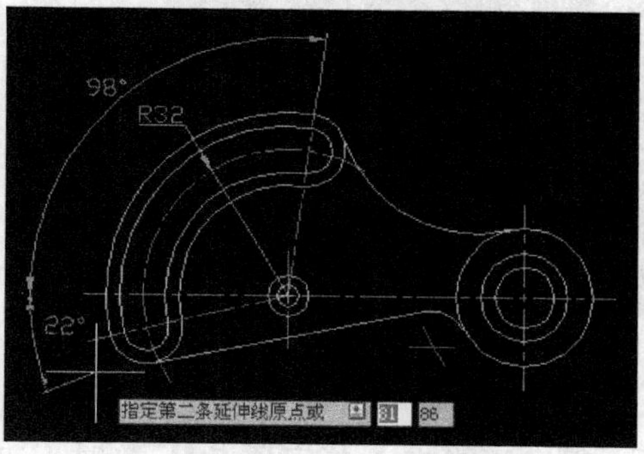

图 2-72 启动连续标注命令，提示指定第二条延伸线原点

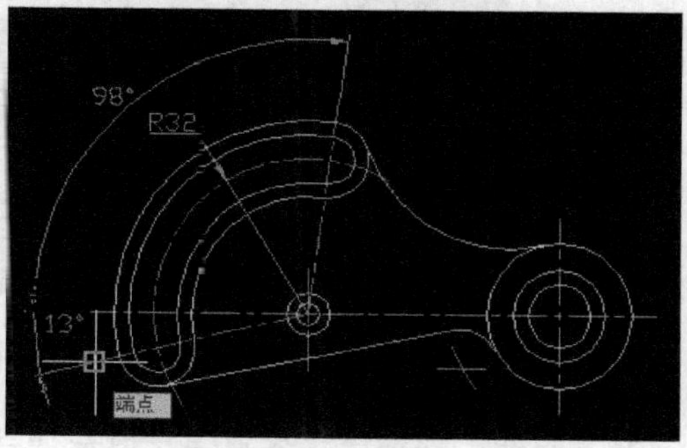

图 2-73 连续标注，捕捉输入端点作为第二条尺寸界线原点

6. 基线尺寸标注

『操作』51 基线尺寸标注的操作

0#，已标，前已标注尺寸：前已标注横向尺寸 20，如图 2-5、图 2-74 所示。

1#，标注 dBa，启动基线标注命令：单击标注工具栏的“基线标注”按钮（图 2-21），或在命令行输入“dBa”按 < Enter > 键，启动命令，提示“指定第二条延伸线原点”，如图 2-74 所示。

2#，选择，或按 < Enter > 键选择已注尺寸：按 < Enter > 键，提示“选择基准标注：”，拾取横向尺寸 20 的左尺寸界线，作为基线标注的基准，如图 2-75 所示。

3#，第二点，捕捉输入点，指定第二条尺寸界线原点：捕捉输入端点，如图 2-76 所示。

4#，回车结束，按 < Enter > 键结束：完成标注，如图 2-5 所示。

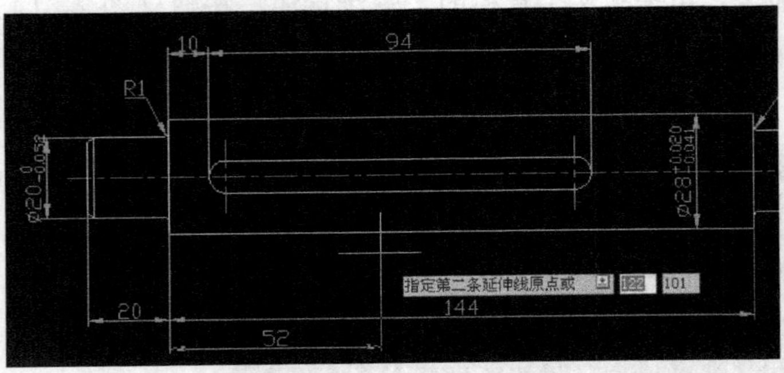

图 2-74 启动基线标注，提示指定第二条延伸线原点

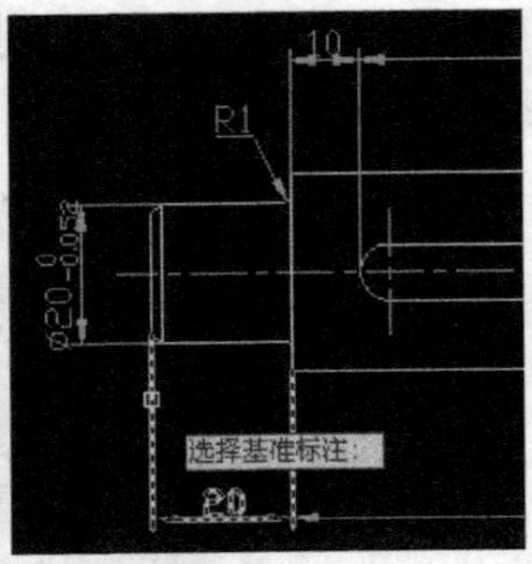

图 2-75 基线标注，按 < Enter > 键，拾取横向尺寸 20 的左尺寸界线

7. 角度尺寸标注

『操作』52 选择两线进行角度尺寸标注的操作

1#，标注 dAn，启动角度标注命令：单击标注工具栏“角度标注”按钮（图 2-21），或在命令行输入“dAn”，按 < Enter > 键，启动命令。

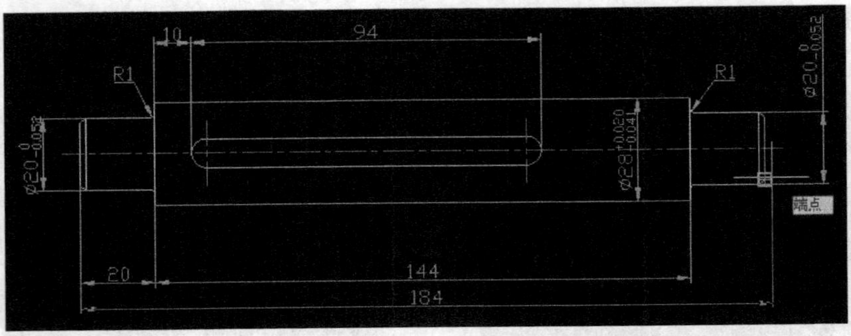

图 2-76 基线标注，捕捉输入端点作为第二条尺寸界线原点

2#，直线，选择第一条直线：提示“选择圆弧、圆、直线或 <指定顶点>：”时，选择上斜线作为第一条直线，如图 2-77 所示。

3#，直线，选择第二条直线：提示“选择第二条直线：”时，选择横线作为第二条直线，如图 2-78 所示。

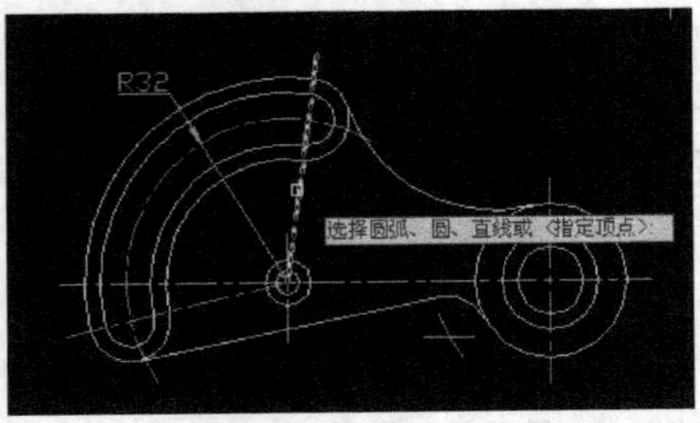

图 2-77 角度标注，选择输入上斜线作为第一条直线

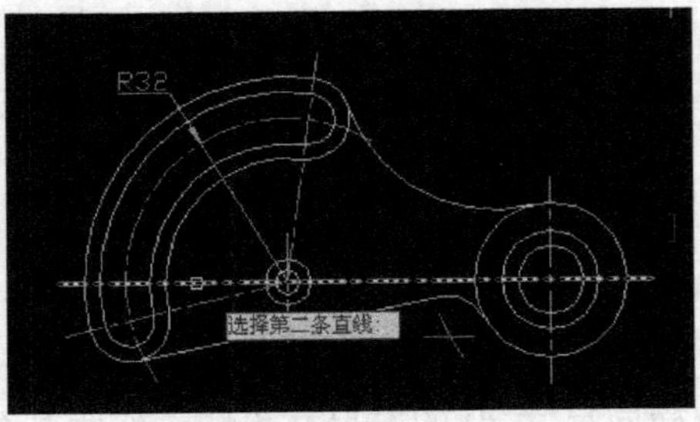

图 2-78 角度标注，选择输入横线作为第二条直线

4#，位置，指定标注弧线位置：提示“指定标注弧线位置”时，拉动圆弧尺寸线到适当位置，单击输入标注尺寸的位置，如图 2-79 所示，完成标注，如图 2-7 所示。

8. 倒角尺寸标注

『操作』53 倒角尺寸标注的操作

1#，斜线，按倒角斜线方向画斜线：

1）第一点，启动直线命令，第一点捕捉输入倒角的端点，然后将光标贴靠该倒角端点，获取该端点作为对象捕捉追踪的追踪点，如图 2-80 所示，在该追踪点上将显示“+”符号进行标记，如图 2-81 所示。

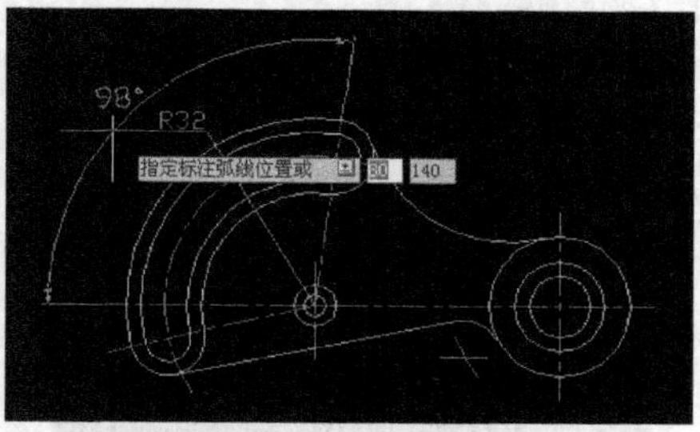

图 2-79　角度标注，指定标注弧线尺寸线的位置

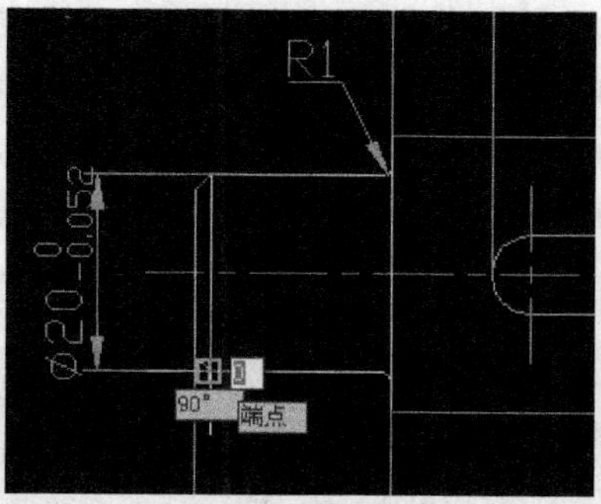

图 2-80　标注倒角画线，捕捉输入端点作为直线的第一点，获取该端点作为追踪点

2）追踪，将光标按倒角斜线的延伸线方向移动，出现对象捕捉追踪的范围追踪标记，即 315°方向的追踪虚线标记，如图 2-81 所示。

3）第二点，沿对象捕捉追踪的 315°方向，在适当位置单击输入一点，绘制斜线，如图 2-82 所示。

2#，横线，紧接斜线画横线：光标向左移动，对齐到极轴 180°方向，在适当位置单击输入一点，绘制横线，按 <Enter> 键结束画线，如图 2-82 所示。

3#，文字，用 Text 命令注写倒角尺寸文字：按『操作』55 注写倒角文字，完成，如图 2-5 所示。

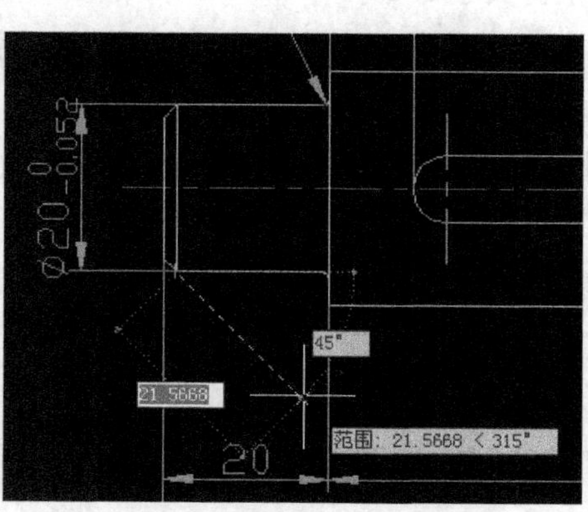

图 2-81　标注倒角画线，光标按追踪点的范围追踪方向，即倒角斜线的延伸方向移动

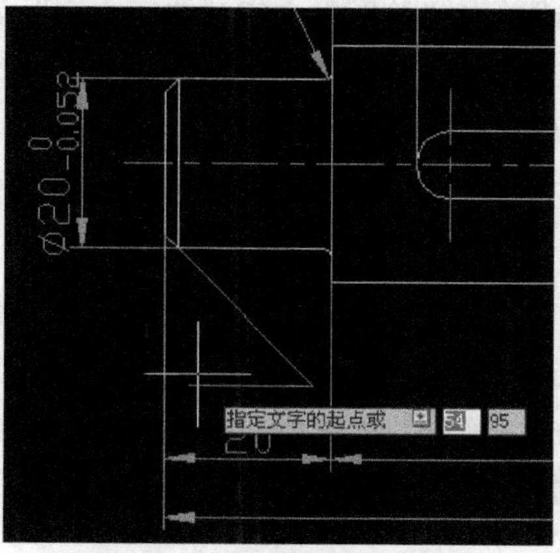

图 2-82　画出斜线，画出横线，注写倒角文字，指定文字的起点

9. 引线标注绘制箭头和引线

『操作』54 用引线标注绘制箭头和引线的操作

0#，保存，置软件于待命状态：保存。

1#，引线，启动引线标注命令：在命令行输入“Lead”按 <Enter> 键，启动引线标注命令。

2#，起点，指定引线起点：启动命令后，提示“指定引线起点”，如图 2-83 所示，在适当位置单击输入一点，作为引线标注的第一点，如图 2-84 所示。

3#，下一点，指定第二个标注点：移动光标，拉动标注皮筋线，在距离第一点 10 的位置处单击输入一点，指定第二个引线点，如图 2-84 所示。

4#，或下一点，或指定第三个标注点，本例不作。

5#，注释，回车注释：按 <Enter> 键选择默认“注释”选项。

6#，选项，回车选项：按 <Enter> 键选择默认“选项”选项。

7#，N，无：在命令行输入“N”按 <Enter> 键，完成，如图 2-5 所示。

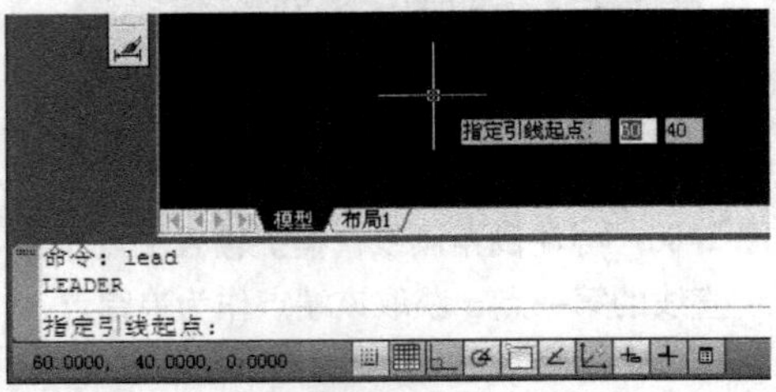

图 2-83　启动引线标注，指定引线起点

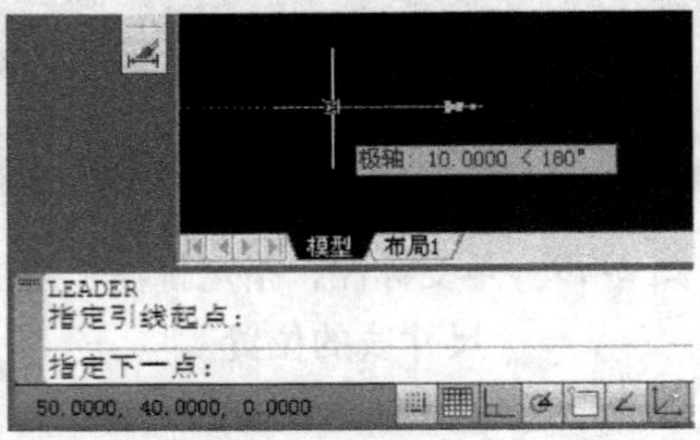

图 2-84　引线标注，指定下一点

三、注写文字

『操作』55 Text 注写单行文字的操作

0#，保存，置软件于待命状态：保存。

1#，文字 dT，启动 Text 单行文字命令：在命令行输入“Text”或“dT”，按 <Enter> 键，或单击“绘图 \ 文字 \ 单行文字”菜单，启动单行文字命令。

2#，起点，指定文字的起点：在横线左端点的上方适当位置单击输入一点作为文字起点，如图 2-82 所示。

3#，字高，指定文字的高度：A4 图纸幅面尺寸数字与文字的高度应指定为 3.5，如图 2-85 所示。

4#，角度，指定文字的旋转角度：指定文字的旋转角度为 0，如图 2-86 所示。

5#，文字，输入文字：输入文字“C1.5”，如图 2-87 所示。

6#，换行，回车换行输入文字：本例不作。

7#，回车，按 <Enter> 键结束命令：完成文字的注写，如图 2-5 所示，返回软件待命状态。

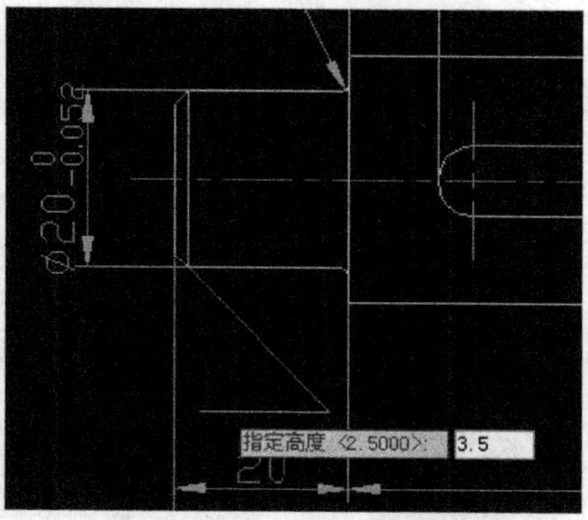

图 2-85 标注倒角文字，指定文字高度为 3.5

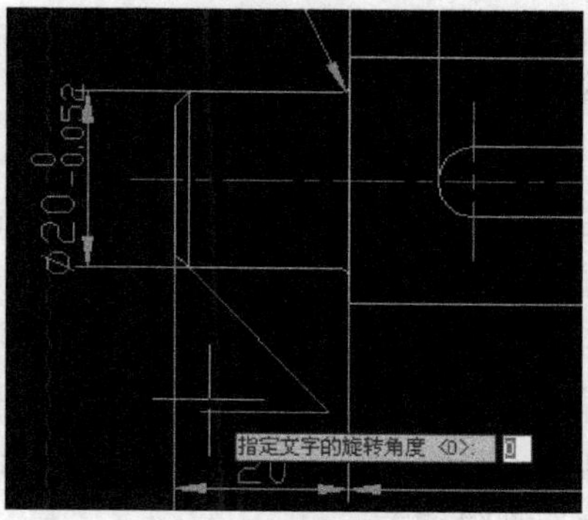

图 2-86 标注倒角文字，指定文字旋转角度 0

四、尺寸标注的修改

1. 标注前缀

『操作』56 修改尺寸特性——标注前缀的操作

0#，保存，置软件于待命状态：保存。

1#，特性（Ctrl + 1），或在命令行输入“pr”，按 < Enter > 键，调用特性对话框：如图 1-102 所示。

2#，尺寸，选择要修改的对象：单击选择左端尺寸 20，如图 2-2 所示；选择后，特性对话框的第一行由“无选择”改变为“转角标注”，如图 2-88 所示。

在第 0#步后双击尺寸，可以同时完成第 1#步和第 2#步操作。

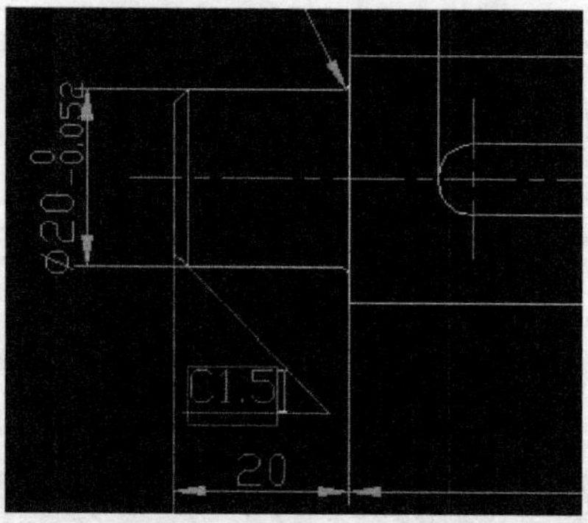

图 2-87 标注倒角文字，输入倒角数值

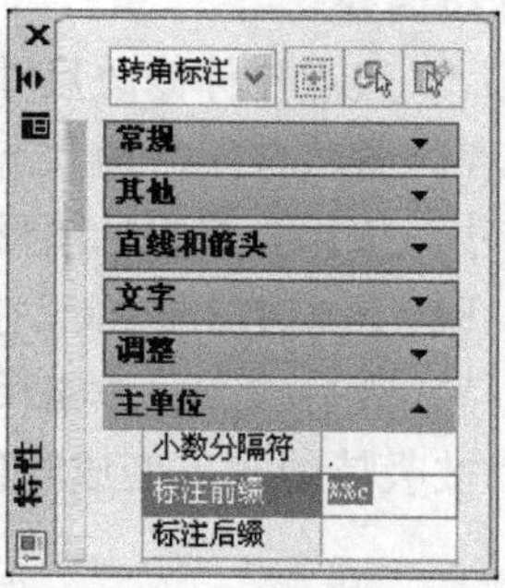

图 2-88 修改特性，标注前缀改为“%%c”，给尺寸添加直径符号 ϕ

3#，前缀，修改特性项目——标注前缀：在特性对话框的“主单位”特性类别中，修改“标注前缀”为“%%c”，按 < Enter > 键，如图 2-88 所示，将 20 尺寸改为 ϕ20 尺寸，如图 2-3 所示。

4#，关闭，关闭特性对话框。

5#，保存，执行保存完成。

2. 尺寸公差

『操作』57 修改尺寸特性——公差的操作

0#，保存，置软件于待命状态：保存。

1#，特性（Ctrl +1），调用特性对话框。

2#，尺寸，选择要修改的尺寸对象：单击选择主视图左端尺寸 $\phi20$，对话框显示“转角标注”，如图 2-89 所示。

在第 0#步后双击尺寸，可以同时完成第 1#步和第 2#步的操作。

3#，公差，修改特性项目——公差：调整显示特性对话框的“公差”特性类别，如图 2-89 所示。

3#1，显示：将显示公差改为对称或极限偏差，本例改为极限偏差。

3#2，上偏差，设置公差上偏差值：上偏差设置为 0。

3#3，下偏差，设置公差下偏差值：下偏差设置为 0.052。

3#4，公差精度，设置公差值精度：小数位数 3 位或 4 位。

3#5，消零，公差消去后续零，设置为“是”。

3#6，字高，公差文字高度：对称公差为 1，本例极限偏差为 0.7，如图 2-89 所示。

4#，关闭，关闭特性对话框。

5#，保存，执行保存取消选取，完成。

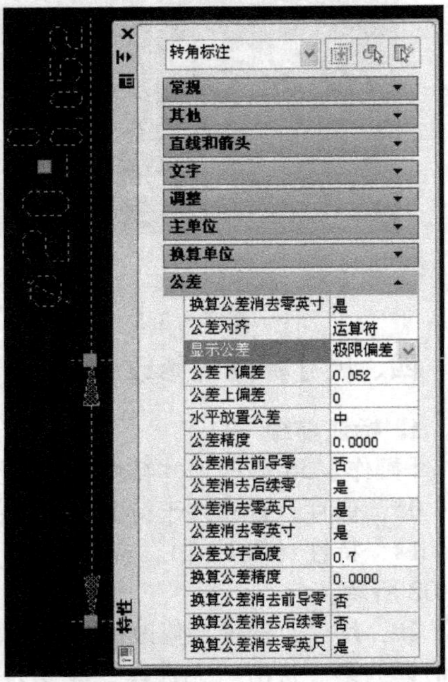

图 2-89 修改特性，修改标注尺寸的公差

3. 尺寸线调整

『操作』58 穴点拉伸修改尺寸线位置或尺寸数字位置的操作

0#，保存，置软件于待命状态：保存。

1#，尺寸，选择要修改的图形对象：单击选择尺寸 $\phi20^{\ 0}_{-0.052}$（图 2-90）；或单击选择尺寸 40（图 2-91）；或单击选择尺寸 $R32$（图 2-92）。

2#，吸持，吸持穴点：单击尺寸文字处穴点（图 2-90、图 2-92）或单击尺寸箭头穴点（图 2-91），被吸持的穴点变成红色。

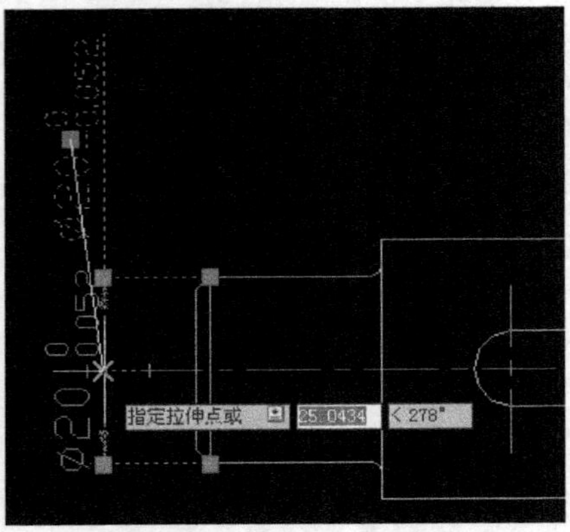

图 2-90 穴点编辑，拉伸调整标注的尺寸

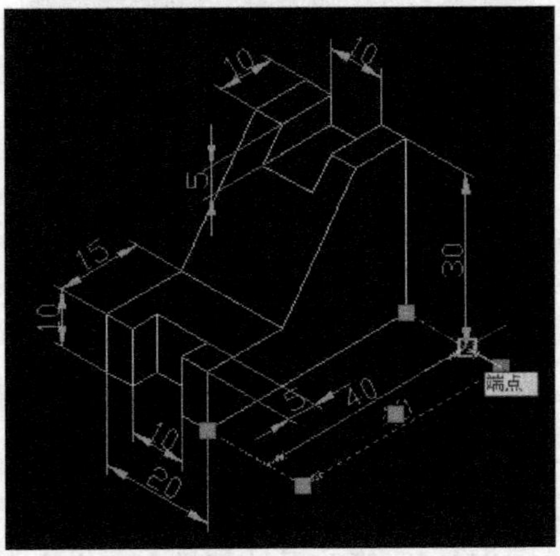

图 2-91 穴点编辑，拉伸调整尺寸对齐

3#，拉伸，拉伸吸持的穴点：移动光标，拉伸吸持的穴点（图2-90～图2-92）、捕捉尺寸线与中心线的点（图2-90）或捕捉另一个尺寸箭头的端点（图2-91）。

4#，定位，输入一点定位：单击输入捕捉到的点（图2-90、图2-91）或在适当位置单击输入一点（图2-92），完成拉伸。

5#，保存，执行保存取消选取，完成。

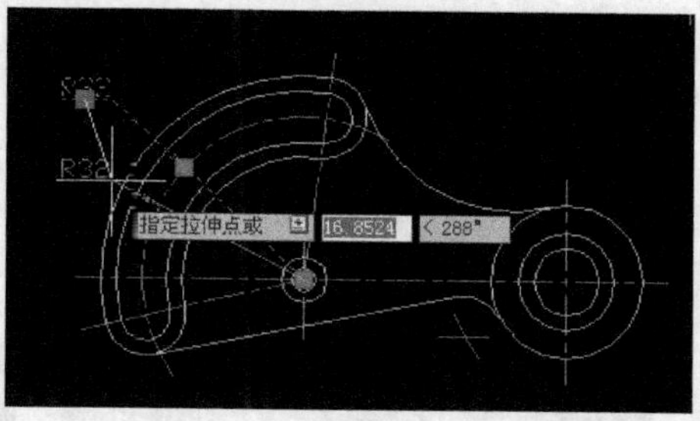

图2-92 穴点编辑，拉伸调整标注的尺寸

4. 界外对齐与界内对齐

『操作』59 修改尺寸特性——界外对齐与界内对齐的操作

0#，保存，置软件于待命状态。

1#，特性（Ctrl+1），调用特性对话框。

2#，尺寸，选择要修改的尺寸对象：单击选择尺寸，选择尺寸后，特性对话框的第一行由“无选择”改变为“转角标注”“半径标注”“直径标注”“角度标注”等，如图2-93、图2-94所示。

在第0#步后双击尺寸，可以同时完成第1#步和第2#步的操作。

3#，对齐，修改特性项目——文字界外对齐或文字界内对齐：在特性对话框的“文字”特性类别中，打开或关闭“文字界外对齐”（图2-93），或者打开或关闭“文字界内对齐”（图2-94）。

4#，关闭，关闭特性对话框。

5#，保存，执行保存完成。

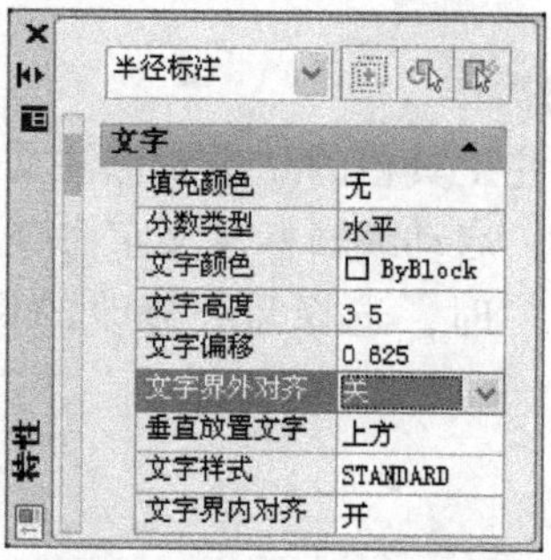

图2-93 修改特性项目，关闭文字界外对齐

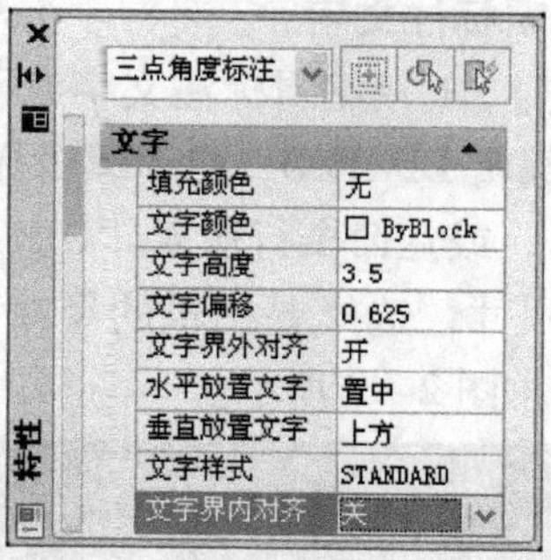

图2-94 修改特性项目，关闭文字界内对齐

5. 特性匹配间接修改特性法

在进行尺寸标注的特性项目修改时，有些特性项目无法修改，如图2-95中显示*R*1尺寸的“分数类型”“文字界外对齐”“垂直放置文字”“文字界内对齐”等特性项目。

『软件知识』88 不能修改的特性项目可以用特性匹配格式刷进行间接修改

『操作』60 用特性匹配格式刷间接修改特性项目的操作

1#，标注dLi，在空白处任意输入两点标注一横向尺寸：如图2-96所示。

2#，特性（Ctrl+1），选择横向尺寸修改相应的特性：关闭“文字界外对齐”，如图2-96所示。

3#，格式刷MA，启动特性匹配格式刷命令：单击标准工具栏的“特性匹配”按钮（图

2-18)，或在命令行输入“MA”，按 <Enter> 键启动命令。

4#，对象，将横向尺寸特性匹配给目标对象：以横向尺寸为源对象，选择要修改特性的尺寸作为目标对象，如选择 *R*1 尺寸，将源对象的特性用格式刷匹配给目标对象，如图 2-97、图 2-5 所示。

5#，删除，删除横向尺寸。

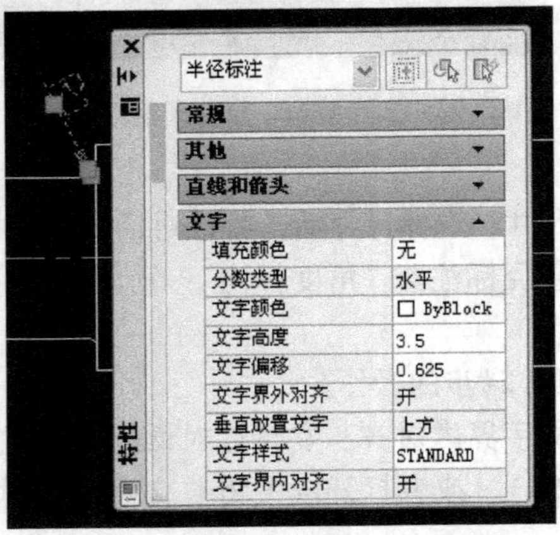

图 2-95 不能修改的特性项目

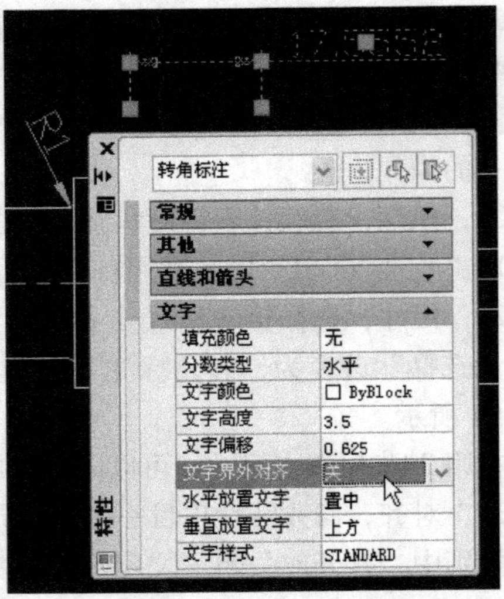

图 2-96 任意标注一横向尺寸，修改特性，关闭“文字界外对齐”

6. 编辑标注文字

『操作』61 用编辑标注文字为尺寸文字指定新位置的操作

1#，编辑 DIMTED，启动编辑标注文字命令：单击标注工具栏的“编辑标注文字”按钮（图 2-21），或在命令行输入“DIMTED”，按 <Enter> 键，启动编辑标注文字命令。

2#，尺寸，选择要编辑的尺寸：在提示“选择标注”时，选择需要修改的尺寸标注，如图 2-98、图 2-99 所示。

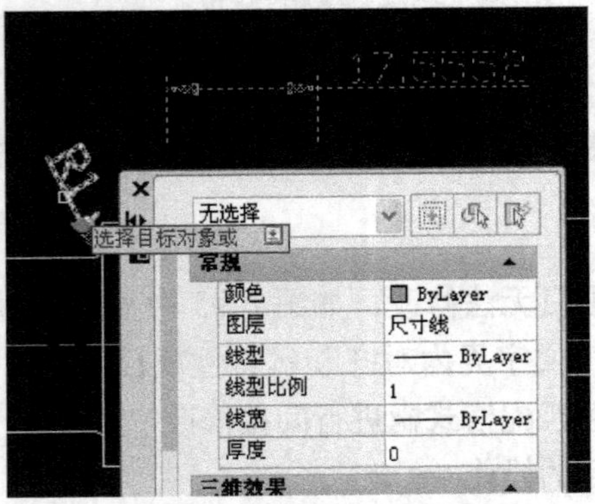

图 2-97 启动特性匹配命令，以横向尺寸为源对象，选择目标对象

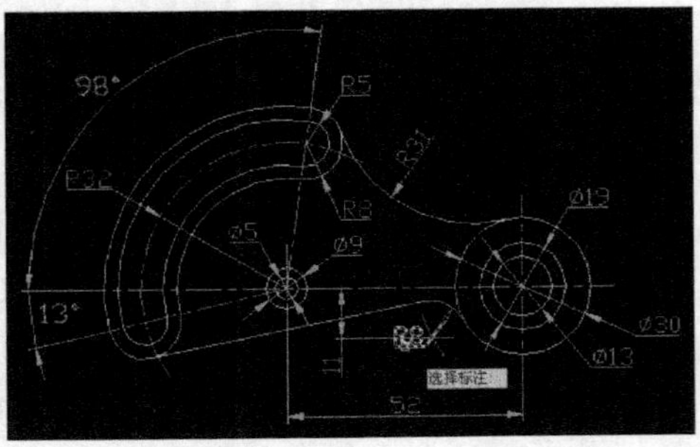

图 2-98 编辑标注文字，选择标注

3#，位置，为尺寸文字指定新位置：移动光标，拉动所选择尺寸的文字，如图 2-99 所示；在适当的地方单击，为尺寸文字指定新的位置，如图 2-7 所示。

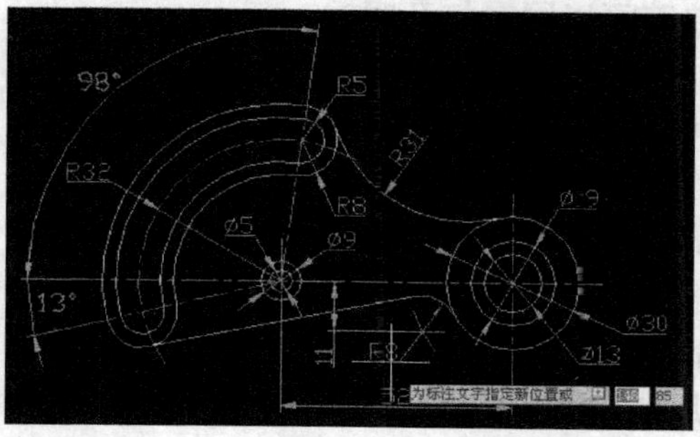

图 2-99　编辑标注文字，为标注文字指定新位置

思考与练习

1. 思考题

1）仅用滚动鼠标滚轮的方法可以看到图样上的任何位置吗，在图样的任何位置上都可以放大或缩小查看吗，是否要加上重生成命令？你是怎样调整视图的，感觉困难吗？

2）范围缩放（缩放到全图）+ 滚轮缩放 + Regen（重生成），可以适应所有的视图查看要求吗？

3）改变当前图层与选定对象换层，操作的目的一样吗？它们的目的分别是什么，操作方法上相同点和不同点在哪里？

4）AutoCAD2010 软件窗口界面的组成部分有哪些？

5）AutoCAD2010 软件标题栏的组成是什么？

6）AutoCAD2010 软件菜单栏有哪些菜单？

7）常用工具栏有哪些？

8）软件窗口中没有工具栏时，怎样打开工具栏？

9）已经打开的工具栏为什么在软件窗口中找不到？

10）软件窗口中没有菜单栏时，怎样打开菜单栏？

11）“新建”“打开”“保存”分别是哪个工具栏的第几个按钮？

12）为什么常用工具栏要有固定的位置？

13）AutoCAD 软件的图形文件窗口区中，可以打开及新建多少图形文件？

A. 一个　　B. 两个　　C. 三个　　D. 多个

14）同一窗口中的多个图形文件间怎样切换？

15）软件图形文件窗口的组成部分有哪些？

16）将图形文件窗口最大化可以有几种方法？

17）为什么不能养成回退的坏习惯？

18）在标准模式时，光标有几种形式？

19）怎样变换绘图区的背景颜色？

20）命令窗口的作用是什么？

21）在命令行输入命令、选项或数据时，需要先将光标点到命令行上吗？

22）怎样在命令行调用历史命令？

23）在哪里可以看到光标的坐标数据？
24）光标捕捉对绘图有什么帮助？
25）正交模式与极轴追踪可以同时打开吗？
26）正交模式与极轴追踪可以同时关闭吗？
27）对象捕捉有哪两种捕捉方式？
28）预置执行对象捕捉模式的方式是什么？
29）预置执行对象捕捉的项目是不是越多越好？
30）预置执行对象捕捉模式有哪些项目？
31）什么是对象捕捉的干扰？
32）怎样避免对象捕捉的干扰？
33）对象捕捉的“两个明确”是什么？
34）为什么不能在多个对象重叠处实施捕捉？
35）实施对象捕捉时，光标离捕捉点“远一点”有什么实际意义？你知道该怎么做吗？
36）横竖尺寸标注、角度尺寸标注等，指定第一点与第二点或选择第一个与第二个对象的顺序，有要求吗？需要特别注意吗？为什么？
37）“一般来讲，无特别要求时，横竖尺寸与斜向尺寸应优先采用选择对象的方式进行尺寸标注，有特别要求或不可以采用选择对象的方式进行尺寸标注时，采用指定两点的方式进行尺寸标注”，这样的说法对吗？为什么？
38）标注尺寸指定点时，应选择“最外点”还是任意点来标注尺寸？
39）“横向标注的尺寸，尺寸线能够对齐时，应将尺寸线对齐到同一条横线上；竖向标注的尺寸，尺寸线能够对齐时，应将尺寸线对齐到同一条竖线上”，这样的说法对吗？怎样对齐？
40）直径符号是什么，怎样添加直径符号？半径符号是什么，怎样添加半径符号？
41）怎样标注尺寸公差？
42）怎样调整尺寸文字的标注位置？
43）有些尺寸的特性在特性对话框中不能修改，可以采用什么方法修改？
44）启动基线标注或连续标注命令后按 <Enter> 键，然后应怎样操作？
45）基线标注及连续标注提示“选择基准标注”“选择连续标注”时，应怎样操作？
46）特性匹配格式刷可以修改直径标注和公差吗？
47）怎样标注倒角尺寸？
48）怎样画箭头？
49）引线标注时，为什么会不出现箭头？
50）文字镜像时怎样保持文字的方向不变？
51）怎样修改标注，使尺寸文字水平？
52）怎样确定镜像的镜像线？
53）怎样做文字镜像？
54）连续尺寸标注应注意些什么？
55）基线尺寸标注应注意些什么？
56）怎样标注剖切位置？
57）在绘图区滚动鼠标滚轮、按住鼠标滚轮、双击鼠标滚轮分别可以进行怎样的操作？
58）怎样修改系统变量的值？
59）怎样做镜像移动？
60）动态输入有什么优点？

2. 操作练习

（1）项目1 练习图尺寸标注

项目1 中的练习图图形绘制完成后，进行尺寸标注练习，如图1-119～图1-128 所示。

（2）练习图的绘制与尺寸标注

绘制练习图并进行尺寸标注。

3. 练习图（图2-100～图2-104）

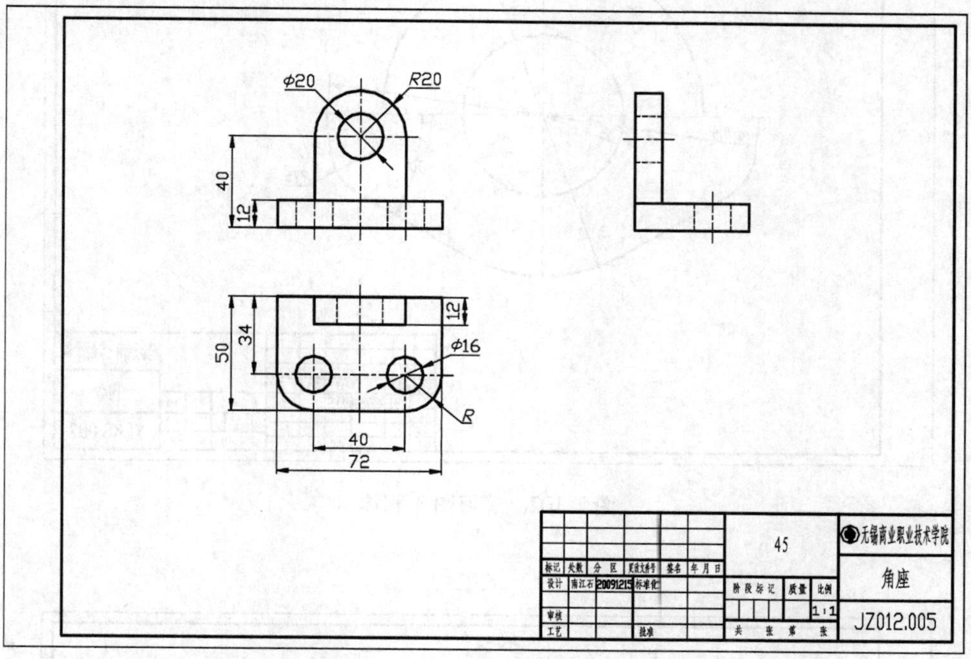

图2-100　练习图1 角座

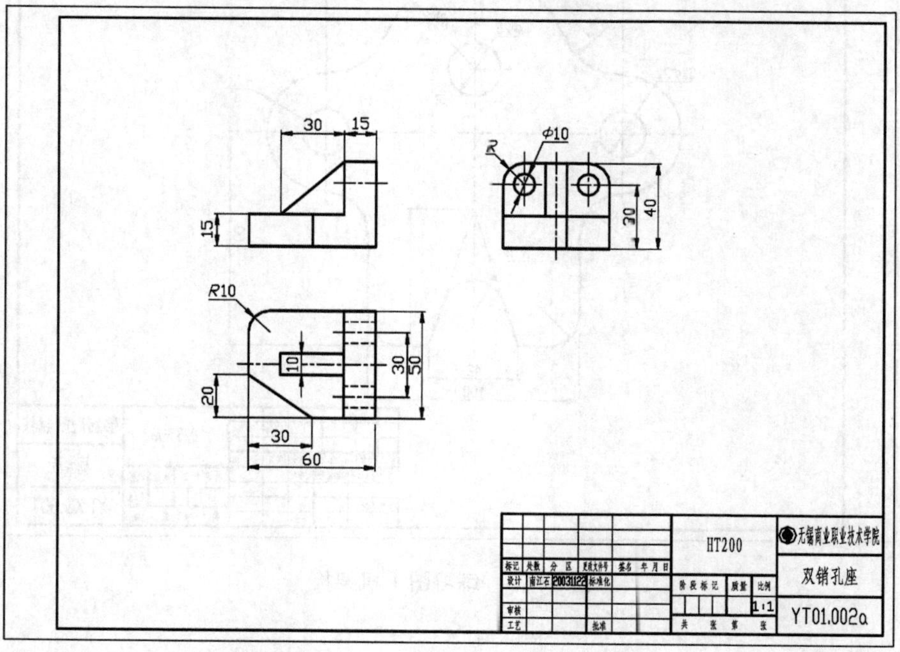

图2-101　练习图2 双销孔座

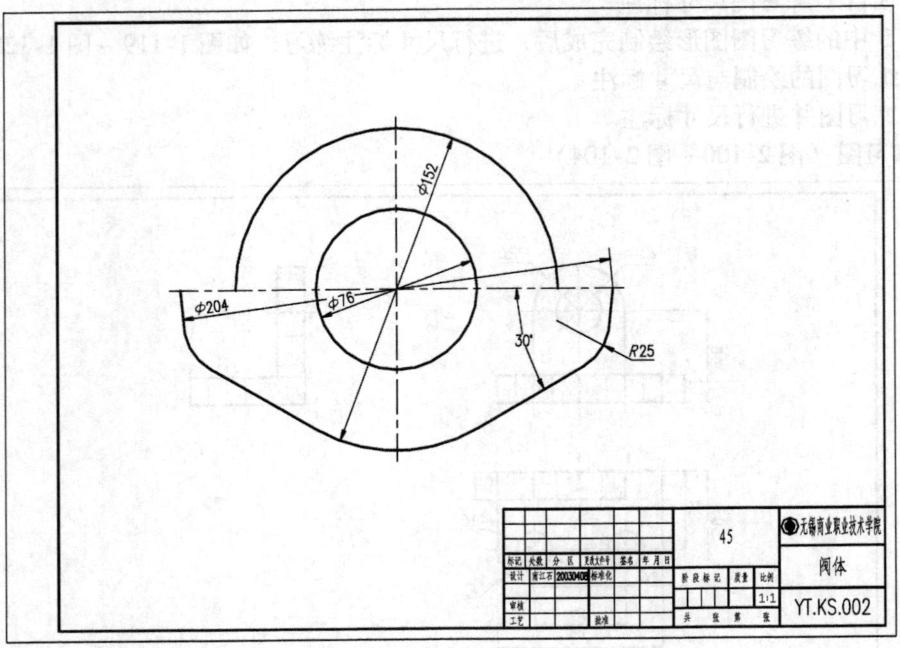

图 2-102　练习图 3 阀体

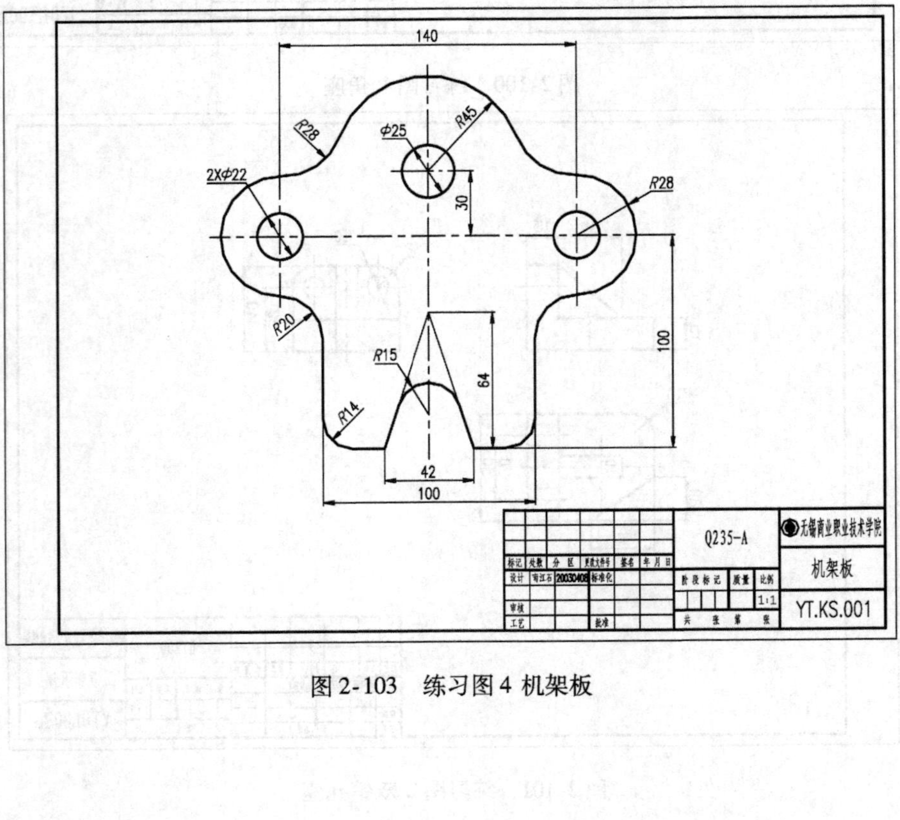

图 2-103　练习图 4 机架板

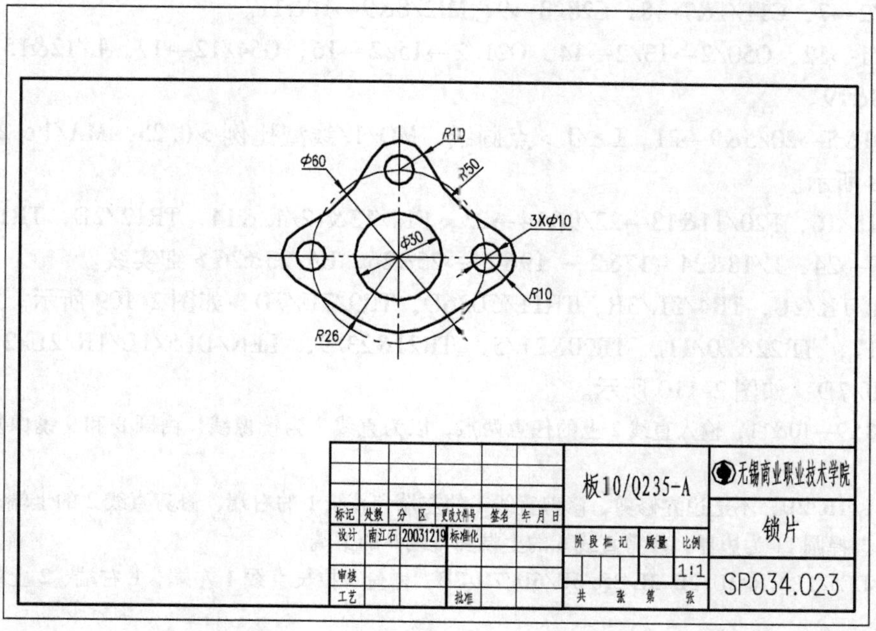

图2-104　练习图5 锁片

4. 练习图操作提示

(1) 图2-102 练习图3 阀体图形绘制操作参考

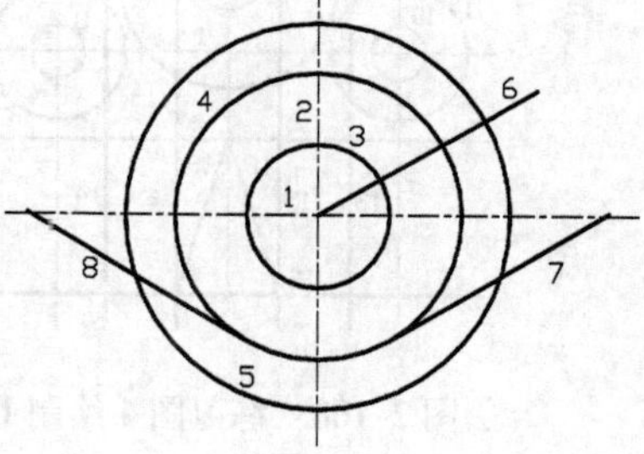

图2-105　练习图3 绘制1

N/A3H. dwt，LA/粗实线，极轴。L/1，L/2，C/D76/1&2→3，C/D152/3→4，C/D204/3→5，L/3 -（<30）→6，O76/6→7，MI2/7→8，LA/1&2 >点画线，MO/1&2/线型比例 >0.5，如图2-105所示。

DEL/6，TR1&7&8/5U/5D/4L/4R → 9&10，如图2-106所示。

F25/9&8/7&10，TR/1L/1R/2U/2D，如图2-107所示。

LEN/DE5/1L/1R/2U/2D。

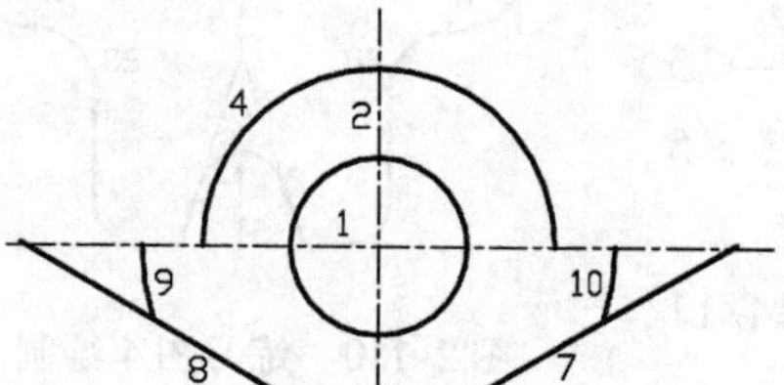

图2-106　练习图3 绘制2

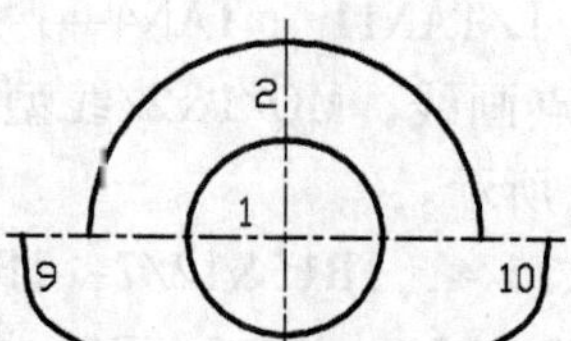

图2-107　练习图3 绘制3

说明：L/3 -（<30）→6，表示从圆3的圆心开始，用角度控制向30°方向画出直线6。

(2) 图2-103 练习图4 机架板图形绘制操作参考

N/A3H. dwt，LA/粗实线，极轴。L/1，L/2，O30/1→3，C/D25/2&3→4，C45/4→5，

O70/2→6/2→7，C11/1&7→8，C28/8→9，MI2/8&9→10&11。

O100/1→12，O50/2→13/2→14，O21/2→15/2→16，O64/12→17，L/12&15－17&2－12&16→18&19。

F28/11&5→20/5&9→21，LA/1＞点画线，MO/1/线型比例＞0.25，MA/1＞2&3&6&7，如图2-108所示。

DEL/15/16，F20/11&13→22/9&14→23，F14/13&12/12&14，TR12/2D，TR18&19/12，F15/18&19→24，L/18&24－17&2－19&24→25&26，LA/25&26＞细实线。

TR/1L/1R/2U，TR4/3L/3R，TR11/6U/6D，TR9/7U/7D，如图2-109所示。

DEL/17，TR22&20/11，TR20&21/5，TR21&23/9，LEN/DE5/1L/1R/2U/2D/3L/3R/6U/6D/7U/7D，如图2-110所示。

说明：MI2/8&9→10&11，输入直线2上的任意两点，以为直线2为镜像线，由圆8和9镜像复制出圆10和11。

TR/1L/1R/2U，不选边界修剪，修剪直线1的左端和直线1的右端，修剪直线2的上端；TR11/6U/6D，选择圆11为边界，修剪直线6的上端和直线6的下端。

LEN/DE5/1L/1R/2U/2D/3L/3R/6U/6D/7U/7D，增量5拉长直线1左端、1右端、2上端、2下端、…。

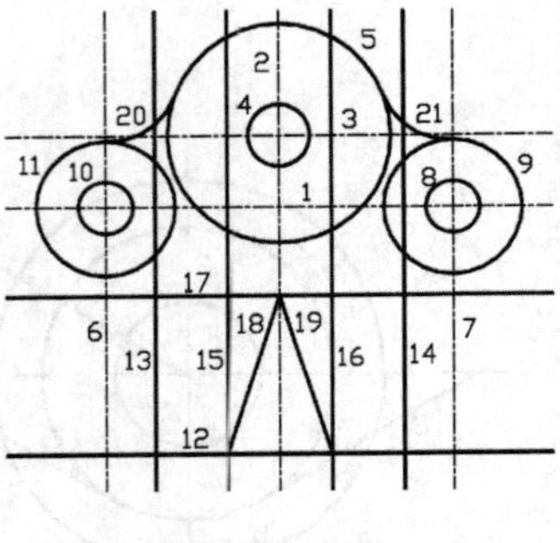

图2-108　练习图4绘制1

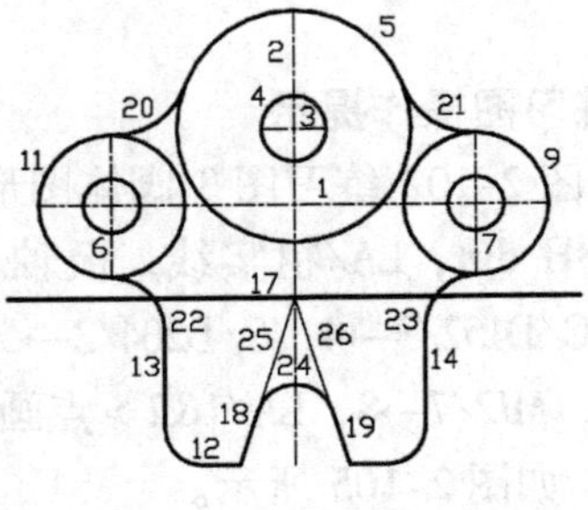

图2-109　练习图4绘制2

(3) 图2-104 练习图5 锁片图形绘制操作参考

N/A4H.dwt，LA/粗实线，极轴。L/1，L/2，C15/1&2→3，C26/3→4，C30/3→5，C5/1&5R→6，C10/6→7。

AR/P/3/3/B90/6&7 → 8&9&10&11，F50/7&9 → 12/9&11→13，L/TAN11－TAN4→14，L/TAN4－TAN7→15，LA/1&2＞点画线，MO/1&2/线型比例＞0.25，MA/1＞5，如图2-111所示。

TR14&15/4，TR15&12/7，TR12&13/9，TR13&14/11，TR/1→P1/2→P2/1→P3/2→P4，如图2-112所示。

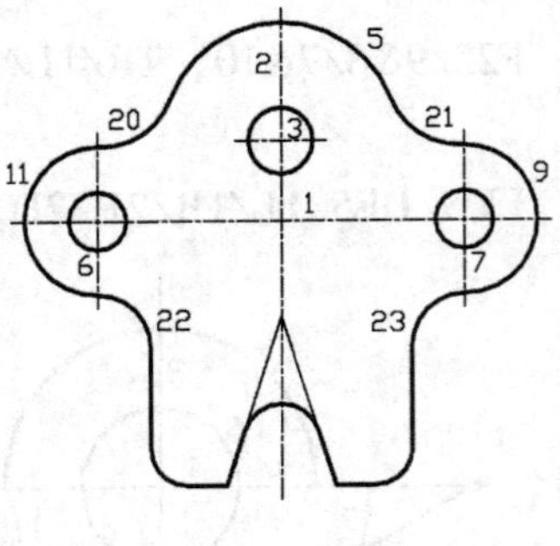

图2-110　练习图4绘制3

LEN/DE5/1＞P1/2＞P2/1＞P3/2＞P4。

说明：C5/1&5R→6，以直线1和圆5的右交点为圆心，画半径5的圆6。

AR/P/3/3/B90/6&7→8&9&10&11，AR阵列，P环形阵列（R矩形阵列），阵列中心点为圆3的圆心，项目数为3，B项目间角度90（F填充角度180），阵列项目选择圆6和7，阵列出8、9、10和11圆。

F50/7&9→12/9&11→13，选择圆 7 和 9 作半径 50 的圆角作出圆弧 12，选择圆 9 和 11 作圆角作出圆弧 13。

L/TAN11 - TAN4→14，画线，第一点捕捉 11 圆的切点，第二点捕捉 4 圆的切点，画两圆公切线。

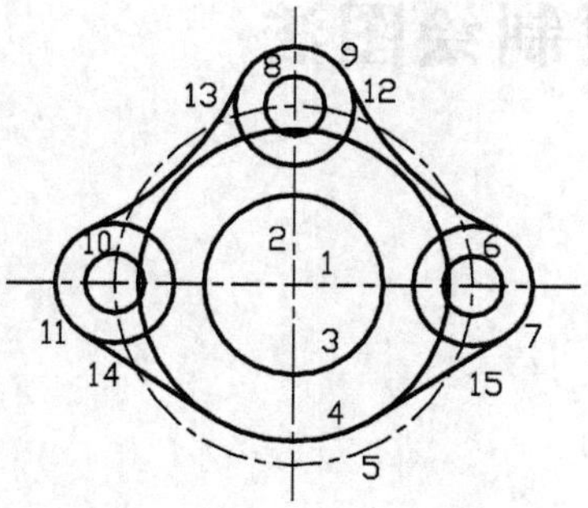

图 2-111　练习图 5 绘制 1

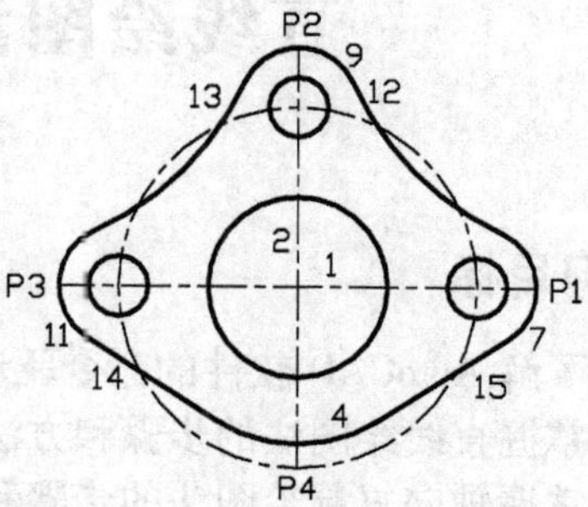

图 2-112　练习图 5 绘制 2

项目3　AutoCAD的命令驱动、直线绘图法、轴向复制绘图法

学习目标

1）了解AutoCAD软件的命令驱动。
2）掌握直线绘图法的步骤和方法。
3）掌握轴向复制绘图法的步骤和方法。
4）掌握AutoCAD绘制与修改命令的操作。
5）掌握尺寸标注的操作。
6）掌握制图与AutoCAD软件的相关知识。

工作任务

任务1　垫块的绘制与标注

一、例图

任务1的垫块例图图样如图3-1所示。

二、垫块例图绘制与标注的步骤方法

垫块例图按『绘制图样步骤方法』2参照电子档例图绘制基本图样的总体步骤方法和『绘图步骤方法』3直线绘图法的步骤与方法进行绘制，尺寸标注按『绘图步骤方法』2尺寸标注的步骤与方法进行标注，具体操作步骤见表3-1。

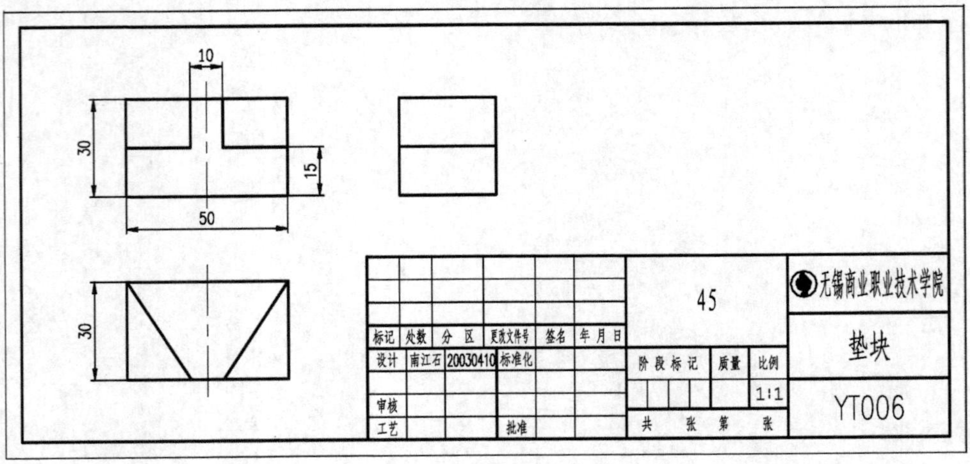

图3-1　垫块例图

表3-1　垫块例图绘制与标注的步骤方法

步骤与方法			操作			示例图
启动 AutoCAD 软件			双击桌面图标启动软件，第一窗口		『操作』1	图1-38
打开例图			在第一窗口中打开例图		『操作』4	图3-1
启动 AutoCAD 软件			双击桌面图标启动软件，第二窗口		『操作』1	图1-38
新建图形文件			使用 A4H. dwt 样板新建图形文件		『操作』3	图3-1
保存图形文件			定位赋名保存，将图形文件保存为文件		『操作』5	图1-46
绘图	1）绘制主视图——直线法	01#设置	打开极轴追踪、对象捕捉、对象捕捉追踪		『操作』41	图2-39
			捕捉预置端点、中点、交点、圆心、延伸			图2-46
		0#走直线	沿轮廓走直线，启动直线命令			图1-52
		第一点	在适当位置单击输入一点			
		第二点	向右极轴0°追踪50	画上横线	『操作』64	
		第三点	向下极轴270°追踪30	画右竖线		图3-2
		第四点	向左极轴追踪与捕捉左上端点向下追踪的交点	画下横线	『操作』72	图3-48
		输入“C”闭合	输入“C”，按<Enter>键闭合	画左竖线		图3-2
		0#走直线	沿轮廓走直线，启动直线命令			
		第一点	捕捉输入左竖线中点			图2-51
		第二点	向右极轴0°追踪20	画左中横线	『操作』64	图1-52
		第三点	向上极轴追踪+对象捕捉	画左中竖线	『操作』71	图3-46
		结束	按<Enter>键结束			图3-2
		0#走直线	沿轮廓走直线，启动直线命令			
		第一点	捕捉输入右竖线中点			图2-51
		第二点	向左极轴180°追踪20	画右中横线	『操作』64	
		第三点	向上极轴追踪+对象捕捉	画右中竖线	『操作』71	图3-46
		结束	按<Enter>键结束			图3-2
		0#走直线	沿轮廓走直线，启动直线命令			
		第一点	上横线中点向上追踪5		『操作』70	图3-45
		第二点	直接距离向下40画直线	画中心线	『操作』64	
		结束	按<Enter>键结束			图3-2
		3#，其他处理，换层	将中心线转换到点画线图层		『操作』23	
		3#修改线型比例	将上横线的线型比例改为0.25		『操作』30	图3-3
	2）绘制左视图——直线法	0#走直线	沿轮廓走直线，启动直线命令			
		第一点	自主视图右上角端点向右延伸追踪40		『操作』70	
		第二点	向右极轴0°追踪30	画上横线	『操作』64	
		第三点	极轴追踪270°+对主视图右下角点捕捉追踪0°	画右竖线	『操作』72	图3-3
		第四点	向左极轴追踪+对左视图上横线左端点捕捉追踪	画下横线		

（续）

步骤与方法			操作			示例图
绘图	3）绘制俯视图——直线法	输入"C"闭合	输入"C"，按 <Enter> 键闭合	画左竖线		图 3-3
		0#走直线	沿轮廓走直线，启动直线命令	画中横线		图 3-3
		第一点	捕捉输入左竖线中点			
		第二点	捕捉输入右竖线中点			
		结束	按 <Enter> 键结束			
		0#走直线	沿轮廓走直线，启动直线命令			图 3-3
		第一点	自主视图左下角端点向下延伸追踪 30		『操作』70	
		第二点	向下极轴追踪 30	画左竖线	『操作』64	
		第三点	向右极轴追踪 + 对主视图右下角端点捕捉追踪	画下横线	『操作』72	
		第四点	向上极轴追踪 + 对俯视图左竖线上端点捕捉追踪	画右竖线		
		输入"C"闭合	输入"C"按 <Enter> 键闭合	画上横线		
		0#走直线	沿轮廓走直线，启动直线命令	画左斜线	『操作』73	图 3-3
		第一点	捕捉输入左上角端点			
		第二点	捕捉主视图左中竖线下端点向下追踪 + 捕捉交点			
		结束	按 <Enter> 键结束			
		0#走直线	沿轮廓走直线，启动直线命令	画右斜线	『操作』73	图 3-3
		第一点	捕捉输入右上角端点			
		第二点	捕捉主视图右中竖线下端点向下追踪 + 捕捉交点			
		结束	按 <Enter> 键结束			
		0#走直线	沿轮廓走直线，启动直线命令	画中心线		图 3-3
		第一点	上横线中点向上追踪 5		『操作』70	
		第二点	直接距离向下 40 画直线		『操作』64	
		结束	按 <Enter> 键结束			
		3#特性匹配	修改俯视图中心线的图层和线型比例		『操作』31	
尺寸标注	0#改变当前图层		将尺寸线图层设置为当前图层		『操作』42	图 2-54
	1#标注主视图	1）竖向 30	1ob 选择对象竖向标注尺寸 30		『操作』46	图 3-4
		2）横向 50	1ob 选择对象横向标注尺寸 50			
		3）竖向 15	2pt 指定两点竖向标注尺寸 15		『操作』45	
		4）横向 10	2pt 指定两点横向标注尺寸 10			
	俯视	5）竖向 30	1ob 选择对象竖向标注尺寸 30，对齐主视图尺寸 30		『操作』47	
插入填写标题栏			插入标题栏文件图块，填写标题栏		『操作』33	
结束	1）缩放到全图		使用范围缩放操作缩放到全图		『操作』34	图 3-1
	2）保存		保存文件		『操作』5	
	3）退出		关闭图形文件或关闭软件		『操作』7	
	4）FTP 上传		登录，在自建文件夹中上传文件		『操作』35	图 1-117
完成						图 3-1

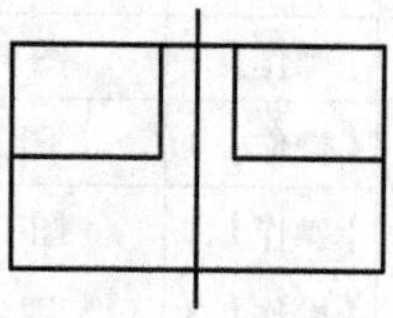

图 3-2　画四条边，画中间横线与竖线，画中心线

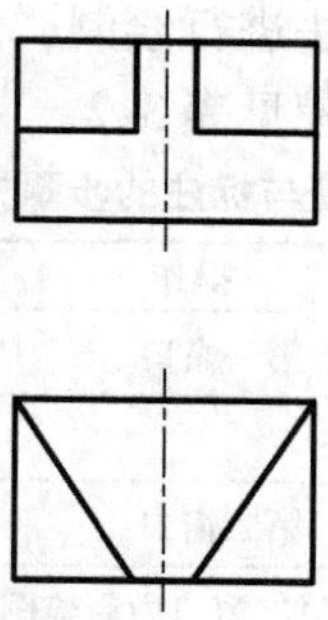

图 3-3　主视图中心线修改，画左视图，画俯视图

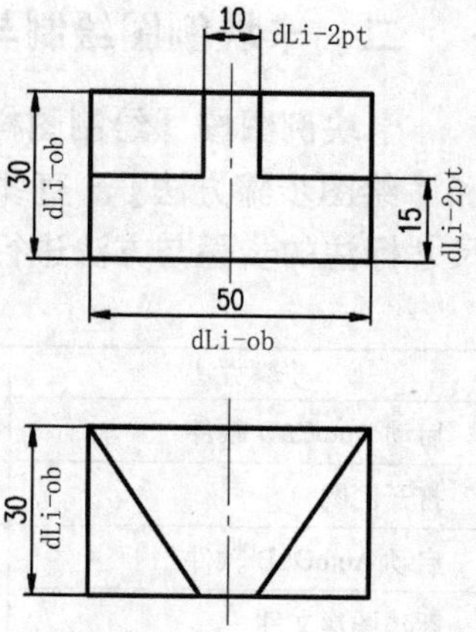

图 3-4　尺寸标注

任务 2　卡块的绘制与标注

一、例图

任务 2 的卡块例图图样如图 3-5 所示。

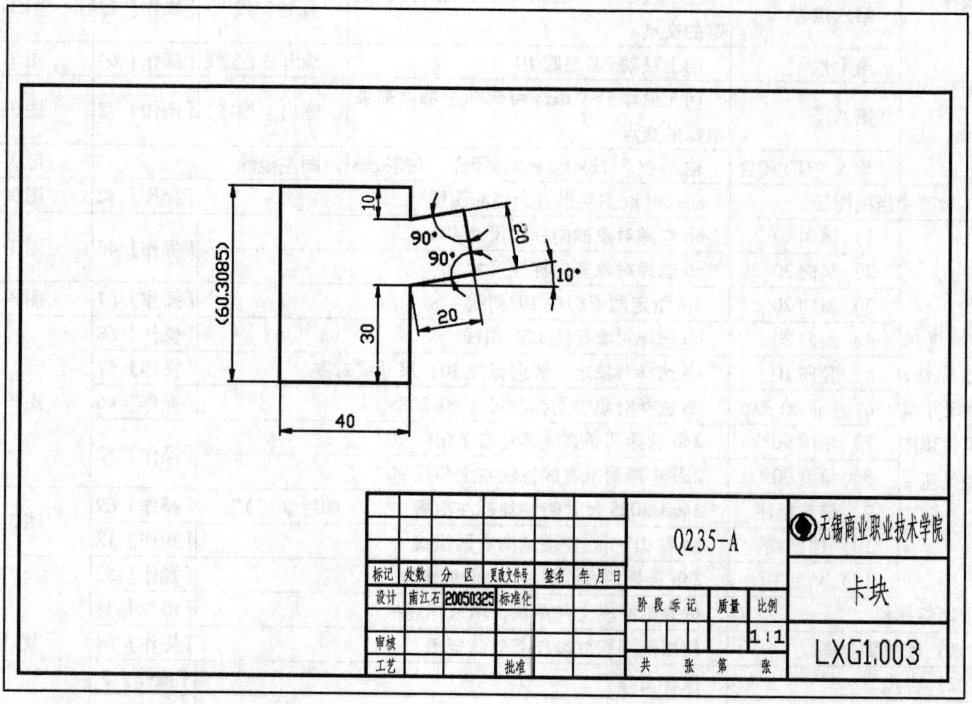

图 3-5　卡块例图

二、卡块例图绘制与标注的步骤方法

卡块例图按『绘制图样步骤方法』2 参照例图电子文件绘制基本图样的总体步骤方法，和『绘图步骤方法』3 直线绘图法的步骤与方法进行绘制，尺寸标注按『绘图步骤方法』2 尺寸标注的步骤与方法进行标注，具体操作步骤见表3-2。

表3-2 卡块例图绘制与标注的步骤方法

步骤方法			操作			示例图
启动 AutoCAD 软件			双击桌面图标启动软件，第一窗口		『操作』1	图1-38
打开例图			在第一窗口中打开例图		『操作』4	图3-5
启动 AutoCAD 软件			双击桌面图标启动软件，第二窗口		『操作』1	图1-38
新建图形文件			使用 A4H. dwt 样板，在第二窗口中新建图形文件		『操作』3	图3-5
保存图形文件			定位赋名保存，将图形文件保存为文件		『操作』5	图1-46
绘图	绘制主视图——直线法	01#设置	打开极轴追踪、对象捕捉、对象捕捉追踪			图2-39
			极轴增量角10，选择“用所有极轴角设置追踪”		『操作』62	图3-27
		0#走直线	沿轮廓走直线，启动直线命令			
		第一点	在适当位置点击输入一点			图3-6
		第二点	向右极轴0°追踪40	画出下横线	『操作』64	图3-7
		第三点	向上极轴90°追踪30	画出右竖线		图3-8
		第四点	向右上极轴10°追踪20	画10°线		图3-9
		第五点	向上左极轴100°追踪20	画100°线		图3-10
		第六点	左下极轴190°追踪与竖线端点捕捉追踪的交点	画190°线	『操作』72	图3-11
		第七点	向上极轴90°追踪10	画出右上竖线	『操作』64	图3-12
		第八点	向左极轴180°追踪与横线左端点捕捉追踪的交点	画出上横线	『操作』72	图3-13
		输入“C”闭合	输入“C”按<Enter>键闭合，关闭极轴	画左竖线		图3-14
尺寸标注	0#改变当前图层		将尺寸线图层设置为当前图层		『操作』42	图2-54
	1#尺寸标注；2#尺寸编辑；3#其他处理	1）横向40	ob选择对象横向标注尺寸40		『操作』46	图3-14
		2）竖向30	ob选择对象竖向标注尺寸30			
		3）斜向20	2pt给定两点标注10°斜线		『操作』67	图3-40
		4）斜向20	ob选择对象标注100°斜线		『操作』68	图3-14
		5）竖向10	ob选择对象定位竖向标注10，尺寸线对齐		『操作』47	
		6）竖向60.3085	ob选择对象竖向标注尺寸60.3085		『操作』46	
		7）角度90°	2ob选择两条直线标注右下角度90°		『操作』52	
		8）角度90°	2ob选择两条直线标注右上角度90°			
		9）修改标注	2#60.3085尺寸特性加标注前缀“（”和后缀“）”		『操作』69	图3-15
		10）辅助线	3#从10°斜线左端点向右画横线		『操作』12	
		11）角度10°	2ob选择两直线标注10°斜线角度		『操作』52	图3-5
插入填写标题栏			插入标题栏文件图块，填写标题栏		『操作』33	
结束	1）缩放到全图		使用范围缩放操作缩放到全图		『操作』34	
	2）存盘		保存文件		『操作』5	
	3）退出		关闭图形文件或关闭软件		『操作』7	
	4）FTP上传		登录，在自建文件夹中上传文件		『操作』35	图1-117
完成						图3-5

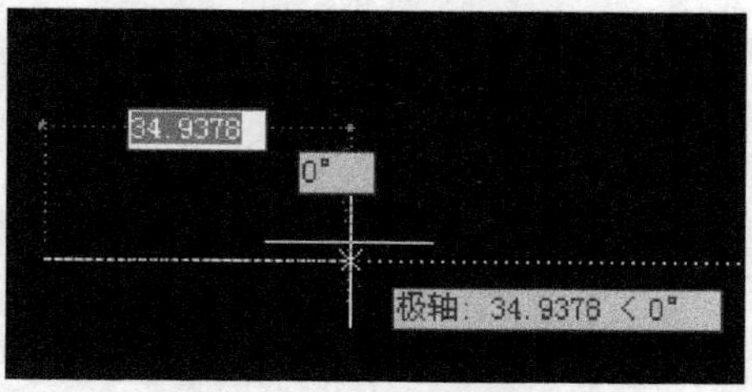

图 3-6　输入第 1 点，向右极轴 0°追踪 40

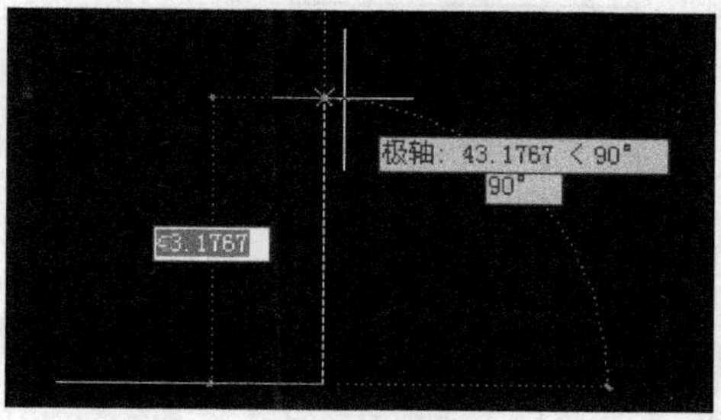

图 3-7　输入第 2 点，画出下横线，向上极轴 90°追踪 30

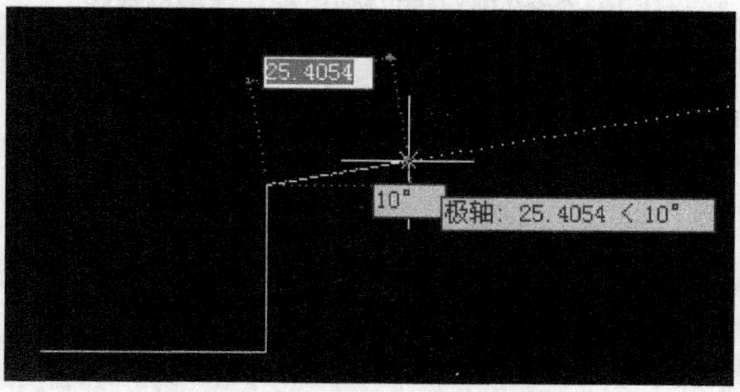

图 3-8　输入第 3 点，画出右竖线，向右上极轴 10°追踪 20

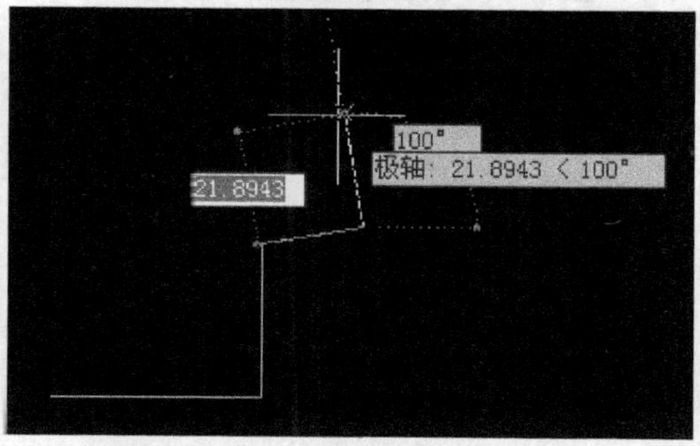

图 3-9　输入第 4 点，画出 10°线，向上左极轴 100°追踪 20

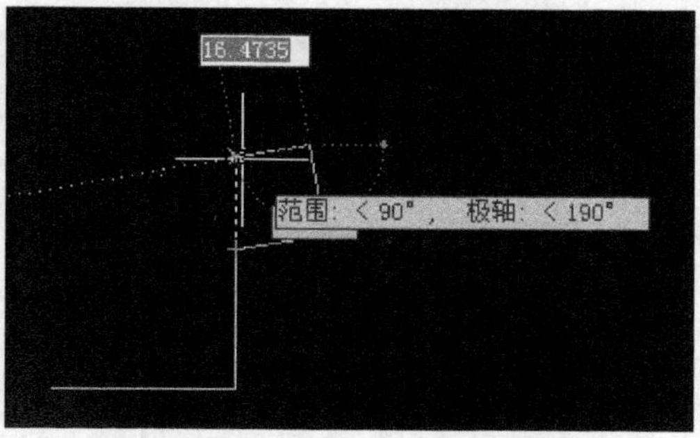

图 3-10　输入第 5 点，画出 100°线，捕捉极轴 190°追踪与右竖线端点追踪的交点

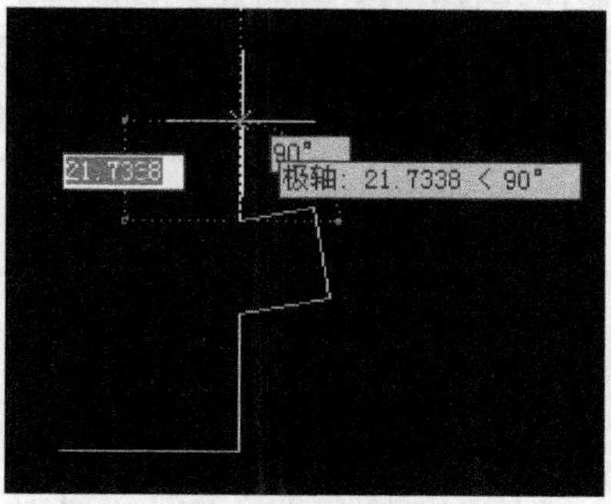

图 3-11　输入第 6 点，画出 190°线，向上极轴 90°追踪 10

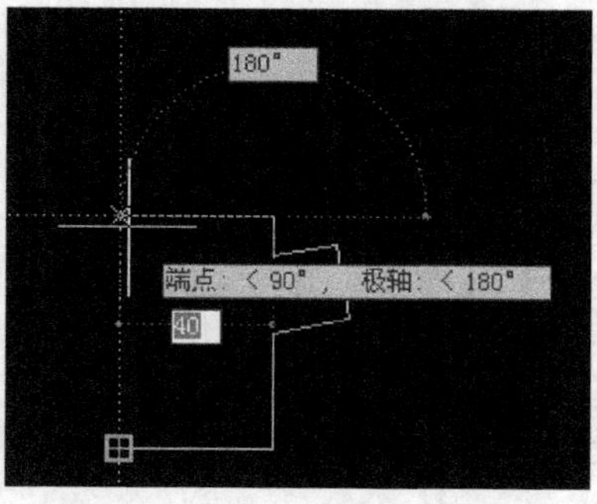

图 3-12　输入第 7 点，画出右上竖线，捕捉极轴 180°追踪与下横线左端点追踪的交点

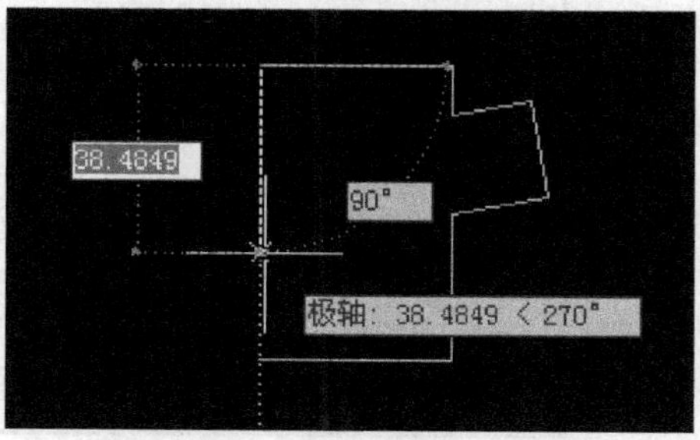

图 3-13　输入第 8 点，画出上横线

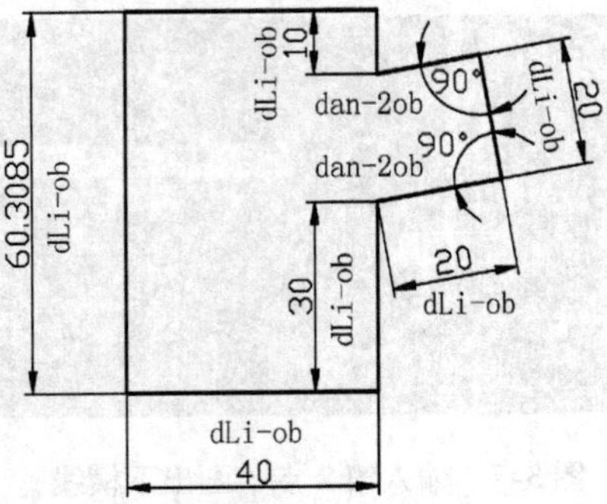

图 3-14　画出左竖线，尺寸标注

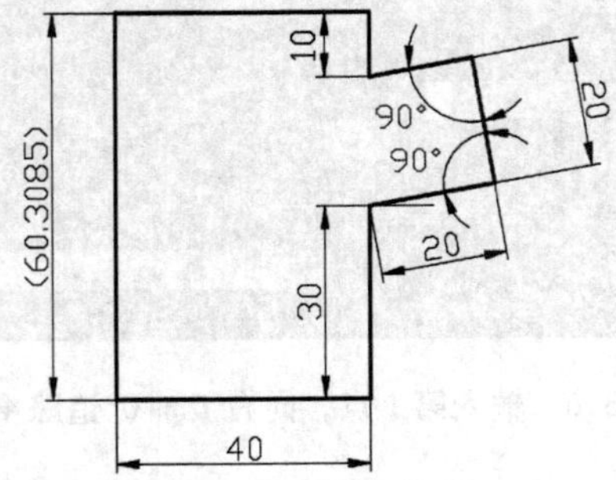

图 3-15　标注加前缀“（”和后缀“）”，从 10°斜线左端点向右画角度标注辅助横线

任务 3　挡块的绘制与标注

一、例图

任务 3 的挡块例图图样如图 3-16 所示。

二、挡块例图绘制与标注的步骤方法

挡块例图按『绘制图样步骤方法』2 参照电子档例图绘制基本图样的总体步骤方法，和『绘图步骤方法』4 轴向复制绘图法的步骤与方法进行绘制，尺寸标注按『绘图步骤方法』2 尺寸标注的步骤与方法进行标注，具体操作步骤见表 3-3。

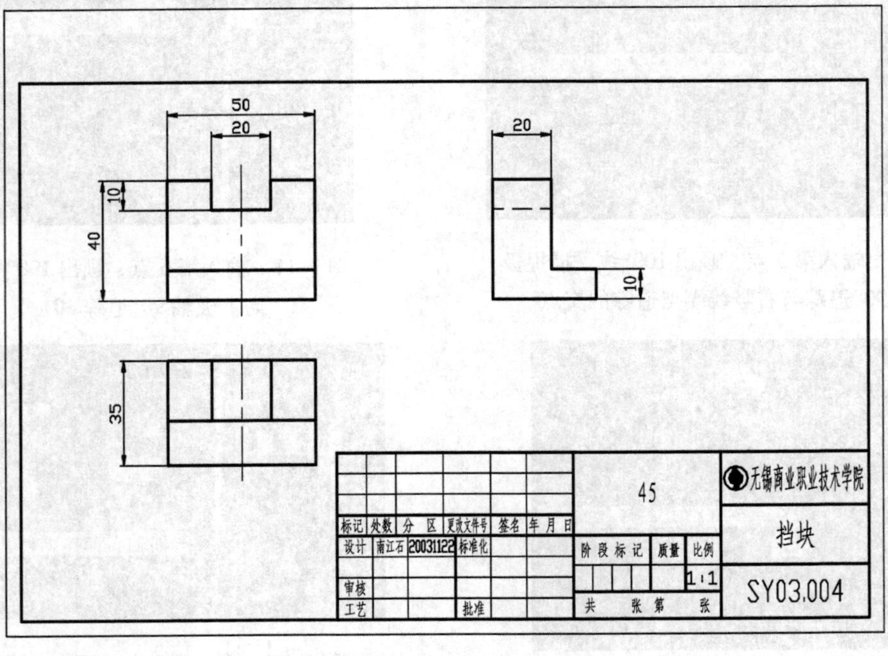

图 3-16　挡块例图

表3-3　挡块例图绘制与标注的步骤方法

步骤与方法			操作		示例图
启动AutoCAD软件			双击桌面图标启动软件，第一窗口	『操作』1	图1-38
打开例图			在第一窗口中打开例图	『操作』4	图3-1
启动AutoCAD软件			双击桌面图标启动软件，第二窗口	『操作』1	图1-38
新建图形文件			使用A4H. dwt样板新建图形文件	『操作』3	图3-17
保存图形文件			定位赋名保存，将图形文件保存为文件	『操作』5	图1-46
绘图	1）绘制各视图——轴向复制法	01#设置	打开光标捕捉、极轴追踪、对象捕捉、捕捉追踪		图2-39
			设置矩形光标捕捉 x 轴间距与 y 轴间距为1	『操作』63	图3-29
		0#画直线	画横竖构造线各一条		图3-17
		画横构造线	输入一点，在极轴0°方向单击输入点画横构造线	『操作』66	图3-36
		画竖构造线	在极轴90°方向单击输入点画竖构造线		图3-37
		1#轴向复制	选择吸持横构造线中点，在命令行输入“C”，按<Enter>键复制	『操作』78	图3-53
		轴向复制10	竖向 y 轴向下10复制横向构造线	『操作』75、『操作』78	图3-55
		轴向复制30	竖向 y 轴向下30复制横向构造线		图3-56
		轴向复制40	竖向 y 轴向下40复制横向构造线		图3-57
		轴向复制55	竖向 y 轴向下55复制横向构造线		图3-18
		轴向复制75	竖向 y 轴向下75复制横向构造线		
		轴向复制90	竖向 y 轴向下90复制横向构造线		
		结束	按<Enter>键结束轴向复制，保存取消选择		
		1#轴向复制	选择吸持竖构造线中点，在命令行输入“C”，按<Enter>键复制	『操作』78	
		轴向复制10	横向 x 轴向左10复制竖向构造线	『操作』75、『操作』78	
		轴向复制25	横向 x 轴向左25复制竖向构造线		
		轴向复制10	横向 x 轴向右10复制竖向构造线		
		轴向复制25	横向 x 轴向右25复制竖向构造线		
		轴向复制85	横向 x 轴向右85复制竖向构造线		
		轴向复制105	横向 x 轴向右105复制竖向构造线		
		轴向复制120	横向 x 轴向右120复制竖向构造线		
		结束	按<Enter>键结束轴向复制，保存取消选择	『操作』78	
		2#修剪	选择上、下横线和左、右竖线边界，窗交修剪	『操作』26	图1-97
	2）绘制主视图	2#修剪	不选边界，窗交修剪掉主视图周围的线	『操作』28	图3-19
		2#修剪	不选边界，单选修剪掉上横线中间段	『操作』27	图3-20
		2#尖角	左二竖线与上二横线作左下尖角	『操作』17	
		2#尖角	右二竖线与上二横线作右下尖角		
		3#换层	将中心线转换到点画线图层	『操作』23	
		3#修改线型比例	将中心线的线型比例修改为0. 25	『操作』30	
		3#，拉长	将中心线的上下两端拉长5	『操作』29	

（续）

步骤与方法			操作		示例图
绘图	3）绘制俯视图	2#修剪	不选边界，窗交修剪掉右下图周围的线	『操作』28	图3-20
		2#修剪	不选边界单选修剪掉左二右二竖线下段	『操作』27	
		3#特性匹配	以主视图中心线为源格式刷修改中心线	『操作』31	
		3#拉长	将中心线的上下两端拉长5	『操作』29	
	4）绘制左视图	2#修剪	不选边界修剪掉上一上二横线右段	『操作』27	图3-21
		2#修剪	不选边界修剪掉右竖线上段		
		2#修剪	不选边界修剪掉右二竖线下段		
		2#修剪	不选边界修剪掉上三横线左段		
		3#换层	将上二横线转换到虚线图层	『操作』23	
		3#修改线型比例	将上二横线的线型比例修改为0.5	『操作』30	
	5）删除	3#删除	删除右下角图形	『操作』21	
尺寸标注	0#改变当前图层		将尺寸线图层设置为当前图层	『操作』42	图2-54
	1#标注主视图	1）横向20	2pt指定两点横向标注尺寸20	『操作』45	图3-22
		2）横向50	2pt指定两点横向标注尺寸50		
		3）竖向10	UD指定上下两点竖向标注尺寸10		
		4）竖向40	dba指定第二点竖向标注尺寸40	『操作』51	
	俯视	5）竖向35	ob选择对象标注35，对齐主视图尺寸10	『操作』47	
	标左视图	6）横向20	ob选择对象标注20，对齐主视图尺寸20		
		7）竖向10	ob选择对象竖向标注尺寸10		
插入填写标题栏			插入标题栏文件图块填写标题栏	『操作』33	图3-16
结束	1）缩放到全图		使用范围缩放操作缩放到全图	『操作』34	
	2）保存		保存文件	『操作』5	
	3）退出		关闭图形文件或关闭软件	『操作』7	
	4）FTP上传		登录，在自建文件夹中上传文件	『操作』35	图1-117
			完成		图3-16

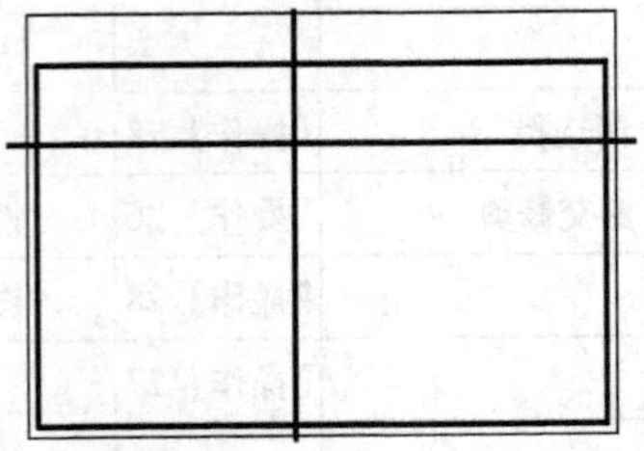

图3-17 画横竖构造线

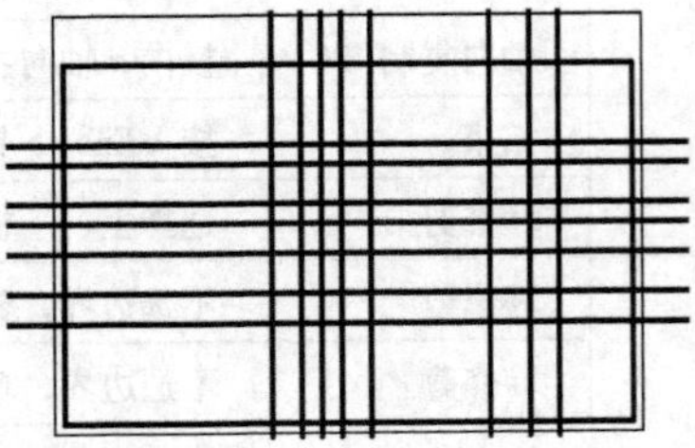

图3-18 横线向下轴向复制出6条线，竖线向左复制10、25，向右复制出5条线

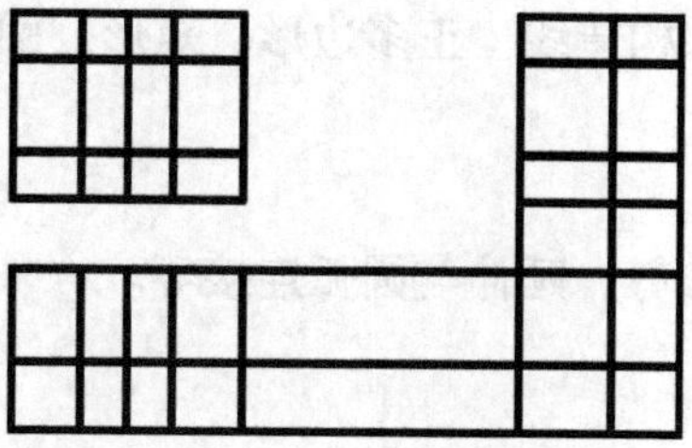

图3-19　选边界窗交修剪掉外围横竖线，不选边界窗交修剪掉主视图周围的横竖线

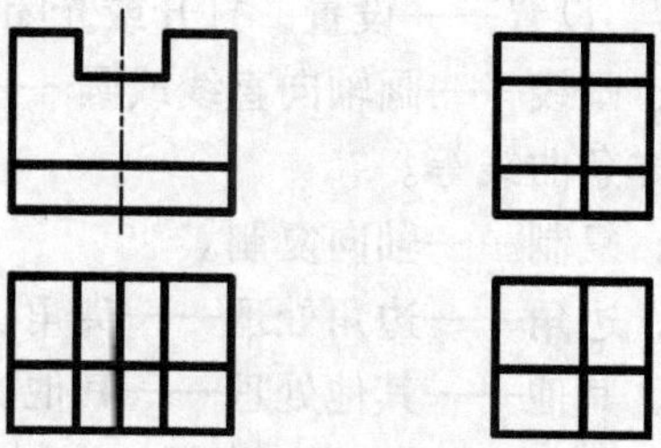

图3-20　主视图修剪，修改中心线，不选边界窗交修剪掉右下图周围的横竖线

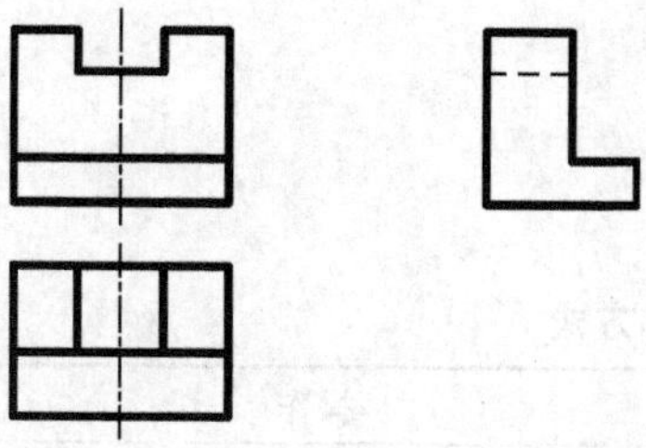

图3-21　修改俯视图、左视图，删除右下角图形

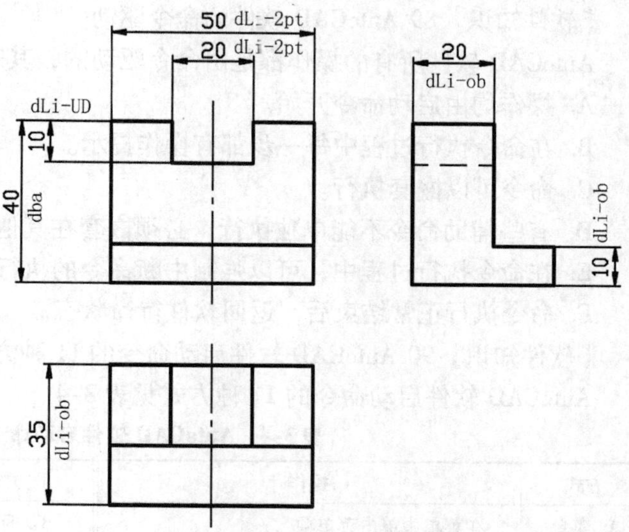

图3-22　标注尺寸

相关知识与操作

『制图知识』2 带有括号的尺寸为参考尺寸，参考尺寸不作为设计施工的依据

卡块例图（图3-5）的左竖向带有括号的尺寸“（60. 3085）”为参考尺寸，此处原不需要标注尺寸，其长度由其他标注的尺寸确定。参考尺寸不作为设计施工的依据，只是为方便识图及工作而标注。

一、绘图知识

『绘图步骤方法』3 直线绘图法的步骤与方法

01#，设置——设置、打开或关闭光标捕捉、正交、极轴、对象捕捉、对象追踪等。

0#，直线——沿轮廓走直线。

2#，边角——边角处理——尖角、圆角、倒角、修剪、延伸与圆弧连接等。

3#，其他——其他处理——其他操作。

重复执行0#、2#、3#步骤，绘制出图形。

『绘图步骤方法』4 轴向复制绘图法的步骤与方法

01#，设置——设置、打开或光闭光标捕捉、正交或极轴等。

0#，画线——画轴向直线或圆——或画任意直线、构造线、正多边形、矩形、圆弧、轴测圆、样条曲线等。

1#，复制——轴向复制。

2#，边角——边角处理——尖角、圆角、倒角、修剪、延伸与圆弧连接等。

3#，其他——其他处理——其他操作。

循环执行1#、2#、3#步骤，绘制出图形。

二、AutoCAD 软件操作的命令驱动

『软件知识』89 AutoCAD 软件的命令驱动

AutoCAD 软件所有的操作都是由命令驱动的，其表现如下：

A. 操作均由启动命令开始。

B. 在命令执行过程中每一步都有操作提示。

C. 命令可以嵌套执行。

D. 有些辅助命令不能单独执行，必须嵌套在其他命令中执行。

E. 在命令执行过程中，可以强制中断命令的执行。

F. 命令执行正常结束后，返回软件待命状态。

『软件知识』90 AutoCAD 软件启动命令的 11 种方式

AutoCAD 软件启动命令的 11 种方式见表 3-4。

表 3-4　AutoCAD 软件启动命令的 11 种方式

方式	操作	方式	操作
A. 菜单	在菜单中单击菜单项	G. 回车	按 <Enter> 键重复执行上一条命令
B. 按钮	在工具栏上单击按钮	H. 图片	在幻灯片菜单中选择图片菜单项
C. 全称	在命令行输入命令全称，按 <Enter> 键	I. 屏幕	在屏幕菜单中单击菜单项
D. 简称	在命令行输入命令简称，按 <Enter> 键	J. 功能区	在功能区中单击按钮
E. 快捷	快捷命令	K. 选项板	在工具选项板中单击按钮
F. 右键	在右键弹出菜单中单击菜单项		

『软件知识』91 各种命令启动方式启动命令的效率

如果将表 3-4 中的启动方式按速度效率等进行排序，回车重复执行上一条命令无疑是启动速度最快、效率最高的启动命令的方式，见表 3-5。

表 3-5　各种命令启动方式的速度与效率

命令启动方式	速度与效率排序	命令启动方式	速度与效率排序
G. 回车	1	B. 按钮	5
E. 快捷	2	F. 右键	6
D. 简称	3	A. 菜单	7
C. 全称	4		

注：表中的速度与效率的排序，为作者个人观点。

本书中启动命令主要使用“回车”“简称”和“按钮”方式。

『特别提示』33 AutoCAD软件操作时应注意查看命令行提示与动态提示

在命令执行过程中，每一步都有操作提示。在操作不熟悉的命令时，除了要看绘制的图形外，操作者还应注意查看命令行的提示与动态提示，按操作提示进行操作。这一点对初学者特别重要。

『软件知识』92 命令的嵌套执行

命令的嵌套执行，即在某一命令执行过程中转而执行其他命令，其他命令执行完成后再返回执行原命令。

『软件知识』93 临时对象捕捉命令不可以单独执行，只可以嵌套执行

『软件知识』94 强制中断命令执行的方式

在命令执行过程中，强制中断命令的执行有三种方式：

A. 按 <ESC> 键。

B. 保存。

C. 单击按钮等启动执行其他命令。

『软件知识』95 按 <ESC> 键强制中断命令的执行

按一次或两次 <ESC> 键，可以强制中断命令的执行，返回软件待命状态。

『软件知识』96 启动执行其他命令，强制中断当前命令的执行

在命令执行过程中，用菜单、按钮或快捷方式启动执行其他命令，有些命令在启动前会先中断正在执行的命令，然后再启动执行。

『特别提示』34 建议用保存操作来中断命令的执行，并取消选择

建议操作者单击标准工具栏的“保存”按钮（图2-18）或执行 <CtrL + S> 快捷命令来中断命令的执行，并取消所有的对象选择。

保存操作可以：①中断命令取消选择；②保存图形文件数据；③返回软件待命状态。

『特别提示』35 保存应不厌其烦

保存是操作计算机的基本功，既然是基本功就要修炼，修炼保存操作应达到的最高境界就是要做到不厌其烦。

『软件知识』97 命令行空闲状态（命令行待命状态）

在命令行中没有输入任何信息、没有执行任何命令也没有出现任何命令的提示，只有“命令”两个字和冒号（即“命令:”）的状态，称为命令行空闲状态或命令行待命状态。

『软件知识』98 软件空闲状态（软件待命状态）

命令行为空闲状态，同时没有选择任何图形对象的状态，称为软件空闲状态或软件待命状态。

三、AutoCAD软件知识与操作知识

1. 设置极轴追踪

『操作』62 设置极轴追踪的操作

1#，草图设置 DS，调用草图设置对话框：如图3-23所示。

2#，极轴追踪，单击极轴追踪选项卡：在对话框中单击“极轴追踪”选项卡。

3#，启用，启用极轴追踪：“启用极轴追踪”开关勾选为开，去勾选为关，如图3-23

所示。

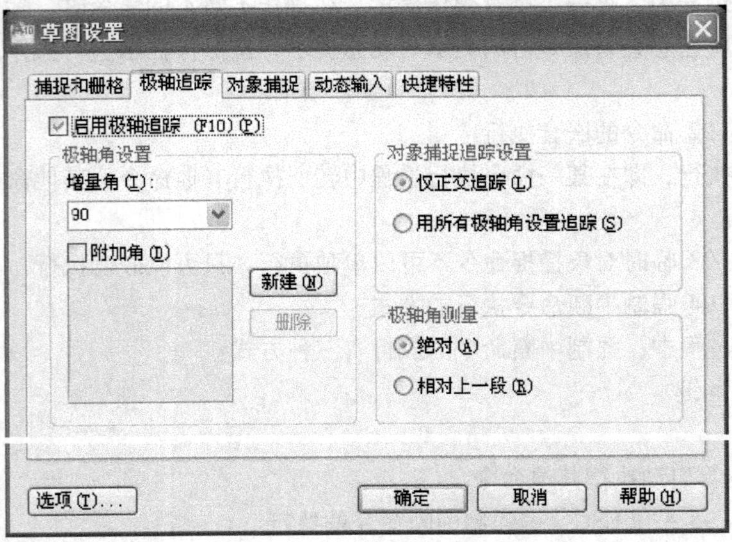

图 3-23 极轴追踪一般设置

4#，增量角，设置极轴增量角：单击增量角下拉列表框（图 3-25），在弹出的下拉菜单中选择设置增量角，如选择 10°增量角，如图 3-24 所示；也可以在增量角对话框中直接输入设置增量角，如输入 37°增量角，如图 3-25 所示。

5#，附加角，设置附加角；单击“新建”按钮可以对极轴追踪的附加角度进行设置，如设置 30°、170°、210°、350°附加极轴追踪角度；单击“删除”按钮，可以删除选定的附加角度，如图 3-26 所示。

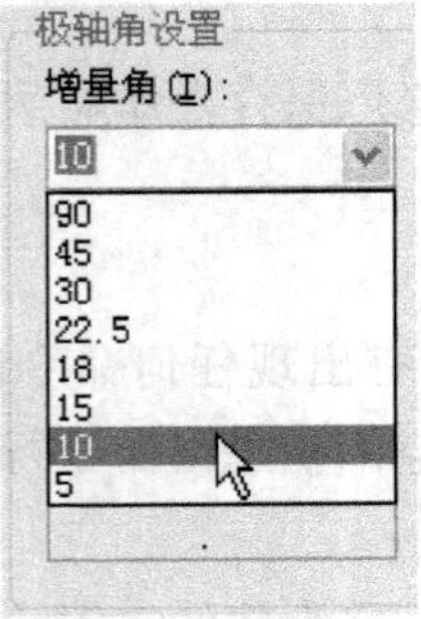

图 3-24 选择增量角

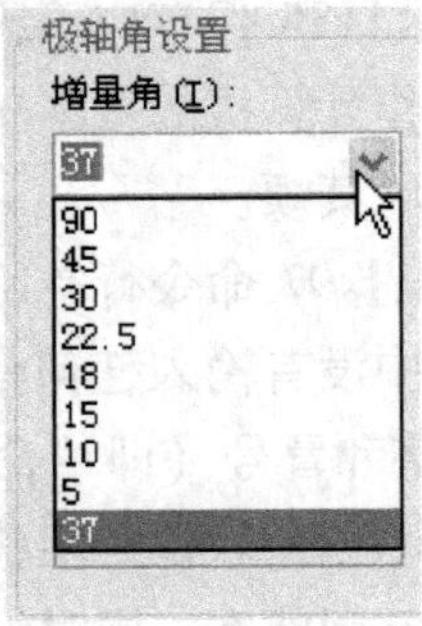

图 3-25 输入增量角

6#，追踪方式：可选择“仅正交追踪”或“用所有极轴角设置追踪”，如图 3-27 所示。

7#，测量方式：可选择“绝对”或“相对上一段”，如图 3-27 所示。

8#，确定，确定完成设置：单击对话框的“确定”按钮完成设置。

『特别提示』36 极轴追踪一般设置，增量角 90、无附加角、仅正交追踪、绝对极轴角测量本书中未注明的极轴追踪设置按一般设置，如图3-23所示。

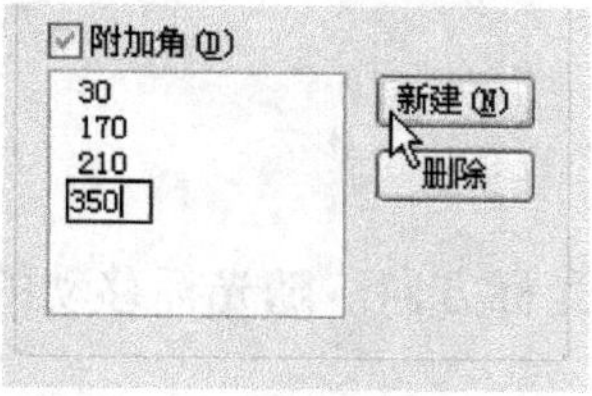

图3-26　新建极轴追踪附加角

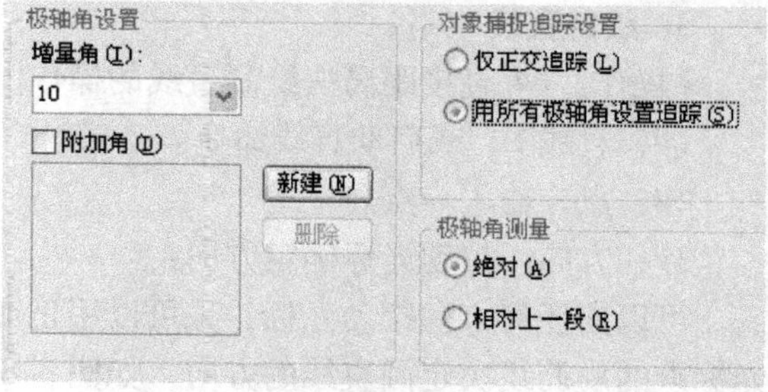

图3-27　卡块例图的极轴追踪的设置

绘制卡块例图时，按图3-27进行设置。

2. 光标捕捉的设置

『操作』63 对话框设置矩形光标捕捉的操作

1#，草图设置DS，调用草图设置对话框：如图3-28所示。

2#，捕捉和栅格：在对话框中单击“捕捉和栅格”选项卡。

3#，启用捕捉：“启用捕捉”开关勾选为开，去勾选为关，如图3-29所示。

4#，栅格捕捉：点选或不选栅格捕捉。

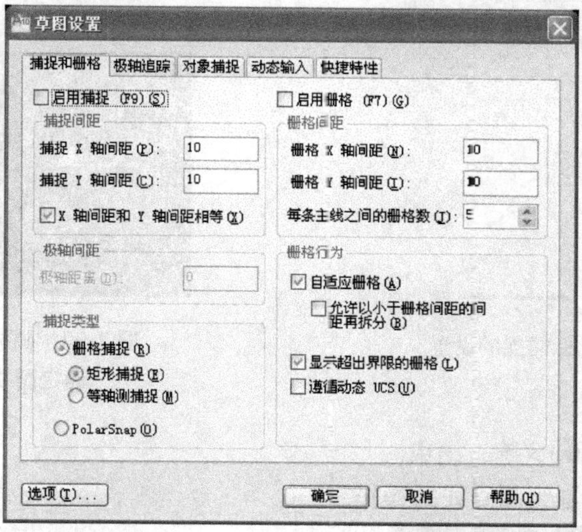

图3-28　捕捉和栅格选项卡

5#，极轴捕捉：点选或不选PolarSnap极轴捕捉。

6#，矩形捕捉：在栅格捕捉下点选或不选矩形捕捉。

7#，等轴测捕捉：在栅格捕捉下点选或不选等轴测捕捉。

8#，间距相等：在矩形栅格捕捉下勾选或不勾选 x 轴间距和 y 轴间距相等。

9#，x 间距，设置捕捉 x 轴间距：设置间距1，如图3-29所示。

10#，y 间距，设置捕捉 y 轴间距：设置间距1，如图3-29所示。

11#，极轴间距：或设置极轴间距。

12#，确定，完成设置：单击“确定”按钮完成设置。

3. 绘制直线

『操作』64 直接距离法绘制直线的操作

1#，直线 L，或启动直线命令。

2#，点，输入一点。

3#，方向，拉动光标确定方向：

可以向任何方向拉动光标，也可以用正交或极轴控制光标方向。随光标移动的前一点到光标点的皮筋线决定画直线的方向，如图 3-30 所示。

4#，距离，输入距离确定下一点：输入上一点到下一点的距离（也就是直线的长度）按 <Enter> 键，如输入距离 500（图 3-31）后按 <Enter> 键，这样就在拉伸的方向上输入了与上一点距离 500 的点，画出 500 长的线段，如图 3-32 所示。

重复 3#、4#步骤绘制其他线段。

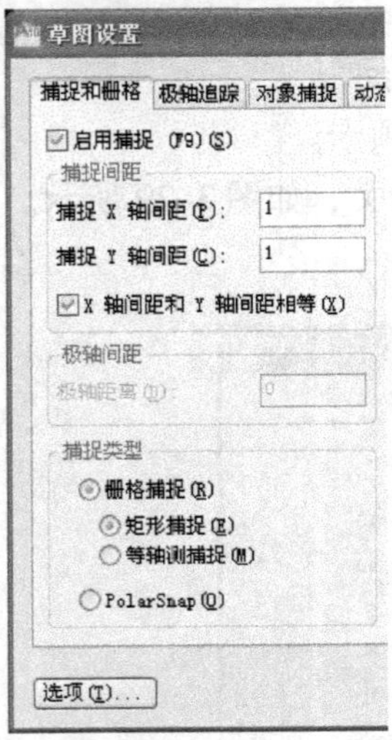

图 3-29　矩形光标捕捉的设置

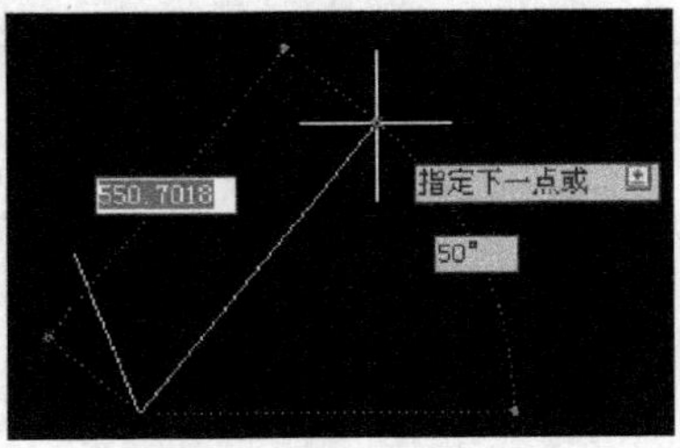

图 3-30　画线，拉动光标确定画线的方向

5#，回车，按 <Enter> 键，结束。

『操作』65 角度控制绘制直线的操作

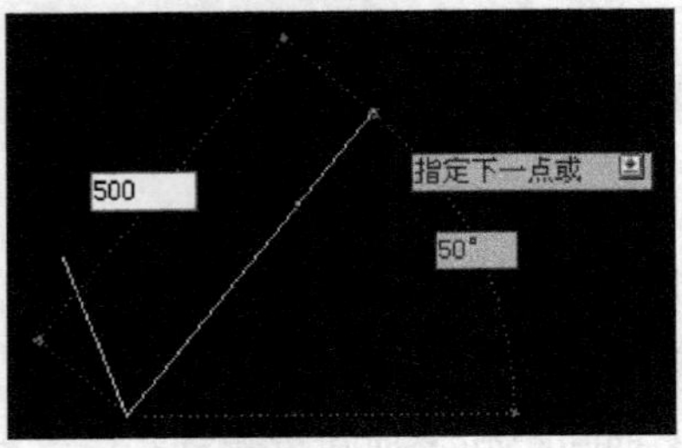

图 3-31　画线，输入距离 500

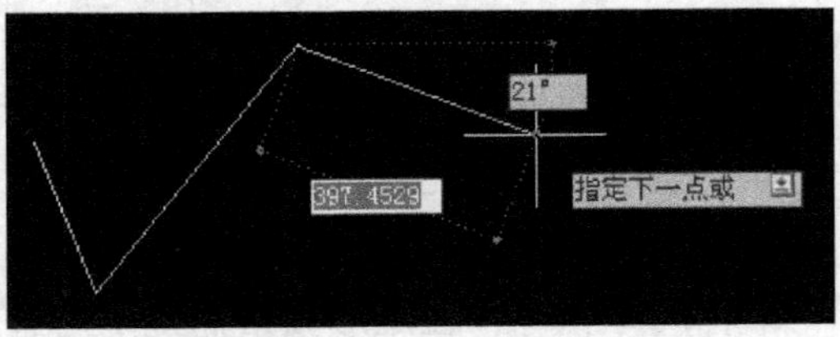

图 3-32　画线，输入距离 500 后按 <Enter> 键，画出 500 长的线段

1#，直线L，或启动直线命令。

2#，点，输入一点：捕捉输入第一点，如捕捉输入左侧的圆心点，如图3-33所示。

3#，角度，输入控制角度：用“<θ”方式输入控制角度，如输入“<13”按<Enter>键，控制角度13°。

4#，拉伸，拉动光标：向左下13°的反方向拉动光标（反方向为控制角度的±180°方向，即实际拉动方向为193°方向），如图3-33所示。

5#，距离/下一点，输入距离确定点或单击输入一点：在适当位置单击输入一点，如图1-30所示。

6#，回车结束，按<Enter>键结束。

『操作』66 指定两点画横竖构造线的操作

1#，构造线XL，启动构造线命令：单击绘图工具栏上的“构造线”按钮（图2-19），或输入“XL”，按<Enter>键，启动构造线命令，如图3-34所示。

2#，点，给定构造线上的一点：命令行提示“指定点或［水平（H）/垂直（V）/角度（A）/二等分（B）/偏移（O）］:”时，在屏幕适当位置单击输入一点，作为构造线的中点，如图3-34所示。

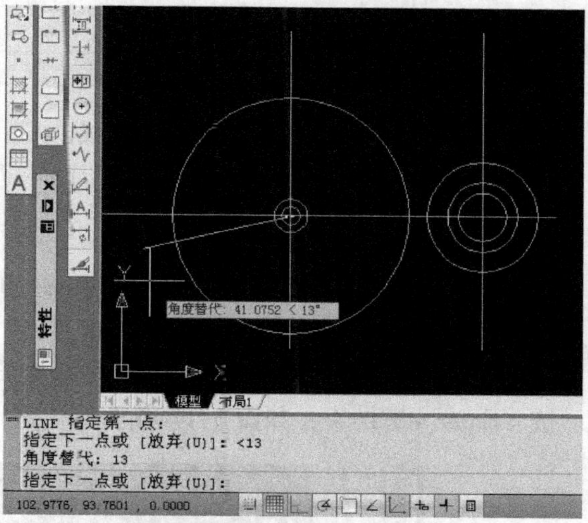

图3-33 画13°角度控制反方向直线

3#，拉伸，拉动光标：命令行提示“指定通过点:”时，向右拉动光标，对齐到极轴0°方向，如图3-35所示。

4#，点，给定构造线上的另一点：在极轴0°方向上任意位置单击输入一点作为构造线的通过点，绘制出横向构造线，如图3-36所示。

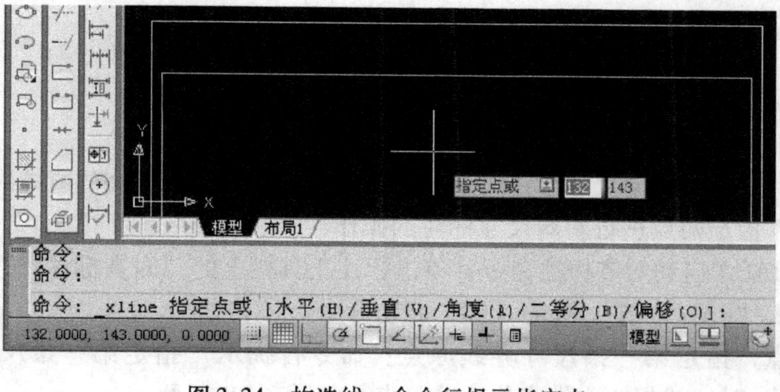

图3-34 构造线，命令行提示指定点

重复3#、4#步骤，绘制出其他构造线。

3#，拉伸，拉动光标：命令行继续提示“指定通过点:”，向上拉动光标，对齐到90°极

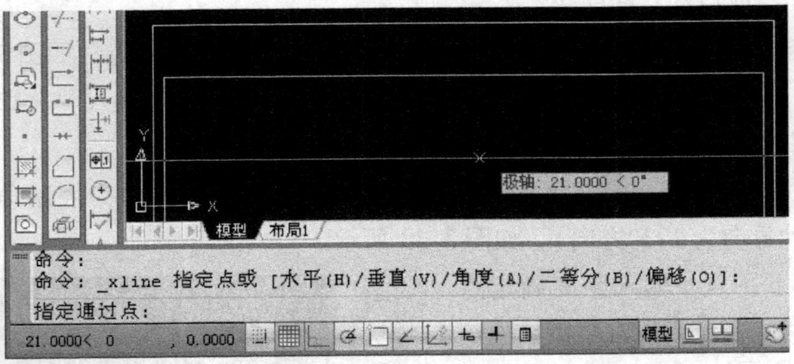

图 3-35　构造线，在适当位置指定一点，
提示通过点，光标对齐到极轴 0°方向

轴方向，如图 3-36 所示。

4#，点，给定构造线上的另一点：在极轴 90°方向上任意位置单击一点作为构造线的通过点，绘制出竖向构造线，如图 3-37 所示。

5#，回车结束，按 < Enter > 键结束：命令行继续提示“指定通过点:”，如图 3-37 所示；按 < Enter > 键结束，如图 3-17 所示。

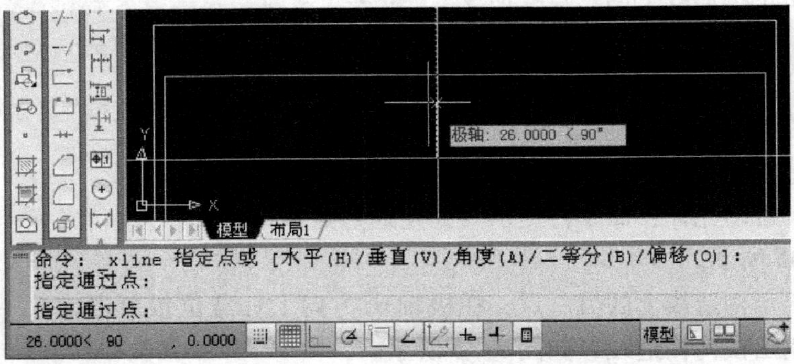

图 3-36　构造线，指定通过点画出横线，继续提示通过点，
光标对齐到极轴 90°方向

4. 尺寸标注与尺寸编辑

『软件知识』99 斜向尺寸标注就是标注两点之间的直线距离

『特别提示』37 作斜向尺寸标注时要明确是在标注哪两个点之间的直线距离

『操作』67 指定两点进行斜向尺寸标注的操作

1#，标注 dAL，启动对齐标注命令：单击标注工具栏上的“对齐标注”按钮(图 2-21)，或在命令行输入“dAL”，按 < Enter > 键，启动命令。

2#，第一点，指定第一条尺寸界线原点：命令行提示“指定第一条尺寸界线原点或 < 选择对象 > :”时，捕捉输入端点作为第一点，如图 3-38 所示。

3#，第二点，指定第二条尺寸界线原点：命令行提示“指定第二条尺寸界线原点:”时，捕捉端点，如图 3-38 所示；单击输入端点作为第二点，如图 3-39 所示。

4#，拉伸，移动光标拉动尺寸线到适当位置：命令行提示“指定尺寸线位置或［多行

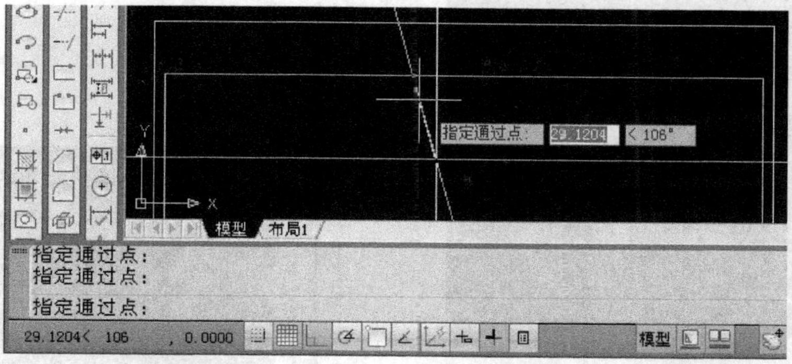

图3-37 构造线，指定通过点画出竖向构造线，继续提示指定通过点

文字(M)/文字(T)/角度(A)]:”时，移动光标，将尺寸线拉动到适当位置。

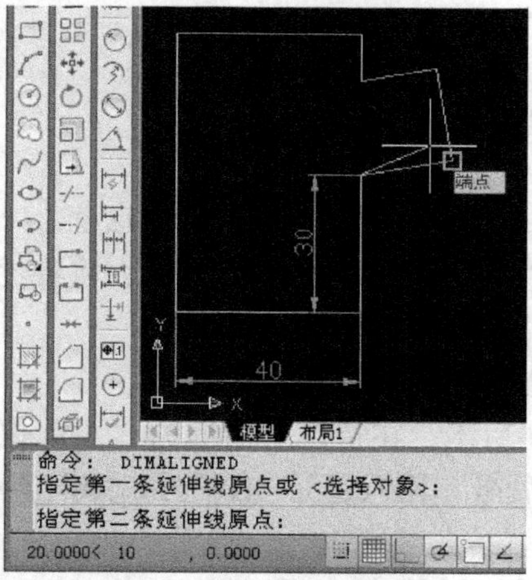

图3-38 斜向标注，捕捉端点输入第一点，第二点捕捉端点

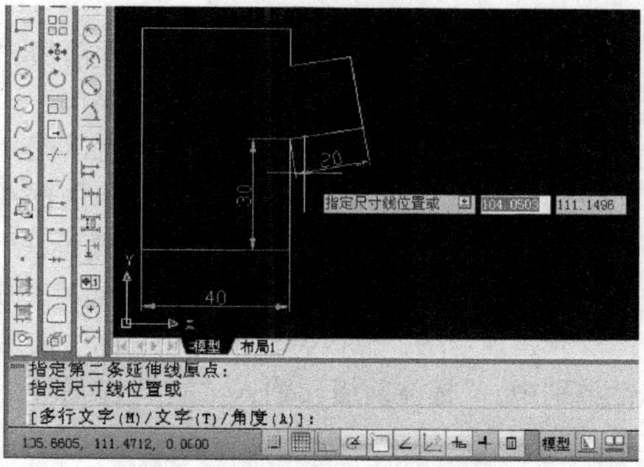

图3-39 斜向标注，拉动尺寸线，确定尺寸线位置

5#，位置，指定尺寸线位置：在适当位置单击输入一点（图3-39）作为尺寸线的定位点，完成标注，如图3-40、图3-14所示。

『操作』68 选择对象进行斜向尺寸标注的操作

1#，标注dAL，启动对齐标注命令。

2#，回车，提示输入第一点时按<Enter>键：命令行提示“指定第一条尺寸界线原点或<选择对象>:”时按<Enter>键，改为选择对象标注，如图3-40所示。

3#，对象，选择标注对象：命令行提示“选择标注对象:”时，用拾取光标选取输入100°斜线，如图3-40所示。

4#，拉伸，移动光标拉动尺寸线到适当位置：命令行提示“指定尺寸线位置或［多行文字(M)/文字(T)/角度(A)]:”时，移动光标，将尺寸线拉动到适当位置如图3-41所示。

5#，位置，指定尺寸线位置：在适当位置单击输入一点（图3-41）作为尺寸线的定位点，完成标注，如图3-42、图3-14所示。

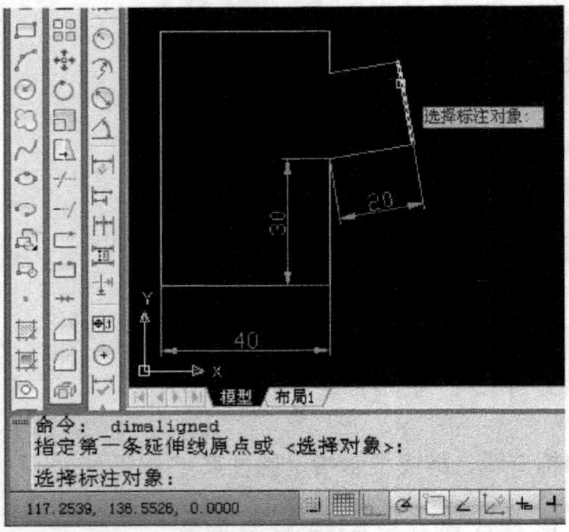

图 3-40 斜向标注，提示第一点时按 <Enter> 键，选择标注对象

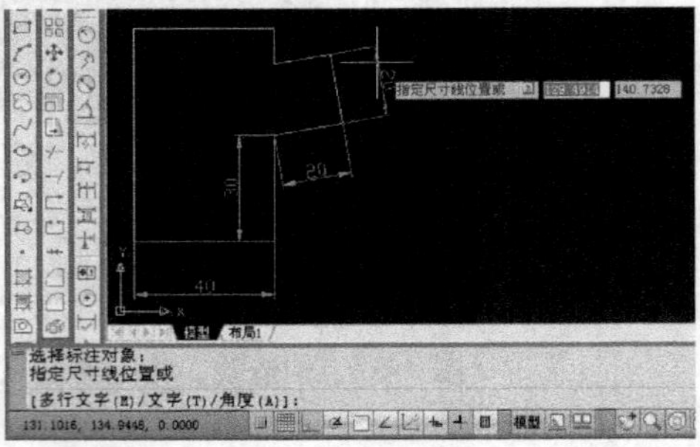

图 3-41 斜向标注，拾取斜线，确定尺寸线位置

『操作』69 修改尺寸特性——标注前缀、后缀的操作

0#，保存，置软件于待命状态：保存。

1#，特性 <Ctrl +1>，调用特性对话框：按 <Ctrl +1> 快捷键调用特性对话框。

2#，尺寸，选择要修改的对象：单击选择已标注的尺寸，如图 3-42 所示，将特性对话框的第一行由“无选择”改变为“转角标注”，如图 3-43 所示。

在第 0#步后双击图形对象，可以同时完成第 1#步和第 2#步的操作。

3#，前后缀，修改特性项目——标注前缀与标注后缀：在特性对话框的“主单位”特性类别中，“标注前缀”输入“（”左括号，“标注后缀”输入“）”右括号，如图 3-43 所示。

4#，关闭，关闭特性对话框：按 <Ctrl +1> 快捷键关闭特性对话框。

5#，保存，执行保存完成：单击“保存”按钮，完成操作，如图 3-15 所示。

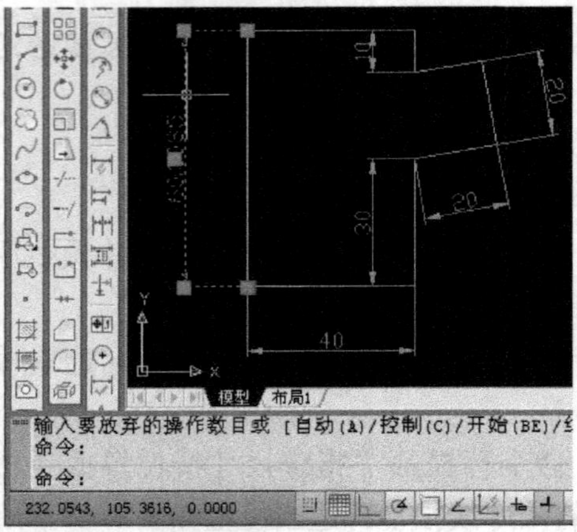

图 3-42 尺寸标注的修改

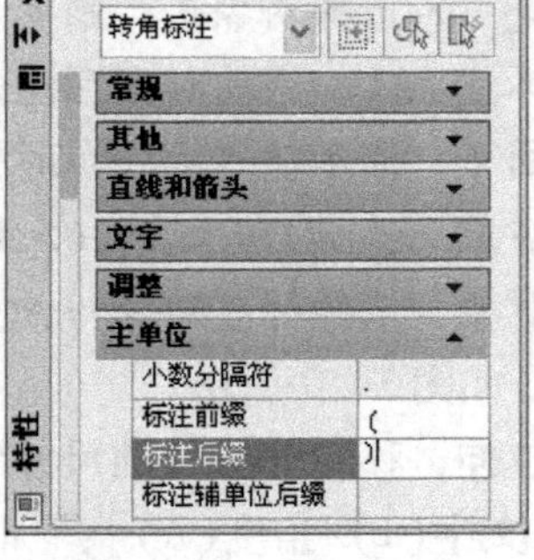

图 3-43 修改尺寸特性项目，加标注前缀与标注后缀

5. 点的输入

『操作』70 用对象捕捉追踪输入点的操作

0#，预置，预置捕捉追踪极轴：预置并启用相关的执行对象捕捉，或打开对象捕捉追踪，或打开极轴追踪，例如预置“中点”捕捉。

01#，点，或已经输入了上一点，本例无。

1#，追踪点，获取并标记追踪点：用光标贴靠对象捕捉点但不单击，以获取并标记追踪点。例如，用光标贴靠中点，捕捉中点并标记“+”，作为追踪点，但不单击输入捕捉的中点，如图3-44所示。

2#，路径，光标移动到追踪点的对齐路径上：将光标移动到标记中点向上90°的对齐路径上。

3#，捕捉点：捕捉标记点追踪路径与图形对象的交点或捕捉极轴追踪路径与标记点追踪路径的交点。

4#，输入点：可捕捉后单击输入捕捉到的点，或用鼠标对齐到标记点追踪的路径方向，用键盘输入距离来确定输入点，如用键盘输入5后按<Enter>键，确定输入点，如图3-45所示。

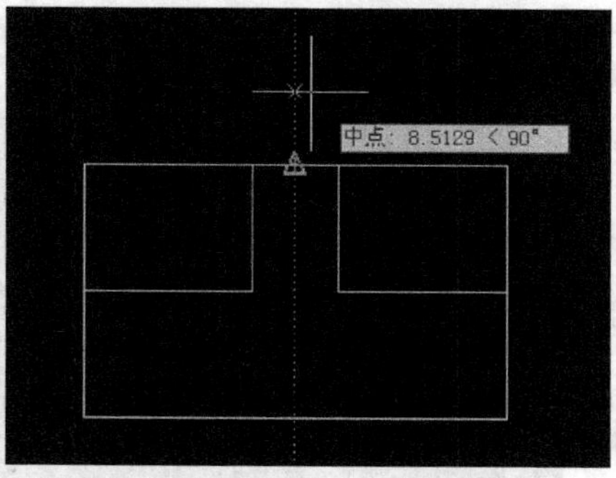

图3-44 中点捕捉向上90°追踪

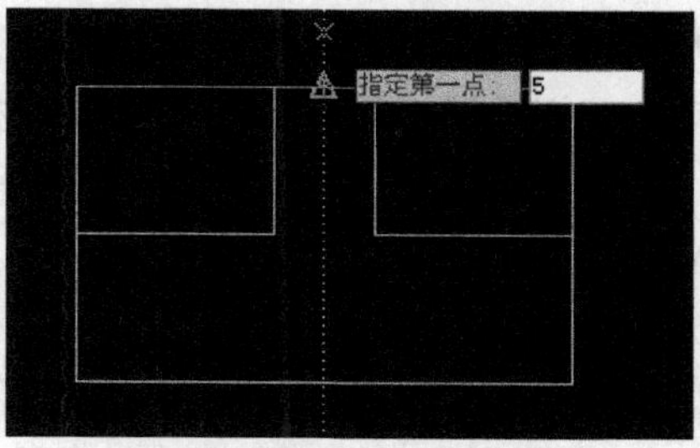

图3-45 中点捕捉向上追踪，输入追踪距离

『操作』71 用极轴追踪与图形对象的交点作为输入点的操作

0#，预置，预置并启用交点对象捕捉，打开极轴追踪。

01#，点，已经输入了上一点：如图3-46所示。

1#，追踪点：本例不作。

2#，路径，光标移动到极轴追踪的对齐路径上。

3#，捕捉点，捕捉极轴追踪与图形对象的交点：捕捉上一点的极轴路径与图形对象的交点。例如，光标对齐到上一点极轴追踪90°方向的路径，并捕捉极轴对齐路径与上横线的交点，如图3-46所示。

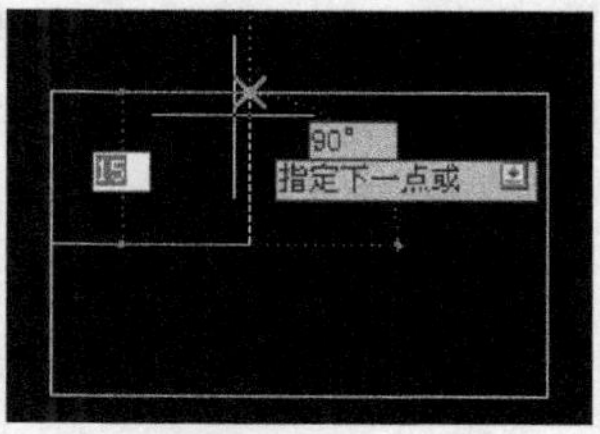

图3-46 捕捉极轴追踪与图形对象的交点

4#，输入点，单击输入捕捉的交点。

『操作』72 用对象捕捉追踪与极轴追踪的交点作为输入点的操作

0#，预置，预置并启用了相关的对象捕捉，打开对象捕捉追踪及极轴追踪：预置端点捕捉。

1#，追踪点，获取追踪点：用光标贴靠端点，捕捉端点并标记“ + ”作为追踪点，但不单击输入端点，如图 3-47、图 3-10、图 3-12 所示。

2#，路径，光标移动到标记点追踪与极轴追踪的对齐路径上：光标向下对齐到标记端点追踪 270°方向的路径，同时对齐到上一点的极轴 180°方向的路径，如图 3-48 所示。

3#，捕捉点，捕捉极轴追踪路径与标记点追踪路径的交点：如图 3-48、图 3-10、图 3-12所示。

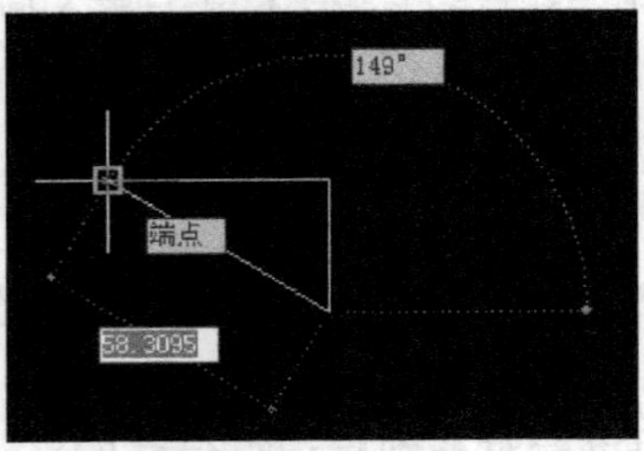

图 3-47 用光标贴靠端点，捕捉端点并标记作为追踪点

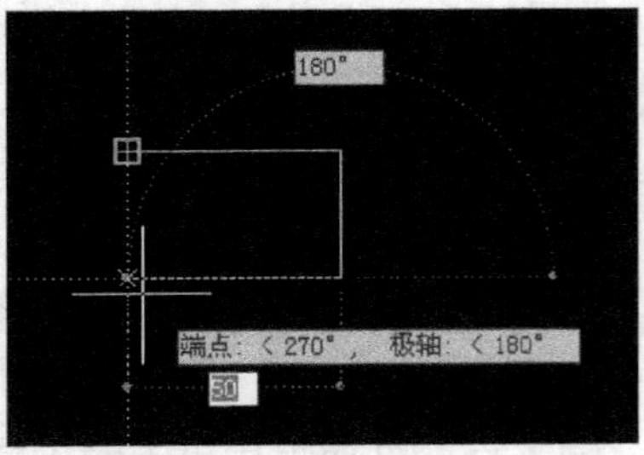

图 3-48 捕捉追踪与极轴的交点

4#，输入点，单击输入捕捉的交点。

『操作』73 用对象捕捉追踪与图形对象的交点作为输入点的操作

0#，预置，预置并启用相关的执行对象捕捉，打开对象捕捉追踪：预置交点和端点捕捉。

1#，追踪点，获取追踪点：用光标贴靠捕捉直线的端点，并标记“ + ”作为追踪点，但不单击输入捕捉的端点，如图 3-47、图 3-49 所示。

2#，路径，光标移动到追踪点的对齐路径上：将光标移动到标记端点向下的对齐路径上。

3#，捕捉点，捕捉标记端点追踪路径与图形对象的交点：如图 3-49 所示。

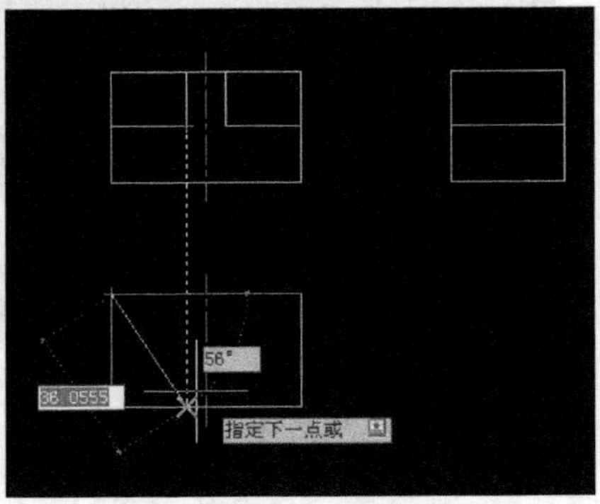

图 3-49 捕捉端点追踪与图形对象的交点

4#，输入点，单击输入捕捉的交点：如图 3-3 所示。

『操作』74 用光标捕捉输入点的操作

0#，光标捕捉，设置并启用光标捕捉：设置并启用矩形光标捕捉，x 轴间距和 y 轴间距均为 1，如图 3-29 所示。

1#，捕捉点，输入光标捕捉点：输入构造线的指定点（132，143），如图 3-34 所示。

『操作』75 用极轴或正交控制用光标捕捉输入下一点的操作

0#，光标捕捉，设置并启用光标捕捉：如图 3-29 所示。

1#，点，已经用光标捕捉输入了上一点：如图 3-34 所示，指定点坐标为“132，143”。

2#，拉动光标，按正交或极轴的指引线方向拉动光标，根据屏幕提示控制下一点的方向距离：

如图 3-35 所示，拉动光标，控制方向为极轴 0°，距离为 21。

如图 3-36 所示，拉动光标，控制方向为极轴 90°，距离为 26。

如图3-54～图3-56所示，拉动光标，控制方向为极轴270°，距离分别为10、30、40。

如图4-3所示，拉动光标，正交控制方向为x轴测轴210°方向，距离为15。

如图4-4所示，拉动光标，正交控制方向为z轴测轴270°方向，距离为10。

如图4-6所示，拉动光标，正交控制方向为y轴测轴330°方向，距离为5。

3#，输入点，单击输入光标捕捉点：

如图3-35、图3-36所示，单击输入光标捕捉点，画出如图3-36、图3-37所示的横向、竖向构造线。

如图3-54～图3-56所示，单击输入光标捕捉点，复制横向构造线，如图3-55～图3-57所示。

如图4-3所示，单击输入光标捕捉点，绘制x轴向直线，如图4-4所示。

如图4-4所示，单击输入光标捕捉点，绘制z轴向直线，如图4-6所示。

如图4-6所示，单击输入光标捕捉点，绘制y轴向直线，如图4-7所示。

6. 移动与复制

『概念』5 移动

改变图形对象位置的操作称为移动。移动不改变图形的形状和大小。

『软件知识』100 按相对位置不同，移动有平行移动、旋转移动、镜像移动三种方式

A. 平行移动，简称平移，即只改变图形对象的位置，图形上任意两点的连线与原位该两点的连线平行。

B. 旋转移动，改变图形对象位置的同时旋转图形对象。

C. 镜像移动，改变图形对象位置的同时镜像图形对象。

如果没有特别说明，一般情况下本书所说的移动是指平行移动。

『软件知识』101 移动（平移）图形对象的三种命令或操作

A. 使用移动命令移动。

B. 使用拉伸命令移动。

C. 使用穴点编辑移动，即使用穴点拉伸移动或使用穴点移动。

『软件知识』102 按定位方式不同，移动操作有相对移动、定点移动、位移三种类型

『概念』6 相对移动与位移

按第二点对第一点（基点）的相对位置，对图形对象实施的移动称为相对移动。

相对移动有两种操作形式：①给出任意一点作为基点，并给出相对于第一点（基点）的方向和距离值或给出x、y、z位移值来指定第二点进行移动；②在提示“指定基点或位移”时给出方向和距离值或给出x、y、z位移值，在提示“指定位移的第二点”时按<Enter>键进行移动。此即位移，可以认为是以任意一点为基点的相对移动。

『概念』7 定点移动

通过指定移动的第一点（基点）和第二点对图形对象实施移动，并将图形对象定位到特定点上的移动称为定点移动。

进行定点移动操作时，基点和第二点都指定到特定的点。

『概念』8 复制

产生出与源图形对象相同或相似的新图形对象的操作称为复制。

『软件知识』103 按新图形与源图形的形状、大小与位置关系的不同，复制可分为七种

方式

A. 平移复制，新图形对象与源图形对象形状、大小相同，位置平行移动。

B. 旋转复制，新图形对象与源图形对象形状、大小相同，位置旋转移动。

C. 镜像复制，新图形对象与源图形对象形状、大小相同，位置镜像移动。

D. 偏侧复制，即偏移。

E. 阵列复制，产生多个新图形对象，同时以一定的矩形排列或圆形排列。新图形对象与源图形对象形状相同，大小相同，位置平行移动或位置旋转移动。

F. 缩放复制，在缩放图形对象的同时进行复制，新图形对象与源图形对象形状相同，大小成比例。

G. 拉伸复制，在拉伸图形对象的同时进行复制，新图形对象与源图形对象形状相似。

如果没有特别说明，一般情况下本书所说的复制是指平移复制。

『概念』9 偏侧复制

新图形对象与源图形对象形状、大小相同或形状相似，位置产生侧向平行移动，称为偏侧复制。

『概念』10 轴向复制

轴向复制中，新图形对象相对于源图形对象形状、大小相同，位置沿坐标系的轴线方向或平行于轴线的方向平行移动。轴向复制属于平移相对复制。

『软件知识』104 按定位方式不同，平移复制有相对复制、定点复制、位移复制三种类型

『概念』11 相对复制与位移复制

按第二点对第一点（基点）的相对位置，对图形对象实施的复制称为相对复制。

进行相对复制操作时，任意给出一点作为基点，在指定第二点时，给出相对于第一点（基点）的方向和距离值或 x、y、z 位移值。位移复制是以任意一点为基点的相对复制。

『概念』12 定点复制

通过指定复制的第一点（基点）和第二点对图形对象实施复制，并将复制出的图形对象定位到特定点上的复制称为定点复制。

作定点复制操作时，基点和第二点都指定到特定的点。

『操作』76 相对复制的操作

0#，保存，置软件于待命状态：保存。

1#，对象，选择复制对象：选择下方两斜线，如图 3-50 所示。

2#，复制 CO，启动复制命令：单击修改工具栏的“复制”按钮（图 2-20），或在命令行输入“CO”，按 <Enter> 键，启动命令。

3#，任意点，空白区域任意单击输入一点指定基点：命令行提示“指定基点”时，在空白区域任意单击一点指定为基点，如图 3-50 所示。

4#，拉伸，拉动光标：沿 z 轴 90°向上拉动光标，如图 3-50 所示。

5#，第二点：在光标捕捉控制下，向上拉动距离为 15 时，单击输入第二点。

重复 4#、5#步骤可以进行多次复制。

6#，回车结束，按 <Enter> 键完成：如图 4-13 所示。

『操作』77 定点复制的操作

1#，复制 CO，启动复制命令。

2#，对象，选择复制对象，按<Enter>键：选择斜线（图3-51），按<Enter>键完成选择。

3#，定点，捕捉指定基点：命令行提示“指定基点”时，捕捉输入端点指定为基点，如图3-51所示。

4#，第二点，捕捉指定第二点：命令行提示“指定第二点”时，捕捉输入端点指定为第二点，如图3-52所示。

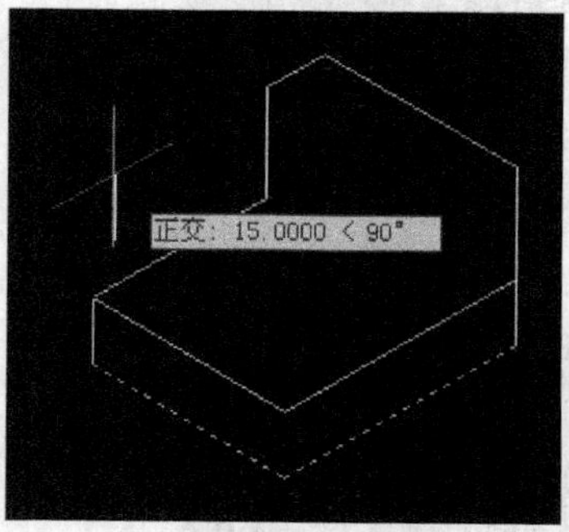

图3-50　选择两斜线沿 z 轴向上15相对复制

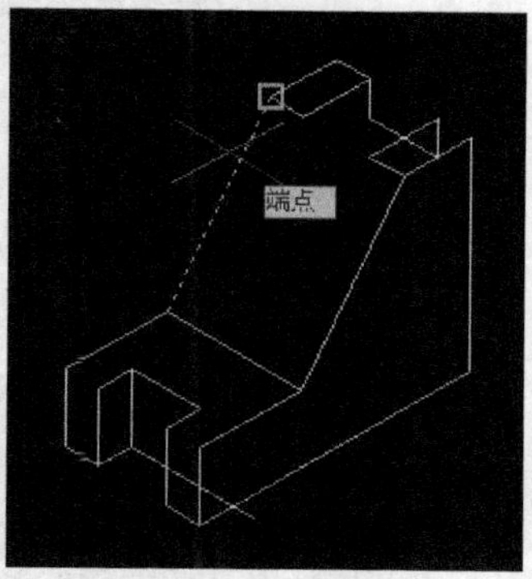

图3-51　定点复制，选择，捕捉输入端点基点

重复4#步骤可以进行多次复制。

5#，回车结束，按<Enter>键完成：如图4-8所示。

『操作』78 穴点拉伸直线（构造线）中点等进行轴向移动、复制的操作

0#，保存，置软件于待命状态：保存。

1#，选择，选择直线（构造线）：单击选择横向构造线，如图3-53所示。

2#，吸持，吸持直线中点：吸持横向构造线的中点。

3#，模式，选择拉伸模式或移动模式：命令行提示为“拉伸”模式，选择拉伸模式，如图3-53所示。

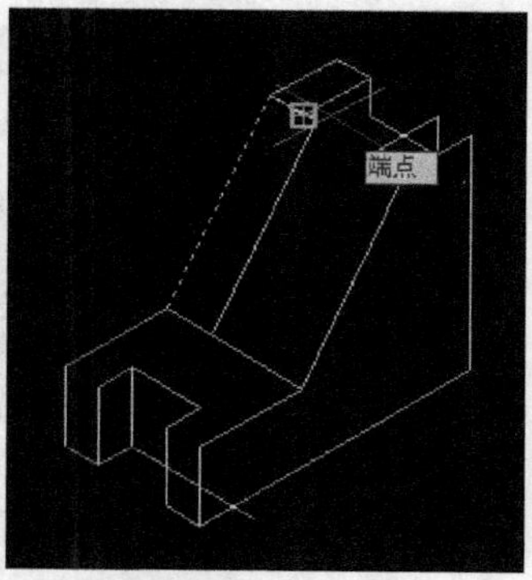

图3-52　定点复制，捕捉输入端点为第二点

4#，复制，或输入“C”复制：在命令行输入“C”按<Enter>键复制（图3-53），命令行提示为“拉伸（多重）”（图3-54）；如果不输入“C”，则为移动。

5#，拉伸，拉动光标控制方向和距离：按『操作』75，控制方向为极轴270°，距离为10，如图3-54所示。

6#，定点，单击输入点或给定距离输入点：单击输入光标捕捉到的点，复制构造线，如图3-55所示。

循环执行5#、6#步骤，可以复制出多个图形对象。

5#，拉伸：控制方向为极轴270°，距离为30，如图3-55所示。

6#，定点：单击输入光标捕捉到的点，复制构造线，如图3-56所示。

5#，拉伸：控制方向为极轴270°，距离为40，如图3-56所示。

6#，定点：单击输入光标捕捉到的点，复制构造线，如图3-57所示。

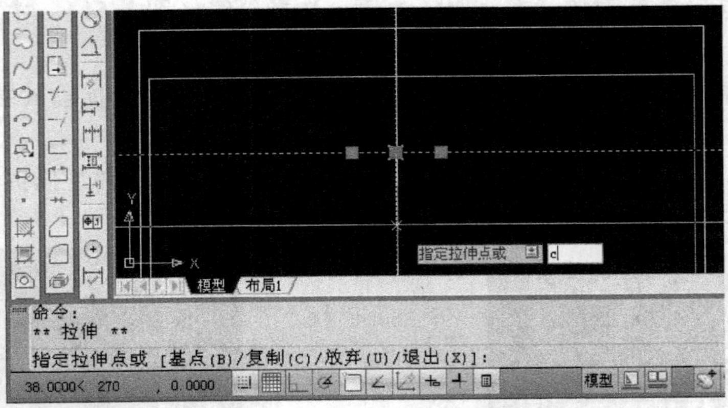

图 3-53　选择，吸持构造线中点，拉伸模式，输入“C”按 <Enter> 键复制

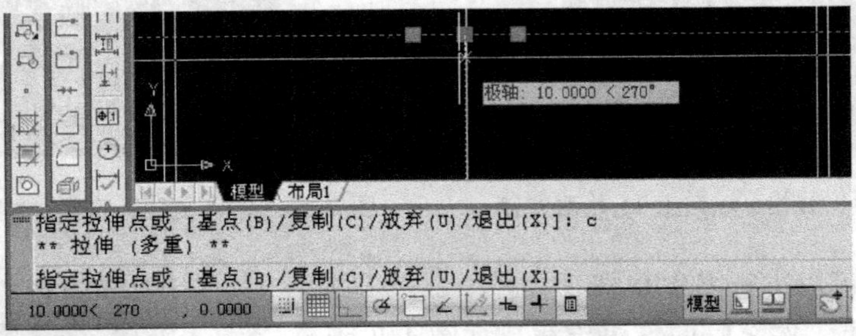

图 3-54　拉动光标，控制方向为极轴 270°，距离为 10

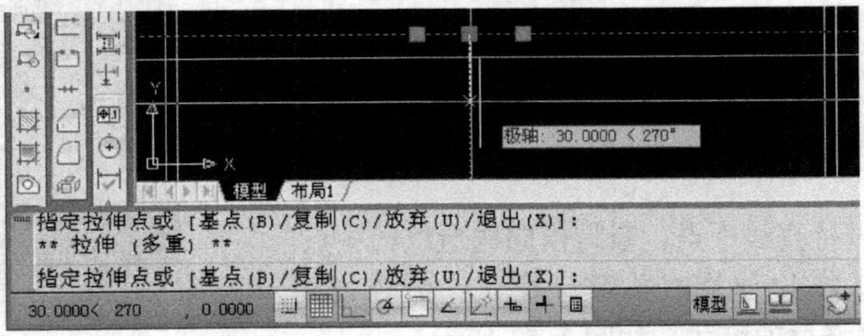

图 3-55　单击输入方向 270°、距离为 10 的点，轴向复制出横线，拉动光标，控制方向为极轴 270°，距离为 30

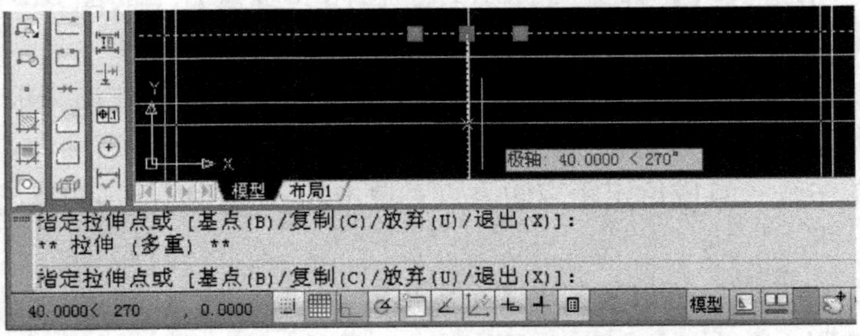

图 3-56　单击输入方向 270°、距离为 30 的点，轴向复制出横线，拉动光标，控制方向为极轴 270°，距离为 40

7#，回车结束，按 <Enter> 键结束。

8#，保存，执行保存取消选择。

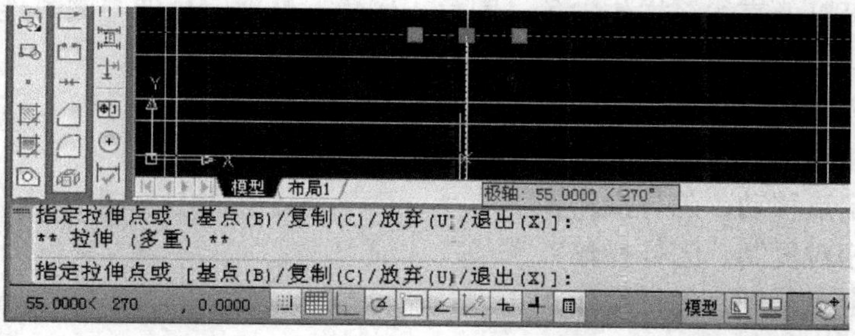

图3-57 单击输入方向270°、距离为40的点，轴向复制出横线，拉动光标，控制方向为极轴270°，距离为55

思考与练习

1. 思考题

1）六个基本视图与视图的位置是什么？

2）三视图是哪三个视图？

3）什么是三等关系？

4）什么是参考尺寸，怎样标注？

5）直线绘图法的步骤方法？

6）轴向复制绘图法的步骤方法？

7）AutoCAD软件的命令驱动表现在哪些方面？

8）启动命令有哪些方式？

9）菜单启动命令与按钮启动命令，哪个效率高？

10）按<Enter>键可以启动命令吗？

11）AutoCAD软件命令有哪些分类？

12）操作时除了要看绘制的图形外，还要注意查看什么？

13）什么是命令的嵌套执行？

14）临时对象捕捉命令可以单独执行吗，应当怎样操作？

15）采用怎样的方法中断命令比较好？

16）保存要做到不厌其烦，为什么？你怎么认为？

17）保存要在图形都画完、尺寸标注完后再做，对吗？应该怎样做？

18）什么是命令行空闲状态（命令行待命状态）？

19）什么是软件空闲状态（软件待命状态）？

20）怎样设置极轴追踪？

21）极轴追踪的作用是什么？

22）怎样设置光标捕捉？

23）在绘图时，光标移动不流畅、光标跳动是什么原因，怎样处理？

24）直接距离绘制直线时，直线的方向怎样确定？

25）角度控制绘制直线时，直线的方向怎样确定？

26）构造线可以像直线一样作尖角、圆角、倒角、修剪、延伸与圆弧连接操作吗？
27）进行斜向尺寸标注时要明确什么？
28）不用键盘输入数据可以绘图吗？
29）什么是相对移动，怎样操作？
30）什么是定点移动，怎样操作？
31）什么是相对复制，怎样操作？
32）什么是定点复制，怎样操作？
33）什么是偏侧复制？
34）什么是轴向复制？
35）移动与复制操作的相同点与不同点？
36）进行复制操作时怎样多次复制？
37）AutoCAD2010 的旋转命令可以复制吗？
38）AutoCAD2010 的缩放命令可以复制吗？
39）光标捕捉绘图时，对前一点有什么要求？

2. 练习图（图 3-58 ~ 图 3-70）

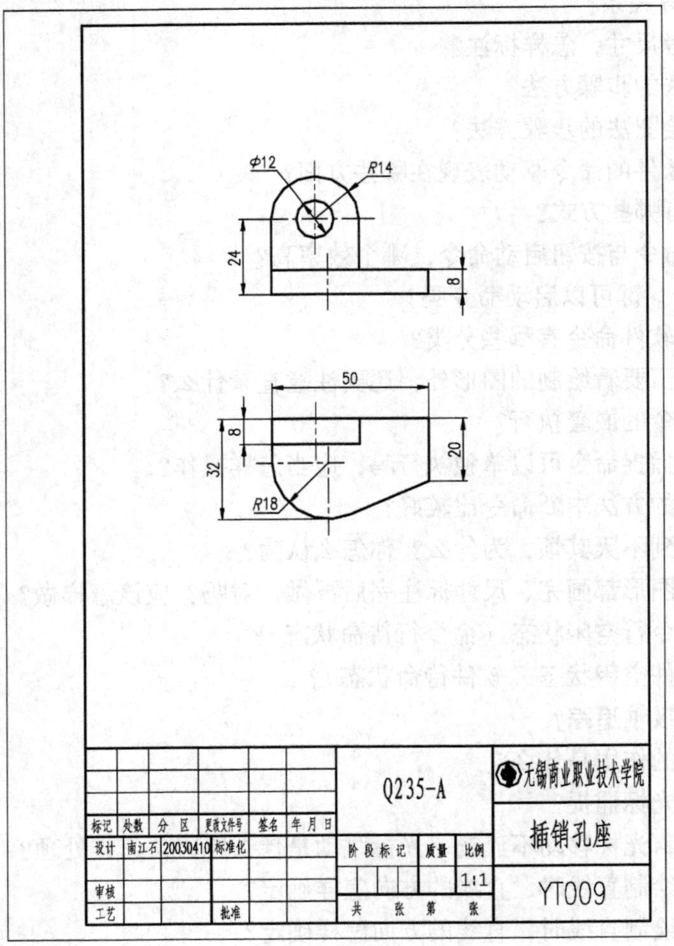

图 3-58　练习图 1 插销孔座

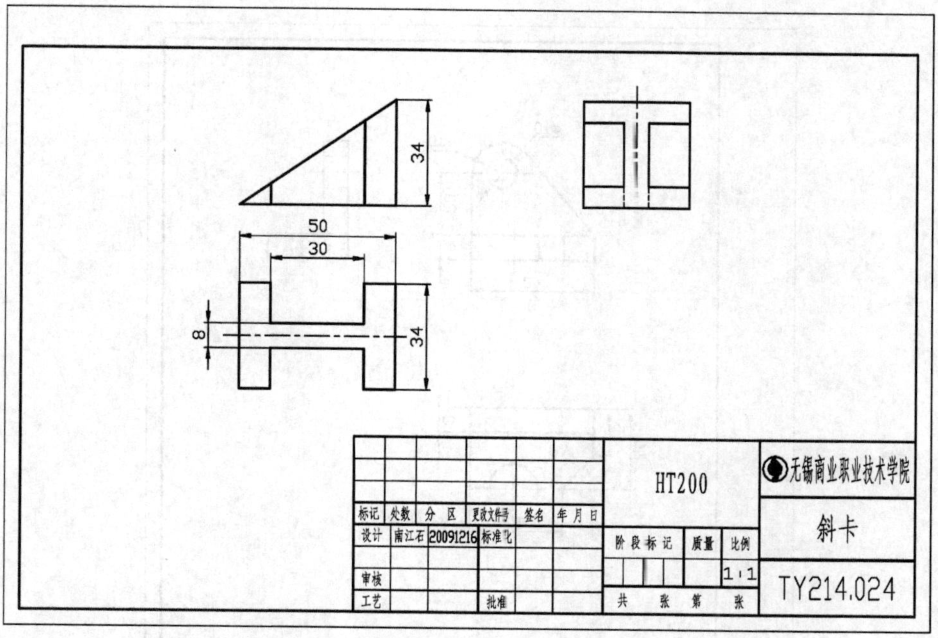

图3-59　练习图2 斜卡

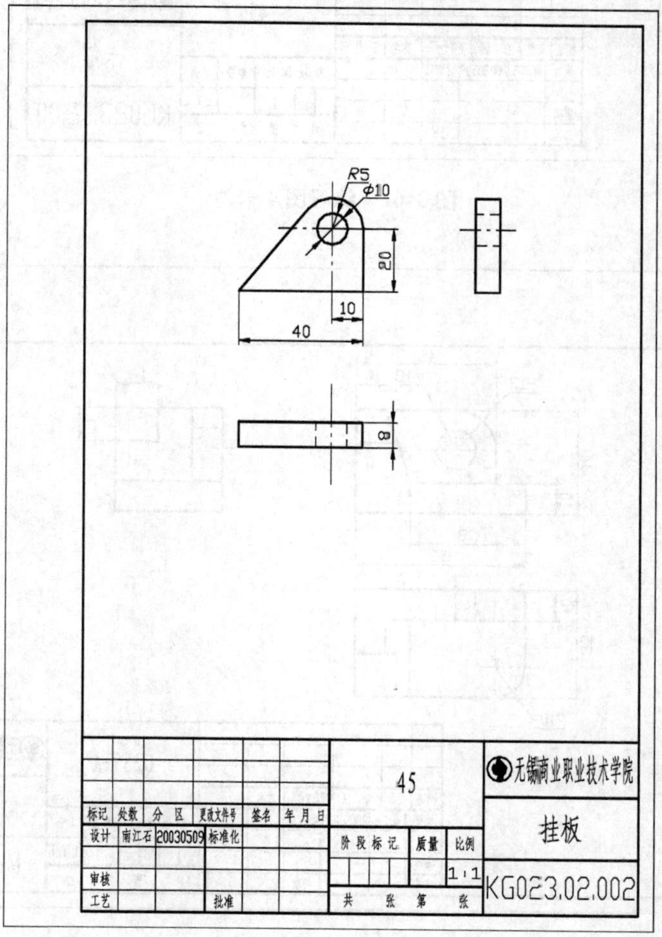

图3-60　练习图3 挂板

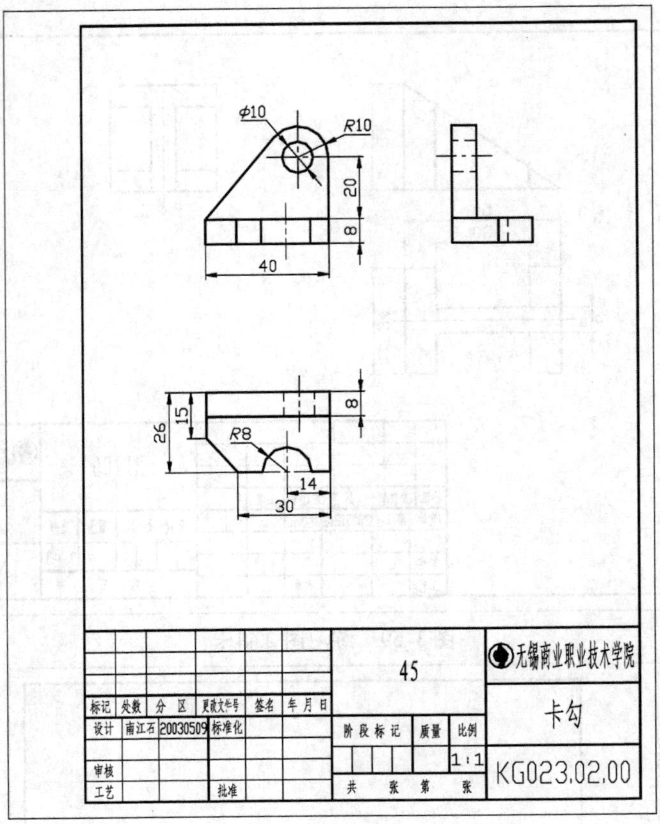

图 3-61　练习图 4 卡勾

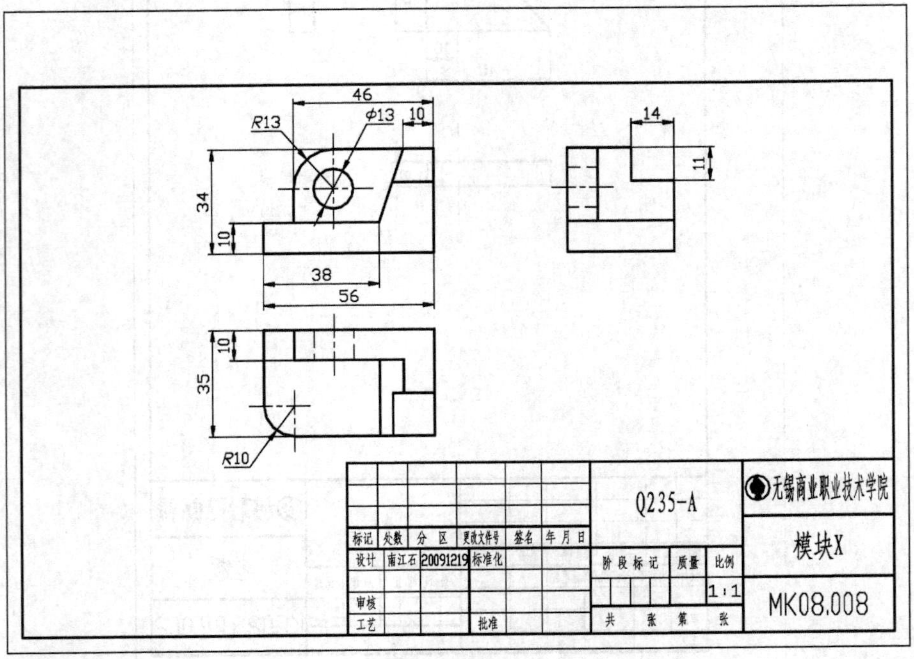

图 3-62　练习图 5 销孔座

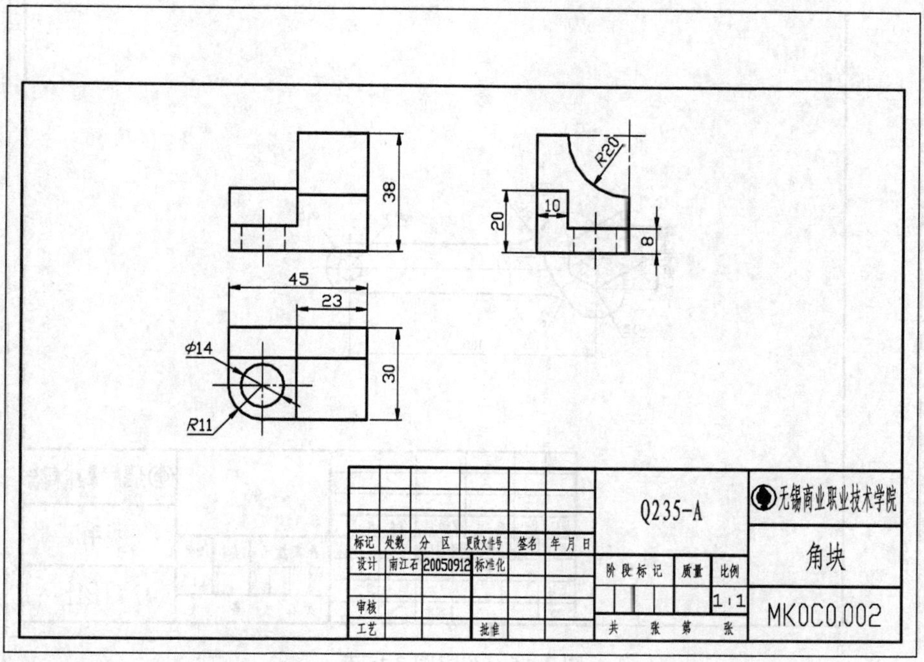

图 3-63　练习图 6 角块

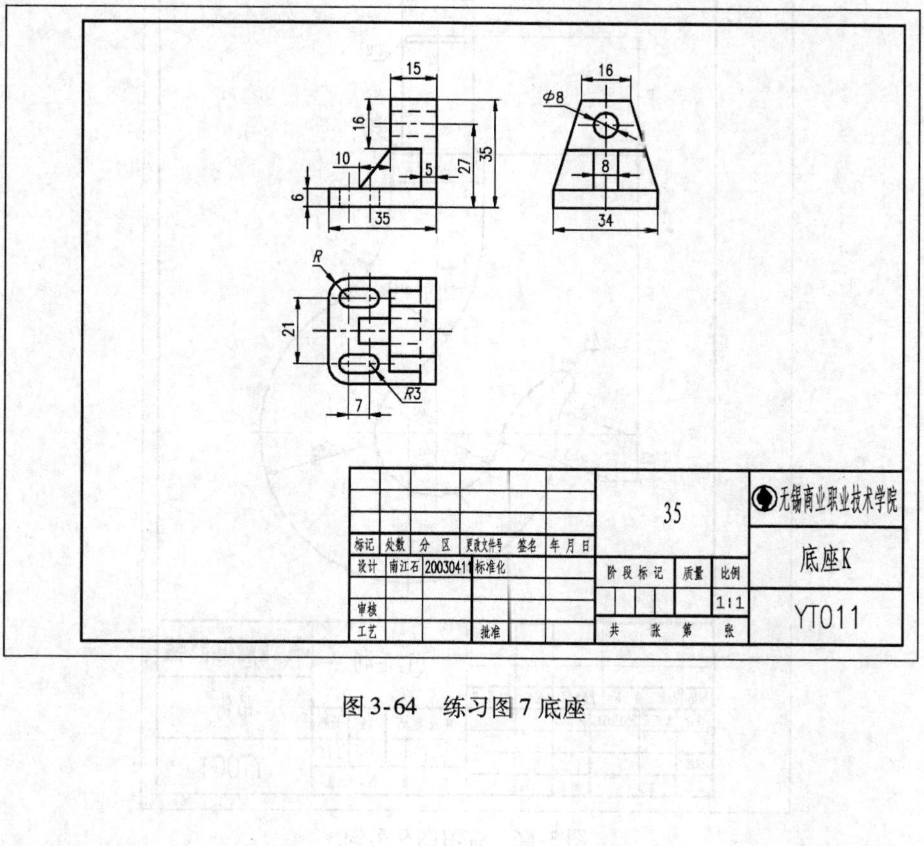

图 3-64　练习图 7 底座

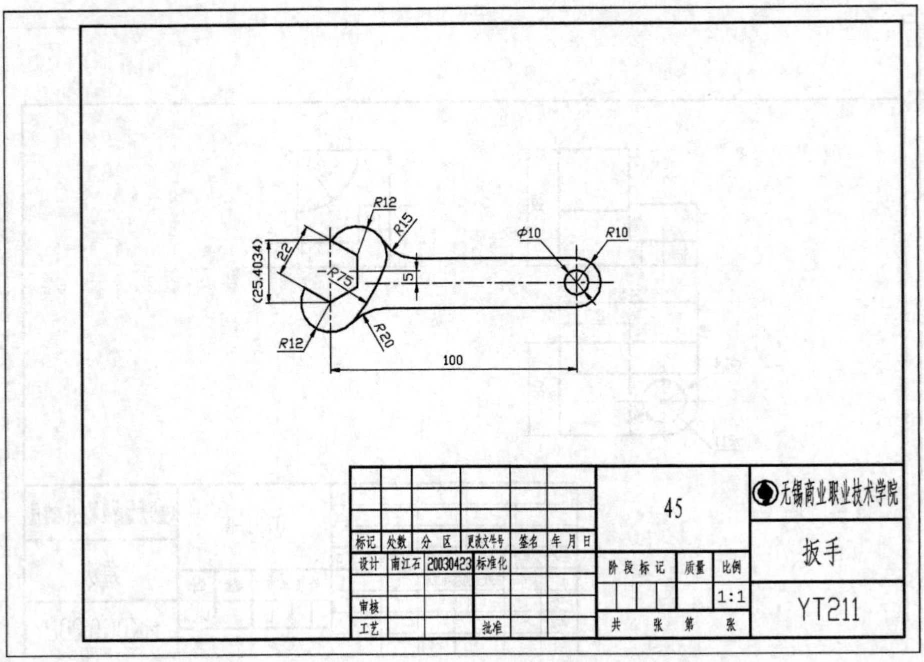

图 3-65　练习图 8 扳手

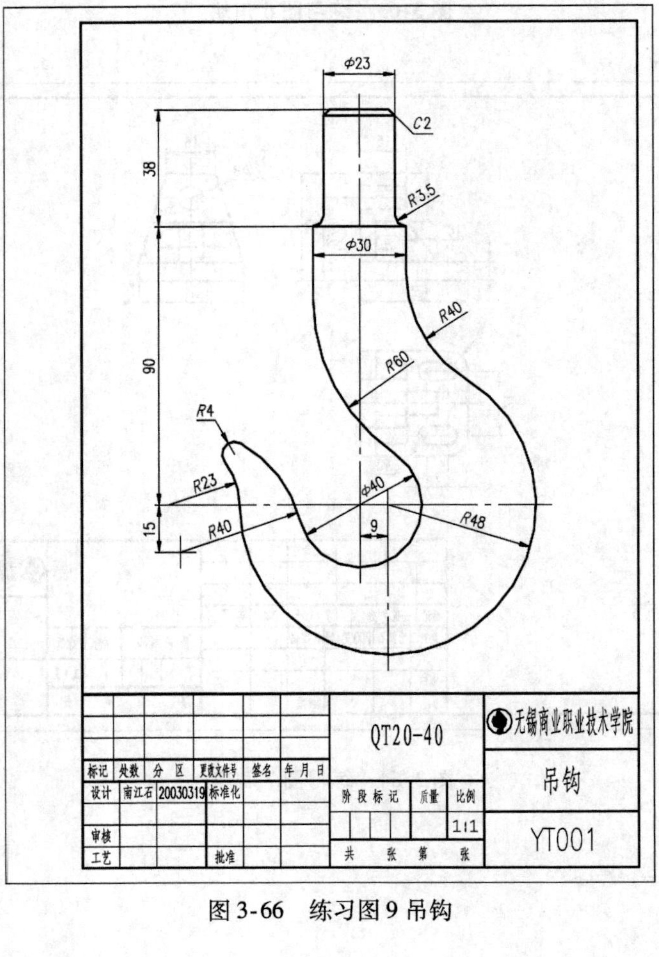

图 3-66　练习图 9 吊钩

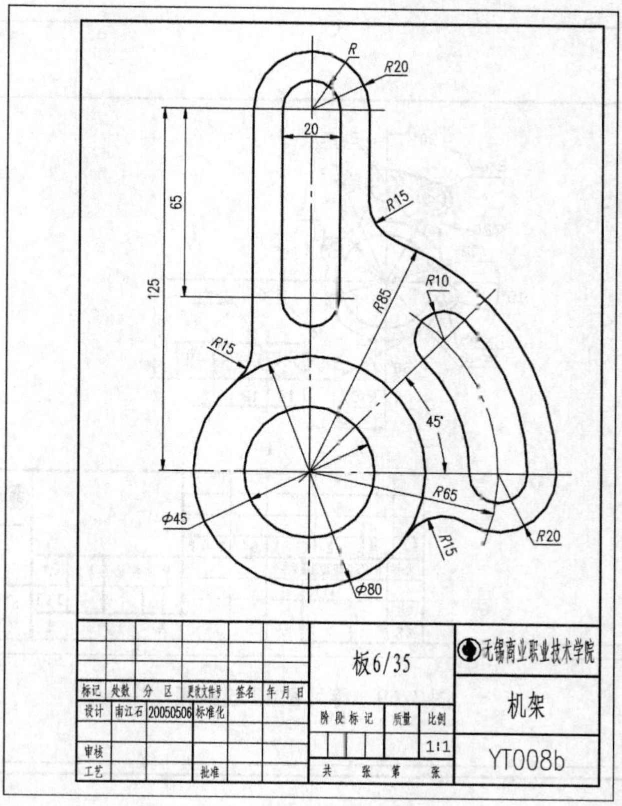

图3-67　练习图10 机架

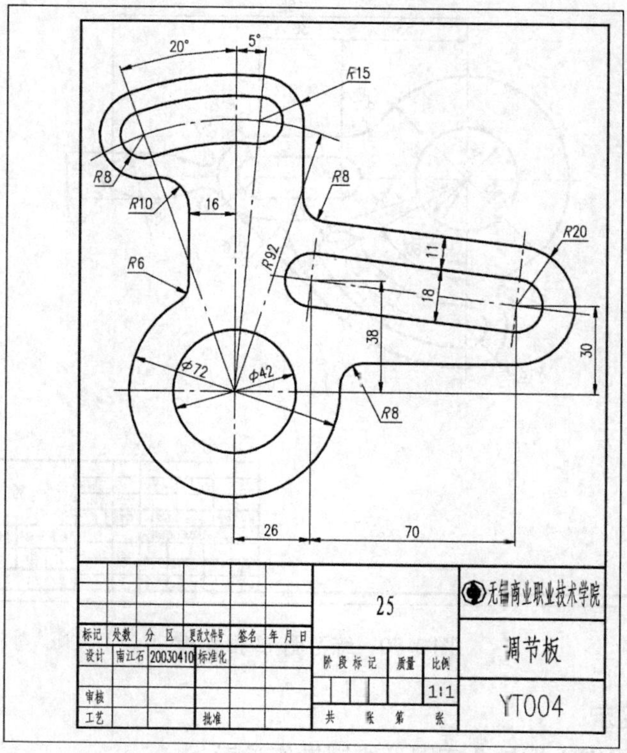

图3-68　练习图11 调节板

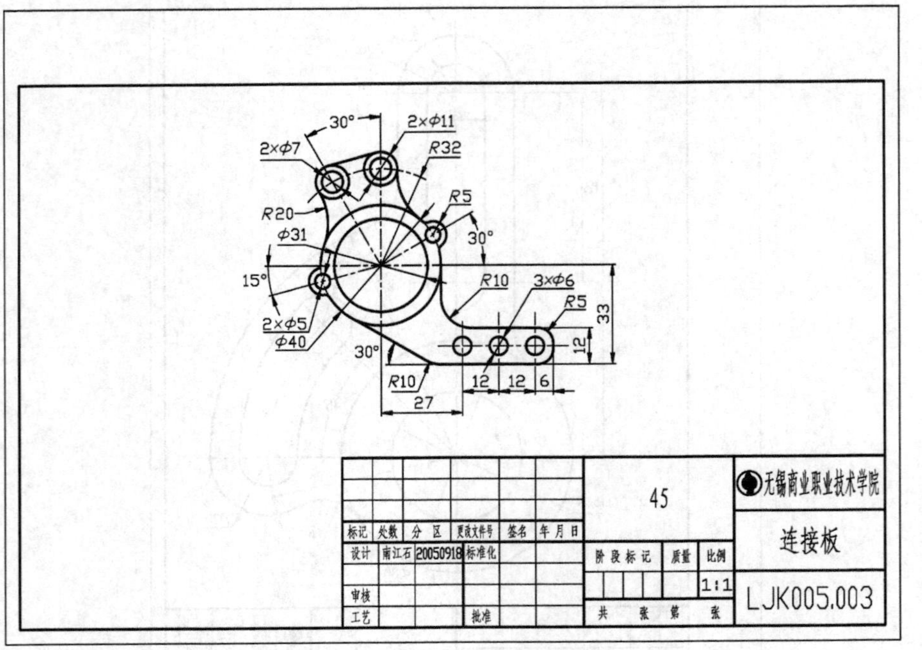

图 3-69　练习图 12 连接板

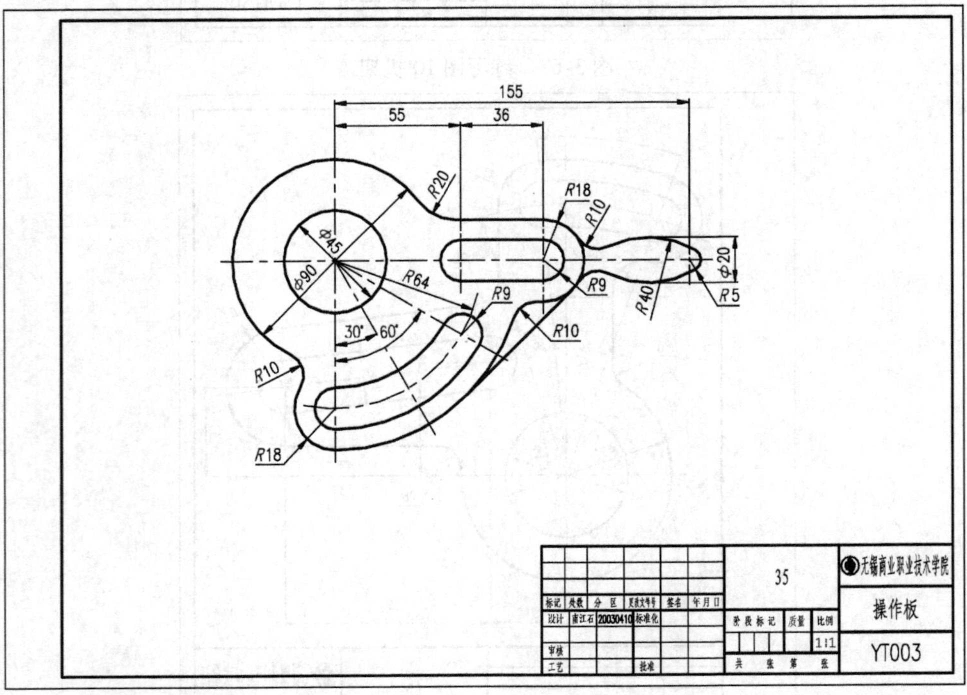

图 3-70　练习图 13 操作板

3. 练习图操作提示

（1）图 3-58 练习图 1 插销孔座图形绘制操作参考

N/A4V. dwt，LA/粗实线，极轴。L/P1 - P2 - P3 - P4 - P5 - P6 - P7→1&2&3&16，F/1&3→4，C6/4→5，L/P8（5 <90&4） - P9（ <270&5）→6，CP/d18 <0/3→7，C18/P12（P11 < 270）→8，L/P12 - P13 - P14 - P15（ < 0&P5 < 270） - P16 - P17（TAN8）→9&10&11&12，L/P18（P1 < 270&11） - P19 - P20（ < 180&10）→13，L/P21（P9 < 270&11） - P22（ <270&13）→14，L/P12 - P23（ <270&8）→15。

LA/2 >点画线，MO/2/线型比例 >0. 25，MA/2 >6&7&9&14&15，如图 3-71 所示。

LEN/DE5/2 > P3/2 > P2/6 > P8/6 > P9，TR16/7 > P10，TR10&12/8 > P13&P17，LEN/DE5/14 > P21/14 > P22/9 > P13/9 > P12/15 > P12/15 > P23，如图 3-72 所示，LEN/DE5/7 > P10/7 > P11。

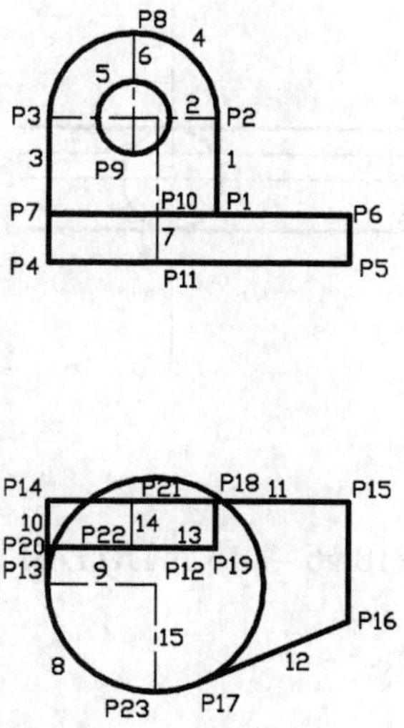

图 3-71　练习图绘制 1

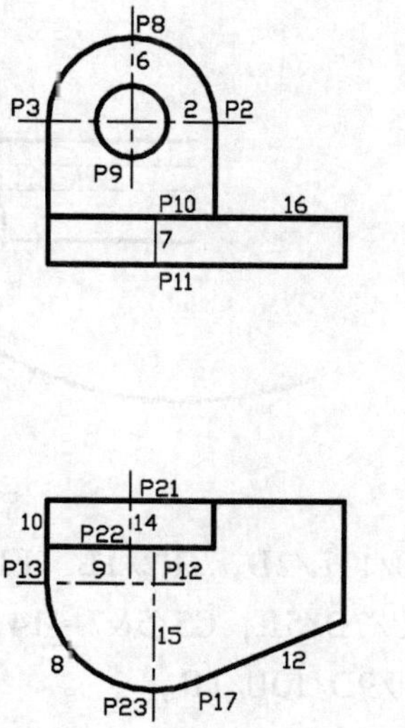

图 3-72　练习图绘制 2

说明：F/1&2→3，任意半径作圆角，圆弧连接两平行线 1 和 2，作出圆弧 3。

C6/3→4，作圆弧 3 的半径 6 的同心圆 4。

CP/d18 <0/3→7，复制 d 距离 18，将直线 3 向极轴 0°方向距离 18 相对复制出直线 7。

P8（5 <90&4），P8 为捕捉圆 5 的圆心追踪 90°方向与圆弧 4 的交点。

P9（ <270&5），P9 点为上一点（P8 点）极轴追踪 270°方向与圆 5 的交点。

P12（P11 <270），P12 为自 P11 点向极轴 270°方向的追踪点。

P15（ <0&P5 <270），P15 点为上一点（P14 点）极轴 0°方向与端点捕捉 P5 点追踪 270°方向的交点。

P17（TAN8），P17 点为对圆 8 的切点捕捉点。

P18（P1 <270&11）P18 点为 P1 点端点追踪 270°方向与直线 11 的交点。

（2）图 3-65 练习图 8 扳手图形绘制操作参考

N/A4H. dwt，LA/粗实线，极轴。L/1，L/2，POL6/1&2/C/11→3，O5/1→4/1→5，O10/5→6，O100/2→7，C10/5&7→8。

LA/1 >点画线，MO/1/线型比例 >0. 25，MA/1 >2&5&7，如图 3-73 所示。

RO/1&2/3 <90，C12/P1→9/P2→10，C/T/(TAN)9&(TAN)10&(R)75→11，如

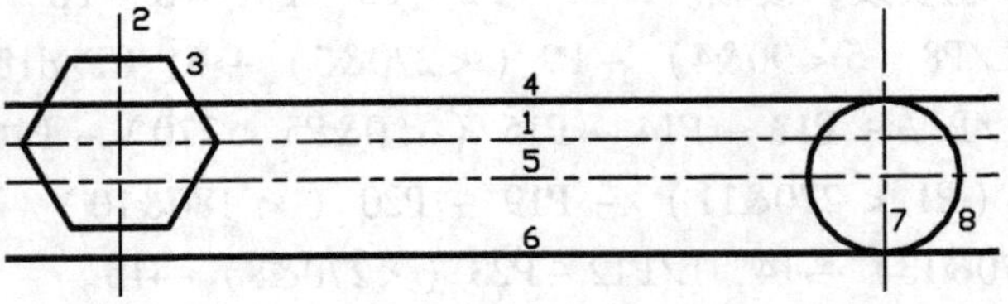

图 3-73　练习图 8 绘制 1

图 3-74 所示。

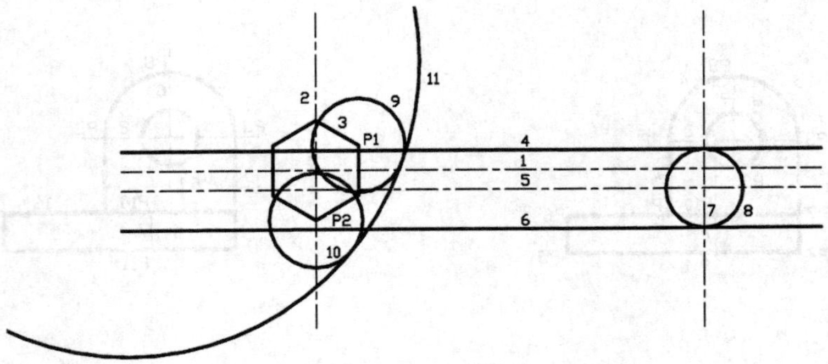

图 3-74　练习图 8 绘制 2

TR9&10/11L/2D，TR2/1L，F15/9&4→12，F20/10&6→13，TR11/5L，TR7/8L/4R/6R，TR8/7U/7D/5R，C5/5&7→14，如图 3-75 所示。

TR3/2U/9D/10U/1R。

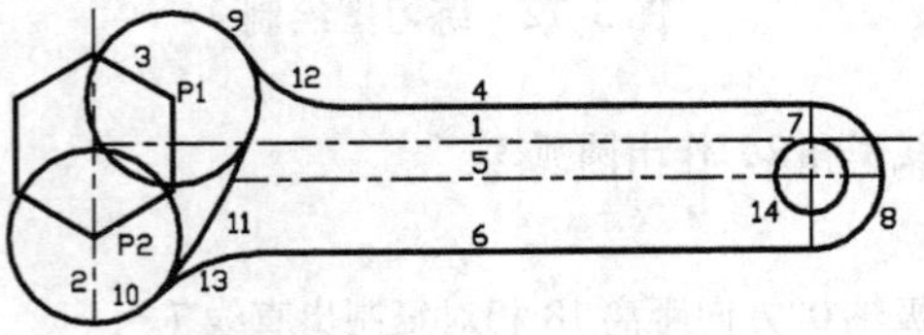

图 3-75　练习图 8 绘制 3

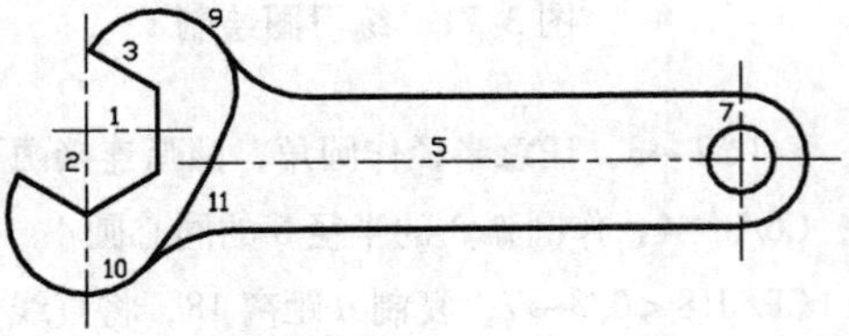

图 3-76　练习图 8 绘制 4

TR9&10/3L，TR11/9D/10R，LEN/DE5/1L/1R/2U/2D/5L/5R/7U/7D，如图 3-76 所示。

说明：POL6/1&2/C/11→3，多边形边数 6，中心点为直线 1 和直线 2 的交点，C 外切于圆（I 内接于圆），圆半径为 11，作出六边形 3。

RO/1&2/3<90，以直线 1 和直线 2 的交点为基点，将六边形 3 旋转 90°。

（3）图 3-66 练习图 9 吊钩图形绘制操作参考

N/A4V. dwt，LA/粗实线，极轴。L/1，L/2，O38/1→3，O11. 5/2→4/2→5，如图 3-77 所示。

CHA2&2/4&1→P1&P2/1&5→P3&P4，TR1/2U，L/P1－P4→6，O90/3→7，如图 3-78 所示。

TR/3→31&32，O15/2→8/2→9，如图 3-79 所示。

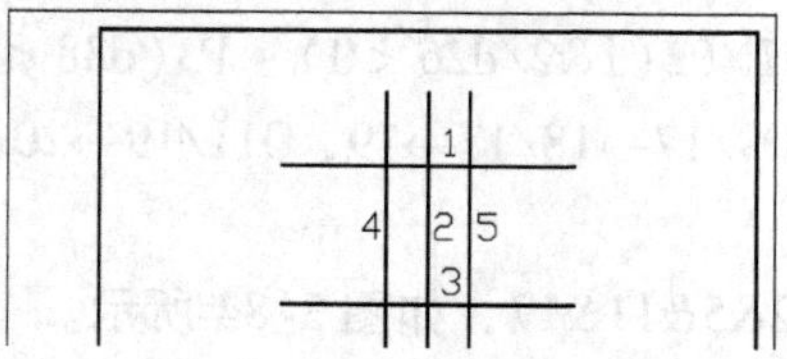

图 3-77　练习图 9 绘制 1

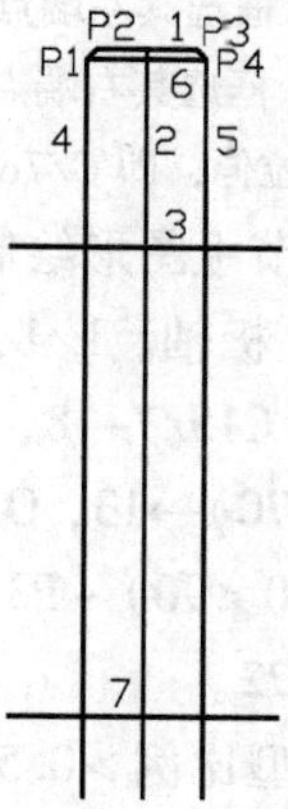

图 3-78　练习图 9 绘制 2

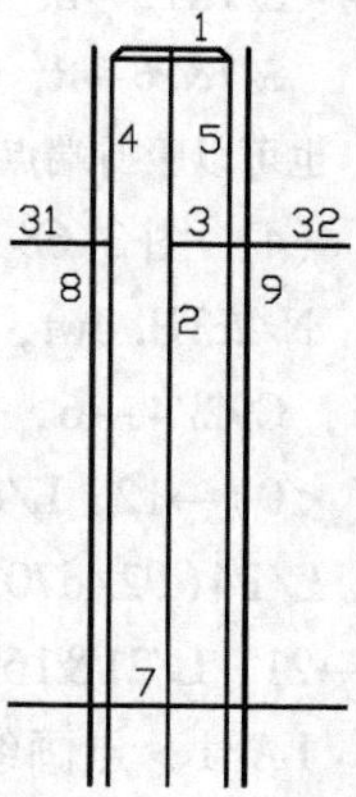

图 3-79　练习图 9 绘制 3

TR/8U/9U，F3. 5/31&4→10/5&32→11，O9/2→12，C20/2&7→13，C48/12&7→14，S/7&P5→L，S/7&P6→R，如图 3-80 所示。

DEL/31/32，L/8&10 - 11&9→15，F40/9&14→16，F60/8&13→17，TR7/12U，TR14/12D，TR13/2D。

LA/2 >点画线，MO/2/线型比例 >0. 5，MA/2 >7&12，O23/14→18，C23/18&7→19，如图 3-81 所示。

DEL/18，O15/7→20，O40/13→21，C40/20&21→22，C5/22→23，F4/19&22→24，如图 3-82 所示。

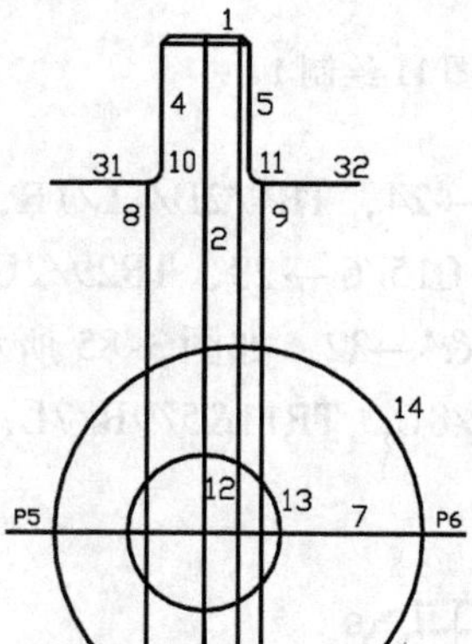

图 3-80　练习图 9 绘制 4

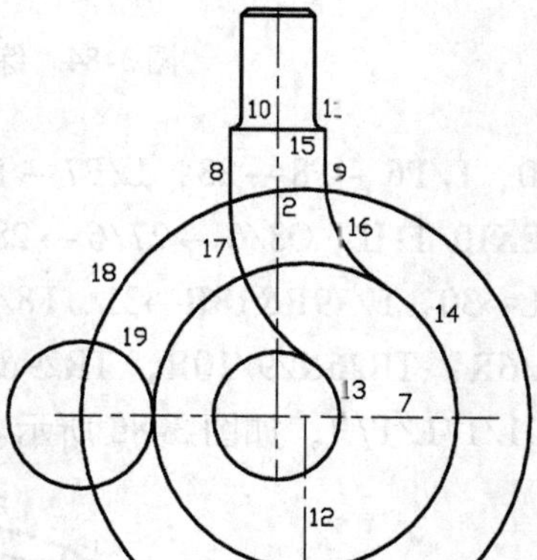

图 3-81　练习图 9 绘制 5

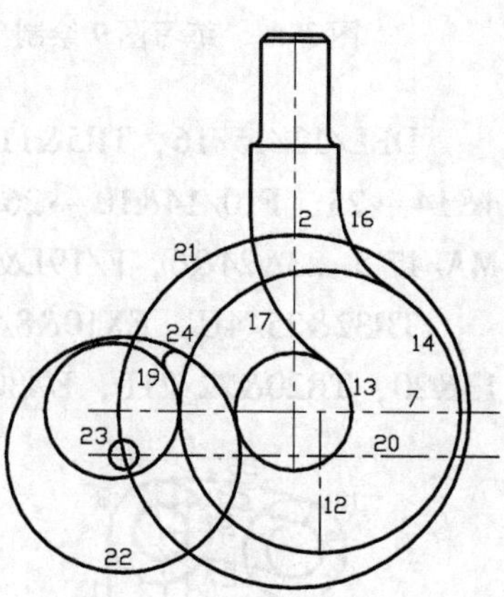

图 3-82　练习图 9 绘制 6

『特别提示』38 修剪时选择边界的口诀是——与谁相接选谁为边界

被修剪对象修剪后与其他对象相接，修剪时应选择其所要相接的对象作为被修剪对象的边界。

TR23/20L/20R/21R，MA/7 > 21，TR14/7L/7R，TR16&19/14U，TR14&24/19L，TR24&13/22L，TR22&17/13U，如图 3-83 所示。

DEL/23，LEN/DE5/2U/2D/7L/7R/12U/12D，如图 3-83 所示。

说明：S/7&P5→L，窗交选择直线 7 框选其左端点 P5 点，向左拉长到适当位置。

S/7&P6→R，窗交选择直线 7 框选其右端点 P6 点，向右拉长到适当位置。

也可以吸持端点穴点（夹点）拉伸，即 G/7&P5→L 和 G/7&P6→R。

（4）图 3-68 练习图 11 调节板图形绘制操作参考

N/A3H. dwt，LA/粗实线，极轴。L/1，L/2，C21/1&2→3，C36/3→4，L/4 – P1（<85）→5，C92/4→6，C8/5&6→7，C15/7→8，AR/P/4/2/B25/7&8→9&10，L/4 – 10→11，L/8 –（<0）→12，L/8 &12 –（<270）→13，O16/2→14，L/P2（1&2/d26 <0）– P3（d38 <90）→15，L/P4（P2/d70 <0）– P5（d30 <90）– P3→16&17，O9/17→18/17→19，O11/19→20，C20/P5→21，L/21&16 –（<180）→22。

LA/1 > 点画线，MO/1/线型比例 >0.5，MA/1 > 2&5&11&17，如图 3-84 所示。

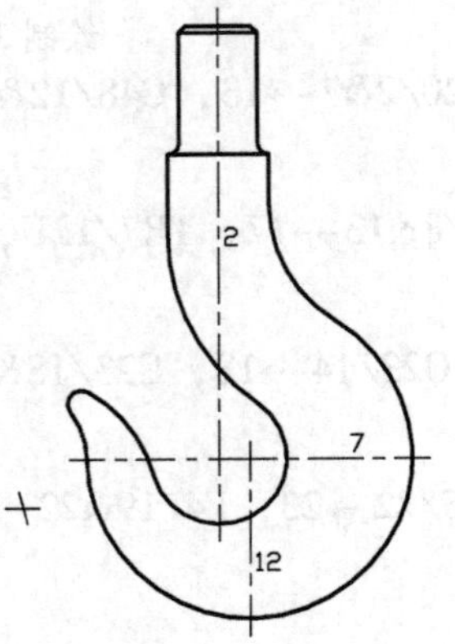

图 3-83　练习图 9 绘制 7

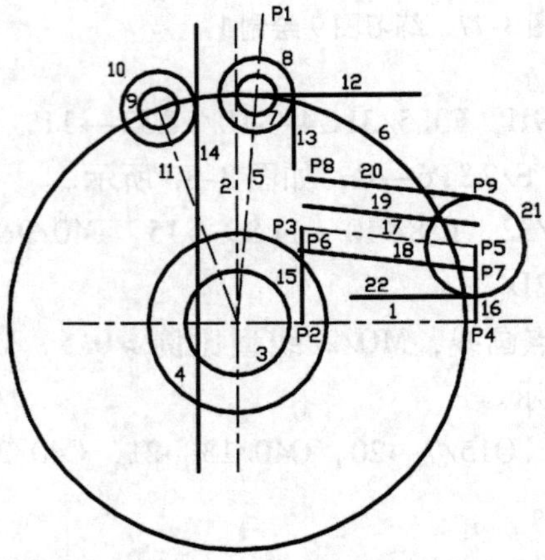

图 3-84　练习图 11 绘制 1

DEL/12/15/16，TR5&11/6D，L/P6 – P8→23，L/P7 – P9→24，TR4/2D/1L/1R，F6/4&14→25，F10/14&10→26，EX10/11U，O8/6→27/6→28，O15/6→29，TR29/2U/P1，MA/17 > 23&24&6，F/19L&18L→30，F/19R&18R→31，F8/22&4→32，如图 3-85 所示。

TR32&25/4U，EX10&8/6L/6R，TR26&29/10R，TR29&13/8L，TR11&5/9R/7L，F8/13&20，TR20&22/21L，EX30&21/17L/17R，如图 3-86 所示。

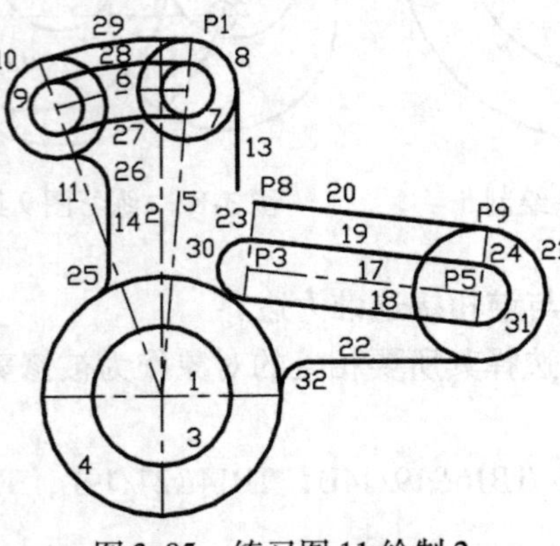

图 3-85　练习图 11 绘制 2

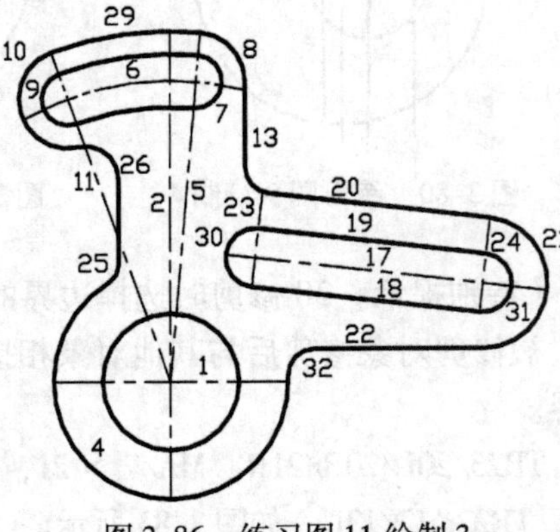

图 3-86　练习图 11 绘制 3

LEN/DE5/1R/2D/1L/6L/11U/2U/5U/6R/23D/17L/23U/24U/17R/24D。

（5）图3-69 练习图12连接板图形绘制操作参考

N/A4H. dwt，LA/粗实线，极轴。L/1，L/2，C/D31/1&2→3，C20/3→4。

L/4 - P1（<30）→5，L/4 - P2（<15）→6，C/D5/4&5→7，C5/7→8，CP/8 - 4&6/7&8→9&10。

C32/4→11，L/4 - P3（<120）→12，C/D7/2&11→13，C/D11/13→14，CP/2&11 - 11&12/13&14→15&16，L/TAN16 - TAN14→17，F20/14&4→18，F20/16&4→19。

O33/1→20，O27/2→21，O12/20→22/21→23/23→24，O6/24→25/20→26。

L/1&4→27，L/4 -（< -30）→28，O20/28→29。

LA/1 > 点画线，MO/1/线型比例 > 0.25。MA/1 > 2&5&6&11&12&21&23&24&26，如图3-87所示。

DEL/28，TR14&16/11D/2U/12U > P3，TR4/8L/10R/1L/1R/2D，TR8&10/5 > P1/6 > P2，TR7&8&9&10/4LU/4LD/4RU/4RD→41&42&43&44，MA/1 > 42&44。

F10/27&22/29&20，F5/22&25/25&20，EX25/26R。C3/21&26→30，C3/23&26→31，C3/24&26→32，TR/21D/23D/24D/23U/24U，TR30/26L/21U，如图3-88所示。后略。

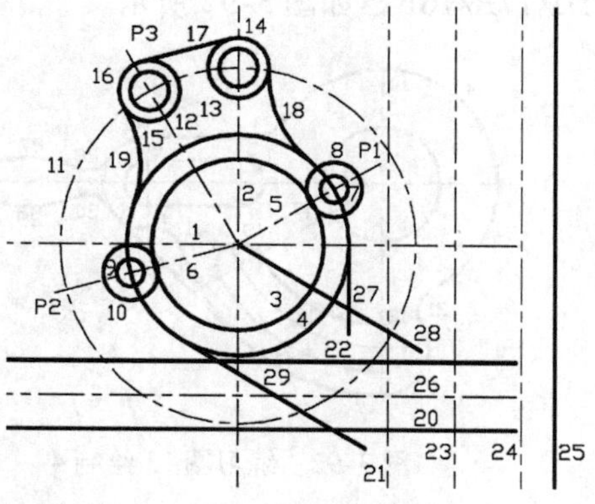

图3-87 练习图12绘制1

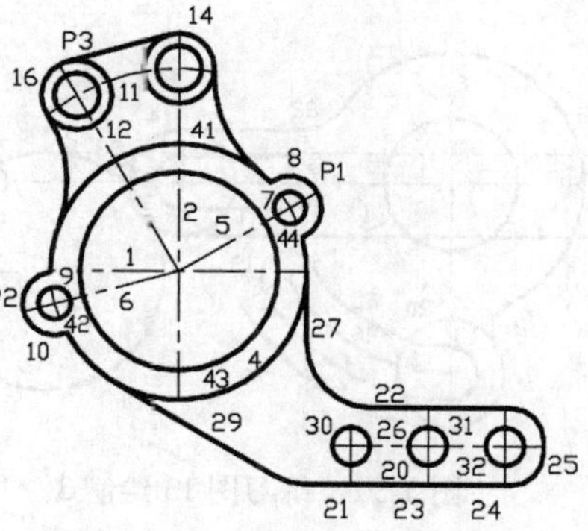

图3-88 练习图12绘制2

说明：L/4 - P1（<30）→5，从圆4的圆心向角度控制30°方向画直线到适当点P1点，画出直线5。

CP/8 - 4&6/7&8→9&10，从圆8的圆心向圆4与直线6的交点复制圆7和8，复制出圆9和10。

EX25/26R，EX为延伸命令，选择直线25为边界，延伸直线26的右端。

（6）图3-70 练习图13操作板图形绘制操作参考

N/A3H. dwt，LA/粗实线，极轴。L/1，L/2，C/D45/1&2→3，C45/3→4，O55/2→5，O36/5→6，O155/2→7，O9/1→8/8→9/1→10/10→11，C9/1&5→12/1&6→13，C18/13→14，C5/1&7→15，C64/4→16，L/4 -（< -30）→17，如图3-89所示。

TR5&6/8L/10L/12R/13L/9R/8R/10R/11R，TR 9/5U/6U，TR15/7U/1R/7D，TR11/6D，TR10/5D，TR2&17/16U，C9/2&16→18，C9/17&16→19，C18/18→20，F10/20&4→21，F20/4&9→22。

LA/1 > 点画线，MO/1/线型比例 > 0.25，MA/1 > 2&5&6&7，如图3-90所示。

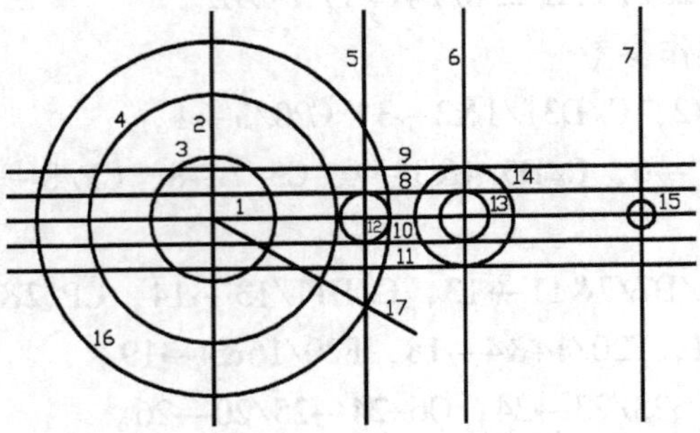

图 3-89　练习图 13 绘制 1

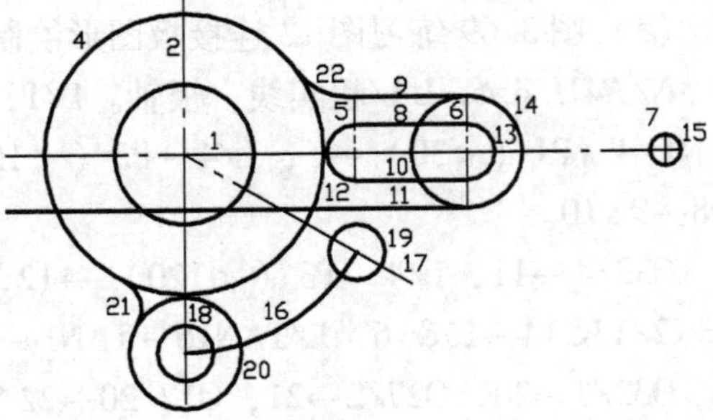

图 3-90　练习图 13 绘制 2

TR4/2U/1L，TR21&22/4R，EX20/2D，TR2/18R，O9/16→23/16→24/24→25，TR17/19D，TR25/17R，O10/1→26，C/T/(TAN)26&(TAN)15&(R)40→27，F10/14&27→28，如图 3-91 所示。

DEL/26，TR28&15/27，MI1/28&27→29&30，TR6/14L，F10/11&25→31，L/TAN14 - TAN25→32，MA/1 > 16，EX19/16R，EX20/16L，TR21&25/20R，TR27&29/15L，LEN/DE5/1R/7U /7D/6U /6D/5U/5D /2U/1L/16L/2D/17R/16R，如图 3-92 所示。

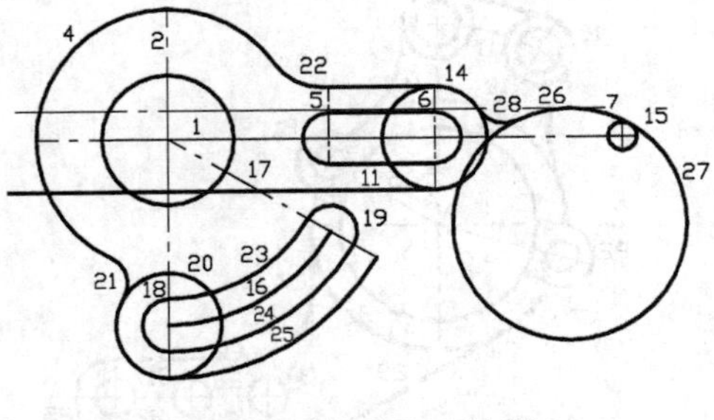

图 3-91　练习图 13 绘制 3

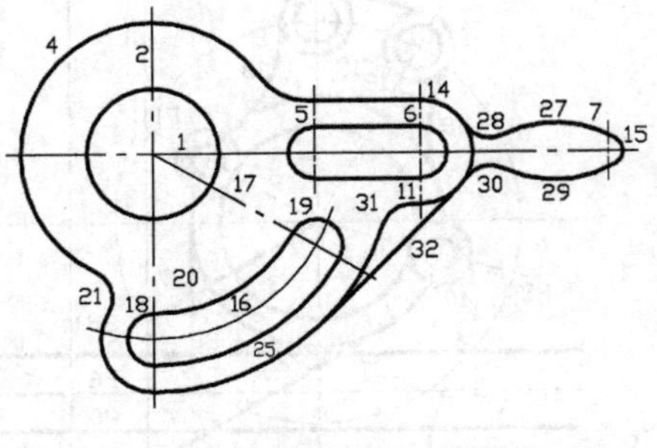

图 3-92　练习图 13 绘制 4

说明：L/4 - （< -30）→17，表示从圆 4 的圆心向角度控制的 -30°方向画出直线 17。

C/T/(TAN)26&(TAN)15&(R)40→27，画圆，T 为"切点、切点、半径"（TTR）选项，表示捕捉直线 26 切点和圆 15 的切点，输入半径 40，画出圆 27。"（TAN）"与"（R）"表示设置好的切点捕捉和半径输入，不需要在操作时点击或输入。

项目4　机械正等轴测图的绘制与标注

学习目标

1）了解轴测图。

2）掌握直线绘图法绘制轴测图的步骤和方法。

3）掌握轴向复制绘图法绘制轴测图的步骤和方法。

4）掌握轴测图尺寸标注的操作。

5）掌握 AutoCAD 绘制与修改的命令的操作。

6）掌握制图与 AutoCAD 软件的相关知识。

工作任务

任务1　梯形楔块轴测图的绘制与标注

一、例图

任务 1 的梯形楔块轴测图例图各点编号如图 4-1 所示，图样如图 4-2 所示。

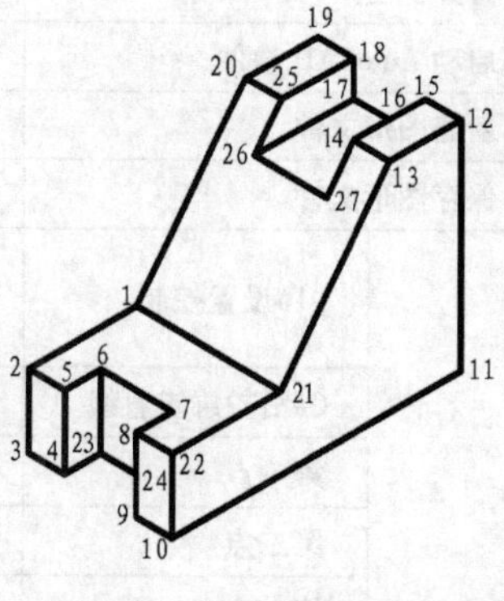

图 4-1　绘图顺序点编号

二、梯形楔块轴测图例图绘制与标注的步骤方法

梯形楔块轴测图例图按『绘制图样步骤方法』2 参照电子档例图绘制基本图样的总体步骤方法和『绘图步骤方法』7 SNAP 正交控制直线法绘制正等轴测图的步骤方法进行绘制，尺寸按『绘图步骤方法』10 轴测图中线性尺寸标注与编辑的步骤方法进行标注，具体操作步骤见表 4-1。

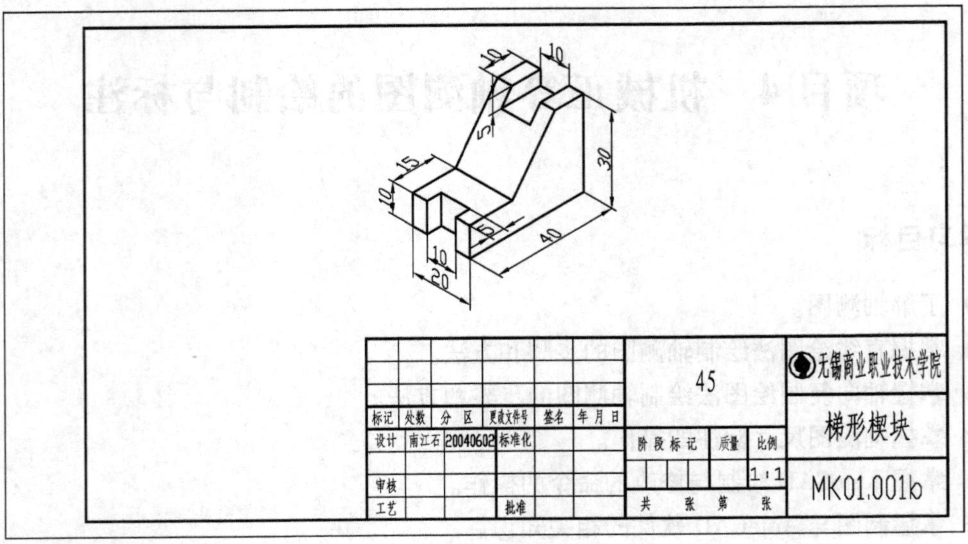

图 4-2　梯形楔块轴测图例图

表 4-1　梯形楔块轴测图例图绘制与标注的步骤方法

步骤与方法		操作			示例图
启动 AutoCAD 软件		双击桌面图标启动软件，第一窗口		『操作』1	图 1-38
打开例图		在第一窗口中打开例图		『操作』4	图 4-2
启动 AutoCAD 软件		双击桌面图标启动软件，第二窗口		『操作』1	图 1-38
新建图形文件		使用 A4H. dwt 样板新建图形文件		『操作』3	
保存图形文件		定位赋名保存，将图形文件保存为文件		『操作』5	图 1-46
	01#设置控制	打开光标捕捉、正交控制、对象捕捉、捕捉追踪			图 2-39
		设置等轴测光标捕捉，轴向间距为 1		『操作』81	
	0#沿轮廓走直线	沿轮廓走直线，启动直线命令			
	第一点	在适当位置单击输入一点		『操作』88	图 4-3
	第二点	按 <F5> 键，x 轴左下 15	画左下斜线 15		图 4-4
	第三点	按 <F5> 键，z 轴向下 10	画向下竖线 10		图 4-6
	第四点	按 <F5> 键，y 轴右下 5	画右下斜线 5		图 4-7
绘图——直线法	第五点	z 轴向上 10	画向上竖线 10		
	第六点	按 <F5> 键，x 轴右上 5	画右上斜线 5		
	第七点	y 轴右下 10	画右下斜线 10	『操作』75	
	第八点	x 轴左下 5	画左下斜线 5		
	第九点	按 <F5> 键，z 轴向下 10	画向下竖线 10		图 4-1
	第十点	按 <F5> 键，y 轴右下 5	画右下斜线 5		
	第十一点	按 <F5> 键，x 轴右上 40	画右上斜线 40		
	第十二点	按 <F5> 键，z 轴向上 30	画向上竖线 30		
	第十三点	x 轴左下 10	画左下斜线 10		

（续）

步骤与方法		操作			示例图
绘图——直线法	第十四点	按<F5>键，y轴左上5	画左上斜线5		图4-1
	第十五点	按<F5>键，x轴右上10	画右上斜线10		
	第十六点	按<F5>键，z轴向下5	画向下竖线5		图4-5
	第十七点	按<F5>键，y轴左上10	画左上斜线10	『操作』75	
	第十八点	z轴向上5	画向上竖线5		图4-1
	第十九点	y轴左上5	画左上斜线5		
	第二十点	按<F5>键，x轴左下10	画左下斜线10		
	第一点	端点捕捉输入点1	向左下画斜线		
	第二十一点	y轴右下20	画右下斜线20	『操作』75	
	第二十二点	x轴左下15	画左下斜线15		
	第十点，结束	端点捕捉输入点10	向下画直线10，按<Enter>键结束		图4-5
	0#沿轮廓走直线	沿轮廓走直线，启动直线命令			
	第四点	端点捕捉输入点4		『操作』88	图4-1
	第二十三点	x轴右上5	画右上斜线5	『操作』75	
	第六点，结束	端点捕捉输入点6，向上画直线10，按<Enter>键结束			图4-8
	0#沿轮廓走直线	沿轮廓走直线，启动直线命令			
	第二十三点	端点捕捉输入点23		『操作』88	图4-1
	第二十四点，结束	向y轴右下画适当长斜直线，按<Enter>键结束		『操作』75	图4-8
	0#沿轮廓走直线	沿轮廓走直线，启动直线命令			
	第十八点	端点捕捉输入点18		『操作』88	图4-8
	第二十五点	x轴左下10	画左下斜线10	『操作』75	
	第二十点，结束	端点捕捉输入点20，向y轴左上画直线5，按<Enter>键结束			
	1#复制	定点复制20－1斜线到点25		『操作』77	
	0#沿轮廓走直线	沿轮廓走直线，启动直线命令			
	第十七点	端点捕捉输入点17		『操作』88	图4-1
	第二十六点，结束	向x轴左下画适当长斜直线，按<Enter>键结束		『操作』75	图4-8
	0#沿轮廓走直线	沿轮廓走直线，启动直线命令			
	交点	捕捉输入17－26线与点25处左下斜线的交点		『操作』88	图4-1
	第二十七点	y轴右下10	画右下斜线10	『操作』75	
	第十四点，结束	端点捕捉输入点14，向右上画斜直线，按<Enter>键结束			
	0#画15－12斜线	端点捕捉点15与点12画右下斜直线		『操作』10	图4-8
	0#画2－5斜线	端点捕捉点2与点5画右下斜直线			
	0#画8－22斜线	端点捕捉点8与点22画右下斜直线			
	0#画13－21斜线	端点捕捉点13与点21画左下斜直线			图4-1

（续）

步骤与方法		操作		示例图
绘图——直线法	3#其他处理，删除	删除 15 - 16 竖线	『操作』21	
	2#边角处理，修剪	修剪掉 17 - 16 斜线的 16 长出段	『操作』27	图 4-9
	2#边角处理，修剪	边界修剪掉 23 - 24 斜线的 24 长出段	『操作』24	
	2#边角处理，尖角	作点 25 处左下斜线与 17 - 26 线的尖角	『操作』17	
	图形绘制完成			图 4-2
尺寸标注编辑	0#改变当前图层	将尺寸线图层设置为当前图层	『操作』42	图 2-54
	2#标注斜向尺寸	对齐标注		
	1）ob 斜向标注 40	选择对象斜向标注 40	『操作』68	图 4-9
	2）2pt 斜向标注 10	给定两点斜向标注 10	『操作』67	
	3）2pt 斜向标注 20	给定两点斜向标注 20		
	4）ob 斜向标注 15	选择对象斜向标注 15	『操作』68	
	5）ob 斜向标注 10	选择对象斜向标注 10		
	6）2pt 斜向标注 10	给定两点斜向标注 10	『操作』67	
	1#，标注竖向尺寸	线性标注		
	7）ob 竖向标注 10	选择对象竖向标注 10	『操作』46	图 4-9
	8）ob 竖向标注 30	选择对象竖向标注 30		
	9）2pt 竖向标注 5	捕捉输入端点给定第一点，极轴追踪 270°捕捉输入与斜线的交点给定第二点，竖向标注 5	『操作』45	图 4-10
	7#辅助操作	画辅助直线		
	10）画辅助线7 - 28	自点 7 向 y 轴右下方向画线，长度 5	『操作』88	图 4-9
	2#标注斜向尺寸	对齐标注		
	11）斜向标注 5	给定两点标注，斜向标注 5	『操作』67	图 4-9
	3#倾斜尺寸界线	DED 编辑标注，“O” 倾斜选项		
	角度倾斜尺寸 40	倾斜尺寸 40，角度 -30°	『操作』85、『操作』86	图 4-44
	两点倾斜 5 个尺寸	倾斜尺寸 10、15、10、30、5，角度 330°		图 4-46
	两点倾斜 3 个尺寸	倾斜尺寸 10、20、10，角度 90°		图 4-47
	两点倾斜尺寸 5	倾斜尺寸 5，角度 30°		图 4-11
	7#辅助操作	调整尺寸线位置		
	尺寸 40 与 30 对齐	穴点拉伸尺寸 40 或 30，使箭头对齐	『操作』58	图 4-11
	尺寸 15 与 10 对齐	穴点拉伸尺寸 15 或 10，使箭头对齐		
	4#设置倾斜文字	新建倾斜的文字样式		
	设置 30 文字样式	新建 “30” 倾斜文字样式，倾斜角度 30°	『操作』89	图 4-51
	设置 -30 文字样式	新建 “-30” 倾斜文字样式，倾斜角度 -30°		
	5#修改数字倾斜	修改尺寸数字的特性——文字样式		
	倾斜 40 尺寸数字	修改尺寸 40 特性，文字样式改为 -30	『操作』90	图 4-11
	倾斜所有尺寸数字	以尺寸 40 为源对象进行特性匹配修改	『操作』31	
	倾斜 10、30 数字	将尺寸 10、30 文字样式特性修改为 30	『操作』90	

（续）

步骤与方法		操作		示例图
尺寸标注编辑	7#辅助操作	调整尺寸数字位置		
	调整上5数字位置	穴点拉伸调整上尺寸5数字位置	『操作』58	
	调整其他尺寸位置	穴点拉伸调整其他尺寸数字位置		
	尺寸标注完成			
插入填写标题栏		插入标题栏文件图块填写标题栏	『操作』33	图4-2
结束	1）缩放到全图	使用范围缩放操作缩放到全图	『操作』34	
	2）保存	保存文件	『操作』5	
	3）退出	关闭图形文件或关闭软件	『操作』7	
	4）FTP上传	登录，在自建文件夹中上传文件	『操作』35	图1-117
完成				图4-2

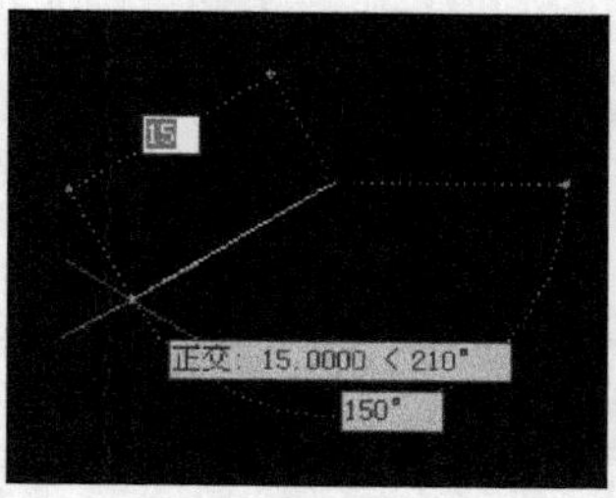

图4-3　x轴测轴210°方向，距离为15

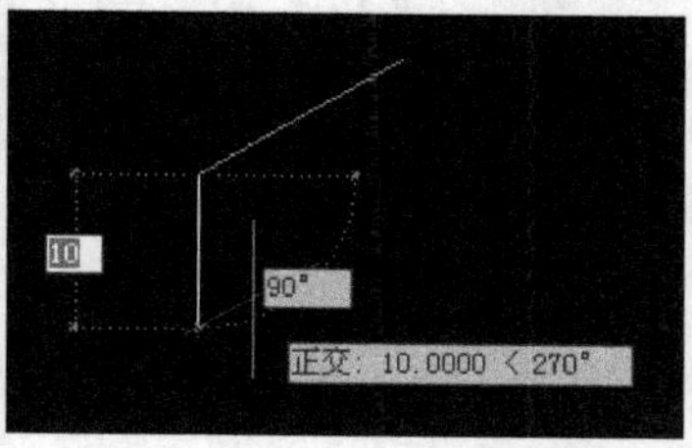

图4-4　z轴测轴270°方向，距离为10

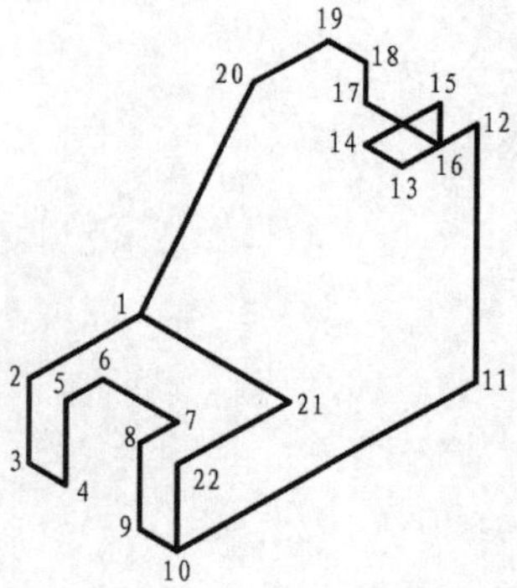

图4-5　顺序输入1～20－1－21－22－10点，画23条直线

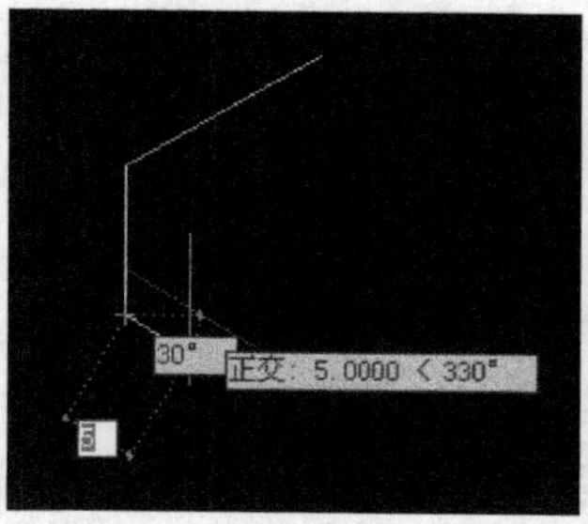

图4-6　y轴测轴330°方向，距离为5

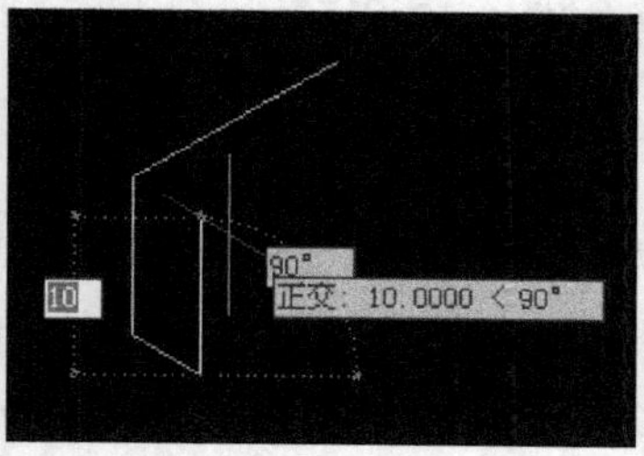

图4-7　z轴测轴90°方向，距离为10

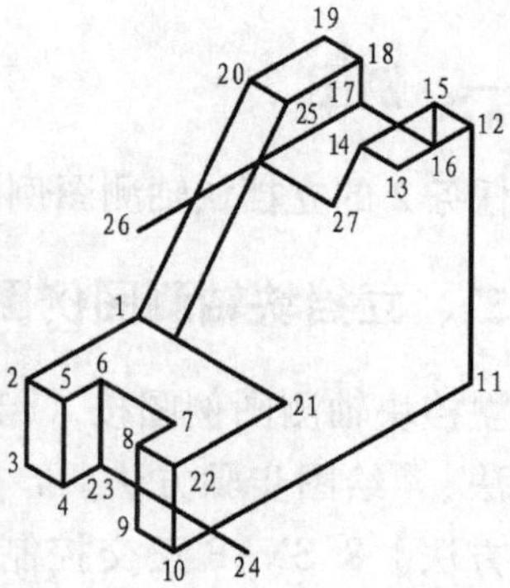

图4-8　画18－25－20直线，复制20－1斜线到25点，画17－26、交点－27－14直线，画其他直线

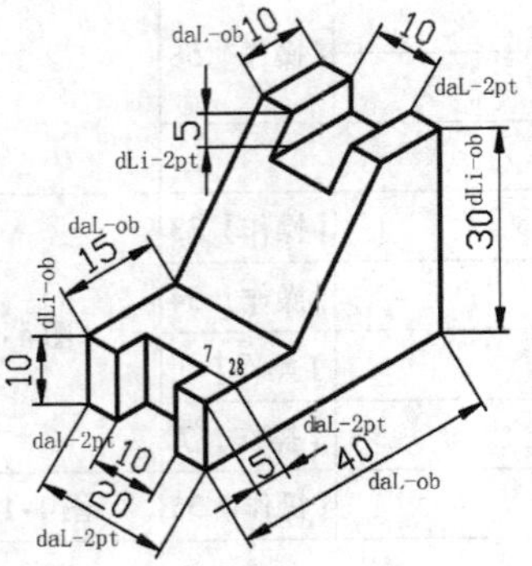

图 4-9 删除，修剪，尖角，画 7 ~ 28 斜线，标注斜向尺寸、竖向尺寸

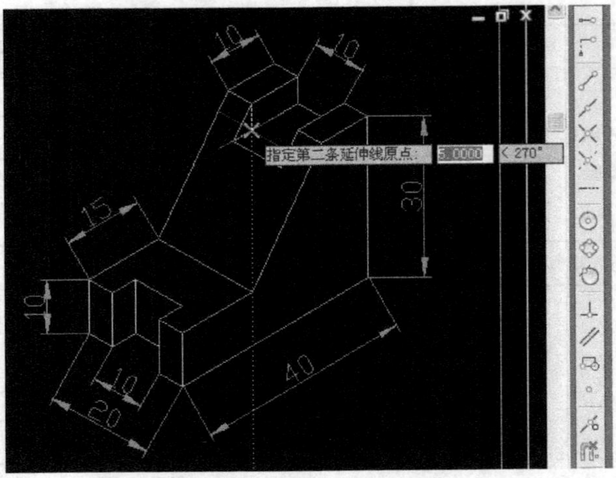

图 4-10 竖向标注 5，捕捉输入端点给定第一点，极轴追踪 270°捕捉输入与斜线的交点给定第二点

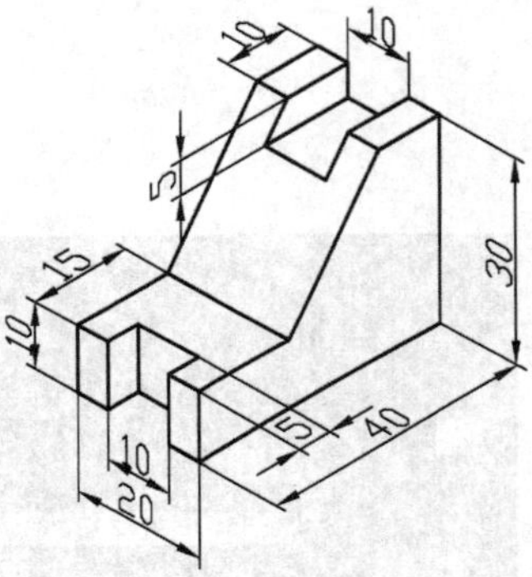

图 4-11 倾斜尺寸界线，修改尺寸文字样式，调整尺寸 5 数字位置

任务 2 立挡块轴测图的绘制与标注

一、例图

任务 2 的立挡块轴测图例图图样如图 4-12 所示。

二、立挡块轴测图例图绘制与标注的步骤方法

立挡块轴测图例图按『绘制图样步骤方法』2 参照电子档例图绘制基本图样的总体步骤方法、『绘图步骤方法』7 SNAP 正交控制直线法绘制正等轴测图的步骤方法和『绘图步骤方法』8 SNAP 正交控制轴向复制法绘制正等轴测图的步骤方法进行绘制，尺寸按『绘图步骤方法』10 轴测图中线性尺寸标注与编辑的步骤方法和『绘图步骤方法』11 轴测图中弧圆尺寸标注与编辑的步骤方法进行标注，具体操作步骤见表 4-2。

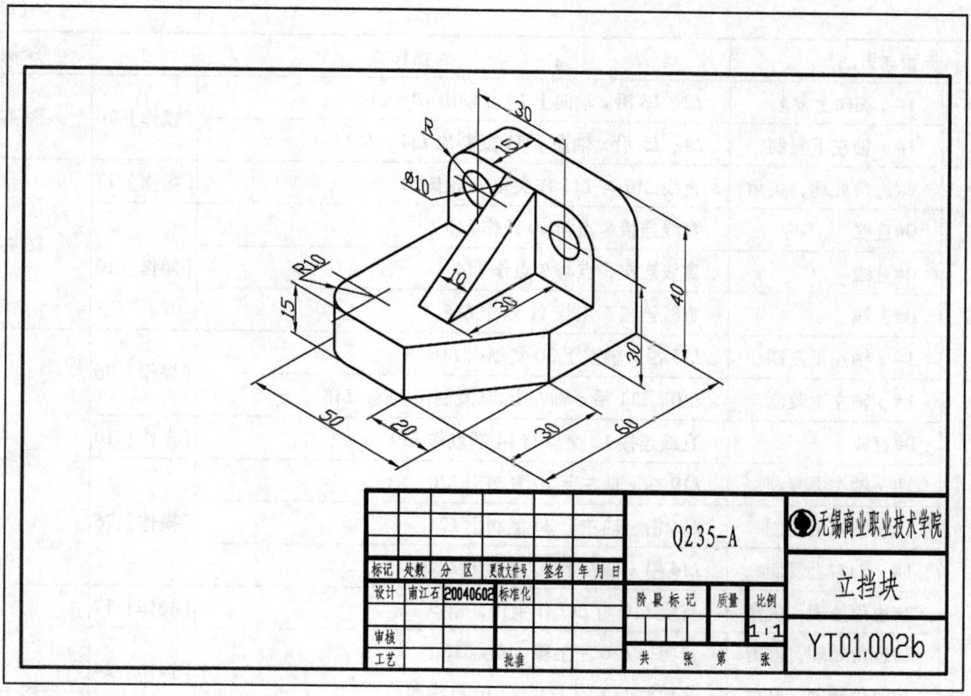

图 4-12　立挡块轴测图例图

表 4-2　立挡块轴测图例图绘制与标注的步骤方法

步骤与方法		操作			示例图
启动 AutoCAD 软件		双击桌面图标启动软件，第一窗口		『操作』1	图 1-38
打开例图		在第一窗口中打开例图		『操作』4	图 4-12
启动 AutoCAD 软件		双击桌面图标启动软件，第二窗口		『操作』1	图 1-38
新建图形文件		使用 A4H. dwt 样板新建图形文件		『操作』3	
保存图形文件		定位赋名保存，将图形文件保存为文件		『操作』5	图 1-46
绘图——直线法与轴向复制法	01#设置控制	打开光标捕捉、正交控制、对象捕捉、捕捉追踪		『操作』81	图 2-39
		设置等轴测光标捕捉，轴向间距为 1			
	0#沿轮廓走直线	沿轮廓走直线，启动直线命令		『操作』88	图 4-14
	第一点	在适当位置单击输入一点			图 4-13
	第二点	z 轴向下 15	画向下竖线 $L1$	『操作』75	
	第三点	y 轴右下 50	画右下斜线 $L2$		
	第四点	按 <F5> 键，x 轴右上 60	画右上斜线 $L3$		
	第五点	按 <F5> 键，z 轴向上 40	画向上竖线 $L4$		
	第六点	按 <F5> 键，y 轴左上 50	画左上斜线 $L5$		
	第七点	按 <F5> 键，x 轴左下 15	画左下斜线 $L6$		
	第八点	按 <F5> 键，z 轴向下 25	画向下竖线 $L7$		
	第一点，结束	x 轴左下 45	画左下斜线 $L8$		

（续）

步骤与方法		操作		示例图
绘图——直线法与轴向复制法	1# z 轴向上复制	L2、L3 沿 z 轴向上 15 复制出 L9、L10	『操作』76	图 4-13
	1# x 轴左下复制	L4、L5 沿 x 轴左下 15 复制出 L11、L12		
	2#边角处理，尖角	直线 L10 与 L11 作尖角，角点 10	『操作』17	图 4-15
	0#直线	直线连接 8 点与 10 点作 L13	『操作』10	
	0#直线	直线连接 3 点与 9 点作 L14		
	0#直线	直线连接 5 点与 11 点作 L15		
	1# x 轴左下复制	L13 沿 x 轴左下 30 复制出 L16	『操作』76	图 4-16
	1# y 轴左上复制	L10、L11 沿 y 轴左上 20 复制出 L17、L18		
	0#直线	直线连接 12 交点与 14 端点作 L19	『操作』10	
	1# y 轴左上复制	L19 沿 y 轴左上 10 复制出 L20	『操作』76	
	1# y 轴左上复制	L14 沿 y 轴左上 20 复制出 L21		
	1# x 轴右上复制	L14 沿 x 轴右上 30 复制出 L22		
	2#边角处理，尖角	直线 L16 与 L17 作尖角，角点 12	『操作』17	图 4-17
	2#边角处理，修剪	修剪掉 L16 左上段，角点 15	『操作』24	
	2#边角处理，修剪	修剪掉 L13 的 13 点至 16 点线段		
	0#直线	直线连接 18 端点与 20 端点作 L23	『操作』10	
	0#直线	直线连接 19 端点与 21 端点作 L24		
	2#边角处理，修剪	修剪掉 L2 的 3 点至 18 点线段	『操作』24	图 4-18
	2#边角处理，修剪	修剪掉 L3 的 3 点至 20 点线段		
	2#边角处理，修剪	修剪掉 L9 的 9 点至 19 点线段		
	2#边角处理，修剪	修剪掉 L10 的 9 点至 21 点线段		
	3#其他处理，删除	删除 L14 直线	『操作』21	
	正等轴测图中弧圆绘制		『绘图步骤方法』9	
	第一步，确定圆心	轴向复制，距离为半径 10		
	1# y 轴右下复制	L8 沿 y 轴右下 10 复制出 L25	『操作』76	
	1# x 轴右上复制	L9 沿 x 轴右上 10 复制出 L26		
	第二步，画等轴测圆	椭圆命令 I 选项，以 L25 与 L26 交点为圆心，按 <F5>键调整绘制平面，半径 10，画椭圆 L27	『操作』79	
	第三步，轴向复制圆	z 轴向下 15 轴向复制等轴测圆 L27 得到 L28	『操作』76	图 4-19
	第四步，画弧圆切线	绘制两等轴测圆的公切线	『操作』80	
	2#作切向线垂线	连接角点和等轴测圆圆心点作 Lb	『操作』10	
	3#作切线	自垂线与等轴测圆的交点作切线 Lc	『操作』12	
	4#删除切向线	删除切线方向直线 L1	『操作』21	图 4-20
	4#删除切向垂线	删除切线方向直线的垂线 Lb		

（续）

步骤与方法		操作			示例图
绘图——直线法与轴向复制法	第五步，边角处理	选择边界修剪直线与等轴测圆			
	2#边角处理，修剪	选择上等轴测圆 L27 边界修剪两直线 L8、L9		『操作』24	图 4-20
	2#边角处理，修剪	选择两直线 L8、L9 边界修剪上等轴测圆 L27			
	2#边角处理，修剪	选择下椭圆 L28 边界修剪直线 L2 与切线 Lc			
	2#边角处理，修剪	选择直线 L2 与切线 Lc 边界修剪下椭圆 L28			
	2#边角处理，尖角	L25 与 L26 两线作尖角，角点 22		『操作』17	图 4-19
	3#其他处理，换层	将 5 条中心线转换到点画线层	或格式刷修改	『操作』23	图 4-20
	3#其他处理，修改线型比例	修改中心线的线型比例为 0.25		『操作』30	
	3#其他处理，拉长	L25 与 L26 中心线两端拉长 5		『操作』29	
	正等轴测图中弧圆绘制			『绘图步骤方法』9	
	第一步，确定圆心	轴向复制，距离为半径 10			图 4-19
	1# z 轴向下复制	L12 沿 z 轴向下 10 复制出 L29		『操作』76	
	1# y 轴右下复制	L7 沿 y 轴右下 10 复制出 L30			
	1# y 轴左上复制	L11 沿 y 轴左上 10 复制出 L31			
	第二步，画等轴测圆	椭圆命令 I 选项，L29 与 L30 交点为圆心，按 <F5> 键调整绘制平面，半径 10，画椭圆 L32		『操作』79	
	第二步，画等轴测圆	椭圆命令 I 选项，以半径 10 等轴测圆的圆心为圆心，用半径 5 画椭圆 L33			
	第三步，复制圆	圆心到交点定点复制两等轴测圆 L34、L35		『操作』77	图 4-20
	第三步，轴向复制圆	将 L32 ~ L35 沿 x 轴向右上距离 15 复制出等轴测圆 L36、L37、L38、L39		『操作』76	
	第四步，画弧圆切线	绘制两等轴测圆的公切线		『操作』80	图 4-21
	2#作切向线垂线	连接角点和等轴测圆圆心点画 Lb		『操作』10	
	3#作切线	自垂线与等轴测圆的交点作切线 Lc		『操作』12	
	4#删除切向线	删除切线方向直线 L6		『操作』21	图 4-22
	4#删除切向垂线	删除切线方向直线的垂线 Lb			
	第五步，边角处理	边界修剪直线与椭圆 L7、L12、L32，Lc、L5、L36，L11、L12、L34，L4、L5、L38		『操作』24	
	3#其他处理，删除	删除角线 L15		『操作』21	
	2#边角处理，修剪	选择边界修剪 3 条中心线 L29、L30、L31，得 L40		『操作』24	
	3#其他处理，删除	删除后面两个看不见的等轴测圆 L37、L39		『操作』21	图 4-23
	2#边角处理，修剪	选择边界修剪等轴测圆 L33		『操作』24	
	3#其他处理，拉长	中心线 L29、L30、L31、L40 的两端拉长 5		『操作』29	
	3#其他处理，拉长	中心线 L40 的左端拉长 2			
	完成图形的绘制				

（续）

步骤与方法		操作		示例图
	正等轴测图线性尺寸标注编辑		『绘图步骤方法』10	
	0#改变当前图层	将尺寸线图层设置为当前图层	『操作』42	图 2-54
	2#标注斜向尺寸	对齐标注		
	1）2pt 斜向标注 15	DaL－2pt 给定两点斜向标注 15	『操作』67	图 4-24
	2）2pt 斜向标注 30	DaL－2pt 给定两点斜向标注 30		
	3）ob 斜向标注 10	DaL－ob 选择对象斜向标注 10	『操作』68	图 4-24
	4）ob 斜向标注 30	DaL－ob 选择对象斜向标注 30		
	7#辅助操作	画辅助直线，轴向复制		
	0#画 Ld 斜线	捕捉端点 18 点沿 *y* 轴右下 20 画斜直线 *Ld*	『操作』75	
	0#画 Le 斜线	端点捕捉 20 点画 *x* 轴向斜直线 *Le*	『操作』10	图 4-24
	1# *y* 轴左上复制 *Lf*	*Le* 沿 *y* 轴左上 50 复制出 *Lf*	『操作』76	
	2#标注斜向尺寸	对齐标注		
	5）LR 斜向标注 30	DaL－LR 给定左右两点斜向标注 30	『操作』67	
	6）dba 基线标注 60	dba 给定第二点斜向基线标注 60	『操作』51	图 4-24
	7）RL 斜向标注 20	DaL－RL 给定左右两点斜向标注 20	『操作』67	
	8）dba 基线标注 50	dba 给定第二点斜向基线标注 50	『操作』51	
	7#辅助操作	修剪，画辅助直线		
线性尺寸标注	2#边角处理，修剪	选择边界修剪 *Lf* 直线	『操作』24	
	0#画 Lg 斜线	端点捕捉 5 点沿 *y* 轴右下 10 画斜直线 *Lg*	『操作』75	图 4-24
	0#画 Lh 竖线	端点捕捉 10 点沿 *z* 轴向下画竖直线 *Lh*		
	1#标注竖向尺寸	线性标注		
	9）竖向标注 15	2pt 捕捉输入两端点竖向标注 15	『操作』45	图 4-24
	10）竖向标注 30	2pt 捕捉输入两端点竖向标注 30		
	11）竖向标注 40	2pt 捕捉输入两端点竖向标注 40		
	3#倾斜尺寸界线	DED 编辑标注“O”倾斜选项		
	两点倾斜 7 个尺寸	两点倾斜 60、30、30、40、30、15、15 七个尺寸，角度为 330°	『操作』86	图 4-25
	两点倾斜 2 个尺寸	两点倾斜尺寸 50、20，角度为 30°		
	两点倾斜尺寸 30	两点倾斜尺寸 30，角度为 90°		
	两点倾斜尺寸 10	以 *L*19 的 12 与 14 两个端点确定的角度倾斜尺寸 10		
	7#辅助操作	删除，调整，画辅助直线		
	3#删除 *Lh* 竖线	删除辅助线 *Lh* 竖线	『操作』21	
	3#调整 30 尺寸位置	吸持竖向 30 尺寸数字穴点拉伸调整位置	『操作』58	图 4-25
	0#画 *x* 轴向直线	自 30 竖向尺寸箭头端点画 *x* 轴向直线 *Lj* 辅助线	『操作』75	
	1#*Lj* 轴向复制出 *Lk*	将 *Lj* 直线沿 *y* 轴右下方向 7 复制出 *Lk* 辅助线	『操作』76	图 4-25
	3#穴点拉长 *Lj*	吸持 *Lj* 左下端点穴点向左下拉长 *Lj*	『操作』92	

（续）

步骤与方法		操作		示例图
线性尺寸标注	3#穴点调整尺寸30	吸持箭头穴点调整下30尺寸线对齐到 Lj	『操作』58	图4-26
	3#穴点调整尺寸40	吸持箭头穴点调整竖40尺寸线对齐到 Lj		
	3#穴点调整尺寸60	吸持箭头穴点调整斜60尺寸线对齐到 Lk		
	3#穴点调整尺寸30	吸持箭头穴点调整中30尺寸线位置		
	3#穴点拉伸调整尺寸	吸持穴点调整其他尺寸数字与尺寸线位置		
	3#删除辅助线	删除 Lj 和 Lk 辅助直线	『操作』21	图4-27
	4#设置倾斜文字	新建倾斜的文字样式		
	设置30文字样式	新建30倾斜文字样式，倾斜30°	『操作』89	图4-51
	设置 -30文字样式	新建 -30倾斜文字样式，倾斜 -30°		
	5#修改数字倾斜	修改尺寸数字的特性——文字样式		
	倾斜尺寸40数字	修改尺寸40特性，文字样式改为 -30	『操作』90	图4-27
	倾斜其他尺寸数字	以尺寸40为源对象格式刷修改除尺寸10以外的其他尺寸文字样式	『操作』31	
	倾斜尺寸40数字	修改尺寸40特性，文字样式改为30	『操作』90	图4-28
	倾斜尺寸30、20、50、15	按尺寸40用格式刷修改尺寸30、20、50、15	『操作』31	
	线性尺寸标注完成			
弧圆尺寸标注	正等轴测图中弧圆尺寸标注编辑		『绘图步骤方法』11	
	1#画标注参考线	极轴控制，画直线，自等轴测弧圆的圆心画半径标注的参考线	『操作』10	图4-28
	1#画标注参考线	正交控制画出 x 轴向直线	『操作』9	
	2#画标注辅助圆	以等轴测弧圆的圆心为圆心，捕捉输入参考线与等轴测弧圆的交点为半径画圆	『操作』14	图4-49
	3#旋转UCS	绕 z 轴30°旋转UCS	『操作』93	图4-61
	4#标注辅助圆半径	Dra - ob 半径标注，标注时尺寸线位置指定为参考线的端点	『操作』48	图4-29
	5#文字替代修改	特性，用 $R10$ 文字替代修改尺寸文字	『操作』91	
	6#关闭界外对齐	特性，“关闭文字界外对齐”，使文字界外水平	『操作』59	图4-30
	7#倾斜 $R10$ 数字	修改 $R10$ 尺寸特性，文字样式改为 -30	『操作』90	
	8#调整 $R10$ 位置	用编辑标注文字调整 $R10$ 尺寸数字位置	『操作』61	图4-31
	9#删除参考线	删除尺寸标注参考线	『操作』21	
	9#删除参考线	删除 x 轴向直线	『操作』21	图4-31
	9#删除辅助圆	删除尺寸标注辅助圆		
	10#恢复WCS	命令行输入“UCS”按两次<Enter>键		

（续）

步骤与方法		操作		示例图
弧圆尺寸标注	1#画标注参考线	极轴控制自圆心画半径标注参考线	『操作』10	图 4-31
	1#画标注参考线	正交控制画出 y 轴向直线	『操作』9	
	1#画标注参考线	极轴控制自圆心画直径标注参考线	『操作』10	
	1#画标注参考线	正交控制画出 y 轴向直线	『操作』9	
	2#画内辅助圆	以等轴测弧圆的圆心为圆心，捕捉输入参考线与等轴测弧的交点为半径，画圆	『操作』14	
	2#画外辅助圆	以等轴测弧圆的圆心为圆心，捕捉输入参考线与等轴测圆的交点为半径，画圆		
	3#，旋转 UCS	绕 z 轴 $-30°$ 旋转 UCS	『操作』93	图 4-32
	4#，半径标注辅助圆	Dra - ob 半径标注尺寸线位置为参考线端点	『操作』48	
	4#，直径标注辅助圆	Ddi - ob 直径标注尺寸线位置为参考线端点	『操作』49	
	5#，文字替代修改	特性，用 $R10$ 文字替代修改半径尺寸文字	『操作』91	
	5#，文字替代修改	特性，用“%%c10”文字替代修改直径文字		
	6#，关闭界外对齐	特性匹配修改半径文字界外水平	『操作』59	图 4-12
	6#，关闭界外对齐	特性匹配修改直径文字界外水平		
	7#，倾斜 $R10$ 数字	特性匹配修改半径文字样式为 -30	『操作』90	
	7#，倾斜 $\phi10$ 数字	特性匹配修改直径文字样式为 -30		
	8#，调整 $R10$ 位置	用编辑标注文字调整 $R10$ 尺寸数字位置	『操作』61	
	8#，调整 $\phi10$ 位置	用编辑标注文字调整 $\phi10$ 尺寸数字位置		
	9#，删除参考线	删除两处尺寸标注参考线	『操作』21	
	9#，删除参考线	删除两处 x 轴向直线		
	9#，删除辅助圆	删除两个尺寸标注辅助圆		
	10#，恢复 WCS	命令行输入“UCS”按两次 <Enter> 键		
	等轴测弧圆尺寸标注完成			
插入填写标题栏		插入标题栏文件图块填写标题栏	『操作』33	
结束	1）缩放到全图	使用范围缩放操作缩放到全图	『操作』34	图 4-12
	2）保存	保存文件	『操作』5	
	3）退出	关闭图形文件或关闭软件	『操作』7	
	4）FTP 上传	登录，在自建文件夹中上传文件	『操作』35	图 1-117
完成				图 4-12

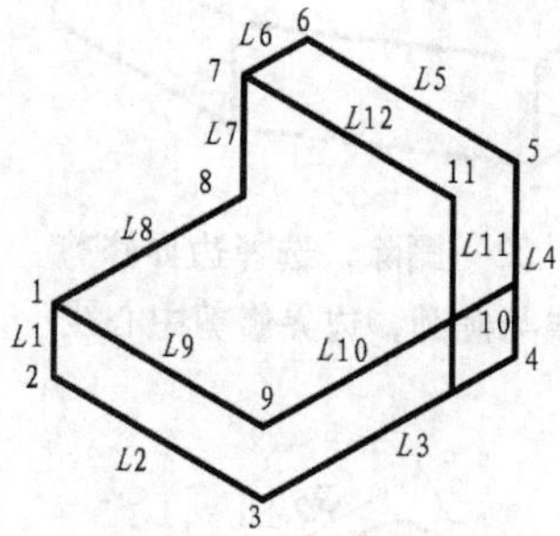

图4-13 直线法画出 L1 ~ L8，轴向复制出 L9、L10、L11、L12

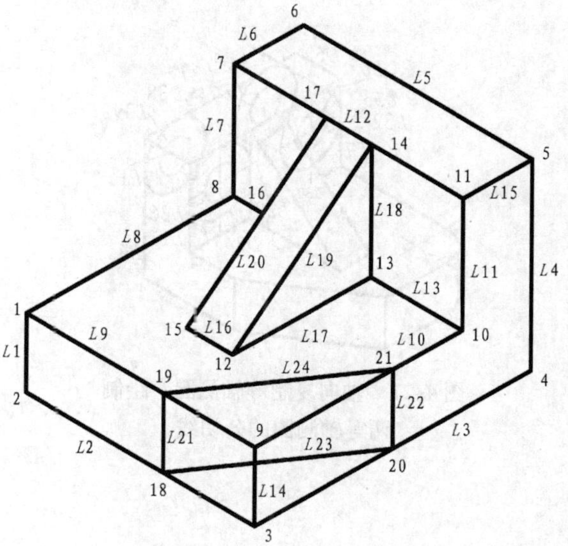

图4-14 立挡块轴测图例图点线编号

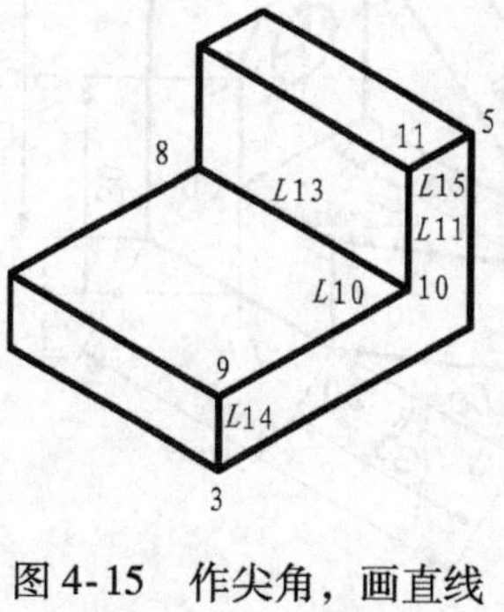

图4-15 作尖角，画直线

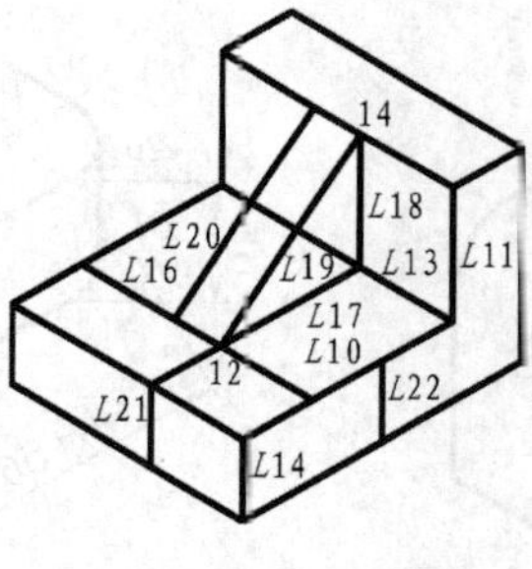

图4-16 复制出 L16、L17、L18，画 L19，复制出 L20、L21、L22

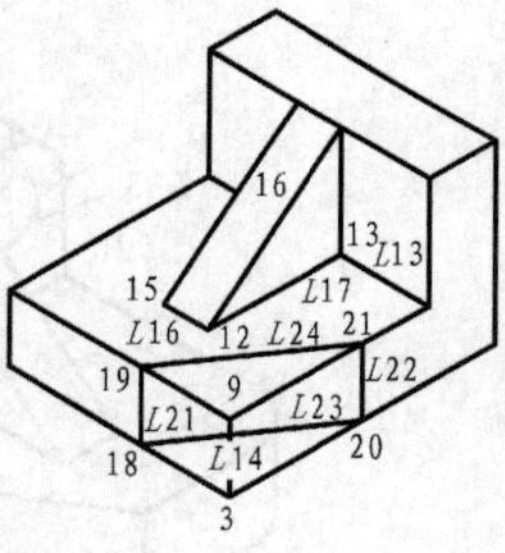

图4-17 尖角，修剪 L13、L16，画 L23、L24

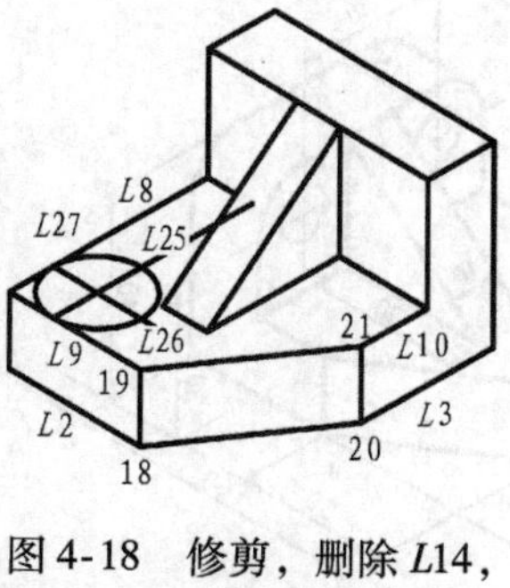

图4-18 修剪，删除 L14，复制出 L25、L26，作等轴测圆

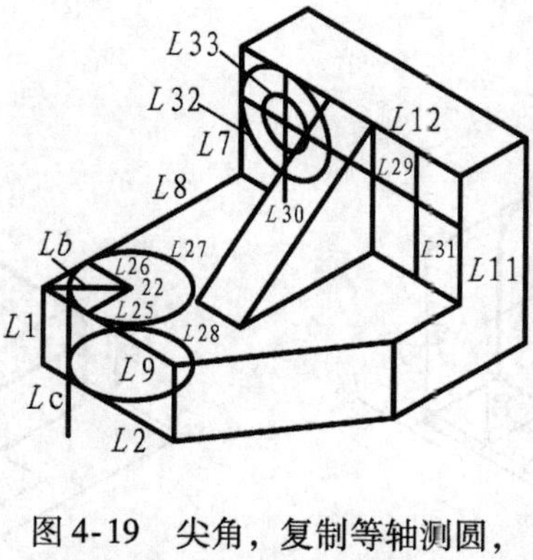

图4-19 尖角，复制等轴测圆，绘制公切线，复制直线确定圆心，画两等轴测圆

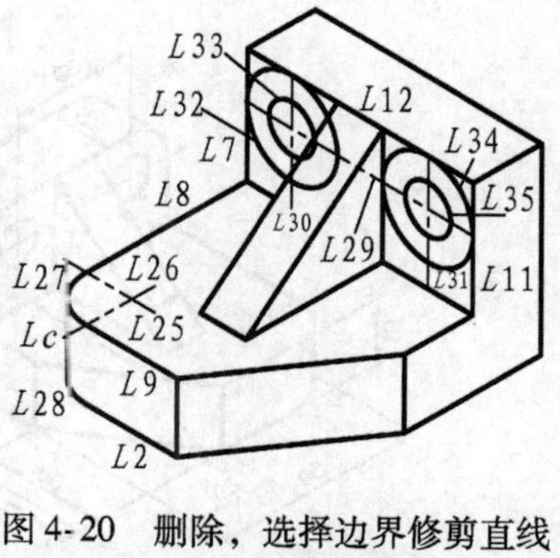

图4-20 删除，选择边界修剪直线椭圆，定点复制两轴测圆，中心线换层、修改线型比例、拉长

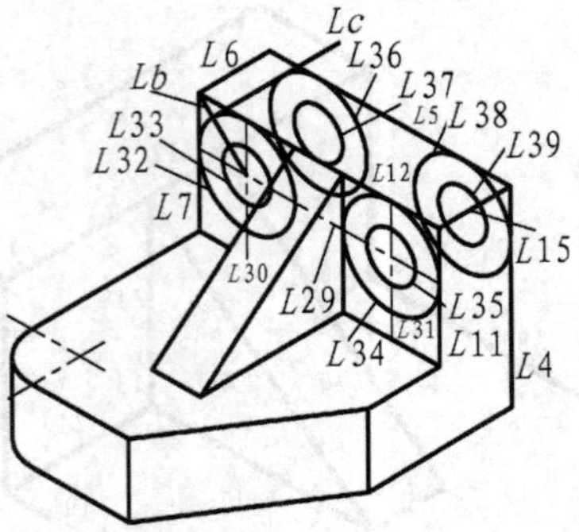

图 4-21 轴向复制等轴测圆，绘制两等轴测圆的公切线

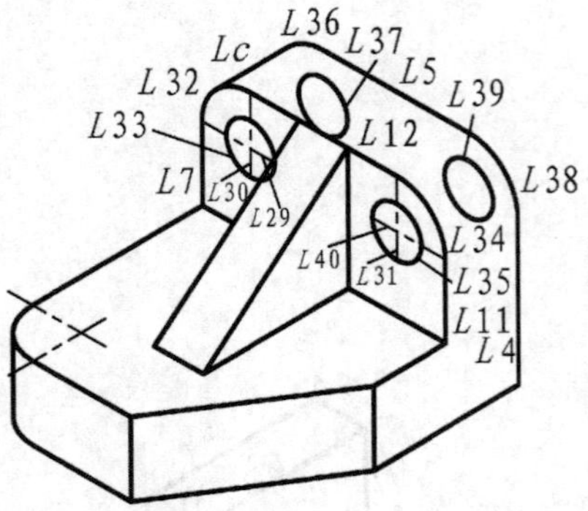

图 4-22 删除，选择边界修剪直线与椭圆，边界修剪中心线

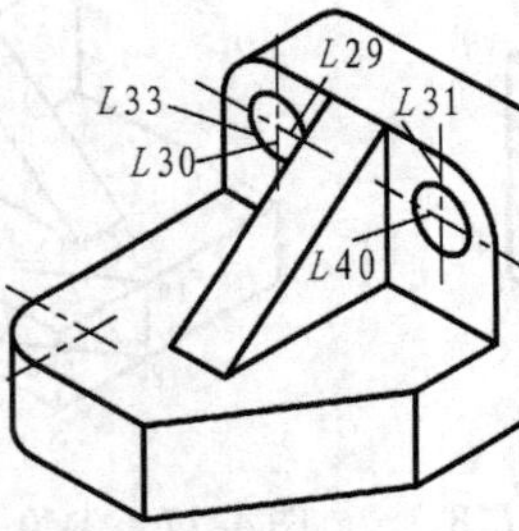

图 4-23 删除椭圆，选择边界修剪椭圆，中心线两端拉长 5、2

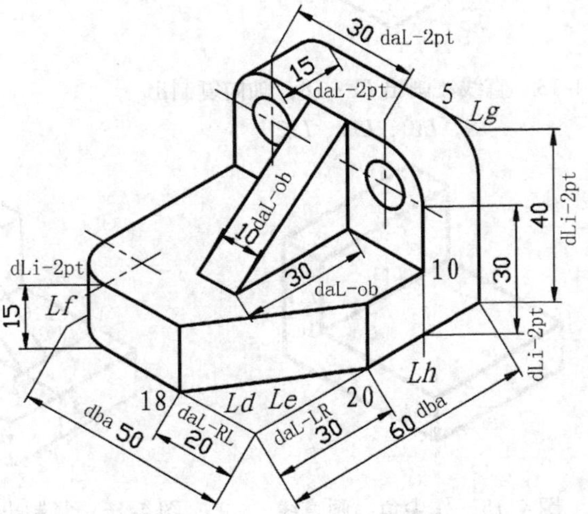

图 4-24 斜向标注尺寸，画辅助线，修剪，竖向标注尺寸

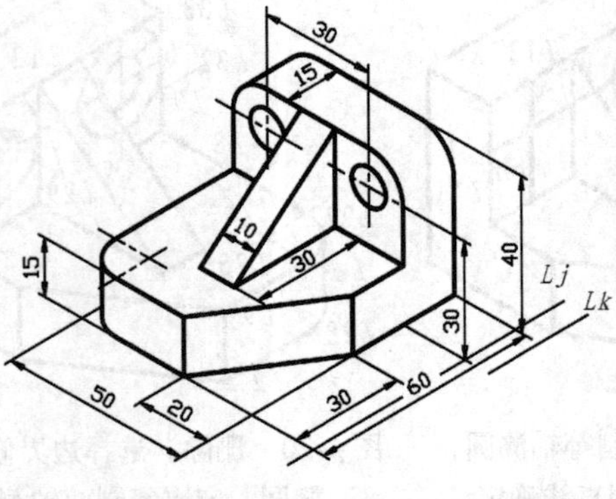

图 4-25 倾斜尺寸界线，删除 *Lh*，调整竖向尺寸 30，画辅助线 *Lj* 并拉长，复制出 *Lk*

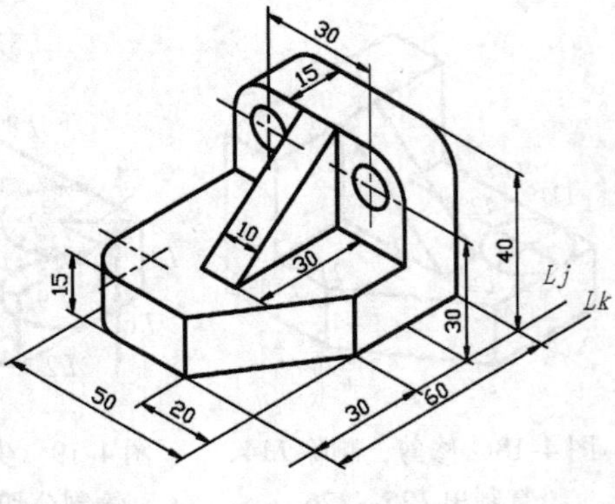

图 4-26 穴点拉伸调整尺寸 30、30、30、40、60 及其他尺寸的尺寸线位置

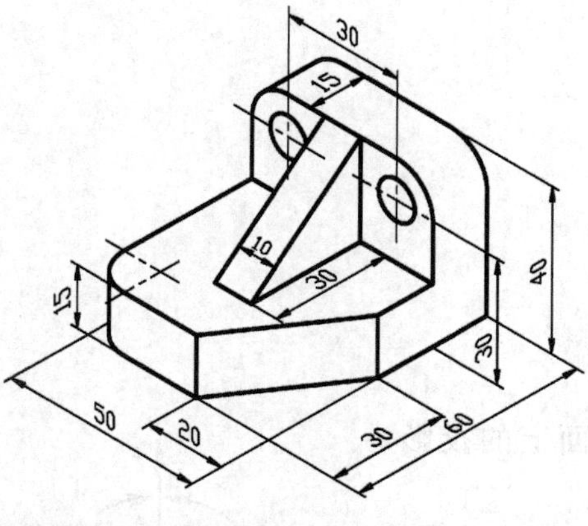

图 4-27　删除辅助线，将尺寸 40 文字样式改为 -30，再用格式刷修改其他尺寸

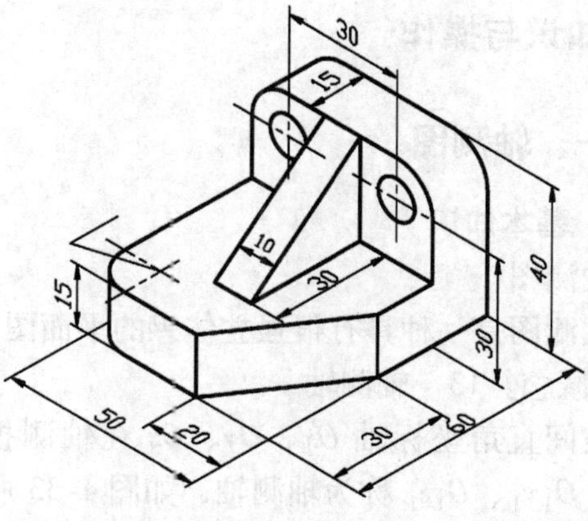

图 4-28　将尺寸 40、30、20、50、15 文字样式改为 30，画标注参考线

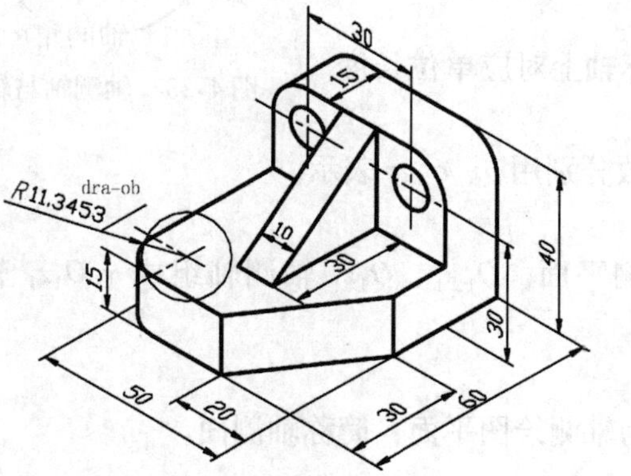

图 4-29　画辅助圆，标注辅助圆半径，尺寸线位置指定为参考线的端点

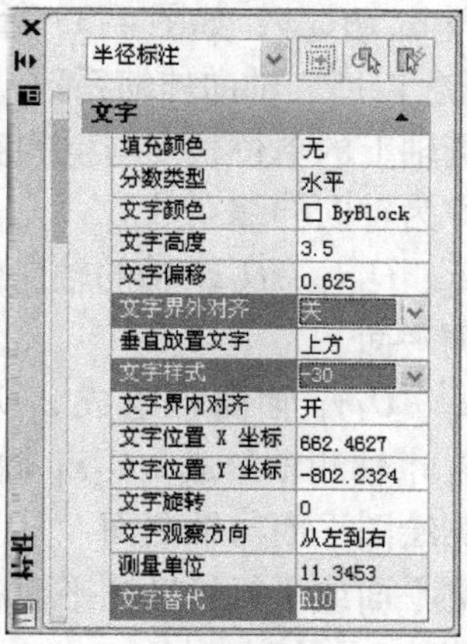

图 4-30　关闭"文字界外对齐"，修改文字样式，文字替代为 *R*10

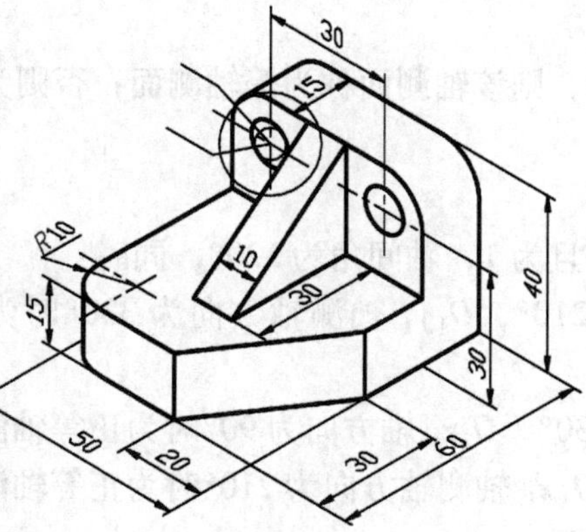

图 4-31　调整 *R*10 位置，删除参考线辅助圆，画出参考线辅助圆

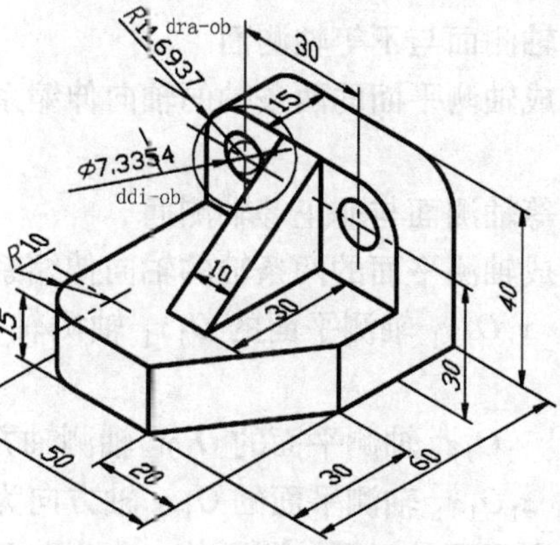

图 4-32　标注辅助圆，尺寸线位置指定为参考线的端点

相关知识与操作

一、轴测图

1. 基本知识

轴测图

轴测图是一种具有很强立体感的平面图形。

『概念』13　轴测轴

空间直角坐标轴 Ox、Oy、Oz 在轴测投影面上的投影 O_1x_1、O_1y_1、O_1z_1 称为轴测轴，如图 4-33 所示。

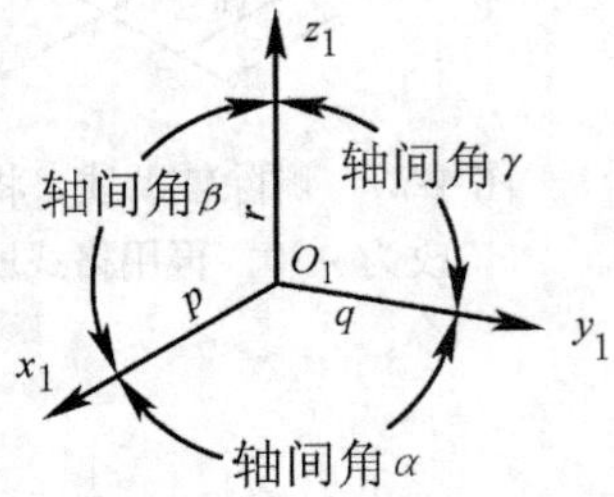

图 4-33　轴测轴与轴间角

『概念』14　轴间角

两轴测轴之间的夹角 $\angle x_1O_1y_1$、$\angle y_1O_1z_1$、$\angle x_1O_1z_1$ 称为轴间角 α、β、γ，如图 4-33 所示。

『概念』15　轴向伸缩系数

轴测轴上的单位长度与空间直角坐标轴上对应单位长度的比值称为轴向伸缩系数。

O_1x_1、O_1y_1、O_1z_1 轴的轴向伸缩系数分别用 p、q、r 表示。

轴测平面

O_1x_1、O_1y_1 轴测轴组成 $x_1O_1y_1$ 轴测平面，O_1y_1、O_1z_1 轴测轴组成 $y_1O_1z_1$ 轴测平面，O_1z_1、O_1x_1 轴测轴组成 $z_1O_1x_1$ 轴测平面。

轴测绘图平面与轴测面

轴测平面或平行于轴测平面的平面为轴测绘图平面，简称轴测面。

轴测性——轴向测量

“轴测”就是“轴向测量”的意思，在轴测绘图平面上，平行于轴测轴的直线可以按长度及其比例绘出。不平行于轴测轴的线段不具有轴测性。

等轴测面与不等轴测面

组成轴测平面的两条轴的轴向伸缩系数相等，则该轴测面称为等轴测面；否则为不等轴测面。

正等轴测面与非正等轴测面

组成轴测平面的两条轴的轴向伸缩系数相等且为 1，轴间角为 120°，同时：

1）$x_1O_1y_1$ 轴测平面的 O_1x_1 轴测轴方向为 210°，O_1y_1 轴测轴方向为 330°时为正等轴测面。

2）$y_1O_1z_1$ 轴测平面的 O_1y_1 轴测轴方向为 330°，O_1z_1 轴方向为 90°时为正等轴测面。

3）$z_1O_1x_1$ 轴测平面的 O_1z_1 轴方向为 90°，O_1x_1 轴测轴方向为 210°时为正等轴测面。

轴测面不是正等轴测面的，称为非正等轴测面。

正交轴测面与非正交轴测面

组成轴测平面的两条轴正交，即两条轴的轴间角为 90°，则轴测面为正交轴测面；否则为非正交轴测面。

正交等轴测面与非正交等轴测面

组成轴测平面的两条轴正交，轴向伸缩系数相等且为1，则轴测面称为正交等轴测面；否则为非正交等轴测面。

2. 禁则与注意事项

根据轴测图的特性，在轴测面上绘制图形时有下列禁则和注意事项：

『特别注意』21 在非正交轴测面上没有偏侧复制（偏移）操作

『特别注意』22 在非正交等轴测面上一般没有圆和圆弧，不使用圆角操作

『特别注意』23 在非正交轴测面上没有正多边形、矩形、镜像和矩形阵列操作

『特别注意』24 在非正交等轴测面上慎用旋转与环形阵列操作

3. 轴测图的分类

『制图知识』3 按照投影方向，轴测图分为正轴测图和斜轴测图两大类

『制图知识』4 按照轴向伸缩系数的不同，轴测图分为等测、二测和三测三种

A. 等测轴测图——三条轴测轴的轴向伸缩系数相等。

B. 二测轴测图——有两个轴向伸缩系数，有两条轴测轴的轴向伸缩系数相等。

C. 三测轴测图——有三个轴向伸缩系数，三条轴测轴的轴向伸缩系数均不同。

『制图知识』5 两类三种轴测图合并起来成为正等、正二、正三、斜等、斜二、斜三六种轴测图

A. 正（或斜）等测轴测图，简称正（斜）等测图，$p=q=r$。

B. 正（或斜）二测轴测图，简称正（斜）二测图，$p=q\neq r$，$p\neq q=r$，$r=p\neq q$。

C. 正（或斜）三测轴测图，简称正（斜）三测图，$p\neq q\neq r\neq p$。

『制图知识』6 按照投影面的位置不同，斜轴测图可以分为正面与水平斜轴测图

在斜轴测图中，若投影面平行于正立面（V面）或水平面（H面）时，可在有关名称前面再加上“正面”或“水平”二字。如正面斜等测图、水平斜二测图等。

4. 绘图步骤方法

『绘图步骤方法』5 绘制轴测图的基本步骤方法

01#，设置控制——设置SNAP控制正交或设置极轴控制级轴。

1#，绘图——直线法或轴向复制法。

2#，标注——轴测图尺寸标注步骤方法。

3#，其他——其他处理。

重复执行1#~3#步骤，绘制并标注出所有的图形和尺寸。

二、正等轴测图

1. 基本知识

正等轴测图与非正等轴测图

三个轴测面均为正等轴测面的轴测图为正等轴测图，如图4-34所示，简称正等测图；否则为非正等轴测图。

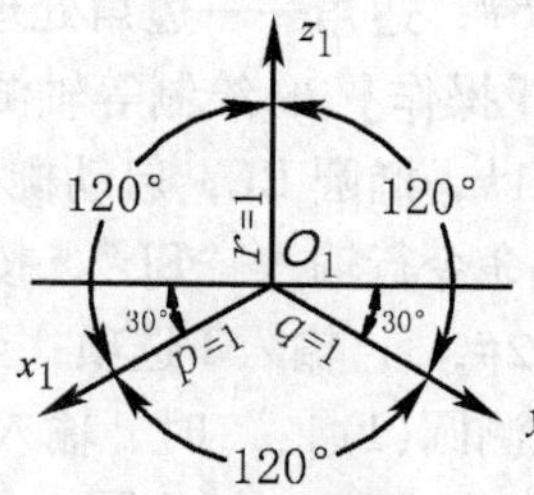

图4-34　正等轴测图的轴间角与轴向伸缩系数

『制图知识』7 正等轴测图的轴间角为120°

『制图知识』8 正等轴测图轴向伸缩系数为0.82

『制图知识』9 正等轴测图的简化轴向伸缩系数为1

为简便作图，按国家标准规定，实际绘制正等测图时采用

$p=q=r=1$ 的简化轴向伸缩系数，如图 4-34 所示。

『制图知识』10 在轴测图中，轴向伸缩系数为 1 的轴向直线可以直接按尺寸画出

『制图知识』11 在轴测图中，非轴向直线由轴向直线确定两端点后连线画出

2. 绘图步骤方法

『绘图步骤方法』6 SNAP 正交控制绘制正等轴测图的步骤方法

01#，SNAP 正交——设置 SNAP 光标捕捉为等轴测模式，打开正交控制。

1#，绘图——直线法或轴向复制法。

2#，标注——轴测图尺寸标注步骤方法。

3#，其他——按 <F5> 键选择等轴测平面，其他处理。

重复执行 1# ~ 3#步骤，绘制并标注出所有的图形和尺寸。

正等轴测面上的图形可以采用 SNAP 正交控制绘图的步骤方法进行绘制。

『绘图步骤方法』7 SNAP 正交控制直线法绘制正等轴测图的步骤方法

01#，SNAP 正交——设置 SNAP 光标捕捉为等轴测模式，打开正交控制。

0#，直线——沿轮廓走直线。

2#，边角——边角处理。

3#，其他——按 <F5> 键选择等轴测平面，其他处理。

重复执行 0#、2#、3#步骤，绘制出图形。

4#，标注——轴测图尺寸标注步骤方法。

『绘图步骤方法』8 SNAP 正交控制轴向复制法绘制正等轴测图的步骤方法

01#，SNAP 正交——设置 SNAP 光标捕捉为等轴测模式，打开正交控制。

0#，直线——画轴向直线、其他方向直线或等轴测圆。

1#，复制——轴向复制。

2#，边角——边角处理。

3#，其他——按 <F5> 键选择等轴测平面，其他处理。

重复执行 1# ~ 3#步骤，绘制出图形。

4#，标注——轴测图尺寸标注步骤方法。

『绘图步骤方法』9 正等轴测图中等轴测弧圆绘制的步骤方法

1#，圆心——确定圆心——轴向复制两线，距离为半径，交点为圆心。

2#，圆——绘制等轴测圆——椭圆命令“I”选项。

3#，复制——复制或轴向复制等轴测圆。

4#，公切线——椭圆公切线——绘制轴测弧圆切线的步骤方法。

5#，边角——边角处理。

『操作』79 绘制等轴测圆——椭圆的操作

1#，椭圆 EL，启动椭圆命令：单击绘图工具栏的“椭圆”按钮（图 2-19、图 4-35），或在命令行输入“EL”，按 <Enter> 键，启动椭圆命令。

2#，I，输入 I 选项：当命令行提示“指定椭圆轴的端点或［圆弧（A）/中心点(C)/等轴测圆(I)］:”时，输入“I”选项。

3#，圆心，输入圆心：当命令行提示“指定等轴测圆的圆心：”时，输入一点作为圆心，如捕捉输入交点作为圆心，如图 4-35 所示。

4#，F5，或按 <F5> 键改变等轴测圆的绘制平面：如图 4-36 所示。

5#，半径，或输入半径：当命令行提示“指定等轴测圆的半径或［直径（D）］：”时，输入半径“10”，按 <Enter> 键（图 4-36）；绘制完成，如图 4-18 所示。

6#，D：或输入“D”直径选项。

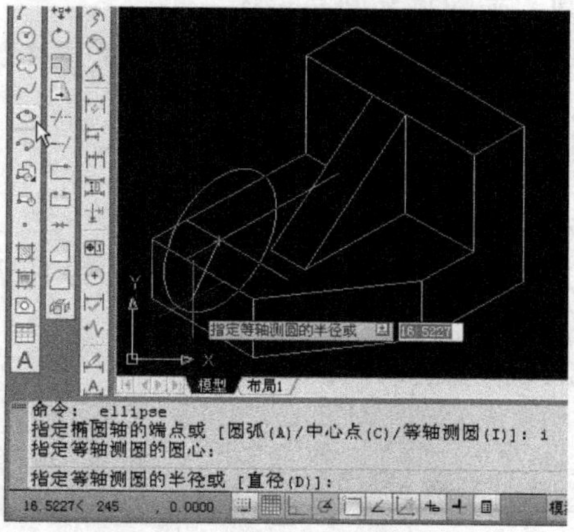

图 4-35　画等轴测圆，启动椭圆命令，输入“I”选项，指定圆心

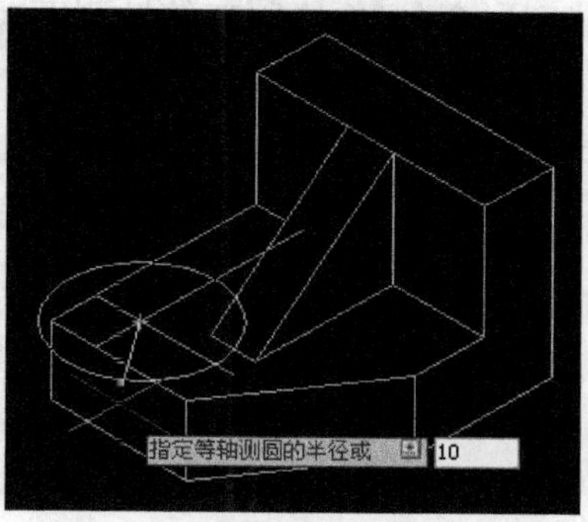

图 4-36　按 <F5> 键改变画等轴测圆的平面，输入半径

7#，直径：或输入直径。

『操作』80 正等轴测图中绘制等轴测弧圆切线的操作

1#，切向线，绘制切线方向直线：绘制直线 *La*（图 4-37、图 4-38）、已有直线 *L*1（图 4-19）或已有直线 *L*6（图 4-21）。

2#，垂线，自等轴测弧圆圆心画切线方向直线的垂线：第一点捕捉输入等轴测圆的圆心，第二点捕捉输入直线 *La* 的垂足点，绘制直线 *Lb*；或连接角点与等轴测圆圆心点画直线 *Lb* 作 *L*1、*L*6 的垂线，如图 4-19、图 4-21 所示。

3#，切线，自垂线与弧圆的交点画切线：自交点沿 x 轴向右上或左下、沿 y 轴向右下或左上、沿 z 轴向上或向下绘制直线 *Lc*，如图 4-37、图 4-38、图 4-19、图 4-21 所示。

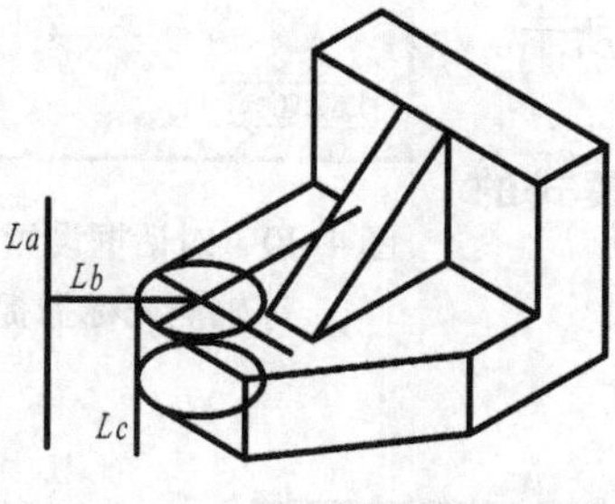

图 4-37　左角处画切线方向直线，画垂线，画切线

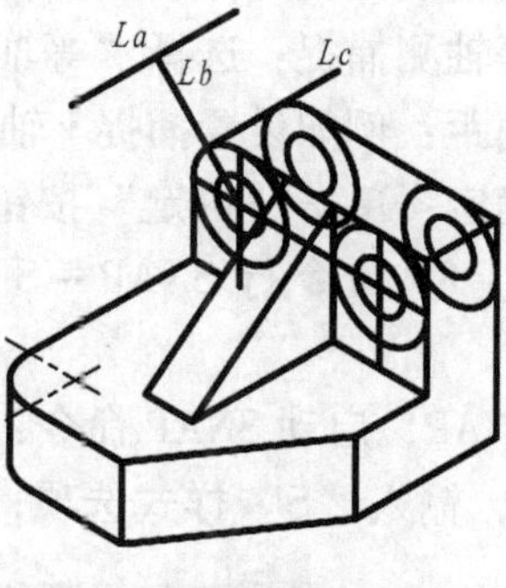

图 4-38　左上角处画切线方向直线，画垂线，画切线

4#，删除，删除辅助线：删除直线 *La*、*Lb*、*L*1、*L*6。

3. 要点、禁则与注意事项

『特别注意』25 正等轴测图设置控制的要点为设置 SNAP 控制正交

『特别注意』26 绘制正等轴测图时禁止使用偏移操作

『特别注意』27 绘制正等轴测图时禁止使用偏侧复制绘图法

『特别注意』28 绘制正等轴测图时不要使用画圆、画圆弧和圆角操作

『特别注意』29 绘制正等轴测图时不要使用正多边形、矩形、镜像、矩形阵列操作

『特别注意』30 绘制正等轴测图时慎用旋转与环形阵列操作

4. SNAP 的设置

『操作』81 命令行 SNAP – S – I – 1 设置等轴测模式的操作

1#，SNAP，启动 SNAP 命令：在命令行输入“SNAP”，按 <Enter> 键，如图 4-39 所示。

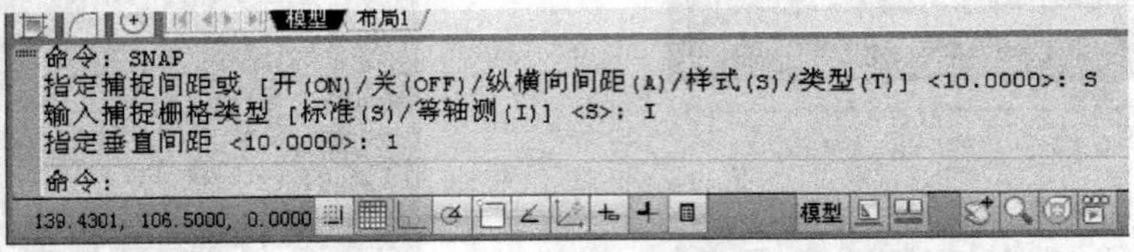

图 4-39　命令行 SNAP 命令设置光标捕捉等轴测模式的操作

2#，S，输入“S”样式选项，按 <Enter> 键。

3#，I，输入“I”选项，选择光标捕捉为等轴测栅格类型，按 <Enter> 键。

4#，1，输入 1，指定垂直间距为 1，按 <Enter> 键，如图 4-39 所示，结束。

『操作』82 对话框设置等轴测光标捕捉的操作

1#，草图：调用草图设置对话框，如图 3-28 所示。

2#，捕捉和栅格：单击“捕捉和栅格”选项卡，如图 4-40所示。

3#，捕捉：勾选“启用捕捉”。

4#，栅格捕捉：选择“栅格捕捉”。

5#，等轴测捕捉：选择“等轴测捕捉”。

6#，间距：例如设置捕捉 y 轴间距为 1，如图 4-40 所示。

7#，确定：单击“确定”按钮，完成设置。

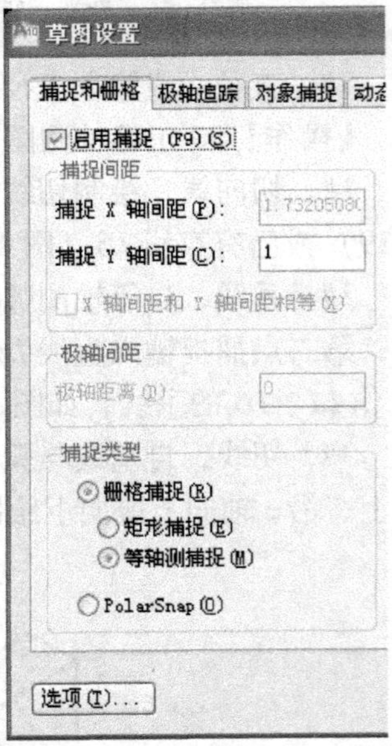

图 4-40　对话框设置 SNAP 等轴测光标捕捉

『操作』83 命令行 SNAP – S – S – 1 设置回标准模式的操作

1#，SNAP，启动 SNAP 命令：如图 4-41 所示。

2#，S，输入“S”样式选项，按 <Enter> 键。

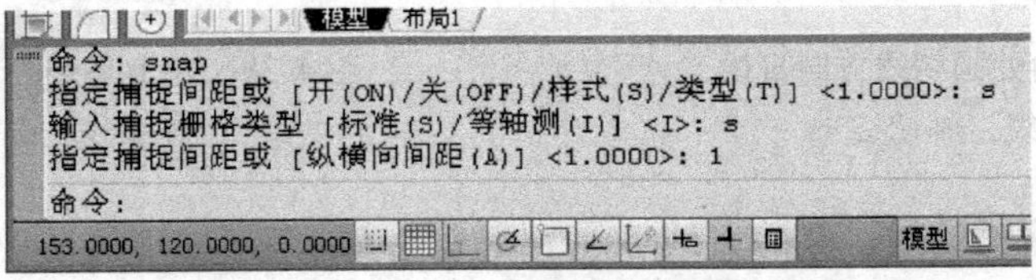

图 4-41　命令行 SNAP 命令设置回标准模式的操作

3#，S，选择“S”光标捕捉标准栅格类型，按<Enter>键。

4#，1，指定捕捉间距为1，按<Enter>键；如图4-41所示，结束。

『特别提示』39 SNAP设置后，不需要时可以将光标捕捉关闭

『操作』84 按<F9>键或单击状态栏的“捕捉模式”按钮打开或关闭光标捕捉

设置光标捕捉SNAP并打开后，有时会对绘图操作产生干扰，可以按<F9>键或单击状态栏的“捕捉模式”按钮（图2-39）关闭光标捕捉，需要时再按<F9>键或单击“捕捉模式”按钮打开。

5. 光标形式与正等轴测坐标系的关系

在正等轴测模式下，按<F5>键，可以循环选择三个正等轴测平面，即正等轴测平面左、正等轴测平面上、正等轴测平面右，同时光标形式也会改变，如图2-33所示。

光标形式与正等轴测坐标系的关系见表4-3。

表4-3 光标形式与正等轴测坐标系的关系

看图方向	光标形式	轴测轴与轴测平面图示	轴测轴	轴测面	正交控制方向
等轴测平面左视	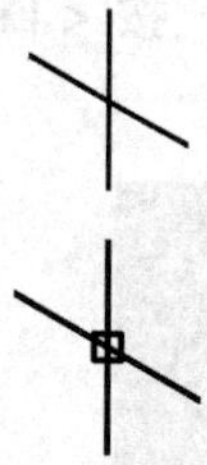	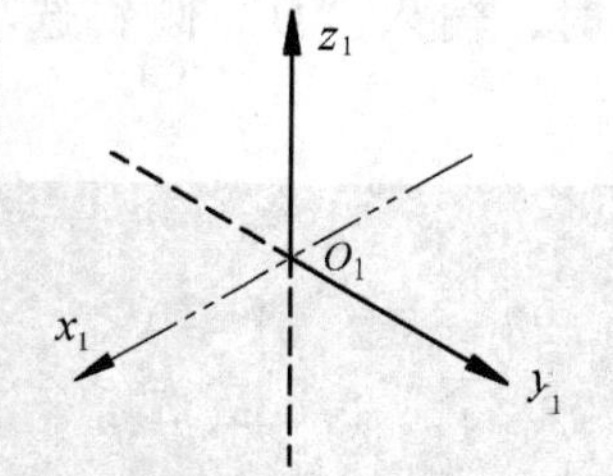	O_1y_1 轴测轴 O_1z_1 轴测轴	$y_1O_1z_1$ 轴测面	O_1y_1 轴方向 O_1z_1 轴方向
等轴测平面俯视	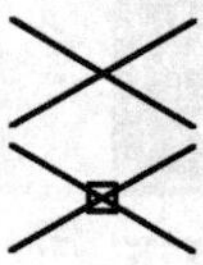	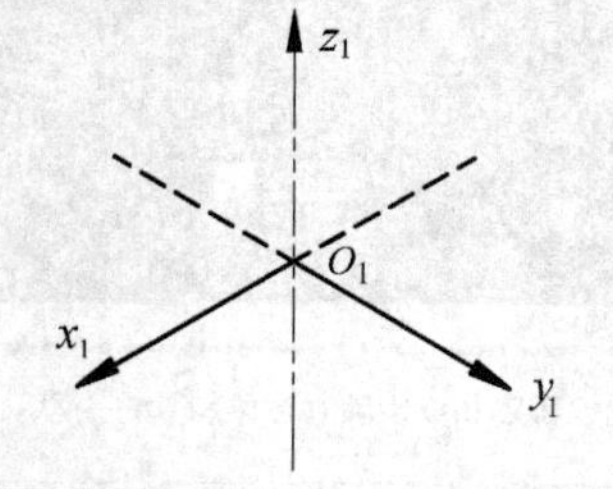	O_1x_1 轴测轴 O_1y_1 轴测轴	$x_1O_1y_1$ 轴测面	O_1x_1 轴方向 O_1y_1 轴方向
等轴测平面右视		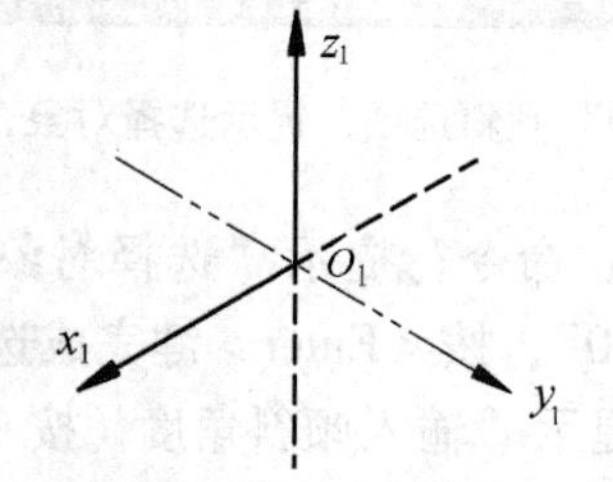	O_1x_1 轴测轴 O_1z_1 轴测轴	$z_1O_1x_1$ 轴测面	O_1x_1 轴方向 O_1z_1 轴方向

6. 轴测图中线性尺寸的标注与编辑

『绘图步骤方法』10 轴测图中线性尺寸标注与编辑的步骤方法

0#，设置当前图层——设置尺寸线图层为当前图层。

1#，标注横竖尺寸——标注竖向（Oz轴方向）或横向（Ox轴方向）尺寸。

2#，标注斜向尺寸——标注斜向（Oy轴方向）或斜向（Ox轴方向）尺寸。

3#，倾斜尺寸界线——修改尺寸界线的倾斜角度。

4#，设置倾斜文字——新建倾斜文字样式或新建倾斜文字的标注样式。

5#，修改数字样式——将尺寸数字改为倾斜文字。

6#，修改线性比例——在伸缩系数不为 1 的轴向所标注的尺寸需修改标注线性比例。

7#，辅助操作。

『软件知识』105 指定角度有数值式和两点式两种方式

『软件知识』106 指定角度的数值方式——在命令行输入数值指定角度

『软件知识』107 指定角度的两点方式——给定两点输入角度

当 AutoCAD 提示输入角度时，可以在命令行输入数值指定角度，也可以单击两点指定方向来给出角度。

『软件知识』108 正等轴测图中尺寸界线的倾斜角度为 30°、-30°、90°

『操作』85 用数值角度倾斜尺寸界线的操作

1#，编辑标注 DED，启动编辑标注命令：单击标注工具栏上的“编辑标注”按钮（图 2-21），或在命令行输入“DED”，按 <Enter> 键，启动编辑标注命令。

2#，O，输入“O”倾斜选项：命令行提示“输入标注编辑类型［默认（H）/新建（N）/旋转（R）/倾斜（O）］<默认>：”时，输入“O”倾斜选项，按 <Enter> 键，如图 4-42所示。

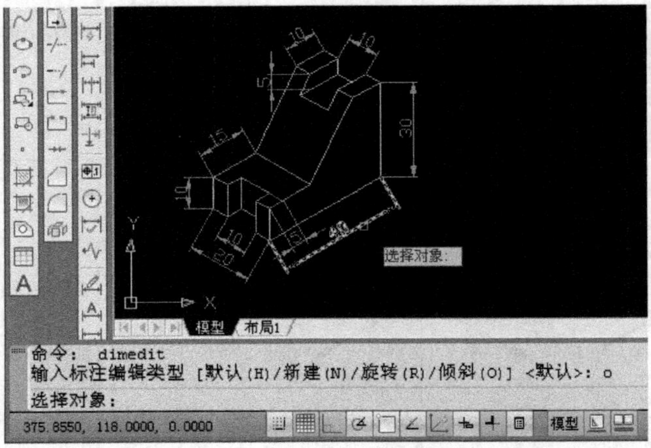

图 4-42　编辑标注，输入“O”倾斜选项，提示选择对象，选择尺寸 40

3#，选择，选择要倾斜的标注对象：命令行提示“选择对象：”（图 4-42），用光标选择需要倾斜的标注对象，如选择尺寸“40”，按 <Enter> 键完成选择，如图 4-43 所示。

4#，角度，指定倾斜角度：命令行提示“输入倾斜角度（按 ENTER 表示无）：”时，输入“-30”（图 4-43），按 <Enter> 键结束命令，同时指定修改的尺寸“40”倾斜，如图 4-44所示。

『操作』86 用两点给出角度倾斜尺寸界线的操作

0#，保存，置软件于待命状态：保存。

1#，尺寸：用光标选择需要倾斜的标注对象，如选择 10、15、10、30、5 五个尺寸，如图 4-44 所示。

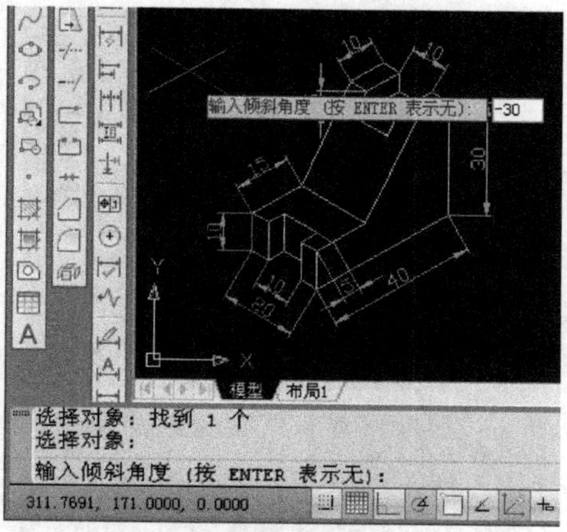

图4-43　编辑标注，选择输入倾斜对象后，指定倾斜角度 -30°

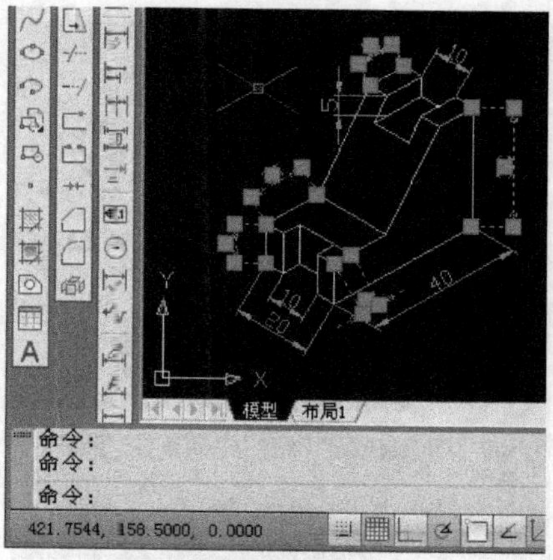

图4-44　编辑标注，完成尺寸40倾斜30°，再选择五个要倾斜的尺寸

2#，编辑标注 DED：按 <Enter> 键、单击“编辑标注”按钮或在命令行输入“DED”，按 <Enter> 键，启动命令。

3#，O，输入“O”倾斜选项：如图4-45所示。

4#，点一点，两点指定倾斜角度：用给定两点来输入角度，在命令行提示“输入倾斜角度（按 <ENTER> 键表示无）：”时，在屏幕空白处单击输入一点，如图4-45所示；命令行提示“指定第二点：”时，打开正交控制，光标拉动到 y 轴右下330°（或 y 轴左上150°）方向，如图4-45所示；在空白处单击输入第二点，指定修改的五个尺寸同时倾斜，命令执行完成，如图4-46所示。

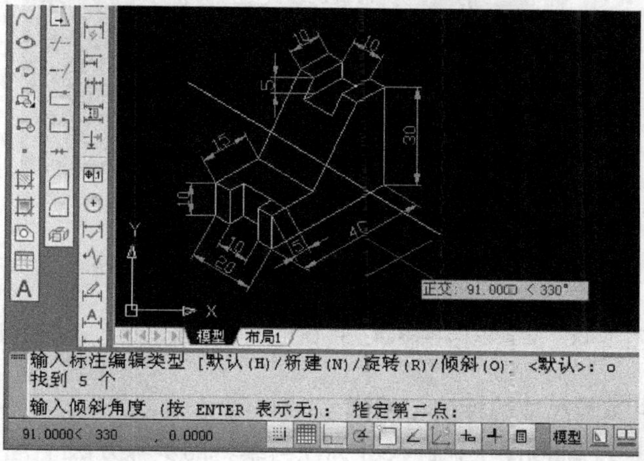

图4-45　编辑标注，输入“O”倾斜选项，输入一点，正交，光标拉动到 y 轴右下330°方向

继续执行倾斜操作，选择10、20、10三个尺寸，在任意空白区域单击输入一点，拉动光标向上（或向下）指定倾斜角度90，单击输入第二点，如图4-46所示，倾斜后如图4-47所示。

继续倾斜操作，选择尺寸5，在任意空白区域单击输入一点，拉动光标向到 x 轴右上30°（或 x 轴左下210°）方向，单击输入第二点，如图4-47所示倾斜后如图4-11所示。

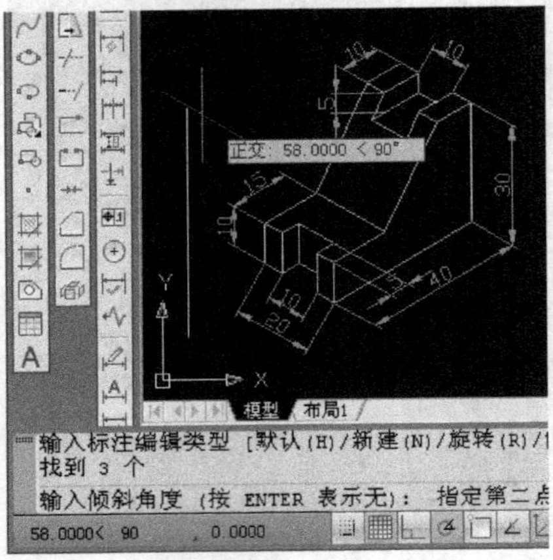

图 4-46 编辑标注—倾斜，选择三个尺寸，单击一点，正交，拉动光标向上指定倾斜角度 90°

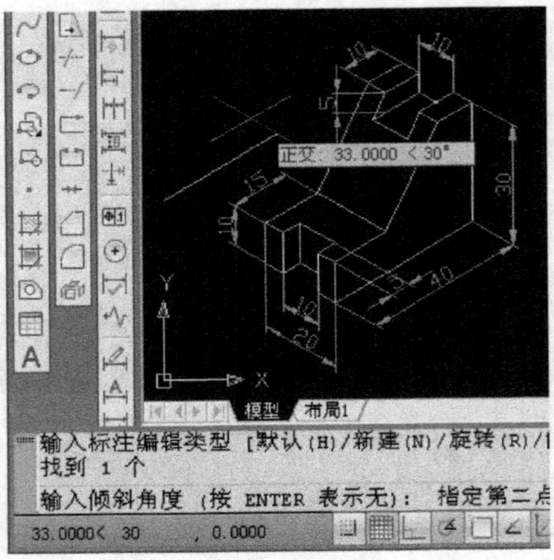

图 4-47 编辑标注—倾斜，选择尺寸 5，单击一点，正交，拉动光标向右上指定倾斜角度 30°

立挡块，倾斜尺寸 10，捕捉输入 L19 直线的下端点 12 和上端点 14 两点，指定倾斜角度（图 4-48），倾斜后如图 4-25 所示。

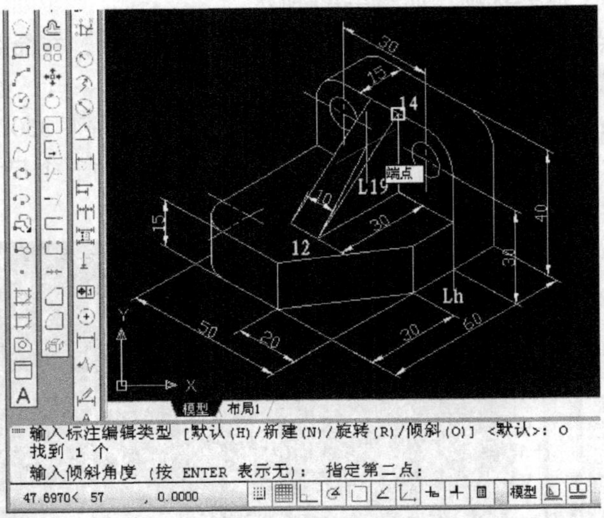

图 4-48 编辑标注—倾斜，选择尺寸 10、给定两点完成倾斜

7. 正等轴测图中弧圆尺寸的标注与编辑

『绘图步骤方法』11 轴测图中弧圆尺寸标注与编辑的步骤方法

1#，参考线——画出尺寸标注的参考线。

2#，交点辅助圆——过交点画尺寸标注的辅助圆。

3#，UCS——旋转 UCS 用户坐标系。

4#，定点标注——定点标注辅助圆半径或直径。

5#，替代——文字替代修改尺寸数字。

6#，水平——文字界外水平。

7#，倾斜——倾斜尺寸文字。

8#，位置——调整尺寸数字的位置。

9#，删除——删除辅助线（圆）。

10#，WCS——恢复 WCS 世界坐标系。

『操作』87 正等轴测图中弧圆尺寸标注的操作

1#，画出尺寸标注的参考线：极轴控制，直线命令，第一点为等轴测弧圆的圆心，画出半径或直径标注的参考线，再画出 x 轴向直线，如图 4-49 所示。

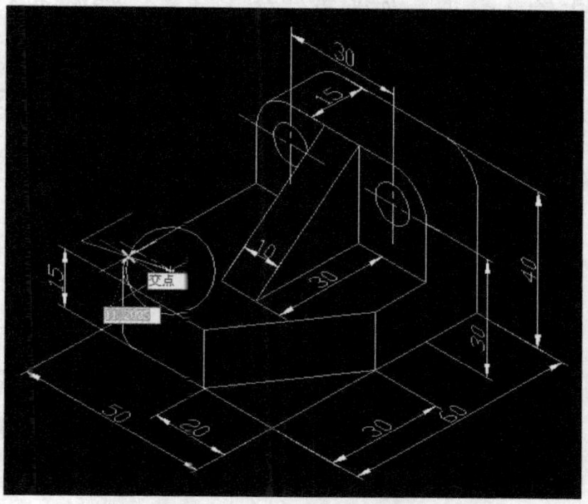

图 4-49 画参考线；以弧圆圆心为圆心，捕捉输入弧圆与参考线的交点为半径画辅助圆

2#，过交点画尺寸标注的辅助圆：用画圆命令，以等轴测弧圆的圆心为圆心，捕捉输入参考线与等轴测弧圆相交的交点为半径画圆，如图 4-49 所示。

3#，旋转 UCS：按『操作』93 操作，绕 z 轴旋转 UCS，如旋转 30°，如图 4-61 所示。

4#，定点标注辅助圆的半径或直径：标注半径，标注时尺寸线位置指定为参考线的端点，如图 4-29 所示。

标注时尺寸线位置指定为参考线的端点，则尺寸箭头指向等轴测弧圆与辅助圆的交点，此时，标注的尺寸既指向辅助圆，又指向等轴测弧圆，将对圆的标注转换成为对等轴测弧圆的标注。

5#，文字替代修改尺寸文字：按『操作』91 文字替代为 $R10$，如图 4-30 所示。

6#，文字界外水平：关闭“文字界外对齐”使文字界外水平，如图 4-30 所示。

7#，倾斜尺寸文字：按『操作』90 特性修改为倾斜的文字样式“－30”，如图 4-30 所示。

8#，调整尺寸数字的位置：按『操作』61 调整位置，如图 4-31 所示。

9#，删除：删除辅助线（圆），如图 4-31 所示。

10#，恢复 WCS 世界坐标系：命令行输入“UCS”按两次 <Enter> 键，恢复 WCS 世界坐标系。

三、直线的绘制

『操作』88 正交控制下（定点）画直线的操作

0#，正交：打开正交模式；或同时打开光标捕捉；或同时打开对象捕捉。

1#，直线 L，启动直线命令。

2#，第一点，输入第一点：光标在适当位置单击输入一点，或输入捕捉的点作为直线的第一点，如图 4-3 所示。

3#，拉动，拉动光标：命令行提示“指定下一点或［放弃（U）］：”，将正交控制约束下的光标向画线方向拉动，出现一条从第一点发出的指向光标的皮筋线——正交约束线，如果光标没有到达另一个正交约束方向，则不论光标怎样偏离正交约束线，也不会改变正交约束线的方向，如图 4-3、图 4-4、图 4-6、图 4-7 所示。正交约束方向在 SNAP 标准模式下为 x 轴水平、与 y 轴竖直方向，在 SNAP 等轴测模式下为 x、y、z 轴测轴方向。

4#，下一点，输入下一点：光标在适当位置单击输入一点；或者在命令行输入线段的长度数值，按 <Enter> 键输入一点；或当屏幕的方向距离显示到达所需要的数值时（图 4-3）单击输入一点，作为直线的下一点，如图 4-4 所示。

继续拉动光标（图 4-4），输入下一点（图 4-6）；再拉动光标输入下一点（图 4-7）。重复 3#、4#步骤操作，画出所有线段（图 4-5）。

5#，回车结束，按 <Enter> 键结束命令，返回软件待命状态。

四、角度

『概念』16 角度的基准方向

零角度的方向为角度的基准方向。

『软件知识』109 默认的角度基准方向为东方

AutoCAD 软件默认的零角度方向——角度的基准方向为正东方向（三点钟方向）。

角度的基准方向可以通过设置来改变。

『软件知识』110 默认的正角度方向按逆时针方向

AutoCAD 软件默认以角度的基准方向为起始方向，按逆时针方向旋转计算得到的角度值为正的角度值；按顺时针方向旋转计算得到的角度值为负的角度值。

正角度的旋转方向可以通过设置来改变。

五、文字样式、尺寸编辑

『操作』89 设置文字样式的操作

1#，样式，启动文字样式命令，打开文字样式对话框：单击“格式 \ 文字样式”菜单命令（图 4-50），或在命令行输入“STYLE”或“ST”按 <Enter> 键，启动文字样式设置的操作，调出“文字样式”对话框，如图 4-51 所示。

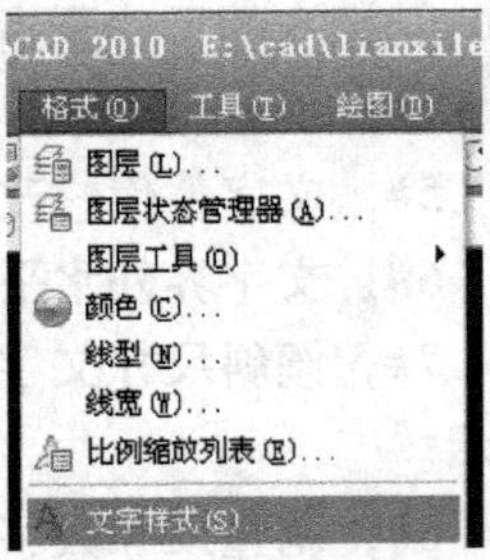

图 4-50　单击“文字样式”菜单项

2#，新建，或新建文字样式：单击对话框中的“新建”按钮，弹出“新建文字样式”对话框，系统会给出默认的样式名“样式 n”（n 为从 1 开始的数字）（图 4-52），给出新样式名如“hz”（图4-53），按“确定”按钮完成命名。

3#，重命名，对已有的文字样式重新命名：鼠标右键单击文字样式名，在弹出菜单单击“重命名”（图 4-54），可以修改文字样式名称，如图 4-55 所示。

4#，删除，或删除已有的文字样式：单击“删除”按钮，会弹出“acad 警告”对话框（图 4-56），单击“是”确认删除，单击“否”取消删除。

5#，当前，或设置当前文字样式：选择文字样式后，单击“置为当前”按钮，可以将选择的文字样式设置为当前文字样式。

6#，设置，对字体名、字体样式、高度、宽度因子、倾斜角度等进行设置：梯形楔块轴测图例图进行尺寸标注时，新建了“30”和“－30”两个倾斜的文字样式，如图 4-51、表 4-4 所示。

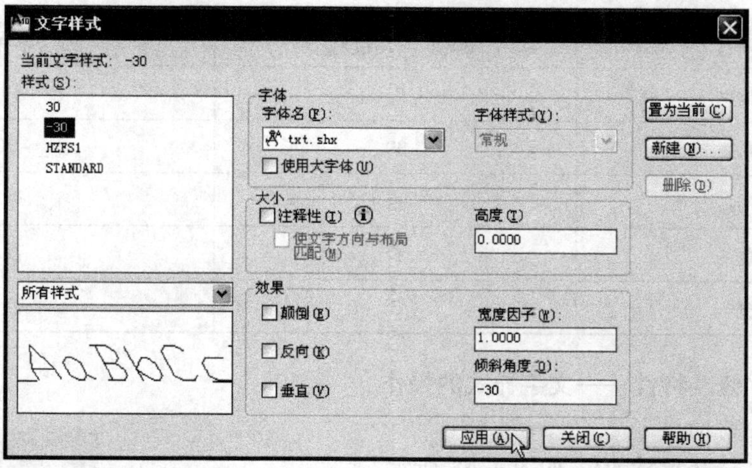

图 4-51 “文字样式” 对话框

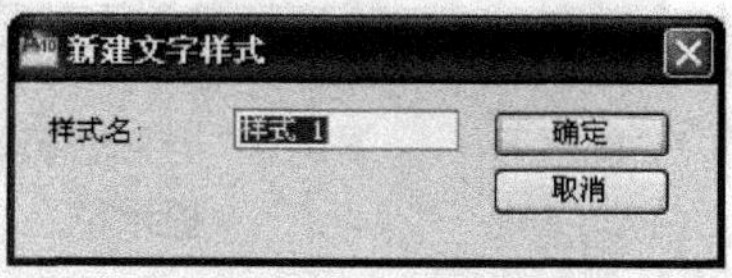

图 4-52　“新建文字样式” 对话框

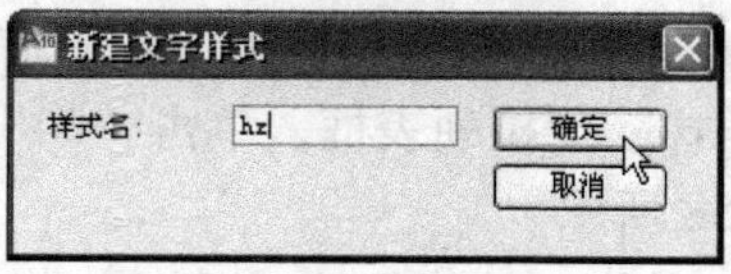

图 4-53　给出新文字样式名

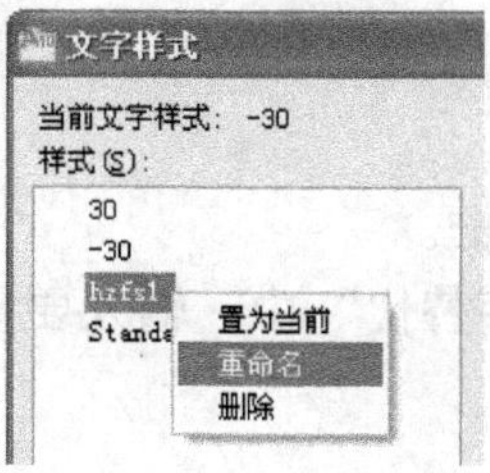

图 4-54　单击鼠标右键，重命名

图 4-55　重命名文字样式

7#，应用，点击应用按钮完成设置：新设置或修改设置的文字样式，设置完成后应单击“应用”按钮（图 4-51）来确定修改，使设置生效。

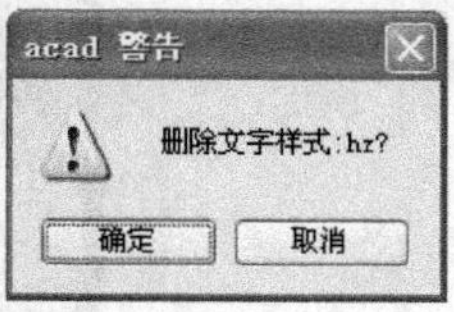

图 4-56　删除文字样式警告

8#，关闭，关闭文字样式对话框：如果出现“是否保存”提示对话框（图 4-57），单击“是”保存。

表 4-4　正等轴测图中设置的“30”和“-30”文字样式的参数

设置项目	30 文字样式设置	-30 文字样式设置
样式名	30	-30
字体名	txt.shx	txt.shx
大字体	无	无
高度	0	0

（续）

设置项目	30 文字样式设置	-30 文字样式设置
宽度比例	1	1
倾斜角度	30	-30
反向	否	否
倒置	否	否
垂直	否	否

『操作』90 修改特性——文字样式的操作

0#，保存，待命。

1#，尺寸：选择尺寸 40，如图 4-58 所示。

2#，特性（Ctrl +1），调用特性命令弹出“特性”对话框：按 < Ctrl +1 > 键，如图 4-58 所示。

3#，文字样式：在特性对话框的“文字”特性类别中，单击“文字样式”下拉列表框，单击“30”或“-30”改换文字样式，如图 4-58 所示。

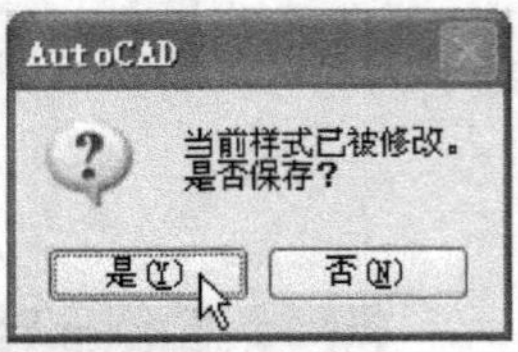

图 4-57 样式修改保存提示框

4#，关闭，关闭特性对话框。

5#，保存，执行保存取消选取：如图 4-11 所示。

『操作』91 修改特性——文字替代的操作

0#，保存，待命。

1#，尺寸：选择 R11. 3453 尺寸，如图 4-29 所示。

2#，特性（Ctrl +1），调用特性命令弹出“特性”对话框。

3#，替代，文字替代：在“文字”特性类别中的“文字替代”中，输入要替代的文字，如输入“*R*10”，如图 4-30 所示。

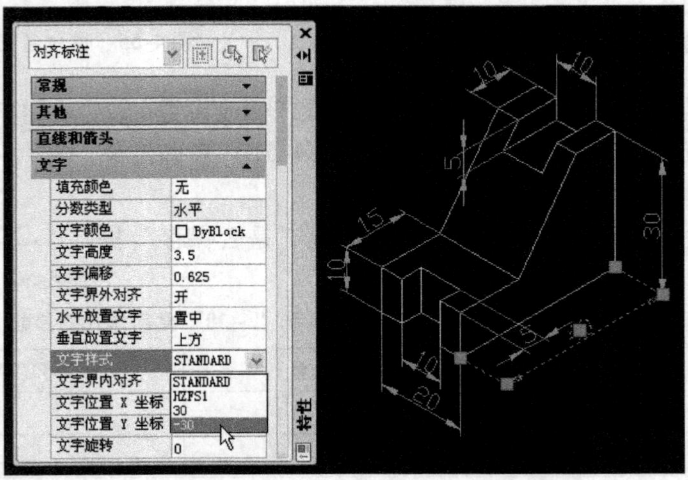

图 4-58 特性修改，40 尺寸文字样式改为“-30”

4#，关闭，关闭特性对话框。

5#，保存。

六、直线的穴点拉伸

『操作』92 穴点拉伸直线端点拉长或缩短直线，或改变直线角度的操作

0#，保存，待命。

1#，选线，选择要拉伸的直线：选择 *Lj* 直线，如图 4-59 所示。

2#，端点，吸持要拉伸直线的端点：单击吸持 *Lj* 直线的左下端点穴点，如图 4-59 所示。

3#，拉伸，移动光标拉伸直线的端点：向 *x* 轴左下方向移动光标，拉伸 *Lj* 直线的左下端点并拉长直线，如图 4-59 所示。

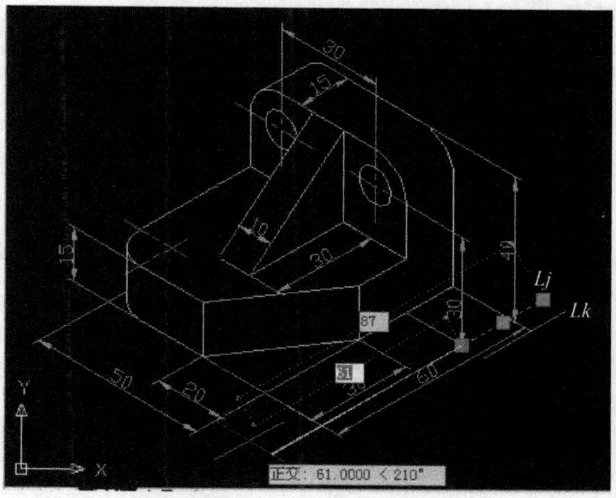

图 4-59　穴点拉伸直线端点拉长直线

4#，目的点，输入所拉伸直线端点的目的点：拉伸 *Lj* 直线左下端点到适当位置，单击输入一点作为该端点的新位置，如图 4-59 所示。

5#，保存，保存取消选择，结束。

七、旋转 UCS

『操作』93 绕轴旋转 UCS 的操作

0#，保存，待命。

1#，UCS：在命令行输入“UCS”，按 <Enter> 键，启动 UCS 命令，如图 4-60 所示。

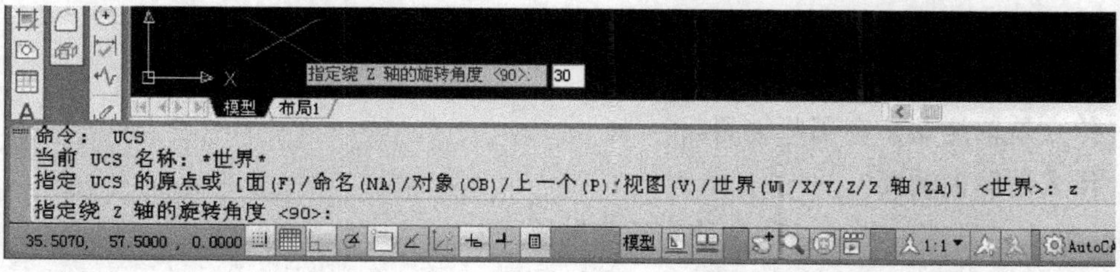

图 4-60　绕轴旋转 UCS 的操作

2#，X/Y/Z：输入“X”或“Y”或“Z”选项按 <Enter> 键，确定 UCS 绕 *x*、*y* 或 *z* 轴旋转，例如输入“Z”按 <Enter> 键，UCS 绕 *z* 轴旋转，如图 4-60 所示。

也可以直接单击“UCS”工具栏的按钮，同时执行第 0#～2#步骤，启动 UCS 操作，例如可以单击“UCS”工具栏的“Z”按钮，启动绕 *z* 轴旋转 UCS 的操作，如图 4-62 所示。

3#，角度：输入旋转角度数值按 < Enter > 键，用户坐标系旋转成为新的 UCS，如输入角度 30（图 4-60），按 < Enter > 键后用户坐标系绕 z 轴旋转了 30°，如图 4-61 所示。

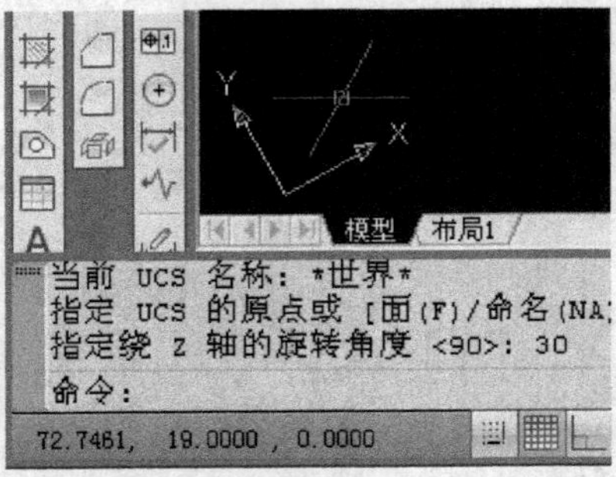

图 4-61　绕 z 轴 30°旋转 UCS

图 4-62　单击“UCS”工具栏“Z”按钮，启动绕 z 轴旋转 UCS 的操作

思考与练习

1. 思考题

1）轴测图有________个投影面。

A. 1　　B. 2　　C. 3　　D. 4

2）轴测图是________。

A. 平面图　　B. 立体图　　C. 平面图和立体图　　D. 三维图

3）什么是轴测轴？

4）什么是轴间角？

5）什么是轴向伸缩系数？

6）什么是轴测平面，有几个轴测平面？

7）“轴测”是什么意思？

8）什么是轴测面，有哪些轴测面？

9）什么是等轴测面？

10）什么是正等轴测面？什么是非正等轴测面？

11）什么是正交轴测面？什么是非正交轴测面？

12）什么是正交等轴测面？什么是非正交等轴测面？

13）为什么在非正交轴测面上及正等轴测图中不可以使用偏侧复制操作？

14）为什么在非正交等轴测面上及正等轴测图中一般没有圆和圆弧、不使用圆角操作？

15）什么是正轴测图？什么是斜轴测图？

16）等测、二测、三测轴测图是怎样划分的？

17）有哪六种轴测图？其特点是什么？

18）什么是正等轴测图？

19）正等轴测图的轴向伸缩系数、简化轴向伸缩系数与轴间角分别有多少？

20）怎样按照尺寸绘制正等轴测图的图形？

21）绘制轴测图的基本步骤方法？

22）绘制正等轴测图应怎样设置和控制？

23）绘制正等轴测图的步骤方法？

24）正等轴测图中绘制等轴测弧圆的步骤方法？

25）绘制等轴测圆可以用圆心、半径或圆心、直径的方法绘制，这一说法对吗？

26）等轴测圆是椭圆，不可以用圆心、半径或圆心、直径的方法绘制，这一说法对吗？

27）两等轴测圆的公切线，可以用两圆公切线的绘制步骤方法进行绘制，这一说法对吗？

28）正等轴测图中绘制等轴测弧圆公切线的步骤方法？

29）为什么绘制正等轴测图时不可以使用偏侧复制绘图法？

30）怎样设置等轴测绘图模式，怎样设置标准绘图模式？

31）为什么绘图时会感觉光标移动不流畅，点击选择对象会感觉困难，会选择不到对象？

32）怎样关闭光标捕捉？

33）在等轴测模式下怎样改变图形绘制的等轴测平面？

34）在等轴测模式下怎样控制光标移动的方向？

35）改变等轴测平面的功能键是什么？控制正交的功能键是什么？

36）正等轴测图中尺寸标注与编辑的步骤方法是什么？

37）指定角度有哪两种方式？

38）怎样倾斜尺寸界线？

39）正等轴测图中轴向尺寸的倾斜角度是多少？

40）正等轴测图中非轴向尺寸怎样倾斜尺寸界线？

41）可以直接用直径标注、半径标注来标注等轴测圆和等轴测圆弧，这一说法对吗？

42）轴测图中弧圆尺寸标注与编辑的步骤方法是什么？

43）可以用对圆的直径标注、半径标注来替代成为对等轴测圆和等轴测圆弧的标注。这一说法对吗？

44）什么是角度基准方向？

45）AutoCAD 默认的角度基准方向是什么？默认的正角度方向是什么？

46）在轴测图中怎样倾斜文字？

47）正等轴测图中怎样设置倾斜的文字样式？

48）什么是 UCS？什么是 WCS？

49）为什么要旋转 UCS？

50）直径符号怎样标注？

2. 练习图

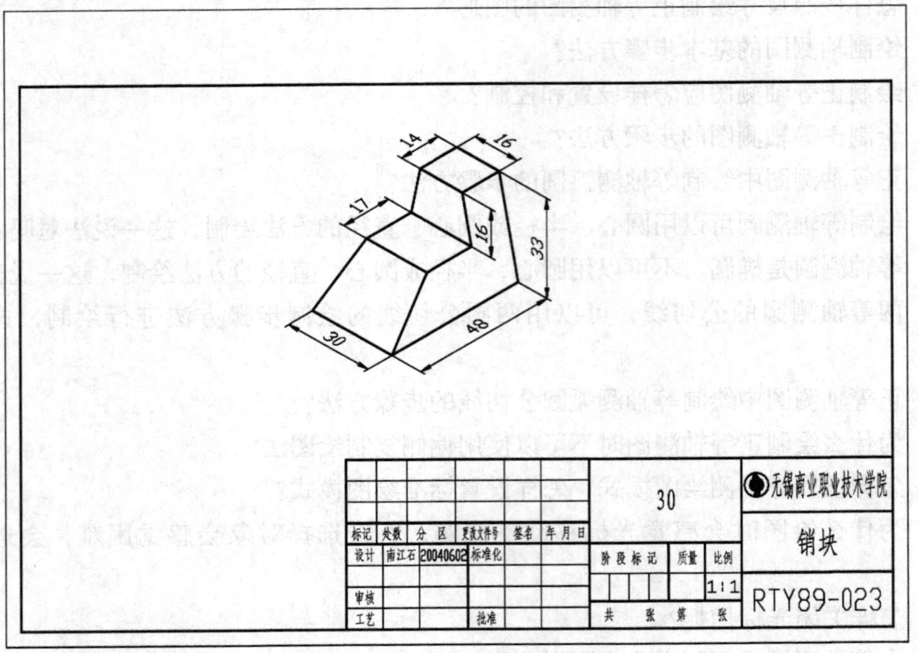

图 4-63　练习图 1 销块

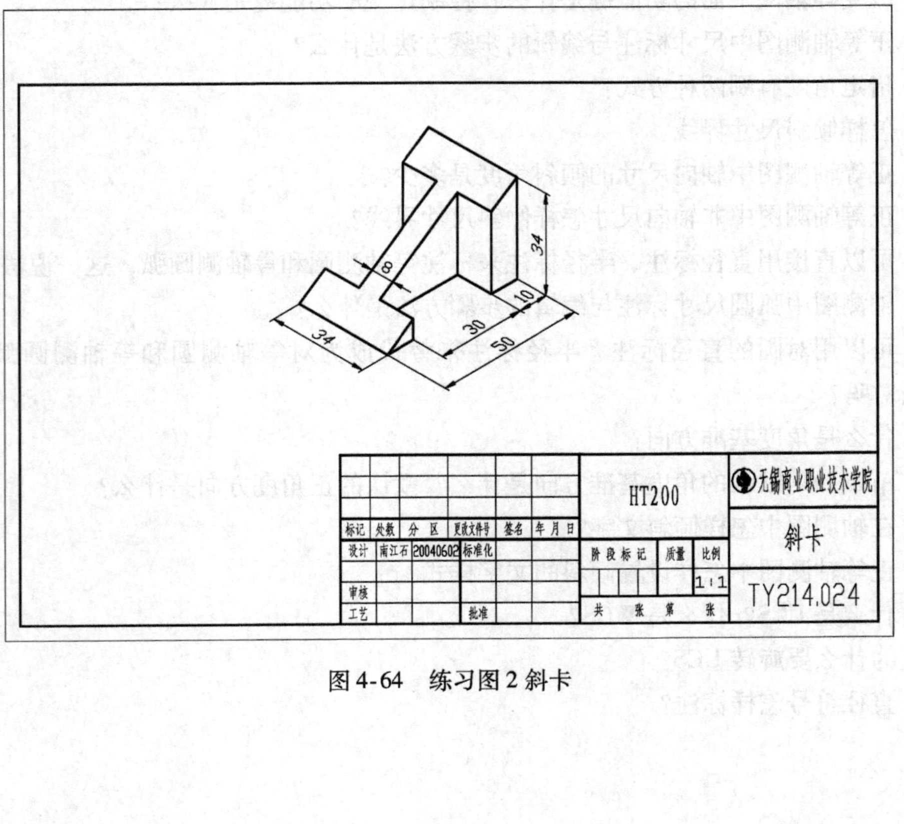

图 4-64　练习图 2 斜卡

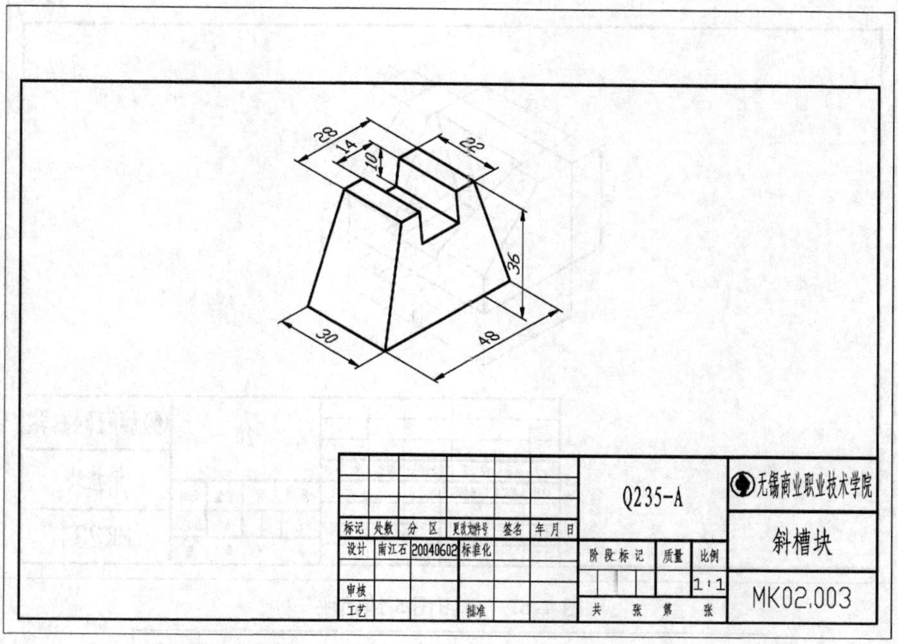

图 4-65　练习图 3 斜槽块

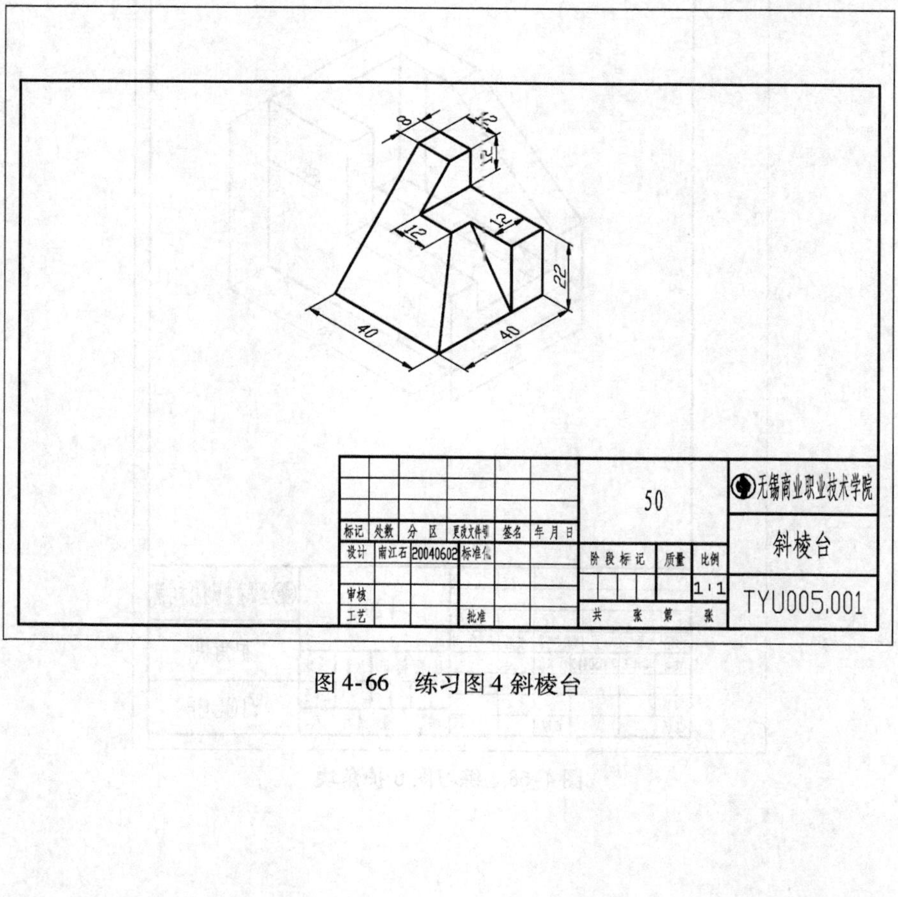

图 4-66　练习图 4 斜棱台

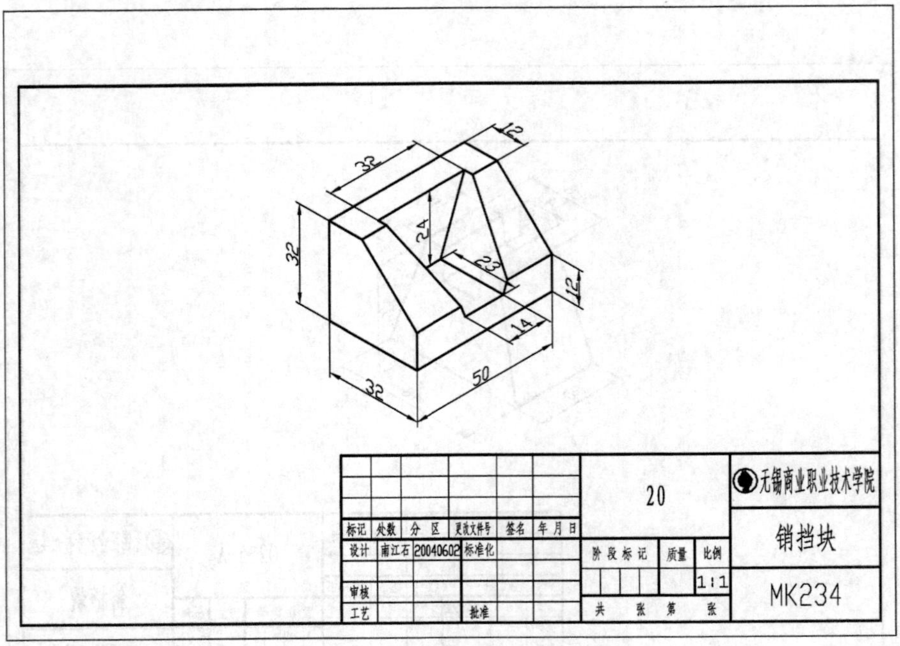

图 4-67　练习图 5 销挡块

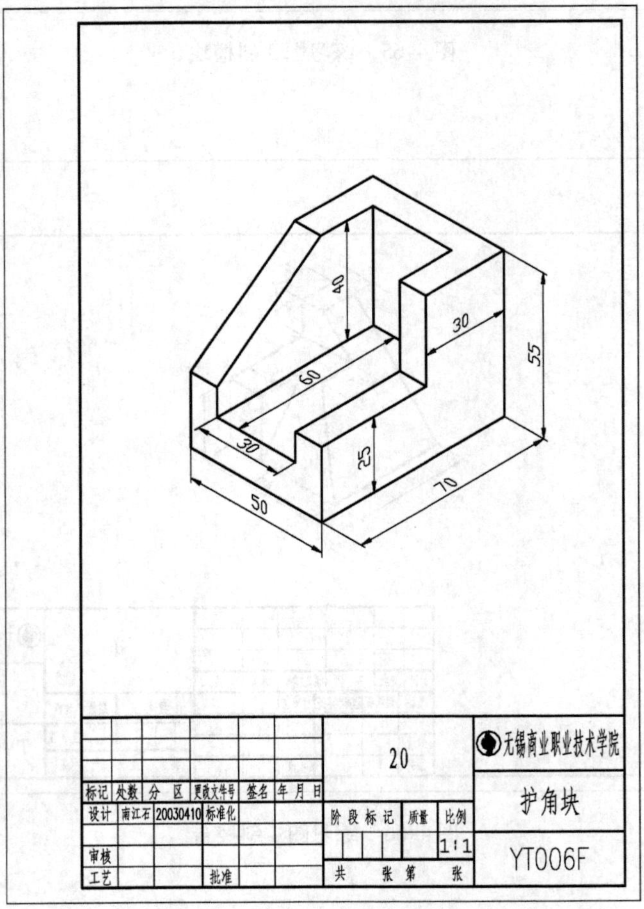

图 4-68　练习图 6 护角块

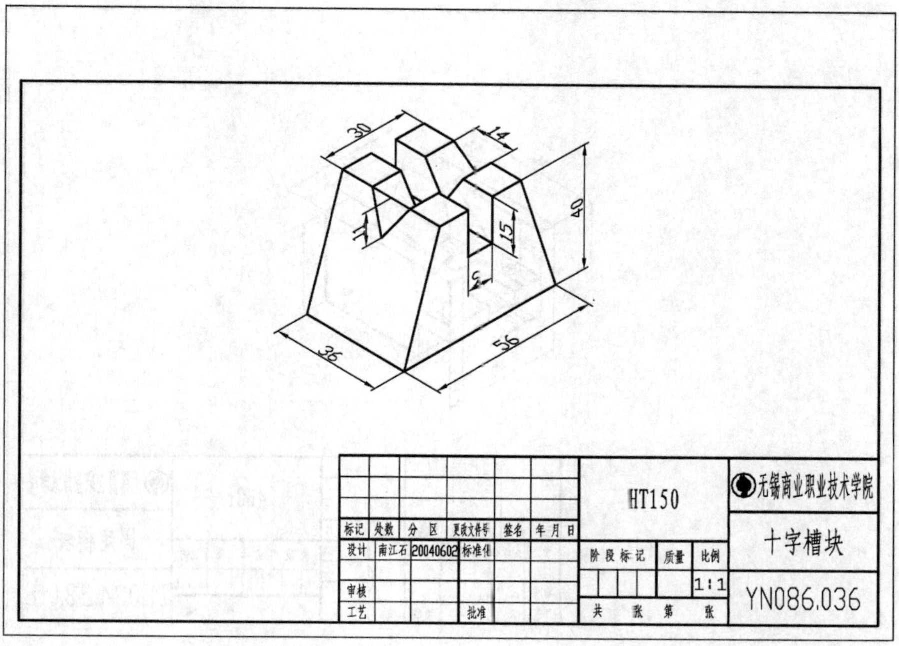

图4-69　练习图7 十字槽块

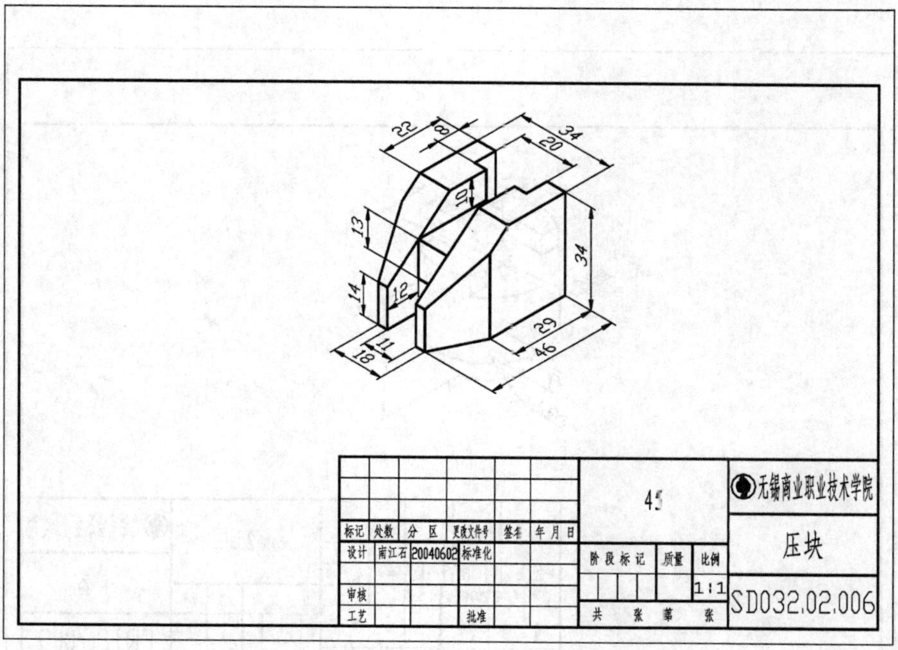

图4-70　练习图8 压块

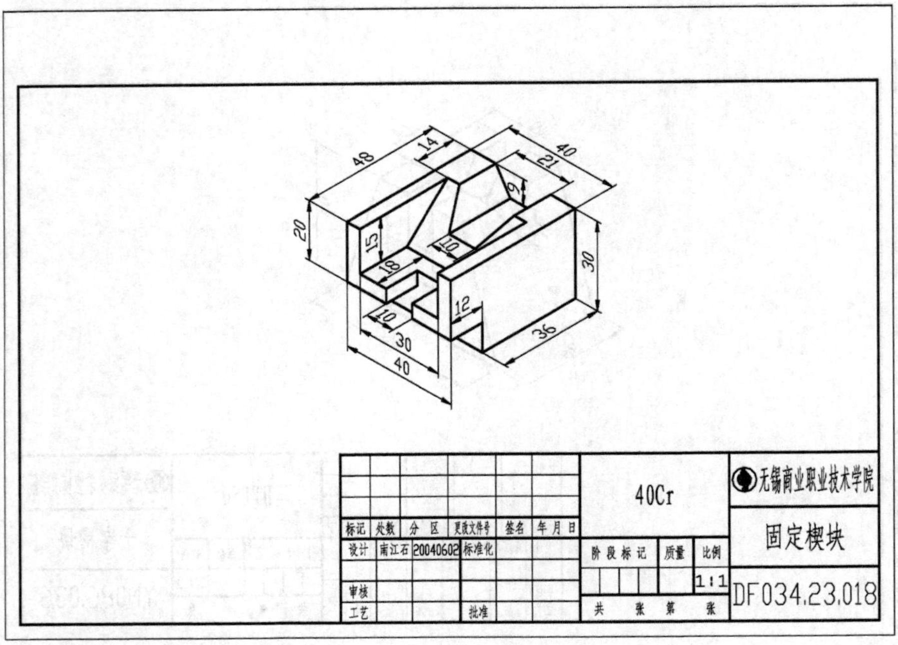

图 4-71　练习图 9 固定楔块

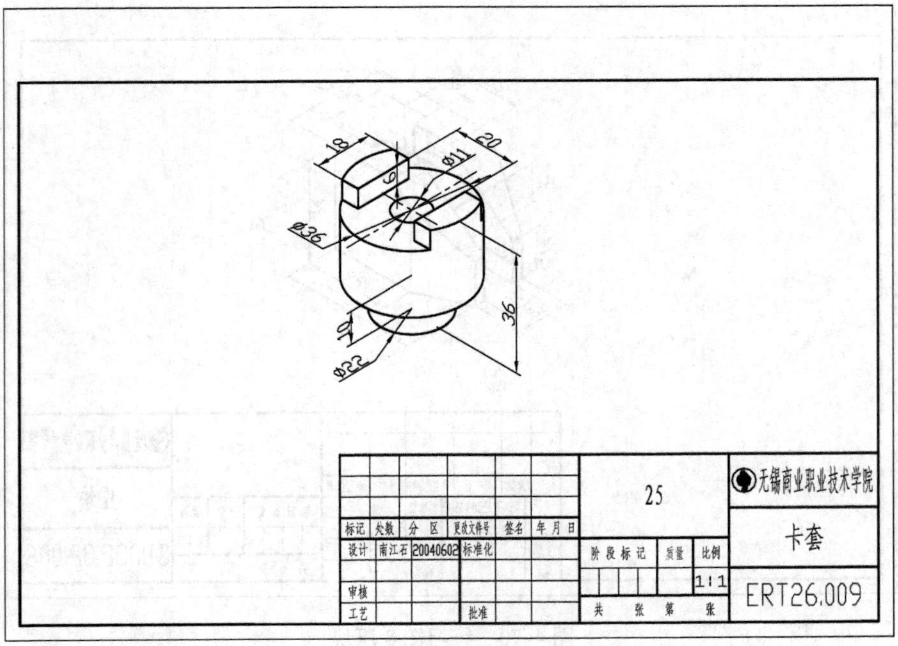

图 4-72　练习图 10 卡套

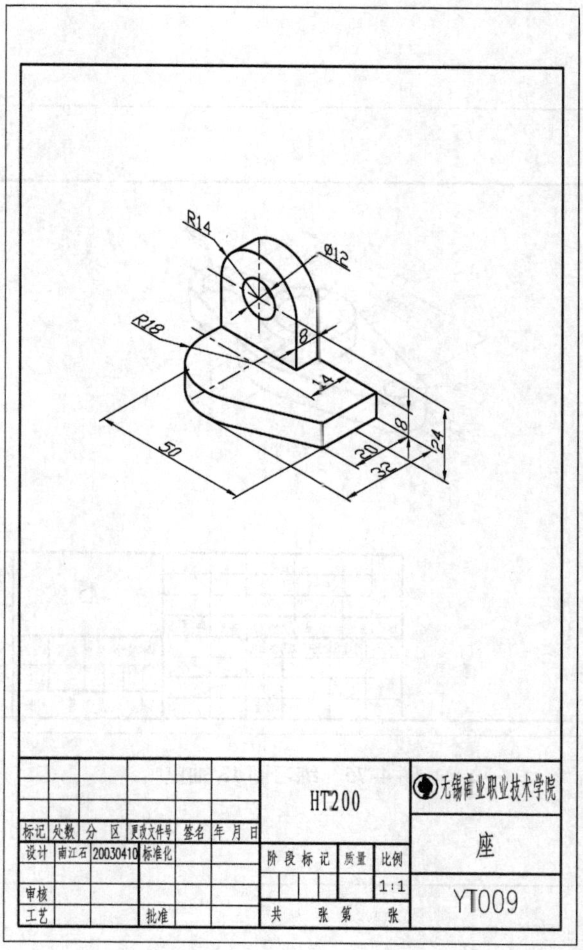

图 4-73　练习图 11 座

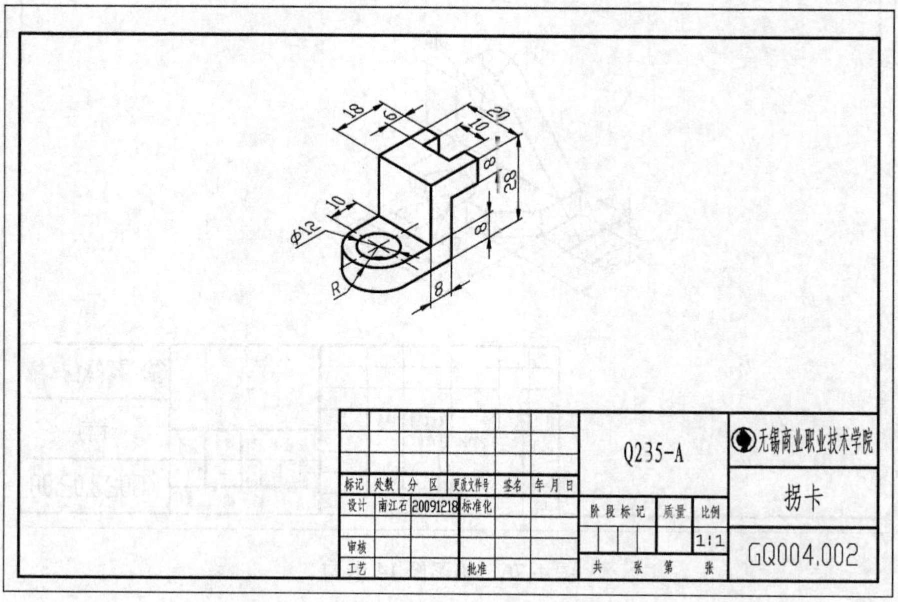

图 4-74　练习图 12 拐卡

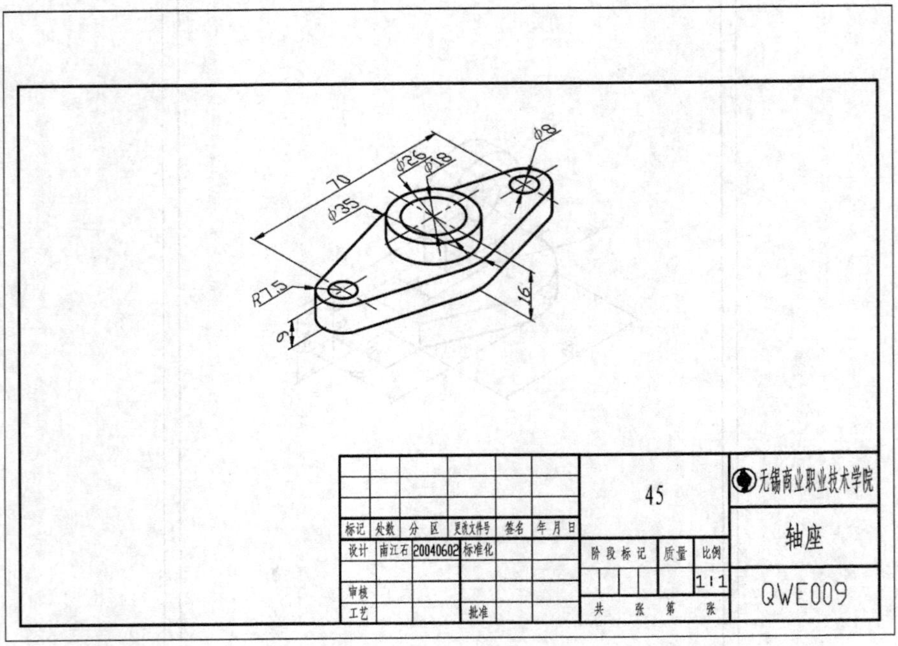

图 4-75　练习图 13 轴座

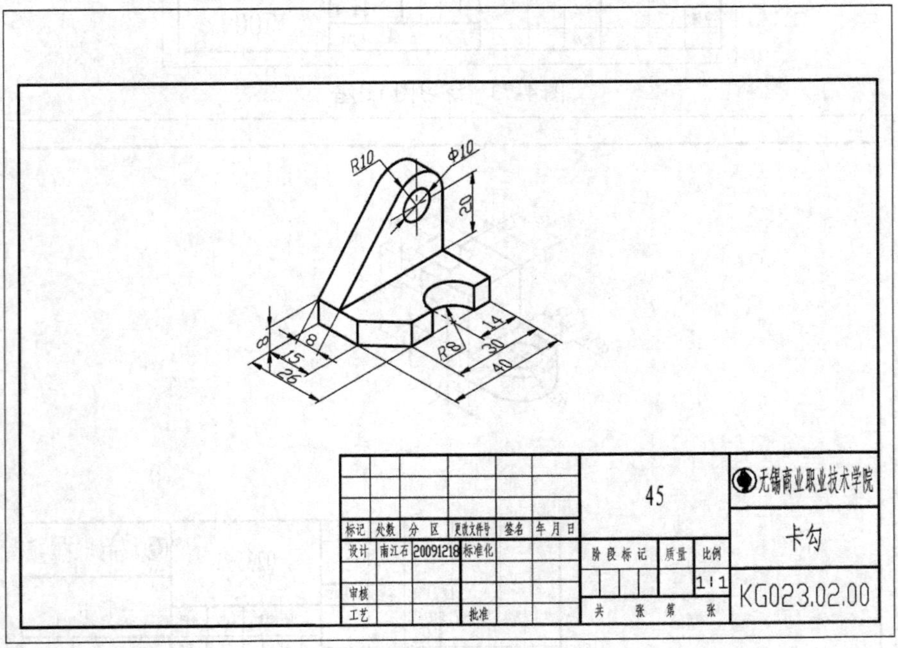

图 4-76　练习图 14 卡勾

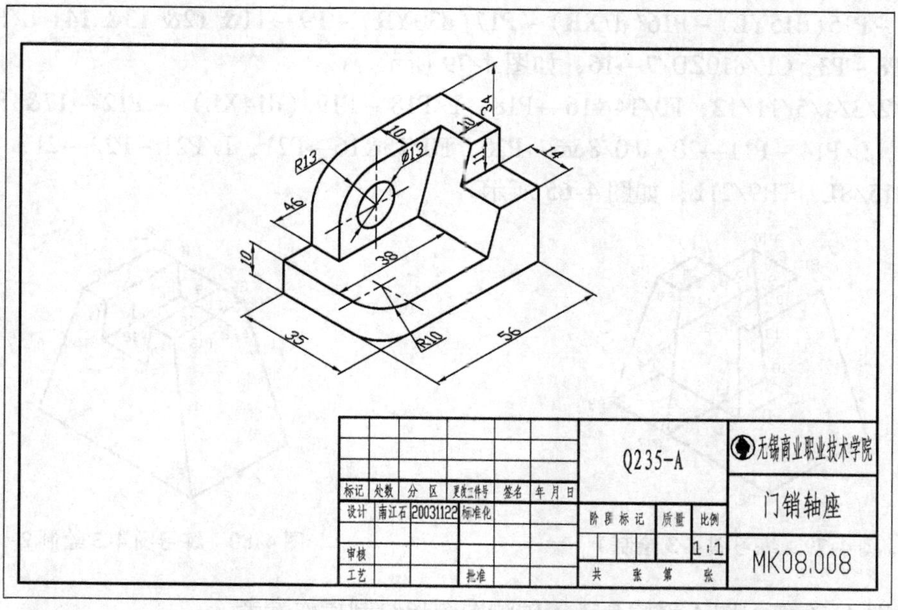

图 4-77　练习图 15 门销轴座

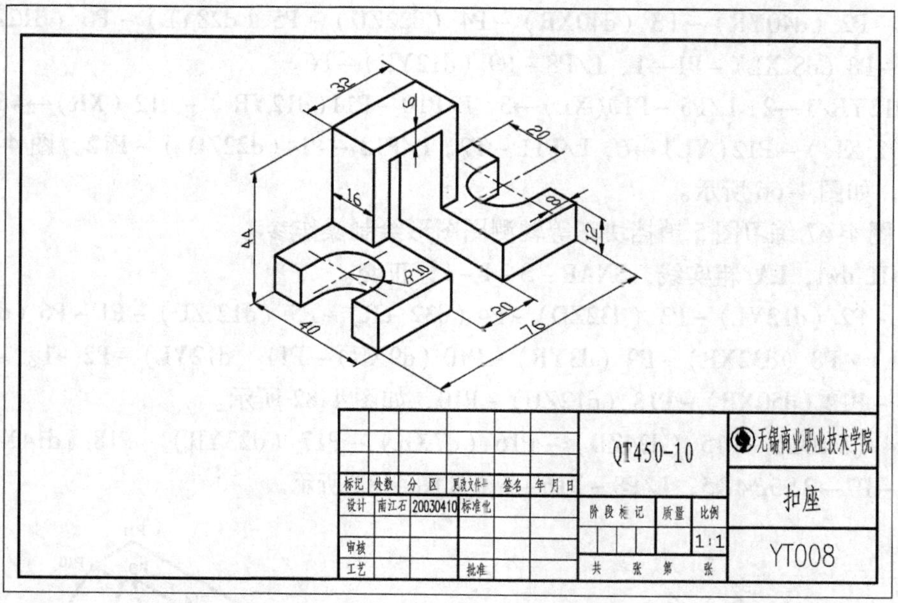

图 4-78　练习图 16 扣座

3. 练习图操作提示

（1）图 4-65 练习图 3 斜槽块正等轴测图图形绘制参考

N/A4H. dwt，LA/粗实线，SNAP－S－I－1，正交。

L/P1－P2（d30YR）－P3（d48XR）－P4（d15 YL）－P5（d24XL）－P6（d36 ZU）－P7（d14XR）－P8（d11YR）－P9（d7XL）－P10（d22YL）－P11（d14 XL）－P12（d22 YR）－P13（d7XL）－P14（d22YL）－P1→1&2&3&4&5&6&7&8&9&10，如图 4-79 所示。

L/P5 - P15(d15YL) - P16(d7XR) - P17(d30YR) - P9→11& 12& 13& 14, L/P10 - P16 →15, L/P8 - P3, CP/d10ZD/7→16，如图 4-79 所示。

DEL/2/3/4/5/11/12，F0/14&16→P18，L/P18 - P19（d14XL） - P12→17&18，L/P13 - P2→19，L/P14 - P11→20，F0/8&6→P20，F0/15&16→P21，L/P21 - P22→21，如图4-80 所示。TR15/8L，TR9/21L，如图 4-65 所示。

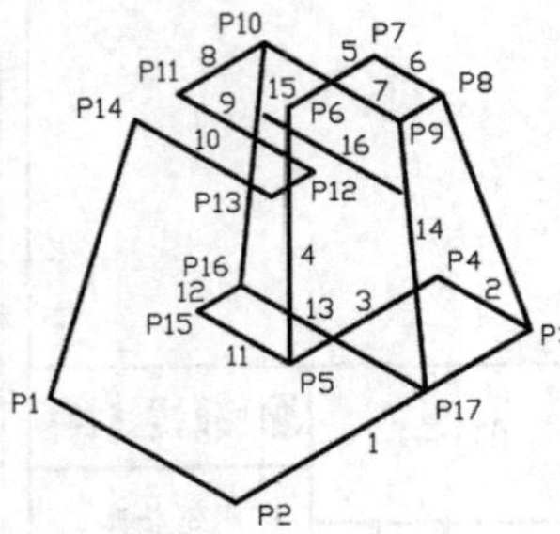

图 4-79　练习图 4-3 绘制 1

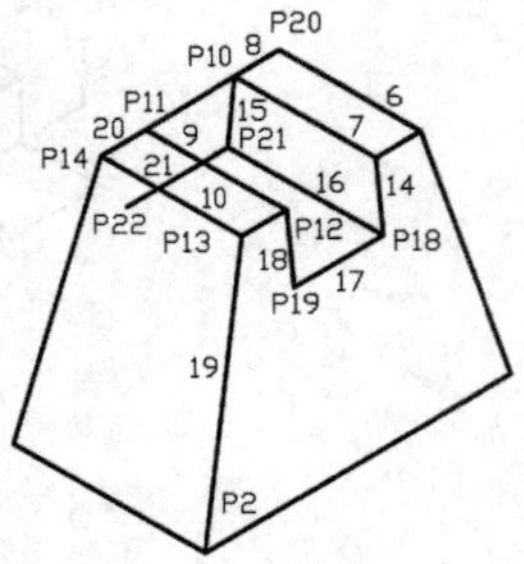

图 4-80　练习图 4-3 绘制 2

（2）图 4-66 练习图 4 斜棱台正等轴测图图形绘制操作参考

N/A4H. dwt，LA/粗实线，SNAP - S - I - 1，正交。

L/P1 - P2（d40YR） - P3（d40XR） - P4（d22ZU） - P5（d28YL） - P6（d12ZU） - P7（d12YL） - P8（d8 XL） - P1→1，L/P8 - P9（d12YR） - P6。

CP/d12YR/1→2，L/P5 - P10(XL)→3，L/P10 - P11(d12YR) - P12（XR)→4&5，L/P4 - P13（d12 XL） - P12(YL)→6，L/P11 - P2，L/P13 - P14(d22ZD) - P12，图 4-81。F0/2&3/5&6，如图 4-66 所示。

（3）图 4-67 练习图 5 销挡块正等轴测图图形绘制操作参考

N/A4H. dwt，LA/粗实线，SNAP - S - I - 1，正交。

L/P1 - P2（d12YL） - P3（d32ZD） - P4（d32 YR） - P5（d12 ZU） - P1 - P6（d9 XR） - P7（d3 YL） - P8（d32XR） - P9（d3YR） - P10（d9XR） - P11（d12YL） - P2→1。

L/P4 - P12（d50XR） - P13（d12ZU） - P10，如图 4-82 所示。

L/P14（MID1） - P15（d24ZD） - P16（d7XR） - P17（d23YR） - P18（d14XL） - P19（d23YL） - P7→2&3&4&5，L/P8 - P16→6，如图 4-82 所示。

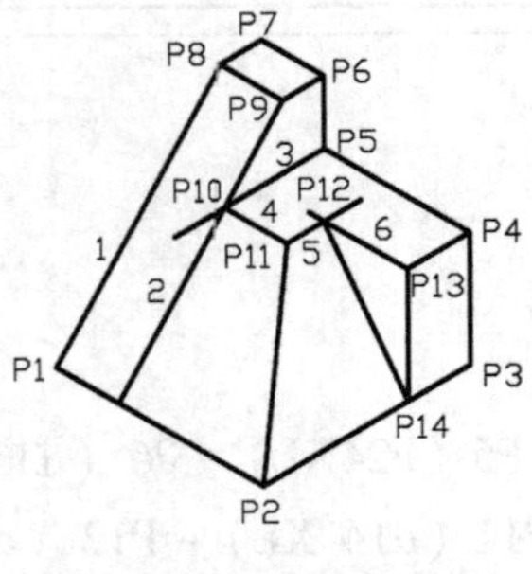

图 4-81　练习图 4 绘制

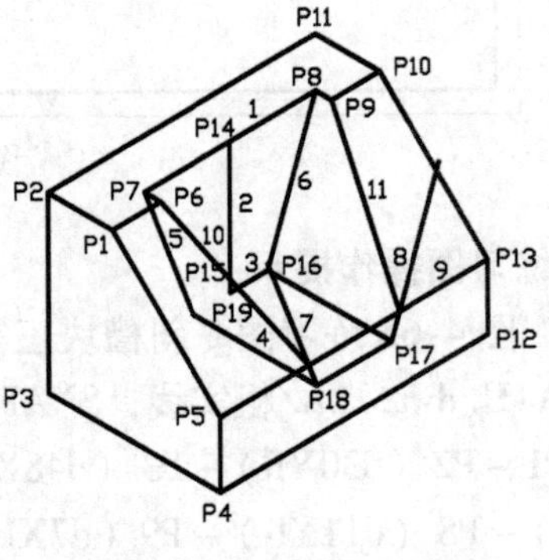

图 4-82　练习图 5 绘制

CP/d23YR/5&6→7&8，L/P5 - P13→9，L/P6 - 7&9→10，L/P9 - 8&9→11，图 4-82。

DEL/2/4/5，TR/9/7U/8U，TR/10& 11/9→91&92，TR/10/3L，如图 4-67 所示。

说明：P14（MID1），表示 P14 点为捕捉直线 1 的中点所得到的点。

（4）图 4-69 练习图 7 十字槽块正等轴测图图形绘制操作参考

N/A4H. dwt，LA/粗实线，SNAP - S - I - 1，正交。

L/P1 - P2（d36YR）- P3（d56XR）- P4（d40 ZU）- P5（d13XL）- P6（d36YL）- P7（d10. 5XL）- P8（d11YR）- P9（d10. 5XR）→1&2 &3&4。

L/P3 - P5 - P10（d10. 5XL）- P11（d15 ZD）- P12（d9XL）- P13（d15ZU）- P14（d10. 5XL）- P2→5&6 &7。

L/P14 - P15（d36 YL）- P1→8，L/P15 - P16（d10. 5 XR）- P17（d11YR）- P18（d 10. 5 XL）→9。

L/P8 - P19（d11ZD）- P20（d7YR）- P21（XL）→10&11& 12，CP/d18YL/7→13，L/P18 - P21（12&13）→14，L/P8 - P20→15，如图 4-83 所示。

DEL/2/3/10/11/13，CP/d18YL/5→16，G/12& P20 > XR，L/P9 - P23（12&16）→17，L/P11 - P24（d36 YL）- P7→18& 19，如图 4-84 所示。

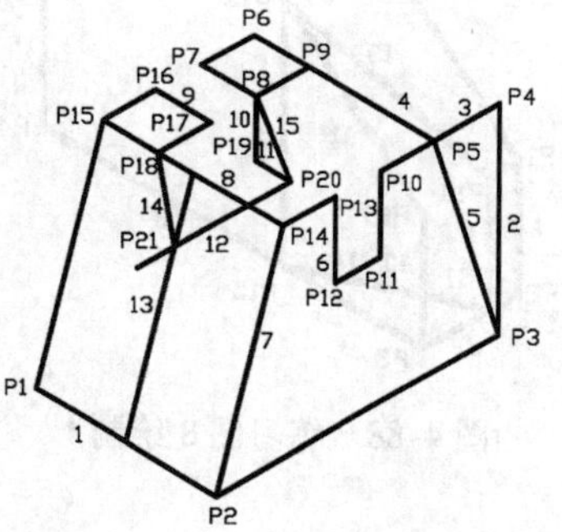

图 4-83　练习图 7 绘制 1

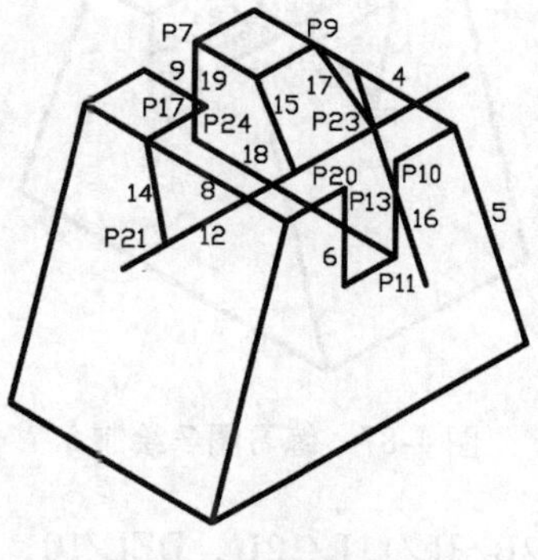

图 4-84　练习图 7 绘制 2

DEL/12/16，L/P10 - P25（d11YL）- P26（d10. 5XR）→20，L/P20 - P25→21，TR9/19D，如图 4-85 所示。

TR17&20/4→41&42，TR20/17R，CP/d9XL/15→22，如图 4-86 所示。

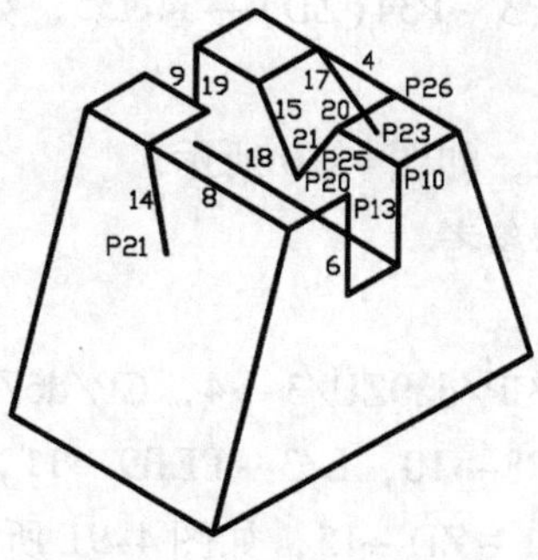

图 4-85　练习图 7 绘制 3

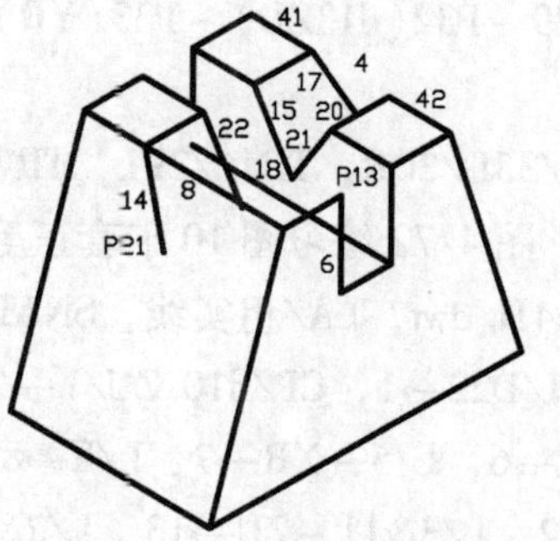

图 4-86　练习图 7 绘制 4

L/P13 - P27(d11YL) - P28(d10.5XL) - P21→23&24&25，如图 4-87 所示。

TR14&25/8→81&82，TR24/22D，TR22&24&6/18→18&26，TR23/15D&21D，如图4-69 所示。

说明：G/10&P20 > XR，表示选择直线 10，吸持其 P20 端点，沿 x 轴向右方向拉伸拉长到适当位置。

（5）图 4-70 练习图 8 压块正等轴测图图形绘制操作参考

N/A4H. dwt，LA/粗实线，SNAP - S - I - 1，正交。

L/P1 - P2(d14ZD) - P3(d11.5YR) - P4(d46XR) - P5 (d34 ZU) - P6 (d7YL) - P7 (d8XL) - P8(d4.5YL) - P9(d14XL) - P1 - P10(d3.5YR) - P11(d14ZD)→1&2&3&4&5&6&7&8。

L/P5 - P12(d22XL) - P9→9，L/P3 - P13(d14ZU) - P12→10&11，CP/d29XL/4→12，L/P10 - P14 （11&12） →13，L/P11 - P15 （3&12） →14，如图 4-88 所示。

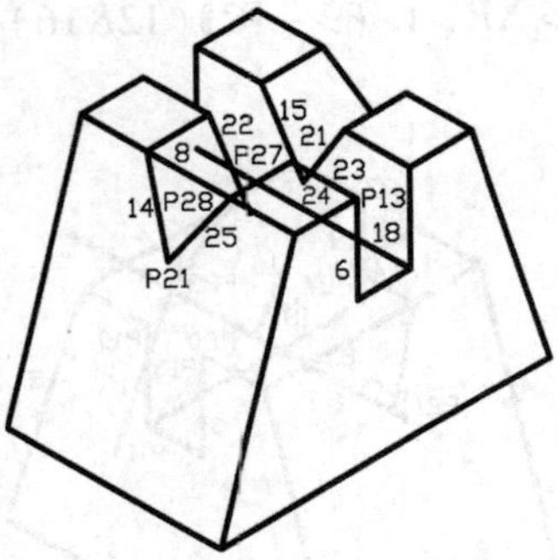

图 4-87 练习图 7 绘制 5

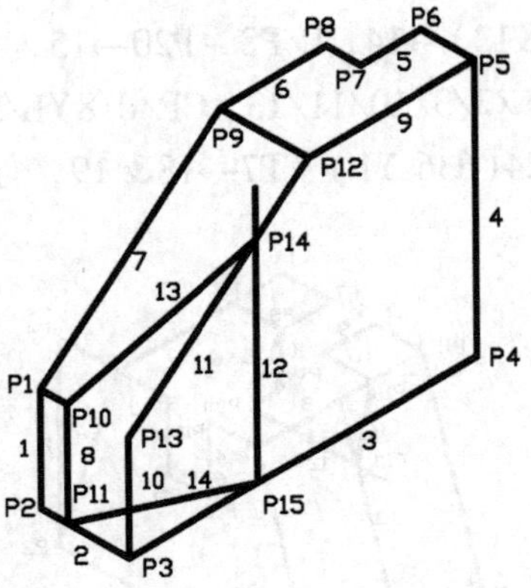

图 4-88 练习图 8 绘制 1

TR/2R/3L/11L/12U，DEL/10，如图 4-89 所示。

CP/d11YL/1&7&6 → 15&16&17，CP/d18YL/8 → 18，CP/d20YL/5 → 19，CP/d34YL/11&9→20&21，如图 4-89 所示。

L/P20 - P16 - P27(XR)→22&23，L/P17 - P21 - P24→24&25，L/P25 - P18→26，L/P22 - P19 - P28(d10ZD) - P29(XL)→27&28&29，L/P28 - P30(YR)→30，L/P29 - P31(YR)→31，L/P29 - P32(d13ZD) - P33(YR)→32&33，L/P26 - P23 - P34(ZD)→34&35，如图 4-90 所示。

TR6/35D/30R，TR16/29L，TR7/31R/33R，TR1/23R，如图 4-70 所示。

（6）图 4-72 练习图 10 卡套正等轴测图图形绘制操作参考

N/A4H. dwt，LA/粗实线，SNAP - S - I - 1，正交。

EL/I/D22→1，CP/d10 ZU/1→2，EL/I/2/D36→3，CP/d20ZU/3→4，CP/d6ZU/4→5，L/5 - YL→6，L/5 - XR→7，L/Z→8，L/Z→9，L/3 - PER8→10，L/3 - PER9→11，L/3&10 - ZU→12，L/3&11 - ZU→13，L/2&10 - ZD→14，L/2&11 - ZD→15，如图 4-91 所示。

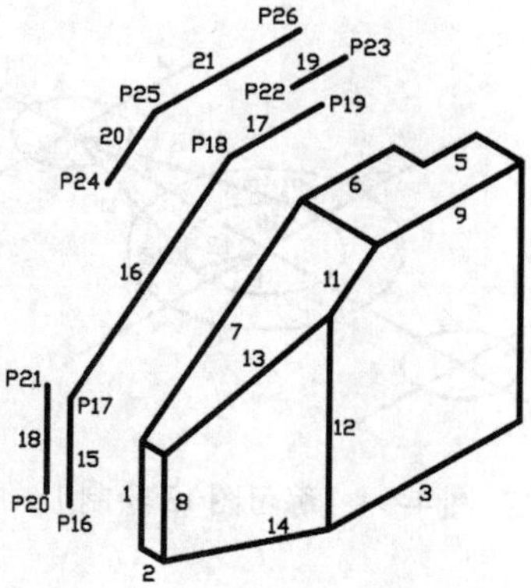

图4-89　练习图8绘制2

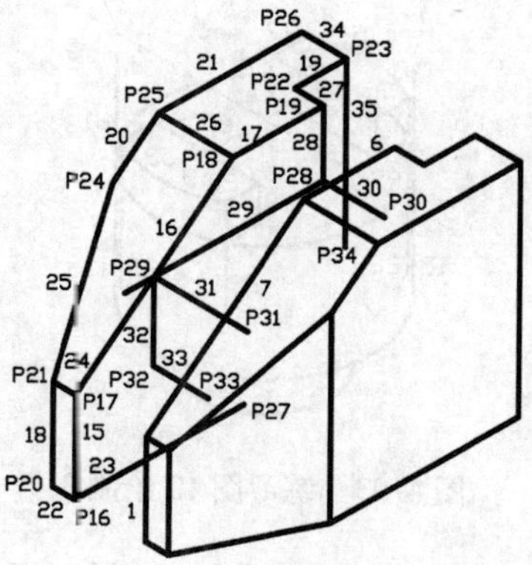

图4-90　练习图8绘制3

DEL/2/8/9/10/11/14/15，TR3/1U，TR12&13/3U，G/6&P1 > YR，G/7&P1 > XL，CP/d9XL/6→16，CP/d9XR/6→17，CP/d10YL/7→18，CP/d10 YR/7→19，如图4-92所示。

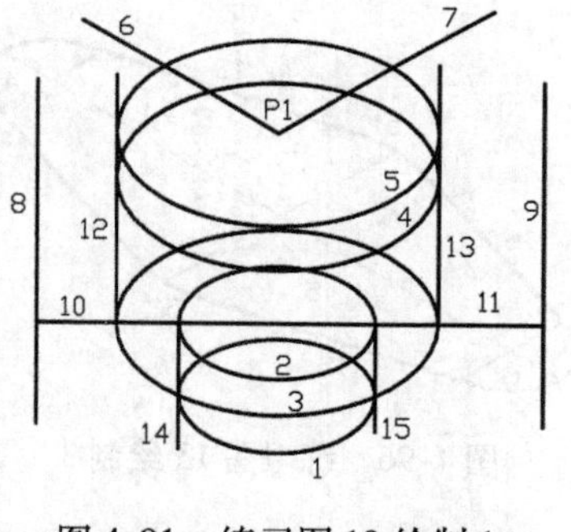

图4-91　练习图10绘制1

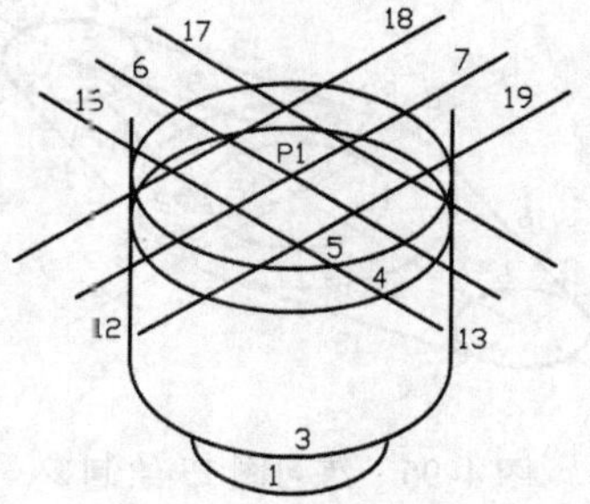

图4-92　练习图10绘制2

TR16&17/5→51&52/18L/18R/19L/19R，TR51&52/16L/16R/17L/17 R，TR18&19/6L/6R/16→16& 20/17→17& 21。

L/51 &16 - ZD→22，L/52&21 - ZD→23，L/17 &18 - d6ZD - d18 XL - 22 &4→24&25&26，L/16&18 - 25& 26→27，L/20&52 - ZD→28，L/19 &20 - d6ZD - 4&28→29 &30，LA/6&7 >点画线，MO/6&7/线型比例 >0.25，如图4-93所示。

TR4/12U/13U，　TR22&24/4L，　TR26/22D，　M6&7/d6ZD，　TR4/7L/7R/28D/23D，TR28&23/4→41& 42，LEN/DE5/7L/7R/6L，EL/I/6&7/D11→31，TR19&29/31R，如图4-72所示。

（7）图4-75练习图13轴座正等轴测图图形绘制操作参考

N/A4H. dwt，LA/粗实线，SNAP - S - I - 1，正交。

L/X→1，L/Y→2，CP/d35XL/2→3，CP/d35XR/2→4，EL/I/1&2/D35→5，EL/I/1&3/R7.5→6，CP/d70XL/6→7，EL/I/5/R10→8，L/7 - P1（TAN8）- 8→9&10，L/7 - P2（TAN8）- 8→11&12，如图4-94所示。

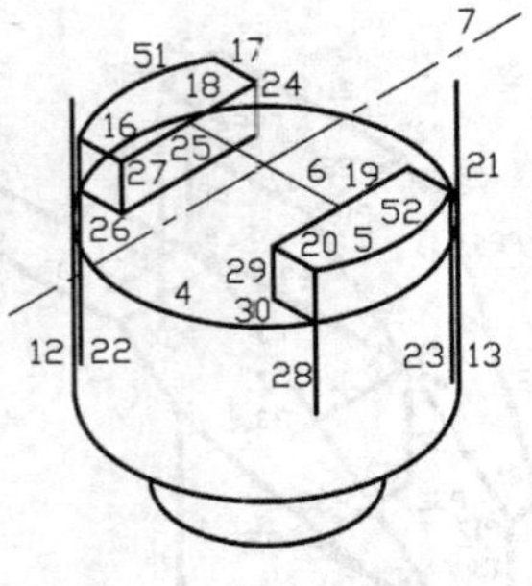

图 4-93　练习图 10 绘制 3

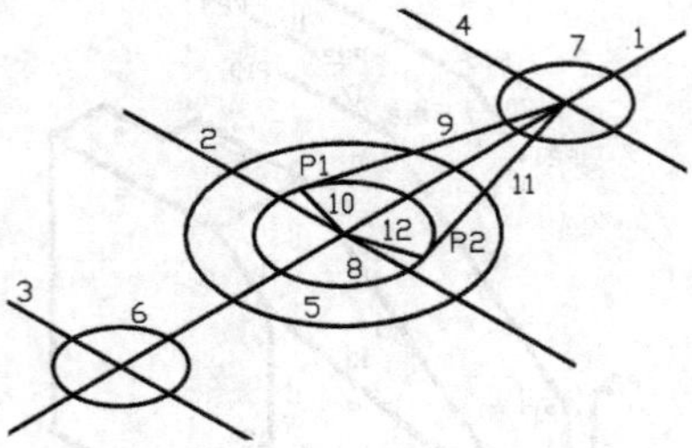

图 4-94　练习图 13 绘制 1

EX5/10→P3/12→P5，L/P3 - P4(TAN7)→13，L/P5 - P6 (TAN7)→14，RO/C/1&2/13&14 <180→15&16，LA/1 >点画线，MO/1/线型比例 >0.25，MA/1 >2&3&4，如图 4-95 所示。

DEL/8/9/10/11/12，TR/5&6&7/1L/1R/2L/2R/3L/3R/4L/4R，TR/13&14&15&16/6R/5L/5R/7L→51&52，如图 4-96 所示。

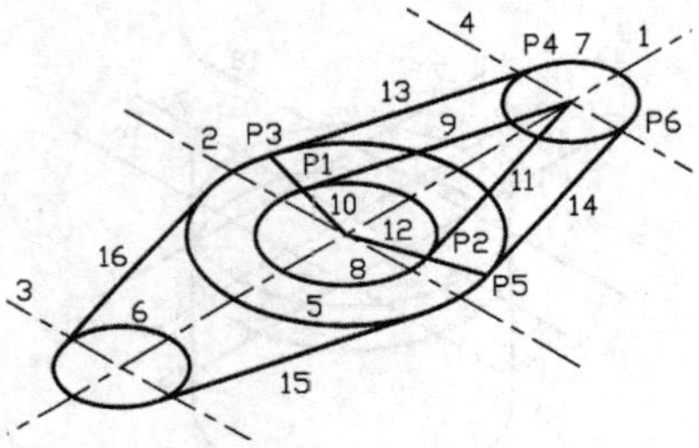

图 4-95　练习图 13 绘制 2

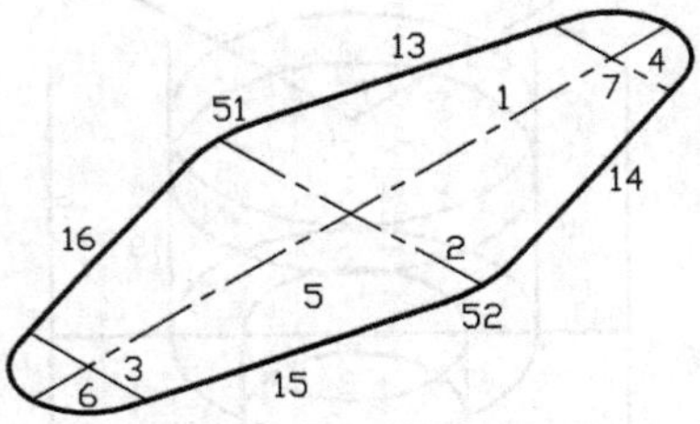

图 4-96　练习图 13 绘制 3

LEN/DE5/1L/1R/2L/2R/3L/3R/4L/4R，EL/I/1&2/D26→17，EL/I/1&3/R4→18，CP/d70 XL/18 → 19，TR/17 &18&19/1 → 91&92&93，CP/d9ZD/6&15&52&14&7 → 20&21&22&23&24，L/Z→25，L/Z→26，L/18 - PER25→27，L/19 - PER26→28，L/27&6 - ZD→29，L/28&7 - ZD→30，如图 4-97 所示。

DEL/27/28，LEN/DE5/91R/92L/92R/93L，TR/29/20U，TR/20/29D，TR/30/24U，TR/24/30D，CP/d7ZU/17→31，L/31 - PER25→32，L/31 - PER26→33，L/31&32 - ZD→34，L/31&33 - ZD→35，如图 4-98 所示。

DEL/25/26/32/33，TR/34&35/17U，TR/17/34D/35D，TR/31/51R/13L，M2&92/d7ZU，LEN/DE2/92L，EL/I/31/D18→36，如图 4-75 所示。

说明：L/X→1，L/Y→2，在适当位置画 *x* 轴向直线 1、Y 轴向直线 2。L/Z→25，L/Z→26，画 *z* 轴向直线。

RO/C/1&2/13&14 <180→15&16，旋转 C 复制选项，以直线 1 和 2 的交点为基点，将直线 13 和 14 旋转复制 180°，复制出直线 15 和 16。

M2&92/d7ZU，将直线 2 和 92 沿 *z* 轴向上移动 7。

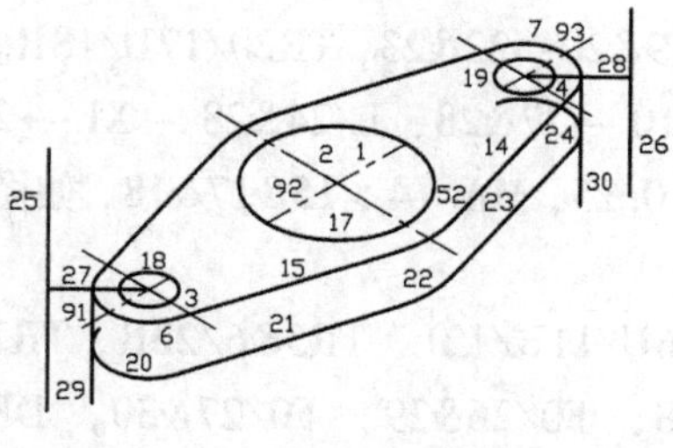

图 4-97 练习图 13 绘制 4

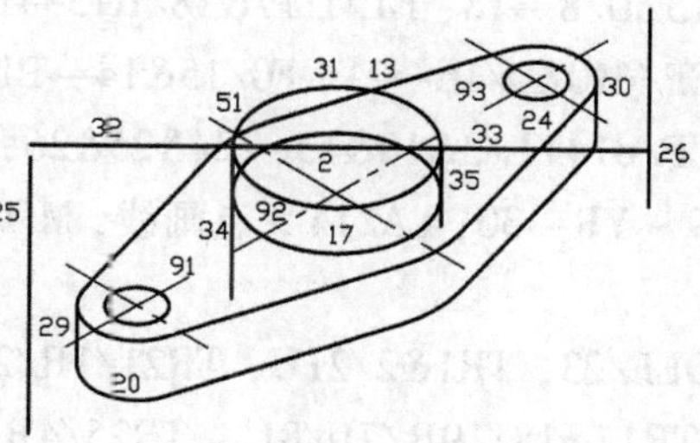

图 4-98 练习图 13 绘制 5

（8）图 4-76 练习图 14 卡勾正等轴测图图形绘制操作参考

N/A4H. dwt，LA/粗实线，SNAP－S－I－1，正交。

L/P1 － P2（d10XR）－ P3（d20ZD）－ P4（d18YR）－ P5（d8ZD）－ P6（d30XL）－ P7（d8ZU）－P8（d10XL）－P9（d11YL）－P10（d8ZD）－P11（d15YL）－P12（d8ZU）－P9－P7－P4→1&2&3&4&5&6&7。

EL/I/P1/D10→8，EL/I/8/R10→9，L/P3－P13（d40XL）－P14（TAN9）→10，CP/d14XL/3→11，EL/I/7&11/R8→12，如图 4-99 所示。

DEL/5/6，L/P10 － P6，TR7/12R，TR12/11L/7→7&13，CP/d8ZD/11&12→14&15，L/7&12－4 &15L→16，L/12&13－4&15R→17，TR2&10/9D，EX8/1L，L/8－d10ZU→18，CP/d8YL/9&10→19&20，L/Y→21，L/8－PER21→22，L/9&22→23，LA/1＞点画线，MO/1/线型比例＞0.25，MA/1＞18&14，如图 4-100 所示。

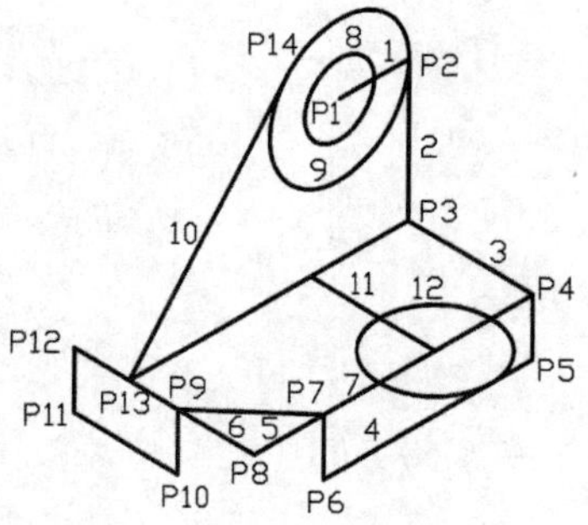

图 4-99 练习图 14 绘制 1

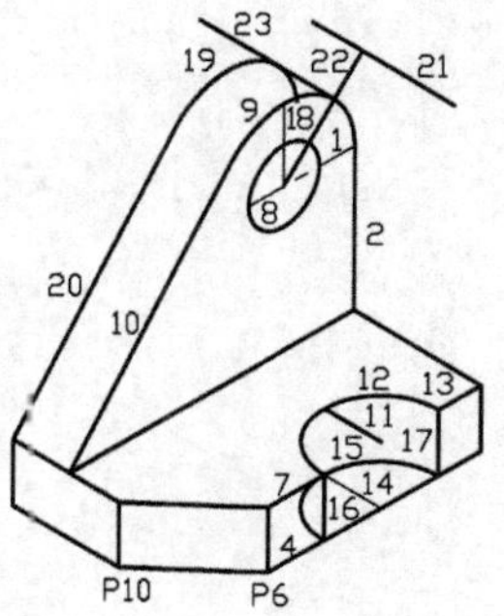

图 4-100 练习图 14 绘制 2

DEL/11/21/22，TR19/23L，TR23/19R，EX8/18D，TR15/4 → 4&24，TR16/15L，L/4&16－17&24→25，MA/1＞25，LEN/DE5/1L/1R/18U/18D/14L/14R，如图 4-76 所示。

（9）图 4-77 练习图 15 门销轴座正等轴测图图形绘制操作参考

N/A4H. dwt，LA/粗实线，SNAP－S－I－1，正交。

L/P1 － P2（d10XL）－ P3（d10ZD）－ P4（d35YR）－ P5（d56XR）－ P6（d34ZU）－ P7（d35YL）－P8（d46XL）－P1－P9（d10YR）－P10（d24ZU）－P11（d36XR）－P12（d25YR）－P6→1&2&3&4&5&6&7&8&9&10。

L/P2－P13（d35YR）－P14（d38XR）－P15（d25YL）－P9→11&12，L/P11－P15，L/P12－P14→13，CP/d10XR/11→14，CP/d10YL/12→15，EL/I/14&15/R10→16，CP/d13XR/7→17，

CP/d13ZD/8→18，EL/I/17&18/R13→19，EL/I/19/D13→20，如图 4-101 所示。

CP/d10ZD/16→21，F0/15&14→P16，CP/d10YL/19&20→22&23，TR20/17D/18R。

CP/d14YL/3&10&13→24&25&26，CP/d11ZD/4&10→27&28，L/24&28 - XL→29，L/26&29 - YR→30，LA/14 > 点画线，MO/14/线型比例 > 0.25，MA/14 > 15&17&18，如图4-102 所示。

DEL/23，TR1&2/21U，TR21/1R/2L，TR14&15/16U/11R/12L，TR5&6/22R，TR22/5L/6U，TR17&18/19R/7U/8L，TR25/4R/9R，F0/24&28，F0/26&29，F0/27&30，DEL/10，TR27/13U/3U，LEN/DE5/14L/14R/15L/15R/17U/17D/18L/18R，LEN/DE2/17D，如图 4-103所示。

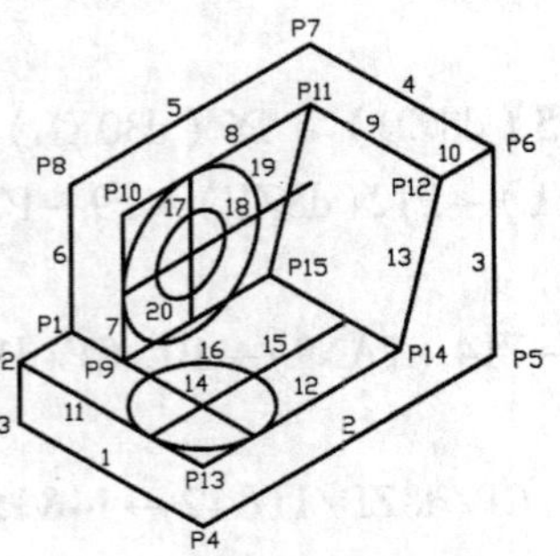

图 4-101　练习图 15 绘制 1

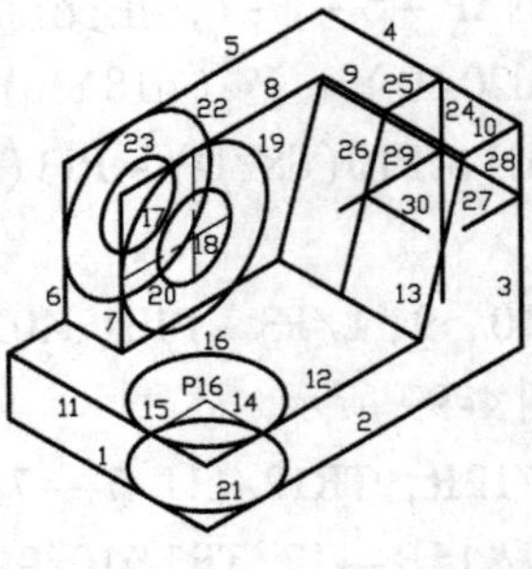

图 4-102　练习图 15 绘制 2

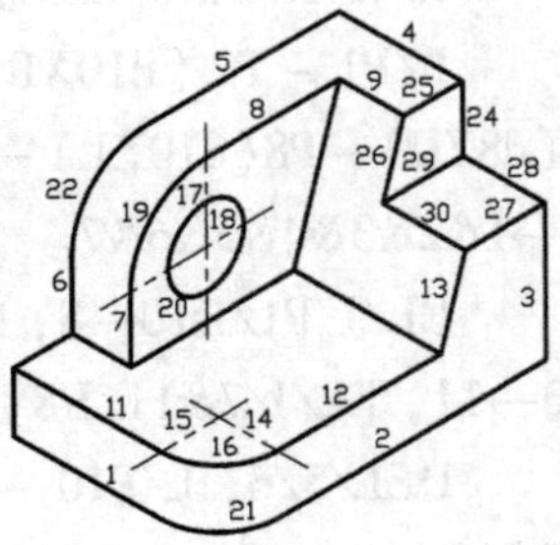

图 4-103　练习图 15 绘制 3

项目 5　机械斜二轴测图的绘制与标注

学习目标

1）了解斜二轴测图。
2）掌握机械斜二轴测图绘制的操作。
3）掌握斜二轴测图尺寸标注的操作。
4）掌握偏侧复制法绘图法、直线绘图法和轴向复制绘图的步骤和方法。
5）掌握 AutoCAD 绘制与修改的命令的操作。
6）掌握制图与 AutoCAD 软件的相关知识。

工作任务

任务　拐角半轴座斜二轴测图的绘制与标注

一、例图

本任务的拐角半轴座斜二轴测图例图图样如图 5-1 所示。

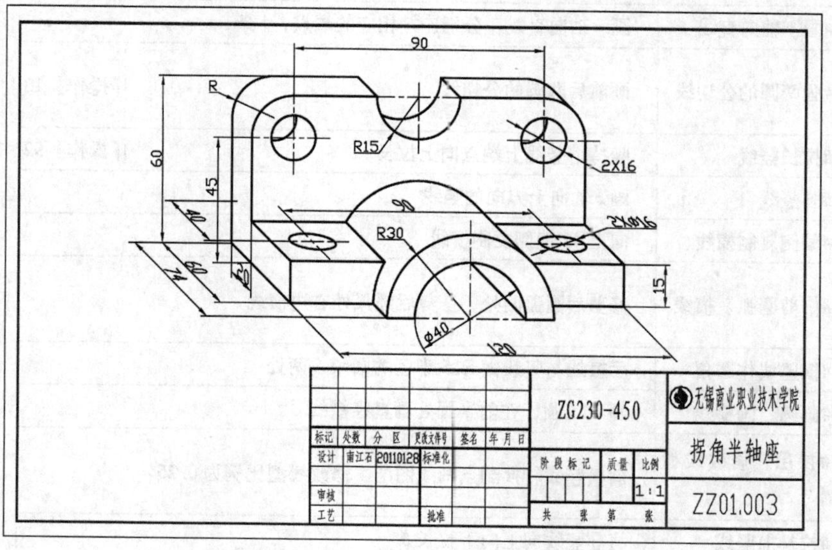

图 5-1　拐角半轴座斜二轴测图例图

二、拐角半轴座斜二轴测图例图绘制与标注的步骤方法

拐角半轴座斜二轴测图例图绘制与尺寸标注的操作步骤见表 5-1。

表 5-1　拐角半轴座斜二轴测图例图绘制与尺寸标注的步骤方法

步骤与方法		操作		示例图
启动软件，打开例图		双击桌面图标启动软件，在第一窗口中打开例图		图 5-1
启动软件，新建文件		双击图标启动软件，在第二窗口用 A4H. dwt 新建文件		
保存图形文件		定位赋名保存，将图形文件保存为文件	『操作』5	
绘图——直线法与轴向复制法、zOx 正交等轴测面偏侧复制法	01#设置控制极轴	设置极轴附加角度 -45（315）和 135	『操作』62	图 5-27
		打开极轴追踪、对象捕捉、对象捕捉追踪		
		光标捕捉设置为“PolarSnap 极轴捕捉”，捕捉距离为 1		图 5-28
	0#直线、圆	画一横线、画一竖线，画直径 40 和半径 30 的圆		图 5-2
	2#修剪直线、圆	修剪竖线，修剪横线，圆修剪为半圆		图 5-3
	1#轴向复制直线、弧	y 轴左上极轴 135°方向，轴向距离为 7 相对复制直线、半圆		图 5-4
	2#修剪前横线	修剪前圆弧处的左右两横线		
	1#偏移后横竖线	后竖线向左右偏侧复制，距离为 60，后横线向上偏侧复制，距离为 15		图 5-5
	2#修剪后横线、竖线	修剪后圆弧处的横线和竖线		图 5-6
	1#轴向复制直线、弧	y 轴左上极轴 135°方向，轴向距离为 20 相对复制直线、半圆		图 5-7
	2#修剪中弧，3#删除	修剪中间的半圆弧，删除中间的竖线		图 5-8
	0#画 y 轴向直线	画 y 轴向直线，分别连接相应的端点，4 条		
	0#画两圆的公切线	画前后两圆的公切线	『操作』13	
	3#拉长竖线	吸持中竖线上端点向上拉长	『操作』92	
	0#画竖线	画 z 轴向上方向的竖线		
	1#偏侧复制横线	向上 45 偏侧复制横线		
	2#修剪圆弧、横线	修剪后圆弧两处，修剪后圆弧处右边横线		图 5-9
	2#横竖线作圆角	后横线与竖线做 $R15$ 半径的圆角，两处		
	0#画圆，画横线	画 $R15$ 圆，在前半圆处画直径横线		
	3#换层，修改线型比例	前横竖线转换到点画线图层、修改线型比例为 0. 25		
	3#拉长前竖线	将前竖线向上向下拉长 5		
	2#修剪后横竖线、圆	修剪后横竖线，将后圆修剪成半圆		图 5-10
	1#轴向复制直线、弧	y 轴左上极轴 135°方向，轴向距离为 10 相对复制直线、圆弧		

（续）

步骤与方法		操作		示例图
绘图——直线法与轴向复制法、zOx 正交等轴测面偏侧复制法	0#画 y 轴向直线	画 y 轴向斜直线，3 处，画右上两圆弧的公切线		图 5-11
	2#作左后下尖角	左后竖线与左下斜线作尖角		
	2#修剪后中、右圆弧	修剪后中圆弧，修剪后右圆弧		
	0#，画后左、右两圆	在后面左上、右上圆角的圆心处画两个直径 16 的圆		
	1#轴向复制两圆	y 轴左上极轴 135°方向，轴向距离为 10 相对复制左右两圆		
	0#横线，3#拉长竖线	在后半圆处画直径横线，拉长竖线上下两端		
	3#换层，修改线型比例	后半圆处横竖线格式刷换层，修改线型比例		
	2#修剪后左右两圆	修剪后面左右两圆		图 5-12
	0#后圆处画横竖线	在后左右两圆处画横竖中心线		
	1#轴向复制直线	y 轴左上极轴 135°方向，轴向距离为 10 复制前上左右两直线		
	1#复制左右斜线	x 轴向向右 15 复制左上斜线、向左 15 复制右上斜线		
	3#拉长横竖线 5	在后左右两圆处拉长横线两端，拉长竖线上下两端		
	3#换层，修改线型比例	后左右两圆处横竖线格式刷换层，修改线型比例		
	3#画斜二轴测圆	画半径 1 直径 2 的斜二轴测圆	表 5-2	图 5-19
	3#缩放斜二轴测圆	缩放斜二轴测圆为直径 16 的轴测圆	『操作』98	图 5-31
	3#移动斜二轴测圆	斜二轴测圆定点移动到右圆心定位交点	『操作』99	图 5-32
	2#复制斜二轴测圆	斜二轴测圆定点复制到左圆心定位交点	『操作』77	图 5-13
		图形绘制完成		
线性尺寸标注	斜二轴测图尺寸标注	『绘图步骤方法』10		
	0#改变当前图层	将尺寸线图层设置为当前图层		图 5-20
	7#辅助操作	画辅助直线		
	1）0#画向下竖线	在后左下的前上角点处画向下到斜线的竖线		
	2）0#画向左横线	前大圆左端点向左画 30 长横线		
	1#标注横竖尺寸	线性标注		图 5-20
	3）标注 90、120	dLi－2pt 给定两点水平标注 90、90 和 120		
	4）标注 15、45、60	dLi－ob 选择对象标注竖向 15、dLi－2pt 两点标注竖向 45、60		
	2#标注斜向尺寸	对齐标注		图 5-20
	5）斜向标注 10	daL－LR 给定左右两点斜向标注尺寸 10		
	6）标注 30、37	dba 基线标注斜向尺寸 30、37		
	7）斜向标注 20	daL－RL 给定左右两点斜向标注尺寸 20		
	3#倾斜尺寸界线	编辑标注“O”倾斜选项		图 5-21
	8）倾斜尺寸 90、120	给定两点 135°方向倾斜尺寸 90、120		

（续）

	步骤与方法	操作	示例图
线性尺寸标注	9）倾斜尺寸 10	给定两点 90°方向倾斜尺寸 10	图 5-21
	10）倾斜 3 个尺寸	给定两点 0°方向倾斜尺寸 20、30、37	
	4#新建倾斜文字样式	新建倾斜文字样式	图 4-51
	11）新建 45 样式	新建 45 样式，字体 txt. shx，高度 0，宽度 1，倾斜 45°	
	12）新建 -45 样式	新建 -45 样式，字体 txt. shx，高度 0，宽度 1，倾斜 -45°	
	5#修改数字倾斜	特性或特性匹配格式刷修改尺寸数字倾斜	图 5-21
	13）倾斜尺寸数字	90、120、10 三个尺寸的文字样式改为 -45，倾斜 -45°	
	14）倾斜尺寸数字	20、30、37 三个尺寸的文字样式改为 45，倾斜 45°	
	7#，辅助操作	调整尺寸线及尺寸数字位置	图 5-21
	15）调整尺寸位置	调整 90、45、10、20、60、30、37 尺寸及尺寸数字位置	
	6#修改线性比例 16）修改 4 个尺寸	特性修改 Ox 轴向尺寸 10、20、30、37 的标注线性比例，改 1 为 2，将其尺寸数字修改为 20、40、60、74	
	线性尺寸标注完成		
弧圆尺寸标注	斜二轴测图中弧圆尺寸标注		图 5-21
	正交等轴测面 zOx 轴测面弧圆尺寸的标注	直接标注并编辑其直径和半径	
	17）标前内圆直径	ob 标注前面内孔半圆的直径 $\phi40$	
	18）修改 $\phi40$ 调整	特性修改或格式刷修改 $\phi40$ 调整为文字和箭头	
	19）标前外圆半径	ob 标注前面外半圆的半径 $R30$	
	20）$R30$ 文字水平	特性修改或格式刷修改关闭 $R30$ "文字界外对齐"	
	21）标后右孔直径	ob 标注后面右边圆孔的直径 $\phi16$	
	22）$\phi16$ 文字水平	格式刷修改关闭 $\phi16$ "文字界外对齐"，改为文字水平	
	23）$\phi16$ 加"2X"	特性修改 $\phi16$ 的标注前缀加"2X"（X 为大写字母）	
	24）标注后中半圆	ob 标注后面中间半圆的半径 $R15$	
	25）$R15$ 文字水平	格式刷修改关闭 $R15$ "文字界外对齐"，改为文字水平	
	26）标注后左圆角	ob 标注后面左边圆角的半径 $R15$	
	27）圆角 $R15$ 水平	格式刷修改关闭圆角 $R15$ "文字界外对齐"，改为文字水平	
	28）$R15$ 改为 R	特性文字替代将圆角 $R15$ 文字改为 R	
	斜二轴测图 xOy 轴测面弧圆尺寸的标注	『绘图步骤方法』11	
	1#画标注参考线	自斜二轴测圆圆心画直径标注参考线，再画水平直线	图 5-21
	2#画标注辅助圆	以斜二轴测圆的圆心为圆心，捕捉输入参考线与斜二轴测圆的交点为半径画圆	
	4#直径标注辅助圆	ob 直径标注，标注时尺寸线位置指定为参考线的端点	图 5-1
	5#替代修改尺寸文字	特性修改，用"2×%%c16"文字替代修改尺寸文字	
	6#关闭界外对齐	格式刷修改关闭"文字界外对齐"，使文字界外水平	
	7#倾斜尺寸数字	特性修改，文字样式改为 -45，倾斜 -45°	
	8#调整文字位置	穴点吸持文字拉伸调整尺寸位置，定位到参考线端点	
	9#删除辅助线、圆	删除尺寸标注参考线、横线和辅助圆	
	弧圆尺寸标注完成		

（续）

步骤与方法		操作	示例图
插入填写标题栏		插入标题栏文件图块填写标题栏	图5-1
结束	缩放到全图、保存、退出	缩放到全图，保存文件，关闭图形文件或关闭软件	
	FTP上传	登录，在自建文件夹中上传文件	
完成			

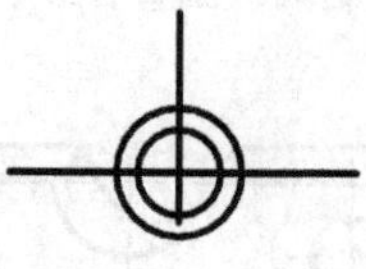

图5-2　新建，画线，画圆

图5-3　修剪直线、圆

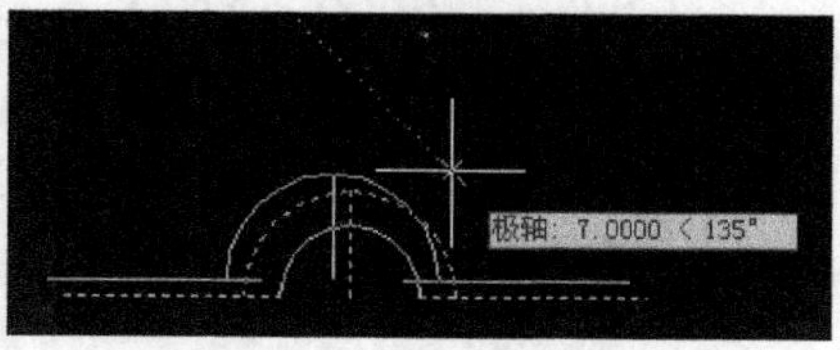

图5-4　γ轴左上7，极轴135°复制直线、半圆

图5-5　修剪前横线，偏侧复制后竖、横线

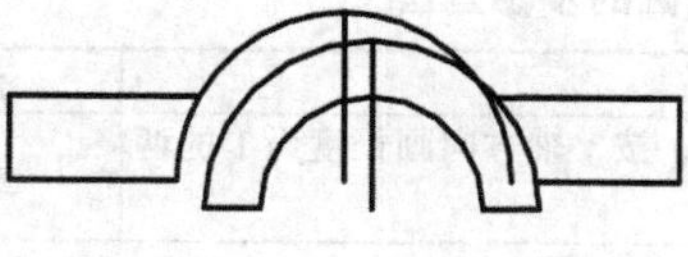

图5-6　修剪后横、竖线

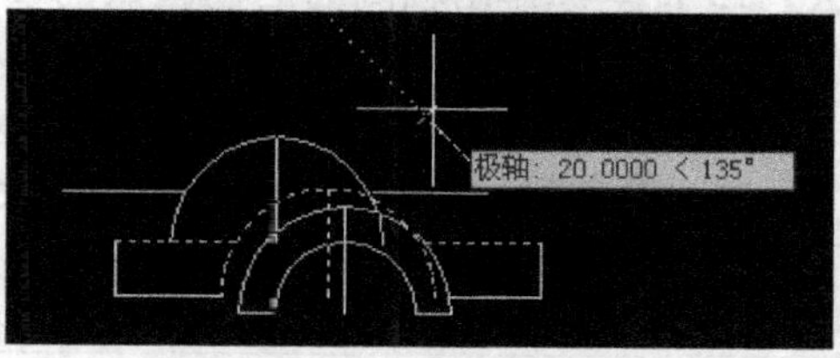

图5-7　γ轴左上20，极轴135°复制直线、半圆

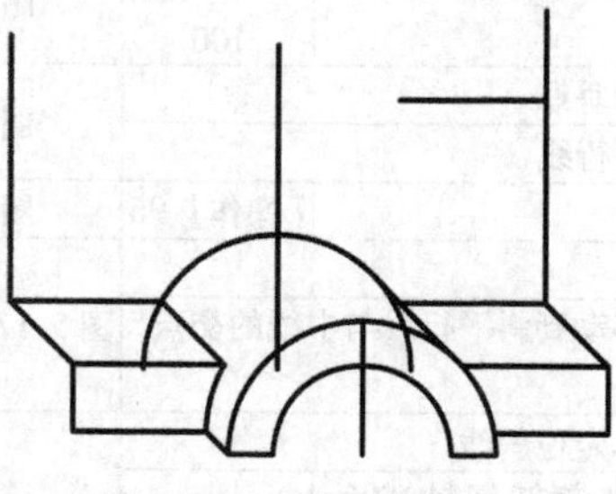

图5-8　修剪圆弧，删除竖线，画γ轴向直线，画公切线，拉长竖线，画竖线，偏移横线

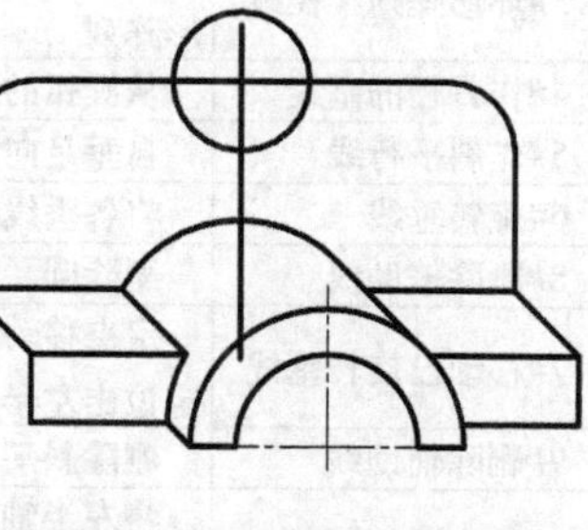

图5-9　修剪圆弧、横线，作圆角，画圆，画前横线，横竖线换层、修改线型比例，拉长

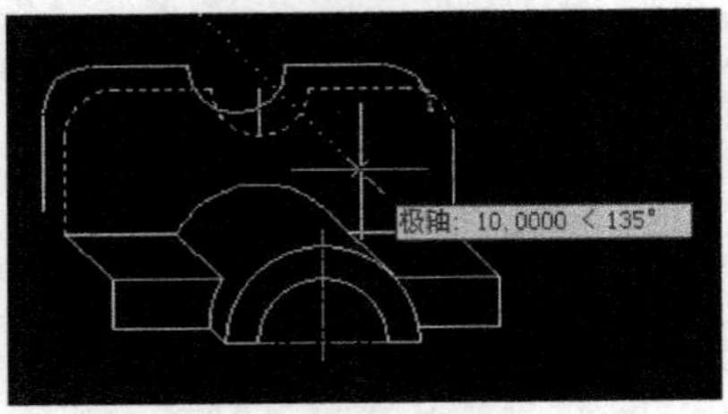

图 5-10　修剪后横线、后竖线，修剪圆，y 轴左上 10，极轴 135°复制直线、圆弧

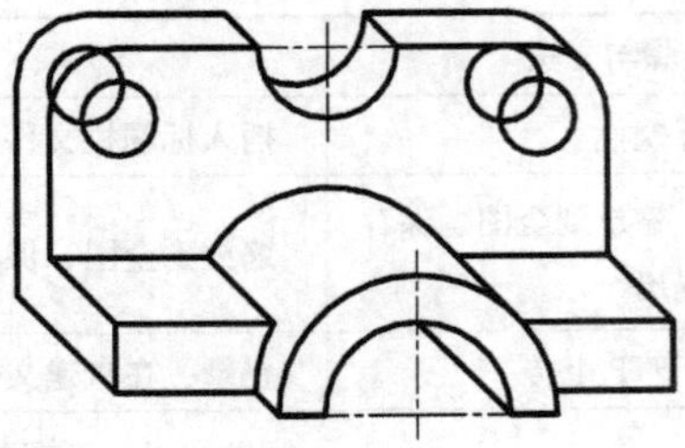

图 5-11　画 y 轴向直线，画切线，作尖角，修剪圆弧，画左右圆，复制圆，画直径线，格式刷修改

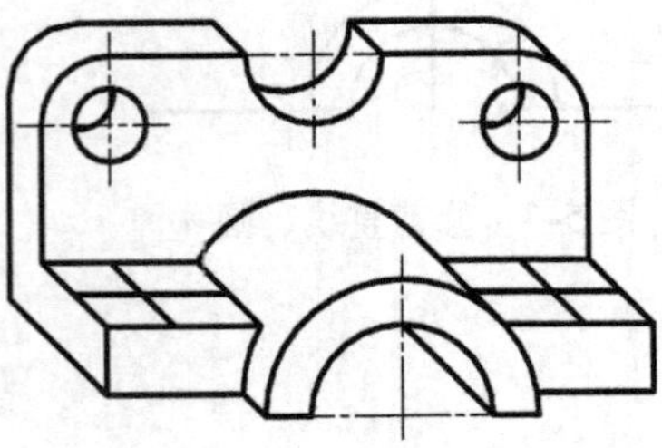

图 5-12　修剪后圆，画后圆中心线、拉长、格式刷修改，偏移横线、斜线

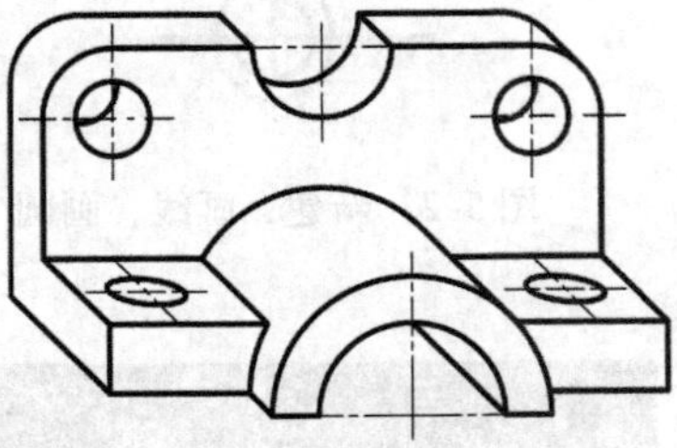

图 5-13　作斜二轴测圆并复制，修剪中心线、拉长、格式刷修改

作半径 1 直径 2 的斜二轴测圆

按『绘图步骤方法』14 坐标法用样条曲线绘制轴测圆（椭圆）的步骤方法和『绘图步骤方法』15 按坐标作出轴测圆的椭圆点的步骤方法绘制半径 1 直径 2 的斜二轴测圆，具体操作见表 5-2。

表 5-2　作半径 1 直径 2 的斜二轴测圆的步骤方法

步骤与方法		操作		示例图
1#，画平行四边形		按 x 轴方向画长度为 2 的两条横线，按 y 轴方向画长度为 1 的两条斜线，作出平行四边形		图 5-14
2#，画平行四边形中线		画平行四边形的 x 轴横向中线和 y 轴斜向中线		图 5-14
3#，按坐标作出轴测圆的点	1#画圆	以平行四边形横线为直径画圆		图 5-14
	2#画竖向半径线	作垂直于圆直径的半径线		
	3#环形阵列半径线	以圆心为中心，填充角 90°，项目数 9 作半径线的环形阵列	『操作』100	图 5-33
	4#作直径的垂线	从圆弧的等分点向下作圆直径横线的垂线		图 5-15
	5#作斜平行线	自垂足向右下 y 轴方向至中线画斜平行线		
	6#旋转垂线	将各垂线一起旋转 45°	『操作』96	图 5-16
	8#删除辅助线	删除圆、半径线		图 5-17、图 5-18
	7#移动已旋转垂线	定点移动已旋转的垂线，将其中点移动到斜平行线与中线的交点，定位出左半轴测圆的各椭圆点		
	9#删除辅助线	删除斜平行线，保留下椭圆点的坐标定位斜线		图 5-19
	8#旋转复制椭圆点	将左半轴测圆各椭圆点的定位斜线作旋转复制 180°，作出右定位斜线	『操作』97	
4#，用样条曲线作椭圆		用样条曲线连接各点，作出椭圆弧线	『操作』94	
5#，删除辅助线		轴测圆移动到位后，删除平行四边形、两条中线和斜线		

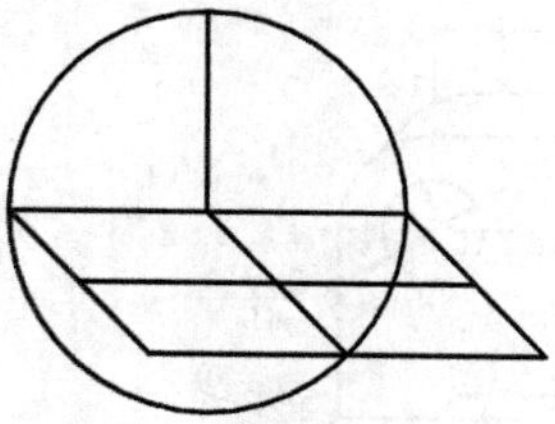

图5-14　作平行四边形，画横向、斜向中线，画圆，画竖向半径线

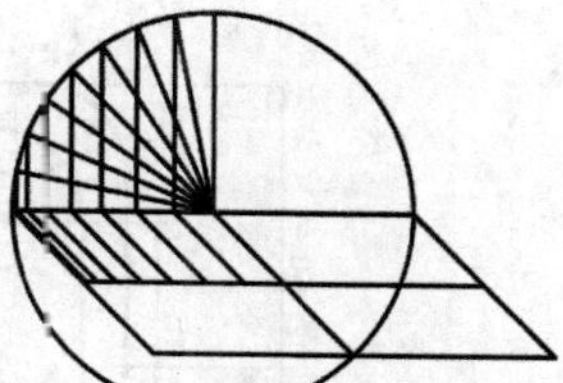

图5-15　半径竖线环形阵列，从圆弧的各等分点作竖线，自垂足按 y 轴方向作斜线

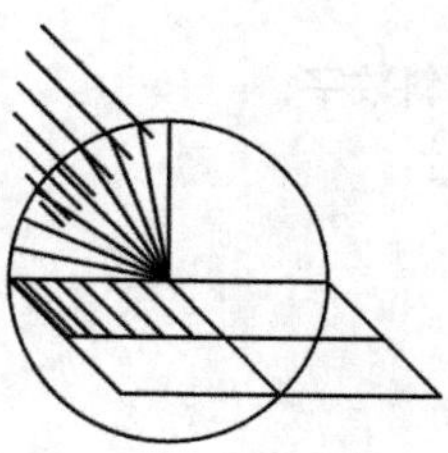

图5-16　将各竖线一起旋转45°

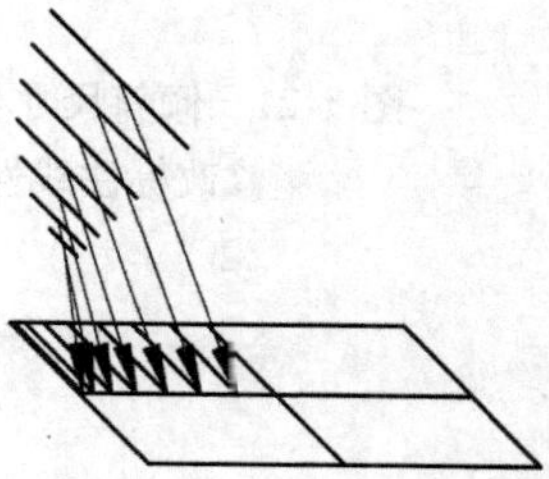

图5-17　删除圆、半径线，中点到端点移动示意

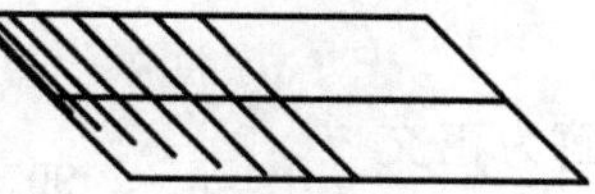

图5-18　中点到端点定点移动45°斜线

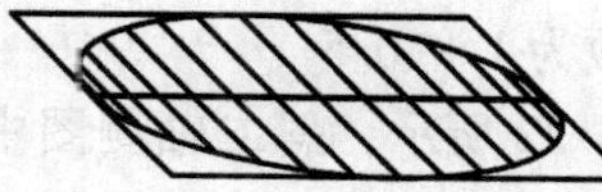

图5-19　删除，旋转复制斜线，用样条曲线绘制出椭圆

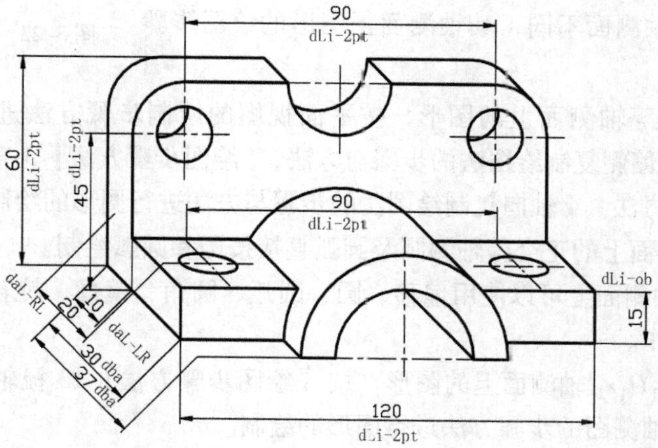

图5-20　画辅助横竖线，标注横竖尺寸，标注斜向尺寸

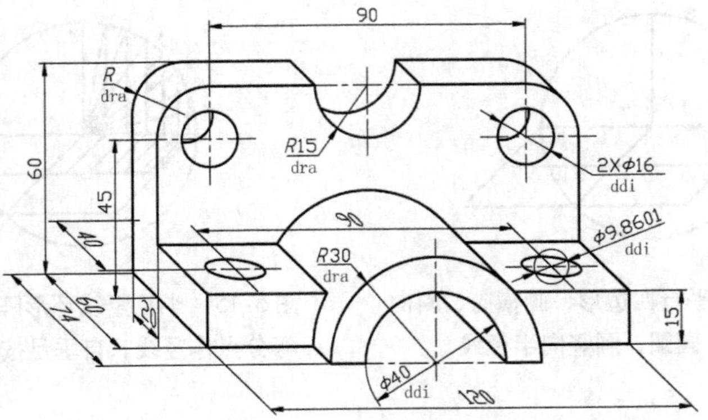

图 5-21　倾斜尺寸界线，调整位置，倾斜数字，修改标注线性比例，标注弧圆尺寸

相关知识与操作

一、斜二轴测图

1. 基本知识

『制图知识』12 斜二轴测图的轴间角为 90°和 135°，轴向伸缩系数为 1 和 0.5

如图 5-22 所示，斜二轴测图中的 $z_1O_1x_1$ 轴测面为正交等轴测面。

斜二轴测图中的 $x_1O_1y_1$ 轴测面和 $y_1O_1z_1$ 轴测面为非正等轴测面，也为非正交等轴测面。

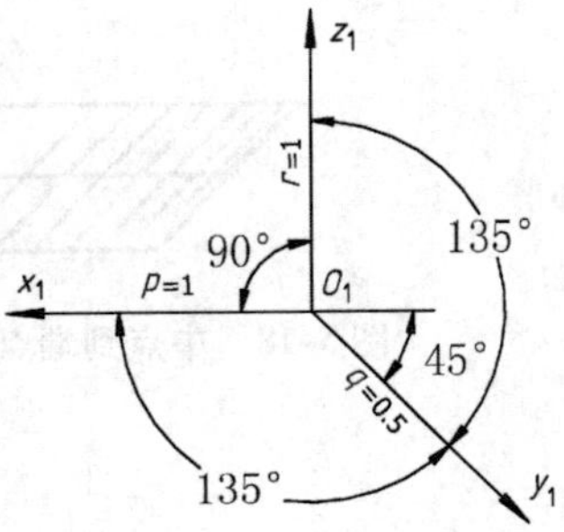

图 5-22　斜二轴测图的形成

2. 斜二轴测图绘图步骤方法

斜二轴测图的轴测面不同，其轴测面上图形的绘图步骤方法不同：

A. $z_1O_1x_1$ 正交等轴测面上的图形，按平面视图的绘制步骤方法进行绘制，可以采用『绘图步骤方法』1 偏侧复制绘图法的步骤与方法、『绘图步骤方法』3 直线绘图法的步骤与方法与『绘图步骤方法』4 轴向复制绘图法的步骤与方法进行图形的绘制。

B. $z_1O_1x_1$ 轴测面上的正交等轴测圆及圆弧直接按圆和圆弧绘制。

C. 在 $z_1O_1x_1$ 轴测面上可以使用偏移、圆、圆弧、圆角、镜像、旋转、矩形阵列、环形阵列等命令进行操作。

D. $x_1O_1y_1$ 与 $y_1O_1z_1$ 轴测面上的图形，按『绘图步骤方法』13 极轴控制直线法与轴向复制法绘制非正等轴测图的步骤方法进行图形的绘制。

E. $x_1O_1y_1$ 与 $y_1O_1z_1$ 轴测面上的轴测圆，按『绘图步骤方法』14 坐标法用样条曲线绘制轴测圆（椭圆）的步骤方法进行绘制。

『绘图步骤方法』12 极轴控制绘制非正等轴测图的步骤方法

01#，极轴——设置极轴，控制极轴。

1#，绘图——直线法或轴向复制法。

2#，标注——轴测图尺寸标注步骤方法。

3#，其他——其他处理。

『绘图步骤方法』13 极轴控制直线法与轴向复制法绘制非正等轴测图的步骤方法

01#，极轴——设置极轴，控制极轴。

0#，画线——沿轮廓走直线，画轴向直线、其他方向直线或轴测圆。

1#，复制——轴向复制。

2#，边角——边角处理。

3#，其他——其他处理。

重复执行0#~3#步骤，绘制出图形。

4#，标注——标注尺寸。

『绘图步骤方法』14 坐标法用样条曲线绘制轴测圆（椭圆）的步骤方法

1#，平行四边形——按照轴向伸缩系数，作以轴测圆直径为边长、轴测轴方向直线为边的平行四边形。

2#，中线——作两条平行四边形的中线、即轴测圆的直径线。

3#，椭圆点——按坐标作出轴测圆的点——『绘图步骤方法』15。

4#，椭圆——用样条曲线连接各点，作出近似椭圆。

5#，删除——删除辅助线。

『绘图步骤方法』15 按坐标作出轴测圆的椭圆点的步骤方法

1#，圆——以平行四边形的轴向伸缩系数为1的边为直径画圆。

2#，半径——作垂直于圆直径的半径线。

3#，阵列——用90°填充角、奇数项目数，以圆心为中心作半径的环形阵列等分圆弧。

4#，垂线——从圆弧的等分点作直径的垂线。

5#，平行线——从垂足至平行四边形中线，作平行四边形另一条边的斜平行线。

6#，旋转垂线——任意点旋转，将各垂线全部旋转到与平行四边形另一条边相同的方向。

7#，椭圆点——定点移动已旋转的垂线，将其中点或端点移动到斜平行线在中线上的交点，定位出左半轴测圆的各椭圆点。

8#，旋转复制椭圆点——将左半轴测圆各椭圆点的定位斜线旋转复制180°，作出右半轴测圆各椭圆点的定位斜线。

9#，删除——删除辅助线。

『操作』94　用样条曲线连接各椭圆点作近似椭圆（弧）的操作

1）作半轴测圆椭圆弧。

1#，样条曲线SPL，启动样条曲线命令：单击绘图工具栏上的“样条曲线”按钮（图2-19），或在命令行输入“SPL”按<Enter>键，启动命令。

2#，第一点，用对象捕捉指定第一点：用端点捕捉指定点1为第一点，如图5-26、图5-23所示。

3#，下一点，用对象捕捉指定下一点：用端点捕捉指定点 2 为下一点。重复执行本操作，依次用端点捕捉输入点 3～点 17 各点。

4#，回车结束，按 <Enter> 键结束点的输入。

5#，起点切向，指定第一点的切线方向：命令行提示“指定起点切向：”时，捕捉输入平行四边形 x 轴方向的边的端点，如图 5-24 所示。

6#，端点切向，指定最后一点的切线方向：命令行提示“指定端点切向：”时，捕捉输入平行四边形 x 轴方向的边的端点，如图 5-25 所示，完成椭圆弧样条曲线的输入。

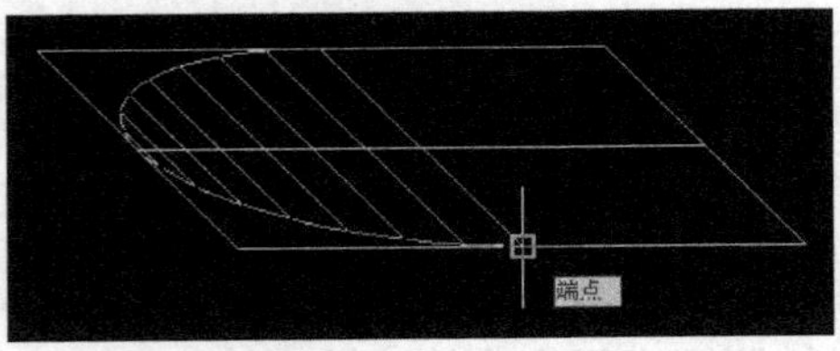

图 5-23 端点捕捉指定椭圆第一点及椭圆上的其他各点

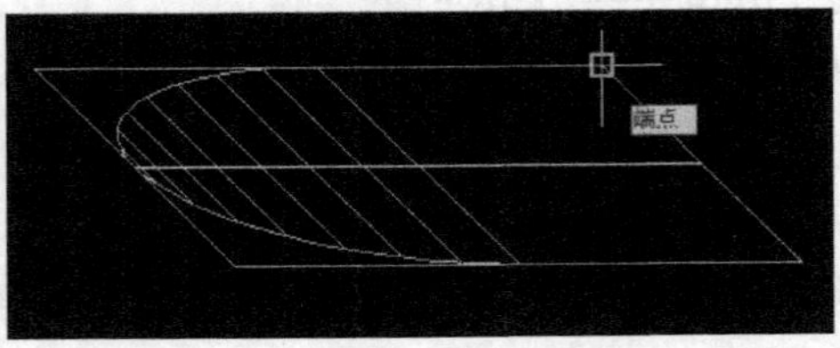

图 5-24 端点捕捉指定椭圆弧起点的切线方向

2）作整轴测圆椭圆。

1#，样条曲线 SPL，启动样条曲线命令。

2#，第一点，用对象捕捉指定第一点：用端点捕捉指定点 1 为第一点，如图 5-26 所示。

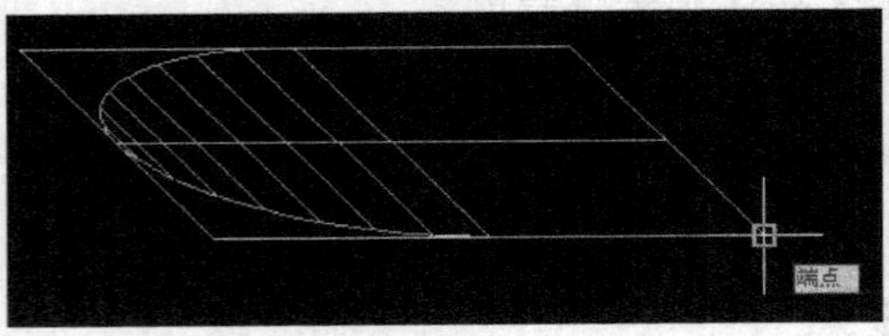

图 5-25 端点捕捉指定椭圆弧终点的切线方向

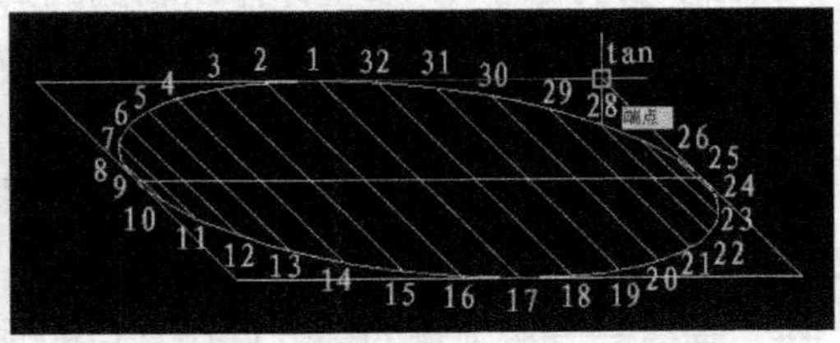

图 5-26 坐标定位的轴测圆椭圆上的点的编号，左上角 tan 端点

3#，下一点，用对象捕捉指定下一点：用端点捕捉指定点 2 为下一点。重复执行本操作，依次用端点捕捉指定输入点 3～点 32。

4#，C 闭合，在命令行输入“C”闭合选项，按 <Enter> 键结束。

5#，指定切向，指定起点终点的切线方向：命令行提示“指定切向：”时，捕捉输入平行四边形 x 轴方向的边的端点 tan 点（图 5-26），完成轴测圆椭圆样条曲线的绘制，如图 5-19所示。

3. 斜二轴测图中线性尺寸的标注与编辑

斜二轴测图中，在 zOx 正交等轴测面上的尺寸按『绘图步骤方法』2 尺寸标注的步骤与方法进行标注；其他线性尺寸按『绘图步骤方法』10 轴测图中线性尺寸标注与编辑的步骤方法进行标注；倾斜尺寸界线时可以输入 0、90、135 数值进行倾斜，也可以按轴测轴方向点击输入两点来输入倾斜角度进行倾斜；文字的倾斜角度分别设置 45°和 −45°。

4. 斜二轴测图中弧圆尺寸的标注与编辑

斜二轴测图中，在 zOx 正交等轴测面上的弧圆可直接标注直径和半径并进行编辑；在

xOy 和 *yOz* 轴测面上的轴测弧圆的尺寸按『绘图步骤方法』11 轴测图中弧圆尺寸标注与编辑的步骤方法进行标注。

5. 斜二轴测图绘制与尺寸标注的要点

『特别提示』40 正面斜轴测图，先绘制 *zOx* 正交等轴测面上的图形，再绘制其他轴测面图形

『特别提示』41 正面斜轴测图中的圆和圆弧，应优先绘制在 *zOx* 正交等轴测面上

『特别提示』42 正面斜轴测图中的尺寸应尽可能标注在 *zOx* 正交等轴测面上

6. 斜二轴测图极轴及追踪、极轴光标捕捉的设置

极轴及追踪的设置

斜二轴测图极轴及追踪的设置如图 5-27 所示。

『特别提示』43 斜二轴测图极轴及追踪的设置为：增量角 90、附加角 135 和 315

『特别提示』44 斜二轴测图极轴及追踪的设置为：用所有极轴角设置追踪、绝对测量

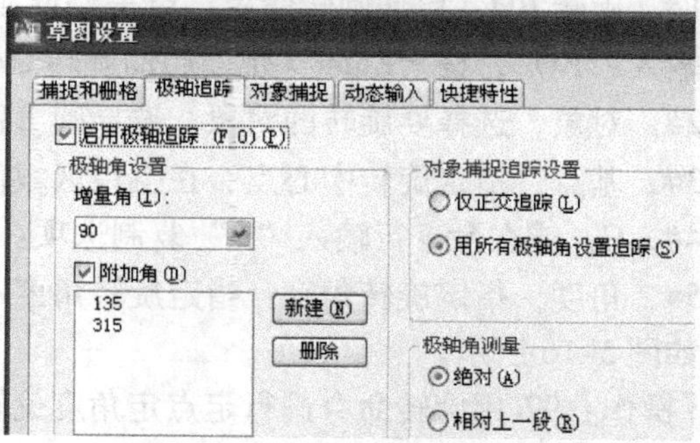

图 5-27　斜二轴测图极轴及追踪的设置

光标捕捉的设置

『操作』95 对话框设置极轴光标捕捉的操作

1#，草图设置 DS：调用草图设置对话框，如图 5-28 所示。

2#，捕捉和栅格：单击“捕捉和栅格选项卡”。

3#，启用，启用捕捉：勾选“启用捕捉”。

4#，极轴，极轴捕捉：选择“PolarSnap 极轴捕捉”。

5#，间距，极轴间距：设置极轴距离为 1，如图 5-28 所示。

6#，完成：单击“确定”按钮，完成设置。

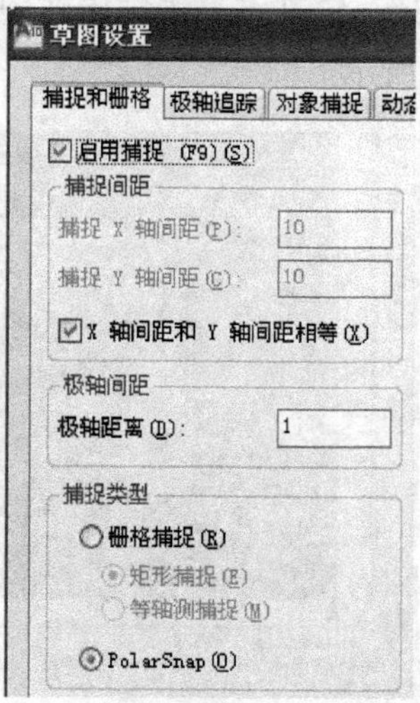

图 5-28　对话框设置极轴光标捕捉

二、绘制图形的一般步骤方法

合并视图、轴测图的绘图方法，合并偏侧复制法、直线法与轴向复制法等绘图方法，得到一般的绘图步骤方法『绘图步骤方法』16。

『绘图步骤方法』16 绘制图形的一般步骤方法

01#，设置——设置光标捕捉、正交、极轴、对象捕捉、追踪等，控制正交或极轴。

0#，画线——画直线或圆——画直线、圆、轴测圆、双线、多线等。

1#，复制——偏侧复制或轴向复制等。

2#，边角——边角处理——尖角、圆角、倒角、修剪、延伸与圆弧连接等。

3#，其他——其他处理——其他操作。

4#，标注——尺寸标注——标注尺寸。

重复执行 0# ~ 3#步骤，绘制出图形。

0#步骤画线操作还有画多段线、构造线、正多边形、矩形、圆弧、样条曲线等。

1#步骤复制操作还有旋转复制、镜像复制、阵列复制等。

2#步骤边角处理操作还有多线的编辑操作等。

三、旋转

『操作』96　用旋转命令进行任意点定角度旋转（复制）的操作

1#，旋转 RO，启动旋转命令：单击修改工具栏上的“旋转”按钮（图 2-20）或在命令行输入“RO”，按 <Enter> 键，启动旋转命令。

2#，对象，选择要旋转的对象：选择圆直径线的各垂线（图 5-29），按 <Enter> 键。

3#，基点，指定旋转中心点：在空白区域任意单击输入一点，作为旋转中心点。

4#，C，或在命令行输入“C”复制选项：本例不作。

5#，角度，指定旋转角度：指定旋转角度 45°（图 5-29），按 <Enter 键>，完成旋转操作，如图 5-16 所示。

『操作』97 用旋转命令进行定点定角度旋转（复制）的操作

1#，旋转 RO，启动旋转命令。

2#，对象，选择要旋转的对象：选择轴测圆椭圆点的定位斜线作为旋转对象（图 5-30），按 <Enter> 键。

3#，定基点，指定旋转中心点：捕捉输入平行四边形两中线交点作为旋转中心点，如图 5-30 所示。

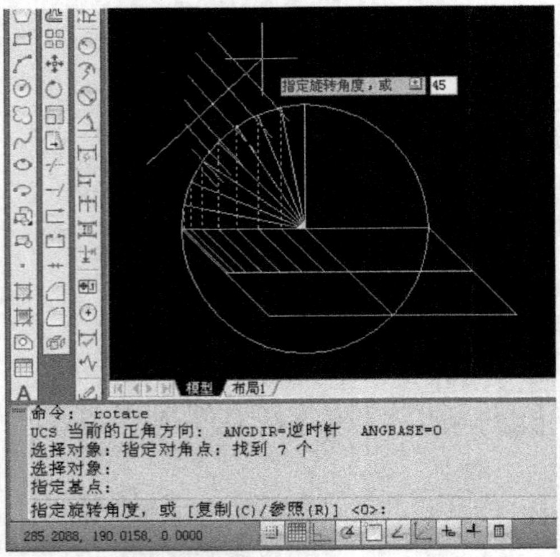

图 5-29　旋转，选择对象，任意基点，指定旋转角度 45°

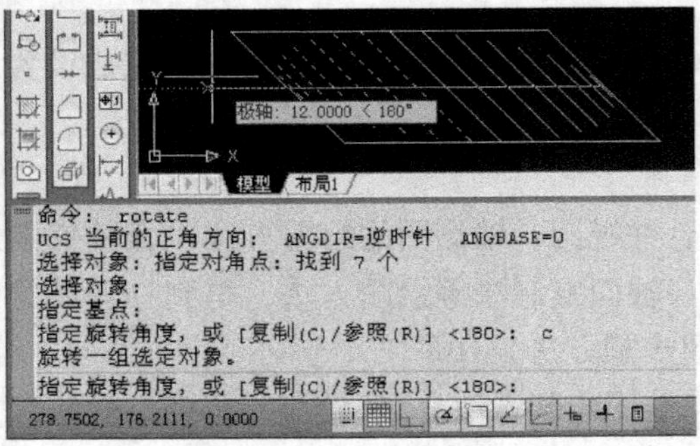

图 5-30　旋转复制，选择对象，指定基点，指定旋转角度 180°

4#，C，在命令行输入“C”复制选项。

5#，角度，指定旋转角度：拉动鼠标，对齐到极轴 180°方向（图 5-30），单击输入一点即输入旋转角度180°，完成旋转复制操作，如图5-19所示。

四、比例缩放

『操作』98 使用缩放命令进行任意点定比例缩放（复制）的操作

1#，缩放SC，启动缩放命令：单击修改工具栏上的“缩放”按钮（图2-20），或在命令行输入“SC”，按<Enter>键，启动缩放命令。

2#，对象，选择要缩放的对象：选择斜二轴测圆及画椭圆的辅助线（图5-31），按<Enter>键。

3#，基点，指定缩放基点：在空白区域任意单击输入一点，作为缩放的基点。

4#，C，或在命令行输入“C”复制选项，本例不作。

5#，比例，指定缩放比例：指定缩放比例8（图5-31），按<Enter>键，完成比例缩放操作。

五、移动

『操作』99 定点移动的操作

1#，移动M，启动移动命令：单击修改工具栏的“移动”按钮（图2-20），或在命令行输入“M”，按<Enter>键，启动移动命令。

2#，对象，选择移动对象：选择斜二轴测圆，如图5-32所示。

3#，基点，对象捕捉输入指定基点：对象捕捉输入平行四边形两中线的交点。

4#，第二点，对象捕捉输入指定第二点：对象捕捉输入斜二轴测圆的圆心定位交点（图5-32），结束，如图5-20所示。

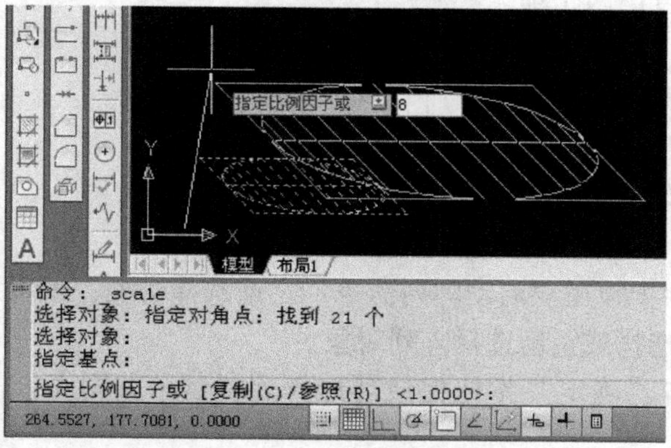

图5-31　缩放，选择对象，给定基点，指定缩放比例

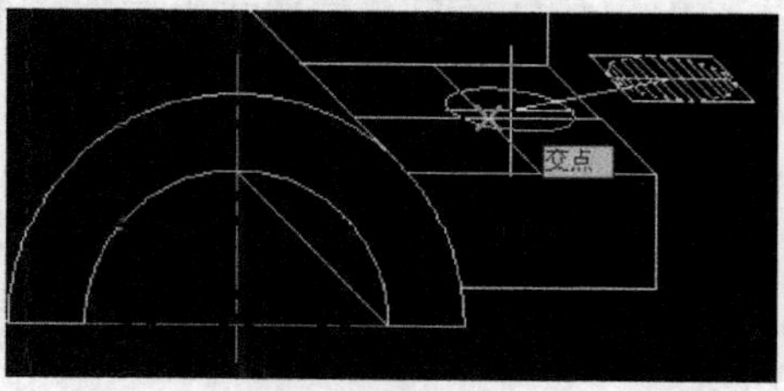

图5-32　定点移动，选择对象，指定基点，指定第二点

六、阵列

『操作』100 对话框环形阵列复制的操作

0#，保存，置软件于待命状态：保存。

1#，对象，或选择阵列对象：选择圆的90°半径线，如图5-33所示。

2#，阵列AR，启动阵列命令：单击修改工具栏的“阵列”按钮（图2-20），或在命令行输入“ARRAY”或“AR”，按<Enter>键，启动阵列命令，弹出阵列对话框，如图5-33

所示。

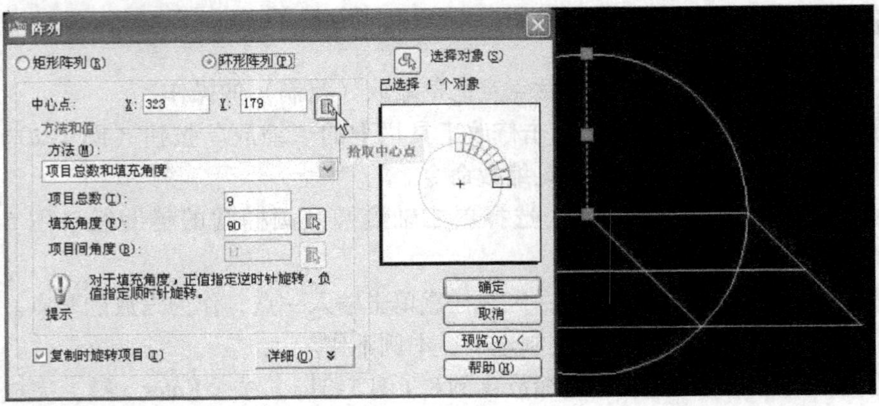

图 5-33　以圆心为中心，填充角为 90°，项目数为 9，作半径竖线的环形阵列

3#，环形 P，选择环形阵列 P：单击选择或按 < P > 键选择环形阵列。

4#，中心点，输入指定环形阵列的中心点：单击“拾取中心点”按钮，临时关闭阵列对话框，捕捉输入圆心点作为环形阵列的中心点。

5#，方法，选择环形阵列的方法：选择的方法为“项目总数和填充角度”，如图 5-34 所示。

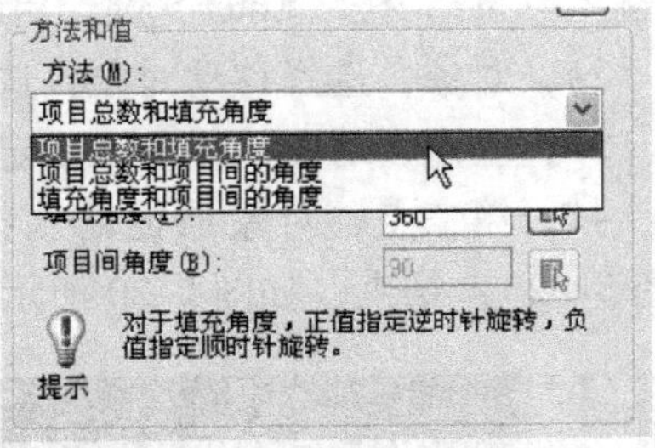

图 5-34　选择环形阵列方法

6#，总数，输入环形阵列的总数量：在“项目总数”栏输入阵列的总数量，输入数量 9。

7#，填充角度，输入环形阵列的总角度：在“填充角度”栏输入环形阵列的总角度，即阵列后首尾两个项目间的角度，输入角度 90，如图 5-33 所示。

8#，项目间角度，或输入环形阵列相邻两个项目间的角度：本例不作。

9#，旋转项目，勾选或去勾选复制时旋转项目：勾选“复制时旋转项目”，如图 5-33 所示。

10#，对象，选择阵列对象：可以在第 1#步骤在“启动阵列命令”之前选择对象，也可以在阵列对话框中单击“选择对象”按钮，选择或重新选择阵列对象。

11#，确定，确定完成：在对话框中单击“确定”按钮完成环形阵列复制，如图 5-15 所示。

『特别提示』45　阵列的项目总数、行数、列数包括源对象

『操作』101　对话框矩形阵列复制的操作

0#，保存，置软件于待命状态：保存。

1#，对象，选择阵列对象：选择散热器，如图 5-35 所示。

2#，阵列 AR，启动阵列命令：命令启动后弹出阵列对话框，如图 5-35 所示。

3#，矩形 R，选择矩形阵列 R：单击选择或按 < R > 键选择矩形阵列。

4#，行数，输入阵列行数：输入阵列行数 4。

5#，列数，输入阵列列数：输入阵列列数 1。

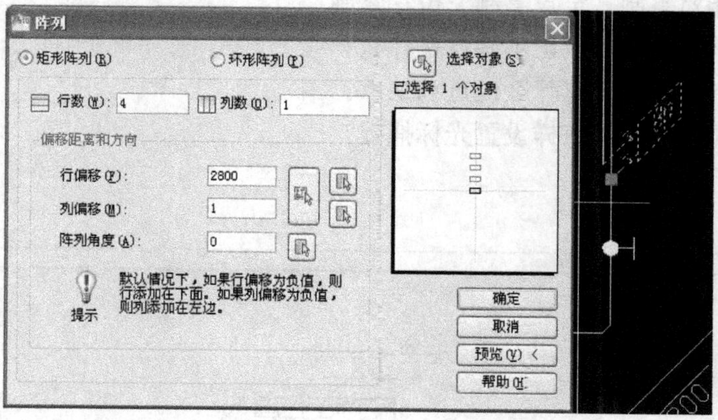

图5-35　4行、1列、行间距2800，作散热器的矩形阵列

6#，行偏移，或输入或拾取阵列的行间距：输入阵列的行间距2800。

7#，列偏移，或输入或拾取阵列的列间距：本例不作。可以同时拾取阵列的行间距和列间距，本例不作。

8#，阵列角度，输入或拾取阵列的角度：输入阵列的角度0，如图5-35所示。

9#，对象，选择阵列对象：可以在第1#步骤在“启动阵列命令”之前选择对象，也可以在阵列对话框中单击“选择对象”按钮，选择或重新选择阵列对象。

10#，确定，确定完成：如图6-6所示。

思考与练习

1. 思考题

1）什么是斜二轴测图？

2）斜二轴测图的轴向伸缩系数和轴间角分别是多少？

3）简述绘制斜二轴测图的步骤方法。

4）简述绘制非正等轴测图的步骤方法。

5）绘制非正等轴测图时怎样设置怎样控制？

6）斜二轴测图的极轴追踪怎样设置？

7）简述坐标法绘制轴测圆（椭圆）的步骤方法。

8）斜二轴测图标注尺寸的倾斜角度是多少？

9）斜二轴测图标注尺寸数字的倾斜角度是多少？

10）斜二轴测图 y 轴测轴的轴向尺寸标注后应该怎样修改？

11）斜二轴测图的 xOz 正交等轴测面上圆和圆弧怎样绘制？

12）斜二轴测图绘制与尺寸标注的要点是什么？

13）怎样进行旋转复制？

14）哪些命令操作可以进行旋转复制？

15）比例缩放与视图缩放功能相同吗？有什么不同？

16）什么是相对移动、定点移动、位移移动？

17）什么是相对复制、定点复制、位移复制？

18）复制与移动的相同点与不同点是什么？

19）光标捕捉绘制操作有什么优点和缺点？

20）绘制轴测图时应该怎样设置光标捕捉？

2. 练习图

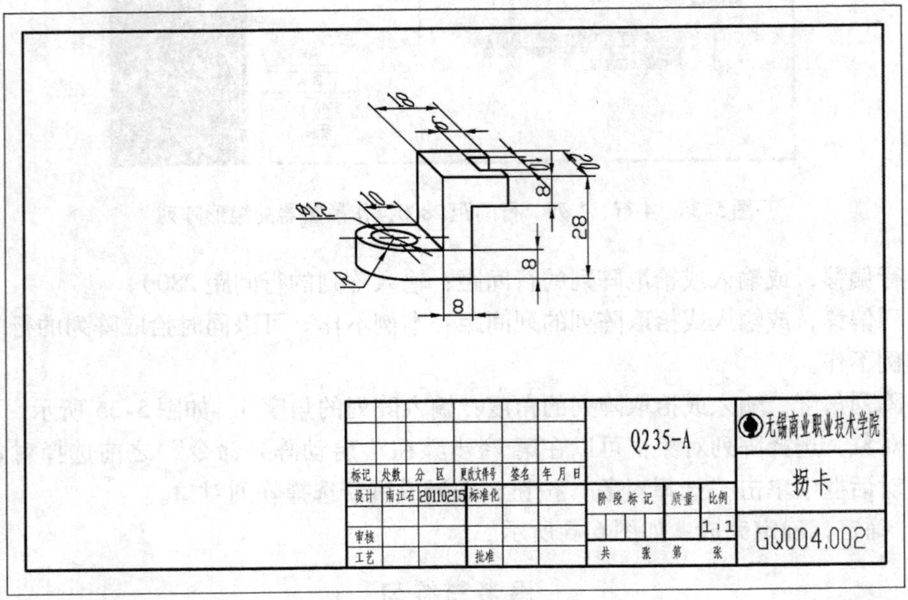

图 5-36　练习图 1 拐卡

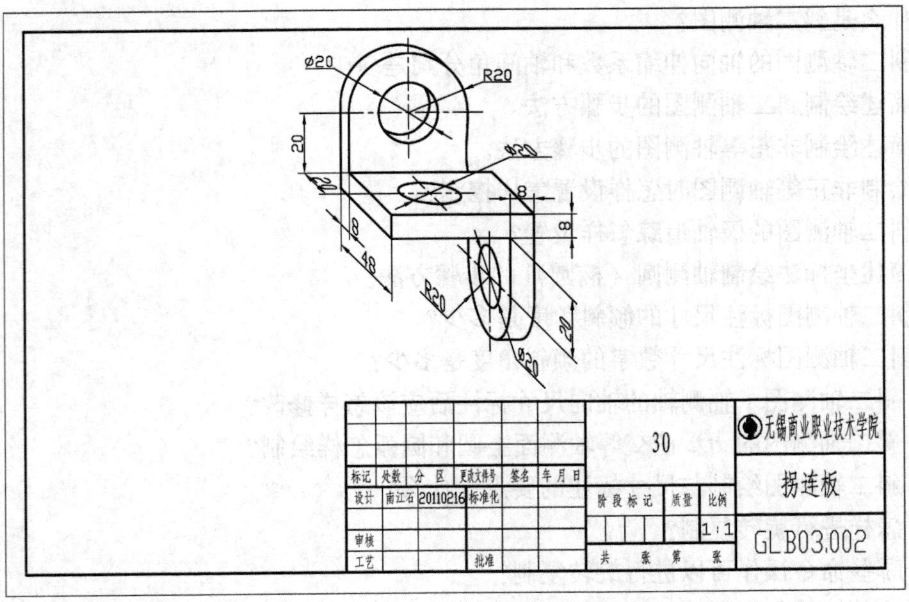

图 5-37　练习图 2 拐连板

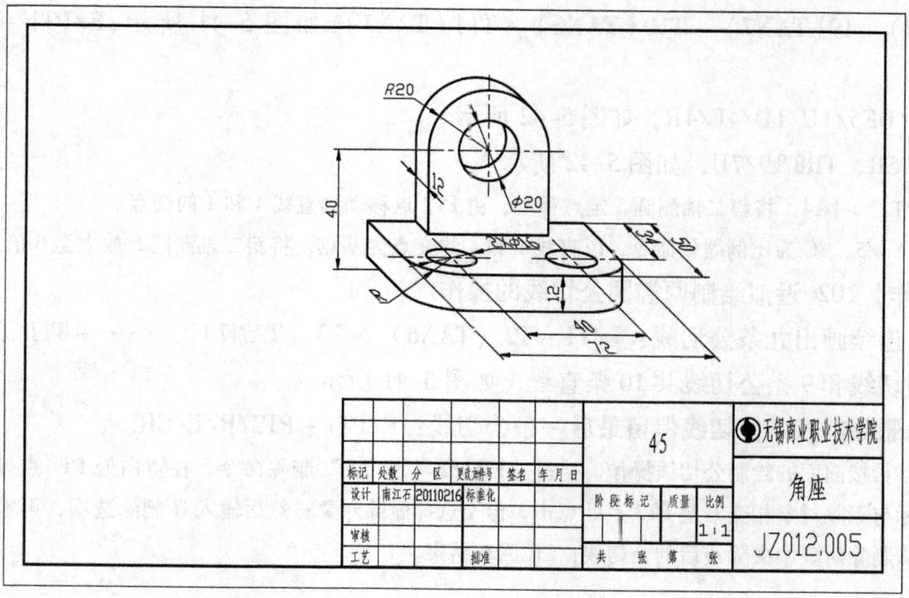

图5-38　练习图3 角座

3. 练习图操作提示

（1）图5-36练习图1拐卡斜二轴测图图形绘制操作参考

N/A4H. dwt，LA/粗实线，极轴增量角90°，附加角135°和315°，用所有极轴角设置追踪，绝对极轴测量，启用极轴追踪。

L/P1 - P2(d18 < 180) - P3(d20 < 270) - P4(d10 < 180) - P5(d10 < 135) - P6(d10 < 0) - P7(d20 < 90) - P8(d18 < 0) - P9(d2.5 < 315) - P10(d6 < 180) - P11(d5 < 315) - P12(d6 < 0) - P1 - P13(d8 < 270) - P14(d10 < 180) - P15(d20 < 270) - P16(d18 < 180) → 1&2，L/P3 - P6 → 3，L/P2 - P7，L/P9 - (< 270&2)，L/MID3 - (< 180)→4，如图5-39所示。

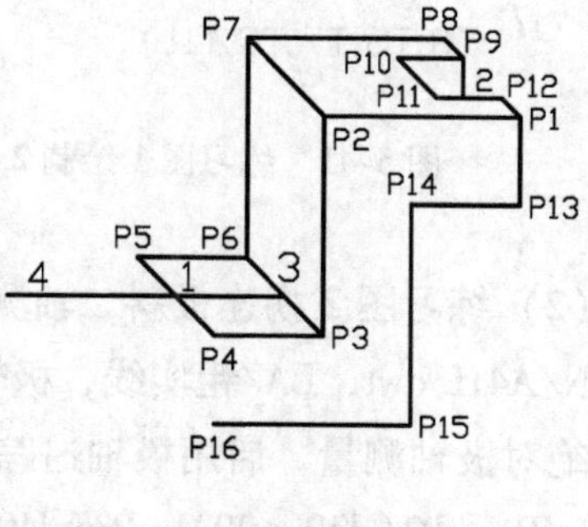

图5-39　练习图1绘制1

按『绘图步骤方法』14绘制半径1直径2的斜二轴测圆5，如图5-19所示，CP/5→6，如图5-40所示，M5/P17（圆心）> 1&4，SC6/1&4/5，M6/P18 > 1&4，SC10/1&4/6，CP/d8 < 270/6→7，如图5-41所示。

图5-40　斜二轴测圆2

TR6/4L，LA/1&4 > 点画线，MO/1&4/线型比例 > 0.25。

L/T1 - T2(TAN6) - T3(TAN7) - T4(TAN6) - T5(TAN7) - T6(TAN6) - T7(TAN7) - T8(TAN6) - T9(TAN7) - T10(TAN6) - T11(TAN7),如图 5-41 所示,E/PT1 - PT2/R/L/CR。

LEN/DE5/1U/1D/4L/4R，如图 5-42 所示。

TR1/6R，TR8&9/7U，如图 5-42 所示。

说明：M5/P17 >1&4，将斜二轴测圆 5 定点移动，由 P17 点移动到直线 1 和 4 的交点。

SC6/1&4/5，SC 为比例缩放命令，以直线 1 和 4 的交点为基点，将斜二轴测圆 5 放大至 6 倍。

『操作』102 近似绘制两椭圆公切线的操作

1#，连续画出九条公切线：L/T1 - T2（TAN6） - T3（TAN7） - …… - T11（TAN7），画出 1 条切线和 9 条公切线共 10 条直线，如图 5-41 所示。

2#，删除前八条公切线保留最后一条公切线：E/PT1 - PT2/R/L/CR。

说明：紧接前面的绘制公切线操作，执行“ERASE”或“E”删除命令；在空白处 PT1 点处点击，向左拉动光标与删除对象相交，至 PT2 点处点击，窗交选择删除对象；然后输入 R 删除选项，再输入 L 最后的选项，从删除对象中去除最后的公切线；CR 回车结束。

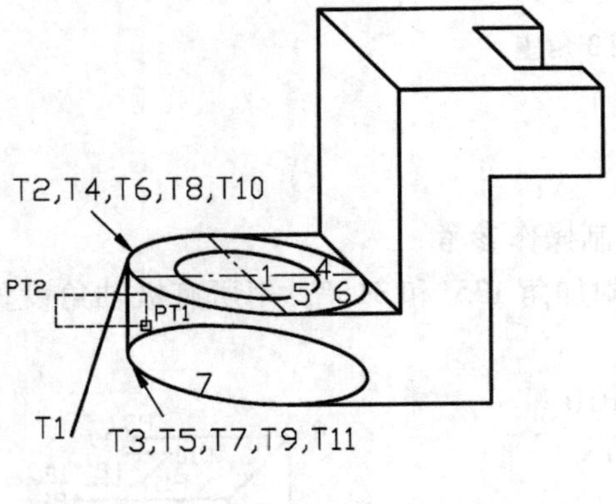

图 5-41　练习图 1 绘制 2

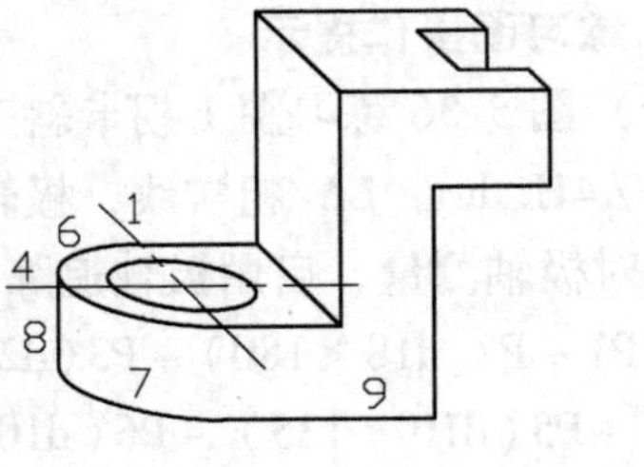

图 5-42　练习图 1 绘制 3

（2）练习图 2 拐连板斜二轴测图图形绘制操作参考

N/A4H. dwt，LA/粗实线，极轴增量角 90°，附加角 135°和 315°，用所有极轴角设置追踪，绝对极轴测量，启用极轴追踪。

L/P1 - P2(d20 <90) - P3(d40 <180) - P4(d20 <270) - P5(d48 <0) - P6(d20 <315) - P7(d48 <180) - P8(d8 <270) - P9(d40 <0) - P10(d20 <270) - P11(d20 <135) - P12(<90&9)→1&2&3&4&7&8&9&10&11，如图 5-43 所示。

L/P4 - P7→12,L/P8 - P13(d24 <135) - P14(d28 <90),L/P6 - P15(d28 <270)→13。

F/1&3→14，C10/CEN14→15，L/P16(15 <90&14) - P19(<270&4) - P20(<315&8)→16&17，L/MID7 - (<180&12)→18，CP/d4 <135/14&15→19&20，L/(<315)→21，L/CEN15 - PER21→22，L/14&22 - (<135)→23，L/P21(MID11) - (<270)→24。

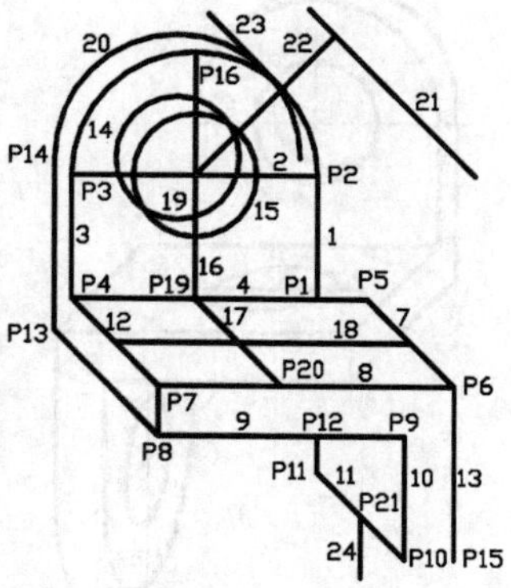

图5-43　练习图2绘制1

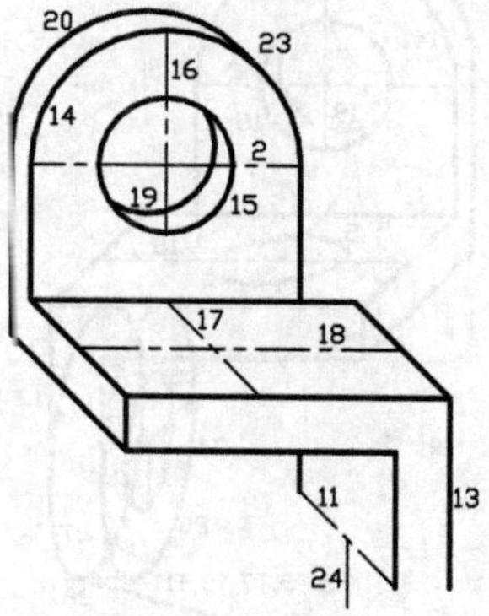

图5-44　练习图2绘制2

DEL/21/22，TR23/20R，TR20/23U，TR15/19L/16D，LA/2 >点画线，MO/2/线型比例>0.25，MA/2 >16&17&18&11&24，如图5-44所示。

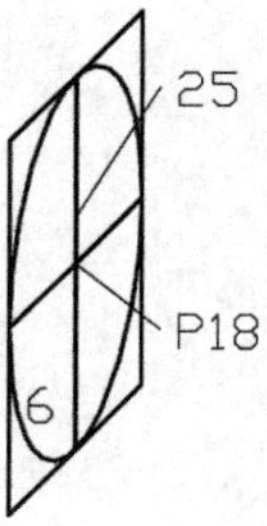

图5-45　斜二轴测圆3

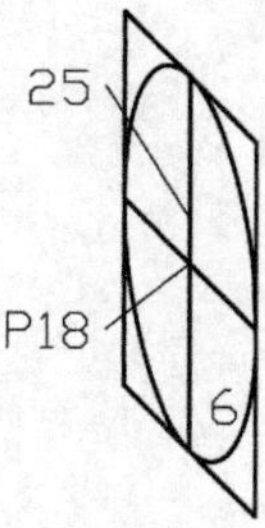

图5-46　斜二轴测圆4

按『绘图步骤方法』15绘制半径1直径2的斜二轴测圆5，如图5-19所示，CP/5→6，如图5-40所示，M5/P17 >17&18，SC10/17&18/5，RO/6 <90，如图5-45所示，MI25/6，如图5-46所示，M6/P18 >11&24，SC10/11&24/6，SC2/C/11&24/6→26，CP/d8 <0/26→27，如图5-47所示。

L/T1 - T2(TAN27) - T3(TAN26) - T4(TAN27) - T5(TAN26) - T6(TAN27) - T7(TAN26) - T8(TAN27) - T9(TAN26) - T10(TAN 27) - T11(TAN26)→28(最后直线)，如图5-47所示，E/(窗交选择T1 - T11的10条直线)/R/L/CR。

TR5/17U/17D/18L/18R，TR11/26U，TR13&28/27L，EX6/24U，EX26/24D。

LEN/DE5/2L/2R/16U/16D/18L/18R/11L/11R/24U/24D，LEN/DE3/17U/17D，如图5-48所示。

说明：C10/CEN14→15，捕捉圆弧14的圆心，画半径10的圆15，CEN可以省略，成为C10/14→15。

L/(<315)→21，在适当点处沿极轴315°方向画适当长度的直线21。

RO/6 <90，以任意点为基点，将斜二轴测圆6旋转90°。

MI25/6，以直线25为镜像线镜像斜二轴测圆6，删除原对象。

SC2/C/11&24/6→26，以直线11和24交点为基点，2倍比例缩放6复制出斜二轴测圆26。

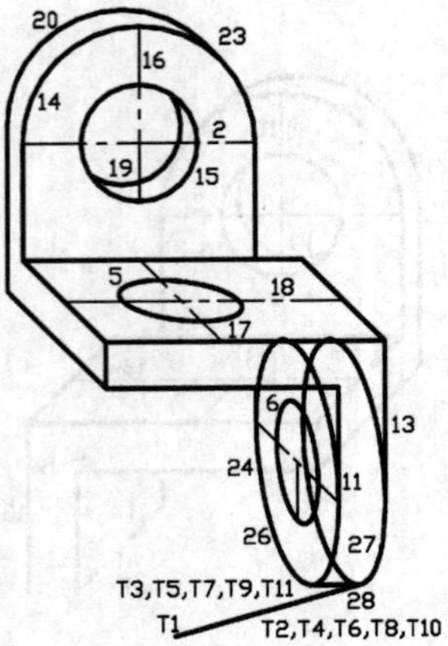

图 5-47 练习图 2 绘制 3

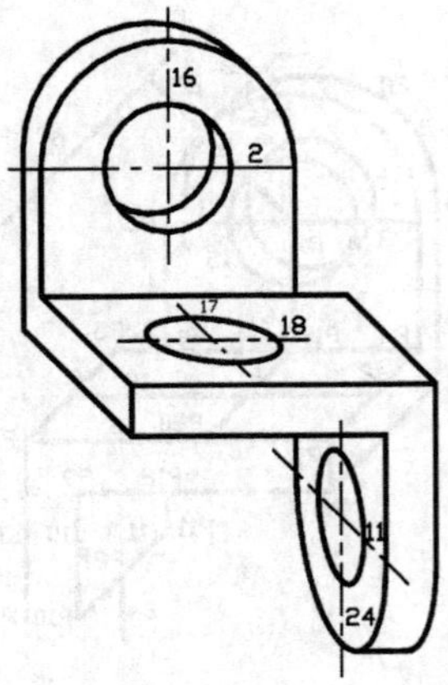

图 5-48 练习图 2 绘制 4

项目 6　比例绘图、正面斜等轴测图的绘制与标注

学习目标

1）了解正面斜等轴测图。
2）掌握给水排水管道与供暖管道斜等轴测图绘制的操作。
3）掌握斜等轴测图尺寸标注的操作。
4）掌握偏侧复制绘图法、直线绘图法和轴向复制绘图法的步骤和方法。
5）掌握 AutoCAD 绘制与修改的命令的操作。
6）掌握制图与 AutoCAD 软件的相关知识。

工作任务

任务　采暖系统斜等轴测图的绘制与标注

一、例图

本任务的采暖系统图例图如图 6-1、图 6-2 所示。

二、采暖系统斜等轴测图例图绘制的步骤方法

1. 总步骤方法

采暖系统斜等轴测图例图绘制的操作步骤见表 6-1。

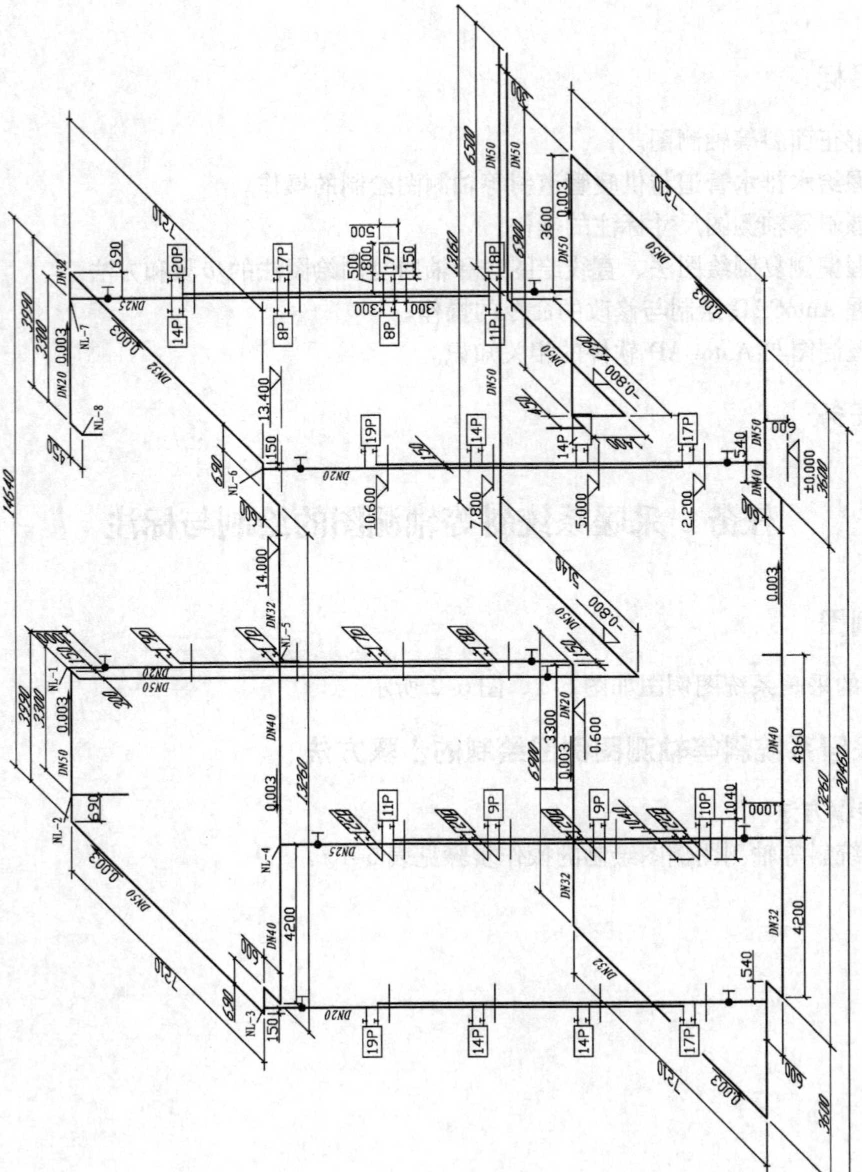
NL-1
NL-2
NL-3
NL-4
NL-5
NL-6
NL-7
NL-8
20P
17P
14P
8P
18P
11P
19P
9P
10P
DN50
DN40
DN32
DN25
DN20
±0.000
14.000
13.400
10.600
7.800
5.000
2.200
14640
20460

图 6-1 采暖系统图例图

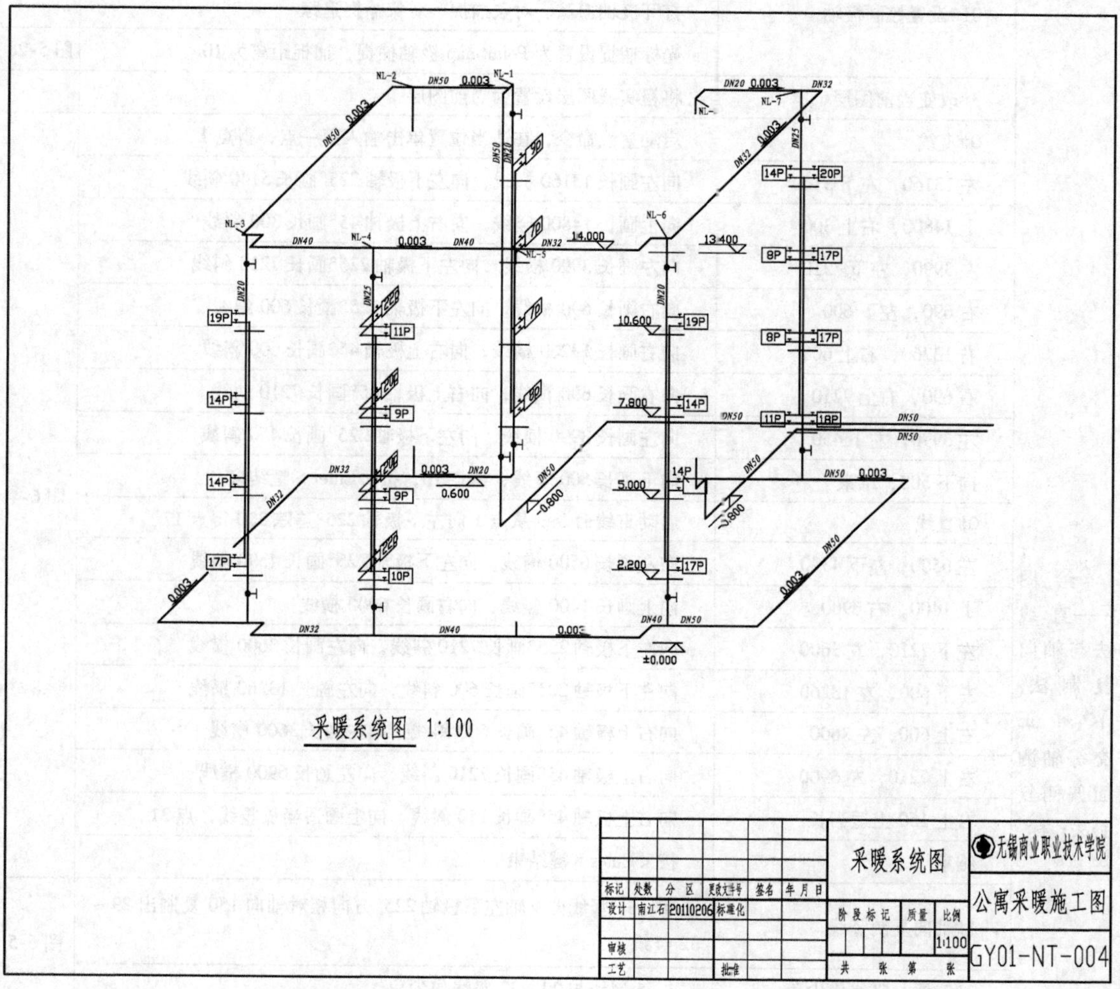

图 6-2 采暖系统斜等轴测图例图

表 6-1 采暖系统斜等轴测图例图绘制与标注的步骤方法

步骤与方法	操作		示例图
启动软件，打开例图	双击桌面图标启动软件，在第一窗口中打开例图		图 6-1
启动软件，新建文件	双击图标启动软件，在第二窗口用 A3H. dwt 新建文件		
3#调整图框比例，全图	以内框线左下角点为基点，用比例 100 缩放内外图框线，缩放到全图	表 6-6 『操作』98	图 6-1
保存图形文件	定位赋名保存，将图形文件保存为文件		

（续）

步骤与方法		操作	示例图
绘图——直线法与轴向复制法，$z_1O_1x_1$ 正交等轴测面偏侧复制法；标注	01#设置控制极轴	设置极轴附加角度45和225　『操作』62	图6-3
		打开极轴追踪、对象捕捉、对象捕捉追踪	
		光标捕捉设置为PolarSnap极轴捕捉，捕捉距离为10	图5-28
	3#改变当前图层	将粗实线图层设置为当前图层	
	0#直线	启动直线命令，在适当位置单击输入第一点，得点1	图6-4
	左13160，左下5140	向左画长13160横线，向左下极轴225°画长5140斜线	
	上14800，右上300	向上画长14800竖线，向右上极轴45°画长300斜线	
	左3990，左下7210	向左画长3990横线，向左下极轴225°画长7210斜线	
	右690，左下600	向右画长690横线，向左下极轴225°画长600斜线	
	右13260，右上600	向右画长13260横线，向右上极轴45°画长600斜线	
	右690，右上7210	向右画长690横线，向右上极轴45°画长7210斜线	
	左3990，左下450	向左画长3990横线，向左下极轴225°画长450斜线	
	向下500，结束	向下画长500竖线，得点16，按<Enter>键结束	
	0#直线	启动直线命令，从点1向左下极轴225°追踪300得点17	
	左6500，左下4390	向左画长6500横线，向左下极轴225°画长4390斜线	
	上1400，右6900	向上画长1400竖线，向右画长6900横线	
	左下7210，左3600	向左下极轴225°画长7210斜线，向左画长3600横线	
	左下600，左13260	向左下极轴225°画长600斜线，向左画长13260横线	
	右上600，左3600	向右上极轴45°画长600斜线，向左画长3600横线	
	右上7210，左6900	向右上极轴45°画长7210斜线，向左画长6900横线	
	右上150上适当长	向右上极轴45°画长150斜线，向上画适当长竖线，点31	
	结束	按<Enter>键结束	
	1#轴向复制竖线	30－31竖线向y轴左下极轴225°方向相对轴向150复制出29－32竖线	图6-5
	2#斜线与竖线作尖角	4－5斜线与29－32竖线作尖角	
	3#设置文字样式	按表6-2设置文字样式	图4-51
	3#改变当前图层	将文字图层设置为当前图层	
	3#注写文字标注管径，复制文字标注管径	选择“hzfs15”文字样式，高度250，在热水与回水总管处标注管径*DN*50，复制文字标注管径，共5处	图6-5
	3#复制旋转移动修改用文字标注管径	标注供热总立管*DN*50、上供热横管*DN*50、*DN*40、*DN*32和*DN*20各处的管径，共8处，标注29－32立管*DN*20	
	3#复制旋转移动修改用文字标注管径	标注下回水横管*DN*50、*DN*40、*DN*32和*DN*20各处的管径，共8处	
	3#定义标高图块	制作bg1、bg1d、bg2、bg2d标高图块　『操作』103	图6-13～图6-16
	3#插入标注标高图块	在3点右斜线处标高bg1d，比例100，角度45°，值－0.800	图6-55

（续）

步骤与方法		操作	示例图
绘图——直线法与轴向复制法，$z_1O_1x_1$ 正交等轴测面偏侧复制法；标注	3#插入标注标高图块	在 29 点横线处标高 bg2d，比列 100，角度 0°，值 0.600	图 6-5
	3#插入标注标高图块	在 19 点右斜线处标高 bg2d，比例 100，角度 45°，值 -0.800	
	3#插入标注标高图块	在 10 点横线处标高 bg2，比例 100，角度 0°，值 14.000	
	3#定义截止阀图块	制作截止阀图块	图 6-18
	3#改变当前图层	将细实线图层设置为当前图层	图 6-5
	3#插入截止阀图块	在 30 点竖线向上 1000 处插入截止阀图块，比例 100，角度 270°	
	3#插入截止阀图块	在 32 点竖线向下 1000 处插入截止阀图块，比例 100，角度 270°	
	3#移动调整管径标注	向下移动调整 32 点处管径标注 *DN*20 和 *DN*50	
	0#画楼层地平横线	在 30 点处画长度 1000 的横线，将横线中点调整到 30 点	
	3#移动楼层地平横线	向上 1600 移动楼层地平横线	图 6-6
	1#偏侧复制地平横线	向上 2800 偏侧复制楼层地平横线，连续偏侧复制 3 次	
	3#绘制定义散热器块	绘制定义 45°散热器 Srq45 图块	图 6-20
	3#改变当前图层	将细实线图层设置为当前图层	图 6-6
	3#插入散热器图块	在 NL-1 立管组最下地平横线向上 300 处插入散热器 Srq45 图块	
	1#向上复制散热器图块	向上间隔 2800 阵列复制散热器 Srq45 图块 3 个	
	3#修改散热器片数	修改散热器图块属性，修改片数为 8p、7p、7p、9p	
	2#调整供热回水立管	调整供热立管下端点 29 点和回水立管上端点 31 点	
	0#画标注指引线	在 32 点处细实线图层画标注斜线指引线	
	3#标注立管 NL-1	文字图层，选择"hzfs1"样式，高 250 宽度 1，标注供热立管 NL-1	
	0#6 点处画供热立管	6 点向右 690 处粗实线图层向下画 1500 长供热立管竖线	
	1#复制供热立管标注	复制标注指引线和 NL-1 标注，复制到 6 点处立管上端点	
	3#调整修改立管标注	修改 6 点处立管标注为 NL-2，端点拉伸调整标注指引线	
	1#复制供热立管标注	复制标注指引线和 NL-2 标注，复制到 7 点向右上 150 处	
	3#调整修改立管标注	修改 7 点处立管标注为 NL-3，端点拉伸调整标注指引线	
	1#复制供热立管标注	复制标注指引线和 NL-3 标注，复制到 9 点向右 4200 处	
	3#调整修改立管标注	修改 9 点右立管标注为 NL-4，端点拉伸调整标注指引线	
	0#10 点左画供热立管	10 点向左 4200 处粗实线层向下画 500 长供热立管竖线	
	1#复制供热立管标注	复制标注指引线和 NL-4 标注，复制到 10 点左边立管处	
	3#调整修改立管标注	修改 10 点左立管标注为 NL-5，调整文字位置，端点拉伸调整标注指引线	
	1#复制供热立管标注	复制标注指引线和 NL-3 标注，复制到 12 点向左 150 处	
	3#调整修改立管标注	修改 12 点处立管标注为 NL-6，端点拉伸调整标注指引线	
	1#复制供热立管标注	复制标注指引线和 NL-2 标注，复制到 13 点向左 690 处	
	3#调整修改立管标注	修改 13 点左立管标注为 NL-7，调整文字位置，端点拉伸调整标注指引线	

（续）

	步骤与方法	操作	示例图
绘图——直线法与轴向复制法，$z_1O_1x_1$正交等轴测面偏侧复制法；标注	1#复制供热立管标注	复制标注指引线和 NL－1 标注，复制到 15 点处	
	3#调整修改立管标注	修改 15 点处立管标注为 NL－8，调整文字位置，端点拉伸调整标注指引线	图 6-6
	1#复制供回立管组	将 29－32 和 30－31 供热回水立管、两个截止阀、四条楼层地平横线组成的供热回水立管组复制到 NL－3 处	
	3#绘制定义散热器块	绘制定义散热器 Srq1 图块	图 6-22
	3#改变当前图层	将细实线图层设置为当前图层	
	3#插入散热器图块	在 NL－3 立管组最下地平横线向上 300 处插入散热器 Srq1 图块	
	1#向上复制散热器	向上间隔 2800 阵列复制散热器 Srq1 图块 3 个	
	3#修改散热器片数	修改散热器图块属性，修改片数为 17p、14p、14p、19p	
	2#修剪回水立管上端	修剪回水立管上端长出线段	图 6-6
	3#打断下左侧横管	打断下面左侧回水横管	
	3#制作管道斜度图块	制作管道斜度标注图块，图 6-32、图 6-34	
	3#插入图块，标注管道斜度	上下横管 10 处插入管道斜度标注 Gdxd1 和 Gdxd2 图块，统一比例 100，角度 0°或 30°，属性值 0.003，插入点定位在横管上	
	3#改变当前图层	将粗实线图层设置为当前图层	
	0#29 点左画回水立管	在 29 点向左 3300 回水横管处，向上 1000 画回水立管	
	1#复制供回立管组	将 7 点处的供热回水立管、两个截止阀、四条楼层地平横线组成的供热回水立管组复制到 NL－4、NL－6、NL－7 处	图 6-6
	0#24 点左画回水立管	在 24 点向左 4200 回水横管处向上 500 画回水立管	
	0#20 点左画横管立管	从 20 点向左下画 450 长回水横管，向上 1000 画回水立管	
	3#绘制定义散热器块	绘制定义散热器 Srq2x 图块	图 6-24
	3#改变当前图层	将细实线图层设置为当前图层	
	3#插入散热器图块	在 NL－4 立管组最下地平横线向上 300 处插入横斜双散热器 Srq2x 图块，片数为 10p、22p	
	1#向上复制散热器	向上间隔 2800 阵列复制横斜双散热器 Srq2x 图块 3 个	图 6-7
	3#修改散热器片数	修改散热器图块属性，修改片数为 9p、20p、9p、20p、11p、22p	
	3#绘制定义散热器块	绘制定义散热器 Srq3 图块	图 6-26
	3#改变当前图层	将细实线图层设置为当前图层	
	3#插入散热器图块	在 NL－6 立管组最下地平横线向上 300 处插入散热器 Srq3 图块	
	3#拉长楼层水平横线	将 NL－6 立管组的各楼层水平横线向左拉长 200	
	3#插入标高图块	在 NL－6 立管组最下地平横线上插入标注标高 bg2 图块，统一比例 100，值 2.200	
	1#复制散热器标高	向上间隔 2800 阵列复制散热器 Srq3 和标高 bg2 图块 3 组	图 6-7
	3#修改各楼层的标高	修改标高图块属性，修改标高为 5.000、7.800、10.600	
	3#修改散热器片数	修改散热器图块属性，修改片数为 17p、14p、14p、19p	
	1#复制标高楼层横线	将 NL－6 的 10.600 处标高和楼层地平横线向上复制 2800	
	3#拉长最上地平横线	将 NL－6 的最上地平横线吸持右端点向右拉长 1800	

（续）

步骤与方法		操作	示例图
绘图——直线法与轴向复制法，$z_1O_1x_1$ 正交等轴测面偏侧复制法；标注	3#修改最上标高	修改 NL－6 的最上层楼层的标高为 13.400	图 6-7
	3#向右移动最上标高	将 NL－6 的最上层楼层的 13.400 标高向右移动 2500	
	1#复制标高楼层横线	将 NL－6 的最下地平横线向下复制 2200	
	3#插入标高图块	在 NL－6 立管组的最下地平横线插入标注标高 bg2d 图块，统一比例 100，值 ±0.000（%%P0.000）	
	3#绘制定义散热器块	绘制定义散热器 Srq2 图块	图 6-28
	3#改变当前图层	将细实线图层设置为当前图层	图 6-7
	3#插入散热器图块	在 NL－7 立管组最上地平横线向上 300 处插入散热器 Srq2 图块	
	1#向下复制散热器	向下间隔 2800 阵列复制双侧散热器 Srq2 图块 3 个	
	3#修改散热器片数	修改散热器图块片数属性为 14p、8p、11p、20p、17p、18p	
	3#复制标注立管管径	复制修改文字标注 NL－3、NL－4、NL－6、NL－7 立管管径	
	3#注写文字	将文字图层设置为当前图层，注写文字“采暖系统图”和“1∶100”，字高 700	
	0#画文字下横线	将细实线图层设置为当前图层．在“采暖系统图”字样下画横线	
插入填写标题栏		插入标题栏文件图块，统一比例 100，填写标题栏	图 6-1
结束	缩放到全图、保存、退出	缩放到全图，保存文件，关闭图形文件或关闭软件	
	FTP 上传	登录，在自建文件夹中上传文件	
完成			

2. 文字样式的设置

在命令行输入“Style”或“st”命令，按<Enter>键启动“文字样式”对话框（图4-51），按表 6-2 设置文字样式。

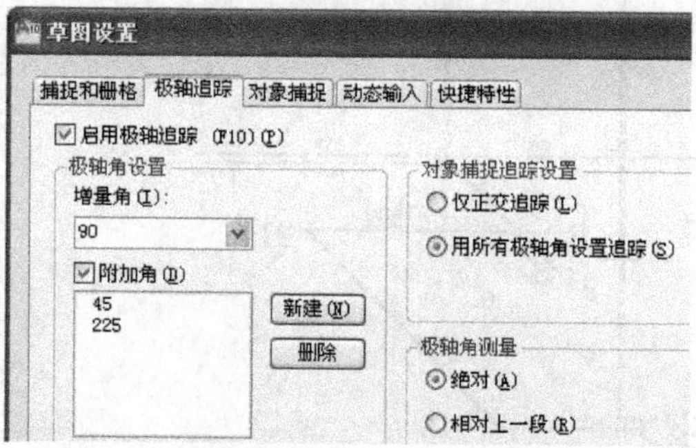

图 6-3　极轴及追踪的设置

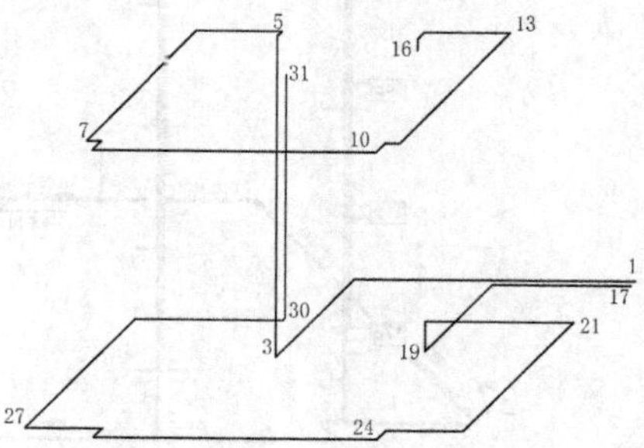

图 6-4　x、y、z 轴方向画 15＋14 条轴向直线

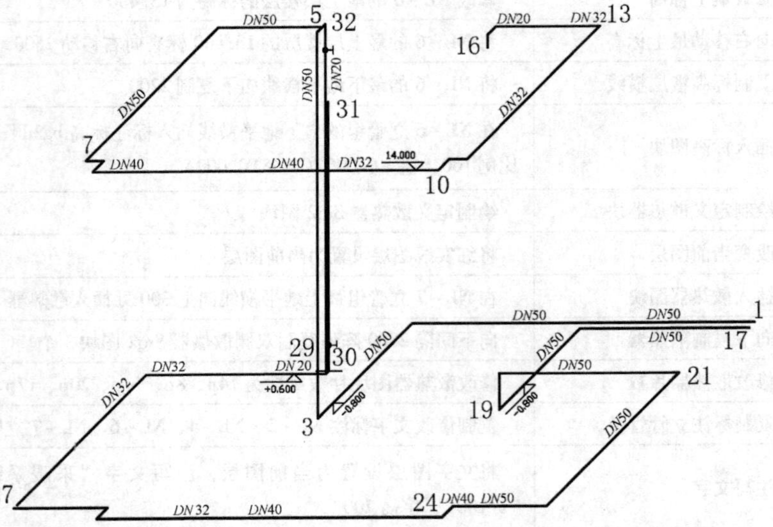

图 6-5 轴向复制出 29－32 竖线，尖角，标注管径，标注标高 4 处

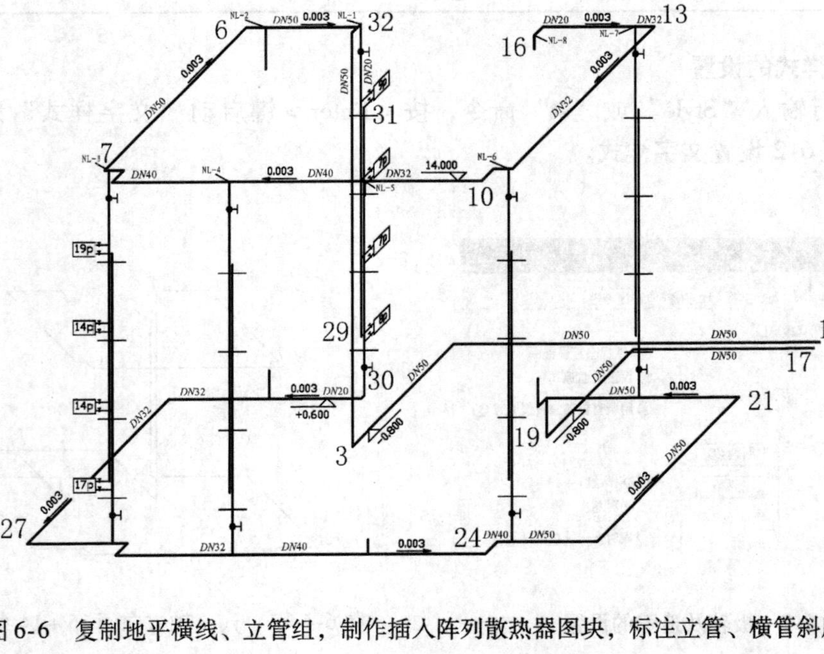

图 6-6 复制地平横线、立管组，制作插入阵列散热器图块，标注立管、横管斜度

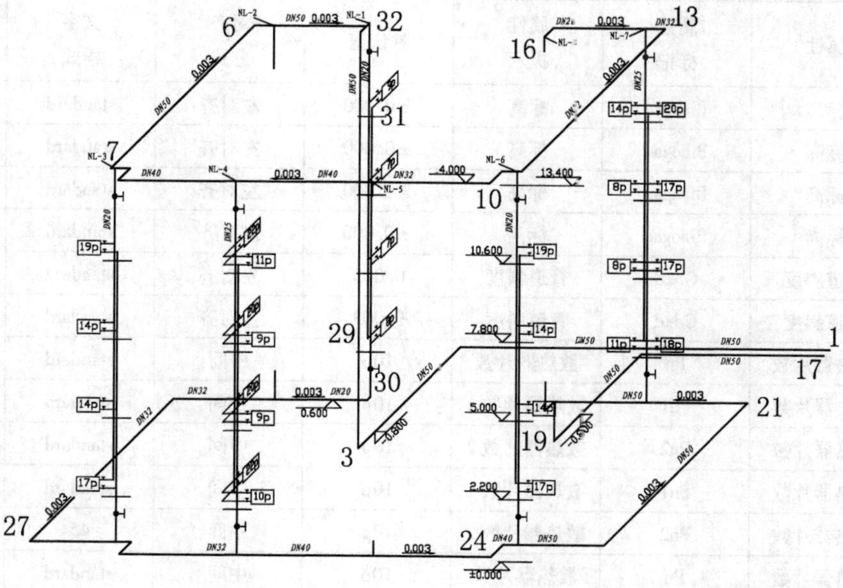

图 6-7　制作插入散热器图块，标注楼层地平横线标高

表 6-2　采暖系统斜等轴测图例图文字样式设置

文字样式名称	字体名	字体样式	高度	宽度因子	倾斜角度
Standard	Txt. shx	常规	0	1	0
Jianzhu45	Txt. shx	常规	0	1	45
Jianzhu－45	Txt. shx	常规	0	1	－45
Hzfs1	仿宋_GB2312	常规	0	0. 7	0
Hzfs15	仿宋_GB2312	常规	0	1	15

3. 尺寸标注样式的设置

采暖系统斜等轴测图例图中的尺寸标注样式，按表 6-3 中的参数和『操作』104 进行设置，全局比例按绘图比例 1∶100 的倒数 100 设置，表 6-3 中没有提到的项目按图 6-47 ~ 图 6-51设置。

表 6-3　采暖系统斜等轴测图例图尺寸标注样式设置

尺寸标注样式	尺寸线基线间距	延伸线超出尺寸线	延伸线起点偏移量	箭头	箭头大小	文字样式	文字高度	文字从尺寸线偏移	全局比例
Jianzhu	5	1. 5	1	倾斜	1	Standard	2. 5	0. 5	100
Jianzhu45	5	1. 5	1	图块 Xjt1	1	45	2. 5	0. 5	100
Jianzhu－45	5	1. 5	1	倾斜	1	－45	2. 5	0. 5	100

4. 图块属性

采暖系统斜等轴测图例图中图块属性按表 6-4 给出的参数进行设置。

表 6-4 采暖系统斜等轴测图例图中图块属性的设置参数

使用图块	属性	属性标记	属性提示	默认值	对齐方式	文字样式	文字高度	旋转角度
Bg1	标高	Biaogao	标高	±0.000	左对齐	standard	2.5	0
Bg1d	标高	Biaogao	标高	±0.000	左对齐	standard	2.5	0
Bg2	标高	Biaogao	标高	±0.000	左对齐	standard	2.5	0
Bg2d	标高	Biaogao	标高	±0.000	左对齐	standard	2.5	0
Gdxd1	管道斜度	Gdxd	管道斜度	0.003	左对齐	standard	2.5	0
Gdxd2	管道斜度	Gdxd	管道斜度	0.003	左对齐	standard	2.5	0
Srq1	散热器片数	Pn	散热器片数	10p	中间	standard	250	0
Srq2	散热器片数	Pn1	散热器片数 1	10p	中间	standard	250	0
Srq2	散热器片数	Pn2	散热器片数 2	10p	中间	standard	250	0
Srq2x	散热器片数	Pn1	散热器片数 1	10p	中间	standard	250	0
Srq2x	散热器片数	Pn2	散热器片数 2	10p	中间	45	200	45
Srq3	散热器片数	Pn	散热器片数	10p	中间	standard	250	0
Srq45	散热器片数	Pn	散热器片数	10p	中间	45	200	45

注：属性默认值“±0.000”，在属性对话框中的输入为“%%p0.000”，如图 6-52 所示。

5. 标高图块的制作与使用

标高的标注有多种形式，图 6-8 列出了标高的四种标注形式。

将标高制作成带有属性的图块，在插入图块标注标高时，输入不同的属性值，即可标注出不同的标高值，如图 6-8 所示。

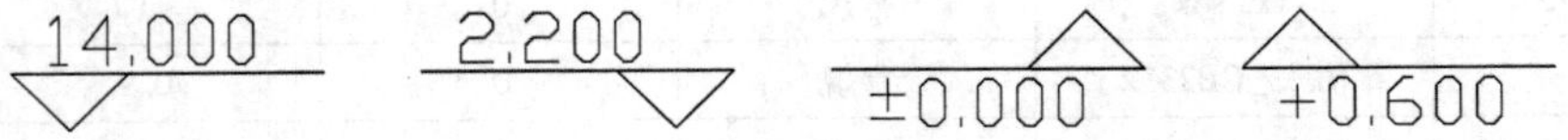

图 6-8 标高例图

『操作』103 标高图块的制作

按『绘图步骤方法』17 创建图块的总体步骤方法制作图块。

第一步，绘制标高图形。

1）将细实线图层设置为当前图层。

2）向右画长度为 3 的横线，向下画长度为 3 的竖线，在命令行输入“C”按 <Enter> 键画封闭斜线，如图 6-9 所示。

3）选择横线、竖线，穴点吸持直角角点向右拉长 3，如图 6-10 所示。

4）选择横线，穴点吸持横线右端点向右拉长 10，如图 6-11 所示。

第二步，定义标高属性。

1）将文字图层设置为当前图层。

2）按表 6-4 给定的属性值，按『操作』105 定义标高属性，如图 6-52 所示。

图 6-9　画横线、竖线、斜线

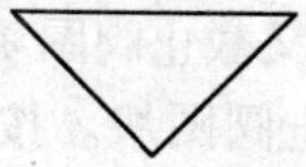

图 6-10　穴点吸持直角角点向右拉长 3

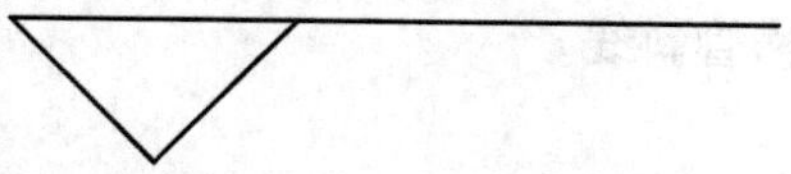

图 6-11　穴点吸持横线右端点向右拉长 10

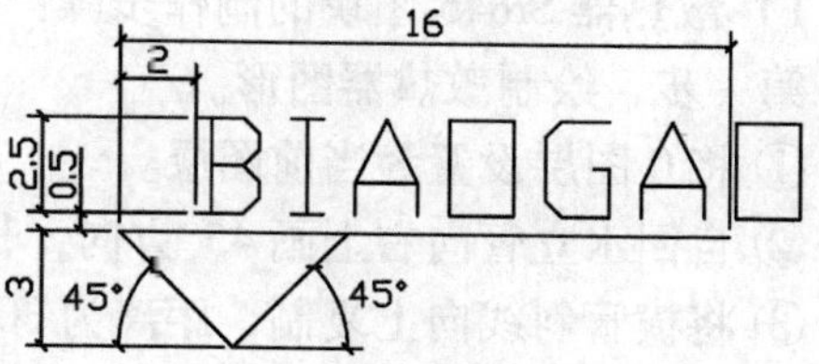

图 6-12　标高图块尺寸

3）属性定义完成后，命令行提示“指定起点:”，端点捕捉指定横线左端点为属性的起点，定位属性的位置，如图 6-53 所示。

4）将标高属性向右移动 2，向上移动 0.5，如图 6-13 所示。

第三步，创建标高图块。

以三角形下尖点为基点，按『操作』106 定义图块，创建“bg1”图块，如图 6-13 所示。

继续创建“bg1d”“bg2”“bg2d”标高图块，如图 6-14 ~ 图 6-16 所示。

图 6-13　bg1 图块

图 6-14　bg1d 图块

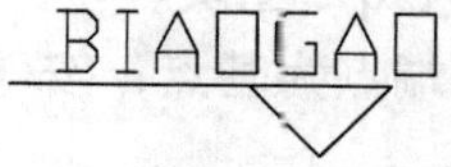

图 6-15　bg2 图块

图 6-16　bg2d 图块

按图 6-12 尺寸制作的标高图块，在使用时的插入比例按绘图比例的倒数给定，例如采暖系统斜等轴测图例图的绘图比例为 1∶100，则插入标高图块时采用统一比例 100，如图 6-55所示。

6. 截止阀图块的制作

第一步，绘制截止阀图形。

1）将 0 图层设置为当前图层，按图 6-17 尺寸画横线和竖线。

2）将细实线图层设置为当前图层。

3）画圆环。单击绘图菜单中的“圆环”命令，或在命令行输入“DONUT”或“DO”，按 <Enter> 键启动圆环命令，“指定圆环的内径:”为 0，“指定圆环的外径:”为 2，在竖线下端点处绘制圆环，如图 6-18 所示。

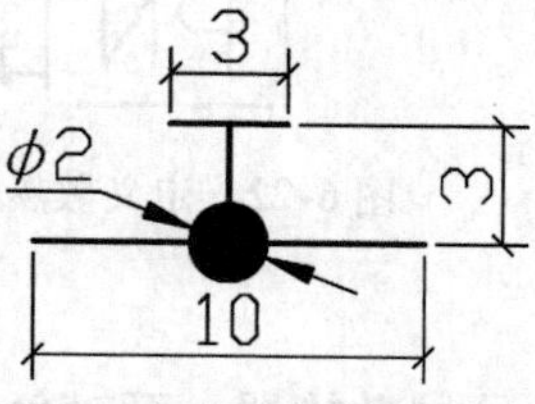

图 6-17　截止阀符号尺寸

图 6-18　截止阀图块

第二步，定义截止阀图块。

4）定义截止阀图块。按『操作』106 以圆环圆心为基点定义截止阀图块，如图 6-18 所示。

7. 散热器图块的制作

1）散热器 Srq45 图块的制作步骤：

第一步，绘制散热器图形。

① 将 0 图层设置为当前图层。

② 自回水立管向右上画 45°方向，长度为 500 的横管斜线。

③ 将横管斜线向上复制，距离为 300。

④ 将上横管斜线左端向左下延伸至供热立管线。

⑤ 按图 6-19 所示尺寸画散热器上下左右框线和散热器对角线。

⑥ 在上下横管斜线上插入截止阀图块，统一比例 30，角度 45°，定位尺寸 150。

第二步，定义散热器片数属性。

将文字图层设置为当前图层，定义散热器片数属性，中间对正并定位在散热器对角线中点上，如表 6-4、图 6-19 所示。删除对角线。

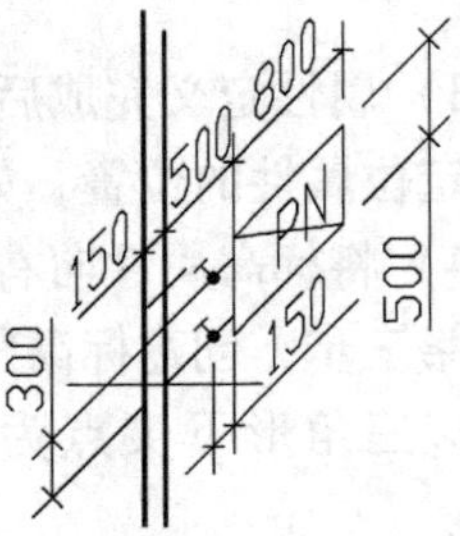

图 6-19　45°散热器图形尺寸

第三步，定义散热器 Srq45 图块。

以下回水斜线的左下端点为基点，按『操作』106 定义散热器 Srq45 图块，如图 6-20 所示。

2）左侧散热器图块 Srq1 的制作步骤：

1#，图形：将 0 图层设置为当前图层，按图 6-21 尺寸绘制散热器，画对角线。插入截止阀，统一比例 30，角度 0°。

2#，属性：将文字图层设置为当前图层，定义散热器片数属性，如表 6-4、图 6-21 所示。删除对角线。

3#，定义块：以下回水横管线的右端点为基点，按『操作』106 定义散热器 Srq1 图块，如图 6-22 所示。

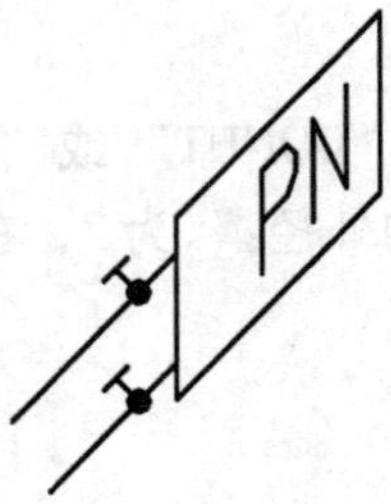

图 6-20　散热器 Srq45 图块

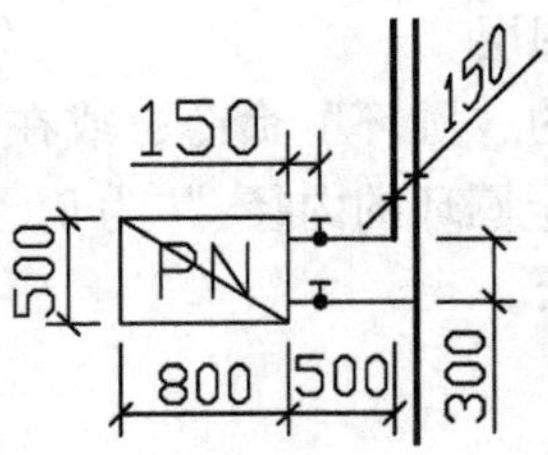

图 6-21　左侧散热器图形尺寸

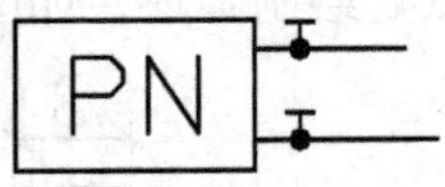

图 6-22　定义散热器 Srq1 图块

3）横斜双散热器图块 Srq2x 的制作步骤：

1#，图形：将 0 图层设置为当前图层，按图 6-23 尺寸绘制散热器，画对角线。插入上方两个截止阀图块，统一比例30，角度45°；插入下方两个截止阀图块，统一比例30，角度0°。

2#，属性：将文字图层设置为当前图层，定义散热器片数属性，如表6-4、图6-23所示。删除对角线。

3#，定义块：按『操作』106定义散热器Srq2x图块，如图6-24所示。

4）右侧散热器图块Srq3的制作步骤：

1#，图形：将0图层设置为当前图层，按图6-25尺寸绘制散热器，画对角线；插入截止阀，统一比例30，角度0°。

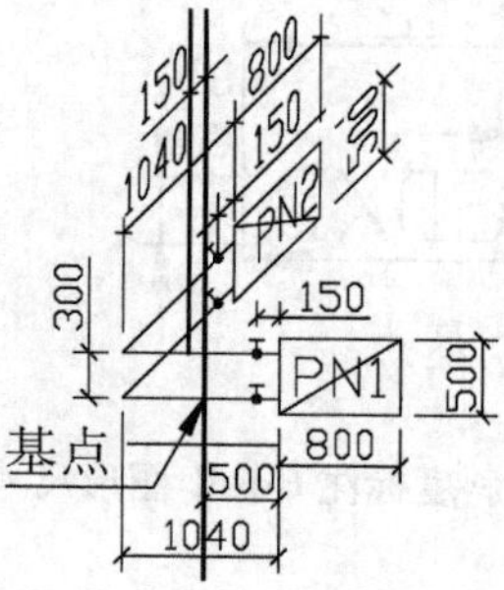

图6-23　横斜双散热器图形尺寸

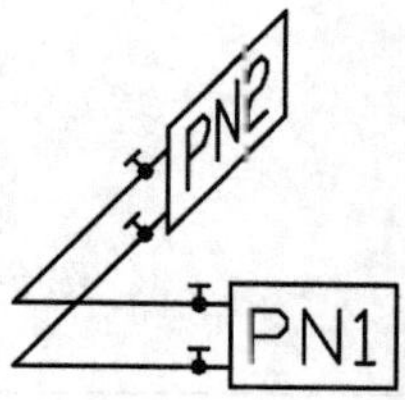

图6-24　定义散热器Srq2x图块

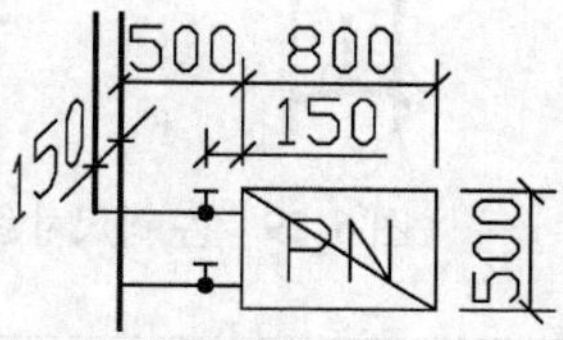

图6-25　右侧散热器图形尺寸

2#，属性：将文字图层设置为当前图层，定义散热器片数属性，如表6-4、图6-25所示。删除对角线。

3#，定义块：以下回水横线的端点为基点，按『操作』106定义散热器Srq2图块，如图6-28所示。

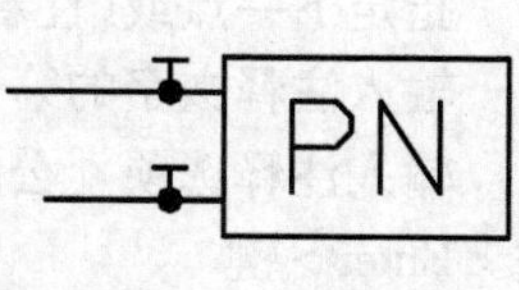

图6-26　定义散热器Srq3图块

5）双侧散热器图块Srq2的制作步骤：

1#，图形：将0图层设置为当前图层，按图6-27尺寸绘制散热器，画对角线。插入截止阀，统一比例30，角度0°。

2#，属性：将文字图层设置为当前图层，定义属性，如表6-4、图6-27所示。删除对角线。

3#，定义块：以下回水横线的端点为基点，按『操作』106定义散热器Srq2图块，如图6-28所示。

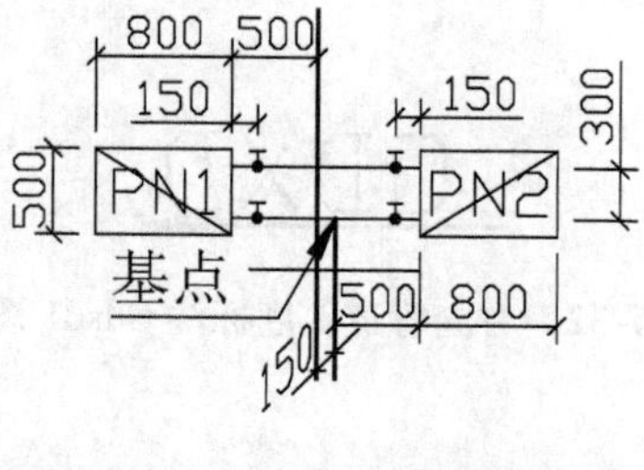

图6-27　双侧散热器图形尺寸

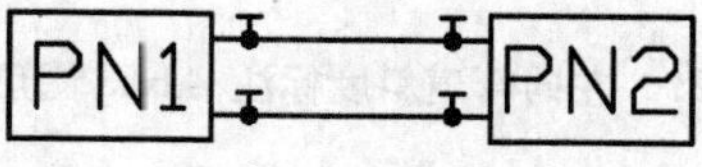

图6-28　定义双侧散热器Srq2图块

8. 左斜尺寸线端部图块的制作

1#，图形：将0图层设置为当前图层，画135°长为1的斜线，自斜线中点向左画长度为

1 的横线，如图 6-29 所示。

2#，属性：本例不作。

3#，定义块：以两线交点为基点，按『操作』106 定义左斜尺寸线端部图块。

9. 管道斜度标注图块的制作

第一步，绘制斜度标注图形。

1）将 0 图层设置为当前图层。

2）用 leader 引线标注画右向管道斜度标注 Gdxd1 图块的箭头，如图 6-30 所示。下面是绘制操作过程：

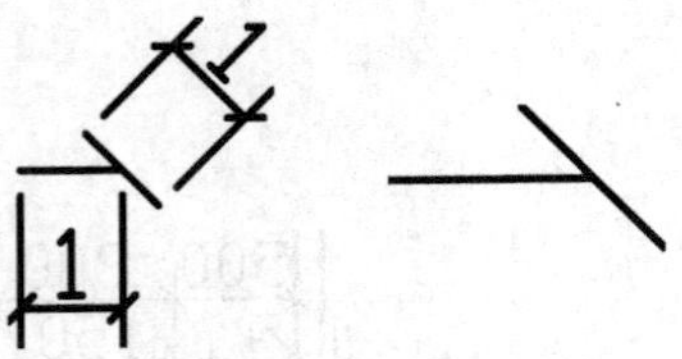

图 6-29　左斜尺寸线端部图块

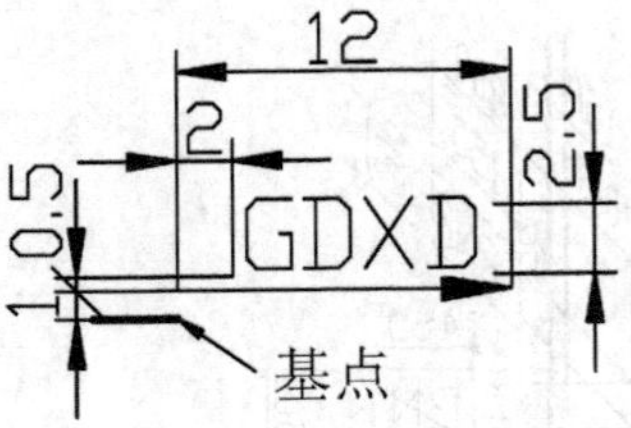

图 6-30　右向管道斜度标注 Gdxd1 图形尺寸

命令：leader，按 <Enter> 键
指定引线起点：在屏幕空白处任意单击输入一点
指定下一点：将光标向左拉动，对齐到 180°极轴方向，然后输入 12，按 <Enter> 键
指定下一点或[注释(A)/格式(F)/放弃(U)]　<注释>：按 <Enter> 键
输入注释文字的第一行或　<选项>：按 <Enter> 键
输入注释选项［公差(T)/副本(C)/块(B)/无(N)/多行文字(M)］　<多行文字>：n，按 <Enter> 键

3）按图 6-33 修改引线标注箭头的特性，效果如图 6-30 所示。

4）用镜像命令复制出左向管道斜度标注 Gdxd2 图块的箭头，如图 6-31 所示。

5）从箭头的左端向左画辅助横线，再将辅助横线垂直向下移动 1，辅助横线的右端点将作为图块的基点，如图 6-30、图 6-31 所示。

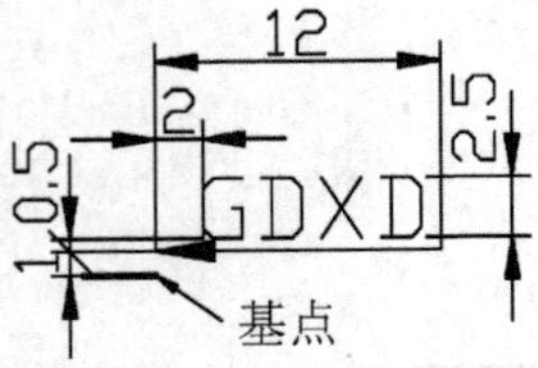

图 6-31　左向管道斜度标注 Gdxd2 图形尺寸

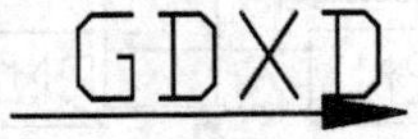

图 6-32　右向管道斜度标注 Gdxd1 图块

第二步，定义管道斜度属性。

6）将文字图层设置为当前图层。

7）按表 6-4 定义管道斜度属性，并将属性按图 6-30、图 6-31 定位。

第三步，定义管道斜度标注 Gdxd1 和 Gdxd2 图块。

8）以辅助横线的右端点为基点，按『操作』106 定义管道斜度标注 Gdxd1 和 Gdxd2 图块，如图 6-32、图 6-34 所示。

9）删除辅助横线。

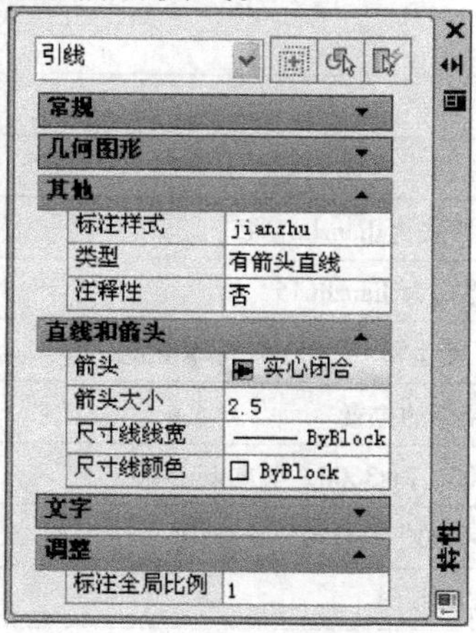

图 6-33　修改引线标注的特性

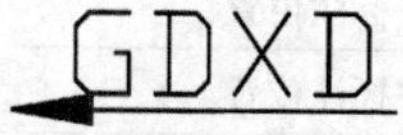

图 6-34　左向管道斜度标注 Gdxd2 图块

三、采暖系统斜等轴测图例图的尺寸标注与编辑

采暖系统斜等轴测图例图尺寸标注的操作步骤见表 6-5。

表 6-5　采暖系统斜等轴测图例图尺寸标注与编辑的步骤方法

步骤与方法		操作	示例图
斜二轴测图尺寸标注		『绘图步骤方法』10	
线性尺寸标注	0#改变当前图层	将尺寸线图层设置为当前图层	图 2-54
	1#横竖标注 5 尺寸	2pt3300，2pt 3300 对齐，2pt 690，2pt 690，竖直 2pt 1000	图 6-35
	1#水平标注 3 尺寸	dba 基线标注 3990、3990、14640	
	2#斜向标注 3 尺寸	LR 两点标注 300，dco 连续标注 150，ob 选对象标 450	
	3#y 轴向倾斜 6 尺寸	2 个 3300、2 个 3990、14640、1000 按 y 轴 45°方向倾斜	图 6-36
	3#z 轴向倾斜 2 尺寸	300 和 150 按 z 轴 90°方向倾斜，调整 150 等尺寸	
	3#x 轴向倾斜 1 尺寸	450 尺寸按 x 轴 0°方向倾斜	
	4#建立倾斜文字样式	按表 6-2 建立文字样式	图 4－51
	4#建立倾斜标注样式	按表 6-3 建立倾斜文字的标注样式	
	5#倾斜 7 尺寸数字	将 2 个 3300、2 个 3990、14640、300、150 等 7 个尺寸的标注样式改为 Jianzhu45，调整 150 等尺寸位置	图 6-36
	5#倾斜 2 尺寸数字	将 1000、450 的尺寸标注样式改为 Jianzhu－45	
	1#横向标注 6 尺寸	2pt 标注 150、690、690、150，LR4200，dba13260	图 6-37
	2#斜向标注 3 尺寸	ob 选择对象斜向标注 7210、600、600	
	3#y 轴向倾斜 3 尺寸	690、13260、690 按 y 轴 45°方向倾斜	
	3#x 轴向倾斜 3 尺寸	7210、600、600 按 x 轴 0°方向倾斜，调整 600 等尺寸位置	
	5#倾斜 3 尺寸数字	格式刷修改 690、13260、690 的尺寸标注样式为 Jianzhu45	
	5#倾斜 3 尺寸数字	格式刷修改 7210、600、600 的尺寸标注样式为 Jianzhu－45	

（续）

步骤与方法		操作	示例图
线性尺寸标注	1#横竖标注 6 尺寸	横向 ob800、2pt500、2pt150，竖向 Du300、dco300、ob500	图 6-38
	2#斜向标注 2 尺寸	斜向标注 2pt150，ob7210	
	3#x 轴向倾斜 7210	7210 按 x 轴 0°方向倾斜	
	3#z 轴向倾斜 150	150 按 z 轴 90°方向倾斜	
	5#倾斜 7210 数字	格式刷修改 7210 的尺寸标注样式为 Jianzhu－45	
	5#倾斜 150 数字	格式刷修改 150 的尺寸标注样式为 Jianzhu45	
	7#调整标注位置	调整 NL－6 立管处 690、150 尺寸和 13.400 标高等位置	
	7#调整标注位置	调整 NL－8 立管处 *DN*20 管径等的位置	
	1#横竖标注 5 尺寸	横向 ob13160、ob6500、ob6900、2pt3600，竖向 ob1400	图 6-39
	2#斜向标注 5 尺寸	斜向标注 ob5140、ob450、ob4390、2pt300、ob7210	
	3#x 轴向倾斜 3 尺寸	5140、300、7210 按 x 轴 0°方向倾斜	
	3#y 轴向倾斜 4 尺寸	13160、6500、6900、1400 按 y 轴 45°方向倾斜	
	7#调整标注位置	调整 300、1400 尺寸等的位置	
	3#z 轴向倾斜 2 尺寸	450 和 4390 按 z 轴 90°方向倾斜，调整尺寸位置	
	7#调整标注位置	调整两 *DN*50 管径标注等的位置	
	5#倾斜 5 尺寸数字	格式刷修改 13160、6500、6900、450、4390 标注样式为 Jianzhu45	
	5#倾斜 4 尺寸数字	格式刷修改 5140、1400、300、7210 标注样式为 Jianzhu－45	
	1#横向标注 11 尺寸	横向标注 RL3300、dba6900、2pt1040，2pt540、LR4200、dco4860、dba13260、LR3600、dba 20460、ob3600，2pt540	图 6-40
	1#竖向标注 2 尺寸	竖向标注 2pt1000、2pt 600，调整 600 等尺寸位置	
	2#斜向标注 5 尺寸	斜向标注 ob150、ob7210、ob600、2pt1040、ob600	
	3#x 轴向倾斜 3 尺寸	7210、600、600 按 x 轴 0°方向倾斜，调整尺寸位置	
	3#y 轴轴倾斜 7 尺寸	6900、4200、4860、13260、3600、20460、3600 按 y 轴 45°方向倾斜，调整尺寸位置	
	3#z 轴轴倾斜 2 尺寸	150 和 1040 按 z 轴 90°方向倾斜，调整尺寸位置	
	5#倾斜 9 尺寸数字	格式刷修改 150、6900、1040、4200、4860、3600、13260、3600、20460 标注样式为 Jianzhu45，调整尺寸位置	
	5#倾斜 3 尺寸数字	格式刷修改 7210、600、600 标注样式为 Jianzhu－45	
	线性尺寸标注完成		
结束	缩放到全图、保存、退出	缩放到全图，保存文件，关闭图形文件或关闭软件	图 6-2
	FTP 上传	登录，在自建文件夹中上传文件	
完成			

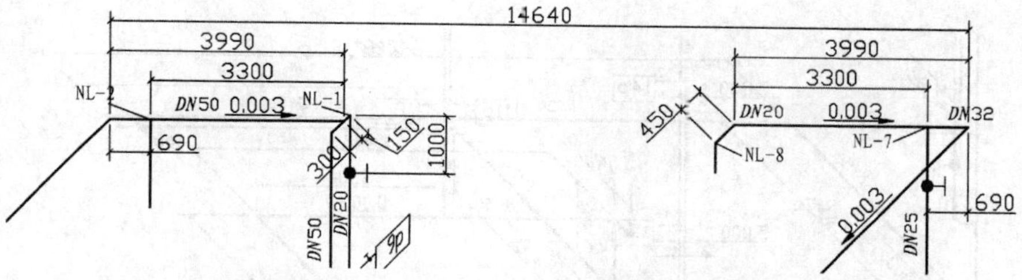

图6-35　横向标注7尺寸，竖向标注1尺寸，斜向标注3尺寸

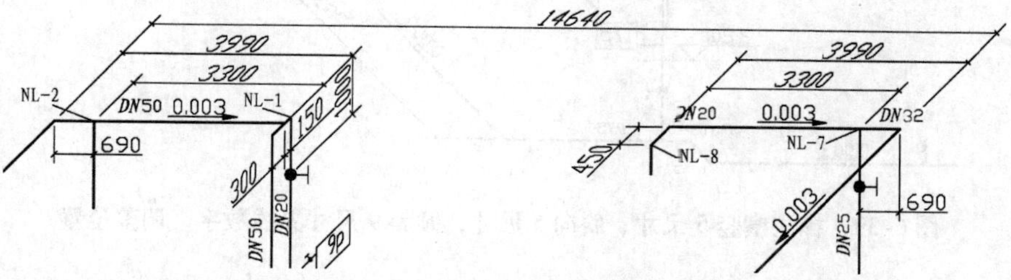

图6-36　倾斜9尺寸的尺寸界线，倾斜9尺寸的尺寸数字

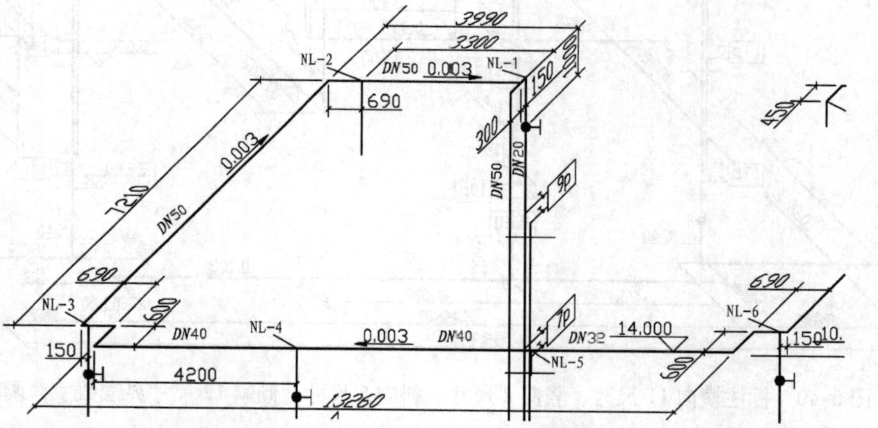

图6-37　横向标注6尺寸，斜向标注3尺寸，倾斜6尺寸尺寸界线与尺寸数字

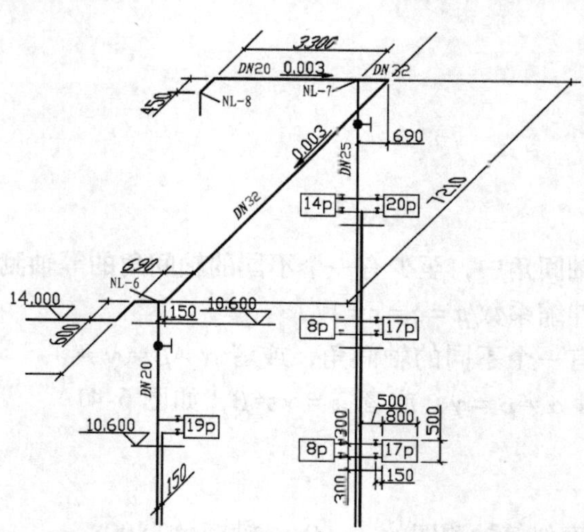

图6-38　标注横竖6尺寸、斜向2尺寸，倾斜2尺寸界线数字，调整位置

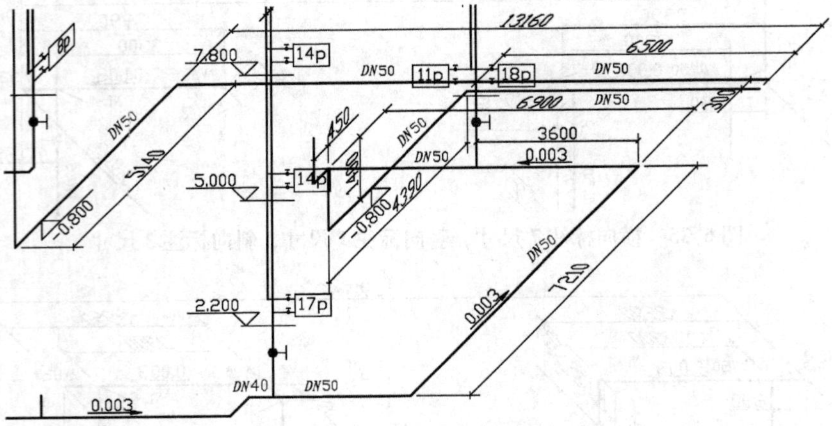

图 6-39 标注横竖 5 尺寸、斜向 5 尺寸，倾斜 9 尺寸界线数字，调整位置

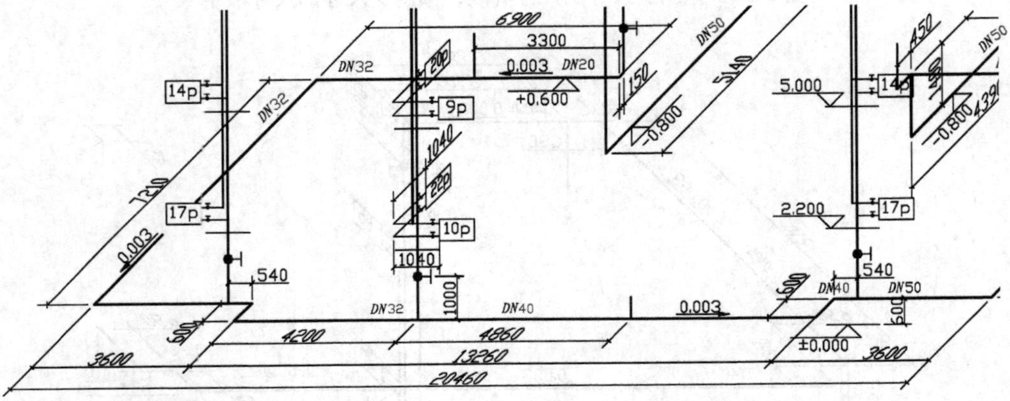

图 6-40 标注横向 11 尺寸、竖向 2 尺寸、斜向 5 尺寸，倾斜 12 尺寸界线数字，调整

相关知识与操作

一、斜等轴测图

1. 基本知识

斜等轴测图概念

在轴测投影的三个轴间角中，至少有一个不同的轴间角的等轴测图为斜等轴测图。

斜等轴测图的轴向伸缩系数 $p=q=r=1$。

斜等轴测图中至少有一个不同的轴间角，或者 $\alpha\neq\beta\neq\gamma\neq\alpha$，或者 $\alpha=\beta\neq\gamma$，或者 $\alpha\neq\beta=\gamma$，或者 $\alpha=\gamma\neq\beta$，如图 6-41 所示。

图 6-41 斜等轴测图

2. 正面斜等轴测图

『制图知识』13 正面斜等轴测图的 $\angle x_1O_1z_1$ 轴间角为 90°

正面斜等轴测图中的 $z_1O_1x_1$ 轴测面为正交等轴测面。

正面斜等轴测图中的 $x_1O_1y_1$ 和 $y_1O_1z_1$ 轴测面为斜等轴测面。

正面斜等轴测图中的轴间角如图 6-42 所示，常用$\angle y_1O_1z_1=135°$的轴间角。

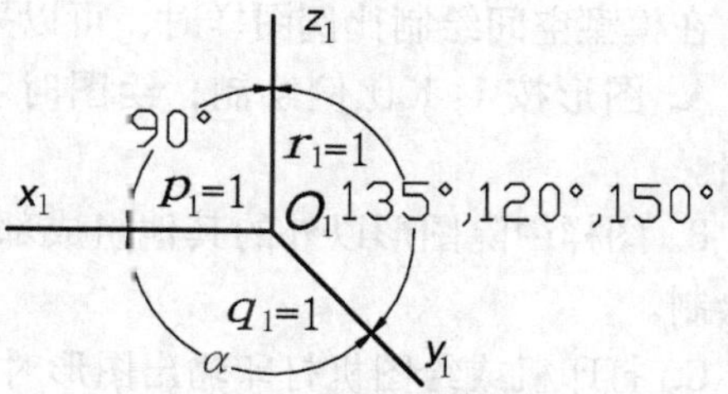

图 6-42　正面斜等轴测图

正面斜等轴测图常用的四种坐标系的画法如图 6-43 所示，采暖系统斜等轴测图例图采用的是图 6-43c 和图 6-43d 所示的坐标系统。

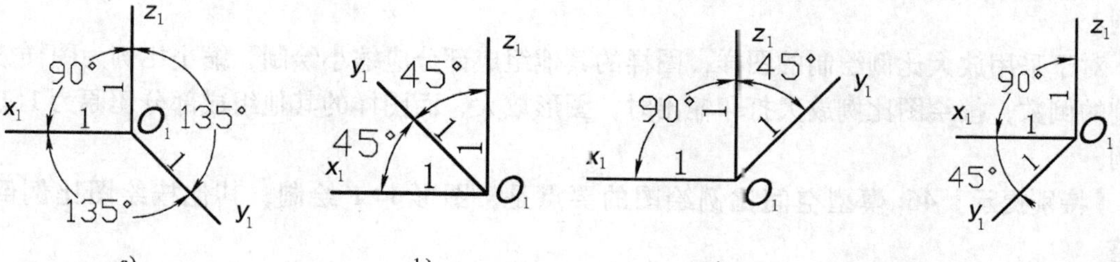

图 6-43　正面斜等轴测图常用的四种坐标系

3. 正面斜等轴测图绘图步骤方法

正面斜等轴测图的轴测面不同，其轴测面上图形的绘图步骤方法也不同：

A. $z_1O_1x_1$ 正交等轴测面上的图形，按平面视图的绘制步骤方法进行绘制，可以采用『绘图步骤方法』1 偏侧复制绘图法的步骤与方法、『绘图步骤方法』3 直线绘图法的步骤与方法与『绘图步骤方法』4 轴向复制绘图法的步骤与方法进行图形的绘制。

B. $z_1O_1x_1$ 轴测面上的正交等轴测圆及圆弧直接按圆和圆弧的绘制方法进行绘制。

C. 在 $z_1O_1x_1$ 轴测面上可以使用偏移、圆、圆弧、圆角、镜像、旋转、矩形阵列、环形阵列等命令进行操作。

D. $x_1O_1y_1$ 与 $y_1O_1z_1$ 轴测面上的图形，按『绘图步骤方法』13 极轴控制直线法与轴向复制法绘制非正等轴测图的步骤方法进行图形的绘制。

E. $x_1O_1y_1$ 与 $y_1O_1z_1$ 轴测面上的轴测圆按菱形椭圆法进行绘制。

4. 正面斜等轴测图中线性尺寸的标注与编辑

正面斜等轴测图中，在 $z_1O_1x_1$ 正交等轴测面上的尺寸按『绘图步骤方法』2 尺寸标注的步骤与方法进行标注；线性尺寸、弧圆尺寸按『绘图步骤方法』10 轴测图中线性尺寸标注与编辑的步骤方法和『绘图步骤方法』11 轴测图中弧圆尺寸标注与编辑的步骤方法进行标注。倾斜尺寸界线时可以输入角度值 0、90、135（或 120 或 150）进行倾斜，也可以按轴测轴方向点击输入两点确定角度进行倾斜；文字的倾斜角度分别设置 45°和 −45°（30°和 −30°，60°和 −60°）。

5. 正面斜等轴测图绘制与尺寸标注的要点

正面斜等轴测图绘制与尺寸标注的要点为『特别提示』37～『特别提示』39。

二、模型空间比例图样的绘制与标注

1. 模型空间比例图样绘制的参数调整

在模型空间进行比例图样的绘制与利用图纸空间进行比例图样绘制是不同的。

在模型空间绘制比例图样时，可以采用比例倒数法实现比例绘图：

A. 图形按 1:1 比例绘制，绘图时不需要进行比例缩放的计算，图形可以直接按尺寸画出。

B. 图样中除图形以外的其他组成部分，如图框、标题栏、尺寸等，按绘图比例倒数缩放绘制。

C. 打印机或绘图机打印输出图形时，再按绘图比例放大或缩小输出，实现比例绘图。

对于采用缩小比例绘制的图样，图样的其他组成部分应放大绘制，放大比例为图样缩小比例的倒数，按绘图比例缩小打印输出时，图形缩小，而图样的其他组成部分还原为 1:1 的比例。

对于采用放大比例绘制的图样，图样的其他组成部分应缩小绘制，缩小比例为图样放大比例的倒数，按绘图比例放大打印输出时，图形放大，而图样的其他组成部分还原为 1:1 的比例。

『特别提示』46　模型空间比例绘图的要点是，图形 1:1 绘制，其他按绘图比例倒数调整

2. 模型空间比例图样绘制参数调整参考表

在模型空间绘制比例图样时，图样各部分的比例调整见表 6-6。

表 6-6　在模型空间绘制比例图样时图样各部分的比例调整

图样组成	调整比例	缩小 1:C	缩小 1:100	缩小 1:5	放大 C:1	放大 5:1
图形	按尺寸绘制，不缩放	1:1	1:1	1:1	1:1	1:1
图框	按绘图比例倒数缩放	放大到 C 倍	放大到 100 倍	放大到 5 倍	缩小为 1/C	缩小为 0.2 倍
标题栏	按绘图比例倒数插入	插入比例 C	插入比例 100	插入比例 5	插入比例 1/C	插入比例 0.2
尺寸标注	按绘图比例倒数使用全局比例	全局比例 C	全局比例 100	全局比例 5	全局比例 1/C	全局比例 0.2
一般文字	字高按绘图比例倒数 3.5 倍、5 倍或 7 倍注写	3.5C 或 5C	350 或 500	17.5 或 25	3.5/C 或 5/C	0.7 或 1
标题文字		5C 或 7C	500 或 700	25 或 35	5/C 或 7/C	1 或 1.4
表面粗糙度符号 几何公差符号	按绘图比例倒数 3.5 倍、5 倍或 7 倍插入图块	3.5C、5C 或 7C	比例 350、500 或 700	比例 17.5、25 或 35	3.5/C、5/C 或 7/C	插入比例 0.7、1 或 1.4
零件编号	字高按绘图比例倒数的 5 倍或 7 倍注写	5C 或 7C	500 或 700	25 或 35	5/C 或 7/C	1 或 1.4
明细栏	用绘图比例倒数作为统一比例缩放插入图块	插入比例 C	插入比例 100	插入比例 5	插入比例 1/C	插入比例 0.2
单点长画线 双点长画线 虚线	线型比例按绘图比例倒数缩放，若在绘图比例 1:1 时采用 0.25 或 0.5 线型比例	线型比例为 0.25C 或 0.5C	线型比例为 25 或 50	线型比例为 1.25 或 2.5	线型比例为 0.25/C 或 0.5/C	线型比例为 0.05 或 0.1
剖面线	图案填充比例按绘图比例倒数缩放	放大到 C 倍	放大到 100 倍	放大到 5 倍	缩小为 1/C	缩小为 0.2 倍
构件代号	字高按绘图比例倒数的 5 倍或 7 倍注写	5C 或 7C	500 或 700	—	—	—

（续）

图样组成	调整比例	缩小1:C	缩小1:100	缩小1:5	放大C:1	放大5:1
轴线标志	用绘图比例倒数作为统一比例缩放插入图块	插入图块统一比例C	插入图块统一比例100	—	—	—
标高符号				—	—	—
索引符号				—	—	—
详图符号				—	—	—
指北针				—	—	—
风玫瑰图				—	—	—
图例						
打印输出	按绘图比例	缩小1:C	缩小1:100	缩小1:5	放大C:1	放大5:1

三、尺寸标注样式的设置

『操作』104 新建或修改尺寸标注样式的操作

1#，标注样式D，启动命令，调出对话框：单击标注工具栏上的“标注样式”按钮（图2-21），或在命令行输入“DimSTYLE”或“D”按<Enter>键，启动尺寸标注样式设置命令，调出“标注样式管理器”对话框，如图6-44所示。

2#，样式，选择样式：在对话框左边的样式框中单击选择已有的标注样式，如选择Jianzhu45样式。

3#，当前，设置为当前样式：单击“置为当前”按钮，将选择的样式设置为当前标注样式。此时可能会出现放弃样式替代的“AutoCAD警告”对话框，如图6-45所示，单击“确定”放弃样式替代。

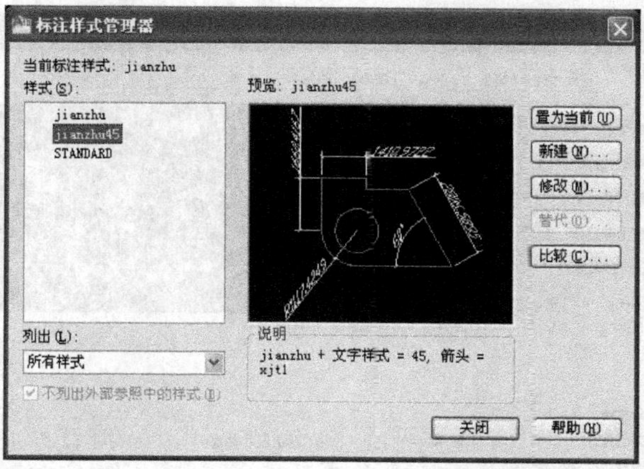

图6-44　“标注样式管理器”对话框

4#，修改，修改选择的样式：单击“修改”按钮，弹出“修改标注样式”对话框，可对所选择的标注样式进行修改，如“Jianzhu”。

5#，新建，新建样式：单击“新建”按钮，弹出“创建新标注样式”对话框，如图6-46所示，其中的基础样式（如“Jianzhu45”）为第2#步中所选择的样式。

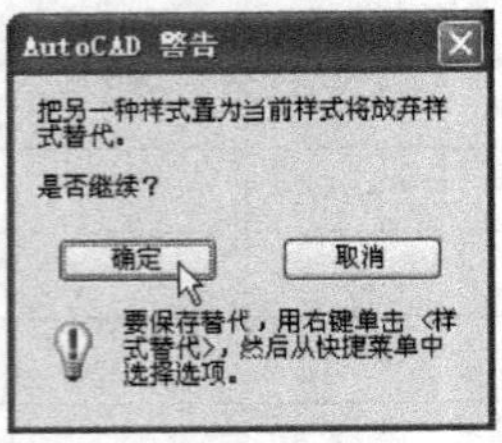

图 6-45 “AutoCAD 警告”对话框

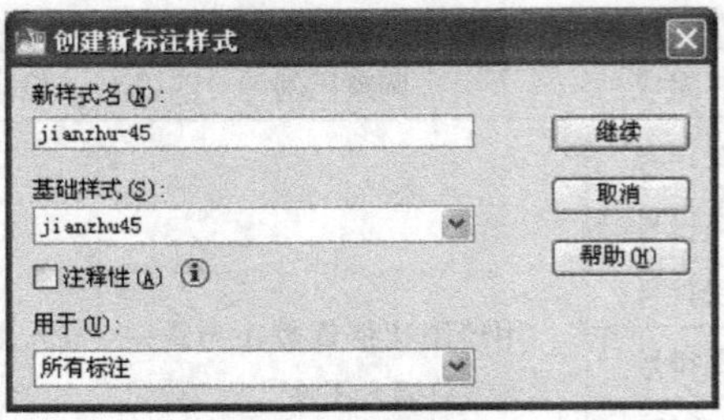

图 6-46 “创建新标注样式”对话框

6#，名称，给出新样式的名称：在“创建新标注样式”对话框中给出新样式名，如“Jianzhu－45”。

7#，基础，选择新样式的基础样式：如“Jianzhu45”。

8#，注释，设置新建标注样式的注释性：勾选或不勾选。

9#，用途，给出新建样式的用途：如用于所有标注，如图 6-46 所示。

10#，继续：单击“继续“按钮建立新样式，关闭“创建新标注样式”对话框，弹出“新建标注样式”对话框，如图 6-47 所示。

11#，线，对“线”选项卡进行项目设置：单击“线”选项卡设置，设置基线间距 5，超出尺寸线 1，起点偏移量 3。

12#，符号，对“符号和箭头”选项卡进行项目设置：单击“符号和箭头”选项卡设置，设置第一个箭头与第二个箭头“倾斜”，箭头大小为 1，如图 6-48 所示。

13#，文字，对“文字”选项卡项目进行设置：单击“文字”选项卡设置，设置文字高度 2.5，文字从尺寸线偏移 0.5，如图 6-49 所示。

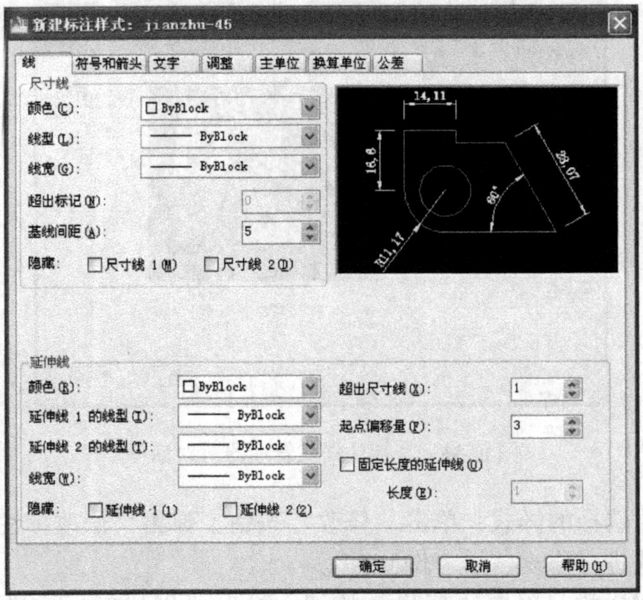

图 6-47 新建尺寸标注样式“线”

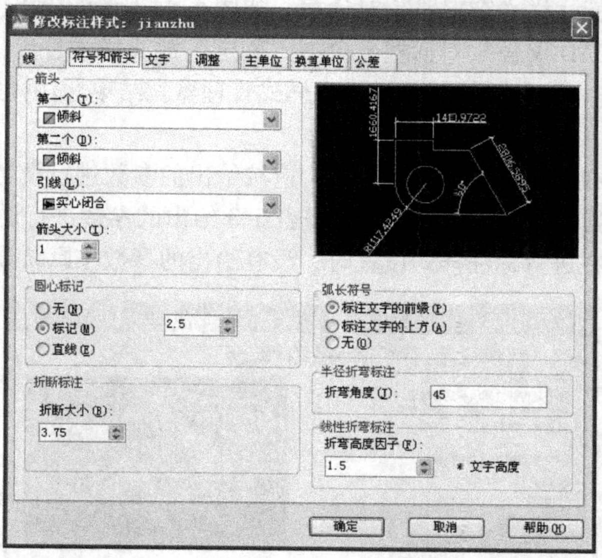

图 6-48　修改尺寸标注样式“符号和箭头”

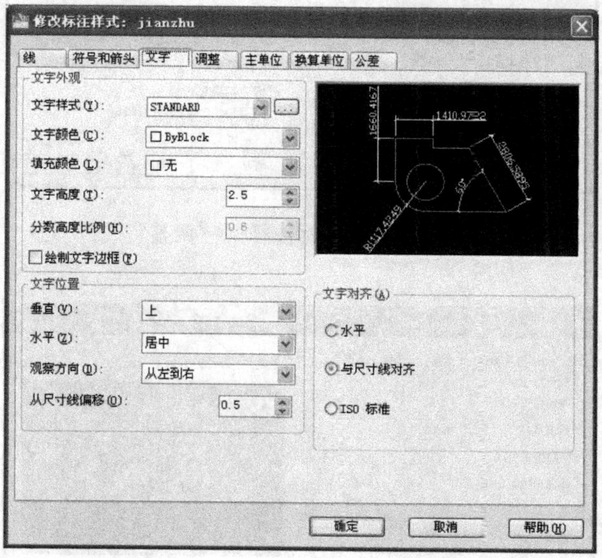

图 6-49　尺寸标注样式“文字”

14#，调整，对“调整”选项卡进行项目设置：单击“调整”选项卡设置，设置使用全局比例 100，如图 6-50 所示。

15#，主单位，对“主单位”选项卡进行项目设置：单击“主单位”选项卡设置，设置标注单位格式为“小数”、精度为“0.0000”，小数分隔符为“.”句点，消去后续零，如图 6-51 所示。

16#，换算，单击“换算单位”选项卡进行项目设置：按默认不显示换算单位。

17#，公差，单击“公差”选项卡进行项目设置：选择“无”或进行公差设置。

18#，确定，确定或取消：单击“确定”按钮完成设置，或单击“取消”按钮取消样式新建或修改，返回“标注样式管理器”对话框，如图 6-44 所示。确定设置时可能会出现放弃样式替代的“AutoCAD 警告”对话框，单击“确定”放弃样式替代，如图 6-45 所示。

19#，关闭，单击“关闭”按钮关闭标注样式管理器：结束标注样式的设置，如图 6-44 所示。

『特别提示』47 在进行标注样式设置时，应按给出的参数进行设置

采暖系统斜等轴测图例图的标注样式应按表 6-3 给出的参数进行设置。

『特别提示』48 在进行标注样式设置时，没有给出的参数按默认设置

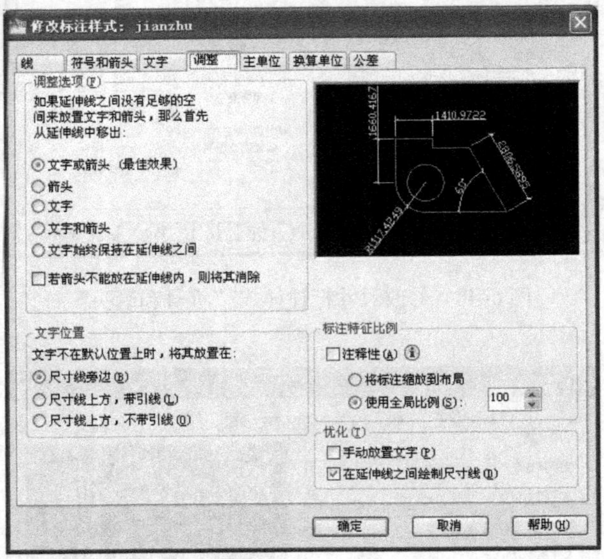

图 6-50　尺寸标注样式“调整”

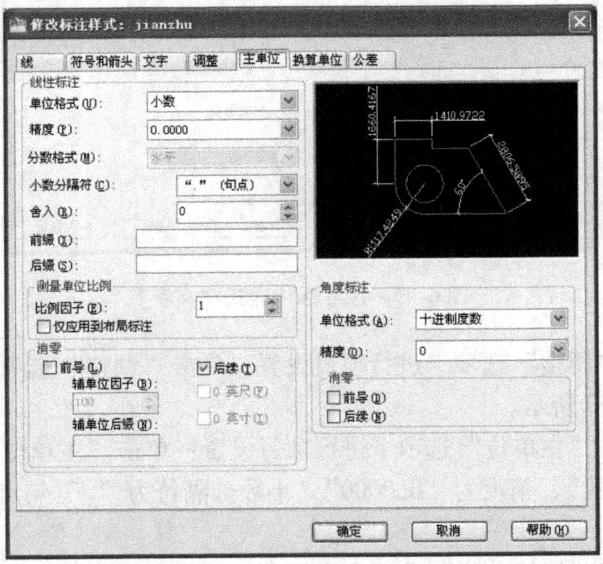

图 6-51　尺寸标注样式“主单位”

四、图块与属性

1. 图块与属性的概念

『概念』17 图块

图块就是一组图形对象结合成为一个整体，并作为一个对象使用的图形对象。

『概念』18 属性

属性是一种文字变量。属性应该包含在图块中使用，当包含有属性的图块插入到图形中时，可以改变图块中的属性的文字变量值。

属性的“标记”为文字变量的“变量名”，其“提示”为输入文字变量时的“信息提示”，其“默认”为文字变量的默认值。在插入使用包含有属性图块时，输入属性“文字变量”的值，就会显示出改变的文字。图块中的属性值可以修改。

2. 定义属性与创建图块的步骤方法

『绘图步骤方法』17 创建图块的总体步骤方法

1#，图形——绘制图形——用偏侧法、直线法、轴向复制法绘制图形。

2#，属性——定义属性——按『操作』105 定义属性。

3#，图块——定义图块——按『操作』106 定义图块。

『操作』105 对话框方式定义属性的操作

0#，保存，置软件于待命状态：保存。

1#，属性 ATT，启动定义属性命令：在命令行输入“Attdef”或“ATT”命令按 <Enter>键，启动定义属性命令，弹出“属性定义”对话框，如图 6-52 所示。

2#，标记，给定属性标记：标高属性给定标记为“biaogao”。

3#，提示，给定属性提示：给定输入标高时的信息提示为“标高”。

4#，默认，给定属性默认值：给定标高的默认值为“±0.000”（%%p0.000）。

5#，对正，给定属性文字排版对正方式：选择左对齐。

6#，样式，给定属性文字样式：选择文字样式 Standard。

7#，高度，给定属性文字字高：给定字高 2.5。

8#，角度，给定属性文字旋转角度：给定旋转角度 0。

9#，插入点，勾选“在屏幕上指定”，如图 6-52 所示。

10#，确定，单击“确定”按钮完成属性定义。

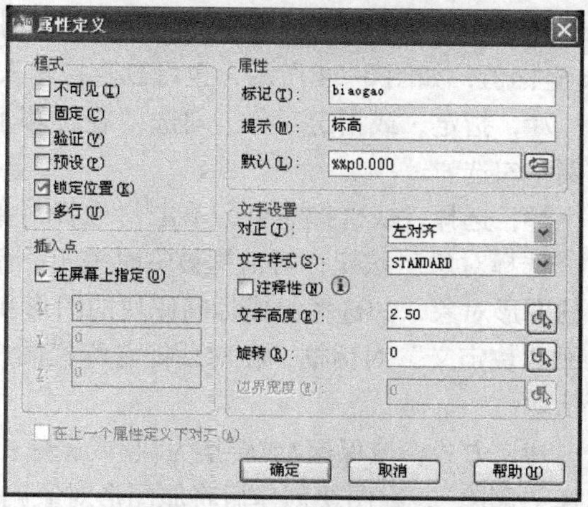

图 6-52　定义示高 bg1 图块的 biaogao 属性

11#，起点，指定起点：在属性定义对话框中设置完成后，单击“确定”按钮，关闭对话框，命令行提示“指定起点：”时，输入给定一点，作为属性文字的定位点，如给定标高标记横线的左端点定位标高属性，如图 6-53 所示。

12#，第二点，或指定文字基线的第二个端点，本例不作。

『操作』106 对话框方式定义图块的操作

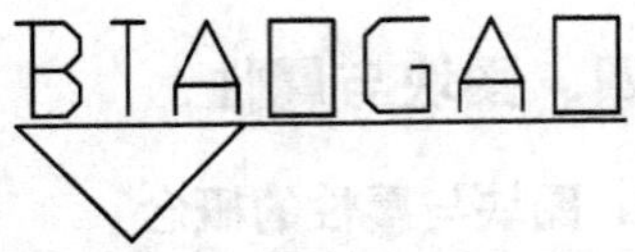

图 6-53　定位标高 biaogao 属性

0#，保存，或待命。

1#，对象，或选择图块所包含的图形对象和属性。

2#，块 B，启动创建图块命令：单击绘图工具栏的“创建块”按钮（图 2-19），或在命令行输入“B”，按 <Enter> 键，启动命令，弹出“块定义”对话框，如图 6-54 所示。

3#，名称，给定图块的名称：给定块名称“bg1”。

4#，基点，或指定基点：不勾选“在屏幕上指定”。

5#，拾取，或拾取基点，单击“拾取点”按钮指定插入图块时的基点：单击对话框“拾取点”按钮，对话框被临时关闭，命令行出现“指定插入点”的提示时输入基点，如端点捕捉输入标高图形的三角形下尖点为基点（图 6-13），返回“块定义”对话框。

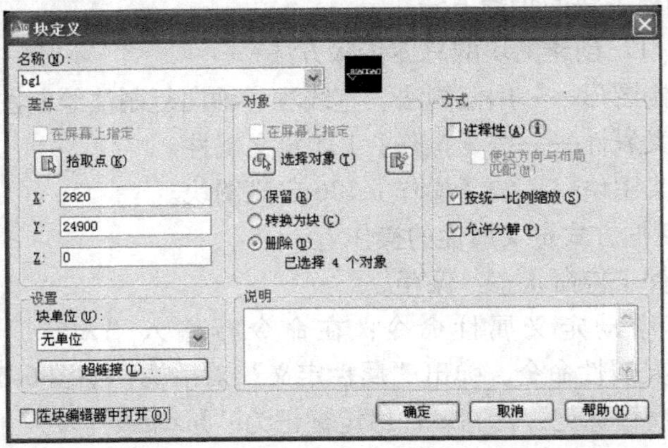

图 6-54　创建标高 bg1 图块

6#，*xyz*，或给出插入图块时基点的 *xyz* 坐标：输入基点后，对话框中会显示出基点的 *xyz* 坐标值，如图 6-54 所示，也可以直接输入坐标值。

7#，指定，或指定对象：勾选“在屏幕上指定”，在确定后指定组成图块的图形对象，本例不勾选。

8#，选择，或选择对象，单击“选择对象”按钮选择组成图块的图形对象：单击对话框“选择对象”按钮，对话框被临时关闭，命令行出现“选择对象”的提示，选择组成图块的图形对象，如选择组成标高图块的图形和属性（图 6-13），选择完成后按 <Enter> 键，返回“块定义”对话框，在对话框名称栏的右边将显示出组成图块的图形略图，如图 6-54 所示。

9#，方式，或保留/或转换为块/或删除：确定图块创建后对原图形对象的处理方式，如选择“删除”，在图块创建后将原图形对象删除。

10#，统一：勾选“按统一比例缩放”，指定图块插入时 *x* 轴 *y* 轴 *z* 轴三个方向比例统一。

11#，分解：勾选“允许分解”，指定插入后的图块允许被分解。

12#，确定，确定创建图块：单击“确定”按钮，创建图块。

13#，基点，或指定插入图块时的基点，本例不作。

14#，选择，或指定组成图块的图形对象，本例不作，完成。

『操作』107　对话框方式插入图块的操作

1#，插入块 I：在命令行输入“i”，按 < Enter > 键，启动插入图块命令，调出“插入”对话框，如图 6-55 所示。

2#，名称，选择插入图块的名称：单击“名称”下拉列表框，选择要插入图块的名称，如选择“bg1d”，如图 6-56 所示。

4#，插入点：勾选“在屏幕上指定”选项，如图 6-55 所示。

5#，分解：不勾选“分解”。

6#，统一：勾选“统一比例”。

7#，比例：给定比例“100”。

8#，角度：旋转角度 45°。

9#，确定，确定插入：单击“确定”按钮插入图块，如图 6-55 所示。

10#，插入点，给定插入点：命令行提示“指定插入点”时，输入指定点后插入图块，如图 6-5 所示。

13#，属性，给出图块属性值：输入插入点后，命令行提示“输入属性值”，在命令行提示各个属性及默认值时输入属性值，如提示“标高 < ± 0.000 >:”，给定属性值“-0.800”，然后按 < Enter > 键，完成图块的插入。

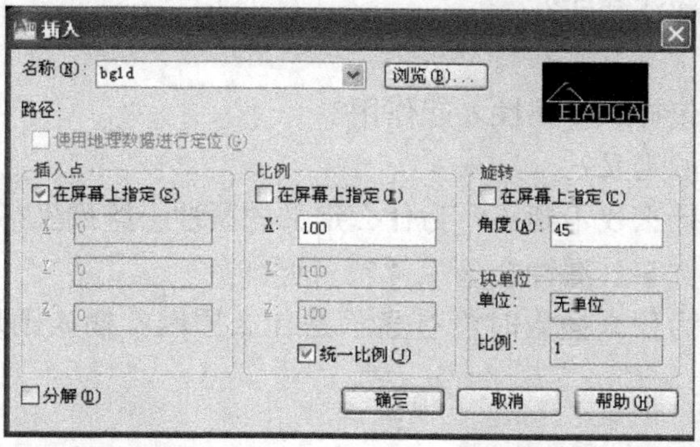

图 6-55　插入标高图块，统一比例 100，角度 45°

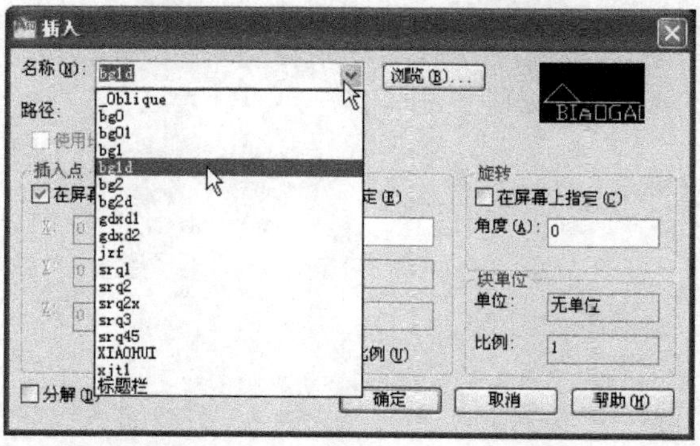

图 6-56　插入标高图块，选择指定标高名称

思考与练习

1. 思考题

1）倾斜标注尺寸的文字，可以采用倾斜的文字样式，也可以采用倾斜文字的尺寸标注样式，这一说法对吗？

2）尺寸线端部可以自己绘制定义吗？怎样操作？

3）标高的单位是什么？

4）怎样表示“±”符号？

5）什么是斜等轴测图？斜等轴测图的轴向伸缩系数是多少？

6）正面斜等轴测图轴间角和坐标系的画法有哪些形式？

7）正面斜等轴测图与正面斜二轴测图有什么相同和不同？

8）模型空间比例绘图的要点有哪些？

9）模型空间比例绘图时，图形需要先按比例换算长度，再按计算出的尺寸绘制吗？

10）模型空间比例绘图时，图框怎样设置？

11）模型空间比例绘图时，标题栏怎样设置？

12）模型空间比例绘图时，尺寸标注样式怎样设置？

13）模型空间比例绘图时，图块按 1:1 的比例制作有什么好处？

14）怎样设置尺寸标注样式？

15）什么是图块？

16）什么是属性？怎样操作属性才起作用？

17）怎样进行属性的定义？

18）定义的属性为什么找不到了？为什么定义的属性会跑到坐标原点（0，0，0）？

19）为什么输入的文字、属性会显示“？”问号？

20）创建好的图块为什么插入时没有显示是什么原因？插入图块时图块不在插入点上是什么原因？

2. 练习图

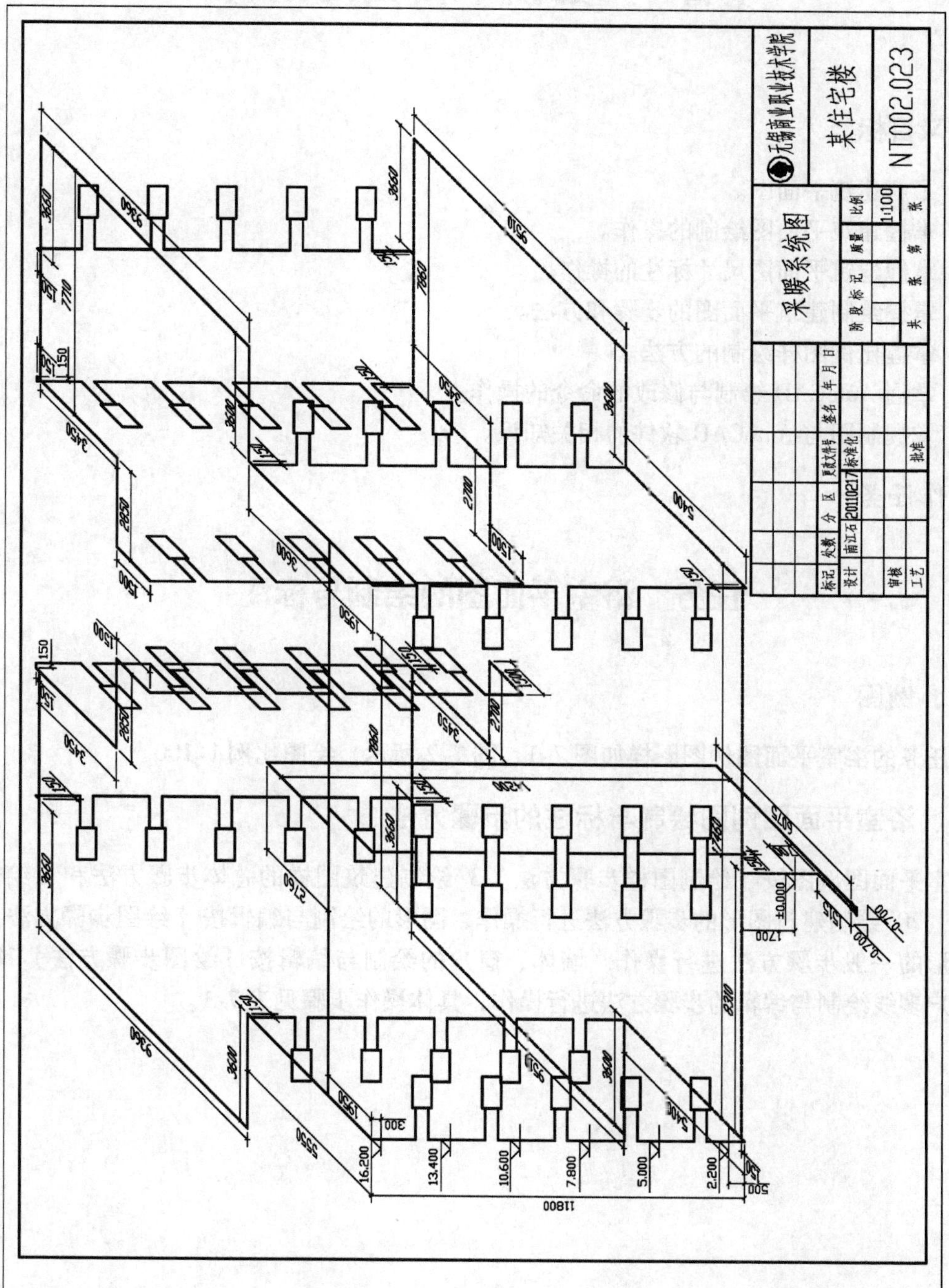

图 6-57　练习图 1 某住宅楼采暖系统图

项目 7　建筑平面图的绘制

学习目标

1）了解建筑平面图。
2）掌握建筑平面图绘制的操作。
3）掌握建筑平面图尺寸标注的操作。
4）掌握绘制建筑平面图的步骤和方法。
5）掌握比例图样绘制的方法。
6）掌握 AutoCAD 绘制与修改的命令的操作。
7）掌握制图与 AutoCAD 软件的相关知识。

工作任务

任务　浴室平面图的绘制与标注

一、例图

本任务的浴室平面图例图图样如图 7-1、图 7-2 所示，绘图比例 1∶100。

二、浴室平面图例图绘制与标注的步骤方法

浴室平面图例图按『绘制图样步骤方法』3 绘制建筑图样的总体步骤方法和『绘图步骤方法』20 绘制建筑图形的步骤方法进行操作，图形的绘制与编辑按『绘图步骤方法』16 绘制图形的一般步骤方法进行操作，墙体、窗户的绘制与编辑按『绘图步骤方法』18 墙体、窗户多线绘制与编辑的步骤方法进行操作，具体操作步骤见表 7-1。

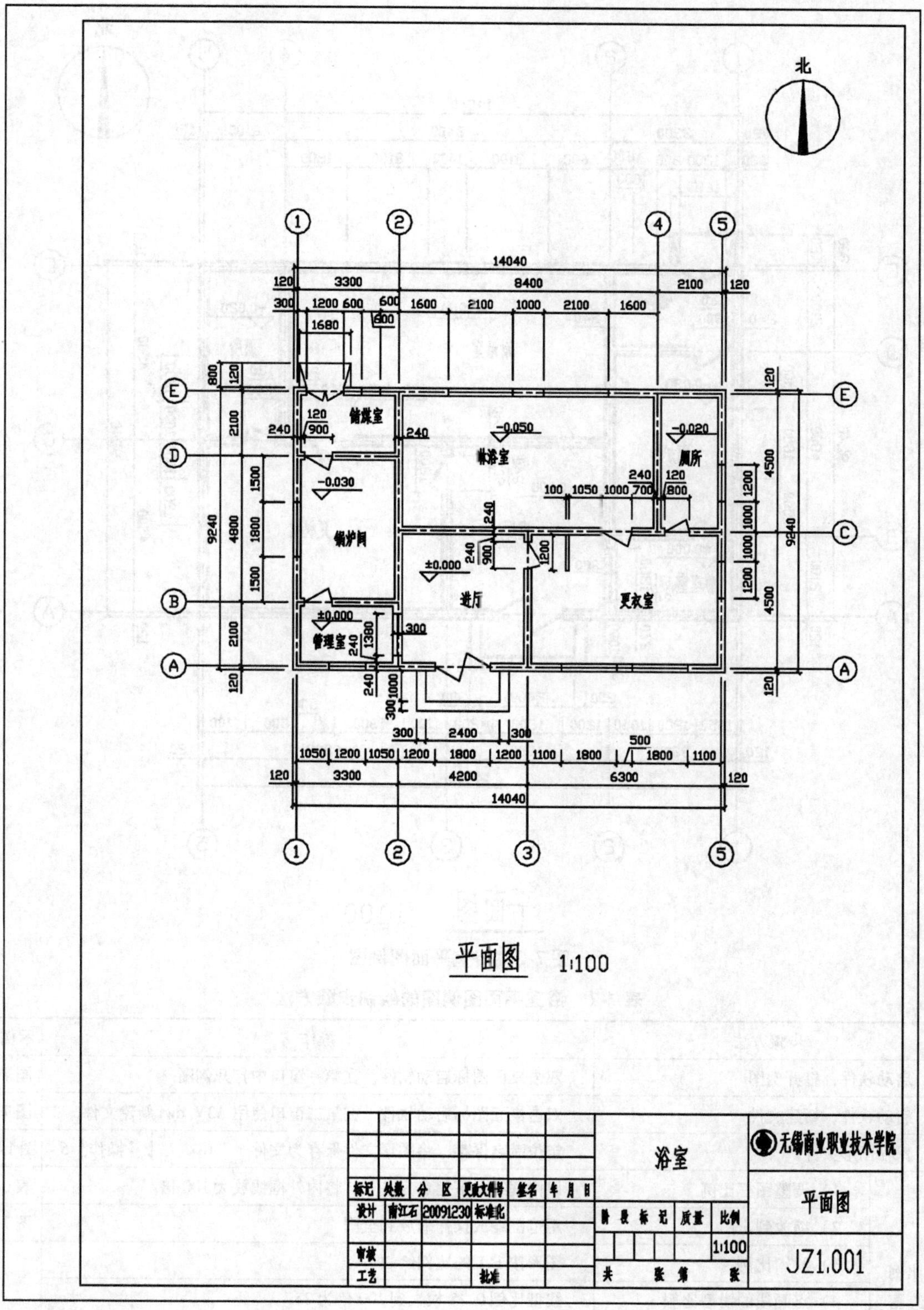
北
储煤室
淋浴室
厕所
锅炉间
进厅
更衣室
管理室
-0.050
-0.020
-0.030
±0.000
14040
3300
8400
2100
4200
6300
9240
平面图　1:100
无锡商业职业技术学院
浴室
平面图
标记　处数　分区　更改文件号　签名　年月日
设计　南江石　20091230　标准化
审核
工艺　批准
阶段标记　质量　比例
1:100
共　张第　张
JZ1.001

图 7-1　浴室平面图例图

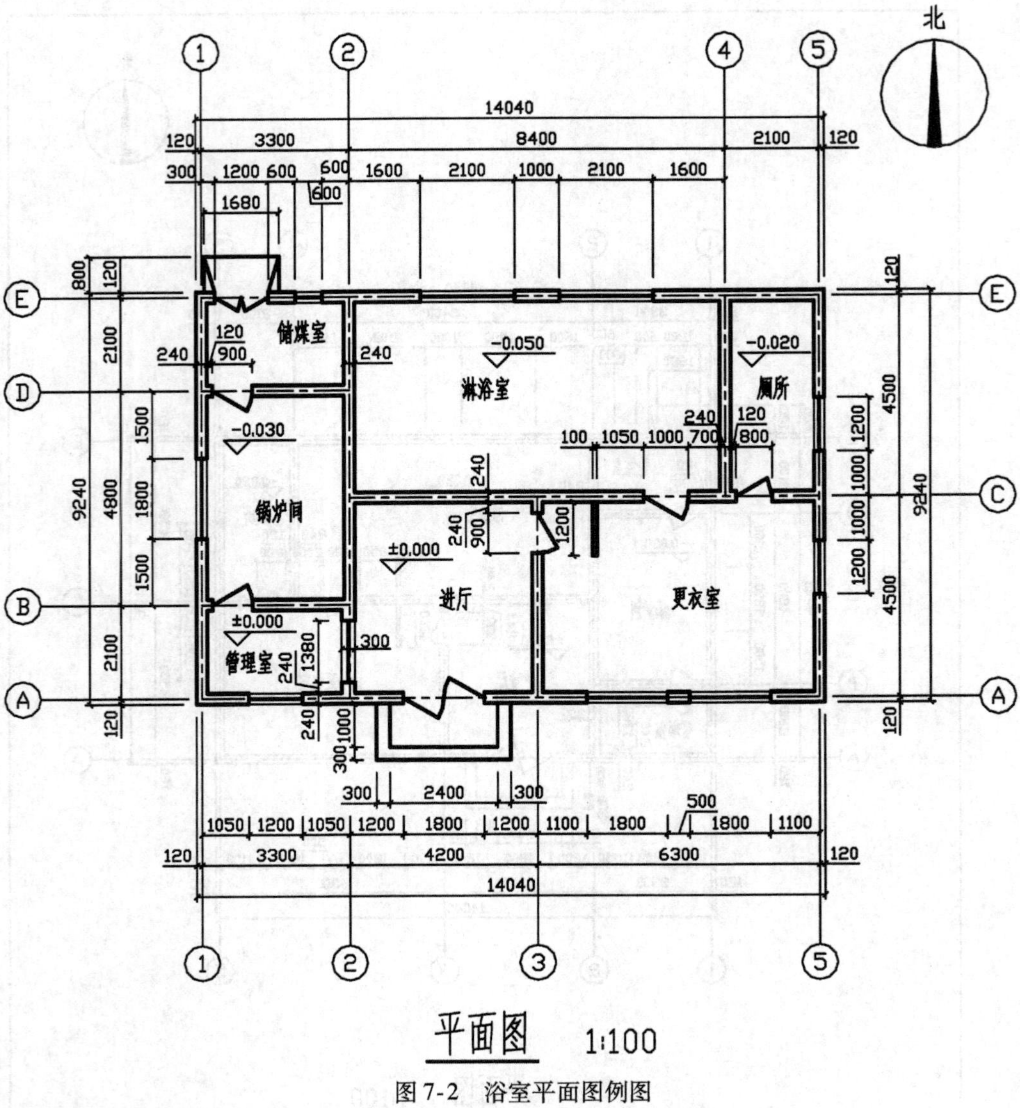

图 7-2 浴室平面图例图

表 7-1 浴室平面图例图的绘制步骤方法

步骤方法		操作		示例图
启动软件，打开例图		双击桌面图标启动软件，在第一窗口中打开例图		图 7-1
启动软件，新建文件		双击桌面图标启动软件，在第二窗口使用 A3V. dwt 新建文件		图 7-3
保存图形文件		定位赋名保存，将图形文件保存为文件	『操作』5	图 1-46
比例绘图	1）调整图框比例	以内框线左下角点为基点，将内外框线放大 100 倍		表 6-6
	2）缩放到全图	用范围缩放操作缩放到全图		图 7-3
	3）绘图比例	图形按 1:1 的比例绘制		表 6-6
	4）点画线的线型比例	线型比例 0.25 放大到 100 倍为 25		
	5）尺寸标注样式的设置	按绘图比例倒数设置，标注特征比例为使用全局比例，比例为 100		

（续）

步骤方法			操作		示例图
比例绘图	6）插入标高图块		按绘图比例 1∶100 的倒数，以比例 100 插入标高图块		表 6-6
	7）插入指北针标注方位		按绘图比例 1∶100 的倒数，以比例 100 插入指北针图块		
	8）注写文字		注写文字时，字高按绘图比例 1∶100 的倒数放大到 100 倍，放大为 250、350、500、700、1000、1400、2000		
绘制图形	1#，绘制轴线网	0#画一横线	画一构造线横线		图 7-3
		0#画一竖线	画一构造线竖线		
		3#换层	将横线、竖线转换到点画线图层		
		3#修改线型比例	比例绘图 0.25 放大 100 倍，将横竖线线型比例改为 25		
		1#横线向上偏移	横线向上偏侧复制，距离为 2100		
		1#上横线上偏移	上横线向上偏侧复制，距离为 4800		
		1#上横线上偏移	上横线向上偏侧复制，距离为 2100		
		1#下横线上偏移	下横线向上偏侧复制，距离为 4500		
		1#竖线向右偏移	竖线向右偏侧复制，距离为 3300		
		1#右竖线右偏移	右竖线向右偏侧复制，距离为 4200		
		1#右竖线右偏移	右竖线向右偏侧复制，距离为 6300		
		1#右竖线左偏移	右竖线向左偏侧复制，距离为 2100		
		2#作左上尖角	上横线与左竖线作左上尖角		图 7-4
		2#作左下尖角	左竖线与下横线作左下尖角		
		2#作右下尖角	下横线与右竖线作右下尖角		
		2#作右上尖角	右竖线与上横线作右上尖角		
		2#修剪	选边界或不选边界修剪横、竖线		
	2 #，绘制墙体线	02#设置多线	多线操作设置对正“无”，比例 240	『操作』108	图 7-42
		0#沿轴线画墙线	以轴线网左下角点为起点画多线		
		0#画下横墙线	以轴线网右下角点为第二点画多线		
		0#画右竖墙线	以轴线网右上角点为第三点画多线		图 7-43
		0#画上横墙线	以轴线网左上角点为第四点画多线		
		0#画左竖墙线	输入“C”按 <Enter> 键，多线闭合，结束		图 7-5
		0#沿轴线画墙线	以左二竖轴线上端点为起点画多线		
		0#画左二竖墙线	画到下二横轴线右端点，按 <Enter> 键结束		
		0#画上二横墙线	沿左上二横轴线画多线		
		0#画下二横墙线	沿左下二横轴线画多线		
		0#画中横墙线	沿右中横轴线画多线		
		0#画右二竖墙线	沿右二竖轴线画多线		
		0#画中竖墙线	沿右三竖轴线画多线		
		02#设置比例	多线操作“S”选项设置多线比例为 300		图 7-42
		0#画左二下竖墙	从左二竖轴线下端点到左下二横轴线右端点画 300 宽多线		图 7-6
		3#向左移动墙线	将宽度 300 的墙体多线向左移动 30		

（续）

步骤方法			操作		示例图
绘制图形	3#，墙体线结合	2#左二上T形合并	先选左二竖墙，后选上横墙作T形合并	『操作』109	图7-48
		2#上二左T形合并	先选上二横墙，后选左竖墙作T形合并		图7-49、图7-12
		2#上二右T形合并	先选上二横墙，后选左二竖墙作T形合并		
		2#上三左T形合并	先选中横墙，后选左二竖墙作T形合并		
		2#下二左T形合并	先选下二横墙，后选左竖墙作T形合并		
		2#左二下T形合并	先选左二下竖墙，后选下横墙作T形合并		
		2#左三上T形合并	先选左三竖墙，后选中横墙作T形合并		
		2#左三下T形合并	先选左三竖墙，后选下横墙作T形合并		
		2#右二上T形合并	先选右二竖墙，后选上横墙作T形合并		
		2#右二下T形合并	先选右二竖墙，后选中横墙作T形合并		
		2#上三右T形合并	先选上三墙，后选右竖墙作T形合并		
		2#左二下二角点结合	左二竖墙上段与下二横墙作角点结合	『操作』110	图7-7
		2#左二上T形合并	左二竖墙下段上端作T形合并，先竖后横	『操作』109	图7-8
	4#，门窗开洞	上边左开门窗洞	在上边墙体多线左段开门窗洞	『绘图步骤方法』19	图7-21
		1#作洞边线偏移	左二竖轴线依次向左偏侧复制600、600、600、1200		图7-9
		3#作洞边线移动	将偏侧复制出的四条轴线上移，使其线段与墙线相交		
		2#剪切开门洞	上横墙左端两交点间全部剪切开门洞	『操作』111	图7-10
		2#剪切开窗洞	上横墙左段右两交点间全部剪切开窗洞		
		3#四条竖线换层	将门窗洞边的4条竖线转换到粗实线图层		图7-21
		2#四条竖线修剪	将门窗洞边的4条竖线选择边界修剪到多线		
		上方中段开窗洞	在上方墙体多线的中段开窗洞	『绘图步骤方法』19	
		1#偏移作洞边线	左二右二竖轴线向中偏侧复制，距离为1600、2100，向上移动		图7-13
		2#剪切开窗洞	上横墙两处两交点间全部剪切开窗洞	『操作』111	
		3#竖线换层修剪	将窗洞边的4条竖线转换到粗实线图层，修剪到墙线		图7-21
		五处门窗开洞	中横墙、中竖墙与右墙线门窗开洞	『绘图步骤方法』19	
		0#作洞边线画线	右二竖墙线下端点向下画两条竖线		图7-11
		0#作洞边线画线	中竖墙线上左端点向下追踪240向右画一条横线		
		3#作洞边线移动	新左竖线向左移动700，新右竖线向右移动120		图7-14
		1#作洞边线偏移	新左横线向下偏侧复制，距离为900		
		1#作洞边线偏移	左竖线向左偏侧复制，距离为1000，右竖线向右偏侧复制，距离为800		
		1#作洞边线偏移	中横轴线上下偏侧复制，距离为1000		
		1#作洞边线偏移	将上新横线向上、下新横线向下偏侧复制，距离为1200		
		3#作洞边线移动	新四横线向右移动使其与墙体多线相交		
		2#剪切开门窗洞	5处两交点间全部剪切开门窗洞	『操作』111	

（续）

步骤方法			操作		示例图
绘制图形	4#，门窗开洞	3#边线修剪换层	修剪门窗洞边的横竖边线，换层		图7-21
		下方右开2窗洞	在下方墙体多线右段开2窗洞	『绘图步骤方法』19	
		1#复制洞边线	中竖、右竖轴线向中间偏侧复制，距离为1100、1800，向下移动		图7-15
		2#剪切开窗洞	2处两交点间全部剪切开窗洞	『操作』111	
		3#边线修剪换层	将窗洞边的横竖边线修剪，换层		图7-21
		三处门窗开洞	左竖上二横与下二横墙线门窗开洞	『绘图步骤方法』19	
		0#画线作洞边线	上二横墙线左上端点向右追踪120向下画竖线		图7-16
		1#作洞边线偏移	新竖线向右偏侧复制，距离为900		
		1#作洞边线偏移	上二横轴线向下、下二横轴线向上偏侧复制，距离为1500		
		3#作洞边线移动	左新二横线向左移动使其与墙本多线相交		
		2#剪切开门窗洞	3处两交点间全部剪切开门窗洞	『操作』111	
		3#边线修剪换层	修剪门窗洞边的横竖边线，换层		图7-21
		三处门窗开洞	左二竖墙、下横墙门窗开洞	『绘图步骤方法』19	
		0#画线作洞边线	左二竖墙线下左端点向上追踪240向右画横线		图7-17
		1#作洞边线偏移	新横线向上偏侧复制，距离为1380		
		1#作洞边线偏移	左竖轴线向右、左二竖轴线向左偏侧复制，距离为1050		
		1#作洞边线偏移	左二竖轴线向右、左三竖轴线向左偏侧复制，距离为1200		
		3#作洞边线移动	向下移动下新四竖线，使其与墙体多线相交		
		2#剪切开门窗洞	3处两交点间全部剪切开门窗洞	『操作』111	
		3#边线修剪换层	修剪门窗洞边的横竖边线，换层		图7-21
	5#，设置窗户多线样式		设置窗户为三线，中线为粗实线	『操作』113	图7-59
	6#，绘制窗线	3#改变当前图层	将细实线图层设置为当前图层		图7-44
		02#设置比例	多线操作“S”选项设置多线比例240	『操作』108	
		02#选择样式	多线操作“ST”选项选择多线样式“Window”		
		0#画上墙左段窗	捕捉输入轴线与窗边线的交点画多线		图7-21
		0#画上墙中左窗	捕捉输入交点画上横墙中段左窗户多线		
		0#画上墙中右窗	捕捉输入交点画上横墙中段右窗户多线		
		0#画右墙上段窗	捕捉输入交点画右竖墙上段窗户多线		
		0#画右墙下段窗	捕捉输入交点画右竖墙下段窗户多线		
		0#画下墙右段窗	捕捉输入交点画下横墙右段窗户多线		
		0#画下墙右二窗	捕捉输入交点画下横墙右二窗户多线		
		0#画下墙左段窗	捕捉输入交点画下横墙左段窗户多线		
		0#画左墙中段窗	捕捉输入交点画左竖墙中段窗户多线		
		0#设置多线比例	多线操作“S”选项设置多线比例为300		
		0#画左二墙下窗	捕捉输入交点画左二竖墙下段窗户多线		图7-18
		3#向左移动窗线	用移动操作将300窗户多线向左移动30		图7-21

（续）

步骤方法			操作		示例图
绘制图形	7#，制作、插入门图块	3#制作门图块	在0图层制作半径为1的30°的门图块	『操作』114	图7-60
		3#改变当前图层	将粗实线图层设置为当前图层		
		3#上墙左插入门图块	在上横墙左端处插入门图块，统一比例600		图7-19
		3#镜像门图块	向下镜像门图块		图7-24
		1#镜像复制门图块	左右镜像复制门图块		
		上二横墙插入门图块	在上二横墙插入门图块，统一比例900		图7-20
		上二横墙门镜像	将上二横墙门图块上下镜像		图7-24
		下二横墙插入门图块	在下二横墙插入门图块，统一比例900		
		下横墙插入左门	在下横墙以统一比例900插入左门图块		图7-22
		下横墙镜像右门	将下横墙左门左右镜像复制出右门		
		下横墙镜像左门	将下横墙左门向下镜像		图7-24
		3#中竖墙插入门	在中竖墙插入门图块，统一比例900，角度-90		
		中横墙插入左门	在中横墙以统一比例1000插入左门图块，上下镜像		
		中横墙插入右门	在中横墙插入右门图块，统一比例800		
	8#，绘制其他结构	画上左结构	画上左门入口斜坡结构		图7-2
		0#画横线	从左上角点向上追踪800向右画横线		图7-23
		0#画竖线	从左上门中间两圆弧端点向上画竖线		
		1#竖线偏侧复制	将竖线向两边各偏侧复制840		
		0#画斜线	从端点到交点画斜线，左右画两条斜线		
		2#修剪横线	不选边界修剪横线左右两端		图7-2
		2#修剪竖线	不选边界修剪两竖线的上下两端		
		3#删除竖线	删除中间的竖线		
		画下中结构	画下中门入口台阶结构		图7-25
		0#画横线	从下横边门左边下角点向下追踪1000向右画横线		
		0#画竖线	从下横边门中间两圆弧端点向下画竖线		
		1#竖线偏侧复制	将竖线向两边偏侧复制，距离为1200		
		2#尖角	两条竖线与一条横线作尖角，两处		图7-26
		2#修剪竖线	修剪两条竖线的上端		
		3#删除竖线	删除中间竖线		
		3#多段线合并	用多段线编辑将两条竖线一条横线合并成一条多段线		
		1#偏侧复制	将多段线向外偏侧复制，距离为300		图7-2
		画中部结构	画中部挡墙结构		
		0#追踪	从中横边左门左下角点向左追踪1050		
		0#向下画直线	向下画1200长直线		
		0#向左画直线	向左画100长直线		
		0#向上画直线	向上画1200长直线，画到极轴交点，结束		

（续）

步骤方法			操作	示例图
设置标注样式		按建筑要求设置	按表7-3设置尺寸标注样式 『操作』104	表7-3
		比例绘图调整	按绘图比例倒数设置，标注持征比例为使用全局比例，比例为100	图6-50
标注尺寸	改变当前图层		将尺寸线图层设置为当前图层	图7-28
	1）上方尺寸标注	选对象标注1680	dLi－ob选择对象标注横向尺寸1680	
		横向标注300	dLi－LR捕捉输入左右两点标注横向尺寸300	
		连续标注9尺寸	dco使用连续标注，向右标注横向尺寸1200、600、600、600、1600、2100、1000、2100、1600	
		尺寸标注调整	调整300、600、600、600尺寸的标注	图7-29
		基线标注120	dba基线标注以300左尺寸界线为基准向左横向标注120	
		连续标注4尺寸	dco使用连续标注，以120右尺寸界线为基准向右标注横向尺寸3300、8400、2100、120	
		基线标注14040	dba以120左尺寸界线为基准向右横向标注14040	
	2）左侧尺寸标注	竖向标注1500	dLi－DU捕捉输入下上两点标注竖向尺寸1500	图7-32
		连续标注2尺寸	dco使用连续标注，向上标注竖向尺寸1800、1500	
		基线标注2100	dba以下1500下尺寸界线为基准向下标注竖向尺寸2100	
		连续标注120	dco使用连续标注，向下标注竖向尺寸120	
		连续标注3尺寸	dco使用连续标注，以2100上尺寸界线为基准向上标注竖向尺寸4800、2100、120	
		基线标注9240	dba以120下尺寸界线为基准向上竖向标注9240	
		连续标注800	dco使用连续标注，向上标注竖向尺寸800	
		尺寸标注调整	调整120与120两尺寸	图7-40
		横向标注900	dLi－RL捕捉输入左右两点标注横向尺寸900	图7-27
		连续标注2尺寸	dco使用连续标注，向左标注横向尺寸120、240	
		尺寸标注调整	调整120与240两尺寸	图7-40
	3）下方尺寸标注	横向标注300	LR指定左右两点标注，第二点追踪到交点 图7-30	图7-31
		连续标注2400	dco标注，追踪到交点，向右横向标注2400 图7-33	
		连续标注300	dco使用连续标注，向右标注横向尺寸300	图7-34
		尺寸标注调整	调整300与300两尺寸	
		画标注辅助横线	从尺寸线端点向左追踪到适当位置单击开始向右画线	
		横向标注1050	LR指定左右两点标注1050，第二点追踪到辅助线交点	图7-35
		连续标注9尺寸	dco向右连续标注横尺寸1200、1050、1200、1800、1200、1100、1800、500、1800，第二点追踪到辅助线交点	
		连续标注1100	dco使用连续标注，向右标注横向尺寸1100	
		基线标注120	dba以1050左尺寸界线为基准向左横向标注120	
		连续标注2尺寸	dco使用连续标注，以120右尺寸界线为基准向右标注横向尺寸3300、4200，第二点追踪到辅助线交点	

（续）

步骤方法			操作	示例图
		连续标注 2 尺寸	dco 使用连续标注，向右标注横向尺寸 6300、120	图 7-35
		基线标注 14040	dba 以左 120 尺寸左界线为基准向右横向标注 14040	
		删除辅助横线	删除标注辅助横线	图 7-40
		尺寸标注调整	调整 500、120 尺寸的标注	
标注尺寸	3）下方尺寸标注	竖向标注 300	DU 捕捉输入下上两点标注尺寸 300，第二点追踪到交点	图 7-36
		连续标注 1000	dco 使用连续标注，向上标注竖向尺寸 1000	
		竖向标注 1380	dLi－UD 捕捉输入上下两点标注竖向尺寸 1380	
		连续标注 2 尺寸	dco 使用连续标注，向下标注竖向尺寸 240、240	
		横向标注 300	dLi－LR 捕捉输入左右两点标注横向尺寸 300	
		300 尺寸改格式	用格式刷以 240 尺寸的格式为源修改竖向尺寸 300	图 7-40
		尺寸标注调整	调整 300、240、240 三尺寸	
	4）中部尺寸标注	横向标注 240	LR 指定左右两点标注横向尺寸 240，第一点追踪到交点	图 7-38
		竖向标注 900	dLi－DU 捕捉输入下上两点标注竖向尺寸 900	
		连续标注 2 尺寸	dco 使用连续标注，向上标注竖向尺寸 240、240	
		竖向标注 1200	dLi－ob 选择对象标注竖向尺寸 1200	
		横向标注 800	dLi－RL 指定右左两点标注横向尺寸 800	
		连续标注 6 尺寸	dco 使用连续标注，向左标注横向尺寸 120、240、700、1000、1050、100 尺寸，其 100 的前后点追踪到墙上横线交点	
		尺寸标注调整	调整 240、240、100、240、120 尺寸	图 7-40
	5）右侧尺寸标注	竖向标注 1200	dLi－DU 捕捉输入下上两点标注竖向尺寸 1200	图 7-39
		连续标注 3 尺寸	dco 使用连续标注，向上标注竖向尺寸 1000、1000、1200	
		基线标注 4500	dba 以下 1000 上尺寸界线为基准向下竖向标注 4500	
		连续标注 120	dco 使用连续标注，向下标注竖向尺寸 120	
		连续标注 2 尺寸	dco 以 4500 上尺寸界线为基准向上标注尺寸 4500、120	
		基线标注 9240	dba 以下 120 下尺寸界线为基准向上竖向标注 9240	
		尺寸标注调整	调整 120、120 尺寸的标注	图 7-40
标高	1）制作标高图块		制作标高图块　『操作』103	图 6-13
	2）标注标高	3#比例绘图	按绘图比例 1:100 的倒数，以 100 的比例插入标高图块	图 6-55
		3#插入标高图块	在左下房间插入标高图块，统一比例 100，按 <Enter> 键取默认标高值	图 7-40
		1#复制标高图块	用穴点复制将标高图块复制到左中、上中、上右、下中房间	
		3#修改标高属性	双击标高图块，修改各个标高图块的标高属性值	
标注轴线编号	1）创建编号图块	0#画圆	在细实线图层画直径为 8 的圆	图 7-63
		3#定义编号属性	在文字图层圆心处定义编号属性，中间对正，字高 3.5	图 7-64
		3#创建编号图块	选择圆和属性，以下圆心为基点定义编号图块	

（续）

步骤方法			操作	示例图
标注轴线编号	2）标注轴线编号	0#画定位辅助线	在图形外围四周画四条定位辅助直线	图7-40
		3#比例绘图	按绘图比例1:100的倒数，以100的比例插入编号图块	图7-37
		3#插入编号图块	在左下角处，追踪到轴线与辅助竖直线的交点，以统一比例100，插入编号图块，按<Enter>键取默认轴线编号值“A”	
		1#复制编号图块	用穴点复制将编号图块复制到各轴线追踪到辅助线的交点	图7-40
		3#转换当前图层	将尺寸线图层设置为当前图层	
		0#画轴线指引线	自轴线处尺寸界线外端点追踪到与圆的交点画指引线	图7-40
		3#修改编号属性	双击编号图块，修改各个编号图块的编号属性值	图7-2
		3#删除辅助线	删除轴线编号定位用的四条辅助直线	
方位	1）制作指北针图块		在细实线图层和文字图层绘制并定义指北针图块　『操作』115	图7-67
	2）插入指北针图块标注方位		比例绘图，用绘图比例1:100的倒数100插入指北针图块	图7-1
注写文字	注写房间名称	3#转换当前图层	将文字图层设置为当前图层	
		3#比例绘图	字高2.5，按绘图比例1:100的倒数100放大为字高250	表6-6
		3#注写“管理室”	在左下房间中注写“管理室”	
		1#复制文字	用穴点复制将文字复制到其他房间	
		3#修改文字	双击文字，在编辑文字对话框中修改各文字	
	注写图名	3#注写“平面图”	在图形下方注写“平面图”，高5放大为500，宽度比例0.7	图7-1
		3#注写“1:100”	“平面图”右边注写“1:100”，字高500，宽度比例1	
		0#画直线	在细实线图层，在图名下画直线	
比例绘图插入填写标题栏			使用插入文件图块操作插入填写标题栏，统一比例为绘图比例1:100的倒数100	
结束	1）缩放到全图		使用范围缩放操作缩放到全图	图7-1
	2）保存		保存文件	
	3）退出		关闭图形文件或关闭软件	
	4）FTP上传		登录FTP服务器，进入自建文件夹，上传文件，关闭	

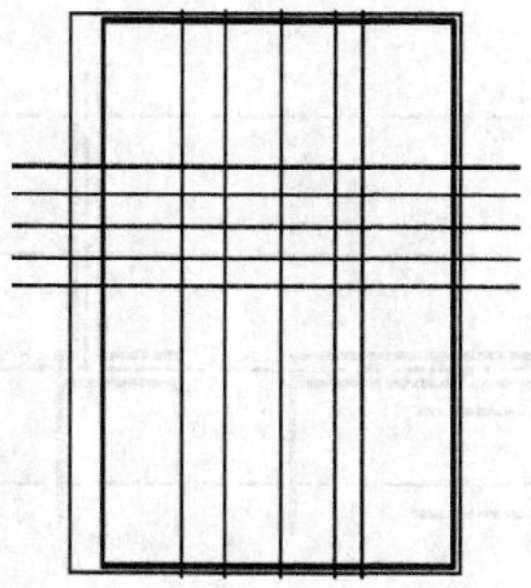

图7-3　新建文件，放大100，缩放到全图，画横竖线，换层，偏侧复制

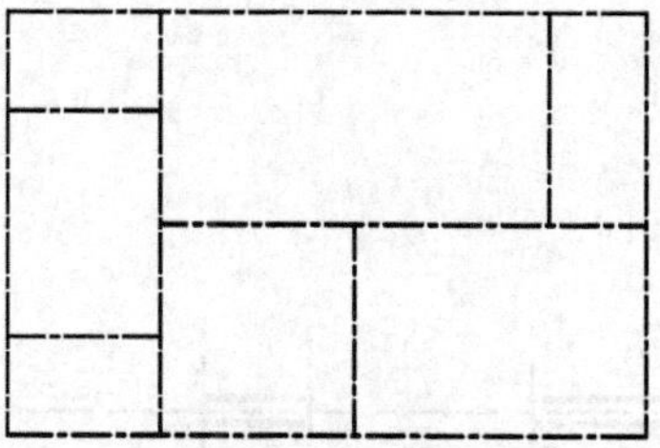

图7-4　作尖角，修剪横线、竖线

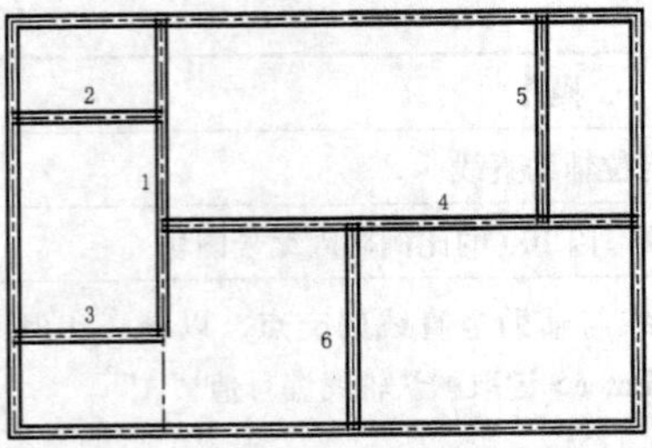

图 7-5 画外框墙线，输入“C”闭合，沿中间轴线画 6 组多线

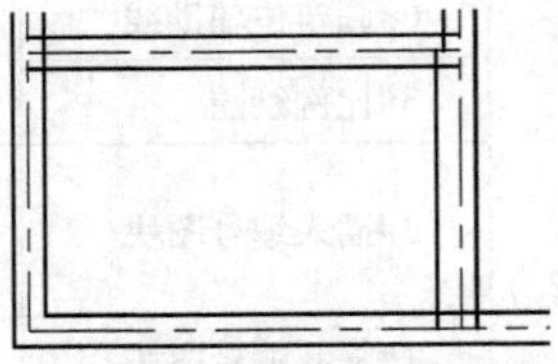

图 7-6 多线比例设置为 300 画多线，向左移动 30

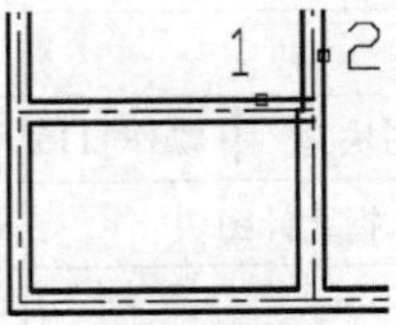

图 7-7 角点结合

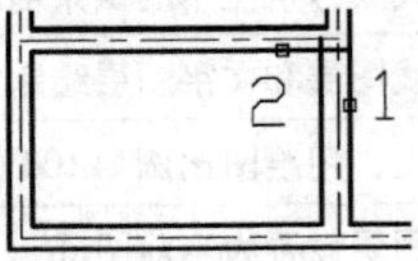

图 7-8 T 形合并

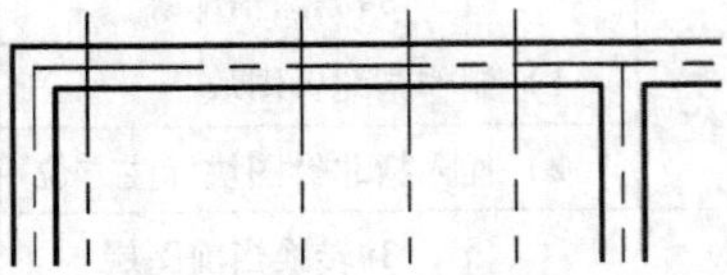

图 7-9 左二竖轴线向左偏侧复制出四条竖线，上移与墙线相交

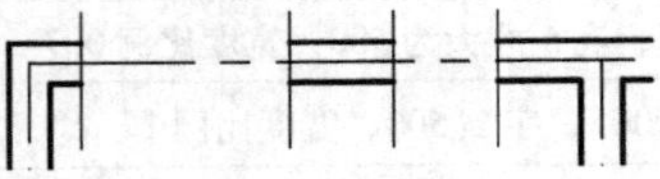

图 7-10 全部剪切开门洞、窗洞

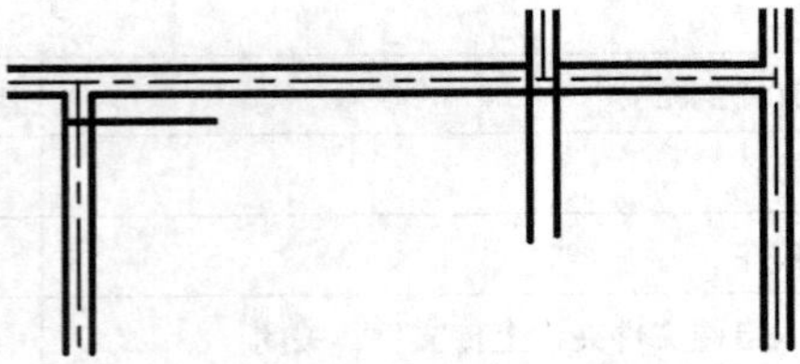

图 7-11 画横线、竖线

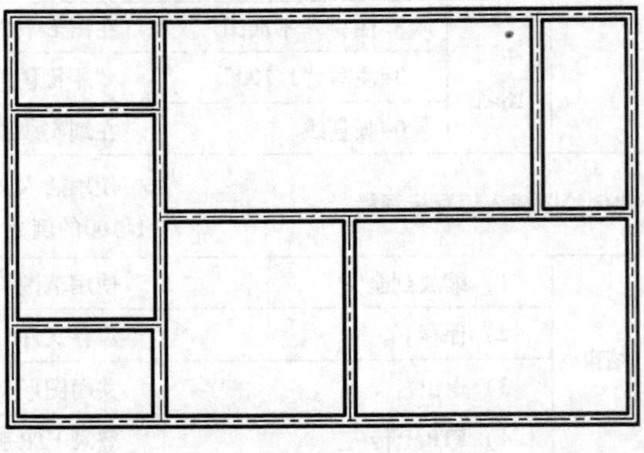

图 7-12 完成墙体线的绘制与编辑

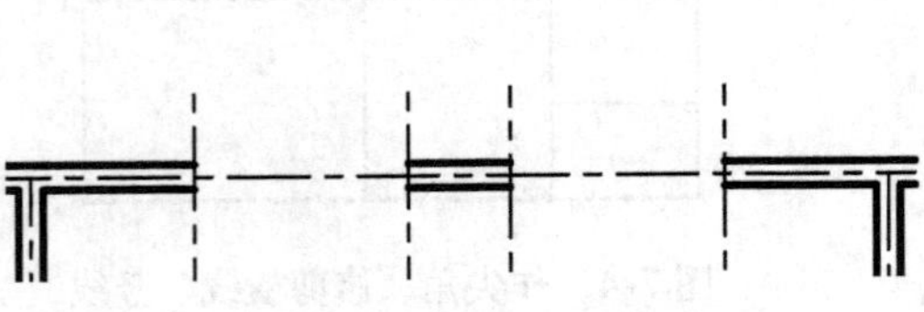

图 7-13 左二右二竖轴线向中偏侧复制，向上移动，全部剪切开窗洞

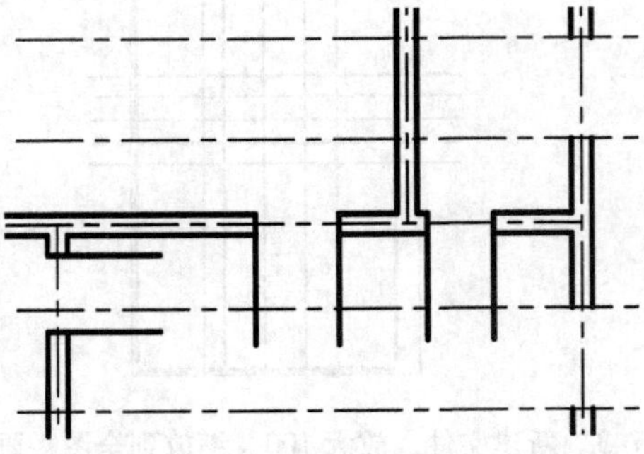

图 7-14 移动竖线，偏侧复制横线、竖线、轴线，全部剪切开门窗洞

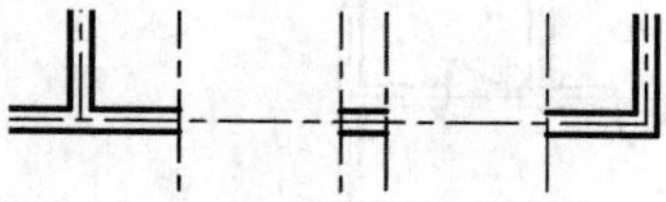

图7-15　中竖、右竖轴线向中间偏侧复制1100、1800，下移，两处交点间全部剪切开窗洞

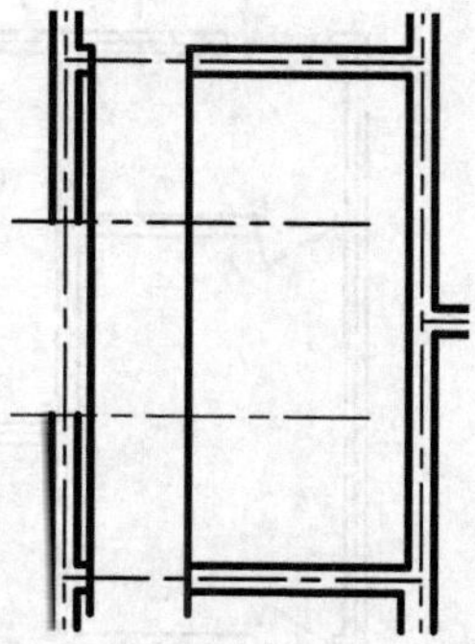

图7-16　画线，偏移，移动，三处全部剪切开门窗洞

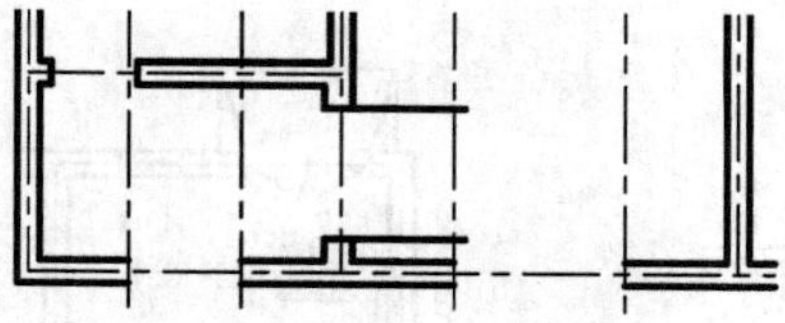

图7-17　画线，偏移，移动，三处两交点间全部剪切开门窗洞

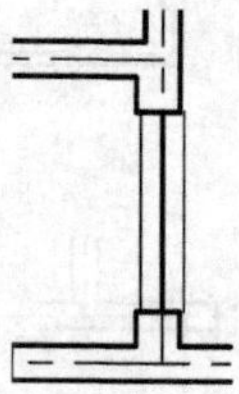

图7-18　捕捉输入交点画左二竖墙下段窗户多线

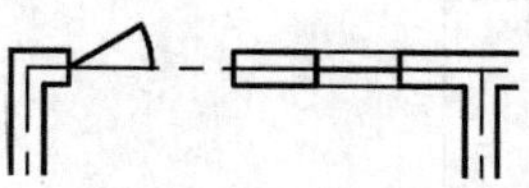

图7-19　上横墙左端插入门图块

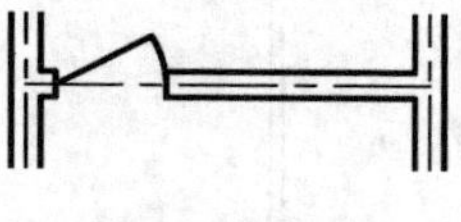

图7-20　以统一比例900插入门图块

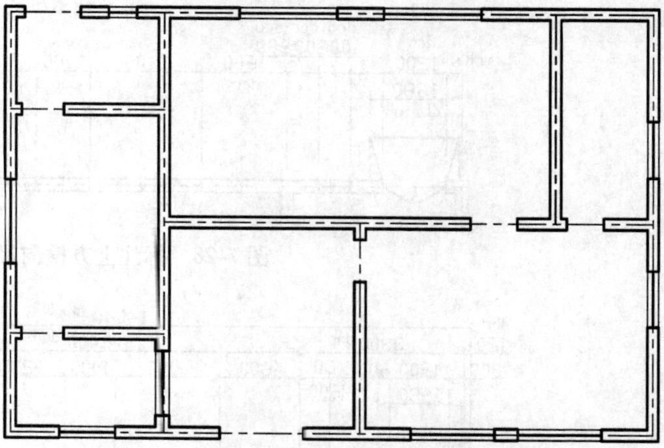

图7-21　开门洞、窗洞，绘制窗户多线

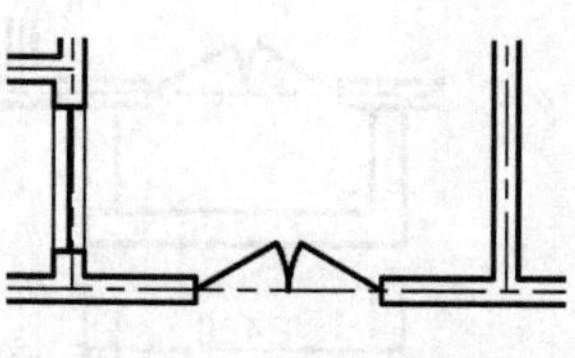

图7-22　在下横墙插入左门图块，镜像复制出右门

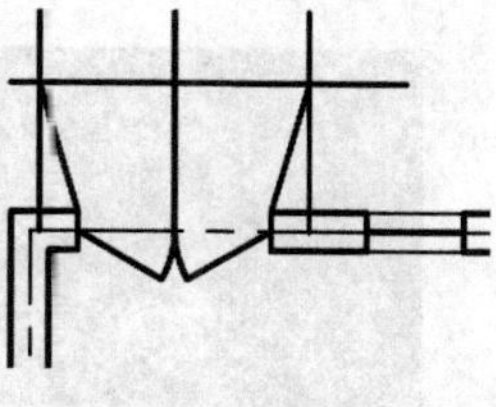

图7-23　画横线，画竖线，偏侧复制竖线，画斜线

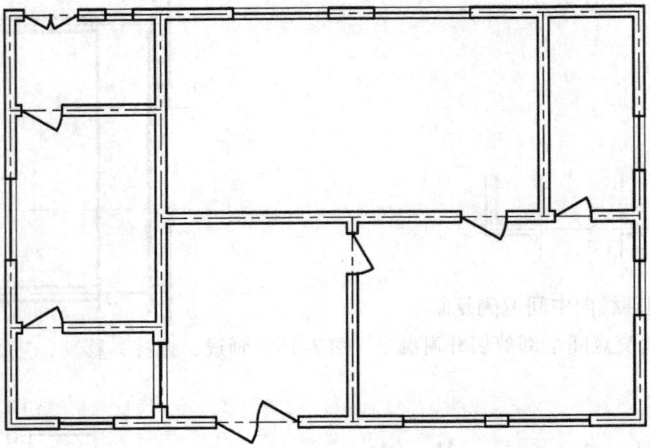

图 7-24　插入门图块

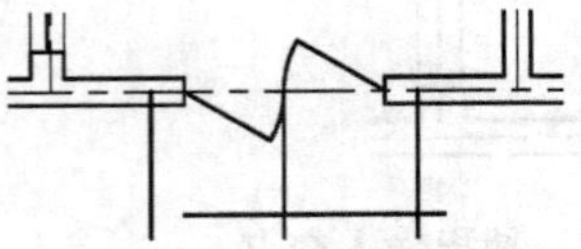

图 7-25　画横线，画竖线，将竖线向两边偏侧复制 1200

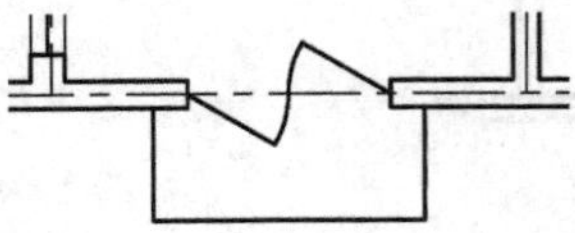

图 7-26　作尖角，多段线合并

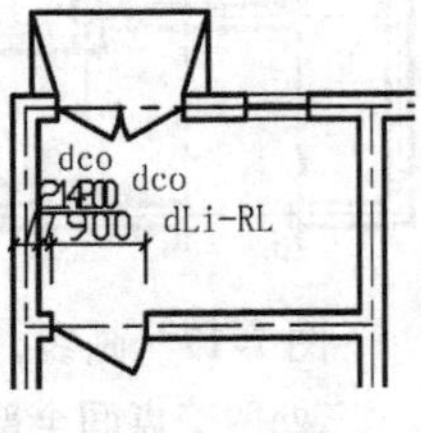

图 7-27　标注左侧横向尺寸

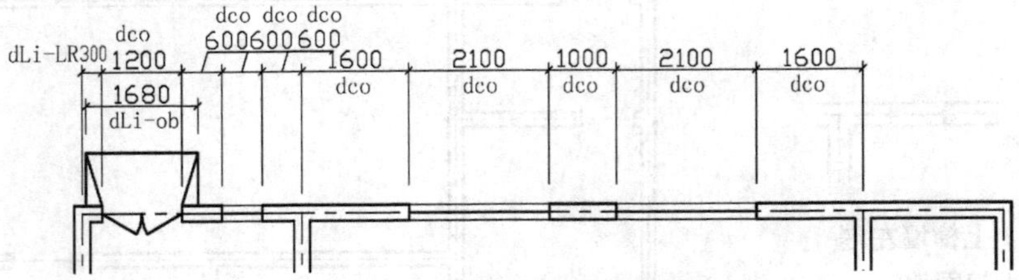

图 7-28　标注上方横向尺寸

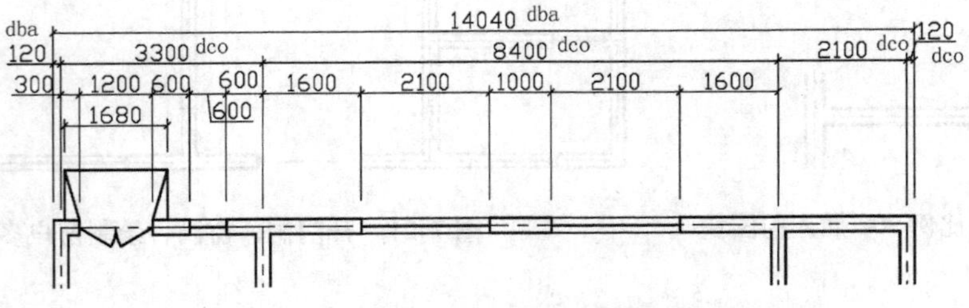

图 7-29　标注上方横向尺寸，调整尺寸的标注

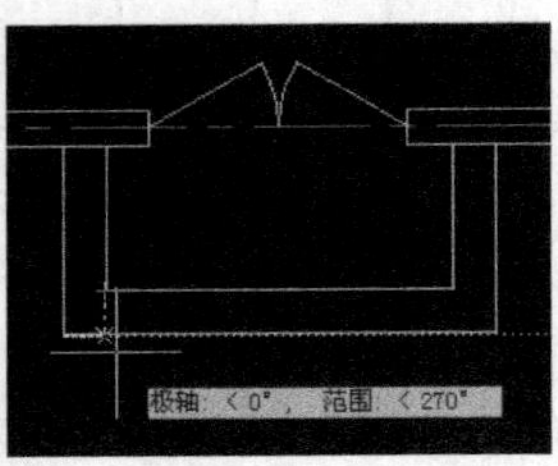

图 7-30　标注尺寸，自端点追踪到交点指定第二点

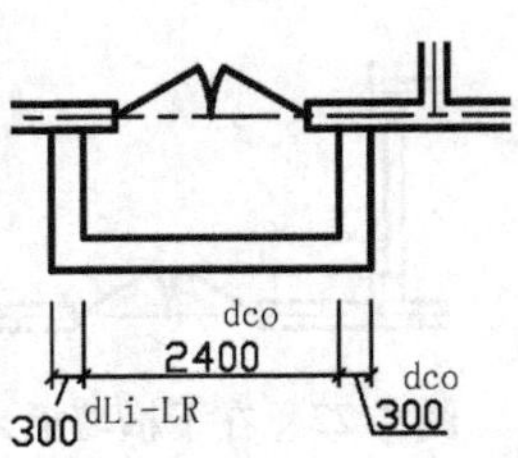

图 7-31　标注下方横向尺寸

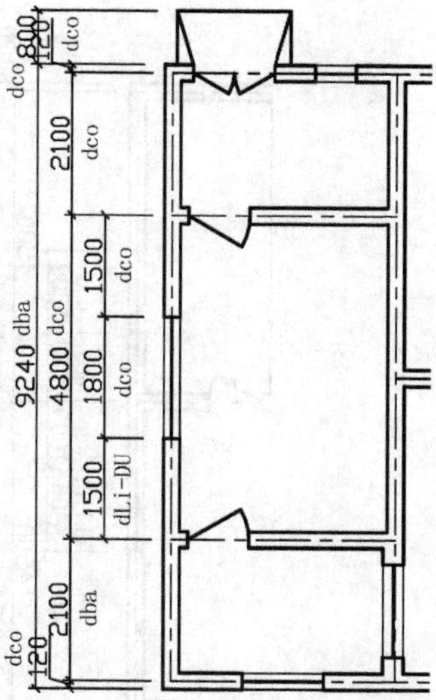

图7-32　标注左侧竖向尺寸

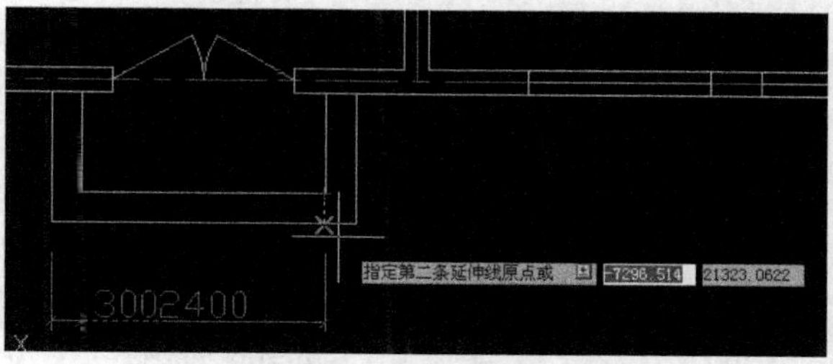

图7-33　连续标注尺寸，自端点追踪到交点指定第二点

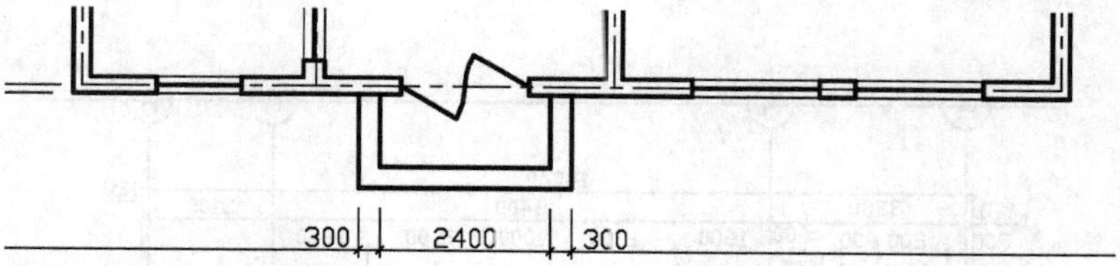

图7-34　调整尺寸标注，画标注辅助横线

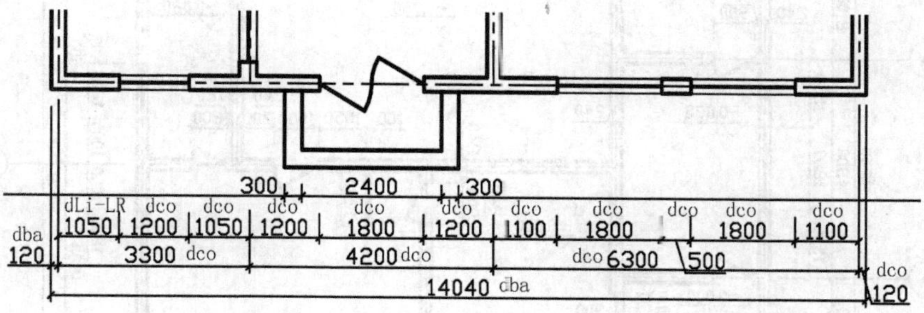

图7-35　标注下方横向尺寸，捕捉端点、追踪到交点标注尺寸

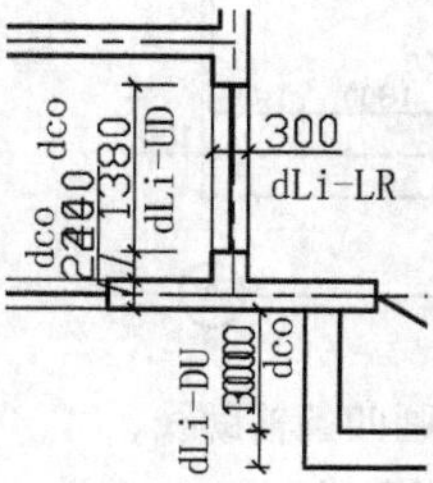

图7-36　下方标注竖向、横向尺寸

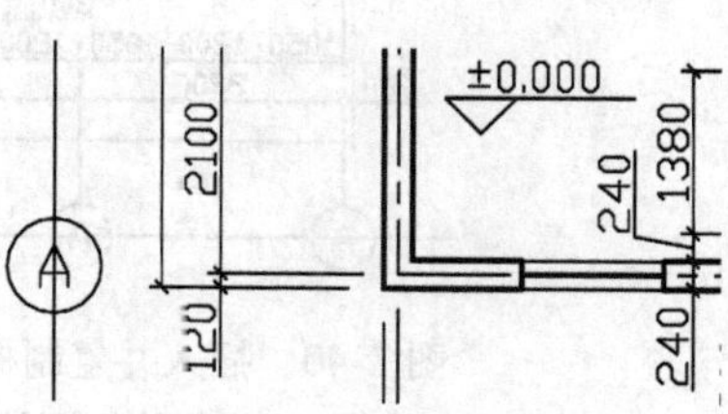

图7-37　插入轴线编号图块

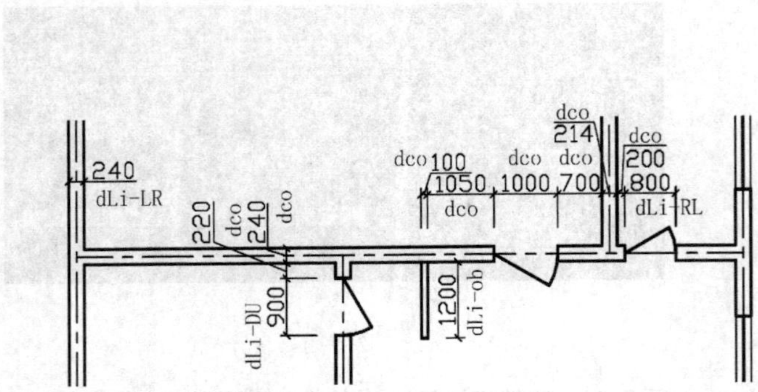

图 7-38　中部尺寸标注

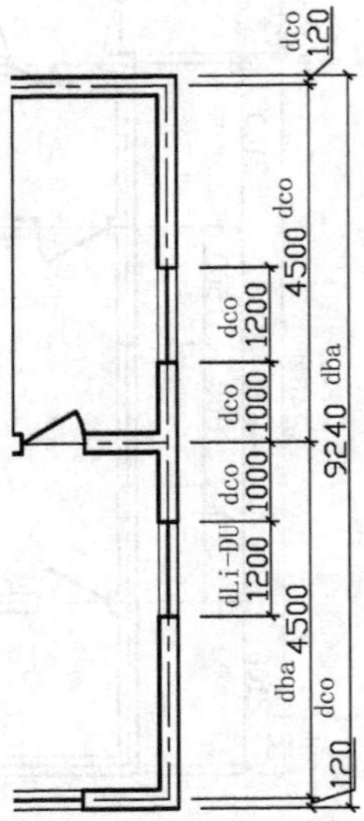

图 7-39　右侧尺寸标注

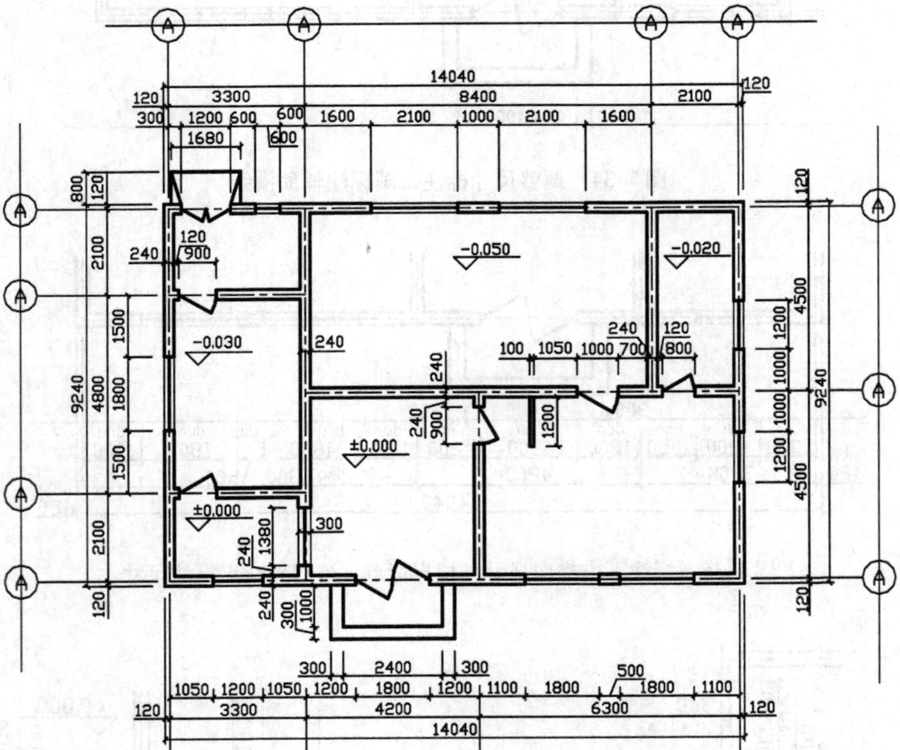

图 7-40　插入并复制标高图块，修改其属性值，画四条辅助线，
插入并复制轴线编号图块，画轴线编号指引线

相关知识与操作

一、墙、窗与多线

墙体线、窗线可以采用单线绘制，也可以采用多线绘制。

浴室平面图例图的墙线采用双线绘制，窗线采用三线绘制。

『绘图步骤方法』18 墙体、窗户多线绘制与编辑的步骤方法

01#，轴线——绘制轴线。

02#，设置——设置多线——对正、比例、样式。

0#，多线——沿轴线画多线。

1#，复制——定点复制多线。

2#，边角——边角处理——十字编辑、T形编辑、角点编辑、剪切编辑、结合编辑。

3#，其他——其他处理——加删顶点等。

1. 多线的绘制

『操作』108 绘制多线的操作

1#，多线 ML，启动多线命令：单击“绘图/多线”菜单项（图7-41），或在命令行输入“mLine”或“ML”，按<Enter>键，启动命令。

2#，对正 J，输入“J”选项修改对正类型：选择“Z”无对正类型，如图7-42、图7-44所示。

3#，比例 S，输入“S”选项修改多线绘制比例：将多线比例改为240，如图7-42所示。

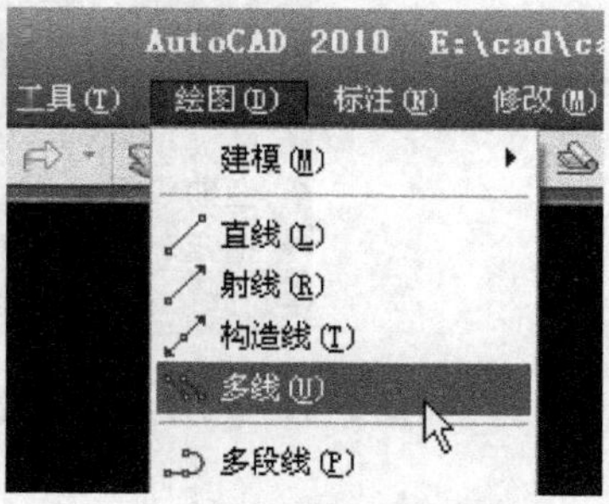

图7-41　单击“绘图/多线”菜单项启动命令

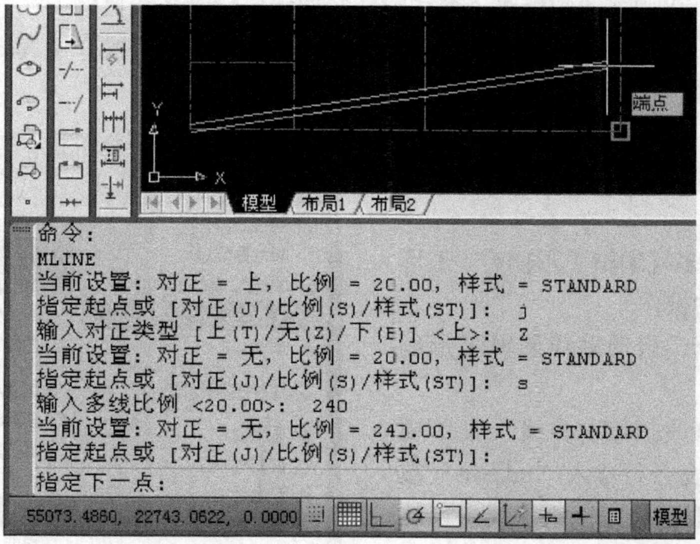

图7-42　画墙线多线，设置对正为“无”，比例为240，默认Standard样式，指定起点、指定第二点

4#，样式 ST，输入“ST”选项修改多线样式：墙线默认为 Standard，如图 7-42 所示；绘制窗线时修改为 Window，如图 7-44所示。

5#，起点，输入一点作为多线的起点：捕捉输入轴线网左下角端点作为多线的起点。

6#，下一点，输入一点作为多线的下一点：捕捉输入右下角端点作为多线的第二点，捕捉输入右上角端点作为多线的第三点，捕捉输入左上角端点，作为多线的第四点，如图 7-43 所示。

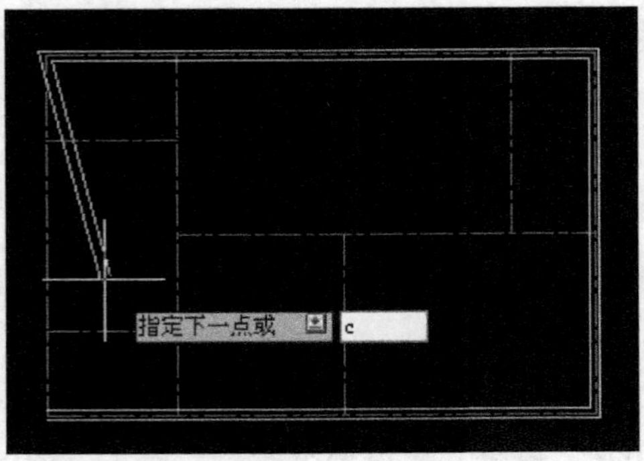

图 7-43 指定第三、四点，在命令行输入“C”选项闭合

7#，放弃 U，或输入“U”选项放弃最后一段多线。

图 7-44 用多线画窗线，设置对正为“无”，比例 240，选择 Window 样式

8#，C 闭合、回车结束：在命令行输入“C”选项，按 <Enter> 键，将起点作为下一点，闭合并结束，如图 7-5 所示，或直接按 <Enter> 键结束。

『特别提示』49 用多线画墙线、窗线时，应按墙厚设置多线比例

『特别提示』50 如果绘制多线时没有闭合，可进行角点结合操作使其闭合

2. 多线的编辑

『特别提示』51 多线 T 形编辑（闭合、打开、合并）的选择顺序为，先 T 竖划后 T 横划

『操作』109 多线编辑 T 形闭合、T 形打开、T 形合并的操作

1#，T 形编辑，启动多线编辑 T 形编辑命令：

1）单击“修改/对象/多线”菜单项（图 7-45），或在命令行输入“mLedit”按 <Enter> 键，或双击任意一组多线，启动命令，弹出“多线编辑工具”对话框，如图 7-46 所示。

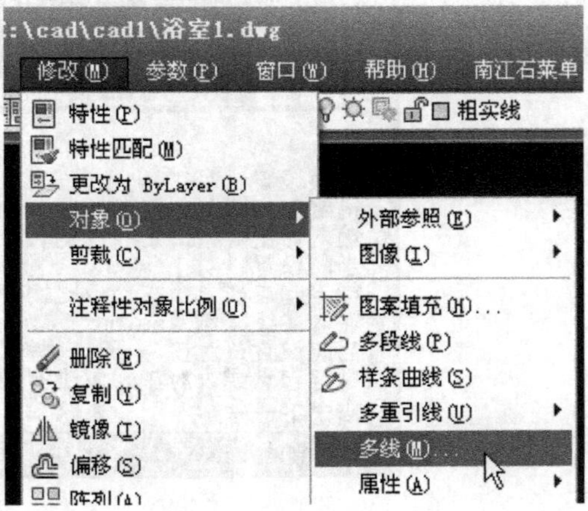

图 7-45 单击“修改”菜单下的“对象”下的“多线”菜单项

2）单击“T 形闭合”“T 形打开”或

“T形合并”按钮，选择相应的操作。

2#，竖划，先选择竖划多线：命令行提示“选择第一条多线”时（图7-47），选择输入T字形的竖划多线，如图7-49所示。

3#，横划，再选择横划多线：命令行提示“选择第二条多线”时，选择输入T字形的横划多线（图7-48、图7-49），完成T形编辑，如图7-12所示。

重复2#～3#步骤，继续T形编辑：先选择T形竖划多线，再选择T形横划多线，进行编辑，如图7-49所示。

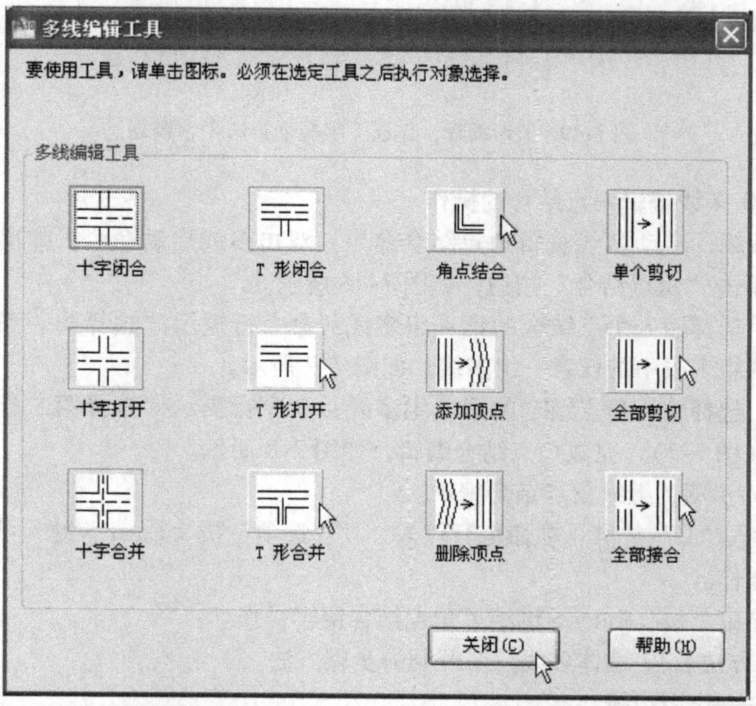

图7-46　“多线编辑工具”对话框，T形打开，T形合并，角点结合，全部剪切

4#，U，输入“U”放弃：在命令行输入“U”选项，按<Enter>键，可以放弃刚做的T形编辑操作。

5#，回车结束，按<Enter>键结束编辑操作。

『特别提示』52 不同宽度墙的T形连接，先作角点结合，再作另一T横划与竖划的T形合并

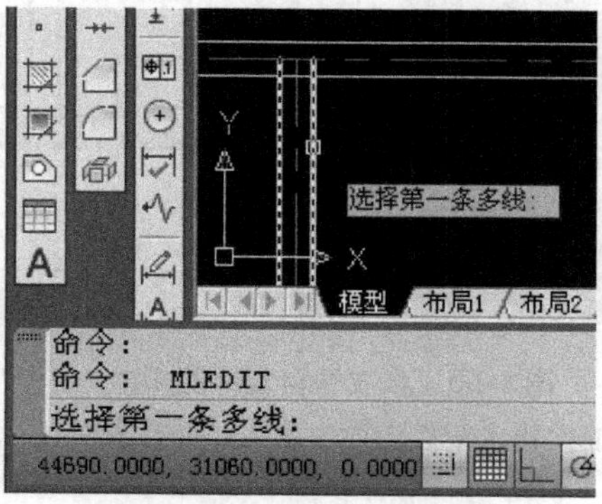

图7-47　选择第一条多线

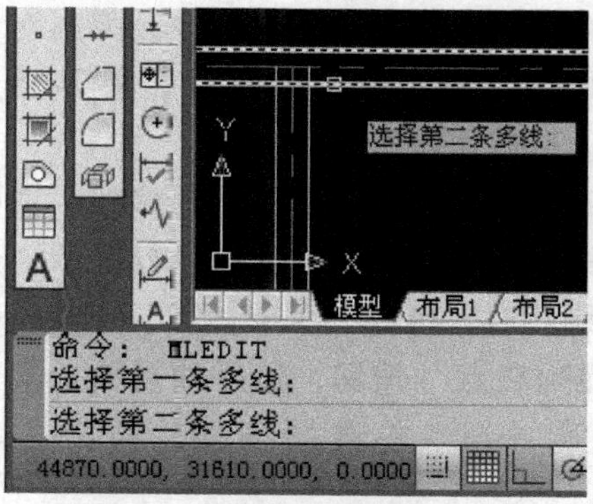

图7-48　选择第二条多线，完成

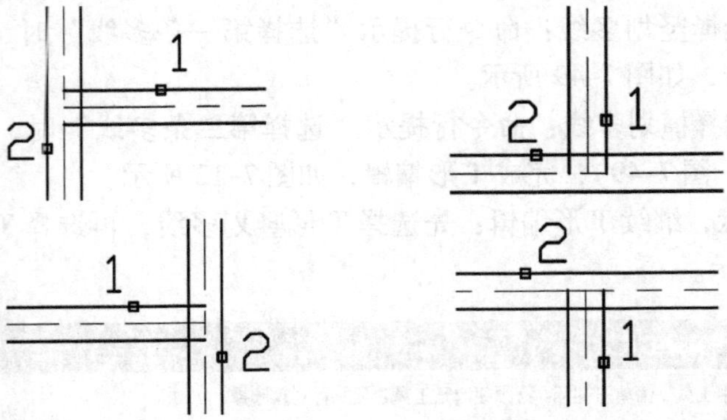

图 7-49　T 形编辑，先选 T 字竖划再选 T 字横划

『操作』110 多线编辑角点结合的操作

1#，角点编辑，启动多线编辑角点结合命令：双击多线启动命令，弹出“多线编辑工具”对话框，单击“角点结合”按钮，如图 7-46 所示。

2#，多线，选择输入角点结合的第一组多线：命令行提示“选择第一条多线”时，选择角点结合的两组多线中的任意一组多线，如图 7-7 所示。

3#，多线，选择输入角点结合的第二组多线：命令行提示“选择第二条多线”时，选择另一组多线（图 7-7），完成角点结合编辑，如图 7-8 所示。

重复 2# ~ 3#步骤，继续角点结合编辑。

4#，U，输入“U”放弃：在命令行输入“U”选项，按 <Enter>键，可以放弃刚做的角点结合编辑操作。

5#，回车结束，按 <Enter>键结束角点结合编辑操作。

『绘图步骤方法』19 墙体多线门窗开洞的步骤方法

1#，洞线——作洞边线。

2#，开洞——剪切开洞——交点捕捉输入两交点，并选择多线全部剪切开洞。

3#，边线——修剪洞边线，换层。

『操作』111 捕捉输入两交点进行多线编辑剪切的操作

1#，剪切，多线剪切，启动多线编辑剪切命令：双击多线启动命令，弹出对话框，单击“全部剪切”按钮（图 7-46），启动全部剪切操作。

2#，定点多线，定点选择多线，捕捉输入第一点并选择多线：命令行提示“选择多线”时，单击“对象捕捉”工具条的“捕捉到交点”按钮，然后捕捉输入交点作为第一点，并选择多线，如图 7-50 所示。

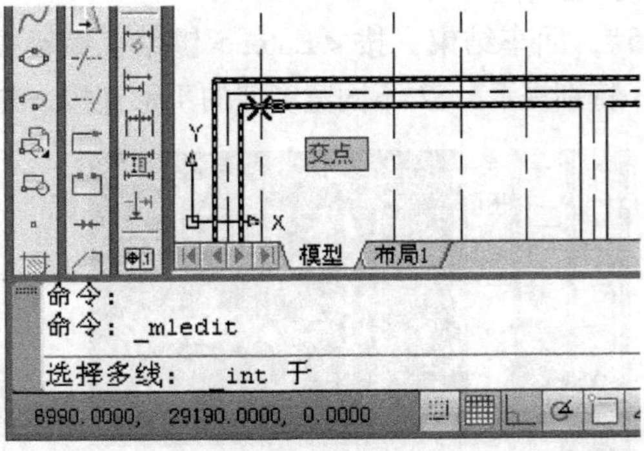

图 7-50　多线编辑全部剪切，捕捉输入交点为第一点，并选择多线

3#，定点多线，定点选择多线，捕捉输入第二点并选择多线：命令行提示“选择第二个点”时，单击“捕捉到交点”按钮，然后捕捉输入交点作为第二点，并选择多线，如图 7-51 所示。完成全部剪切后双线自交点处断开，如图 7-10 所示。

重复 2#～3#步骤，继续多线编辑剪切。

4#，U，放弃：在命令行输入“U”选项，按 <Enter> 键，可以放弃刚做的剪切编辑操作。

5#，回车结束，按 <Enter> 键结束剪切编辑操作。

如果进行多线编辑剪切操作时出现错误，可以先全部结合，然后再做剪切，进行改正。

『操作』112 多线编辑全部结合的操作

1#，全部结合，启动多线编辑全部结合命令：启动命令，弹出对话框，单击“全部结合”按钮，如图 7-46 所示。

2#，多线，选择多线：在多线的结合段外的一端选择多线并输入第一点，如图 7-52 所示。

3#，多线，输入第二点：在多线的结合段外的另一端选择多线并输入第二点，两点之间的多线断开处全部连接，如图 7-53 所示。

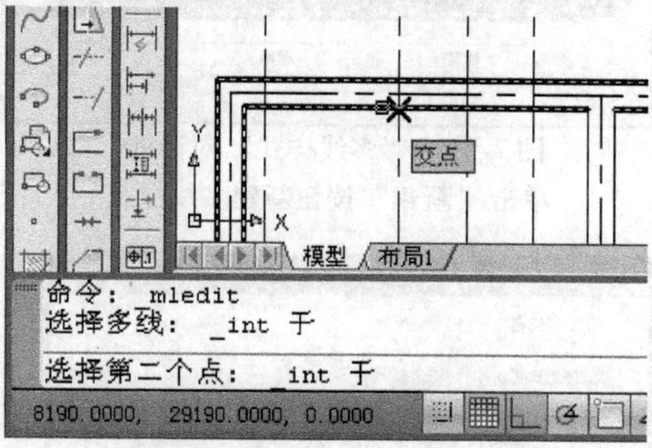

图 7-51　捕捉输入交点为第二点，并选择多线

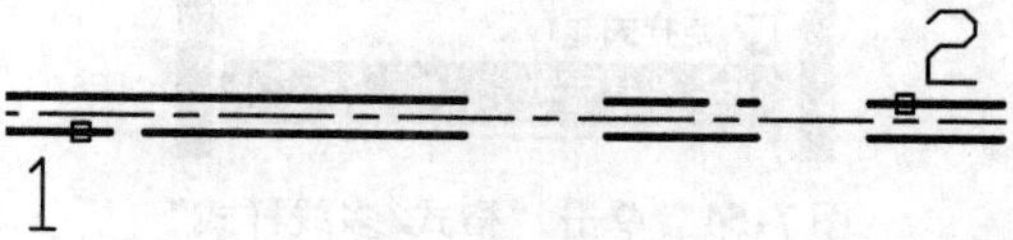

图 7-52　在多线结合段外的一端选择多线并输入第一点，在另一端选择多线并输入第二点

图 7-53　选择多线的两点后，多线断开处全部连接

4#，U，放弃，输入“U”选项，放弃刚做的全部结合操作。

5#，回车结束，按 <Enter> 键结束全部结合操作。

3. 多线样式的新建与修改

『操作』113 新建或修改多线样式的操作

1#，多线样式 mLS，启动设置多线样式的命令：单击“格式/多线样式”菜单项（图 7-54），或在命令行输入“mLStype”或“mLS”按 <Enter> 键，启动命令，弹出“多线样式”对话框，如图 7-55 所示。

2#，选择，修改多线样式时，选择已有的样式。

3#，新建或修改：单击新建按钮，弹出“创建新的多线样式”对话框，如图 7-56 所示。

4#，新样式名，输入新建多线样式的名称：在对话框中输入“Window”作为新建窗户多线样式的样式名，如图 7-56 所示。

5#，基础样式，选择基础样式：默认新样式所依据的基础样式为 Standard，单击“继续”按钮，弹出“新建多线样式”对话框，如图 7-57 所示。

6#，说明，给出多线样式的说明：输入说明“三线窗户”。

7#，封口，给出多线封口的形式：本例不封口。

8#，填充颜色，给出多线之间的填充颜色：本例不填充。

9#，显示连接，显示或不显示多线的连接：本例不显示。

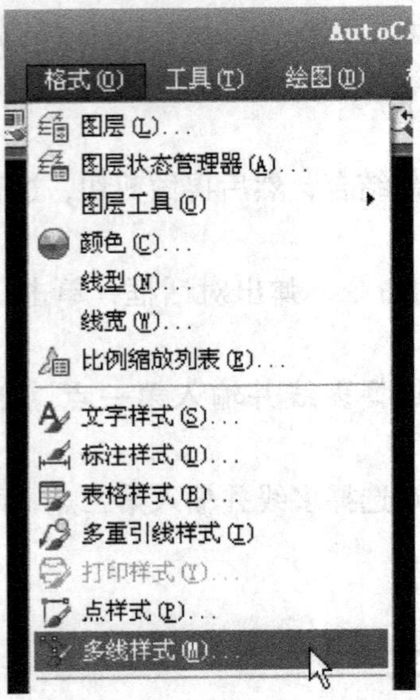

图 7-54　单击“格式/多线样式”菜单项，启动多线样式命令

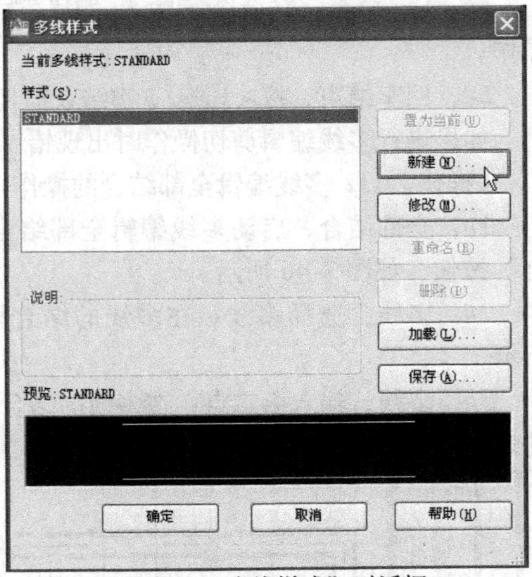

图 7-55　“多线样式”对话框，单击“新建”按钮新建多线样式

图 7-56　“创建新的多线样式”对话框

10#，添加，添加新图元：单击“添加”按钮，添加偏移值为 0 的新图元，如图 7-57 所示。

11#，图元，选择需要修改的图元：选择偏移值为 0 的图元。

12#，删除，删除选择的图元：本例不删除。

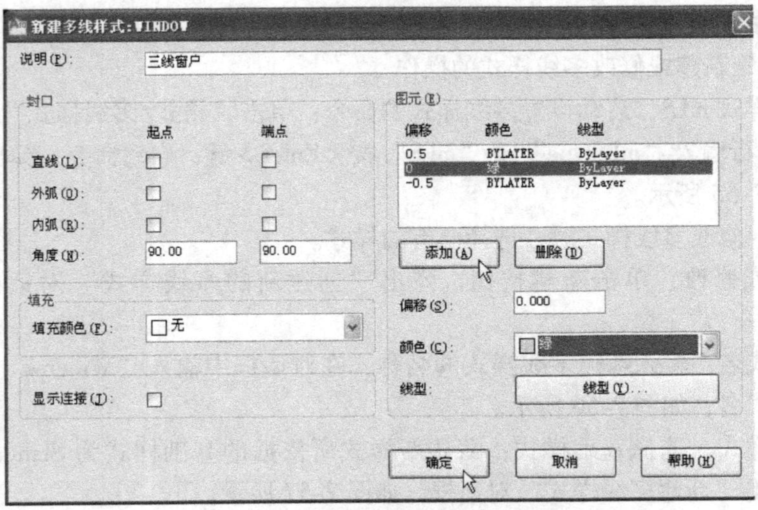

图 7-57　“新建多线样式”对话框

13#，偏移，修改图元的偏移值：本例不修改。

14#，颜色，修改图元的颜色：单击颜色下拉菜单，选择绿色，如图 7-58 所示。

15#，线型，修改图元的线型：本例不修改。

16#，确定，确定完成：单击“确定”按钮完成新建（图 7-57），返回“多线样式”对话框，如图 7-59 所示。

17#，当前，置为当前：单击“置为当前”按钮，将选择的样式置为当前多线样式。

18#，确定结束：单击“确定”按钮结束。

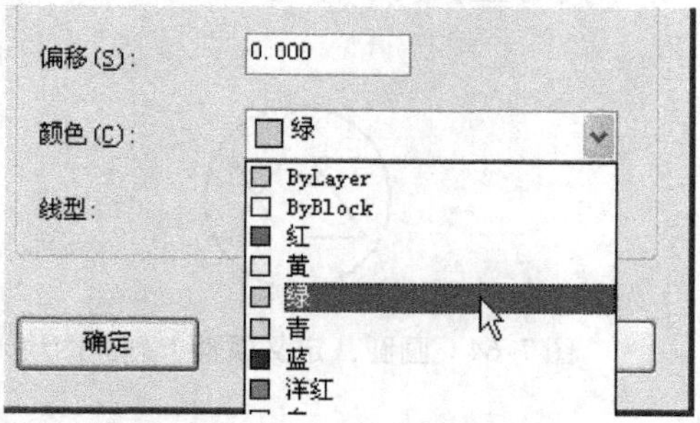

图 7-58　修改元素颜色

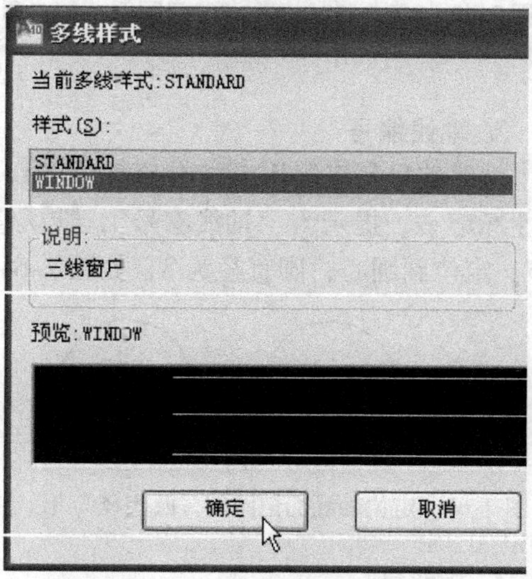

图 7-59　单击“确定”按钮结束

二、门、轴线编号与指北针

1. 门

建筑平面图图样中，门使用图例绘制。门的图例有 30°、45°、60°、90°等，圆弧半径为 1，如图 7-60 所示。门制作成图块使用。

『操作』114 制作门图块的操作

按『绘图步骤方法』17 创建图块的总体步骤方法制作门图块。

1）将 0 图层设置为当前图层。

2）在空白处任意单击输入一点作为圆心，画半径为 1 的圆，如图 7-61 所示。

3）自圆心向右画横线。

4）画门线，如从圆心向右上画 30°斜线，如图 7-61 所示。

5）不选边界修剪圆和门线，如图 7-62 所示。

6）选择圆弧和门线，以圆心为基点，按『操作』106 定义门图块，如图 7-60 所示。

7）删除图线。

『特别提示』53 插入门图块时，应按门的尺寸设置门图块的插入比例

图 7-60　30°、45°、60°、90°门图例

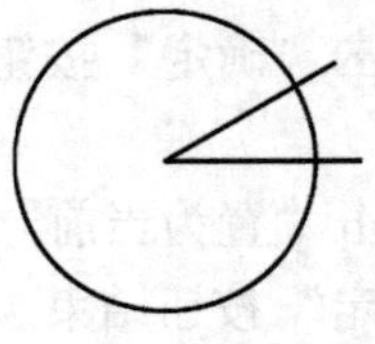

图 7-61　制作门图块，画圆、画横线、画斜线

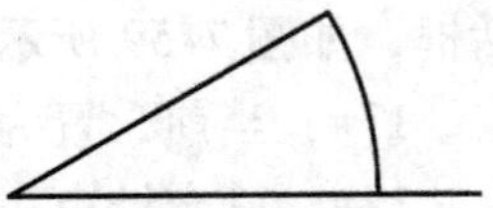

图 7-62　修剪圆和门线

2. 轴线编号

轴线编号可以制作成带有属性的图块，如图 7-63 所示。图块名称 zxbh，基点为圆心；属性标记 zx，提示为“轴线编号”，默认值为“A”，中间对正，文字样式“Standard”字号 3.5，定位到圆心；圆直径为 8，如图 7-64 所示。

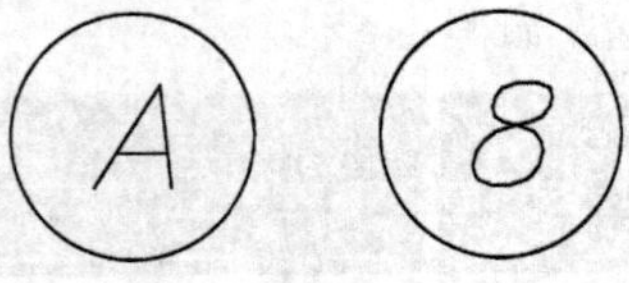

图 7-63　定位轴线标记图例，圆直径为 8，字高 3.5

图 7-64　画圆，定义属性，创建图块

3. 指北针

指北针图形与尺寸如图 7-65 所示。指北针可以制作成图块，然后以插入指北针图块的方式标注方位。

『操作』115 制作指北针图块的操作

1）将细实线图层设置为当前图层。

2）画 ϕ24 圆，如图 7-66 所示。

3）画一直径竖线，从圆心向上、向下追踪到与圆的交点画直线。

4）在直径线的下端点画 ϕ3 圆。

5）画左右斜线，自两圆的左交点到直径的上端点画直线，再到两圆的右交点画直线。

6）删除辅助小圆和辅助直径竖线。

7）涂黑，图案填充，选择“SOLID”图案（图 7-68），将中间三角形区域涂黑，如图 7-67 所示。

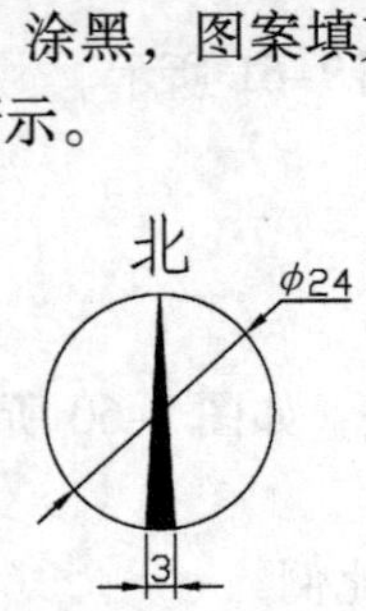

图 7-65　指北针图例与尺寸

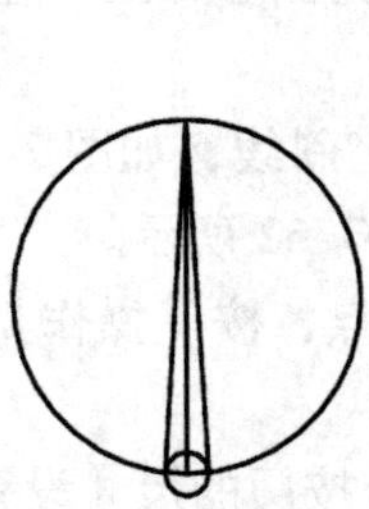

图 7-66　画两圆、画直径线、画斜线

图 7-67　指定圆心基点创建指北针图块

8）将文字图层设置为当前图层。

9）从上尖点向上追踪5注写“北”字，中间对正，字高5，字宽1。

10）选择图形和文字，以圆心为基点定义指北针图块，如图7-67所示。

图7-68　指北针图案填充

三、建筑图样的绘制

『绘制图样步骤方法』3 绘制建筑图样的总体步骤方法

0#，启动——启动AutoCAD软件——打开第一个AutoCAD软件窗口。

01#，打开——打开例图文件——在第一个窗口中打开例图电子图形文件。

0#，启动——再次启动AutoCAD软件——打开第二个AutoCAD软件窗口。

1#，新建——新建图形文档——在第二个窗口中使用样板文件新建图形文件。

2#，保存——保存图形文件。

3#，比例——调整比例——在模型空间绘制比例图样要进行相应的比例调整。

4#，图形——绘制图形——按『绘图步骤方法』20 绘制建筑图形的步骤方法操作。

5#，样式——标注样式——按建筑图样要求设置标注样式。

6#，尺寸——标注尺寸。

7#，标高——标注标高——制作插入标高图块，标注标高。

8#，编号——标注轴线编号——制作插入轴线编号图块，标注轴线编号。

9#，指北针——标注方位——制作插入指北针图块，标注方位。

10#，文字——注写文字。

11#，标题栏——插入填写标题栏。

12#，结束——缩放到全图，保存、退出、上传。

『绘图步骤方法』20 绘制建筑图形的步骤方法

1#，轴线网——绘制轴线网。

2#，墙体——绘制墙体线——用多线（双线）绘制墙体线。

3#，结合——墙体线结合——多线T形、角点编辑。

4#，开洞——门窗开洞——多线编辑全部剪切。

5#，多线样式——设置窗户多线（三线）样式。

6#，窗——绘制窗线——用多线（三线）绘制窗户线。

7#，门——制作插入门图块。

8#，其他——绘制其他结构。

四、文字样式

文字样式可以按表7-2的参数及『操作』89进行设置，表7-2中没有给出的参数按默认设置。

五、尺寸标注样式

尺寸标注样式可以按表7-3的参数及『操作』104进行设置，表7-3中没有给出的参数按默认设置。

表7-2 文字样式参数

图幅代号	文字高度		汉字			字母和数字		
	一般	标题	样式名	字体名	宽度系数	样式名	字体名	宽度系数
A0，A1，A2	5	7，10	HZFS1	仿宋体	0.7	Standard	Txt. shx	1
A3，A4	3.5	5，7						

表7-3 尺寸标注样式参数

用途	图幅代号	尺寸线基线间距	尺寸界线超出尺寸线	尺寸界线起点偏移量	箭头大小形式	文字高度	文字从尺寸线偏移距离	使用全局比例	公差高度比例
机械	A0，A1，A2	10	2	0.0625	5	5	1.000	比例倒数	0.7
	A3，A4	7	1.5		3.5	3.5	0.625		0.7
建筑	A0～A4	5	1	≥3	1倾斜	2.5	0.5		—

尺寸标注样式除按表7-3的项目进行设置外，还应注意以下几点：

1）在制作图形样板文件时，标注特征比例使用全局比例1；在比例绘图时，按绘图比例的倒数设置全局比例。

2）线性标注的单位格式为“小数”，小数分隔符为“.”（句点），消去后续0。

3）“测量单位比例因子”通常为1；在轴测图中轴向伸缩系数不为1时，按轴向伸缩系数的倒数设置；在局部放大图中，按实际放大比例的倒数设置。

4）其他尺寸标注项目应按默认设置。

思考与练习

1. 思考题

1）在模型空间怎样进行比例图样的绘制？

2）在模型空间绘制比例图样时，图形按什么比例绘制，为什么？

3）在模型空间绘制比例图样时，图形以外的其他图样组成部分按怎样的比例调整？

4）在模型空间绘制比例图样时，打印输出比例是多少？

5）在模型空间绘制比例图样时，怎样改变绘制图样的绘图比例？

6）多线操作“J”选项设置对正为“无”，是以哪里进行对正？

7）画墙线、窗线只能用多线画，不可以用单线画吗？

8）门图块为什么要采用半径为1的圆弧来画？

9）图块中的图形对象全部为0图层，颜色、线型、线宽等为随层“Bylayer”，这样的图块有什么特点？

10）CAD图样中的图形对象应当按图层管理，还是按颜色、线型、线宽管理？

11）按图层管理CAD图样时，对图形对象直接设置/改变颜色、线型或线宽（不随层）可以吗？

12）按图层管理CAD图样时，图层的颜色可以改变吗？

13）进行T形合并时，选择的顺序是怎样的？

14）多线编辑十字合并、T形合并、单个剪切、全部剪切等出现错误时应如何更改？

15）多线门窗开洞时，命令行出现“请只拾取多线”是什么意思？

16）怎样定点剪切多线？

17）图样中的文字为什么是倒着的，如“倒着的文字”？

18）图样中的文字为什么显示问号，如“???????”？

19）图样中的文字为什么显示为日语假名或韩语文字等？

20）属性的“默认”有什么作用？

21）在图块中，文字与属性有什么不同？

22）为什么表面粗糙度、几何公差等图块要按尺寸1:1绘图建块，插入使用图块的时候又要按一定的比例插入，而不是直接按图形中的大小绘图建块？

23）为什么要使用图块？

24）属性为什么必须要包含在图块中？

25）打印输出时，图线的粗细是怎样实现的？

26）绘制建筑图形的步骤方法是什么？

27）怎样将图块保存为文件图块？

28）什么是纵向建筑定位轴线，什么是横向建筑定位轴线？

29）在建筑图样中，除了指北针，还可以用什么图例标示方位？

2. 练习图

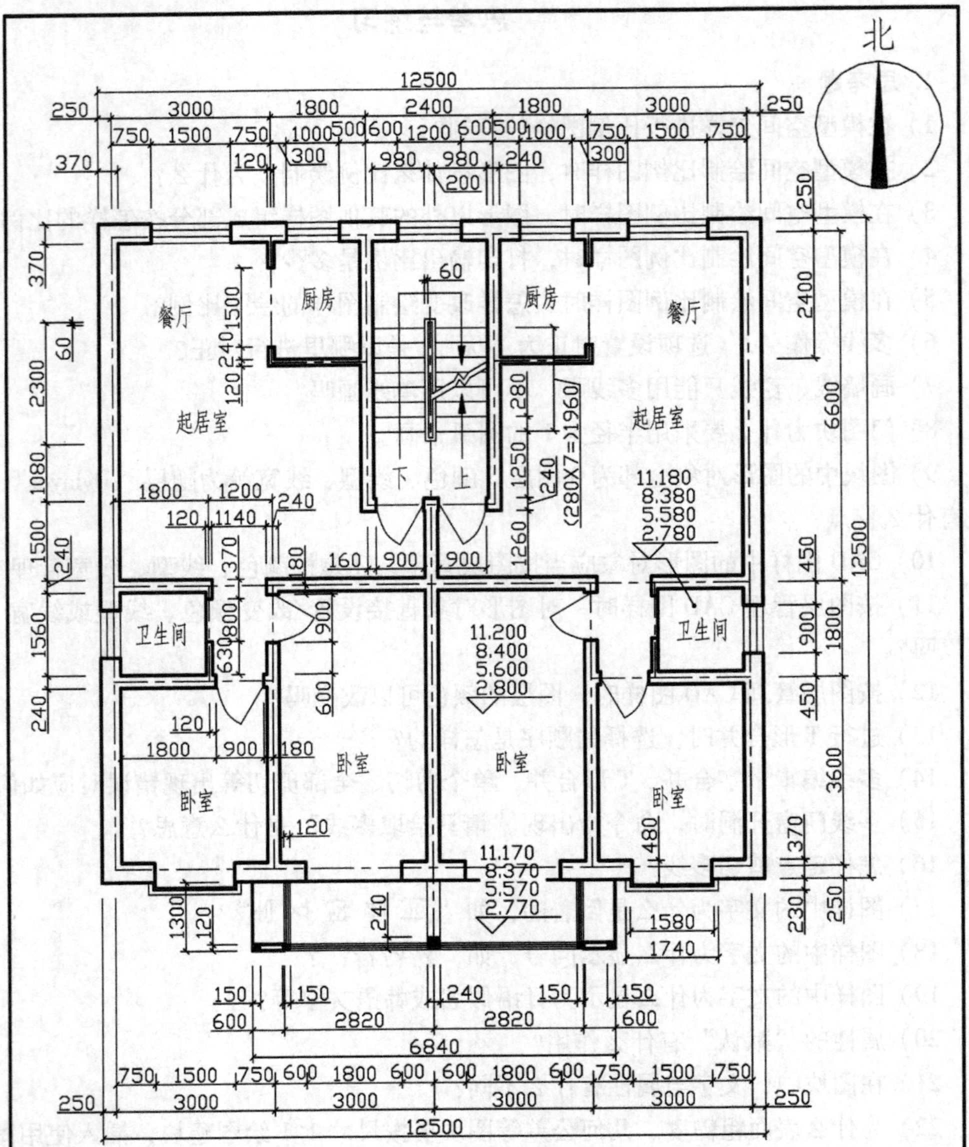

二至五层建筑平面图 1:100

建设单位		经 理		项目负责人	
工程名称	某住宅小区9#楼	审 定		设 计	南江石
图 名	K户型平面图	审 核		校 对	
图 号	ZYY09-K91-PMT023	工程号		日 期	20120211

图 7-69 练习图 1 某住宅楼二至五层建筑平面图

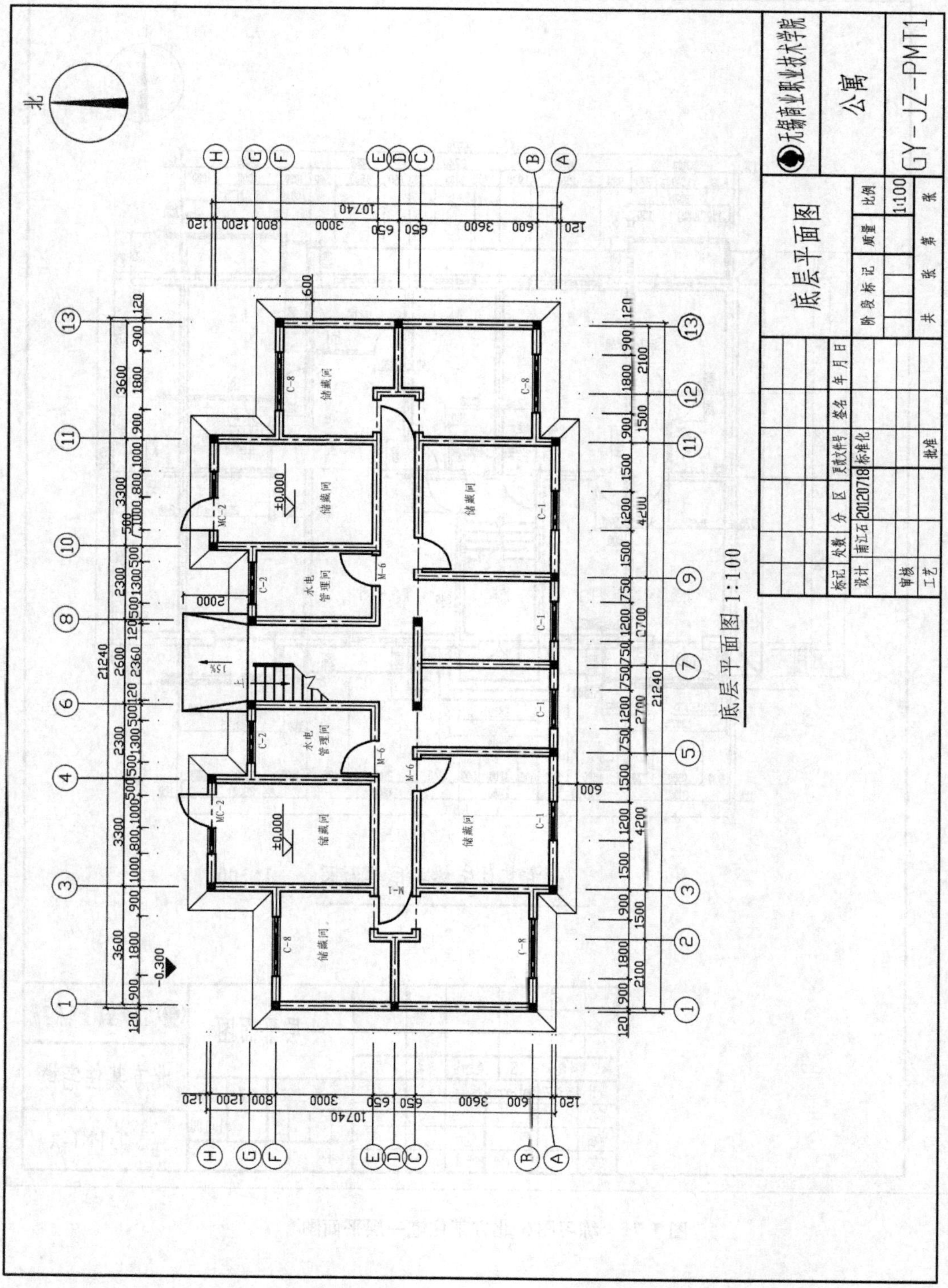

图 7-70　练习图 2 某公寓底层建筑平面图

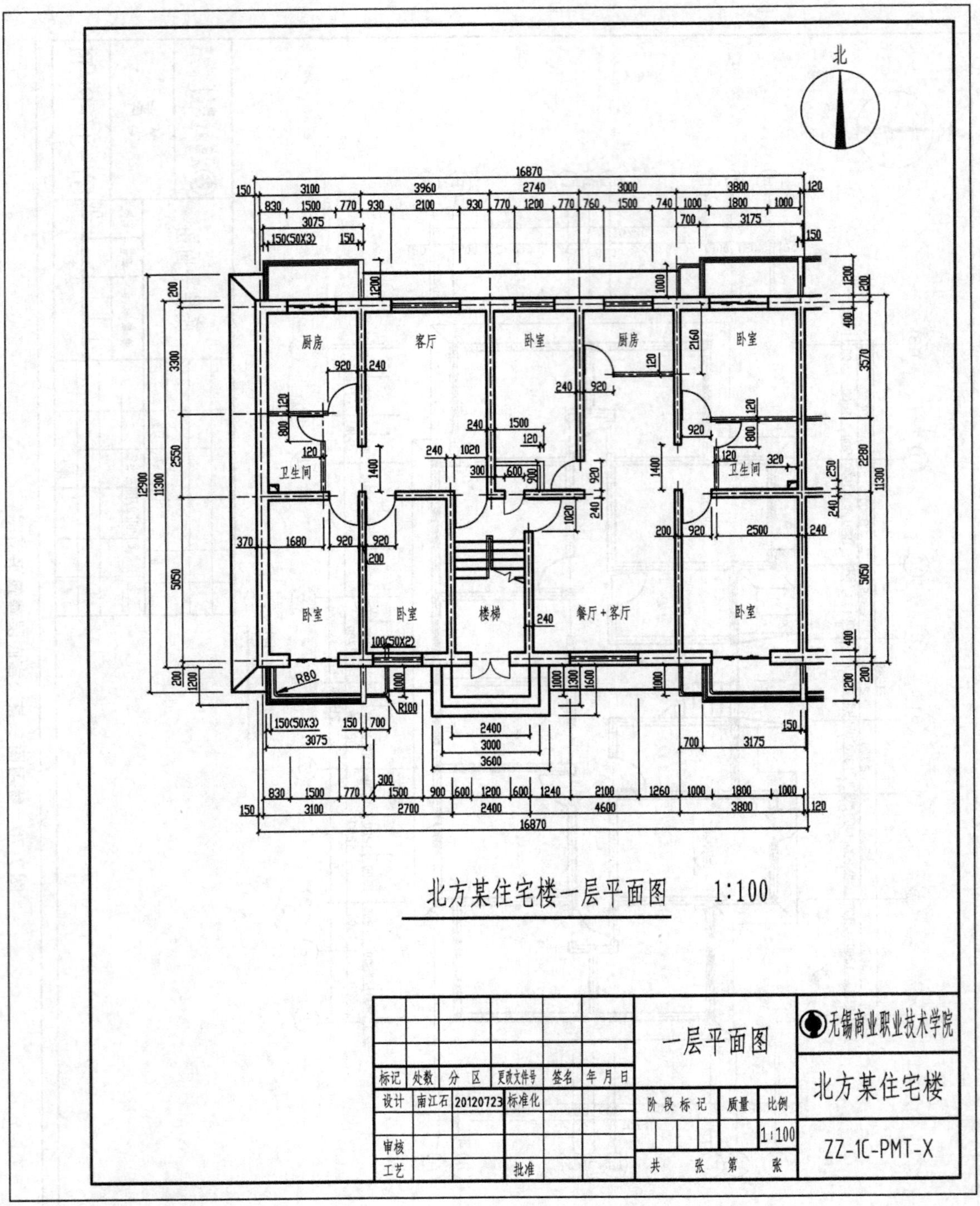

图 7-71　练习图 3 北方某住宅一层平面图

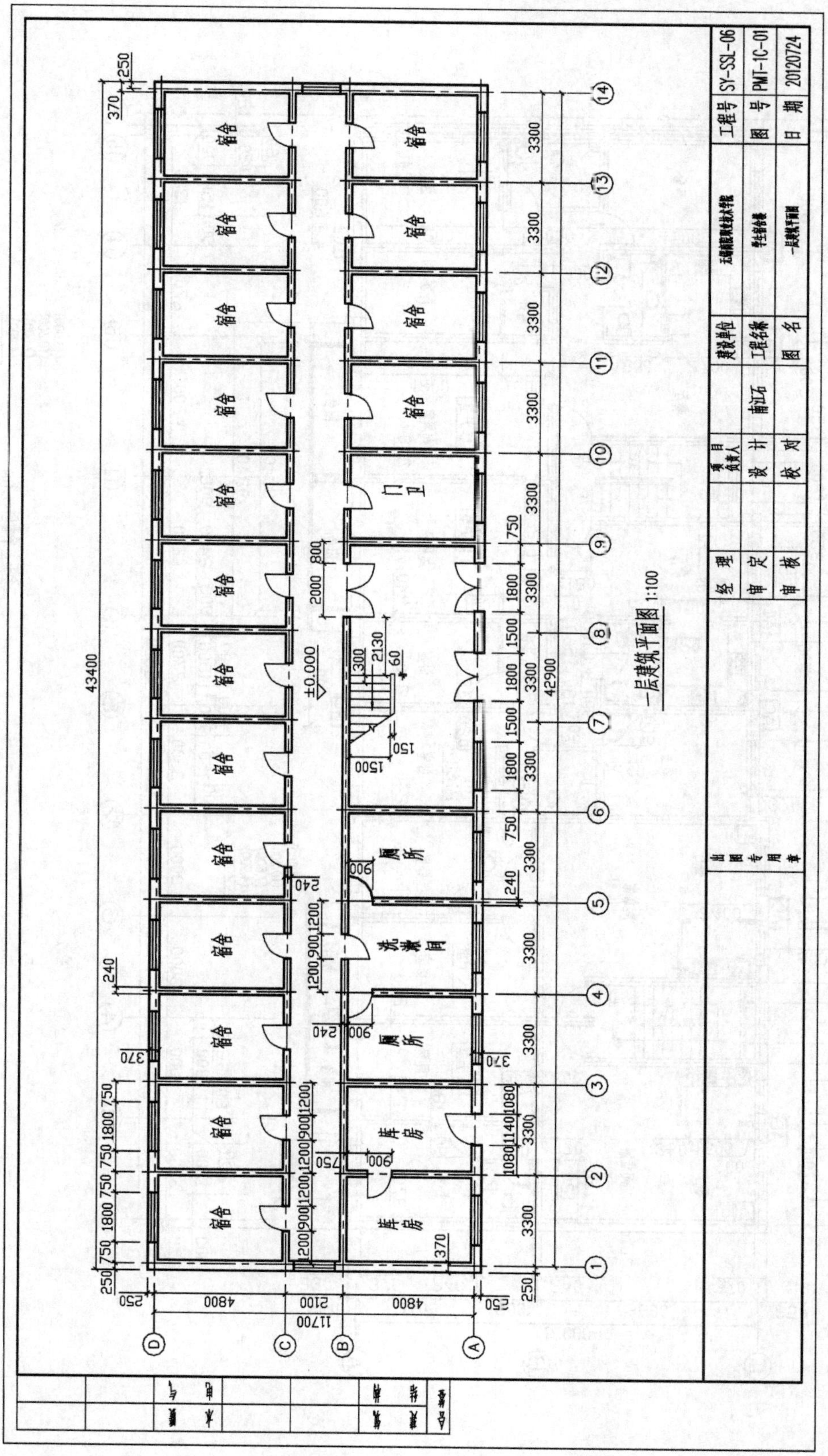

图 7-72　练习图 4　某学校某栋学生宿舍楼一层建筑平面图

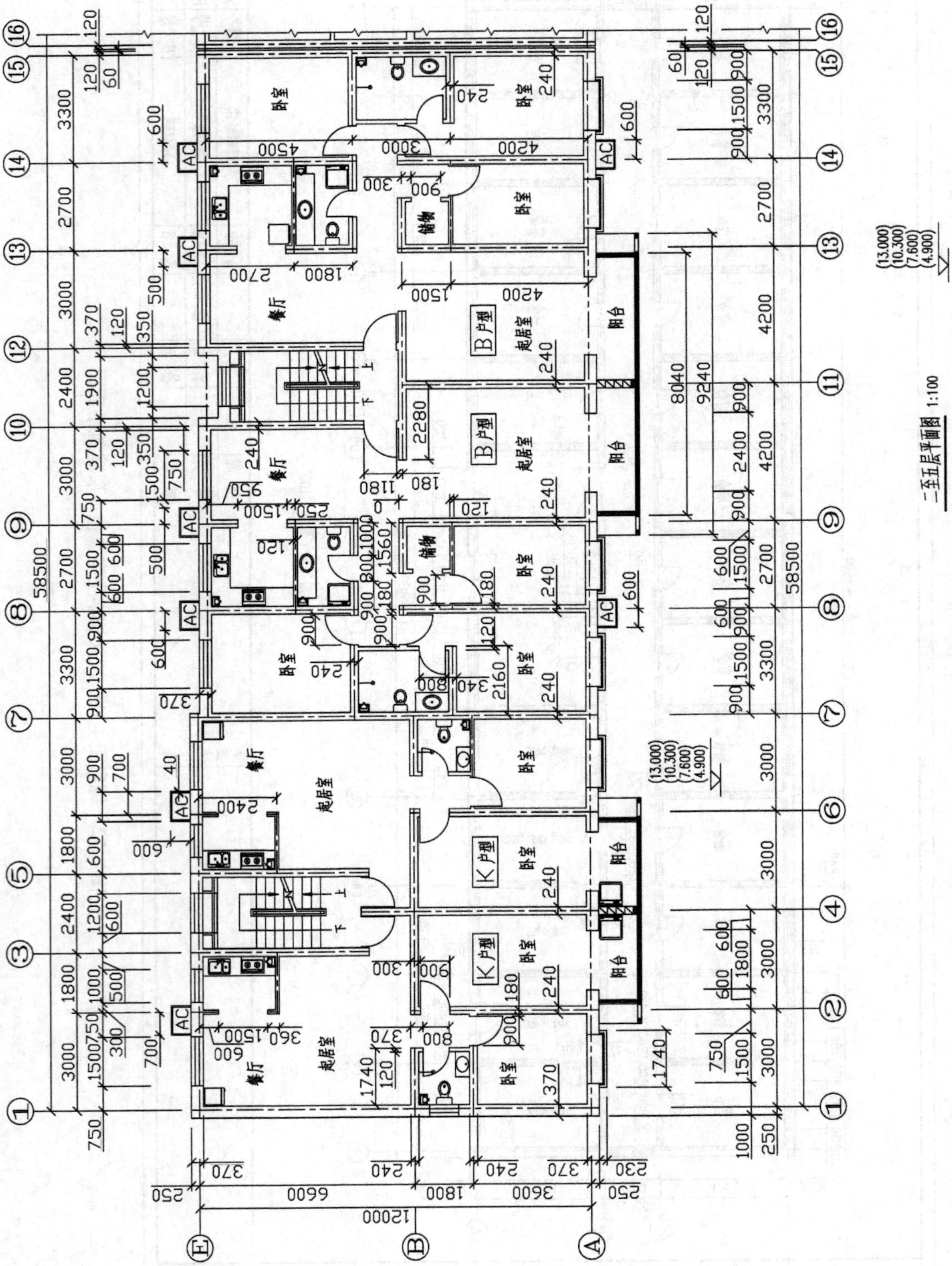

图 7-73　练习图 5（一）北方某小区某住宅楼二至五层平面图 1～15

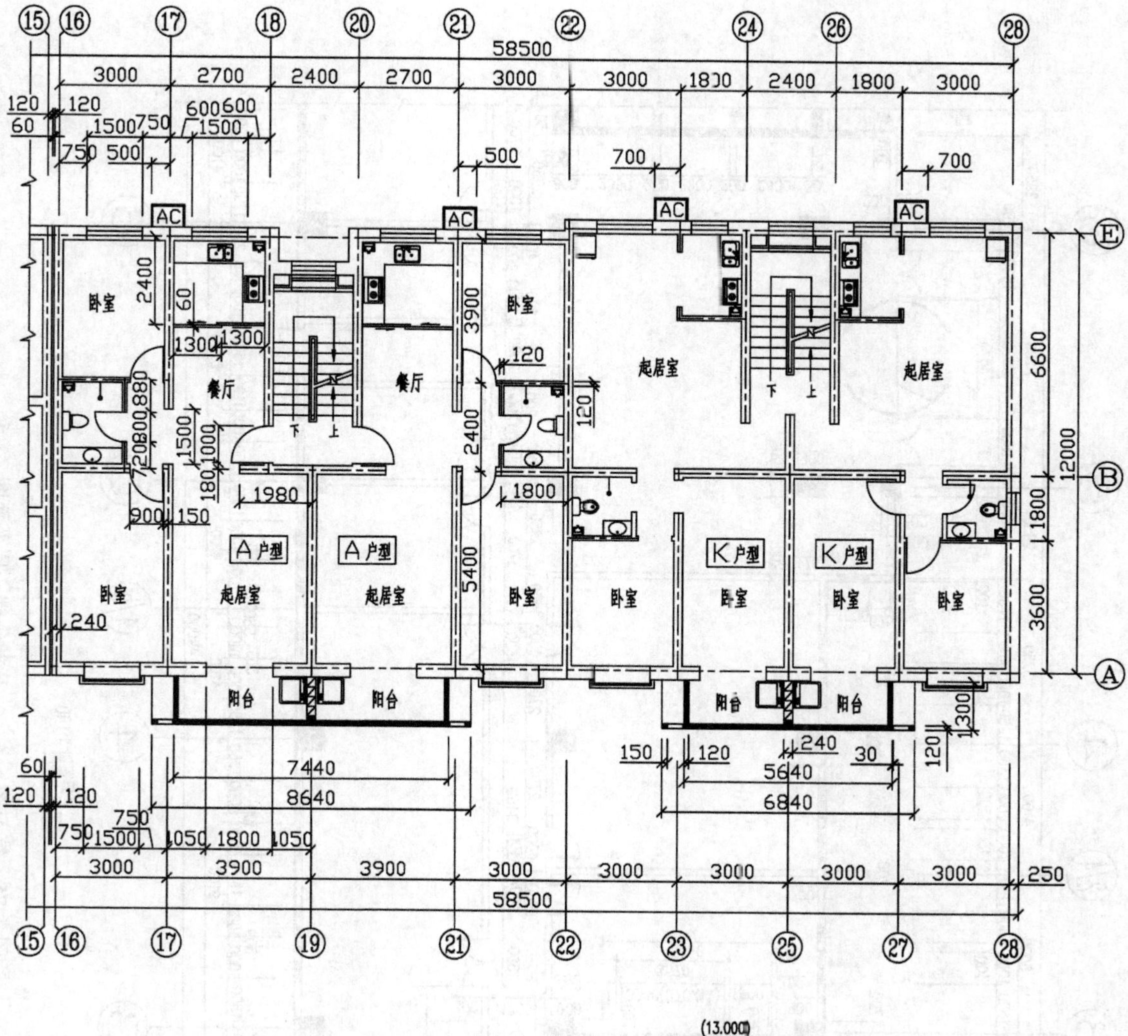

二至五层平面图　1:100

图 7-74　练习图 5（二）北方某小区某住宅楼二至五层平面图 16～28

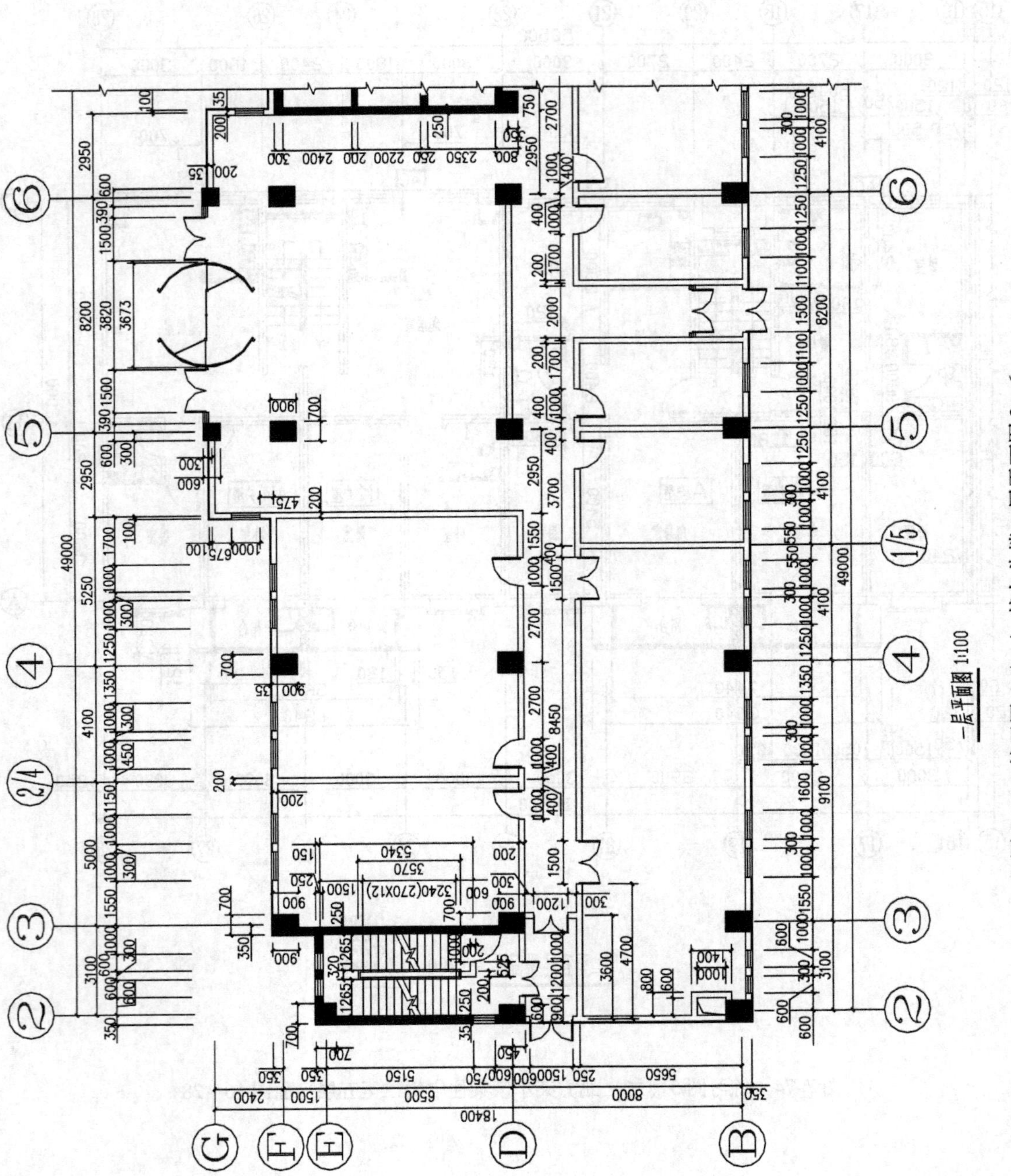

图7-75 练习图6（一） 某办公楼一层平面图2~6

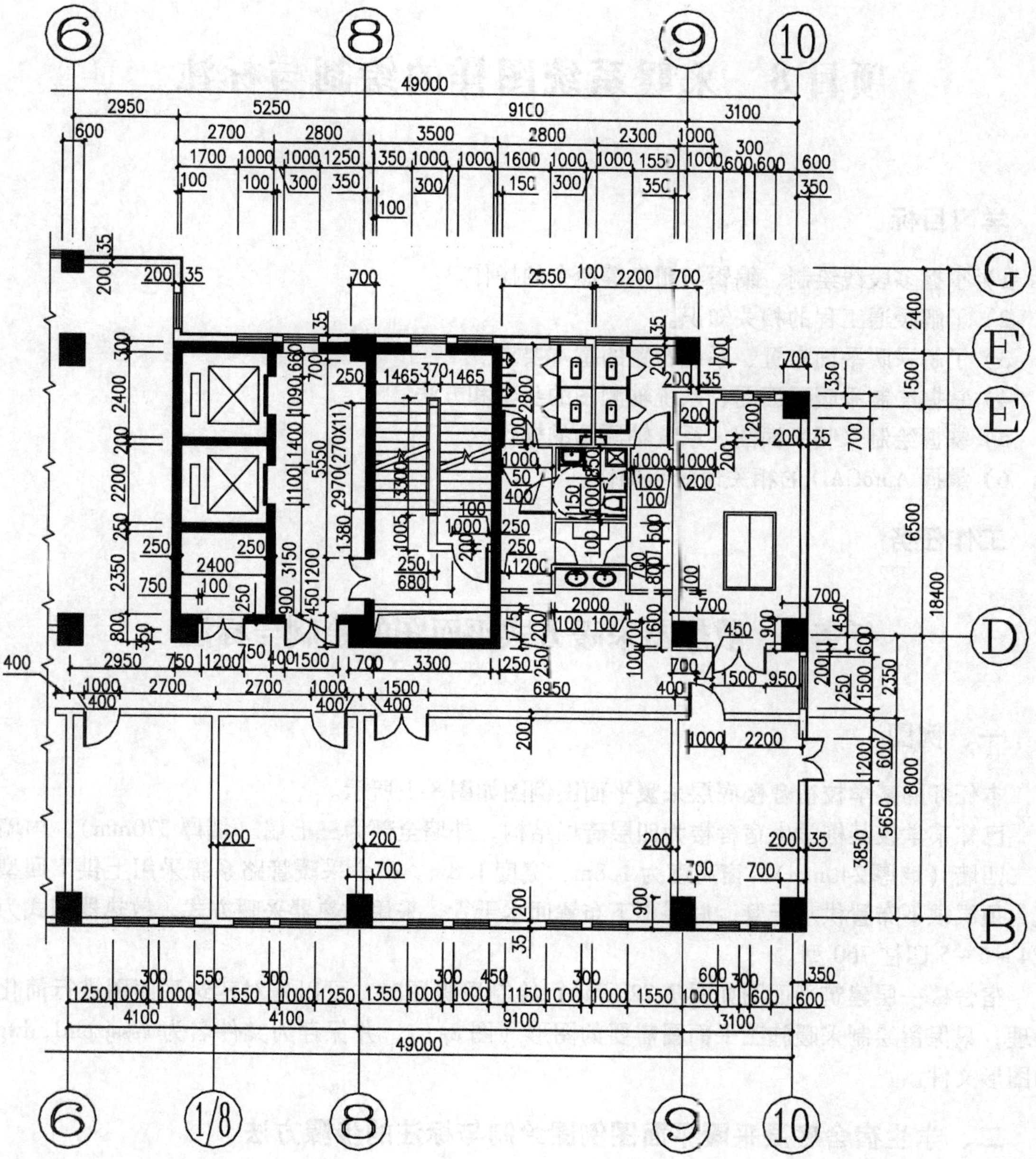

一层平面图 1:100

图7-76　练习图6（二）某办公楼一层平面图6~10

项目 8　采暖系统图样的绘制与标注

学习目标

1）掌握多段线绘制、编辑与栅格等命令的操作。
2）了解暖通工程的相关知识。
3）了解采暖平面布置、系统布置的基本要求。
4）掌握绘制采暖平面图、系统轴测图的步骤和方法。
5）掌握绘制采暖平面图、系统轴测图的操作。
6）掌握 AutoCAD 的相关命令与操作。

工作任务

任务 1　散热器采暖方式平面图的绘制与标注

一、例图

本任务的某学校宿舍楼底层采暖平面图例图如图 8-1 所示。

已知某学校某栋学生宿舍楼为四层砖墙结构，外墙全部为三七墙（墙厚 370mm），内墙为二四墙（墙厚 240mm），窗高度为 1.8m，宽度 1.8m。宿舍采暖管路系统采用上供下回型式，顶层顶下布置供水干管，底层顶下布置回水干管，采用散热器采暖方式，散热器型式为 TZ4 –6 –5 四柱 760 型。

宿舍楼一层建筑平面图如图 7-72 所示。绘制采暖图时，可以先对建筑平面图进行简化处理，只保留绘制采暖施工平面图需要的图形（图 8-1），并保存为文件名为 xsssjzpm1. dwg 的图形文件。

二、学生宿舍底层采暖平面图例图绘制与标注的步骤方法

散热器采暖系统平面图例图按『绘制图样步骤方法』2 参照电子档例图绘制基本图样的总体步骤方法、『绘图步骤方法』16 绘制图形的一般步骤方法操作，并按『绘图步骤方法』21 散热器采暖平面图绘制的步骤方法进行绘制。绘图标注步骤见表 8-1。采暖施工图绘制中，供水管路一般用实线表示，回水管路一般用虚线表示。

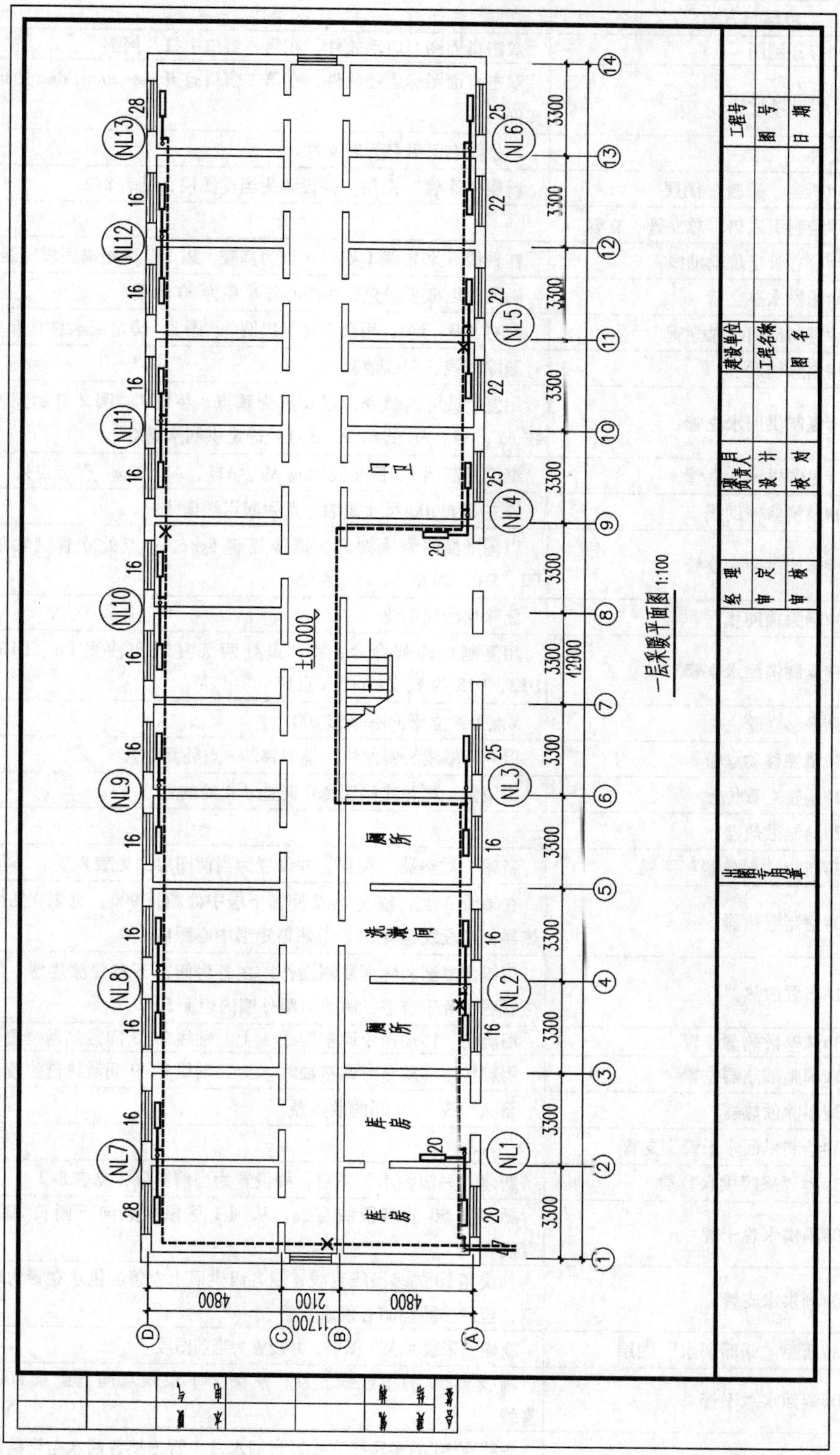

图8-1　学生宿舍楼一层采暖平面图例图

表 8-1　学生宿舍楼底层采暖平面图绘制与标注的步骤方法

步骤与方法		操作	示例图
启动软件，打开例图		双击桌面图标启动软件，在第一窗口中打开例图	图 8-1
启动软件，打开文件		双击桌面图标启动软件，在第二窗口打开 xsssjzpm1. dwg 图形文件	
保存图形文件		定位赋名，另存为新文件	
	3#新建“采暖”图层	新建“采暖”图层，并设置为当前图层，见表 8-2	
	1#绘制引入口、总立管、立管		
	0#画立管定位辅助线	在轴线 A 和轴线 1 处以 *a* 点为基准，以 150 为距离画横竖线	
	0#画供水总立管	画圆，以横竖线交点为圆心画半径为 60 的圆 1	图 8-2
	1#复制出回水总立管	向右 150、370，用圆 1 复制出圆 2、圆 3，确定回水总立管	
	3#删除辅助线	删除横线、竖线辅助线	
	1#复制供回水立管	用复制或阵列命令，以 *a* 点为基点，将圆 1、圆 2 复制到轴线 A2、A4、A6 的 *b*、*c*、*d* 点处确定供回水立管	图 8-4
	1#复制供回水立管	继续复制圆 1、圆 2 到轴线 A9、A11、A13 的 *e*、*f*、*g* 点处	图 8-6
	0#画镜像辅助线	以左侧 11700 尺寸线的中点为起点画横线	
	1#镜像供回水立管	以辅助横线为镜像线，镜像复制 *b*、*c*、*d* 点处立管到轴线 D2、D4、D6 的 *h*、*i*、*j* 点处	图 8-4
	3#删除辅助线	删除横线辅助线	
	1#复制供回水立管	用复制或阵列命令，将 *j* 点处两圆复制到轴线 D8、D10、D12、D13 的 *k*、*L*、*m*、*n* 点处	图 8-7
	3#平移立管	*b* 点处两立管向右平移 200	图 8-3
	3#镜像移动立管	以 4 号轴线为镜像线，镜像移动 *c* 点处两立管	图 8-5
	3#调整立管位置	用镜像、删除或移动命令调整 *d* 点处的立管	图 8-8
绘图	2#绘制散热器		
	3#新建“散热器”图层	新建“散热器”图层，并设置为当前图层，见表 8-2	
	0#绘制散热器	在轴线 A 上，轴线 1、2 间窗下居中处画长 900、宽 200 的散热器，多段线宽度 50，散热器矩形中心距窗 150	图 8-9
	1#布置散热器	用镜像复制和阵列复制操作，在各房间窗下布置散热器，散热器居中置于窗下，散热器距外墙内表面 50	图 8-12
	3#调整散热器位置	用旋转、移动命令调整轴线 A 上，轴线 2、3 间散热器位置	图 8-10
	3#调整散热器位置	用旋转、移动命令调整轴线 A 上，轴线 8、9 间散热器位置	图 8-11
	3#删除散热器	删除轴线 7、8 间的散热器	
	3#绘制供回水干管、支管		
	3#建“采暖供水”层	新建“采暖供水”图层，并设置为当前图层，见表 8-2	
	0#画供水总干管	画线宽 50 的多段线直线，从圆 1 下象限点向下画长 2000 直线	图 8-13、图 8-15
	0#画供水支管	画线宽 50 的多段线直线，以各组供回水立管的供水立管为起点，至散热器绘制各供水支管	
	3#新建“采暖回水”图层	新建“采暖回水”图层，并设置为当前图层	见表 8-2
	0#画回水总干管	画线宽 50 的多段线直线，从圆 2 下象限点向下画长 2000 直线	图 8-13、图 8-15
	0#画回水干支管	画线宽 50 的多段线直线，自回水总干管连接各回水立管绘制回水干管，由回水立管至散热器绘制回水支管，离墙 300，150	

（续）

步骤与方法		操作	示例图
绘图	4#，绘制管路附件		
	3#制作支架图块	制作支架图块	图8-16
	3#插入支架图块	在图中所示位置插入4个支架图块，统一比例100	图8-15
标注	5#，标注		
	3#新建“采暖标注”图层	新建“采暖标注”图层，并设置为当前图层，见表8-2	
	3#制作管道编号图块	制作带属性的管道编号图块	图8-17
	3#标示立管编号	在各组供回水立管外侧插入管道编号图块，并按顺序依次输入属性值NL1、NL2、NL3、…、NL13	图8-14、图8-1
	3#标示散热器片数	单行文字标注散热器片数，字高500，文字样式的字体为simplex. shx，宽度因子为1	
	3#标示水流方向	画直线，标注在总供回水干管上	图8-14
插入填写标题栏		插入标题栏文件图块，统一比例100，填写标题栏	图8-1
结束	1）缩放到全图	缩放到全图	
	2）3）保存、退出	保存文件，关闭图形文件或关闭软件	
	4）FTP上传	登录，在自建文件夹中上传文件	
完成			

表8-2　图层设置参数

图层名称	颜色	线型	线宽
采暖	白	Continuous	默认
散热器	黄色	Continuous	默认
采暖供水	青色	Continuous	默认
采暖回水	黄色	虚线 hidden	默认
采暖标注	洋红	Continuous	默认

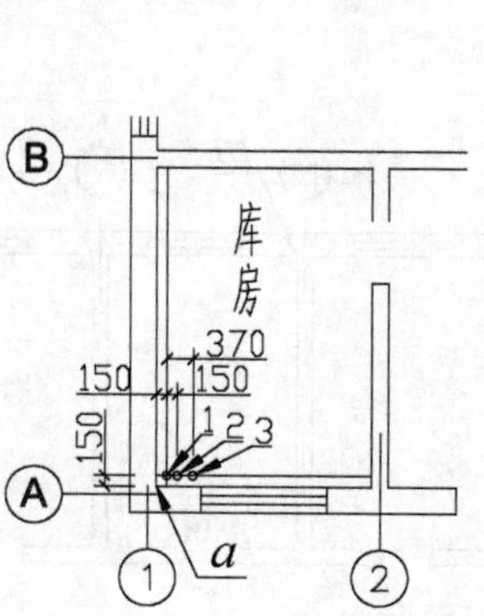

图8-2　绘制立管

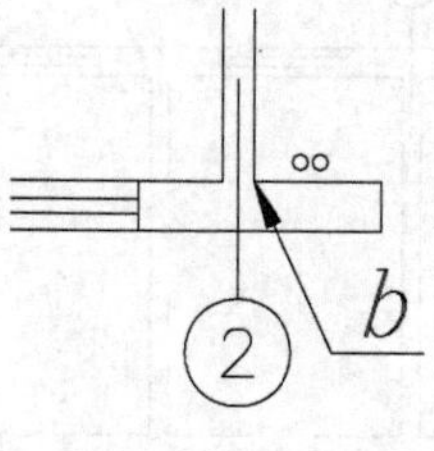

图8-3　*b*点处两立管右移200

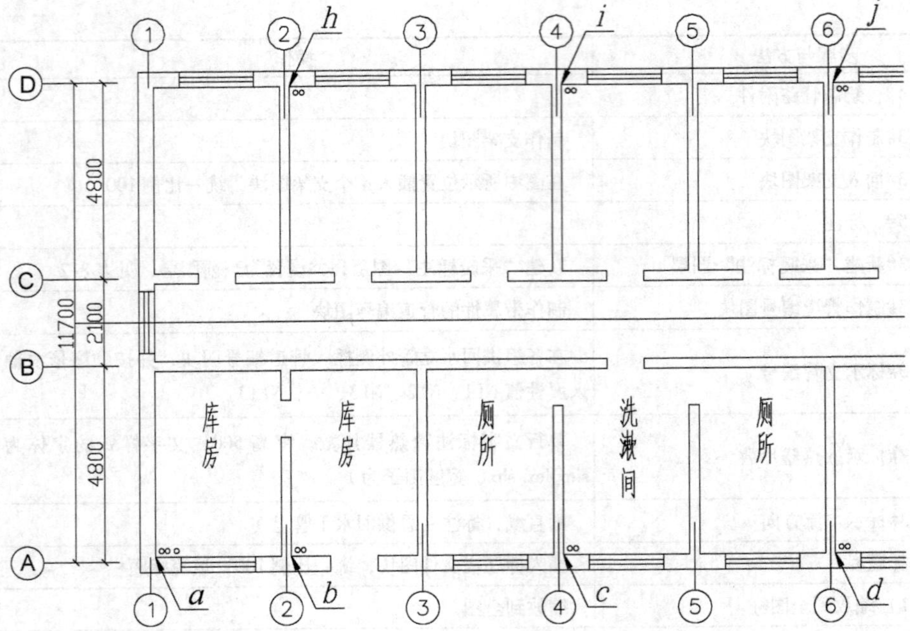

图 8-4　复制立管到 *b*、*c*、*d* 点处，镜像复制立管到 *h*、*i*、*j* 点处

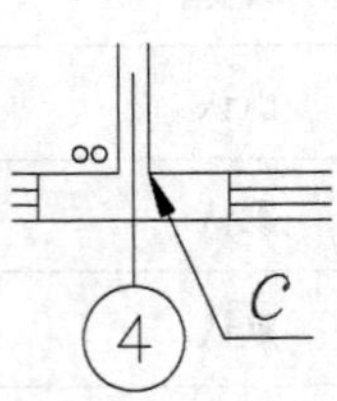

图 8-5　镜像移动 *c* 处两立管

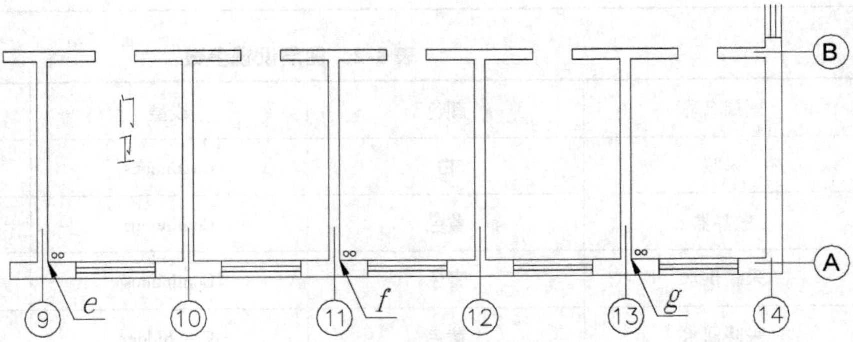

图 8-6　复制立管到 *e*、*f*、*g* 点处

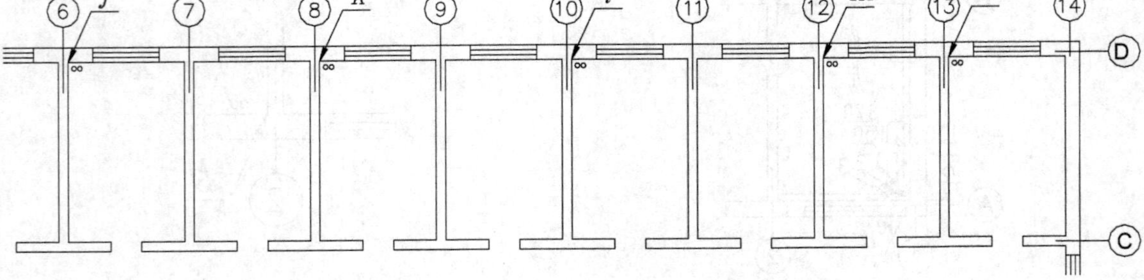

图 8-7　复制立管到 *k*、*l*、*m*、*n* 点处

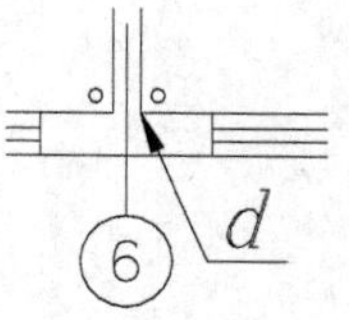

图 8-8　调整 d 点处立管

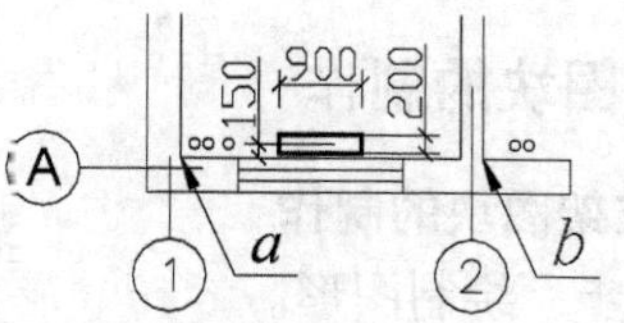

图 8-9　绘制散热器

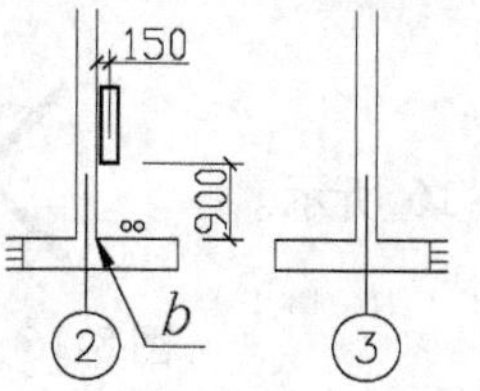

图 8-10　调整轴线 2、3 间散热器位置

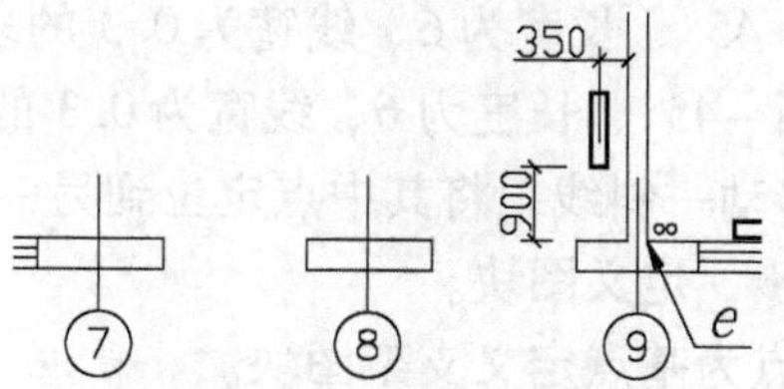

图 8-11　删除轴线 7、8 间散热器，调整轴线 8、9 间散热器位置

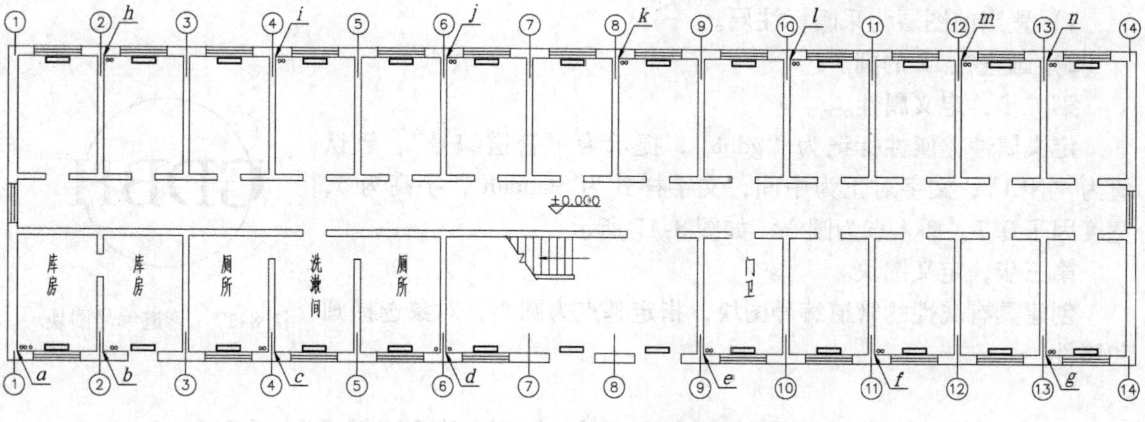

图 8-12　用镜像和阵列操作布置散热器

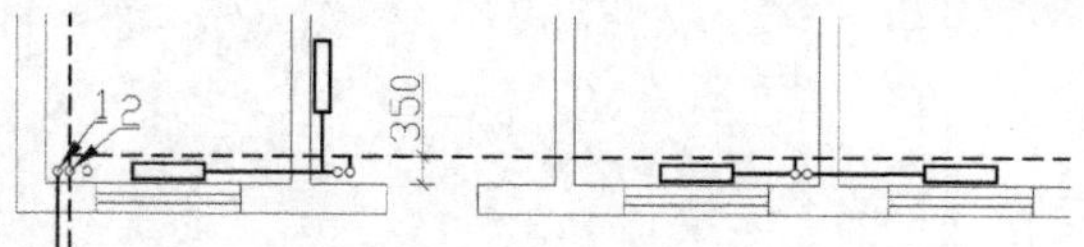

图 8-13　供回水干管与管路绘制

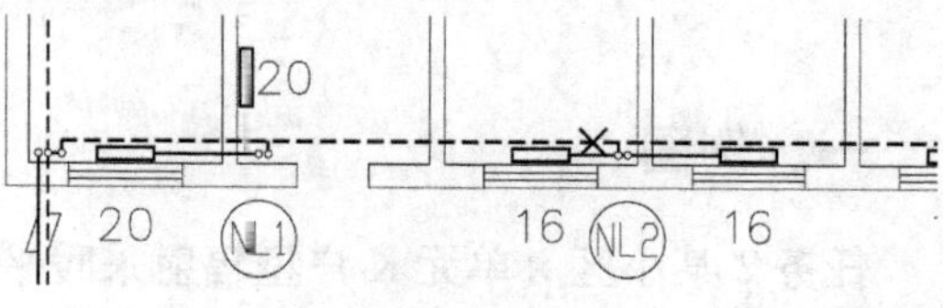

图 8-14　标注散热器片数、立管编号，标示水流方向

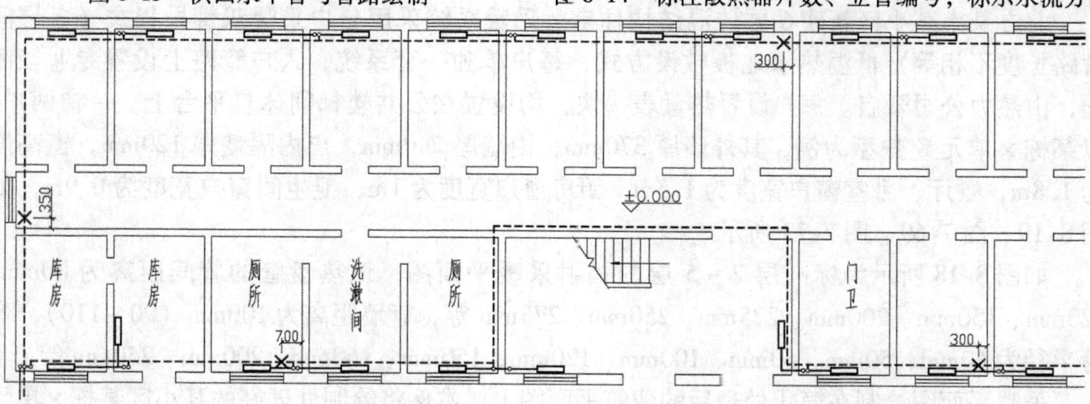

图 8-15　绘制供水管路、回水管路，插入绘制管路附件支架图块

三、图块的制作

1. 支架图块的制作

第一步，绘制图形。

1）将细实线图层设置为当前图层。

2）画 45°、长度为 6、线宽为 0.3 的多段线斜线。

3）画 -45°、长度为 6、线宽为 0.3 的多段线斜线。

4）移动一斜线，将其中点定位到另一斜线的中点，如图 8-16 所示。

图 8-16　支架图块

第二步，定义图块。

以交点为基点定义支架图块。

2. 管道编号图块的制作

第一步，绘制图形。

1）置当前图层为采暖标注层。

2）画直径 12 的圆。

第二步，定义属性。

定义属性，属性标记为“gdbh”，提示为“管道编号”，默认值为“NL1”；文字对正为中间，文字样式为 Standard，字高为 5，宽度因子 0.7，插入点为圆心，如图 8-17 所示。

图 8-17　管道编号图块

第三步，定义图块。

创建具有属性的管道编号图块，指定基点为圆心，对象选择圆和属性。

任务 2　地板辐射采暖方式平面图的绘制与标注

一、例图

任务 2 某小区 × 单元 K 户型辐射采暖平面图例图如图 8-18 所示，建筑平面图如图8-19、图 7-69、图 7-73 所示。

北方某市某小区新建 6 层砖混结构住宅，采暖系统采用分户采暖双管异程式（各层间管路长度不相等）低温热水地板敷设方式，每户单独一套系统，入户管路上设置专业锁闭阀，由热力公司开启。每户设置热量表一块，均设置在公共楼梯间休息平台上。一梯两户，以某栋 × 单元 K 户型为例，其外墙厚 370mm，内墙厚 240mm，户内隔墙厚 120mm，窗高度为 1.8m，餐厅、卧室窗户宽度为 1.5m，厨房窗户宽度为 1m，卫生间窗户宽度为 0.9m，如图 8-19、图 7-69、图 7-73 所示。

如图 8-18 所示为标准层 2 ~ 5 层的辐射采暖平面图，地热盘管的管间距离为 80mm、120mm、150mm、200mm、225mm、250mm、275mm 等，管墙距离为 100mm（90 ~ 110），弯管半径为 40mm、50mm、60mm、100mm、120mm、150mm、160mm、200mm、250mm 等。

采暖平面图绘制在简化处理后的建筑平面图上。本例将绘制处理好的某小区某栋 × 单元 K 户型标准层建筑平面图保存为文件名为 jzpm2. dwg 的图形文件，如图 8-19 所示。

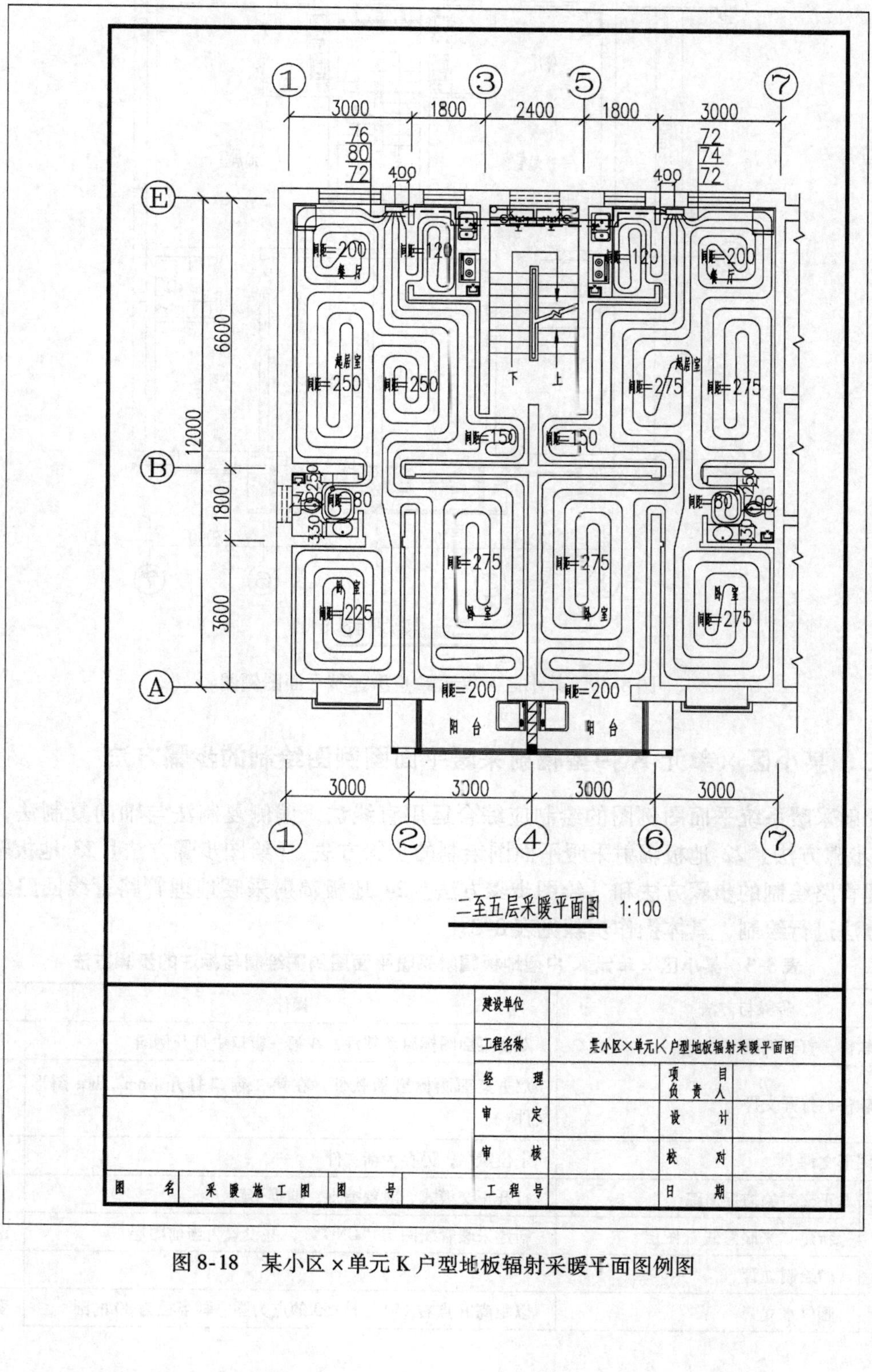

图8-18　某小区×单元K户型地板辐射采暖平面图例图

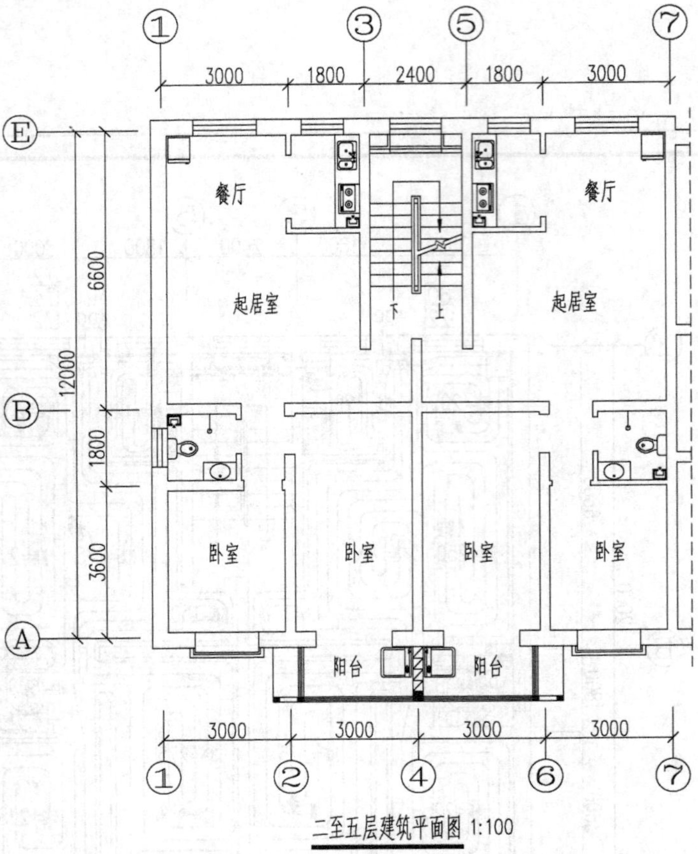

图 8-19　某小区×单元 K 户型建筑平面图例图

二、某小区×单元 K 户型辐射采暖平面图例图绘制的步骤方法

辐射采暖系统平面图例图的绘制应综合运用直线法、偏侧复制法与轴向复制法，并按『绘图步骤方法』22 地板辐射采暖平面图绘制的步骤方法、『绘图步骤方法』23 地板辐射采暖地埋管路绘制的步骤方法和『绘图步骤方法』24 地板辐射采暖地埋管路管线回路绘制的步骤方法进行绘制，具体操作步骤见表 8-3。

表 8-3　某小区×单元 K 户型地板辐射采暖平面图例图绘制与标注的步骤方法

步骤与方法		操作	示例图
启动软件，打开例图		双击桌面图标启动软件，在第一窗口中打开例图	图 8-18
启动软件，打开文件		双击桌面图标启动软件，在第二窗口打开 jzpm2. dwg 图形文件	图 8-19
保存图形文件		定位赋名，另存为新文件	
绘图	正交对象捕捉追踪	打开正交模式、对象捕捉、捕捉追踪	
	新建“采暖管线”图层	新建采暖管线图层“CNGX”，并设置为当前图层	图 8-75
	1#绘制立管		
	画供水立管	以距离 *B* 点右 150、下 150 的点为圆心画半径为 80 的圆	图 8-20

（续）

步骤与方法		操作		示例图
	2#绘制分集水器			
	画分集水器	以距离 *A* 点左 650、下 50 的点为起点向右下侧画长度为 500，宽度为 150 的矩形，线宽 50		
	画镜像辅助线	画轴轴线 4，从南外墙画到北外墙		图 8-20
	镜像立管分集水器	以轴线 4 为镜像线镜像分集水器与供水立管，得到右边单元的分集水器与回水立管		
	3#绘制入户供回水支管			
	新建“采暖供水”图层	新建采暖供水图层“CNGS”，并设置为当前图层		图 8-75
	画入户供水管	画 50 宽多段线，以 *B* 处圆为起点，画至 *A*、*D* 处矩形		图 8-20
	新建“采暖回水”图层	新建采暖回水图层“CNHS”，虚线，并设置为当前图层		图 8-75
	画入户回水管	画 50 宽多段线，以 *C* 处圆为起点，画至 *A*、*D* 处矩形		图 8-20
	4#绘制管路附件			
	制作热表图块	绘制并制作热表图块		图 8-60
	制作锁闭阀图块	绘制并制作锁闭阀图块		图 8-61
	制作过滤器图块	绘制并制作过滤器图块		图 8-62
	制作截止阀图块	绘制并制作截止阀图块		图 8-63
	改变当前图层	将“CNGX”图层设置为当前图层		
绘图	供水管上插入图块	在左单元的入户供水管上插入热表、过滤器、锁闭阀、截止阀图块		图 8-21
	回水管上插入图块	在左单元的入户回水管上插入截止阀图块		
	镜像图块	将左单元的供回水管线上的图块镜像到右单元		
	镜像调整图块	镜像调整右单元过滤器及热表图块		图 8-22
	修改供水管线	用打断、拉伸等命令修改供水管线		
	删除辅助线	删除辅助线		图 8-22
	5#绘制地埋管路			
	新建“地埋管”图层	新建地埋管图层“dimaiguan”，并设置为当前图层		图 8-75
	1）区域划分	划分盘管敷设区域，并初步按面积均分原则调整		
	A. 初步划分与面积	管墙间距 100，厨房上方间距 90，卫生间上左下间距分别为 230、700、330，中间管间距 180，按图示划分供热区域并计算供热面积	表 8-4	图 8-23
	B. 调整划分与面积	按面积均分原则调整区域划分，计算供热面积	表 8-5	图 8-24
	C. 确定划分与面积	确定盘管布置区域的划分，计算供热面积	表 8-6	图 8-25
	2）绘制各回路盘管	绘制左中右三个回路盘管		
	A. 绘制左回路盘管	绘制左回路三个区域盘管并连接		
	1#连接区域框线	用多段线连接成为整体闭合框线	『操作』116	图 8-26
	2#向内偏移出管线	用管间距作为偏移距离向内偏移框线，得到盘管线		图 8-27

（续）

步骤与方法		操作		示例图
绘图	3#绘制修剪中线	根据区域管线出入口方向捕捉中点绘制中线		图 8-27
	4#修剪盘管线	以中线和盘管线为边界或不选边界修剪盘管线		
	5#尖角连接	用尖角操作重新连接盘管线，使其成为整体多段线		图 8-28
	6#画辅助线对角线	在盘管区域中间位置画对角线，作为调整盘管线的辅助线		
	7#调整盘管线	调整盘管线出入口的位置，调整区域中间盘管线位置		图 8-29
	10#删除辅助线	删除对角线辅助线		图 8-30
	8#区域盘管线开口	用修剪命令给区域盘管线开口		
	9#合并各部分管线	连接多段线，将各区域管线合并成为一条整体多段线		
	11#中间管线倒圆角	将各区域中间处的管线用 120 半径倒圆角		图 8-31
	11#回路管线倒圆角	将整个回路的管线用 250 半径倒圆角		
	12#查询回路长度	用 LENGTHEN（Len）命令查询长度，用文字命令注写到图面上		
	B. 绘制中回路盘管	绘制中回路支管和三个区域盘管并连接		
	1#、2#、3#盘管与中线	绘制连接框线，偏移盘管线，绘制中线	『操作』116	图 8-32
	4#修剪盘管线	以中线和盘管线为边界或不选边界修剪盘管线		图 8-33
	5#、6#尖角、辅助线	作尖角并连接盘管，画辅助线		图 8-34
	7#、2#、8#调整、绘制、开口	调整盘管线，画连接管线，管线开口		图 8-35
	9#、10#连接、删除	连接管线成为一条整体多段线，删除辅助线		图 8-36
	8#、11#断开管线、圆角	剪断管线，作多段线圆角，先作小圆角，后作大圆角		图 8-37
	11#进出管线圆角	进出管线作多段线圆角，先作小圆角，后作大圆角		图 8-38
	9#、11#连接管线、圆角	连接管线，作多段线圆角，将管线合并为整体多段线		图 8-39
	12#查询回路长度	用 LENGTHEN（Len）命令查询长度，用文字命令注写到图面上		
	C. 绘制右回路盘管	绘制右回路支管和三个区域盘管并连接		
	1#、2#、3#盘管与中线	绘制连接框线，偏移盘管线，绘制中线	『操作』116	图 8-40
	4#修剪盘管线	修剪厨房间盘管线		图 8-41
	5#、2#尖角连接、偏移出横线	厨房间作尖角并连接盘管，偏移出口横线		图 8-42
	5#、7#、8#尖角调整开口	厨房间作尖角并连接盘管，调整盘管线，切断左侧管线		图 8-43
	11#厨房管线倒圆角	厨房管线作多段线圆角，先作小圆角，后作大圆角		图 8-44
	4#修剪盘管线	修剪门厅、卧室盘管线		图 8-45
	5#、7#尖角连接、调整	门厅卧室作尖角并连接盘管，调整门厅盘管线		图 8-46
	6#、8#辅助开口	卧室盘管线，作对角线辅助线，切断左侧管线		
	7#调整盘管线	调整盘管线，门厅向左拉伸管线，卧室调整中间管线		图 8-47
	10#、11#、2#圆角调整删	删除辅助线，作圆角先小后大，调整管线并作连接斜线		图 8-48
	9#、11#、8#作圆角开口	门厅卧室与回路管线作圆角连接，门厅管线开口		图 8-49
	9#、11#门厅圆角连接	门厅与回路管线作圆角连接		图 8-50

（续）

步骤与方法		操作	示例图
绘图	9#、11#厨房圆角连接	厨房与回路管线作圆角连接	图8-51
	12#查询回路长度	用LENGTHEN（Len）命令查询长度，用文字命令注写到图面上	图8-52
	3）管线长度平衡计算	按长度相等原则进行平衡计算	
	A. 管线长度计算	各回路管线长度查询，计算长度平均值	表8-7
	B. 管线长度比较	各回路管线长度比较，长度相差较大时需要进行回路调整	
	4）管线调整	卫生间回路从中回路中脱开，合并到右回路中	
	A. 管线回路调整	将中回路中的卫生间回路调整到左回路中	
	8#中回路脱开卫生间回路	从中回路中脱开卫生间回路，用修剪操作剪断管线	图8-53
	9#、12#连接中回路、查询长度	重新连接中间回路，查询长度，在图面上标注长度	
	8#断开左回路管线	用修剪操作切断左回路管线	图8-54
	9#、5#、11#、12#连卫生间	用尖角、圆角将卫生间连接到左回路中，查询并注写长度	图8-56
	B. 重新平衡计算	按第3）步重新进行管线长度平衡计算	
	3）管线长度平衡计算	按长度相等原则进行平衡计算	
	A. 管线长度计算	调整后各回路管线长度查询，计算长度平均值	表8-8
	B. 管线长度比较	各回路长度应基本相同，符合设计要求	
	5）连接分集水器	将三个回路管线与分集水器连接	
	2#布置管线	在分集水器处布置各回路地埋管进回水管线端口	图8-55
	8#、5#开口，尖角连接	回路管线开口，在分集水器处尖角连接各回路管线	图8-57
	9#、11#圆角连接管线	在分集水器处圆角连接各回路管线	图8-58
标注	6#标注		
	新建“采暖标注”图层	新建采暖标注图层“cainuanbiaozhu”，并设置为当前图层	图8-75
	标注盘管间距	标注各处盘管的盘管间距	
	查询各回路管线长度	用拉长或特性命令，选定各循环管线回路查询长度	图8-59
	标注各回路管线长度	用文字命令注写各循环回路的管线长度	
	标注定位尺寸	标注卫生间内盘管距墙尺寸及分配器位置尺寸	
绘制并标注右侧单元		绘制并标注右侧单元的采暖平面图	
插入填写标题栏		插入标题栏文件图块，统一比例100，填写标题栏	
结束	缩放到全图、保存、退出	缩放到全图，保存文件，关闭图形文件或关闭软件	图8-18
	FTP上传	登录，在自建文件夹中上传文件	
完成			

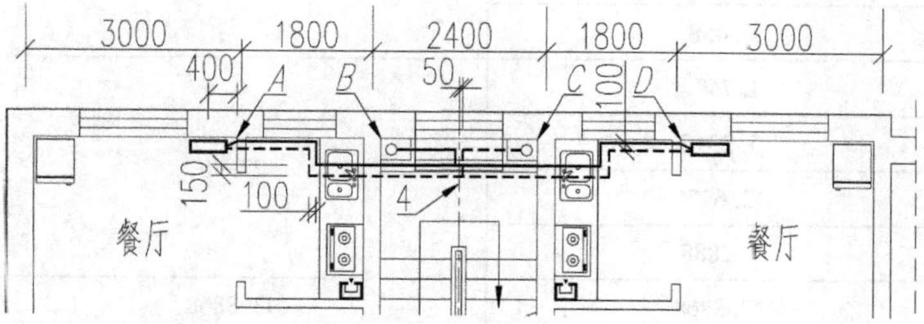

图8-20　绘制供回水立管、分集水器、供水管、回水管

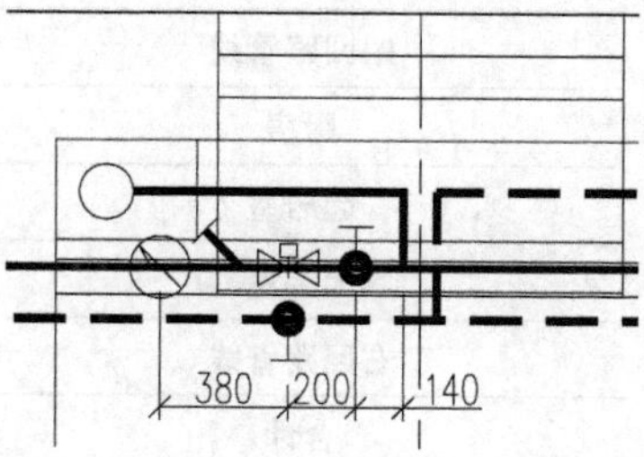

图8-21　插入管件图块

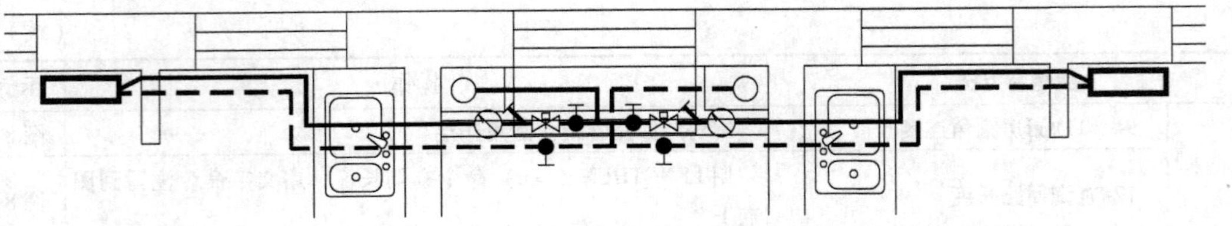

图 8-22　镜像，调整右单元管件图块、修改供水管线、删除辅助线

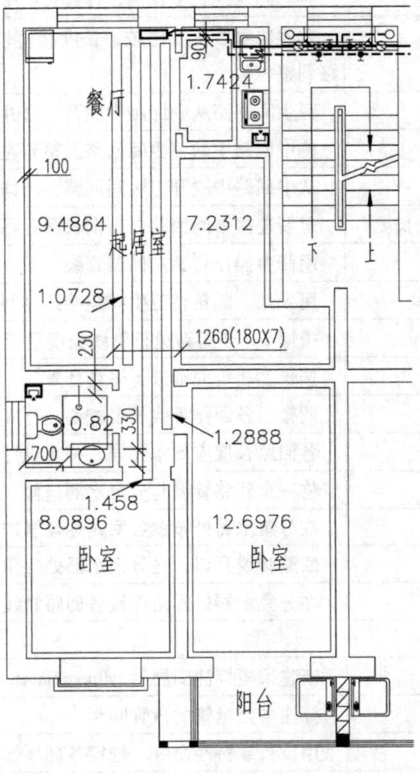

图 8-23　初步区域划分

表 8-4　初步区域划分与面积计算　　（单位：m^2）

房间	面积	合计
餐厅 + 起居室	9.4864	10.5592
左回路管线	1.0728	
卫生间	0.82	
小卧室	8.0896	10.3676
中回路管线	1.458	
厨房	1.7424	
起居室	7.2312	22.96
大卧室	12.6976	
右回路管线	1.2888	
合计	43.8868	43.8868
平均	14.6289	14.6289

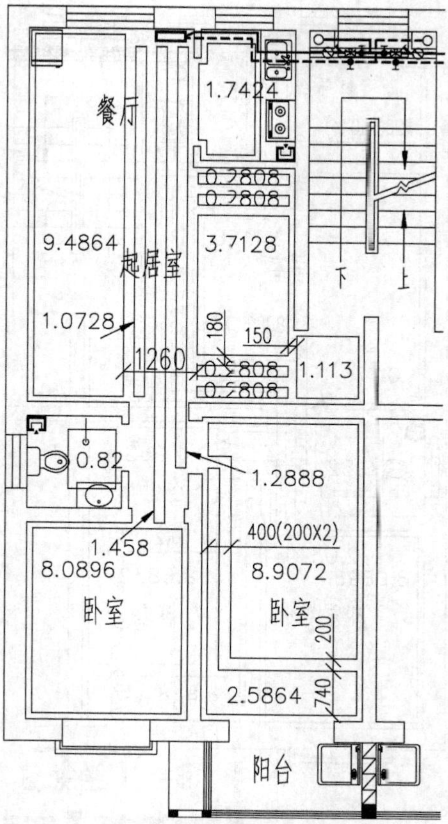

图 8-24　调整区域划分

表 8-5　调整区域划分与面积计算　（单位：m^2）

房间	面积	合计
餐厅 + 起居室	9.4864	14.272
起居室	3.7128	
左回路管线	1.0728	
卫生间	0.82	
小卧室	8.0896	13.5156
大卧室分割小	2.5864	
横管线	0.2808	
横管线	0.2808	
中回路管线	1.458	
厨房	1.7424	13.613
门厅	1.113	
大卧室分割大	8.9072	
横管线	0.2808	
横管线	0.2808	
右回路管线	1.2888	
合计	41.4006	41.4006
平均	13.8002	13.8002

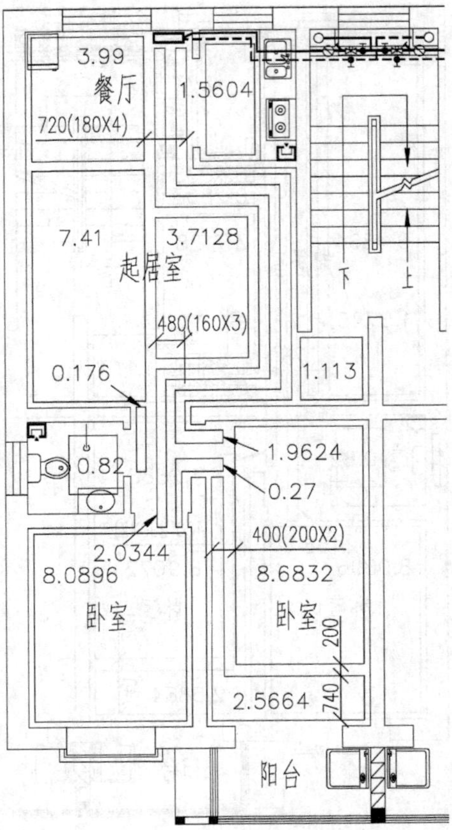

图 8-25 确定区域划分

表 8-6 确定区域划分与面积计算

（单位：m^2）

房间	面积	合计
餐厅	3.99	15.1128
起居室左	7.41	
起居室右	3.7128	
卫生间	0.82	13.9564
卫生间外	0.176	
小卧室	8.0896	
大卧室分割小	2.5664	
横管线	0.27	
中回路管线	2.0344	
厨房	1.5604	13.3190
门厅	1.113	
大卧室分割大	8.6832	
右回路管线	1.9624	
合计	42.3882	42.3882
平均	14.1294	14.1294

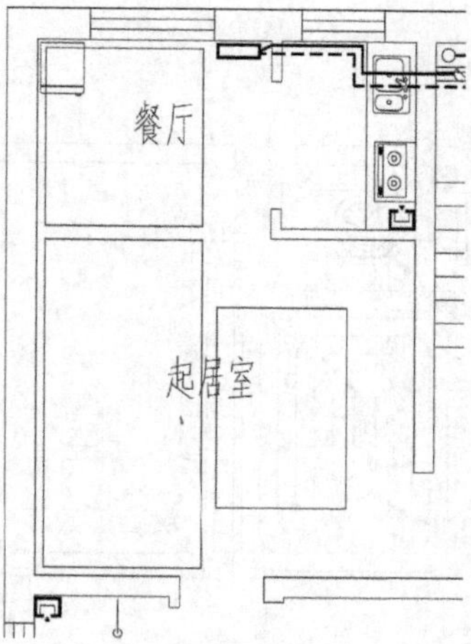

图8-26 左回路绘制区域框线

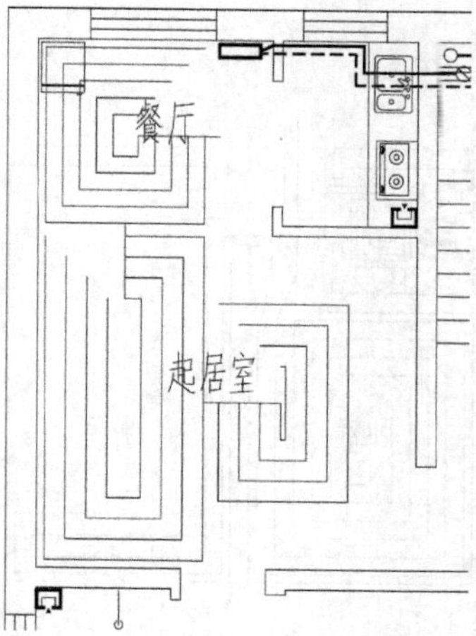

图8-27 偏移框线，绘制中线，修剪盘管线

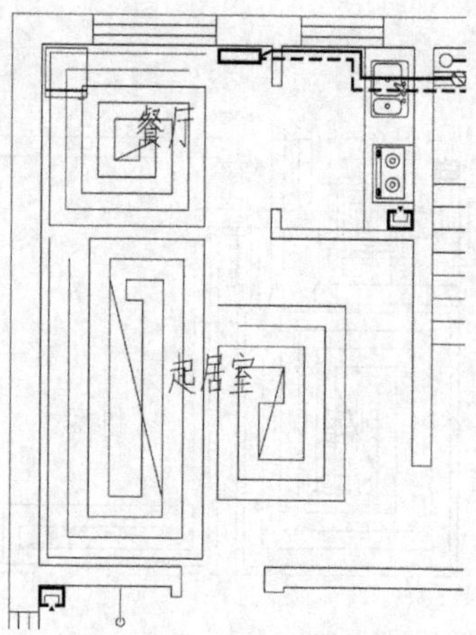

图8-28 尖角连接，画辅助对角线

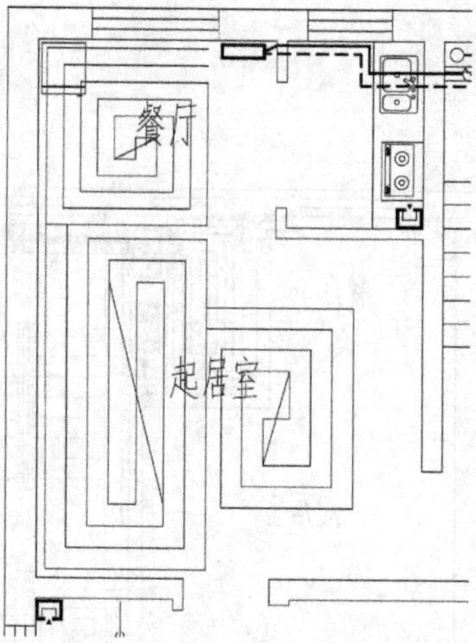

图8-29 调整盘管线

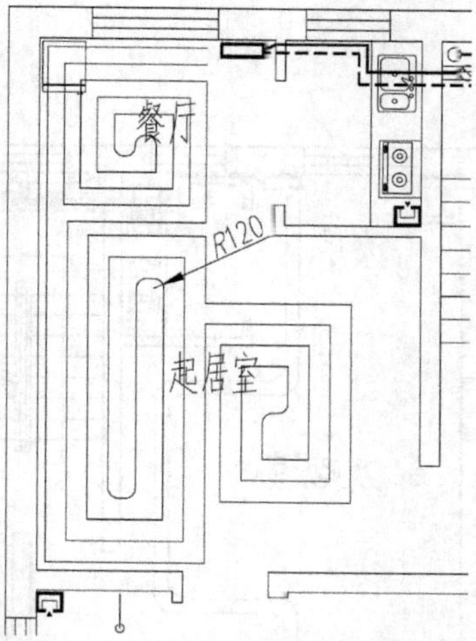

图8-30 删除辅助线，管线开口、合并，中间处盘管倒圆角

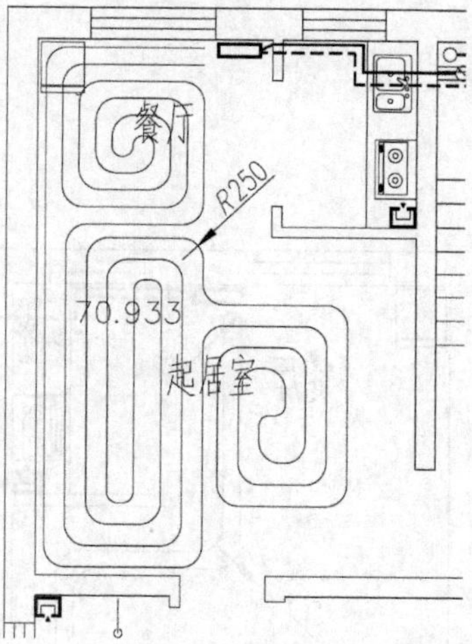

图8-31 用250半径将整个回路的盘管倒圆角

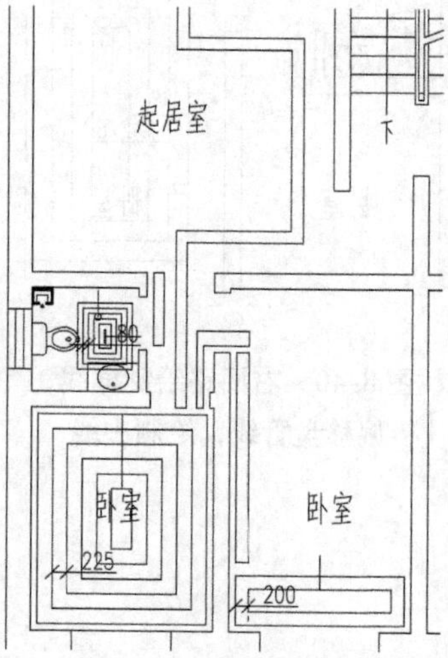

图8-32 中回路绘制框线，偏移盘管线，绘制中线

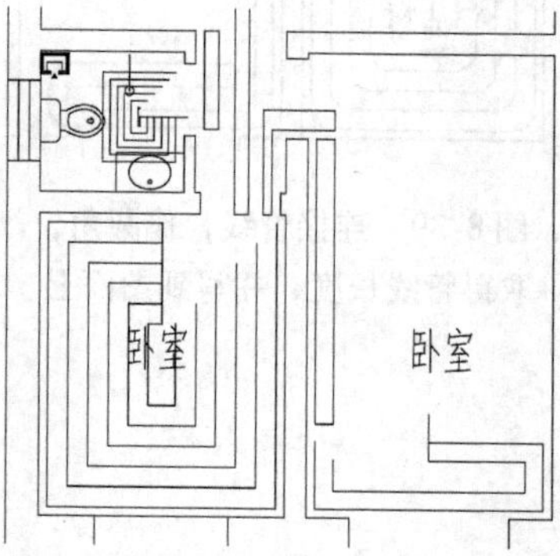

图8-33 修剪盘管线

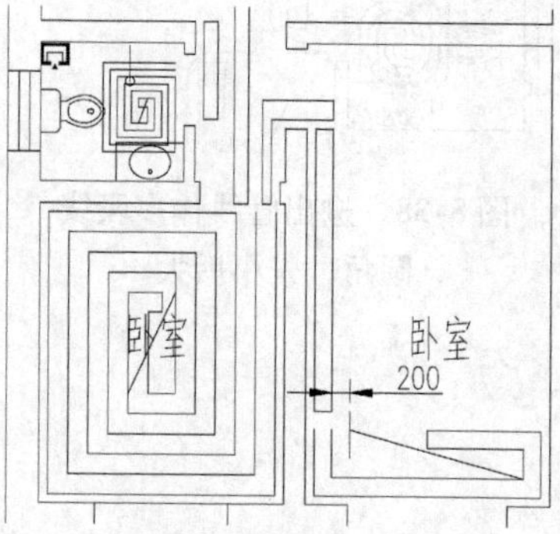

图8-34 尖角连接盘管，画辅助线

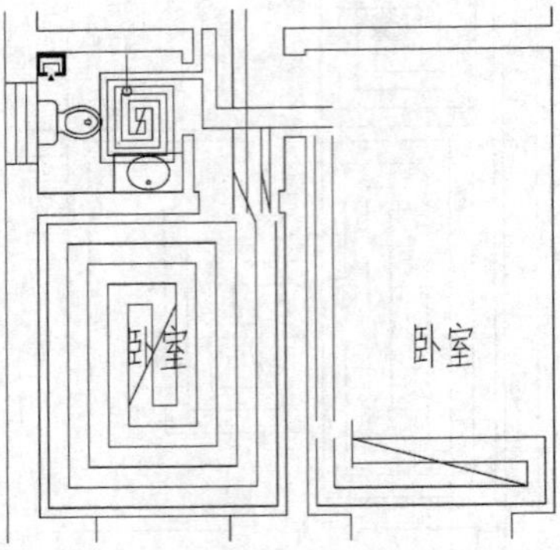

图 8-35　调整盘管线，画连接管线，管线开口

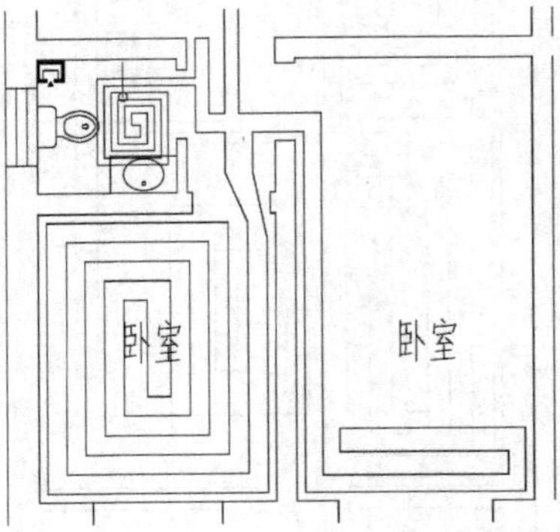

图 8-36　连接管线，删除辅助线

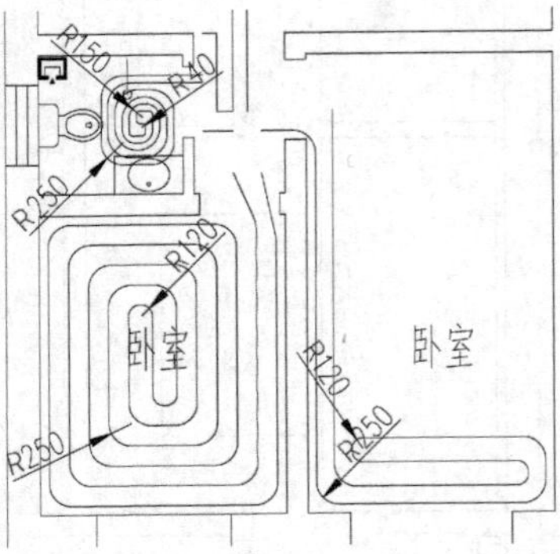

图 8-37　剪断管线，作多段线圆角，先小后大

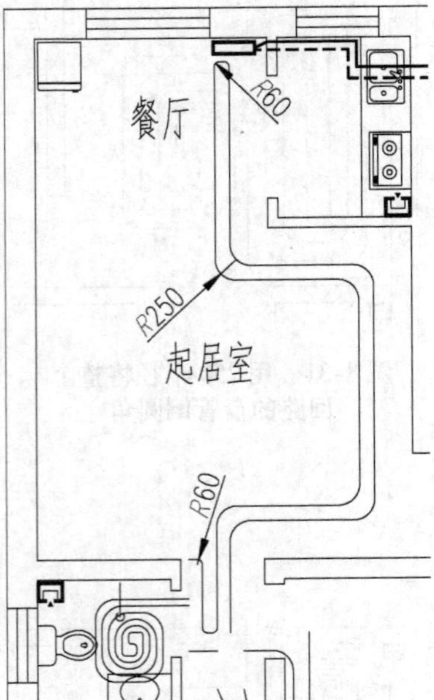

图 8-38　进出管线作多段线圆角，先小后大

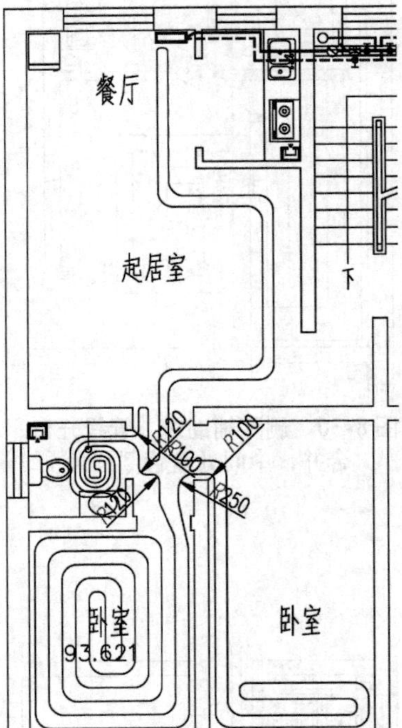

图 8-39　连接管线，作圆角，取得管线长度，并写到图面上

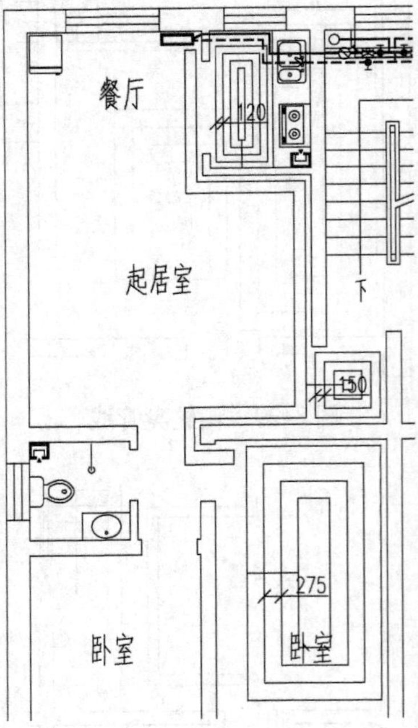

图 8-40　右回路绘制框线，偏移盘管线，绘制中线

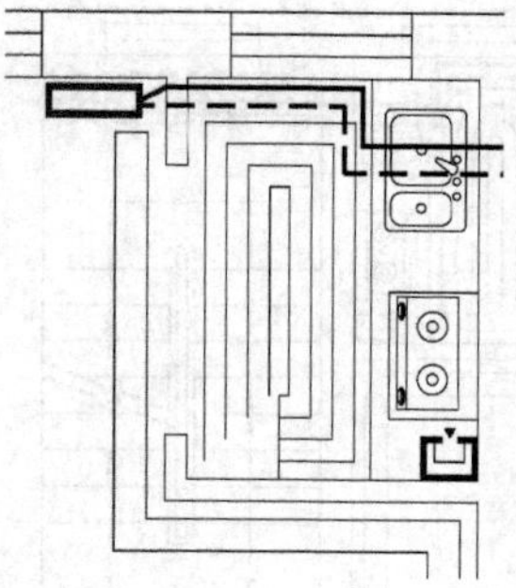

图 8-41　修剪厨房间盘管线

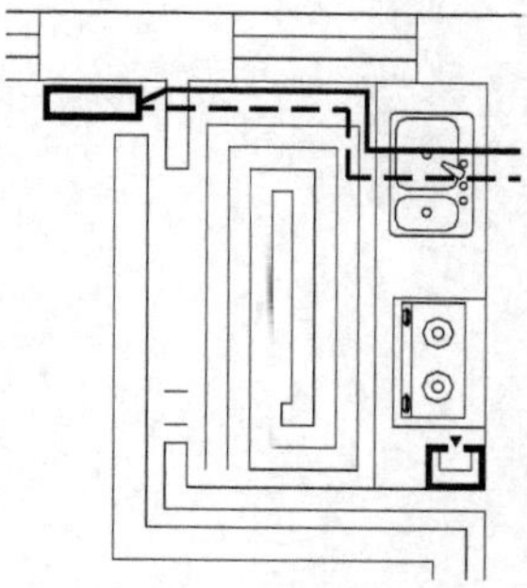

图 8-42　连接调整盘管，偏移出出口横线

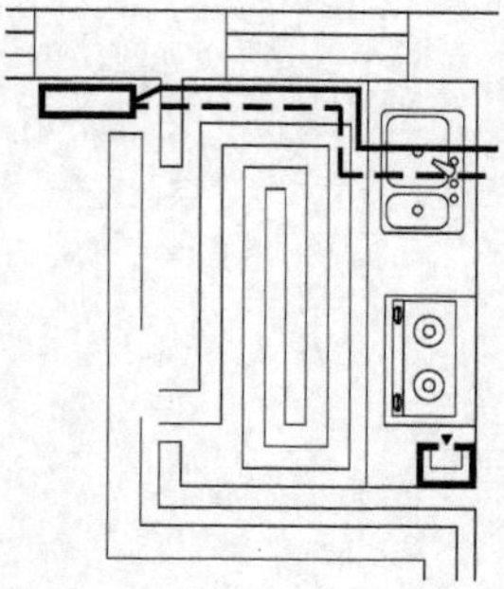

图 8-43　连接调整盘管，切断左侧管线

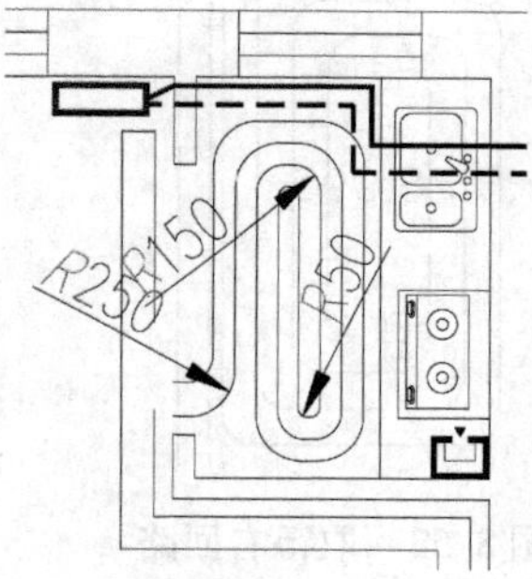

图 8-44　厨房间管线作圆角

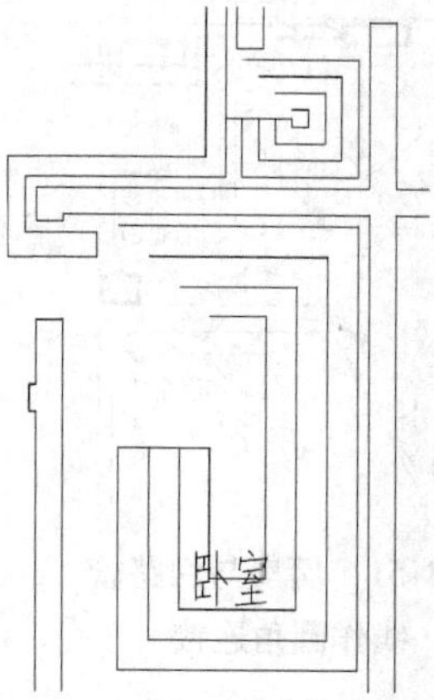

图 8-45　修剪门厅、卧室盘管线

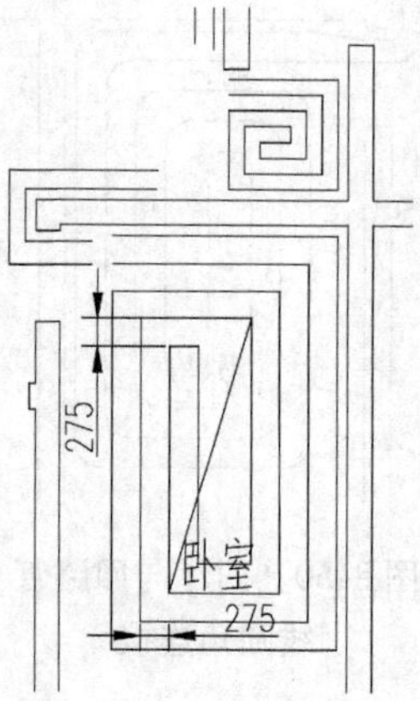

图 8-46　门厅卧室连接调整盘管，作辅助线，切断左侧管线

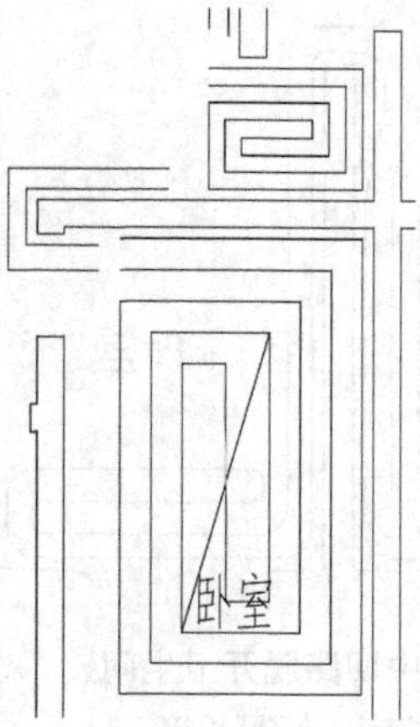

图 8-47　门厅卧室调整盘管

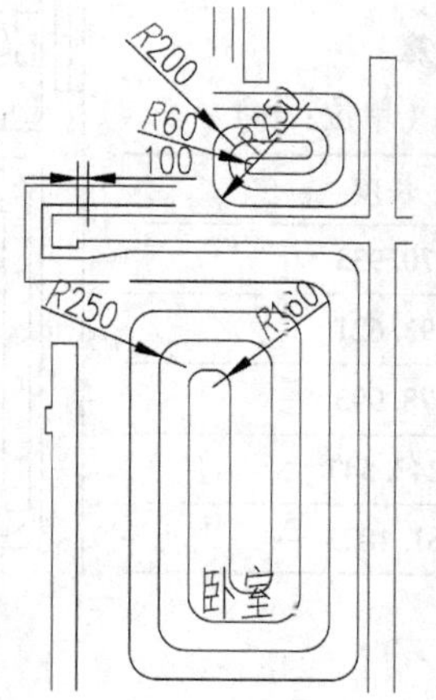

图 8-48　删除，圆角，调整，作连接斜线

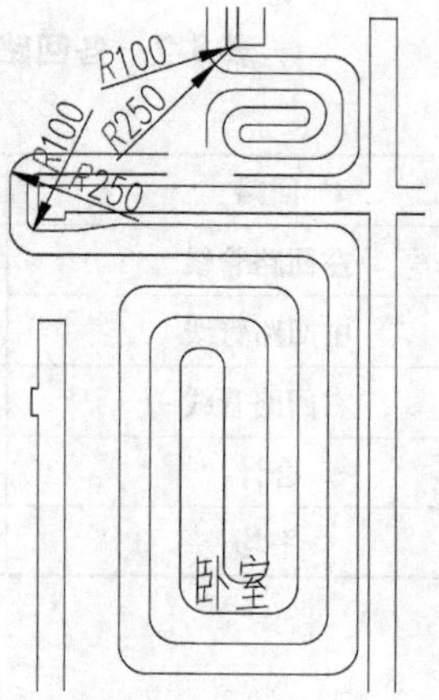

图 8-49　圆角连接，门厅管线开口

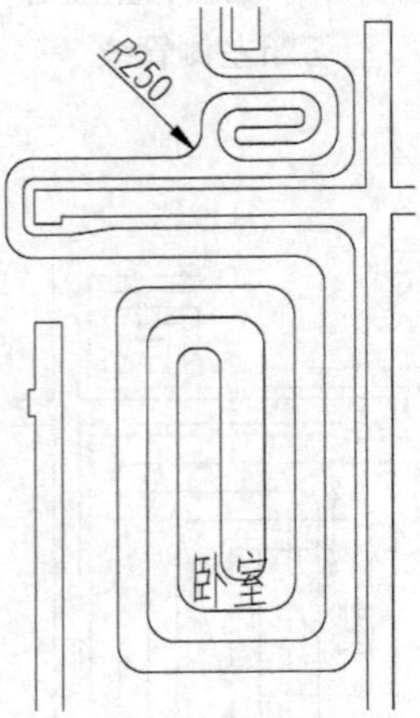

图 8-50　门厅与回路管线圆角连接

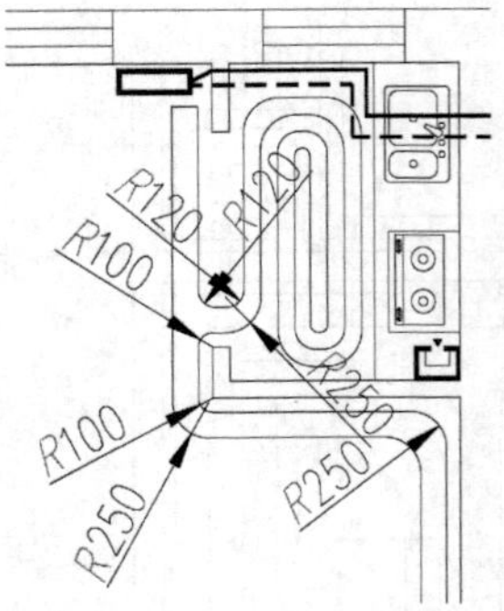

图 8-51　厨房与回路管线作圆角连接

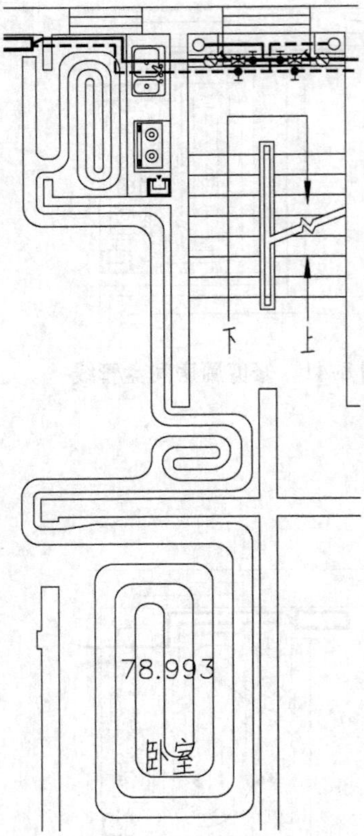

图 8-52　取得右回路管线长度，并写到图面上

表 8-7　各回路管线长度计算

（单位：m）

回路	长度
左回路管线	70.933
中回路管线	93.621
右回路管线	78.993
合计	243.547
平均	81.1823

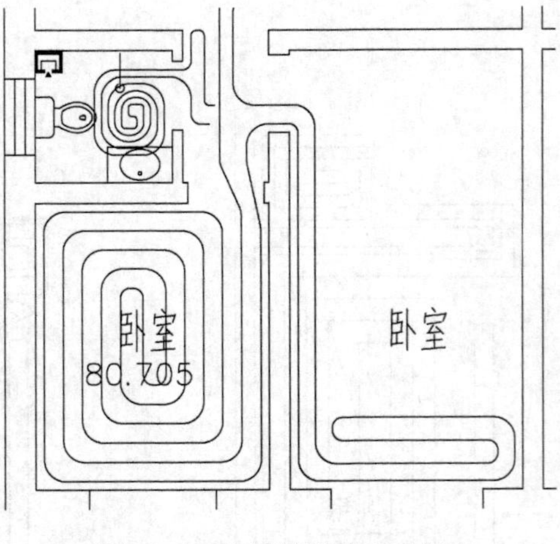

图 8-53　中回路脱开卫生间，查询长度，标写长度

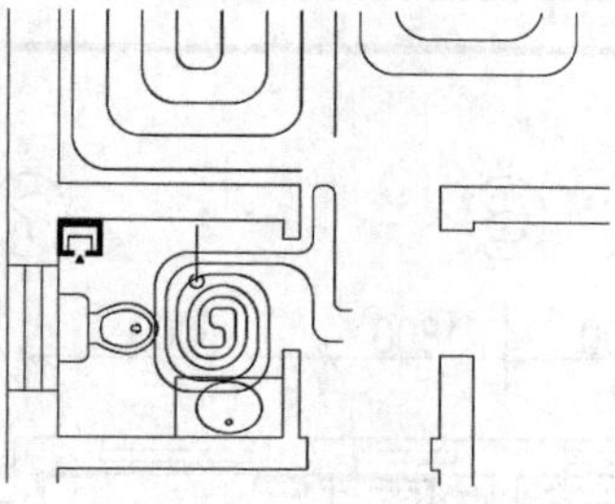

图 8-54　切断左回路

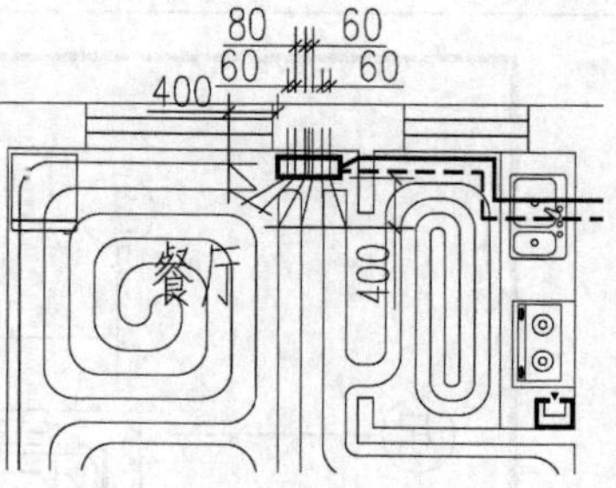

图 8-55　在分集水器处布置各回路管线端口

表 8-8　调整后各回路管线长度计算

（单位：m）

回路	长度
左回路管线	82.979
中回路管线	80.705
右回路管线	78.993
合计	242.677
平均	80.8923

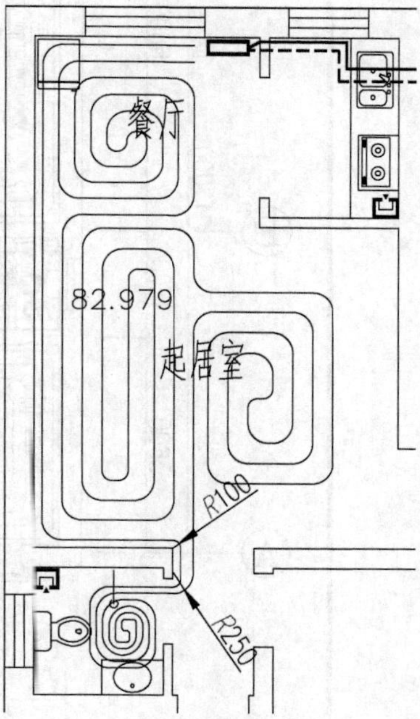

图 8-56　将卫生间合并连接到左回路中，查询并注写长度

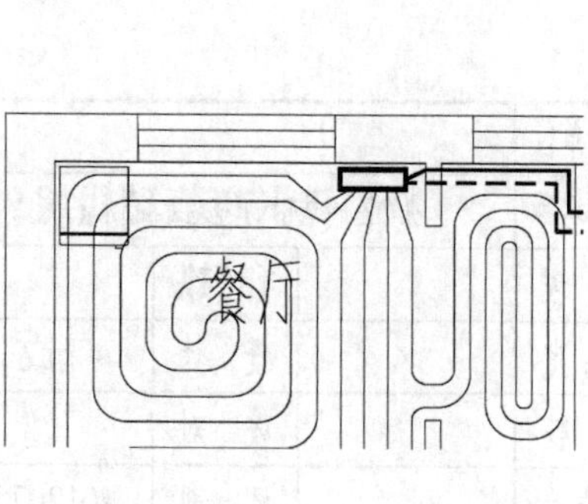

图 8-57　在分集水器处尖角连接各回路管线

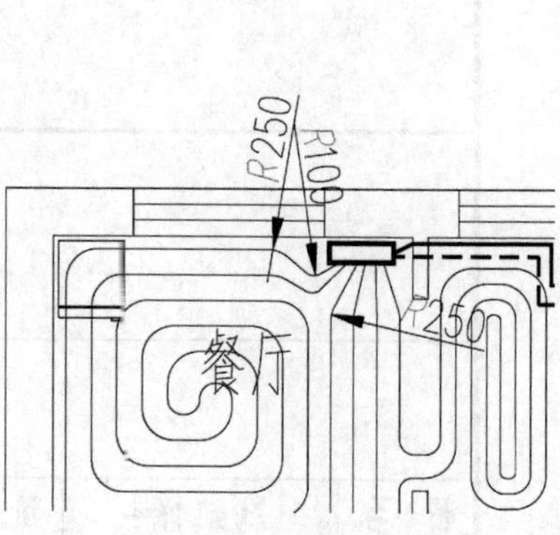

图 8-58　在分集水器处圆角连接各回路管线

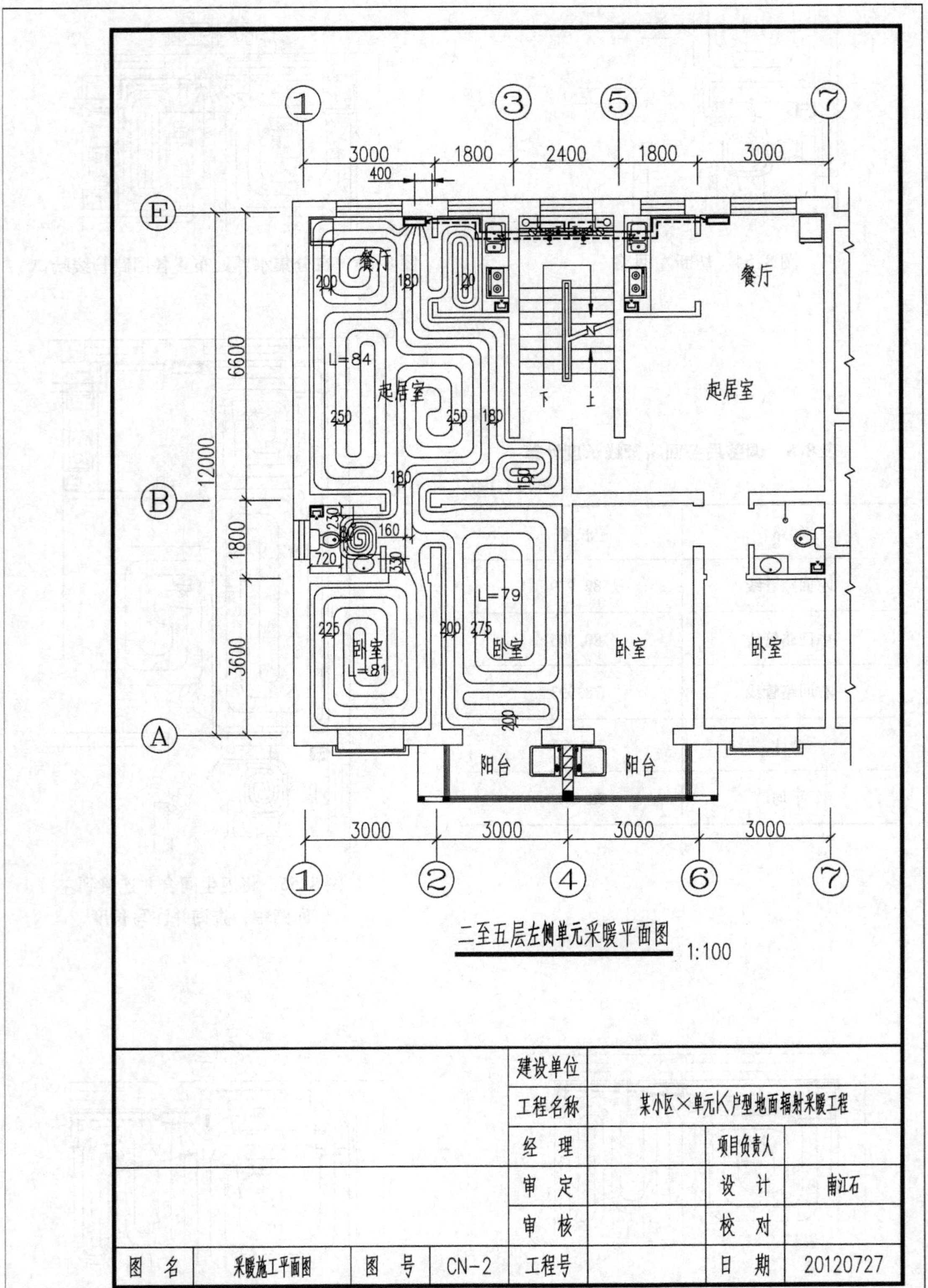

图 8-59　某小区×单元 K 户型二至五层左侧单元地面辐射采暖平面图

三、图块的制作

1. 热表图块的制作

1#，绘制图形，在 0 图层画半径为 90 的圆，画 −45°的斜直径线，再画 −60°方向、长度为 60 的斜线，如图 8-60 所示。

3#，以圆心为基点定义热表图块。

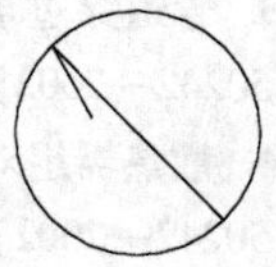

图 8-60　热表图块

2. 锁闭阀图块的制作

1#，绘制图形，在 0 图层画长 50、宽 40 的矩形，从下边中点向下画长 60 的竖直线，画内接于半径为 60 圆的正三角形，镜像三角形，如图 8-61 所示。

3#，以竖直线中点为基点定义锁闭阀图块。

3. 过滤器图块的制作

1#，绘制图形，在 0 图层画线宽 50、长 200 的多段线横线，自右端点画线宽 50、长 150 的 135°多段线斜线，左移 50，画长度 100 的 45°斜线，移动并将其中点定位到斜多段线的左上端点，如图 8-62 所示。

3#，以横向多段线中点为基点定义过滤器图块。

4. 截止阀图块的制作

1#，绘制图形，在 0 图层画长 100 的横线，自中点向下画长 120 的竖线，以竖线下端点为圆心画内径 40、外径 100 的圆环，如图 8-63 所示。

3#，以圆环圆心为基点定义截止阀图块。

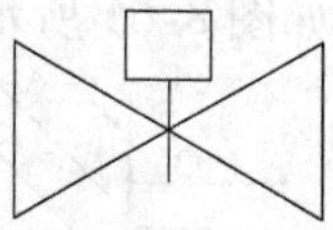

图 8-61　锁闭阀图块

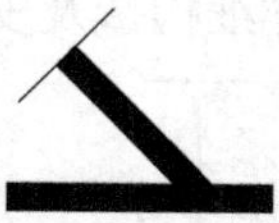

图 8-62　过滤器图块

图 8-63　截止阀图块

相关知识与操作

一、暖通工程与绘图知识

采暖系统的施工图包括设计施工说明、系统平面图、轴测图、详图及设备、材料明细表。

1. 设计施工说明

设计施工说明主要说明工程的概貌和总体要求，如说明热源情况、供暖设计热负荷、设计意图及系统型式、进出口压力差，散热器种类、型式及安装要求，管道敷设方式、防腐保温、水压试验要求，施工中需参照的有关专业施工图号或采用的标准图号等，如图 8-64 所示。

施工说明

1. 该建筑散热器采用内壁无砂四柱 760 型铸铁散热器，每组散热器均设置手动放风阀，图中数字为散热器片数。

2. 采暖明露管道采用焊接钢管，*DN*≤32 丝接，*DN*＞32 焊接，埋地管道采用 BB 保温管直埋敷设，保温层厚度为 50mm。

3. 管道穿过楼板、墙壁时，应埋设钢制套管；安装按《建筑给水排水及采暖工程施工质量验收规范》(GB 50242—2002) 第 3.3.13 条要求执行。

4. 散热器组对后及系统全部管道连接完毕后，应按《建筑给水排水及采暖工程施工质量验收规范》(GB 50242—2002) 进行试压，管道工作压力为 $p=0.4\text{MPa}$。

5. 采暖管道经试压合格投入使用前必须进行反复冲洗，直到排出的水中不带泥砂、铁屑等杂质，且水色不浑浊时为合格。

6. 采暖管道、管件及支架等清除内部砂粒、污物、铁屑并除锈后刷一遍樟丹，再刷银粉两遍。

7. 本设计采暖系统图中凡未注明管径的立支管段均为 *DN*20。

8. 未说明之处应按《建筑给水排水及采暖工程施工质量验收规范》(GB 50242—2002) 执行。

图 8-64　采暖施工图中的施工说明

2. 采暖平面图

采暖平面图是利用正投影原理，采用水平全剖的方法表示建筑物各层供暖管道与设备的平面布置，应连同房屋平面图一起画出。采暖平面图包括标准层平面图、顶层平面图与底层平面图。

3. 系统轴测图

系统轴测图利用正面斜二等轴测图表示供暖系统的空间布置情况、散热设备与管道的空间连接形式，是表达设备、管道及附件等的空间关系的立体图。

4. 详图

详图是表示供暖系统节点与设备的详细构造及安装尺寸要求的图，如图 8-65 所示。

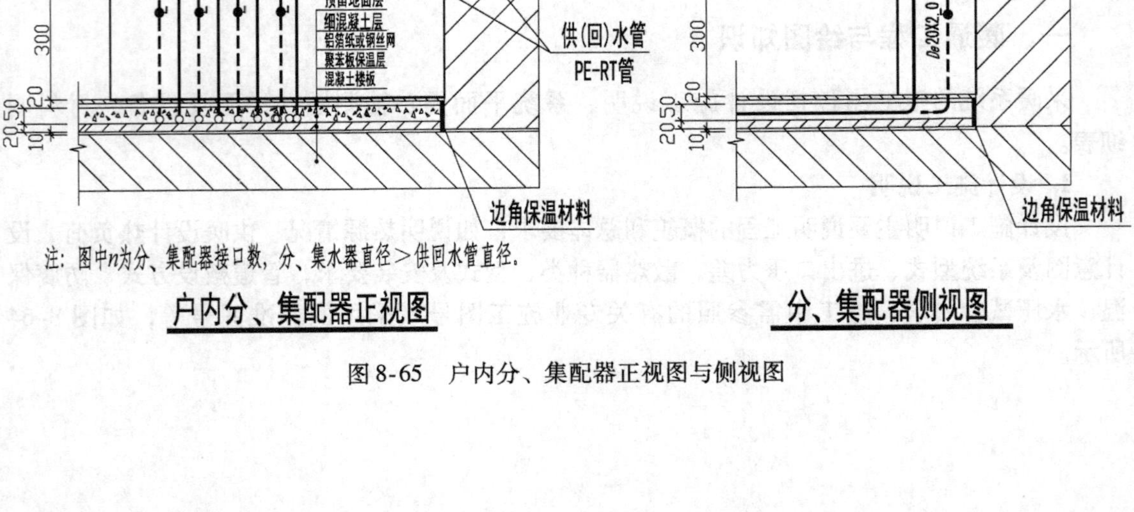

图 8-65　户内分、集配器正视图与侧视图

5. 图例与代号

采暖系统中的设备和附件等一般按统一规定的图例与代号来表示。《建筑给水排水制图标准》（GB/T 50106—2010）中规定的部分图例见表 8-9。

表 8-9　暖通设备与附件图例

	供水管		手动调节阀		温度计
	回水管		专业锁闭阀门		压力表
	分配器	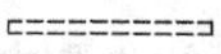	地面伸缩缝	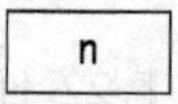	散热器
	截止阀	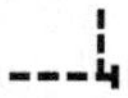	放水丝堵	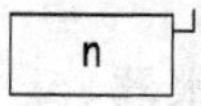	手动放风阀
	球阀		自动排气阀		
	固定支架			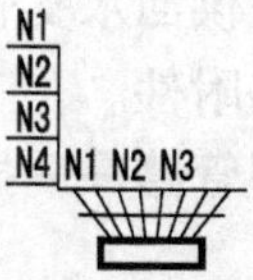	各支路盘管长度
	过滤器		自立式压差流量控制器		

6. 地埋供热盘管

地埋供热盘管是地板辐射采暖方式供热的热量辐射源之一。地埋供热盘管铺设在室内地板下，内通热水，热水的热量通过管壁和地板传导至地面，并散发到室内空气中进行供热。

地埋供热盘管又称为地埋盘管、地埋管、供热盘管、地热盘管等。

7. 热负荷与地热盘管间距

供暖系统的设计热负荷是指在设计室外温度条件下，为达到要求的室内温度，供暖系统在单位时间内向建筑物供给的热量，它是设计供暖系统最基本的依据。设计热负荷时可以使用专业计算软件。

地热盘管供暖的供热量与敷设管线的长度成正比，单位面积下与盘管敷设的管间距成反比。管间距越小，单位面积敷设的管线就越长，供热量就越多。

热负荷与房间的面积、楼层、朝向、内外墙面积、门窗大小、室内人员数量等因素有关，各房间的热负荷是不相同的，其敷设盘管的间距也是不相同的。

确定盘管间距的原则：单位面积负荷大的房间盘管加密；北向房间盘管加密；外墙面积大的房间盘管加密；房间中有设备的，设备下不敷设盘管，该房间盘管也需加密。

浴室中敷设管线的地面面积小，洗浴时要求空气温度高，所以其盘管间距一般较小。

8. 供热平衡

采暖系统以供热总管、立管、支管向各住户供热，在进入住户单元后，供热管线由分集水器分成两个、三个、四个等多个回路。

供热平衡要求分集水器上的几个循环回路的长度应相等或接近，以达到各回路之间的供热平衡。各循环回路的长度相等或接近，各回路的供热基本相同，在分集水器处供水口与回水口的温度降基本相同，各回路的管线对热水的阻力基本相同，各回路中的热水流速基本相同，达到平衡。

平衡供热状态可以防止各回路供热不均，避免造成各房间冷热不均。

二、绘图步骤方法

『绘图步骤方法』21 散热器采暖平面图绘制的步骤方法

1#，绘制引入口、总立管、立管。

2#，绘制散热器。

3#，绘制供回水干管、支管。

4#，绘制管路附件。

5#，标注。

『绘图步骤方法』22 地板辐射采暖平面图绘制的步骤方法

1#，绘制立管。

2#，绘制分集水器。

3#，绘制入户供回水支管。

4#，绘制管路附件。

5#，绘制地埋管路——按『绘图步骤方法』23 绘制。

6#，标注。

『绘图步骤方法』23 地板辐射采暖地埋管路绘制的步骤方法

1）区域划分。

A. 初步区域划分——按房间与通道自然划分。

B. 调整区域划分——按面积计算平均划分。

C. 确定区域划分——按面积计算平均划分。

2）绘制各回路盘管。

A. 绘制左回路盘管——或第一回路盘管，按『绘图步骤方法』24 绘制。

B. 绘制中回路盘管——或第二回路盘管，按『绘图步骤方法』24 绘制。

C. 绘制右回路盘管——或第三回路盘管，按『绘图步骤方法』24 绘制。

D. 绘制其他回路盘管。

3）管线长度平衡计算。

A. 管线长度计算——查询并计算各回路管线长度，每一回路长度不宜超过 120m。

B. 管线长度比较——各回路管线长度应基本相同，如果相差较大，则应进行调整。

4）管线调整。

A. 管线调整。

B. 重新进行平衡计算——管线调整后应重新进行管线长度平衡计算。

5）连接分集水器，完成地埋管路的绘制。

『绘图步骤方法』24 地板辐射采暖地埋管路管线回路绘制的步骤方法

1#，框线——绘制区域多段线框线。

2#，盘管线——向内偏移框线或绘制盘管线。

3#，中线——自边框中点绘制中线。

4#，修剪——修剪盘管线。

5#，尖角——尖角连接。

6#，辅助线——画辅助线。

7#，调整——调整盘管线。

8#，开口——区域盘管线开口。

9#，合并——合并各部分管线。

10#，删除——删除辅助线。

11#，圆角——回路管线倒圆角。

12#，查询并注写长度——查询回路管线长度，用文字命令注写到图面上。

用画线、偏移、尖角、圆角、修剪、延伸、多段线编辑、拉伸等操作分割区域、绘制管线，将区域划分线连接成闭合的多段线整体，或将管线连接成整体的多段线，用 Area（AA）命令得到面积，用 Lengthen 命令（LEN）查询长度。

三、AutoCAD 软件知识与操作知识

1. 多段线的绘制与编辑

『概念』19 多段线

多段线是作为单个对象创建的相互连接的序列线段。可以创建直线段、弧线段或两者的组合多段线。

『特别提示』54 矩形与正多边形命令生成的图形是多段线

『操作』116 多段线编辑合并的操作

1#，多段线编辑 PE：在命令行输入“PE”，按 <Enter> 键，启动多段线编辑命令。

2#，线，选择一段直线或圆弧：如图8-66所示。

3#，Y，转换为多段线：命令行提示“选定的对象不是多段线”，“是否将其转换为多段线？<Y>”时，按 <Enter> 键默认输入“Y”是，将直线转换为多段线。

4#，J，J 合并：命令行提示“输入选项[闭合(C)/合并(J)/宽度(W)/编辑顶点(E)/拟合(F)/样条曲线(S)/非曲线化(D)/线型生成(L)/反转(R)/放弃(U)]：”时，输入“J”按 <Enter> 键，选择合并选项，如图8-67 所示。

图 8-66　启动多段线命令，选择一直线，将直线转换为多段线

5#，选择，选择合并：选择其他直线或圆弧，按 <Enter> 键，将折线合并为一整条多段线，如图 8-68 所示。

6#，回车结束，按 <Enter> 键结束多段线编辑。

『特别提示』55 多段线合并的条件——选中要合并的各线段必须首尾相接

『特别提示』56 多段线与直线、圆弧作尖角、圆角或倒角时，可以同时将直线、圆弧及圆角、倒角合并到多段线

多段线圆角是对整条多段线上的所有拐角处同时作圆角。

『操作』117 多段线尖角、圆角的操作

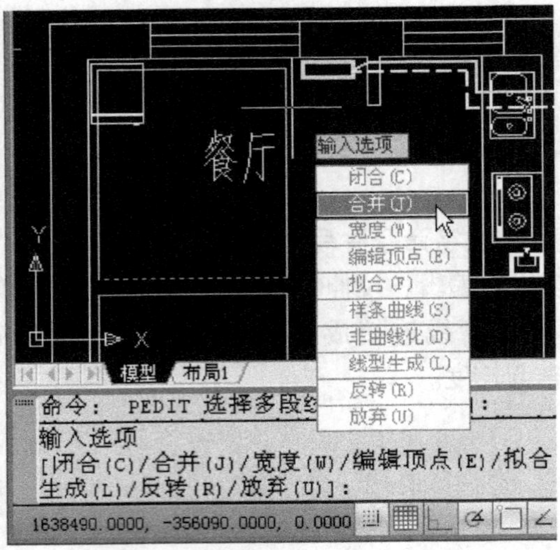

图 8-67　输入“J”，选择合并选项

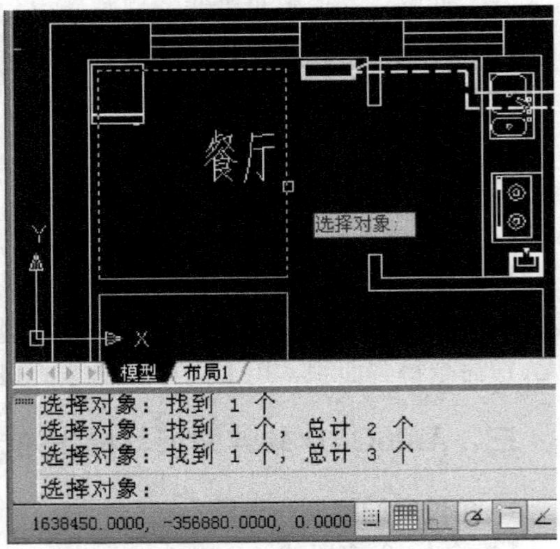

图 8-68　选择其他直线合并

1#，圆角 F，启动圆角命令：单击“圆角”按钮，或输入“FILLET”或“F”，按 <Enter> 键，启动圆角命令。

2#，R，输入“R”半径选项：如图 8-69 所示。

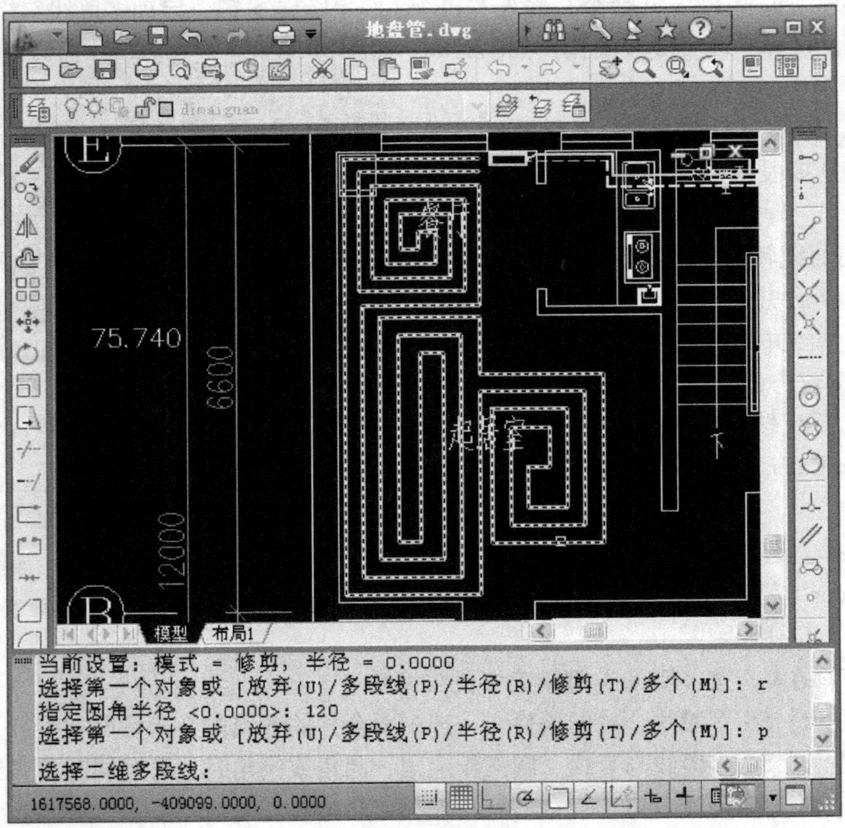

图 8-69　多段线圆角，拾取多段线

3#，半径，输入圆角半径值：输入半径值120。

4#，P，输入“P”多段线选项。

5#，多段线，拾取选择多段线：作出圆角，如图8-70所示，结束。

『特别提示』57 地热盘管作多段线圆角时，先作半径小的圆角，后作半径大的圆角

如图8-37所示，卫生间地热盘管作圆角时，先作*R*40的多段线圆角（图8-71），然后作*R*150的多段线圆角（图8-72），再作*R*250的多段线圆角（图8-73）。

按先小半径后大半径的顺序作多段线圆角，可以保证长度小的线段处两端的直角能够转变成为圆角。

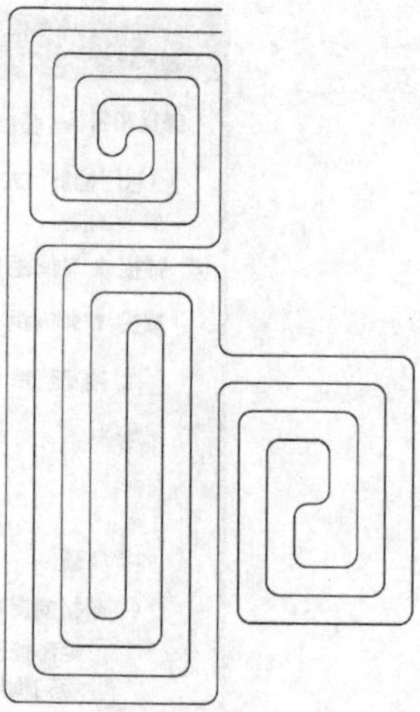

图8-70　作半径120的多段线圆角

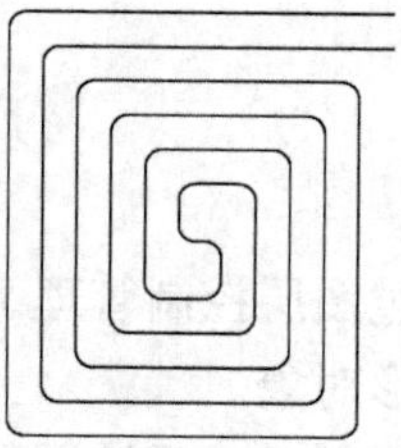

图8-71　先作*R*40多段线圆角

图8-72　后作*R*150多段线圆角

图8-73　再作*R*250多段线圆角

『特别提示』58 用尖角操作可以取消多段线上的所有圆角

2. 捕捉与栅格的使用

『软件知识』111 光标栅格捕捉

光标栅格捕捉用于限制光标，使光标只能停留到操作者指定的位置，不能够停留到图面上的其他位置，并使其按照用户定义的间距移动。

光标栅格捕捉又称为光标捕捉、栅格捕捉，简称捕捉。当捕捉模式打开时，光标似乎附着或捕捉到不可见的栅格点。

捕捉的设置、操作与开关见『操作』63、『操作』81、『操作』82、『操作』83、『操作』84、『操作』95，如图8-74所示。

『软件知识』112 栅格

栅格是可见的参照网格点，是点的矩阵。

使用栅格就相当于在图形下放置了一张坐标纸，利用栅格可以对齐对象并直观地显示出对象之间的距离。栅格不属于图形，不会被打印出来。栅格显示打开时，栅格点会显示在图形界限的整个区域内。

栅格显示一般与光标捕捉配合使用。光标捕捉设置与栅格设置如图8-74所示。

用栅格与光标捕捉进行辅助绘图，可以不用键盘输入数值，直接使用光标就可以进行精确绘图，十分方便。应用栅格与光标捕捉进行辅助绘图，可以使地板辐射采暖平面图的绘制变得简单、易操作。

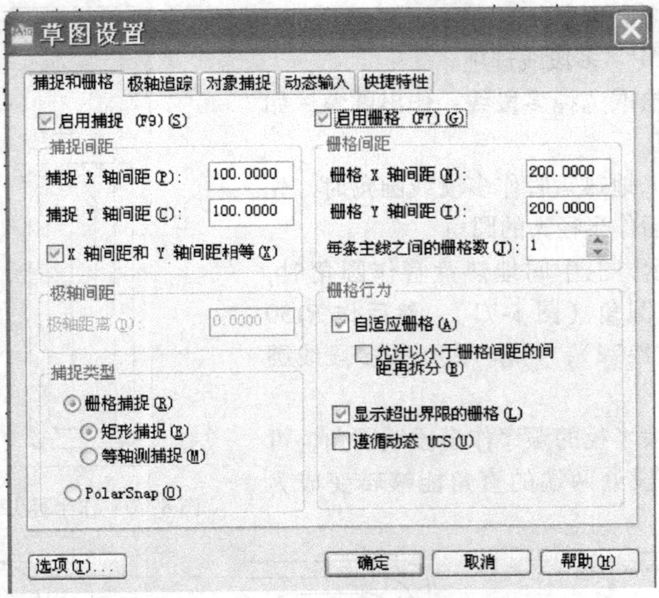

图 8-74　绘制地埋盘管时捕捉和栅格的设定

3. 图层的设置与操作

图层可分类组织不同的图形信息。在图样设计和绘制过程中，通过图层控制管理，可单独对相应图层的图形对象进行处理修改，且不会影响到其他图层的图形对象。

采暖系统平面图是在建筑平面图上绘制的，应对图样中的建筑图形与采暖系统图形实行区别管理，在绘制采暖平面图时，可创建采暖系统所需的图层。采暖系统图样中的设备、管路、附件等部件类型较多，应合理设置图层进行分图层管理，实现对设备、供热管路、回水管路、管路附件、管路编号、尺寸标注等的区别控制和管理。

对图层的操作有设置修改图层，修改图层名称，设置颜色、线型、线宽，打印等；对图层的控制操作有打开与关闭、冻结与解冻、锁定与解锁等。

在本项目任务 2 中，新建了采暖管线“CNGX”、采暖供水“CNGS”、采暖回水“CNHS”、地埋管“dimaiguan”、采暖标注“cainuanbiaozhu”图层，如图 8-75 所示。实际绘图时，设计者可根据需要按自己的习惯设置图层。

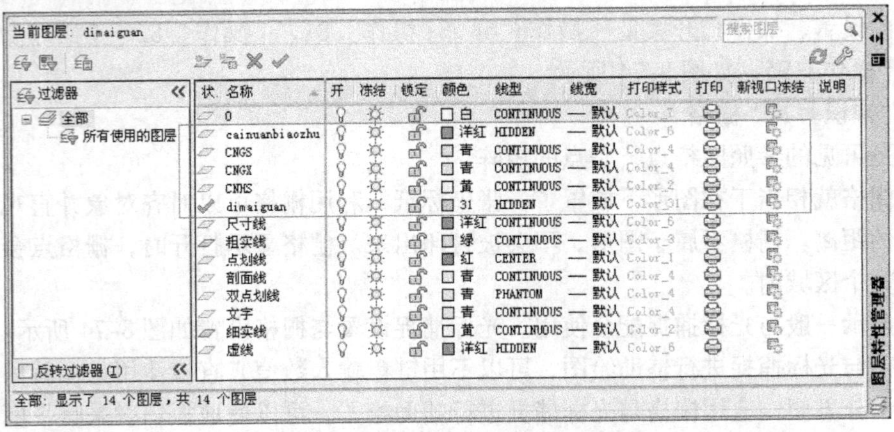

图 8-75　本项目任务 2 中的图层设置

『特别提示』59 绘制采暖系统平面图时，可锁定建筑平面图的图层，避免对其进行编辑

使用 AutoCAD 的图层隔离操作，可以方便地锁定或关闭除选定对象所在图层之外的其他所有图层。在绘制采暖系统平面图时，特别是在调节地埋管多段线的相对位置和各环路长度时，应锁定建筑平面图的图层，确保建筑图形不被修改。

『操作』118 图层隔离的操作

1#，隔离 Layiso——单击图层Ⅱ工具条上的“图层隔离”按钮，或在命令行输入“Layiso”按<Enter>键，启动图层隔离命令，如图 8-76 所示。

图 8-76　图层隔离的操作

2#，对象——选择要隔离图层上的对象，如选择盘管管线（图 8-76），其图层为 dimaiguan。

2#，对象——选择其他要隔离的图层上的对象。

3#，回车结束——按<Enter>键结束。

图层隔离后，除选择的“dimaiguan”等图层外，其他未选择的所有图层都被锁定。在光标触及锁定图层上的图形对象时，被触及的对象不会高亮显示，同时在光标的右上位置还会出现锁形标记，如图 8-77 所示。

4. 拉伸操作

拉伸操作会移动位于交叉选择窗口内部的图形对象上的端点，可以拉长或缩短图形对象，也可以移动图形对象。

『操作』119 用拉伸命令进行拉伸操作

（1）动宾式

1#，拉伸 S，启动拉伸命令：单击修改工具条上的“拉伸”按钮（图 2－20），或在命令行输入“STRETCH”或“S”按<Enter>键，启动拉伸命令。

2#，对象点，交叉选择拉伸对象及点：命令行提示“选择对象：”时，在要拉伸的图形

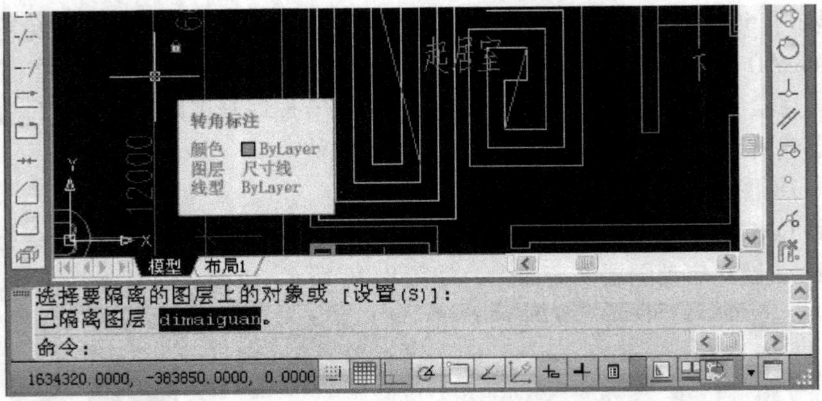

图 8-77　图层隔离后，其他图层全被锁定

对象端点的右上方空白处单击第一点，例如在 *A* 点的右上方空白处单击第一点（图 8-78、图 8-79），然后向左下方拉出虚线框，将要拉伸的 *A*、*B* 两点包含在虚线框内，在 *B* 点的左下方空白处单击第二点（图 8-79），按 <Enter> 键确定拉伸对象的选择。

3#，基点，指定基点：端点捕捉指定 *B* 点作为拉伸基点，如图 8-80 所示。

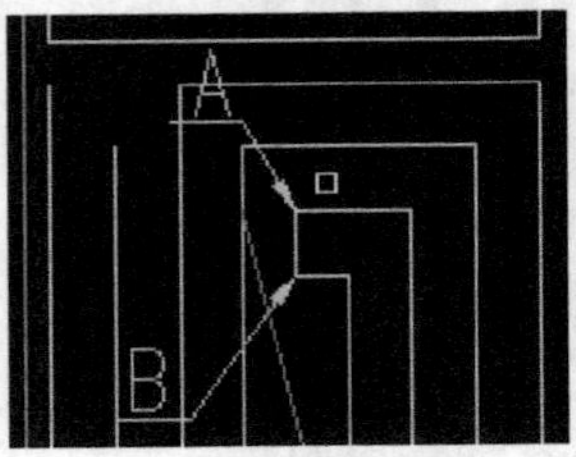

图 8-78　在 *A* 点右上方空白处单击第一点

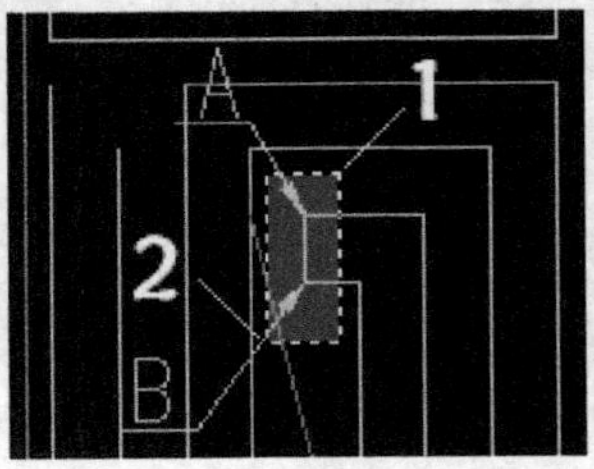

图 8-79　拉伸，输入第一点与第二点，窗交选择 A、B 两点

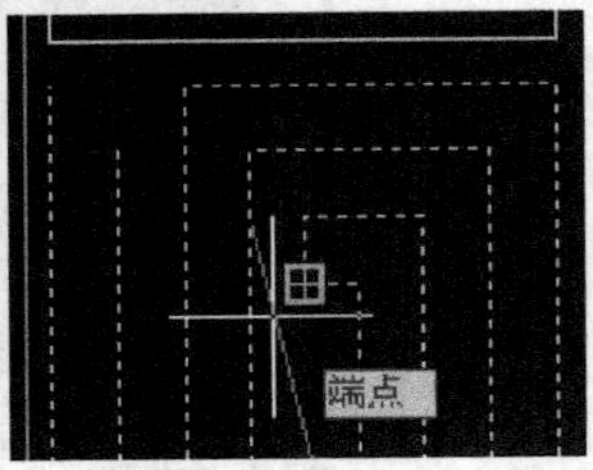

图 8-80　指定 *B* 点作为基点

4#，拉伸：向右拉动光标。

5#，第二点，指定第二点：端点捕捉输入 *B* 点右边的端点作为第二点（图 8-81），完成拉伸，如图 8-82 所示。

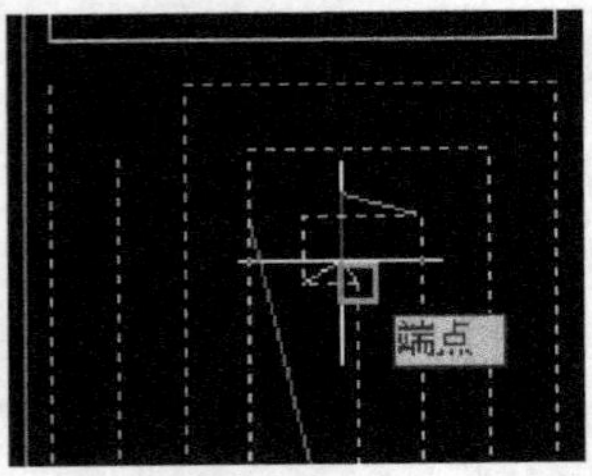

图 8-81　指定 *B* 点右边的端点作为第二点

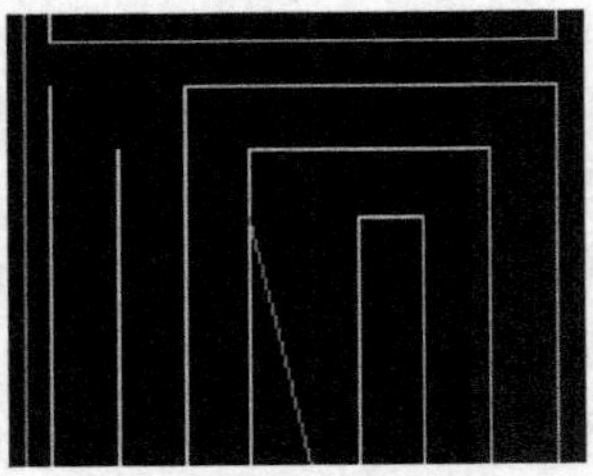
图 8-82　完成拉伸

（2）主谓式

0#，保存，置软件于待命状态：保存。

1#，对象点，交叉选择拉伸对象及点：如图 8-83 所示，在 C 点的右下方空白处单击第一点，向左上方拉出虚线框，将要拉伸的 A、C 两点包含在虚线框内，在 A 点的左上方空白处单击第二点，选择对象。

2#，拉伸 S，启动拉伸命令：在命令行输入“S”，按 <Enter> 键启动拉伸命令。

3#，基点，指定基点：由斜线中点向右追踪到与竖线的交点，单击输入交点作为拉伸基点，如图 8-84 所示。

4#，拉伸：向左拉动光标。

5#，第二点，指定第二点：捕捉输入斜线的中点作为第二点（图 8-86），完成拉伸，如图 8-85 所示。

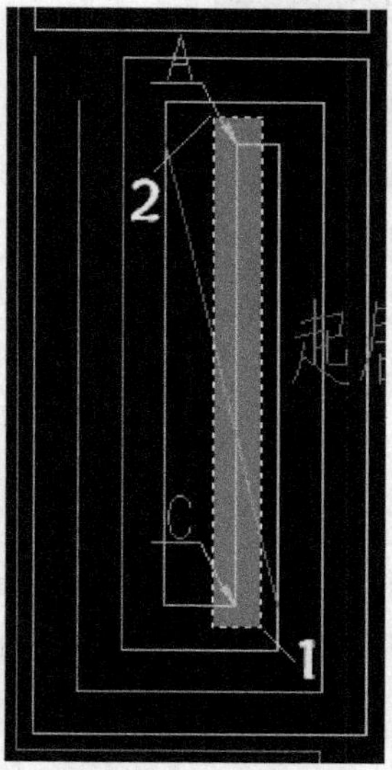

图 8-83　拉伸，单击输入第一点与第二点，窗交选择 A、C 两点

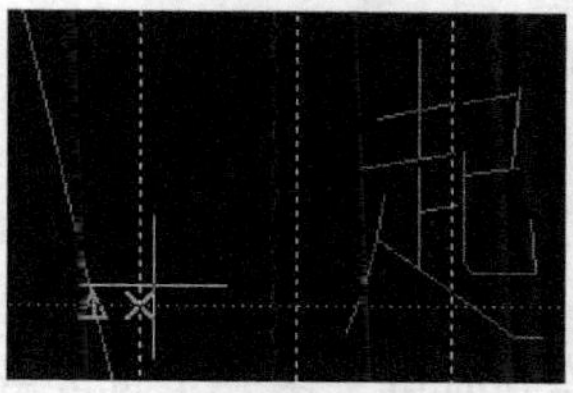

图 8-84　指定追踪交点作基点

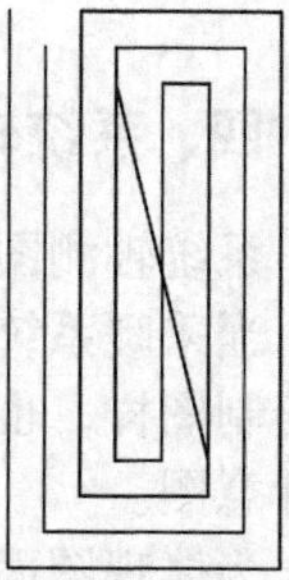

图 8-85　完成拉伸

『特别提示』60 拉伸操作是对图形对象上的端点进行的操作

『特别提示』61 拉伸时不仅要选择拉伸对象，更主要的是选择要拉伸的端点

『特别提示』62 拉伸操作，在对要拉伸的端点进行窗交选择时，可以从右上方向左下方拉，也可以从右下方向左上方拉虚线框进行选择

『特别提示』63 拉伸点不可多选，也不可少选

使用拉伸操作可以很方便地对盘管回路进行调整，如图 8-87、图 8-88 所示。

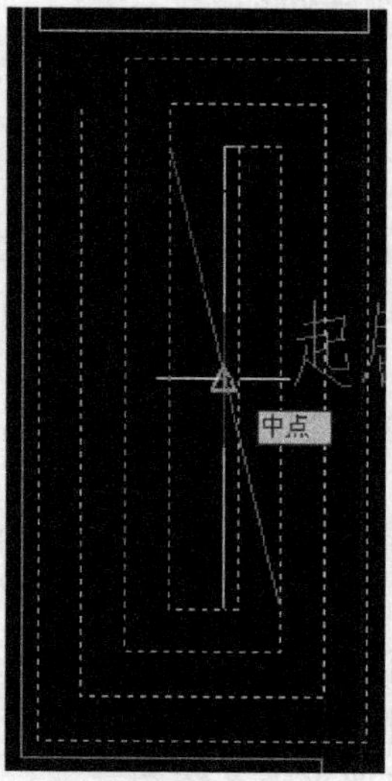

图 8-86　指定斜线中点作为第二点

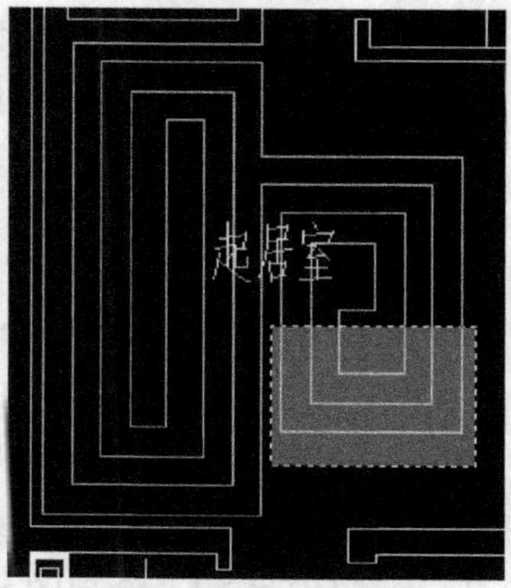

图 8-87　用交叉窗口框选要拉伸的端点

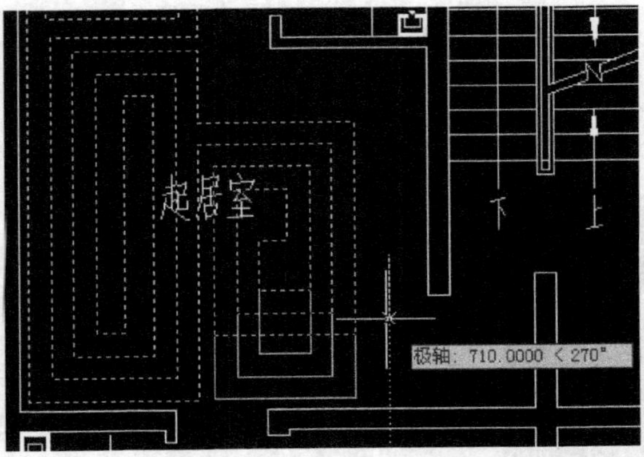

图 8-88　在空白处任意单击输入一点基点，向下拉伸

四、系统轴测图的绘制

系统轴测图可采用正面斜二等轴测图绘制。

当采暖系统较大、图面较为拥挤、相互遮盖影响图面效果时，可以按图 6-1 采用省略画法绘制图样，也可以如图 8-91 所示将系统分为前后两部分，错开绘制，完整清晰地表达出设计意图。

为体现图面效果，绘制时可采用一定宽度的多段线。

采暖系统轴测图的绘制见项目 6 。

思考与练习

1. 思考题

1）开启捕捉与栅格对绘制图形有什么帮助？

2）同一建筑，底层、顶层与标准层的采暖设计会有什么不同？

3）图层的设置有什么作用？为什么要对图形对象分图层实施管理？

4）用多段线绘制地热盘管，或将地热盘管修改为多段线有何好处？

5）用多段线绘制系统图、平面图的供回水管路图线有何好处？

6）拉伸与移动有何不同？二者可以相互替代吗？

7）盘管回路管线倒圆角的顺序是什么？

8）怎样绘制区域盘管管线？

9）多段线连接选择要连接的线和圆弧时，多选了其他的线与圆弧，结果会怎样？

10）地板辐射采暖地埋管路管线回路绘制的步骤方法是什么？

2. 练习图

1）图 8-90 为任务 1 中图 8-1 所示的某学校学生宿舍楼的顶层建筑平面图，按图 8-89 绘制出顶层采暖平面图并标注。

2）按图 8-18，对任务 2 某小区 × 单元 K 户型右单元的地板辐射采暖平面图进行绘制与标注。

提示：右单元虽然与左单元户型完全对称，但是左右两户采暖的热负荷不同，故盘管长度不同，盘管间距要求不同，绘图时不能单纯将左单元的图形镜像到右单元。

3）参照项目 6 ，绘制图 8-91 所示的某学校宿舍楼散热器采暖系统图。

4）参照项目 6 ，绘制图 8-92 所示多层住宅小区某单元辐射采暖系统轴测图。

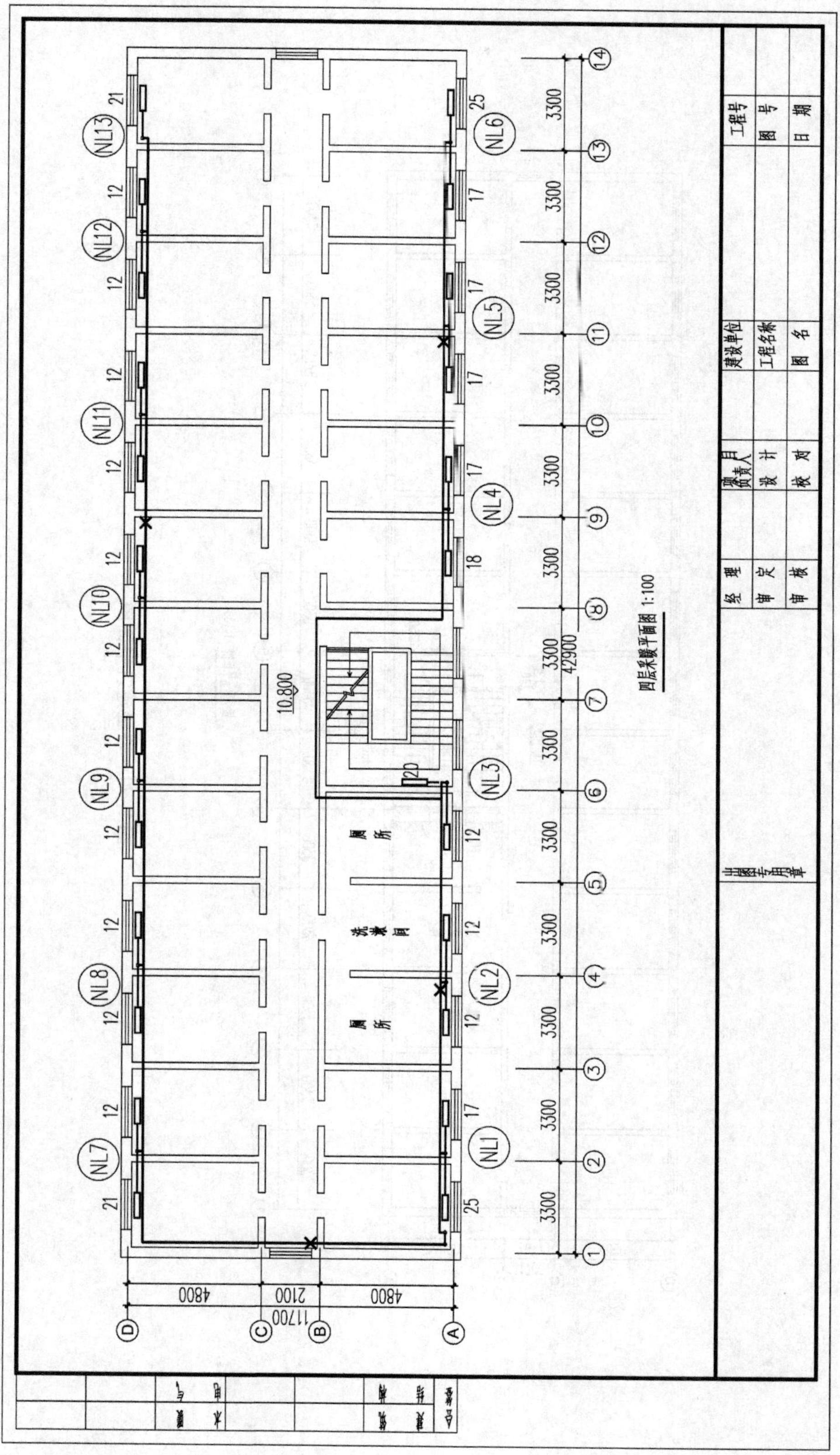

图 8-89　练习图 1 顶层采暖平面图

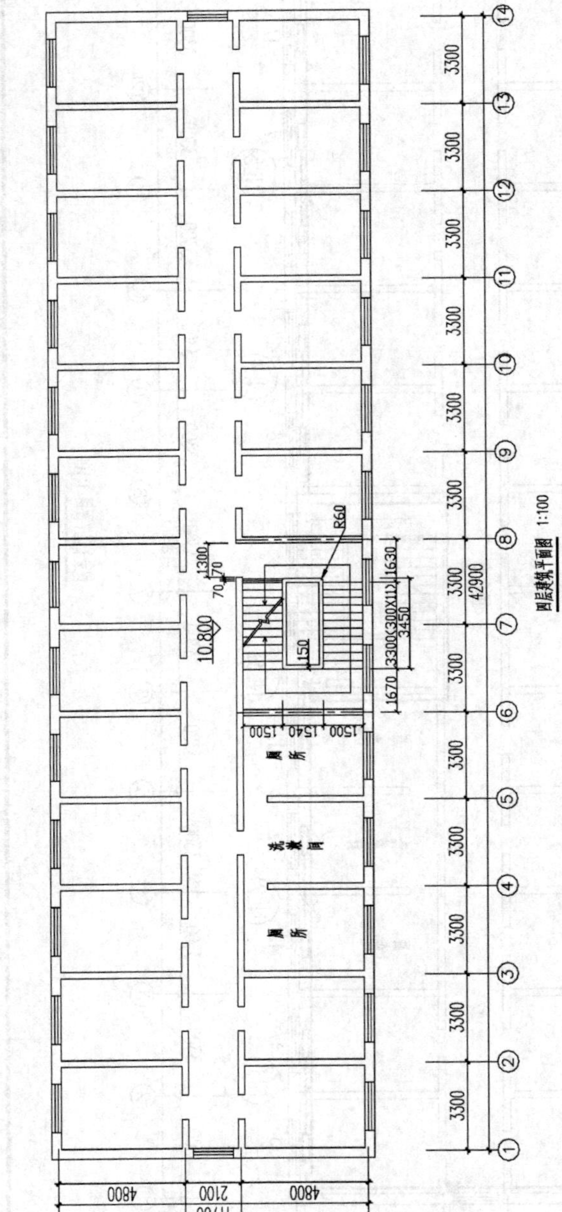

图 8-90　顶层建筑平面图

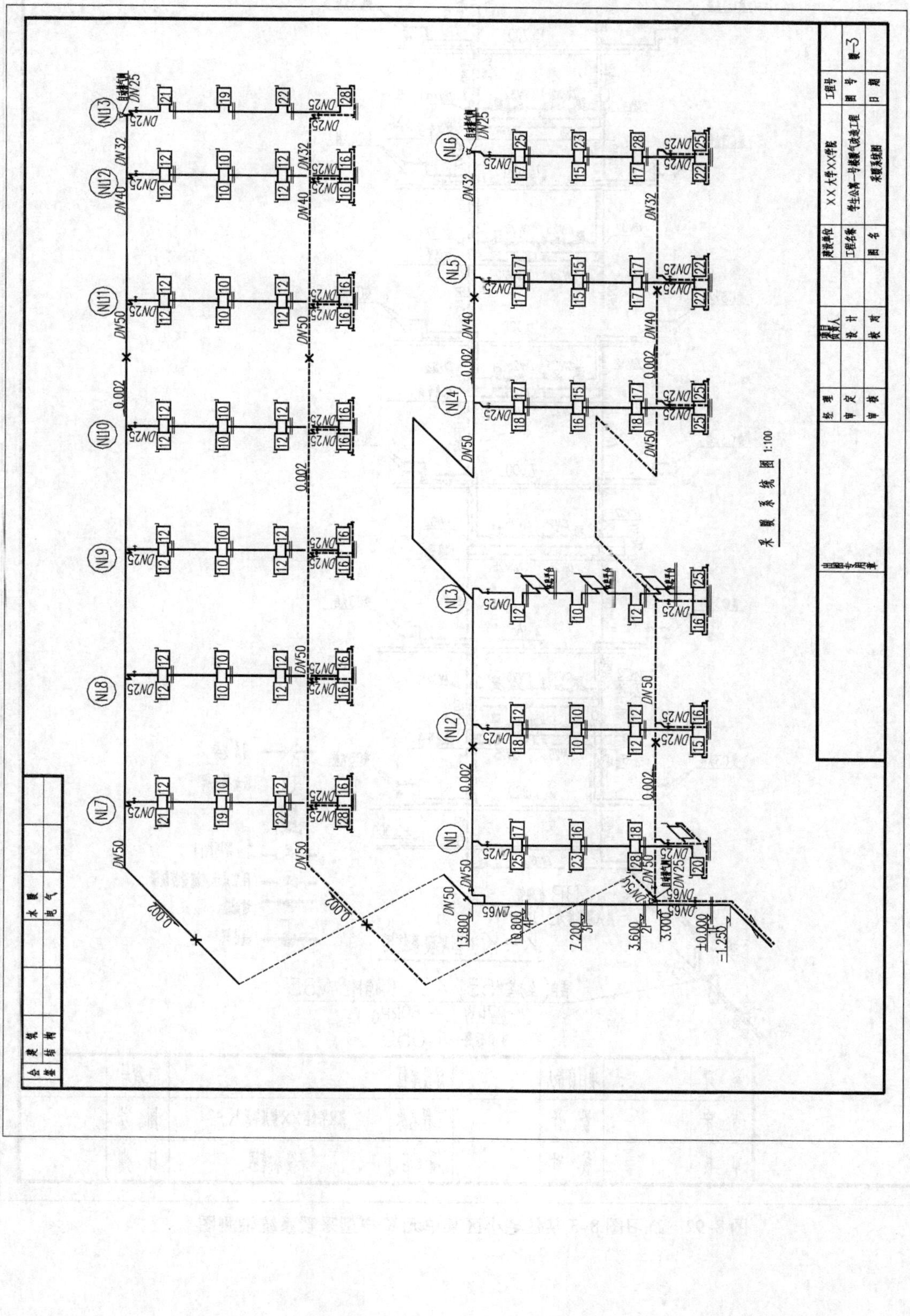

图8-91 练习图2 某学校宿舍楼采暖系统轴测图

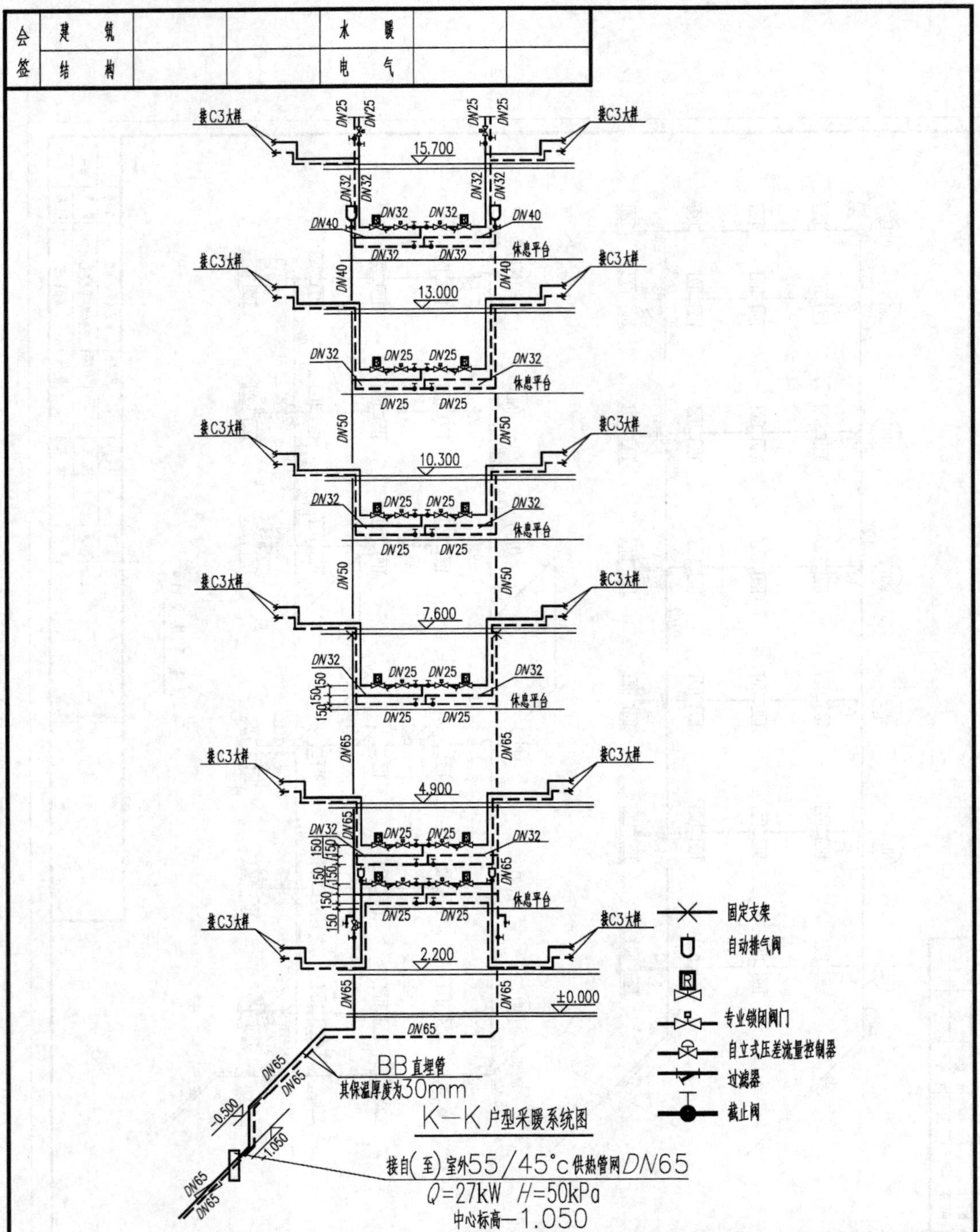

图 8-92　练习图 8-3 某住宅小区某单元 K 户型采暖系统轴测图

项目9　应用鸿业软件
进行暖通空调工程的负荷计算

学习目标

1）了解暖通空调负荷计算的基本概念。
2）掌握鸿业暖通空调负荷计算软件的使用步骤和方法。
3）掌握鸿业暖通空调负荷计算软件的常用设置。
4）掌握空调负荷计算数据的编辑修改。
5）了解暖通空调负荷计算结果分析的相关知识。

工作任务

任务1　空调负荷的计算

一、计算例图中办公室的空调冷负荷与采暖热负荷

任务1空调负荷计算例图如图9-1所示。

建筑物所在地：北京。

建筑信息：建筑物共3层，层高3m。

外墙构造：轻集料混凝土砌块框架填充墙——40mm厚玻璃棉板。

外窗构造：单层塑钢窗，1.5m×1.8m。

办公室面积：$5.4\text{m}\times3.3\text{m}=17.82\text{m}^2$。

办公室1001房间在一楼，其围护结构有西向外墙、南向外墙（含窗）、与会议室相隔的内墙、与走廊相隔的内墙、内门，还有楼板和地面。内墙、内门、楼板相邻的房间和走廊为同一空调区域，因此无需计算它们的负荷。本例中需要计算的是西外墙、南外墙、南窗、地面以及人员、灯光的负荷。

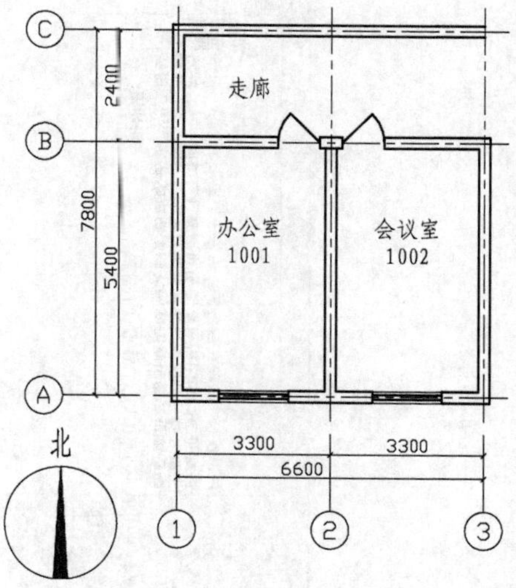

图9-1　空调负荷计算示例图

二、负荷计算的步骤方法

1. 运行鸿业暖通空调负荷计算软件

运行鸿业暖通空调负荷计算软件，显示负荷计算软件的主界面，如图9-2所示。

2. 设定工程地点

单击“工程地点气象参数［北京］”按钮，弹出气象参数管理器界面，如图9-3所示。

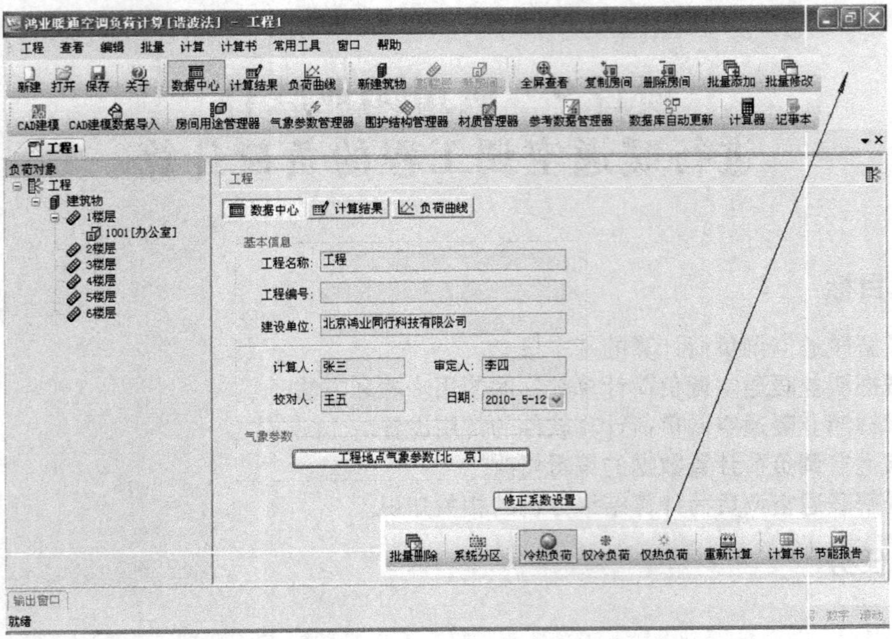

图 9-2　鸿业暖通空调负荷计算软件主界面

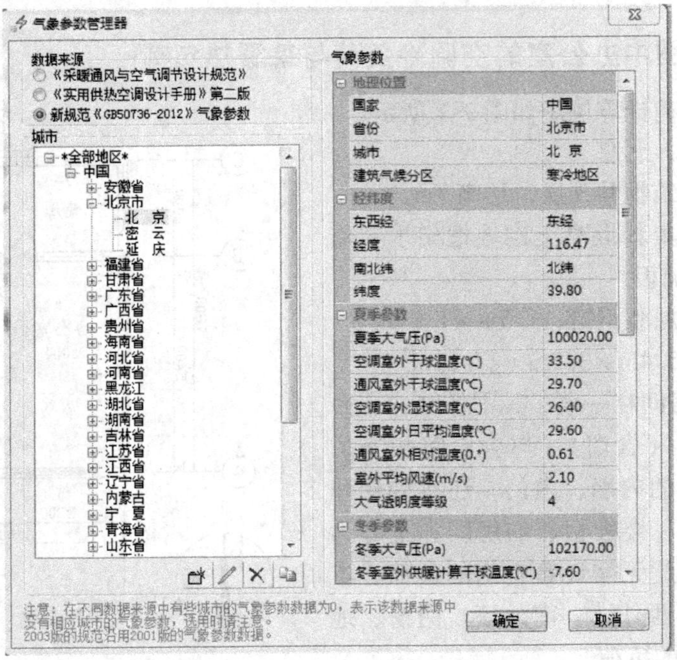

图 9-3　气象参数管理器

鸿业暖通空调负荷计算软件中已经根据规范和手册建立了完整的数据库，只需正确选择工程所在城市即可。

选定工程地点后，软件会从中读取该地的气象参数，这些参数对计算结果有较大影响。

3. 设定建筑物信息

单击软件主界面窗口左侧负荷对象树状结构中的［建筑物］，在窗口右侧显示建筑物信息的设定界面，如图9-4所示。

在此界面中设定建筑楼层数、层高、窗高等信息，单击右下角“刷新数据”按钮保存设定。

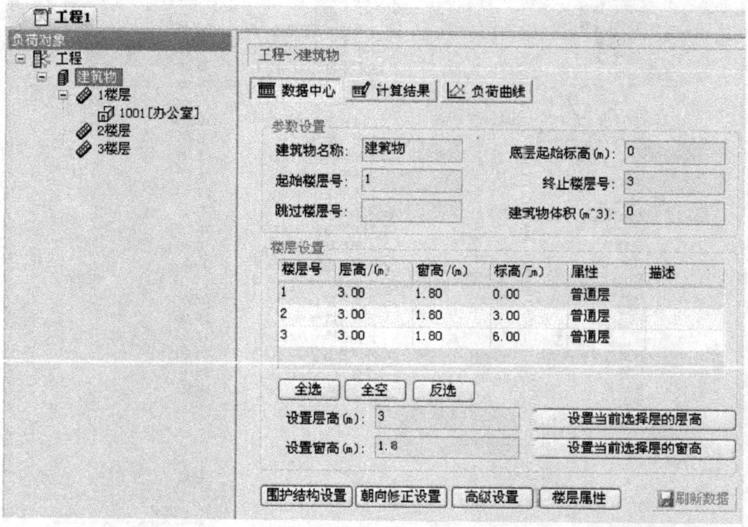

图9-4 建筑物信息

4. 设定房间基本信息

单击软件窗口左侧树状结构中的“1001［办公室］”，在窗口右侧显示建筑物信息的设定界面，如图9-5所示。

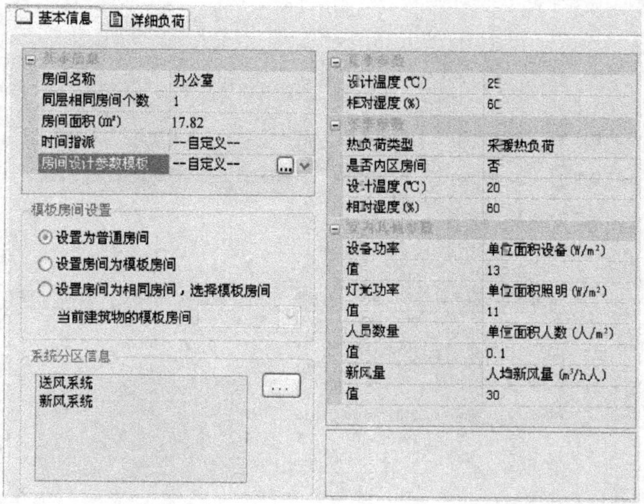

图9-5 房间基本信息

此处需要填写房间面积参数，可以直接输入面积值17.82，也可以填写5.4×3.3，鸿业软件支持四则运算。

界面的右侧为设计参数，可按实际数据输入。单击“房间设计参数模板”的…按钮，调出房间用途管理器，如图 9-6 所示，其中列出了各种类型的房间参数，都是比较合理的，可以直接选用，节省了翻手册、查资料的时间。

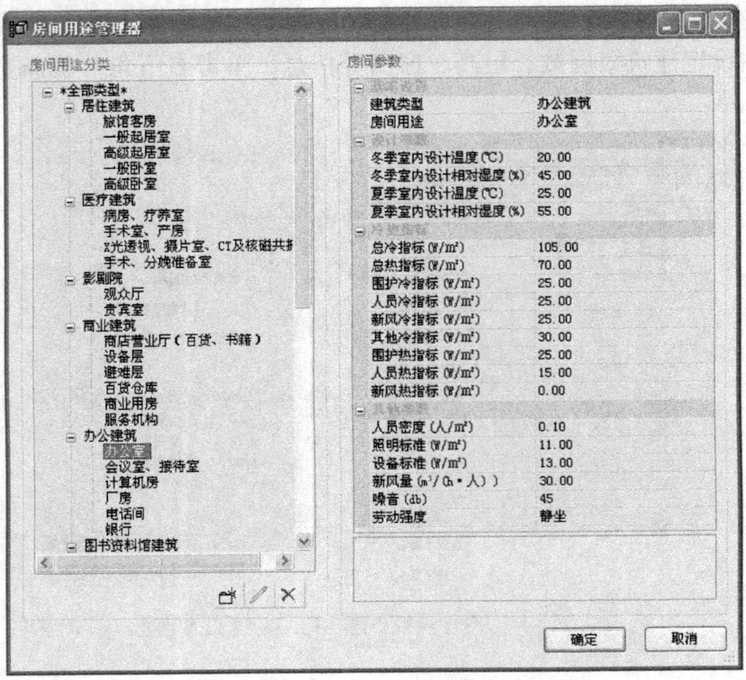

图 9-6　房间用途管理器

5. 设定房间详细负荷

单击界面的右侧的“详细负荷”标签（图 9-5），显示 1001 办公室房间的详细负荷，如图 9-7 所示。

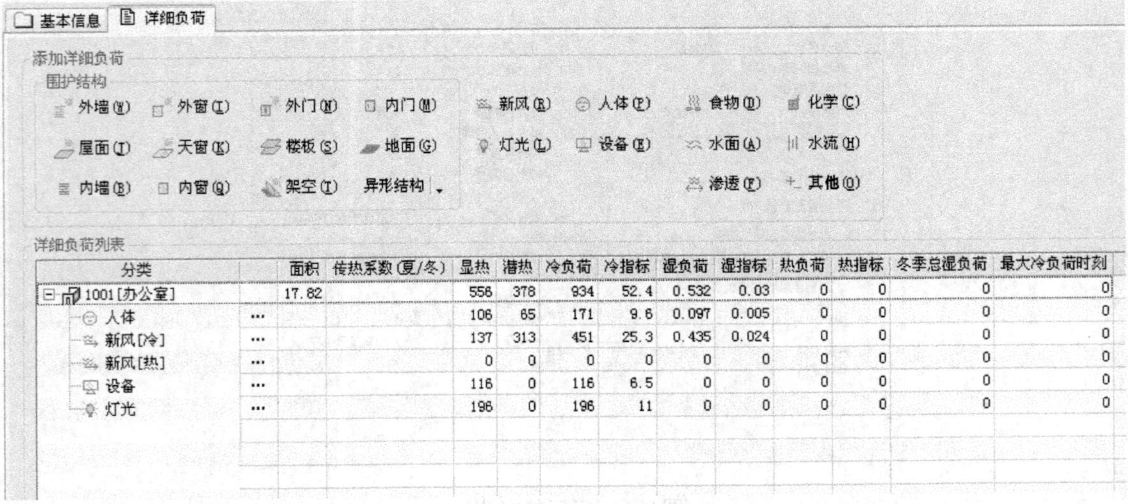

图 9-7　房间详细负荷

可以看到，软件已经根据房间基本信息自动加入人体、灯光的负荷计算。下面要加入的是西外墙、南外墙、南外窗以及地面的负荷。

1）加入西外墙负荷。

单击围护结构中的“外墙”按钮（图9-7），弹出“外墙”对话框，如图9-8所示。根据工程图样（图9-1），输入外墙的长度、高度及朝向。

围护结构的输入，可单击[...]按钮（图9-8），从弹出的围护结构管理器中选择，如图9-9所示。

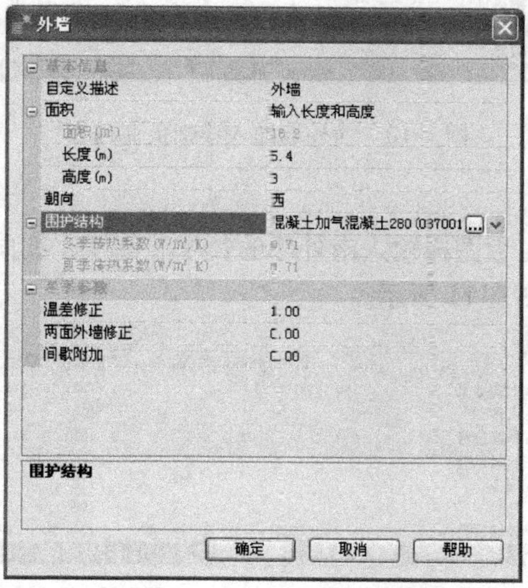

图9-8　“外墙”对话框

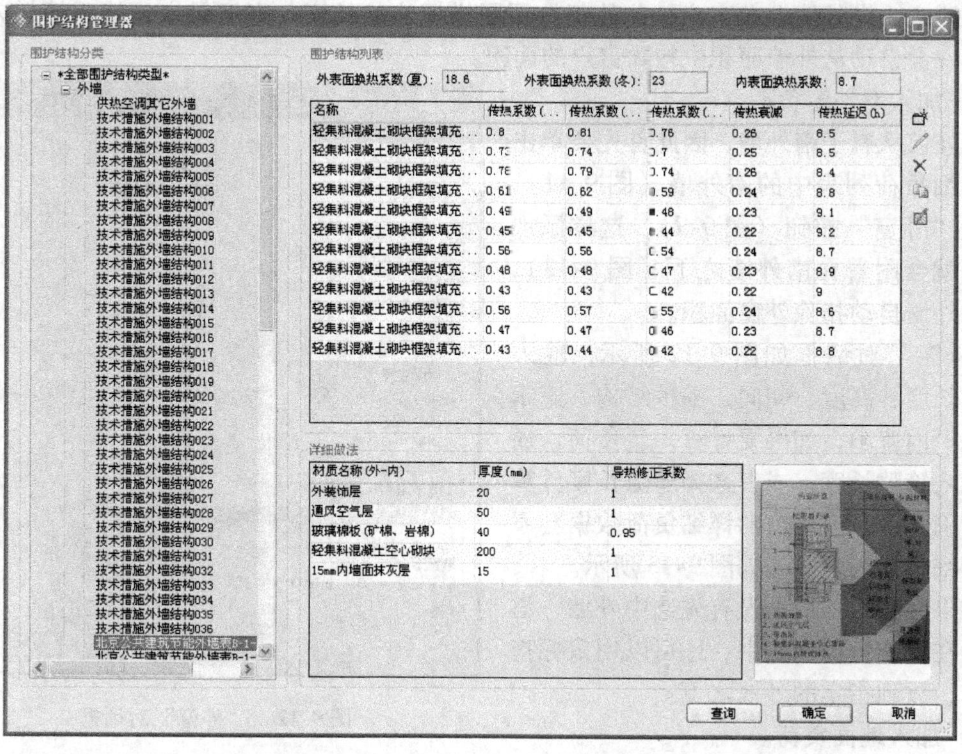

图9-9　围护结构管理器

外墙信息录入完成后，单击“确定”按钮，返回主界面，可以看到西外墙信息已经加到详细负荷列表中，如图9-10所示。

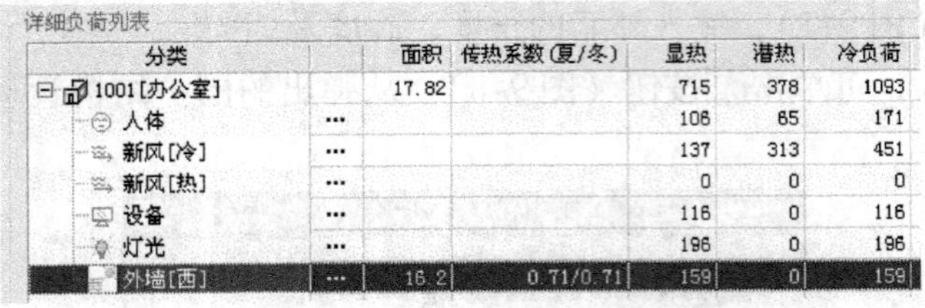
详细负荷列表

分类		面积	传热系数(夏/冬)	显热	潜热	冷负荷
1001[办公室]		17.82		715	378	1093
人体	…			106	65	171
新风[冷]	…			137	313	451
新风[热]	…			0	0	0
设备	…			116	0	116
灯光	…			196	0	196
外墙[西]	…	16.2	0.71/0.71	159	0	159

图9-10　西外墙加入详细负荷列表

2）加入南外墙负荷。

参照上一步骤，根据工程图样输入南外墙的长度、高度、朝向，选择围护结构，确认后加入南外墙详细负荷，如图9-11所示。

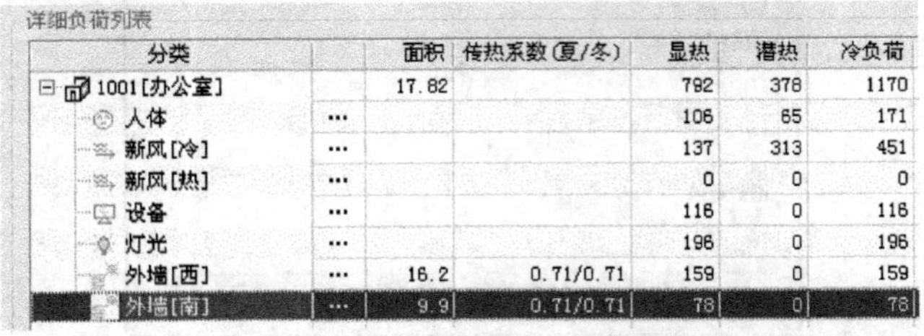
详细负荷列表

分类		面积	传热系数(夏/冬)	显热	潜热	冷负荷
1001[办公室]		17.82		792	378	1170
人体	…			106	65	171
新风[冷]	…			137	313	451
新风[热]	…			0	0	0
设备	…			116	0	116
灯光	…			196	0	196
外墙[西]	…	16.2	0.71/0.71	159	0	159
外墙[南]	…	9.9	0.71/0.71	78	0	78

图9-11　选中南外墙

应注意，南外墙上有窗户，此处仍按照图样标注的长度、高度录入，待后续加入窗户后，软件会自动从外墙面积中扣除窗户的面积。

3）加入南外窗负荷。

南外窗从属于南外墙，因此首先要单击选择详细负荷列表中的南外墙（图9-11），再单击“外窗”按钮（图9-7），这样添加的外窗就会附着在南外墙之下（图9-13），计算时外墙自动扣除外窗面积。

“外窗”对话框如图9-12所示，输入外窗的长度、高度、朝向、围护结构，遮阳设置选择内遮阳，如果要计算采暖负荷，还需要输入缝隙长度，或者选择缝隙长度计算公式。确认后，南外窗的详细负荷数据会添加到详细负荷列表中，如图9-13所示。

如果在输入外窗前没有先选中外墙，添加后，在详细负荷列表中，还可以用鼠标拖动外窗，放到指定的外墙之下。

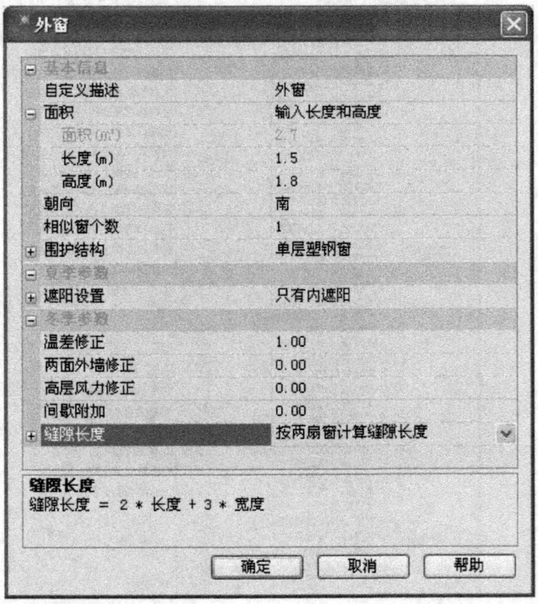

图9-12　“外窗”对话框

4）加入地面负荷。

位于一楼的房间，根据设计情况，有时需要添加地面详细负荷。

单击“地面”按钮（图9-7），弹出“地面”对话框（图9-14），进行地面负荷数据的输入。界面中的数据可以按需要修改，也可以不修改，直接采用设置好的数据。

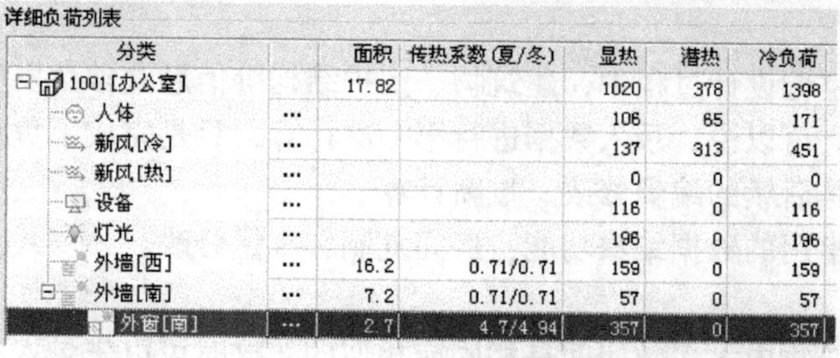
详细负荷列表

分类		面积	传热系数(夏/冬)	显热	潜热	冷负荷
1001[办公室]		17.82		1020	378	1398
人体	…			106	65	171
新风[冷]	…			137	313	451
新风[热]	…			0	0	0
设备	…			116	0	116
灯光	…			196	0	196
外墙[西]	…	16.2	0.71/0.71	159	0	159
外墙[南]	…	7.2	0.71/0.71	57	0	57
外窗[南]	…	2.7	4.7/4.94	357	0	357

图9-13 外窗的详细负荷

单击“确定”按钮确认后，地面负荷数据加入到详细负荷列表中。

6. 计算

数据录入完成后，单击“重新计算”按钮（图9-2），程序进行冷、热负荷计算。

7. 生成计算书

计算完成后，单击“计算书”按钮（图9-2），弹出“计算报表”对话框，如图9-15所示。在弹出的界面中，选择合适的模板，然后单击相应的按钮，可以生成TXT文本文档、Excel表格或Word文档的计算书文件。

计算书要注意保存，以便审查或后续使用。另外，在数据录入过程中，也要注意及时保存原始数据，以防数据丢失造成麻烦。

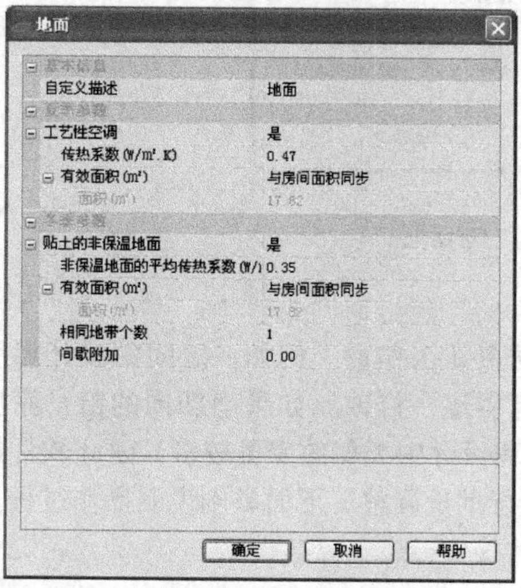

图9-14 “地面”对话框

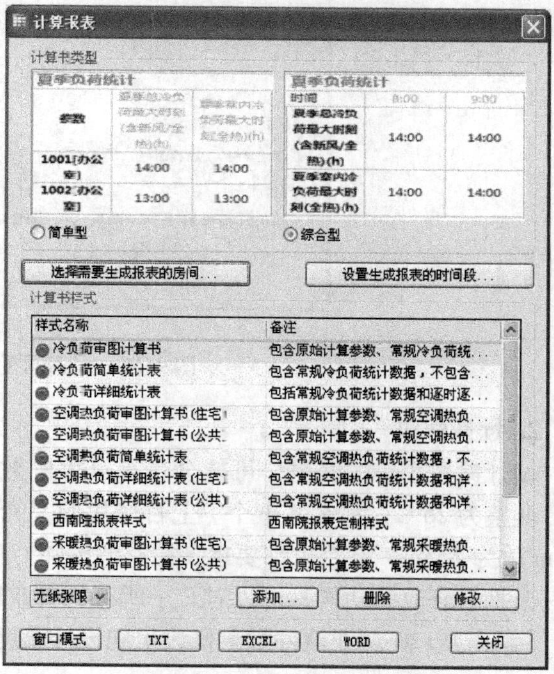

图9-15 “计算报表”对话框

任务 2　计算数据的编辑修改

在实际的暖通空调设计过程中，建筑物、围护结构等信息常常会发生变更，因此要不断调整数据重新计算。可以说，录入数据进行第一次计算，只是完成了负荷计算工作的一小部分，大部分的工作是后续的编辑修改、重新计算。

下面介绍两个常用的数据编辑功能：房间复制和批量修改。

1. 房间复制

通常来说，建筑物内大多数房间是相同或相似的，这时可以先录入一个房间的数据，然后采用复制功能建立其他房间的数据。

“房间复制”对话框如图 9-16 所示。

完全复制：如果两个房间的面积、围护结构、朝向等完全相同，可以采用此方式复制。

镜像复制/旋转复制：如果两个房间的面积、围护结构等完全相同，仅朝向不一致，可以采用此方式复制。

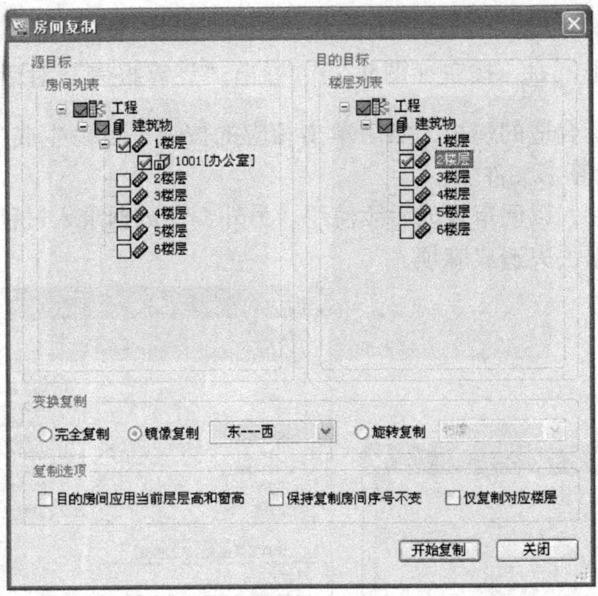

图 9-16　“房间复制”对话框

2. 批量修改

设计参数小小的变更，可能会带来巨大的数据更新工作量。例如，房间的设计温度由 25℃调整为 26℃，那么几十个、上百个房间是否都得逐一修改？如果南朝向的窗户高度由 1.8m 改为 1.5m，是否也都要逐一检查调整呢？工程设计中类似的变更较多，因此软件提供了一个批量修改的功能，可以对几乎所有的参数进行批量调整。下面举例说明操作过程。

『操作』120 鸿业软件批量修改房间设计温度的操作

1#，批量修改：单击负荷计算软件主界面的

按钮（图 9-2），弹出“批量修改”

窗口，如图9-17所示。

2#，房间，选择修改房间：在左侧树状结构中勾选 建筑物，选中所有房间。

3#，项目，选择项目修改：在右侧的界面中选中“房间”标签页，修改“房间”选项卡中的“设计温度”，将温度设定值改为26，如图9-17所示。

4#，完成：单击“应用”按钮，完成修改。

通过上述操作过程，可以一次性修改所有房间的设计温度参数，而无需逐个房间修改。

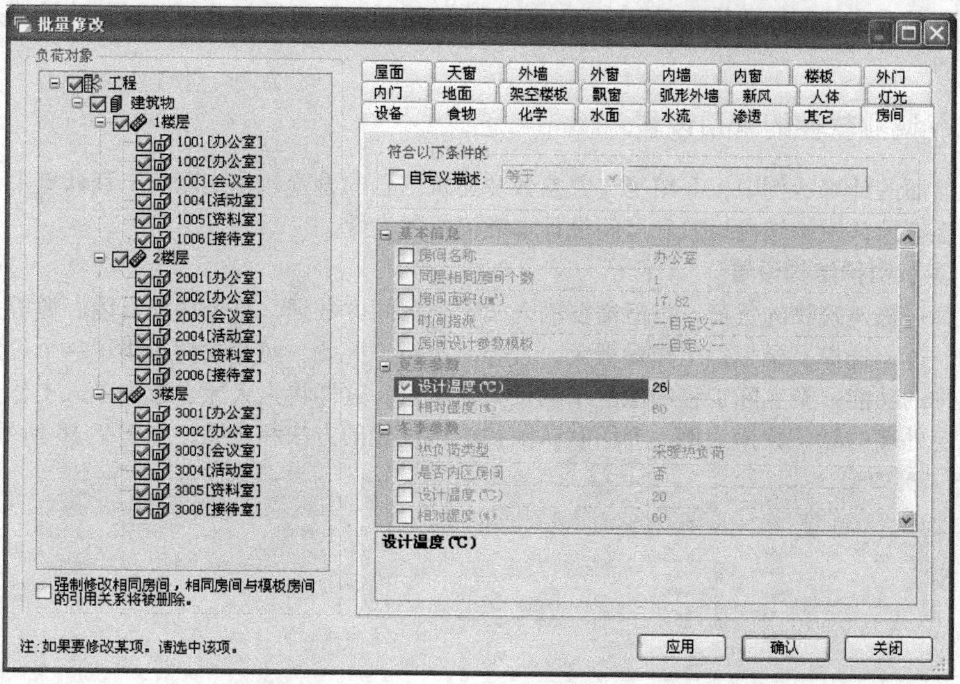

图9-17　“批量修改”窗口

相关知识

一、暖通空调负荷计算的基本概念

1. 冷负荷与热负荷

为了保持建筑物的热湿环境，保持区域内的温度与湿度，在某一时刻需向区域内供应的能量称为负荷。在单位时间内需要供应的冷量称为冷负荷，相反，为了补偿失热，在单位时间内供应的热量称为热负荷。负荷的单位是瓦（W）。

空调区域外的阳光及温度变化，通过墙体、窗户等围护结构传递到区域内，会造成区域内温度变化；区域内外的空气流通以及区域内的人员活动，都会对温度与湿度产生影响。

负荷计算的任务就是对上述变化进行计算，得到负荷值。主要的计算项包括：

1）通过围护结构传入的热量。

2）通过透明围护结构进入的太阳辐射热量。

3）人体散热量。

4）照明散热量。

5）渗透空气带入的热量。

6）设备散热量。

在计算空调冷负荷时，上述1）、2）、3）项要求逐时计算，即计算每整点时刻的负荷值。在进行热负荷计算时，都按稳定传热计算。

2. 负荷计算的目的

负荷计算的结果用于空调主机和末端设备的选型。合理的选型有助于减少投资、降低能耗，对空调系统的节能减排有重要意义。在国家的暖通空调设计规范中，对负荷计算是有强制要求的。

二、鸿业软件的常用设置

在前面的计算示例中，介绍了气象参数和建筑信息的设置。在实际的工程计算中，比较常用的还有默认围护结构设置和房间设计参数模板的设置。

1. 默认围护结构设置

计算一栋建筑物的负荷，可能需要输入几十个房间的数据，每个房间有墙、窗等多项围护结构，逐一选择、录入，工作量很大，且容易出错。因此，鸿业软件提供了一个设定默认围护结构的功能，把实际工程的围护结构设为默认值，这样将大大减少数据录入工作量。下面以设定外墙的默认数据为例，介绍默认围护结构设置的方法和步骤，如图9-18所示。

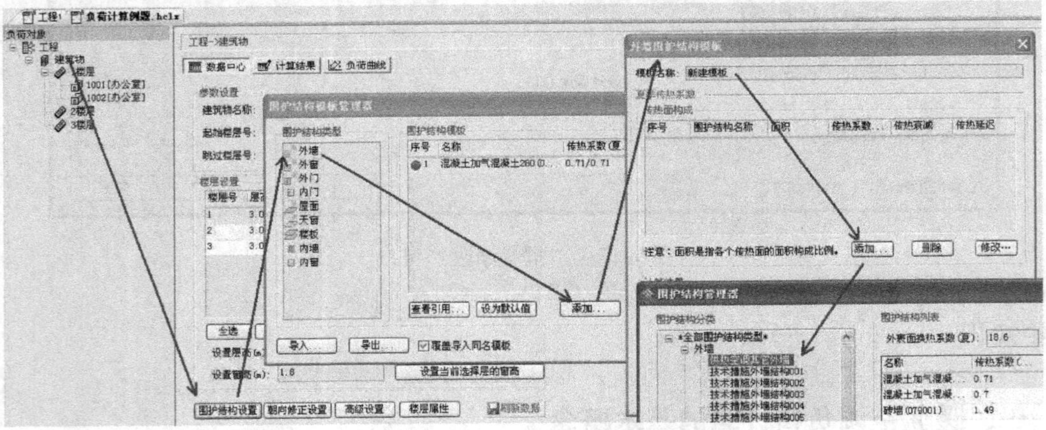

图9-18　默认围护结构设置流程

『操作』121 鸿业软件默认围护结构设置的操作

1#，建筑物：单击 建筑物 选项，在右侧显示的界面中，可以看到有“围护结构设置”按钮。

2#，围护结构设置：单击 围护结构设置 按钮，弹出“围护结构模板管理器”对话框，在此可以设置外墙、外窗等各种围护结构类型与热负荷数据。

本例中设置外墙的数据，因此要单击选中左侧围护结构类型中的 外墙 。

3#，添加：单击 添加... 按钮，显示“外墙围护结构模板”对话框，单击此对话框中的“添加”按钮，弹出“围护结构管理器”对话框。

4#，选择围护结构：在围护结构管理器中，含有设计手册、技术措施、技术规程中推荐的各种外墙做法，从中选择与实际工程对应的类型。

5#，完成：逐步确认，完成设置。

默认值设定完成后，在后续的数据录入过程中，凡是外墙类的围护结构，均默认为此处设定的类型与热负荷数据，可以减少重复数据录入。

2. 房间设计参数模板设置

一个建筑物有多种房间类型，如卧室、客厅、办公室、会议室等，每种房间的基本设计参数并不完全相同。为了提高数据录入效率，减少错误，鸿业软件提供了房间设计参数模板设置功能，设定操作步骤如图 9-19 所示。

『操作』122 鸿业软件房间设计参数模板设置的操作

1#，房间：单击选择房间，在右侧显示的界面中，可以看到有“房间设计参数模板”项目。

2#，设计参数模板：单击“房间设计参数模板”处的 ... 按钮，弹出“房间设计参数管理器”对话框。

3#，添加：单击 添加... 按钮，弹出“房间设计参数”对话框。

4#，导入：单击 从房间用途管理器中导入... 按钮，弹出“房间用途管理器”对话框，其中已经建立了符合设计规范的各类典型房间设计参数，选择与设计工程相符的房间类型即可。

5#，完成：逐步确认，完成设置。

默认值设定完成后，在后续的房间参数设定过程中，可从下拉列表框中直接选取，如

，而无需逐项输入设计参数。

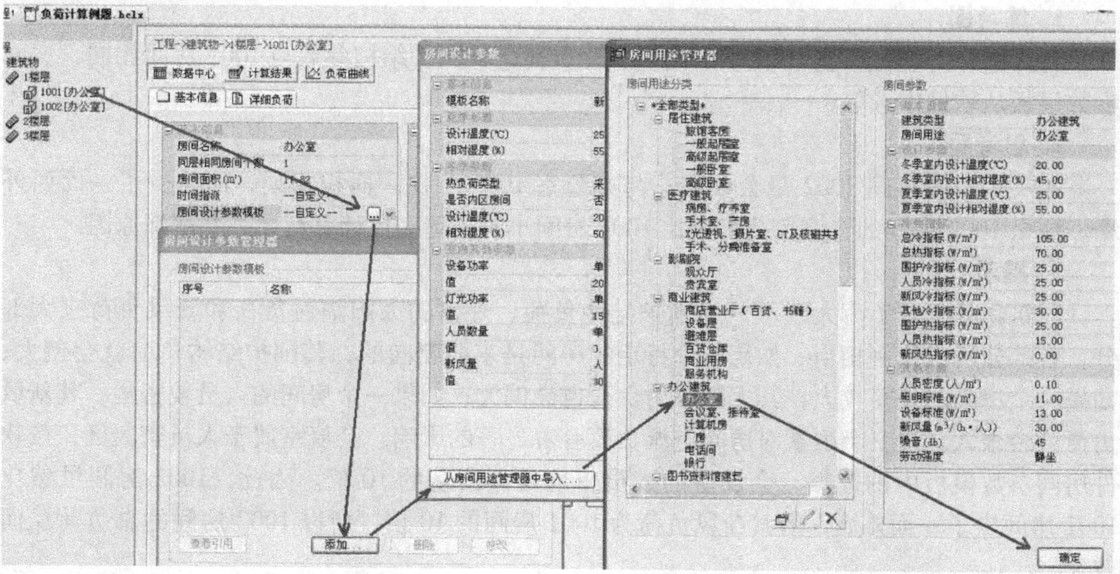

图 9-19　房间设计参数模板设置

三、空调负荷的计算与分析

1. 空调冷负荷指标

$$空调冷负荷指标 = \frac{建筑物空调总负荷}{建筑物空调区域面积} \ (W/m^2)$$

《实用供热空调设计手册（下册）》第十九章中，对我国几百个空调工程做了回归统计，列出了空调冷负荷指标统计值，这些数据具有设计参考意义。但《民用建筑供暖通风与空气调节设计规范》(GB 50736—2012) 和《实用供热空调设计手册》都明确指出，不能以空调冷负荷指标作为施工图设计确定空调负荷的依据，就是说不能用“空调冷负荷指标 × 面积”得出的负荷值去选设备。空调冷负荷值是要逐时计算的，这是设计规范的强制性条文。

2. 空调负荷计算结果分析

在负荷计算完成后，一般需要对结果进行分析，最常用的方法之一就是检查冷负荷指标是否在合理的范围内。在计算书和软件的界面中都显示有这个值，如图 9-20 所示。参照手册统计值，一般办公室空调冷负荷指标为 90 ~ 120W/m²，示例中计算结果为 80.2W/m²。估算的指标通常都偏大、偏保守，逐时计算值小于指标值，与其下限相差不多，因此计算结果基本合理。如果计算结果与统计值相差非常大，可能是数据录入有误，应逐项对照检查。

详细负荷列表

分类		面积	传热系数(夏/冬)	显热	潜热	冷负荷	冷指标
⊟ 1001[办公室]		17.82		1050	378	1429	80.2
人体	···			106	65	171	9.6
新风[冷]	···			137	313	451	25.3

图 9-20　空调冷负荷指标计算结果检查

思考与练习

1. 练习图

计算图 9-1 中会议室 1002 房间的空调冷负荷，其围护结构参数与 1001 房间相同，房间参数模板从软件中选取。

2. 思考题

图 9-1 中的房间 1002 是会议室，与办公室 1001 相比，面积相同，而且少了一面西外墙。那么 1002 房间的空调负荷肯定比 1001 房间小吗？请对比计算结果，并解释原因。

3. 提示

建筑物的空调负荷大致可分为围护结构负荷、外窗的太阳辐射负荷和新风负荷三大部分，各部分所占比例相当。如果某个特定的房间是东西朝向的，其围护结构负荷就会偏大；如果一个房间的外窗较大，其太阳辐射负荷也会偏大；如果一个房间的人员较密集，其新风负荷就会很大。这三个因素对房间空调负荷有着显著的影响。会议室属于人员密集区，按软件房间参数模板中的数据，会议室的人员密度是办公室的 10 倍。因此，1002 房间虽然比 1001 房间少了一面外墙，但其新风负荷为 1001 房间的 10 倍，所以 1002 房间的总负荷反而较大。

项目10 应用鸿业软件进行暖通空调工程的设计

学习目标

1）了解应用鸿业软件进行暖通空调工程设计的基本流程。
2）掌握应用鸿业软件进行暖通空调单线风管的设计方法。
3）掌握应用鸿业软件进行暖通空调双线风管的设计方法。
4）掌握应用鸿业软件进行暖通空调水管的设计方法。

工作任务

任务1 应用鸿业软件进行暖通空调单线风管的设计

一、例图

任务1的空调风管系统图样例图如图10-1所示。

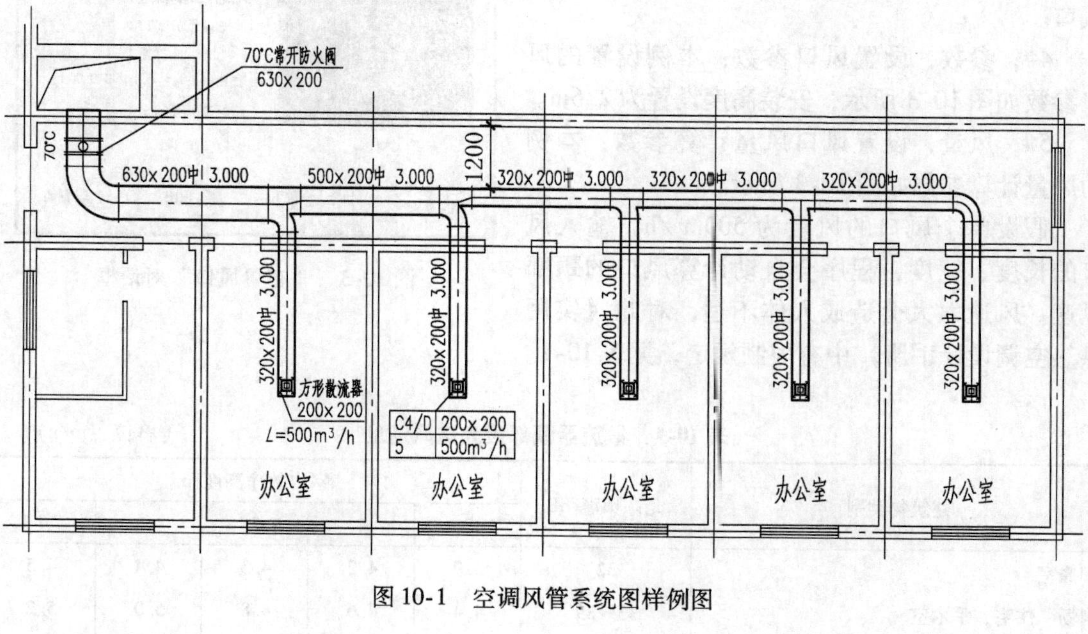

图10-1 空调风管系统图样例图

二、风管系统的单线风管设计步骤方法

1. 运行鸿业暖通空调设计软件

安装并运行鸿业软件后，进入AutoCAD软件环境，其中增加了鸿业软件的菜单，界面

如图 10-2 所示，其中包含建筑、焓湿图、设备、水管、单线风管、多联机、工具、标注等功能模块。

图 10-2　AutoCAD 软件环境中的鸿业软件菜单界面

2. 打开建筑底图

暖通专业设计是在建筑专业设计的基础上进行的，需要建筑专业提供底图。如果没有建筑图样的电子文件，可用软件中的建筑模块自行绘制。

3. 布置风口

『操作』123 鸿业软件布置风口的操作

1#，布置风口，启动布置风口命令：单击"设备/布置风口"菜单项启动命令，弹出"布置风口"对话框，如图 10-3 所示。

2#，名称，选择风口名称：单击选择布置风口对话框中的风口名称，界面中会显示出对应风口图块的形状。本例选择方形散流器。

3#，类型，选择风口类型：本例选择送风口。

4#，参数，设置风口参数：本例设置的风口参数如图 10-3 所示，安装高度设置为 2.6m。

5#，风量，设置风口风量计算参数：本例的风量计算参数如图 10-3 所示。

假设单个风口的风量为 500m^3/h，输入风口的长度、宽度，程序会自动计算风口的颈部风速。风速太大会造成人体不适，对此《实用供热空调设计手册》中有限制规定，见表 10-1。

图 10-3　"布置风口"对话框

表 10-1　散流器颈部最大送风速度　　（单位：m/s）

建筑物类别	允许噪声/dB	室内的净高度/m				
		3	4	5	6	7
广播室	32	3.9	4.2	4.3	4.4	4.5
剧场、住宅、手术室	33 ~ 39	4.4	4.6	4.8	5.0	5.2
旅馆、饭店、个人办公室	40 ~ 46	5.2	5.4	5.7	5.9	6.1
商店、银行、餐厅、百货公司	47 ~ 53	6.2	6.6	7.0	7.2	7.4
公共建筑：一般办公、百货公司底层	54 ~ 60	6.5	6.8	7.1	7.5	7.7

6#，布置：单击 按钮（图10-3），根据提示，插入布置送风口图块。

7#，复制：一个房间的风口布置完成后，删除辅助线，然后可以用AutoCAD的复制或阵列命令为右侧四个房间布置风口。全部风口布置完成后如图10-4所示。

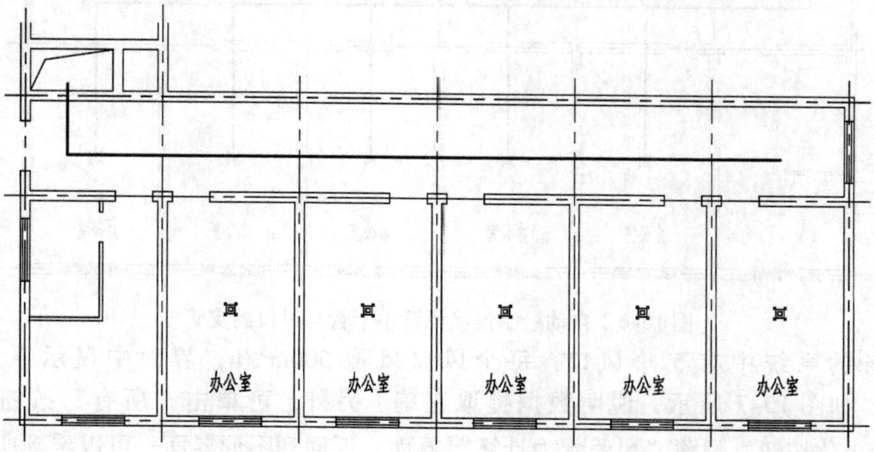

图10-4　风口布置完成图

4. 绘制单线风管

参照图10-1，主风管从左上角的管道井中向下引出，然后向右水平绘制。各风口通过垂直方向的支风管与水平主干管连接。

执行“单线风管/单线风管”菜单命令，弹出“单线风管绘制”对话框，如图10-5所示。

选择送风管，中线标高3m，单击“绘制”按钮，绘制风管主干管，如图10-4所示。

管道需要精确定位，用户可以事先绘制辅助线来帮助定位，也可以利用鸿业软件提供的平面对齐命令来辅助定位，这样在初步绘制设备和管线时，就不必那么严格控制位置了。

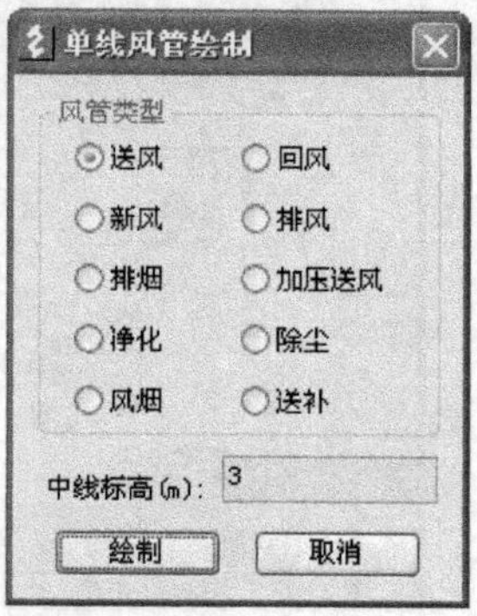

图10-5　“单线风管绘制”对话框

5. 连接风口

执行“单线风管/连接风口”菜单命令，在图面上框选水平风管及风口，程序会自动绘制支线风管，连接主干管与风口，如图10-6所示。

由于主干管是随意绘制的，在末端可能会有多余的线段，需检查图面，注意删除。

6. 水力计算

风管绘制完成后，需要进行水力计算，以确定管径和系统阻力。

执行“单线风管/水力计算”命令，弹出“风管水力计算”的主界面，如图10-7所示。

鸿业软件在进行风管水力计算时，可以从图中提取管线及风口数据，并对数据进行分析，计算各管段所承担的风量。单击“提取系统”按钮，根据提示，在图面上拾取风管系统的最远端，程序会自动分析图形，提取计算信息，并返回主界面，如图10-7所示。

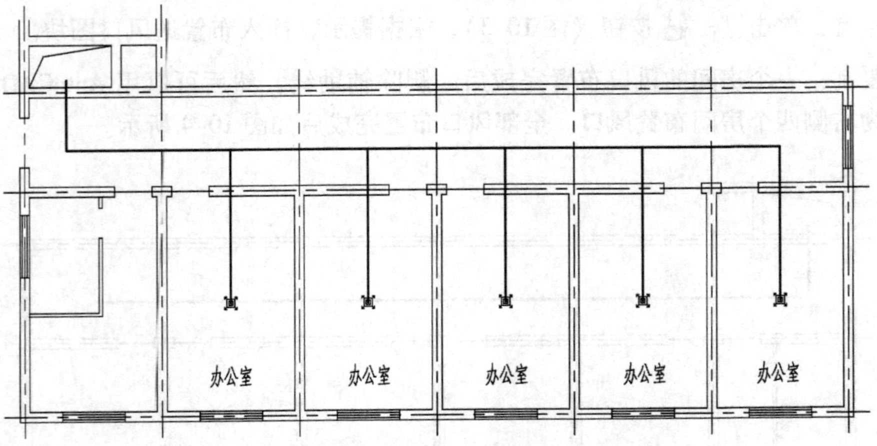

图 10-6 自动绘制连接风管主干管与风口的支管

本任务的系统中有 5 个风口，每个风口风量 500m³/h，界面中显示系统总风量 2500m³/h，如图 10-7 所示，说明数据提取正确。另外，可单击“所有”按钮，再单击最小化按钮，隐藏“风管水力计算”界面，返回到图形界面，可以看到所有管道会闪烁显示。也可以通过这种方法，检查图形数据的提取是否正确。

数据准备完成后，还需对计算条件进行设定。常用的有两项设定：计算方法与计算规则。

单击按钮（图 10-7），弹出“计算数据控制”对话框，如图 10-8 所示。

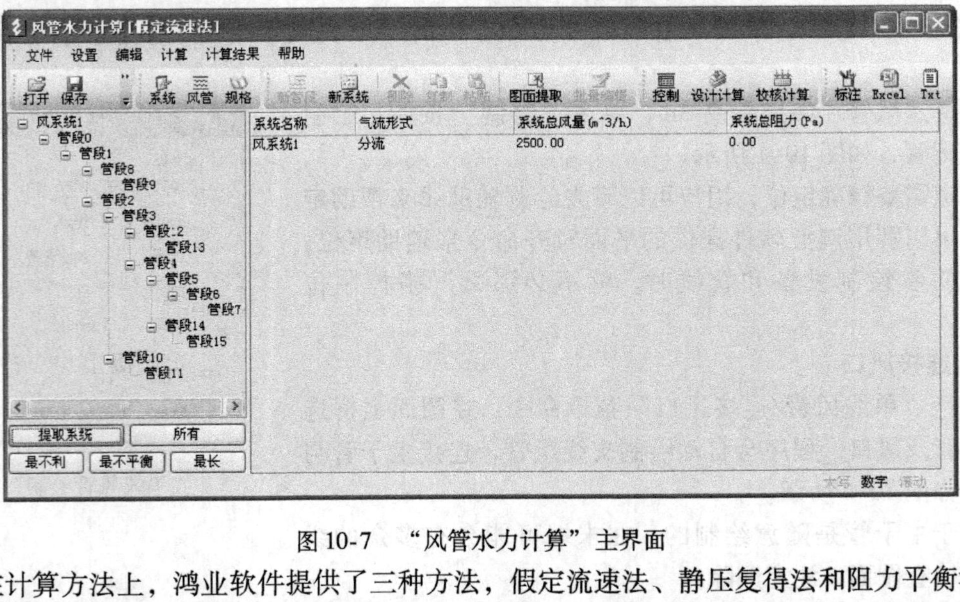

图 10-7 “风管水力计算”主界面

在计算方法上，鸿业软件提供了三种方法，假定流速法、静压复得法和阻力平衡法，并且在软件的程序中含有手册推荐的各方法的控制数据。最常用的计算方法是假定流速法，鸿业软件默认使用该方法计算，如果不需要特殊设定，在“计算数据控制”对话框中单击“取消”按钮即可。

单击按钮（图 10-7），弹出“风管数据控制”对话框，如图 10-9 所示。此处主要是设定风管的截面形状及管径选择规则。

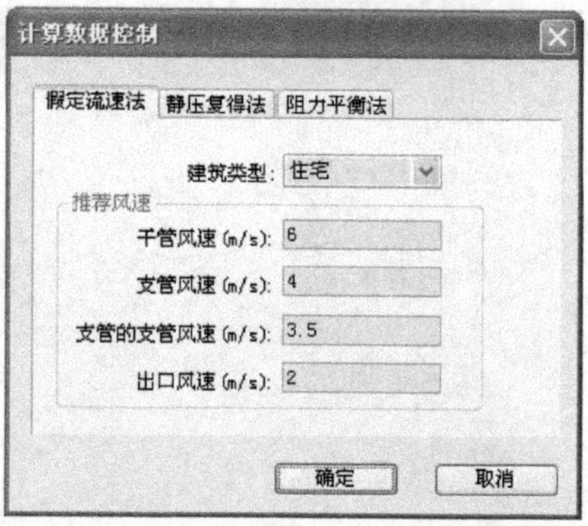

图 10-8 “计算数据控制”对话框

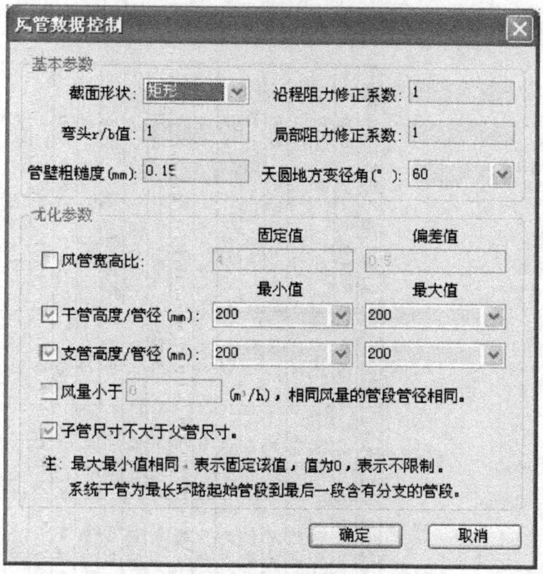

图 10-9 “风管数据控制”对话框

数据准备及计算条件设定完成后，单击 设计计算 按钮（图 10-7），程序计算各管段管径、系统阻力、环路不平衡，并在界面中显示。

如果对计算结果不满意，可以单击相应管段，编辑数据，然后单击 校核计算 按钮（图 10-7）重新计算。在界面中选中一条或多条管段，然后单击界面的“最小化”按钮显示出图形界面，图面上相应管道会闪烁显示，便于对照修改。

计算完成后，单击 Excel 和 Txt 两个按钮（图 10-7），可以分别生成 Excel 表格和 txt 格式的计算书，如图 10-10 所示。

鸿业软件在计算时已将管径信息写入到图面实体中，可用 标注 按钮（图 10-7）对其进行标注，也可以使用软件中的“标注/风管标注”菜单命令进行标注。

7. 绘制系统图

有的工程设计要求绘制单线风管系统图，执行“单线风管/绘系统图”菜单命令，在图面上框选风管及风口，程序会自动绘制单线风管轴测图。命令对话框及绘制效果分别如图 10-11、图 10-12 所示。

8. 平面定位

在“绘制单线风管”时提到，可以按风管走向大致绘制管道，然后用“平面对齐”命令准确指定风管位置。

该命令可以调整单线或双线风管的位置，命令对话框如图 10-13 所示。

使用该命令时，首先选择风管与参考线的对齐方式：中心对齐或边线对齐，然后输入风管与参考线的间距，确定后返回图面，根据提示，先选择定位参考线，再选择风管即可。

对单线风管执行该命令后，图面没有任何变化，待执行“管线变双”命令时（图 10-14），变双后的风管会生成到指定位置；对双线风管执行该命令后，风管会立即移动到指定位置。

a. 风系统1水力计算表

风系统1(分流)

编号	截面类型	风量(m³/h)	宽/直径(mm)	高(mm)	长(m)	风速(m/s)	比摩阻(Pa/m)	局阻系数	沿程阻力(Pa)	局部阻力(Pa)	总阻力(Pa)	支管阻力(Pa)	点资用全压(Pa)	节点不平衡率(%)
管段0	矩形	2500.00	630.00	200.00	1.68	5.51	1.21	0.00	2.04	0.00	2.04	54.32	54.32	0.00
管段1	矩形	2500.00	630.00	200.00	3.94	5.51	1.21	0.26	4.76	4.80	9.57	52.28	52.28	0.00
管段2	矩形	2000.00	500.00	200.00	3.30	5.56	1.32	0.04	4.37	0.74	5.11	42.71	42.71	0.00
管段3	矩形	1500.00	320.00	200.00	3.30	6.51	2.14	0.29	7.06	7.36	14.42	37.60	37.60	0.00
管段4	矩形	1000.00	320.00	200.00	3.30	4.34	1.00	0.31	3.31	3.50	6.81	17.33	23.19	25.28
管段5	矩形	500.00	320.00	200.00	3.30	2.17	0.28	0.97	0.93	2.74	3.66	6.01	10.52	42.91
管段6	矩形	500.00	320.00	200.00	3.70	2.17	0.28	0.21	1.04	0.60	1.63	2.34	2.34	0.00
管段7	矩形	500.00	320.00	200.00	0.40	2.17	0.28	0.21	0.11	0.60	0.71	0.71	0.71	0.00
管段8	矩形	500.00	320.00	200.00	3.70	2.17	0.28	5.26	1.04	14.84	15.88	16.58	42.71	61.17
管段9	矩形	500.00	320.00	200.00	0.40	2.17	0.28	0.21	0.11	0.60	0.71	0.71	0.71	0.00
管段10	矩形	500.00	320.00	200.00	3.70	2.17	0.28	5.35	1.04	15.09	16.13	16.84	37.60	55.22
管段11	矩形	500.00	320.00	200.00	0.40	2.17	0.28	0.21	0.11	0.60	0.71	0.71	0.71	0.00
管段12	矩形	500.00	320.00	200.00	3.70	2.17	0.28	7.60	1.04	21.44	22.48	23.19	23.19	0.00
管段13	矩形	500.00	320.00	200.00	0.40	2.17	0.28	0.21	0.11	0.60	0.71	0.71	0.71	0.00
管段14	矩形	500.00	320.00	200.00	3.70	2.17	0.28	3.11	1.04	8.77	9.81	10.52	10.52	0.00
管段15	矩形	500.00	320.00	200.00	0.40	2.17	0.28	0.21	0.11	0.60	0.71	0.71	0.71	0.00

b. 风系统1最不利环路

风系统1最不利环路为通过管段0-1-2-3-12-13的环路，最不利阻力损失为54.32Pa。

c. 风系统1环路分析

风系统1环路分析表

环路名称	环路管段	路阻力损失/Pa	环路不平衡率(%)
环路1	0-1-2-3-4-5-6-7	43.94	19.10
环路2	0-1-8-9	28.19	48.10
环路3	0-1-2-10-11	33.55	38.23
环路4	0-1-2-3-12-13	54.32	0.00
环路5	0-1-2-3-4-14-15	48.46	10.79

图10-10　风管水力计算书

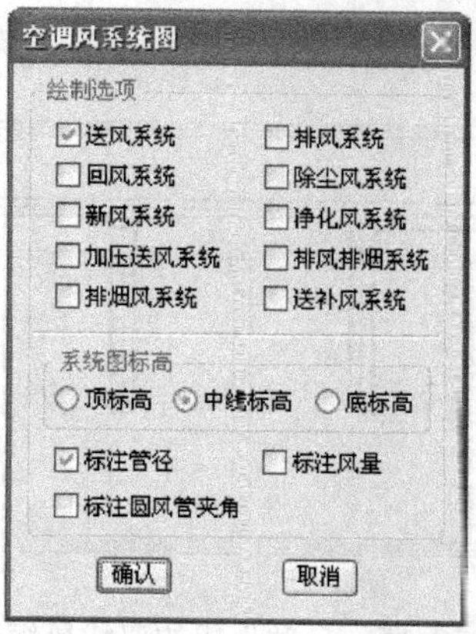

图 10-11　“空调风系统图”对话框

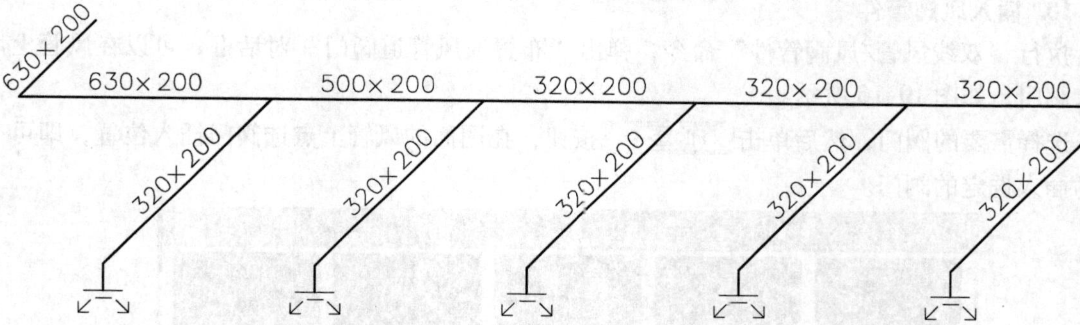

图 10-12　鸿业软件自动绘制的单线风管系统图

9. 单线变双

执行“单线风管/管线变双”菜单命令，弹出“通风管线变双线”对话框，如图 10-14 所示，在该对话框中设定要求的双线样式，然后单击“确定”按钮完成设置。确认后拾取图面中风管系统的最远端，程序自动分析图形，提取风管的管径信息，生成双线风管，并在管段连接处自动生成弯头、变径、三通等管件。生成的双线风管效果如图 10-15 所示。从图面上看，弯头、三通等管件生成正确，风管边线与上方墙线对齐，间距为 1200。

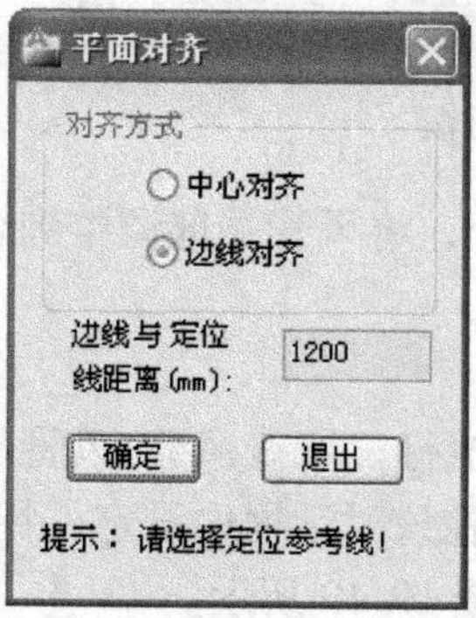

图 10-13　“平面对齐”对话框

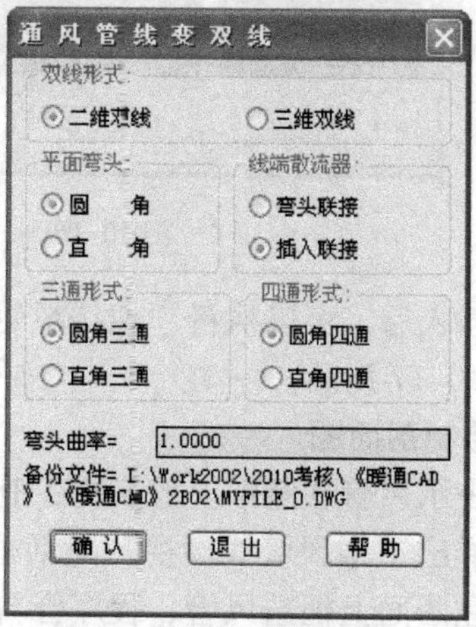

图 10-14　“通风管线变双线”对话框

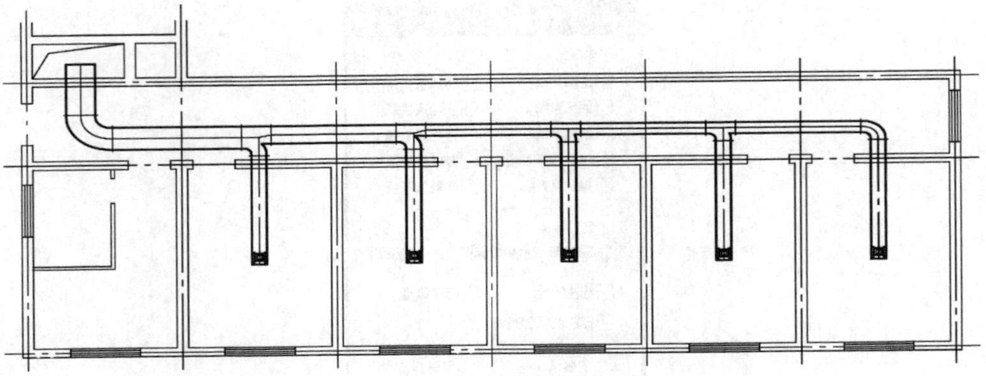

图 10-15　自动生成的双线风管图

10. 插入风阀管件

执行“双线风管/风阀管件”命令，弹出“布置通风管道阀门”对话框，可以在风管上插入阀门，如图 10-16 所示。

选择需要的阀门，然后单击 布置< 按钮，在图面的风管上点选阀门插入位置，即可自动插入选定的阀门。

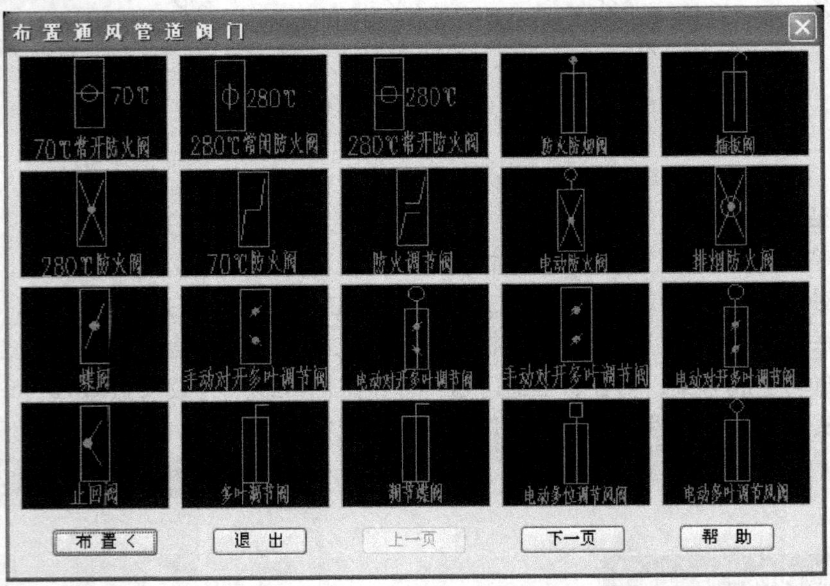

图 10-16　“布置通风管道阀门”对话框

风阀插入后，可以执行“双线风管/风管伸缩”菜单命令，将风管端部调整到合适的位置，如图 10-17 所示。

11. 绘制剖面图

为了表示风管在竖向上的变化，有时需要绘制剖面图。执行“双线风管/风管剖面”菜单命令，弹出“通风管线剖视”对话框，如图 10-18 所示。在该对话框中设定好标高参数，确认后，在图面上框选风管，程序会自动生成其剖面图，如图 10-19 所示。

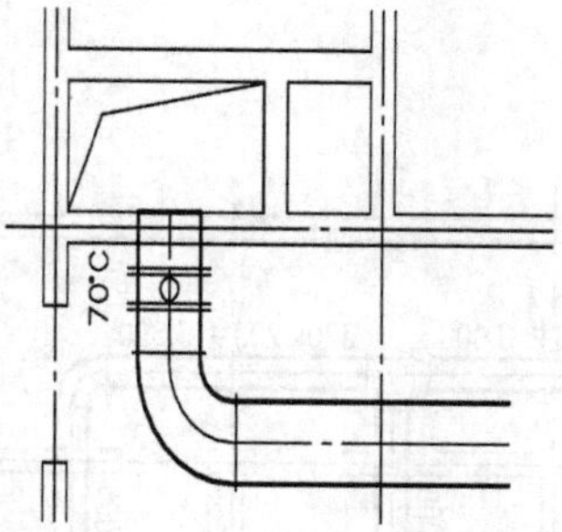

图 10-17　插入风阀及风管端部位置调整

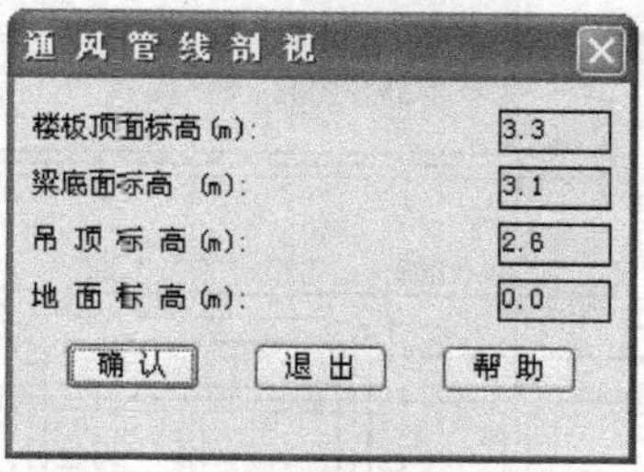

图 10-18　“通风管线剖视”对话框

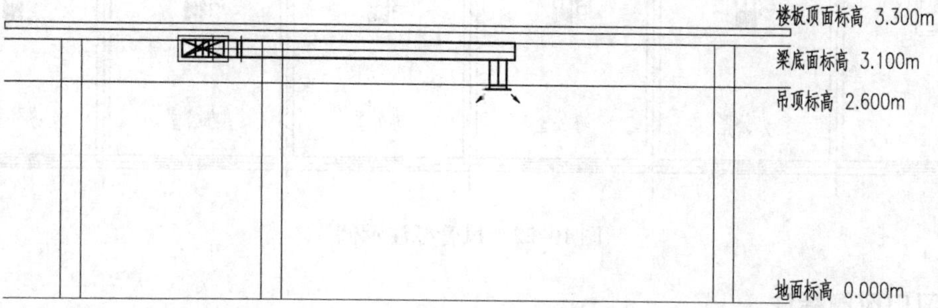

图 10-19　生成管道的剖面图

12. 风管标注

执行“标注/风管标注”菜单命令，可以标注风管的管径、标高等信息。该命令对话框及其高级选项分别如图 10-20、图 10-21 所示。

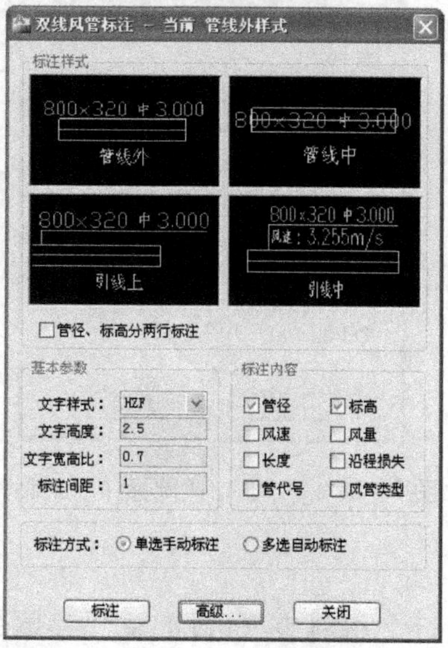

图 10-20　“双线风管标注”对话框

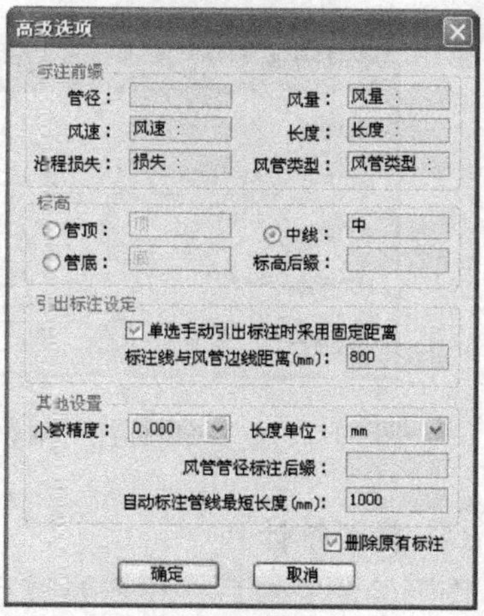

图 10-21　风管标注“高级选项”对话框

选择合适的标注样式并设定选项参数后，单击 标注 按钮返回图面，选择风管即可标注，如图 10-22 所示。

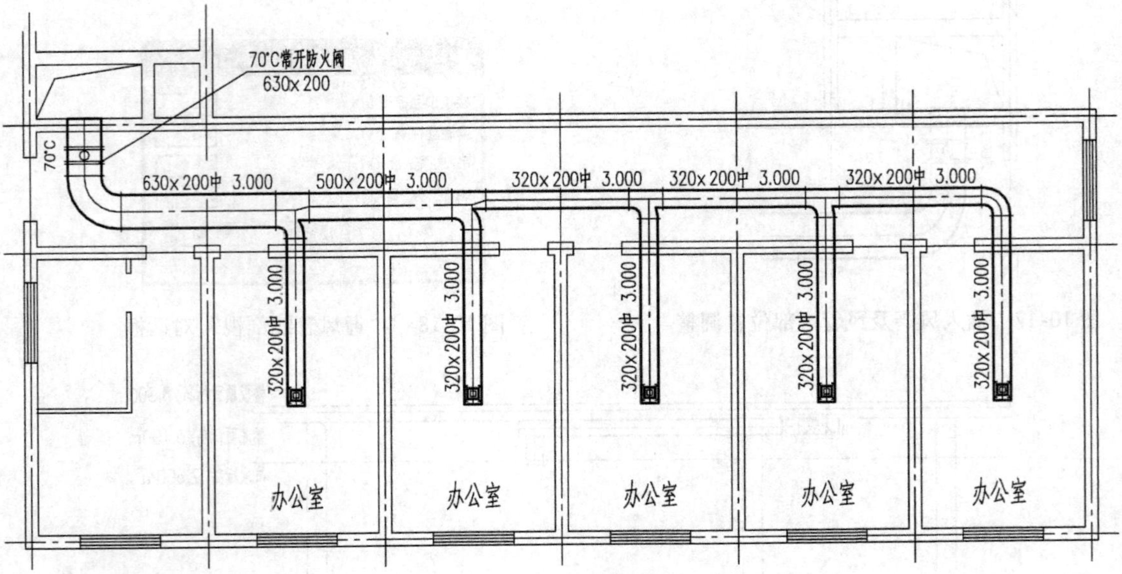

图 10-22　风管标注示例

13. 风口风阀标注

执行“标注/风口风阀标注”菜单命令，可以对风口、风阀进行标注，命令对话框如图 10-23、图 10-24 所示，标注示例如图 10-1 所示。

执行“标注/尺寸标注”或使用 AutoCAD 的标注命令，可以标注风管与墙线的间距，如标注尺寸 1200，如图 10-1 所示。

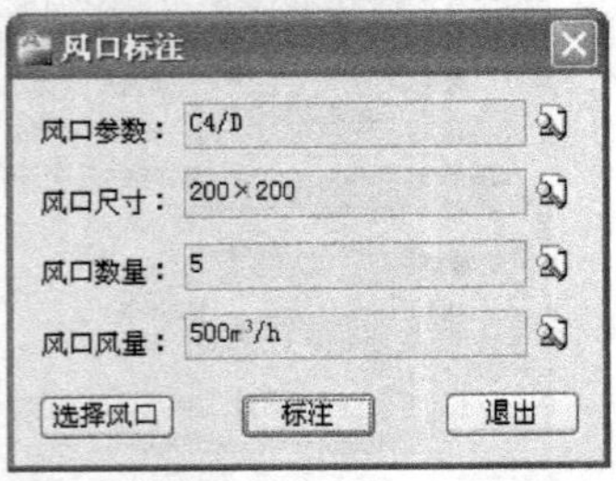

图 10-23　“风口标注”对话框

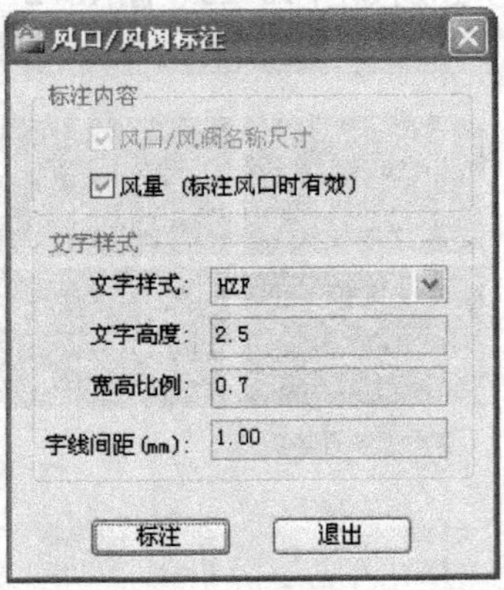

图 10-24　“风口/风阀标注”对话框

14. 材料统计

图形绘制完成后，还需要进行材料统计。执行“材料表/材料汇总”菜单命令，显示“材料统计”界面，如图 10-25 所示。

选择统计内容为 空调风系统，然后单击 图面统计 按钮，返回到图面，框选风管及风口风阀，程序自动进行工程材料的统计，并返回材料统计界面，显示统计结果，如图 10-25 所示。

单击“绘制”按钮可以将统计结果绘制在图面中，单击“Excel”按钮可以生成 xls 格式的材料表。

至此，本设计任务完成。

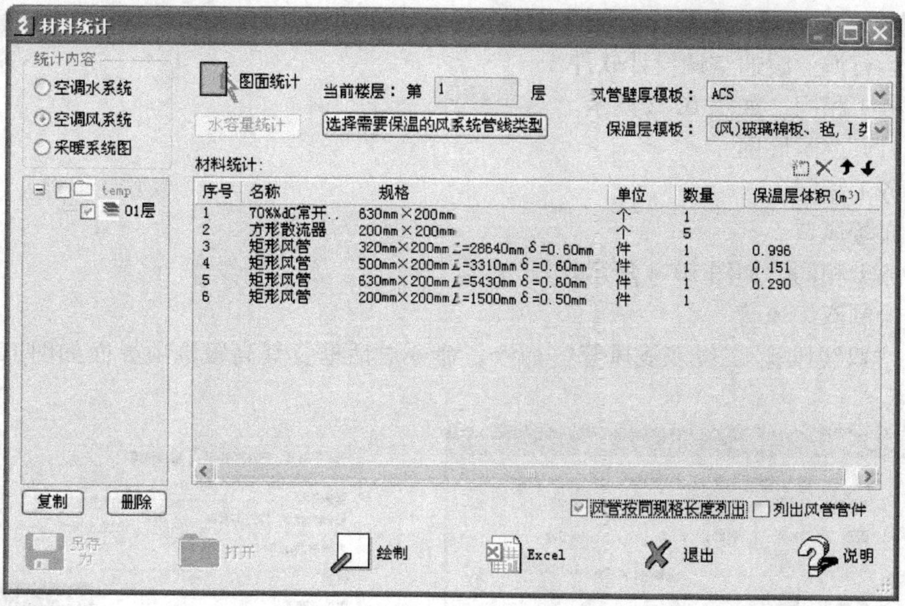

图 10-25　材料统计

任务 2　应用鸿业软件进行暖通空调双线风管的设计

在任务 1 中，用单线风管设计方法完成了工程的设计。对于较为庞大复杂的风管系统，管径的确定、环路的平衡都比较繁杂，采用单线设计，通过计算确定管径，在设计上比较有优势。对于一些较为简单的风管系统，设计师也可以选择合适的管径，直接绘制双线风管，其优点是直观、灵活。

选择合适管径的方法主要是控制管道风速。根据《民用建筑供暖通风与空气调节设计规范》(GB 50736—2012) 第 6.6.4 节的要求，按表 10-2 确定风速。

表 10-2　风管内的空气流速　　(单位：m/s)

风管分类	住宅	公共建筑
干管	$\frac{3.5\sim4.5}{6.0}$	$\frac{5.0\sim6.5}{8.0}$
支管	$\frac{3.0}{5.0}$	$\frac{3.0\sim4.5}{6.5}$
从支管上接出的风管	$\frac{2.5}{4.0}$	$\frac{3.0\sim3.5}{6.0}$
通风机入口	$\frac{3.5}{4.5}$	$\frac{4.0}{5.0}$
通风机出口	$\frac{5.0\sim8.0}{8.5}$	$\frac{6.5\sim10}{11.0}$

注：表列值的分子为推荐流速，分母为最大流速。

在任务 2 中，采用直接绘制双线风管的方法完成任务 1 中的设计。

1. 例图

任务 2 的例图与任务 1 例图相同，如图 10-1 所示。

2. 风管系统的双线风管设计步骤方法

(1) 运行鸿业暖通空调设计软件

与任务 1 相同，如图 10-2 所示。

(2) 打开建筑底图

与任务 1 相同。

(3) 布置风口

与任务 1 相同，如图 10-4 所示。

(4) 绘制双线风管

执行“双线风管/二维双线风管”命令，命令对话框及其高级选项界面如图 10-26 ~ 图 10-29 所示。

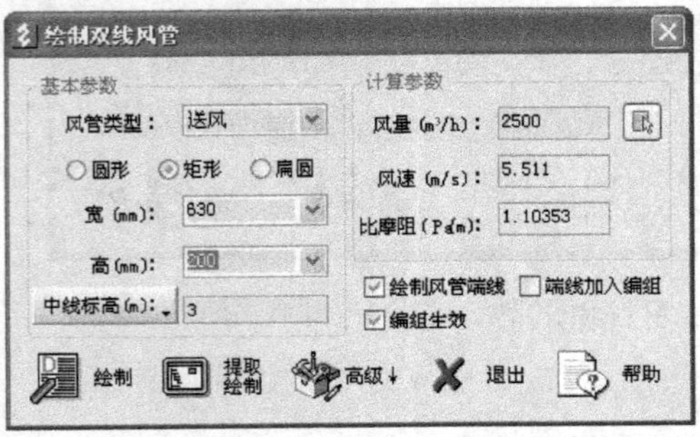

图 10-26　“绘制双线风管”对话框

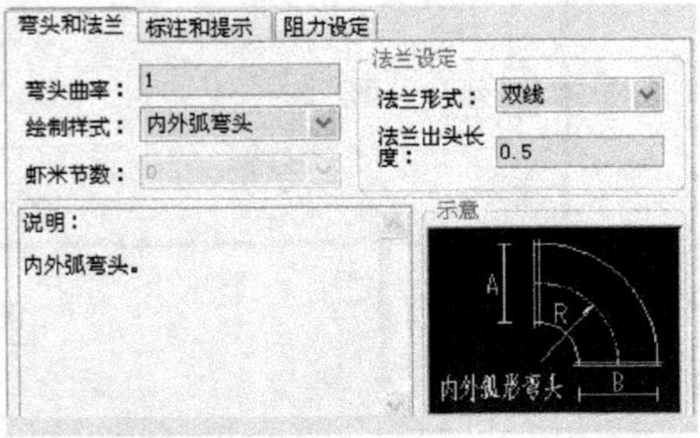

图 10-27　双线风管高级选项“弯头和法兰”界面

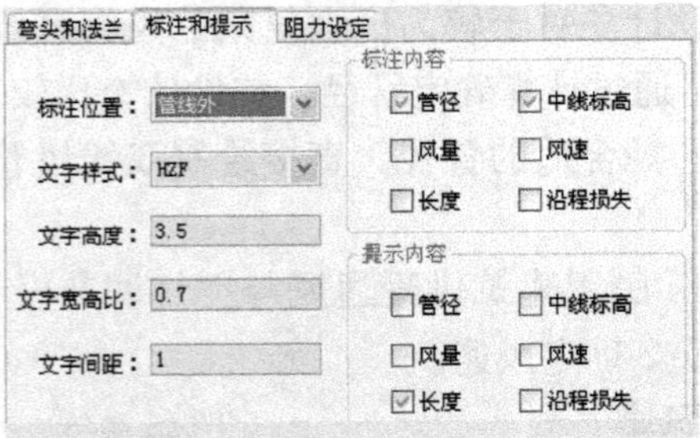

图 10-28　双线风管高级选项“标注和提示”界面

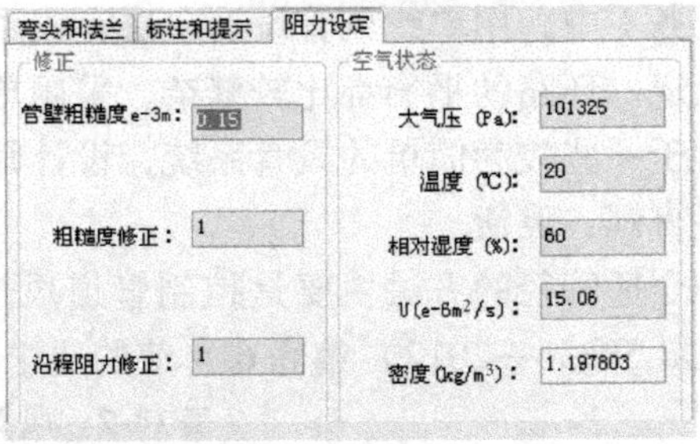

图 10-29　双线风管高级选项“阻力设定”界面

在如图 10-26 所示的对话框中，可以选择和设定风管的类型、截面形状、尺寸、标高、风量等项目及数据，程序会自动计算出管道风速。在高级选项（图 10-27 ~ 图 10-29）中，可以设定风管表达的细节，以及标注方式、标注内容等信息。

风管设计通常从管道的起始端开始绘制。主风管承担五个风口的风量，单击图 10-26 对话框中风量项目的按钮，回到图面，框选所有风口后返回对话框，程序自动计算出总风量并填写在风量栏中。设定风管宽度为 630mm，高度为 200mm，程序自动计算出管道中的风速为 5.5m/s，对照表 10-2 公共建筑干管的推荐空气流速为 5.0 ~ 6.5m/s，符合规范要求。

单击图 10-26 对话框的 绘制 按钮，返回图面，从管道井开始向下绘制，然后向右绘制一段水平管道。在绘制管道的时候可以精确定位绘制，也可以采用先随意绘制、后精确定位的方式。干管起始段绘制效果如图 10-30 所示。重复上述步骤，依次绘制后续的两段主干管。

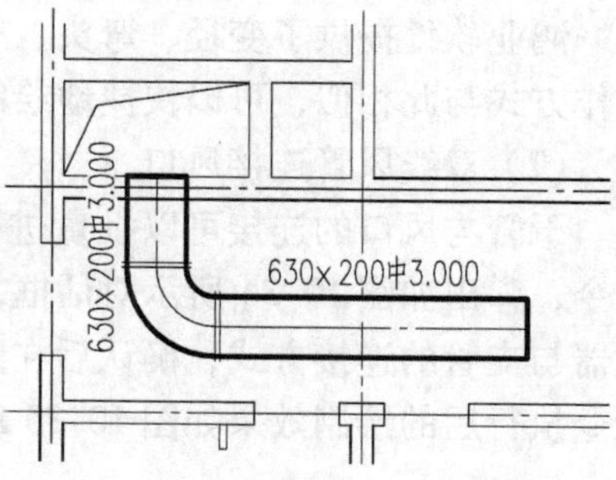

图 10-30　双线风管主干管起始段

（5）干管平面对齐

执行“双线风管/平面对齐”命令，对水平干管精确定位。操作过程与任务 1 相同，对齐后的效果如图 10-31 所示。

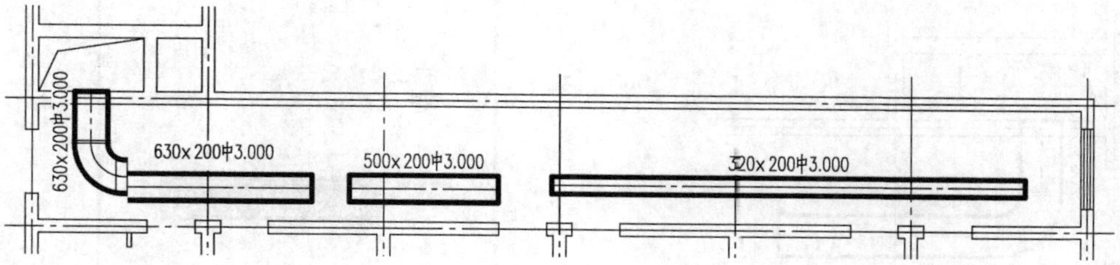

图 10-31　风管主干管平面对齐

（6）弯头连接

干管对齐后，对双线风管进行位置调整，原来起始段左侧的弯头对不上横管，如图 10-31 所示，应先将弯头删除，然后重新进行弯头连接。执行“双线风管/弯头连接”命令，弹出“风管弯头连接”对话框，如图 10-32 所示，选择第一行第一列的内外弧形弯头样式，设定截面类型及曲率、法兰等参数，单击 布置 按钮，返回图面，根据提示依次选择两条风管的中心线，程序自动生成弯头，如图 10-33 所示。

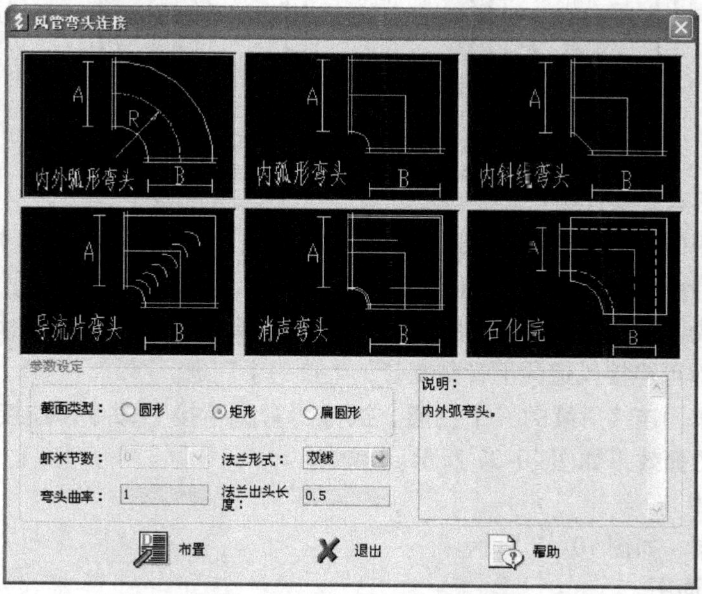

图 10-32　“风管弯头连接”对话框

鸿业软件提供了变径、弯头、三通、四通、来回弯、天圆地方等多种管件的连接命令，操作方式与此相似，可以快捷地绘制出各种标准、美观的风管管件。

（7）双线风管连接风口

干管与风口的连接可以批量进行，无需逐一绘制。执行“双线风管/双线风管连风口”命令，弹出如图 10-34 所示对话框，在对话框中选择支管尺寸、支管与主管的竖向关系、散流器与支管的连接方式，确认后在图面上分别框选风管及风口，程序自动绘制出支线风管。命令执行后的绘制效果如图 10-35 所示。

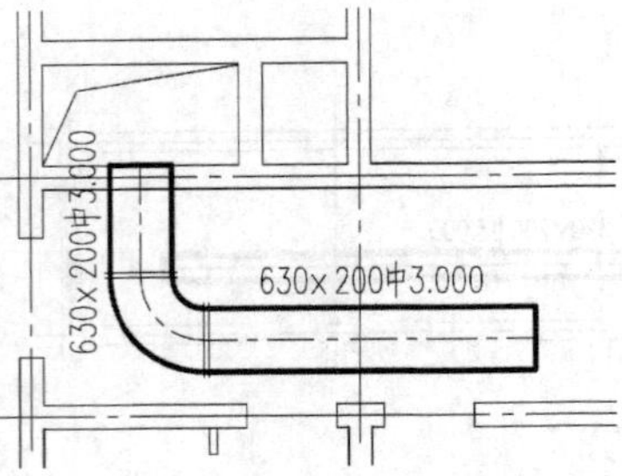

图 10-33 弯头连接效果

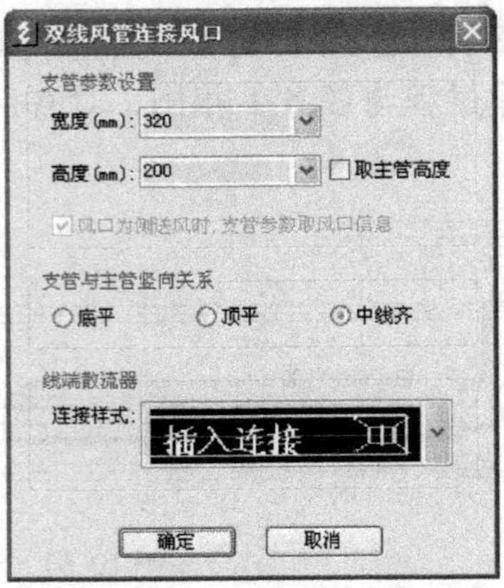

图 10-34 “双线风管连接风口”对话框

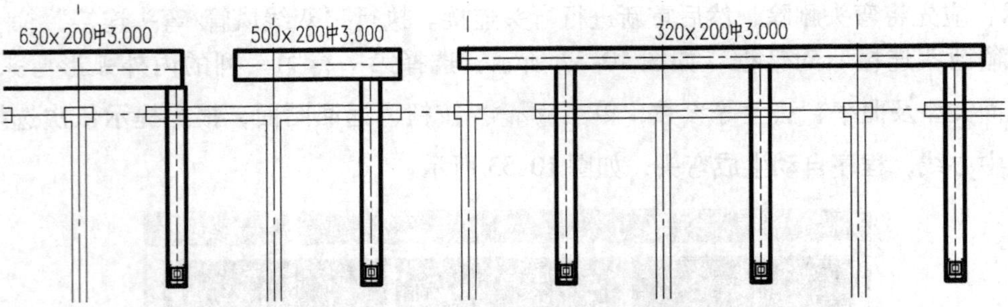

图 10-35 双线风管与风口连接后的效果

（8）三通连接与弯头连接

主风管与左侧四个风口通过三通连接；与最右侧风口通过弯头连接。执行“双线风管/矩形三通连接”命令，弹出“布置矩形三通”对话框，如图 10-36 所示，选择第一行第一列的圆角三通样式，确认后在图面中根据提示依次选择风管 *A*、*B*、*C*（对话框中的圆角三通）的中心线，即可连接风道的干管与支管，生成一个三通。

重复上述操作，连接后续的三个三通。执行“弯头连接”命令，连接主干管与最右侧支管。连接后的图面效果如图 10-37 所示。

（9）插入阀件

与任务 1 相同，如图 10-17 所示。

（10）绘制剖面图

与任务 1 相同，如图 10-19 所示。

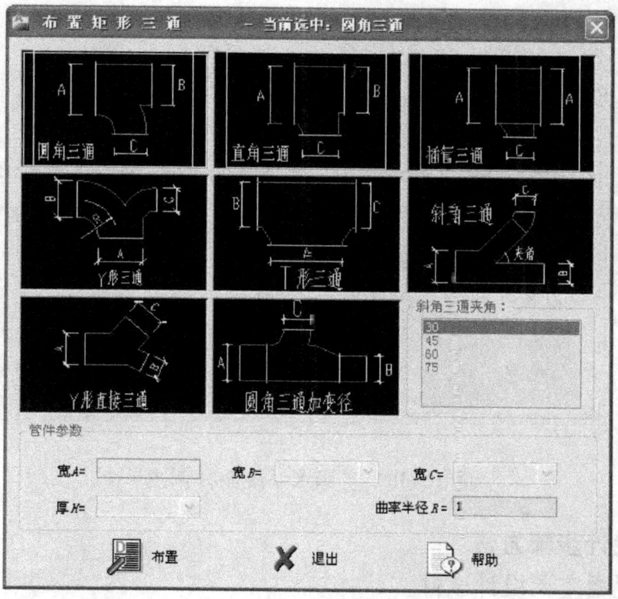

图 10-36　“布置矩形三通”对话框

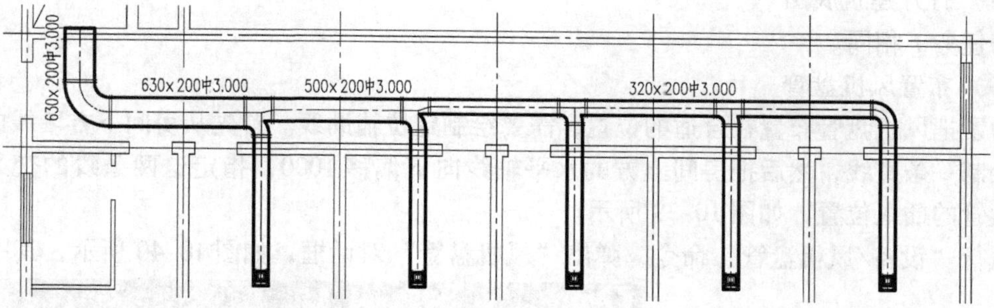

图 10-37　管件连接完成示例图

(11) 风管标注

与任务 1 相同，如图 10-22 所示。

(12) 风口风阀标注

与任务 1 相同，如图 10-1 所示。

(13) 材料统计

与任务 1 相同，如图 10-25 所示。

至此，本设计任务完成。

任务 3　应用鸿业软件进行暖通空调水系统的设计

空调水系统的设计过程与单线风管类似，都是先布置末端设备，然后绘制管线、连接设备、计算、标注、统计等。下面是详细流程。

1. 例图

任务 3 的空调水系统图样例图如图 10-38 所示。

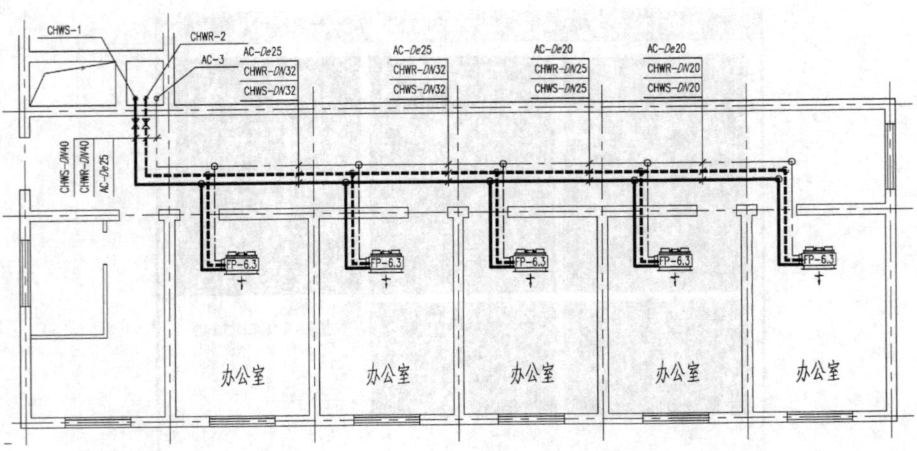

图 10-38　空调水系统图样例图

2. 空调水系统设计步骤方法

（1）运行鸿业暖通空调设计软件

与任务 1 相同，如图 10-2 所示。

（2）打开建筑底图

与任务 1 相同。

（3）布置风机盘管

为了把风机盘管布置在合适的位置，需要绘制定位辅助线。首先从房间下方墙线的中点向上绘制一条直线，然后把房间上方的水平轴线向下偏移 1000，指定这两条线的交叉点为风机盘管的插入位置，如图 10-39 所示。

执行“设备/风机盘管”命令，弹出“风机盘管”对话框，如图 10-40 所示，其中生产

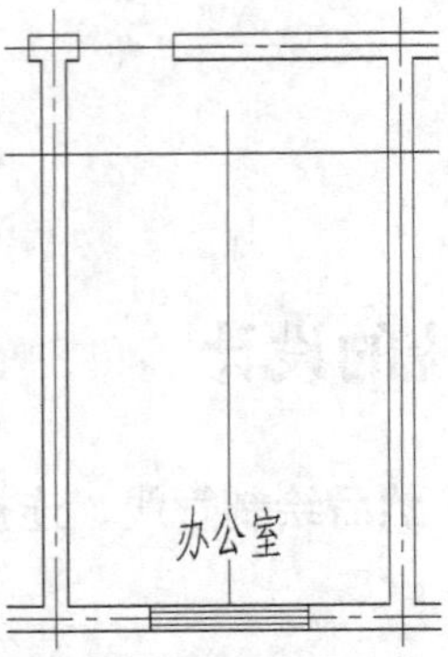

图 10-39　绘制风机盘管定位辅助线

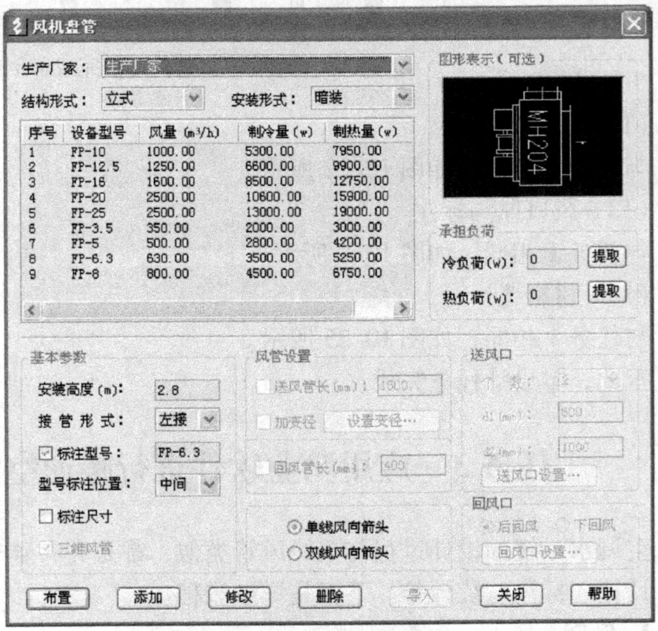

图 10-40　“风机盘管”对话框

厂家下拉菜单的列表如图 10-41 所示。

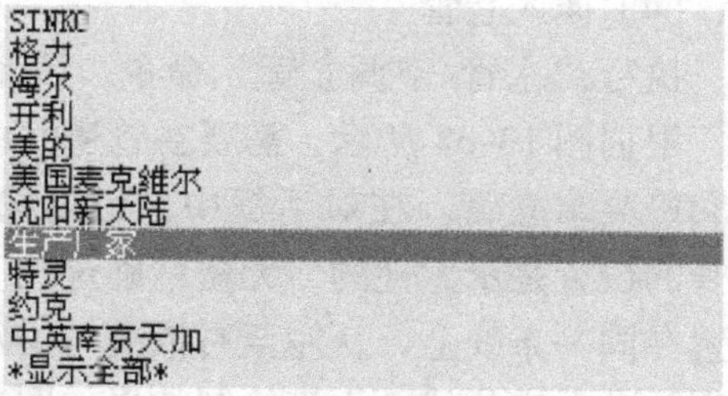

图 10-41 风机盘管生产厂家列表

选择生产厂家后，可以在下面的列表中单击选择设备型号，也可以单击右边的图形，弹出“设备图形表示”对话框（图 10-42），然后单击图形选择需要的风机盘管设备。

设备选择后，可以单击“风机盘管”对话框的“修改”按钮，在弹出的“风机盘管参数”对话框中修改参数，如图 10-43 所示。

鸿业软件中录入了部分常用厂家的部分设备数据，包括尺寸、性能等参数，一般情况下可以不修改，直接使用。需要时可以编辑修改设备数据，或自行添加其他厂家的设备数据。

鸿业软件在布置设备时，风机盘管是按照设备的实际尺寸进行绘制的。风机盘管的图形表示样式也比较多，软件提供了几十种样式，可供选择。

在程序界面中选择设备厂家、结构形式、安装形式、图形样式、设备型号、安装高度等及其他参数后，单击 布置 按钮，返回图面，捕捉定位交叉点，即可布置一个风机盘管。其他房间的设备如果是相同的，可以通过复制命令完成布置，效果如图 10-44 所示。

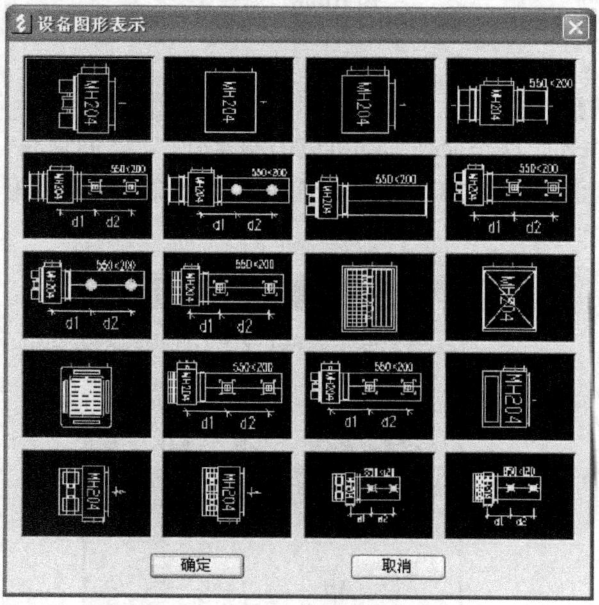

图 10-42 “设备图形表示”对话框

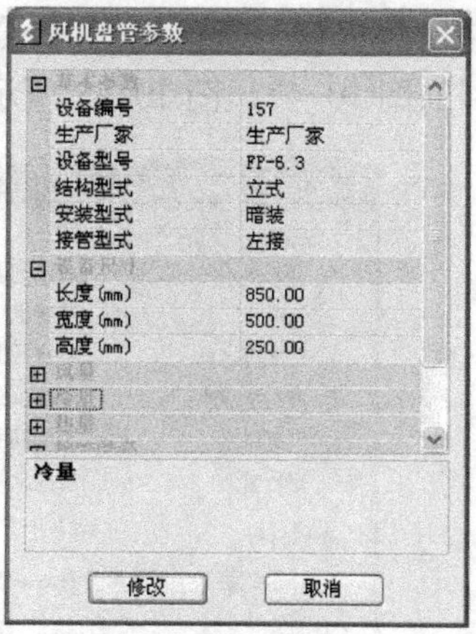

图 10-43 “风机盘管参数”对话框

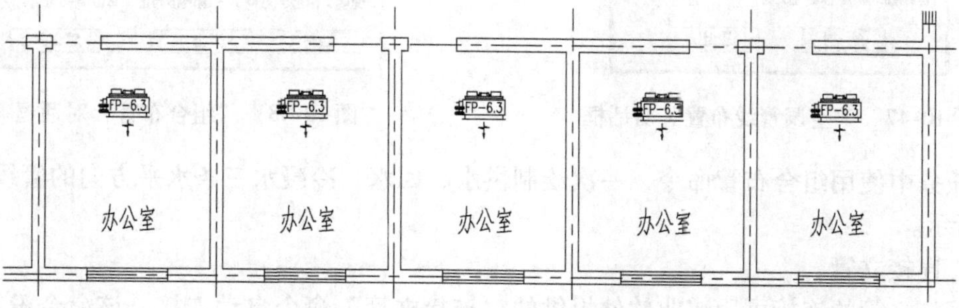

图 10-44 风机盘管布置图

(4) 插入立管

执行“水管/空调立管”命令，该命令对话框如图 10-45 所示。

根据图 10-38 所示，需要在管道井中布置三个立管，分别是冷水供水立管、冷水回水立管和冷凝水立管。在对话框中，可以选择立管的类型，然后单击“绘制”按钮逐个插入。立管的位置是示意性的，无需精确定位。为了图面美观，可以绘制一条水平线，把三根立管布置在同一条线上，从左至右依次为供水立管、回水立管和冷凝水立管。插入完成后，应注意删除参考定位线。立管绘制效果如图 10-46 所示。

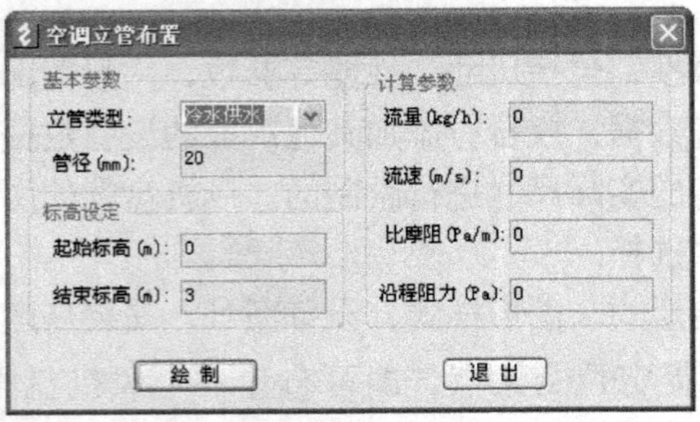

图 10-45　“空调立管布置”对话框

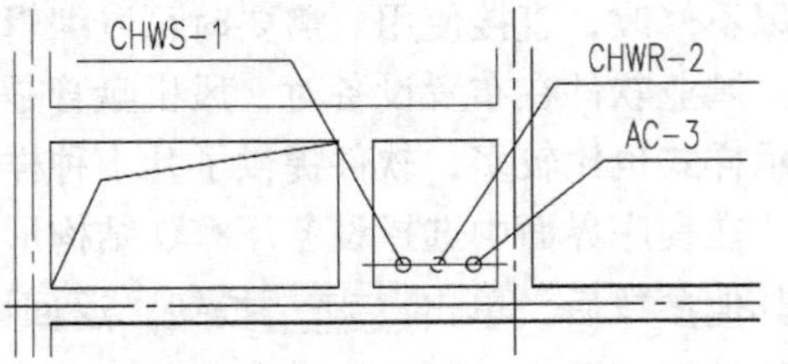

图 10-46　绘制立管

(5) 绘制水管

图面上水管的位置也是示意性的，无需精确定位。

鸿业软件中有“空调管线”和“组合布管”两个命令，都可以绘制水管。“空调管线”命令一次绘制一条管线，“组合布管”命令可以一次绘制多条平行管线。两个命令的对话框分别如图 10-47、图 10-48 所示。

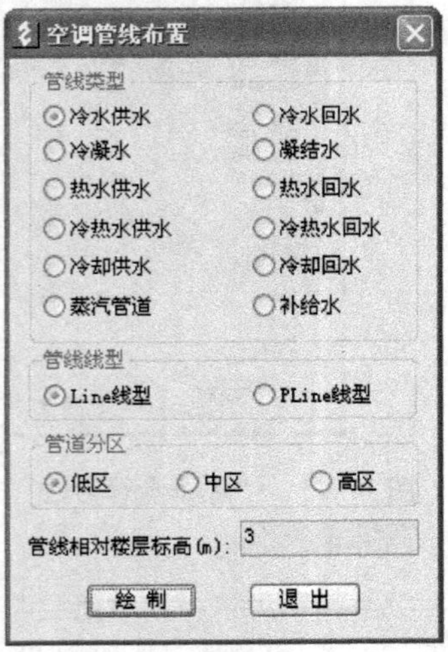

图 10-47　“空调管线布置”对话框

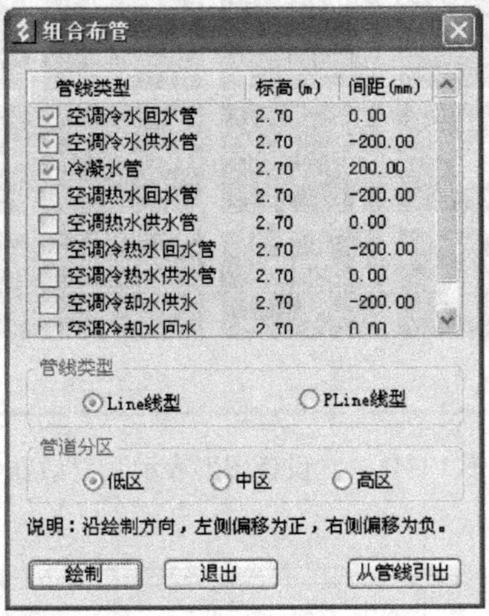

图 10-48　“组合布管”对话框

本任务中使用组合布管命令，一次绘制供水、回水、冷凝水三条水平方向的管线，如图 10-49 所示。

(6) 连接立管

干管与立管的连接可用鸿业软件提供的“连接立管”命令自动连接。该命令没有界面，

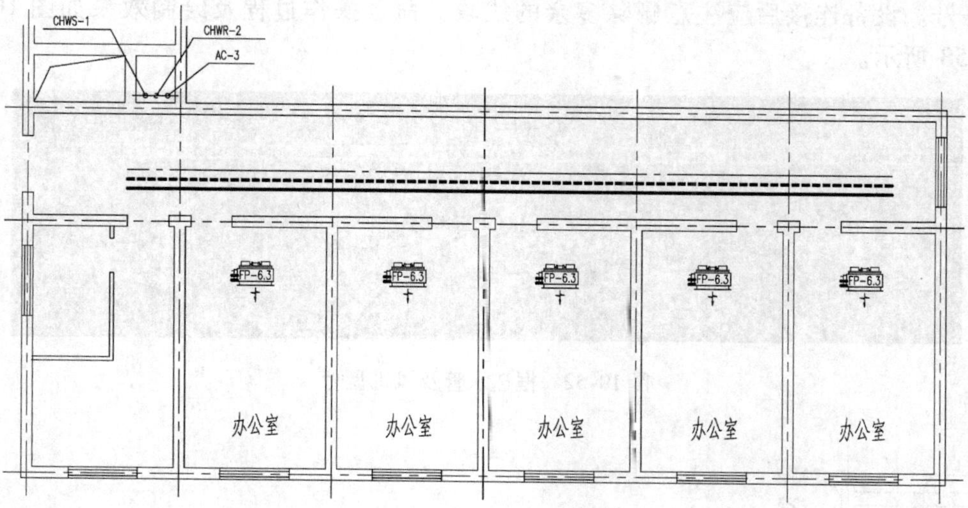

图 10-49　水管绘制

根据 AutoCAD 命令行的提示，先选择一条干管，然后框选立管即可。程序只会连接同类管线，如供水干管只连接供水立管，而不会连接回水立管。操作步骤方法如下：

『操作』124 鸿业软件连接立管的操作

1#，连接立管：单击“水管/连接立管”菜单命令，启动连接立管操作。

2#，供水，选择供水干管立管：选择供水干管，框选立管。

3#，回水，选择回水干管立管：选择回水干管，框选立管。

4#，冷凝水，选择冷凝水干管立管：选择冷凝水管，框选立管。

5#，完成，按 <Enter> 键完成：干管立管选择后按 <Enter> 键，软件自动连接干管和立管。

干管立管连接后，干管在交叉点自动断开，注意删除多余的线段，如图 10-50、图 10-51所示。

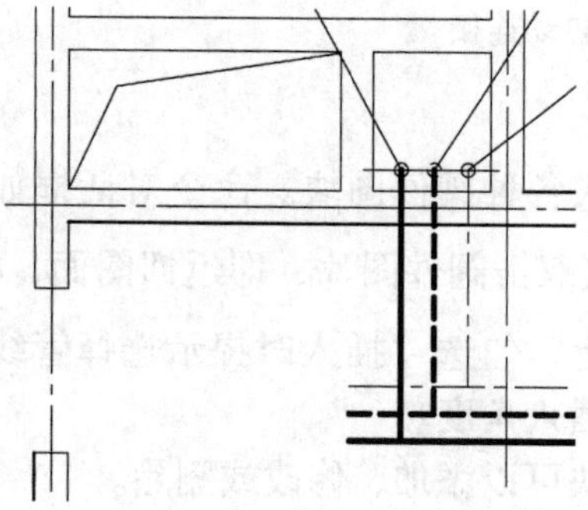

图 10-50　立管连接

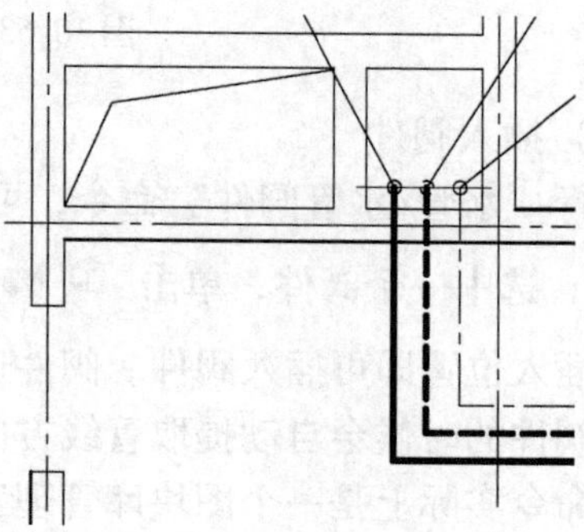

图 10-51　删除多余线段

（7）连接设备

执行“水管/连接设备”命令，连接水管干管与风机盘管。执行命令后，在图面上框选水管和设备，即可自动连接。管线的连接处如果标高不同，程序会自动生成竖管表示符号。设备连接后应注意删除多余的线段。命令操作过程及绘制效果如图 10-52、图 10-53 所示。

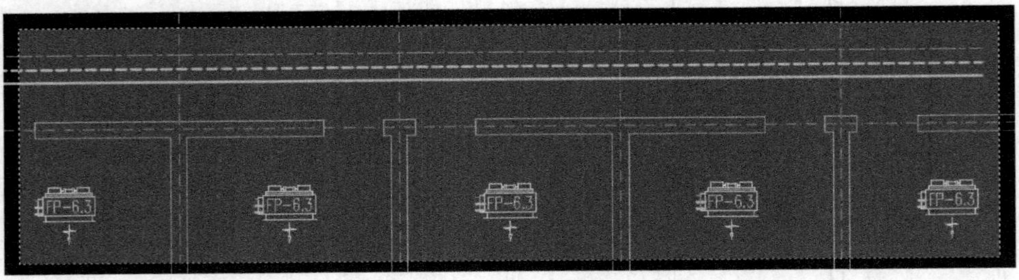

图 10-52　框选水管及风机盘管

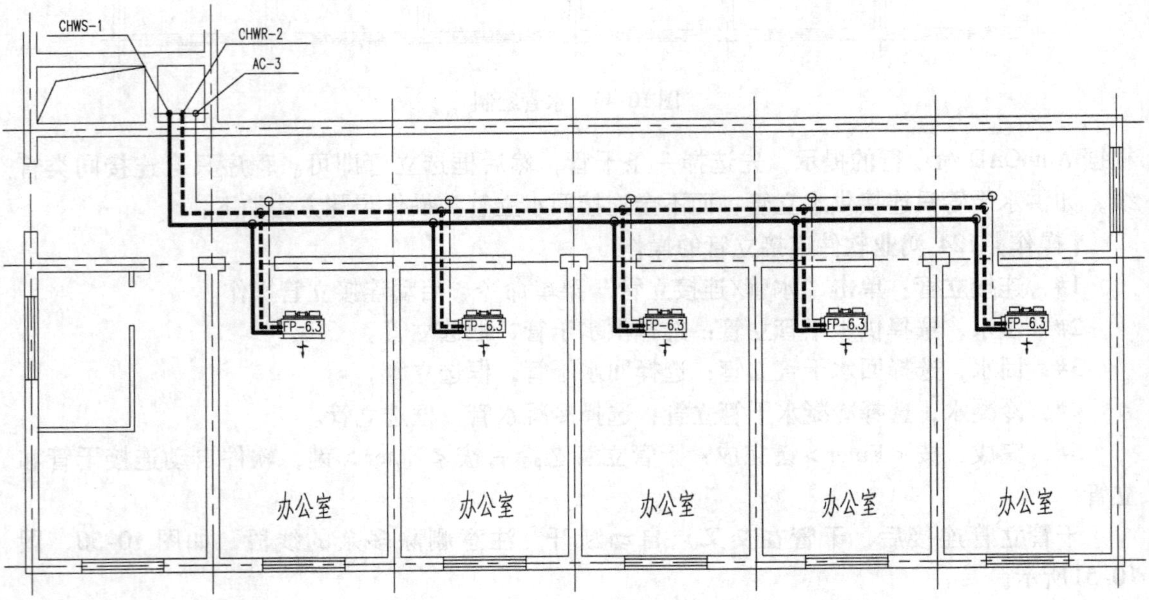

图 10-53　水管与风机盘管自动连接

（8）插入阀件

执行“水管/水管阀件”命令，可以在管线上插入各种阀件图块。命令对话框如图 10-54 所示，选中一个阀件，单击 

按钮，或者直接双击阀件图片，即返回图面，根据提示输入插入位置即可插入阀件。阀件通常布置在管线上，勾选“插入时提示选择管线”，则在插入阀件的时候会自动提取管线方向，确定图块的插入角度。

该命令实际上是一个图块库管理工具，其中的图块可以添加、修改或删除。

（9）系统水力计算

水系统图形绘制完成后，应进行水力计算，以确定管径、系统阻力。执行“水管/系统水力计算”命令，可以对工程项目中多立管、多楼层系统进行整体计算。本任务中仅对一个楼层进行计算。程序的主界面如图 10-55 所示。

计算所需的数据可以在界面中录入，也可以从图中提取。先在左侧的树状结构中选中“层内系统 1”，然后单击“提取层内系统”按钮或者单击工具条的“提取”按钮，返回到

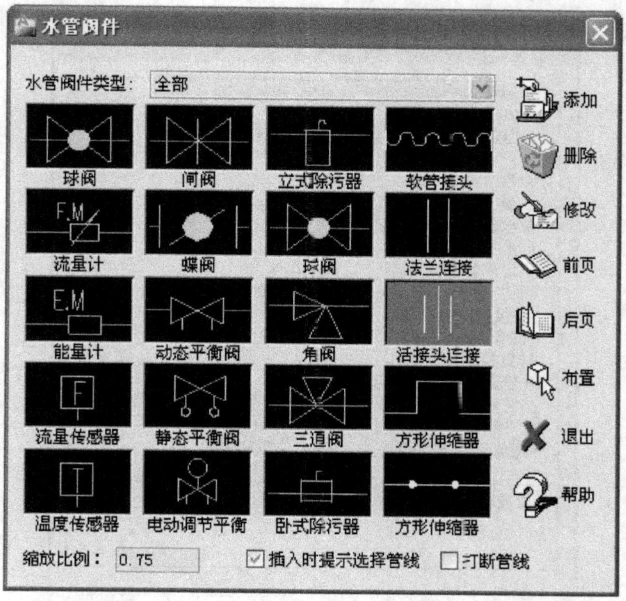

图 10-54　“水管阀件”对话框

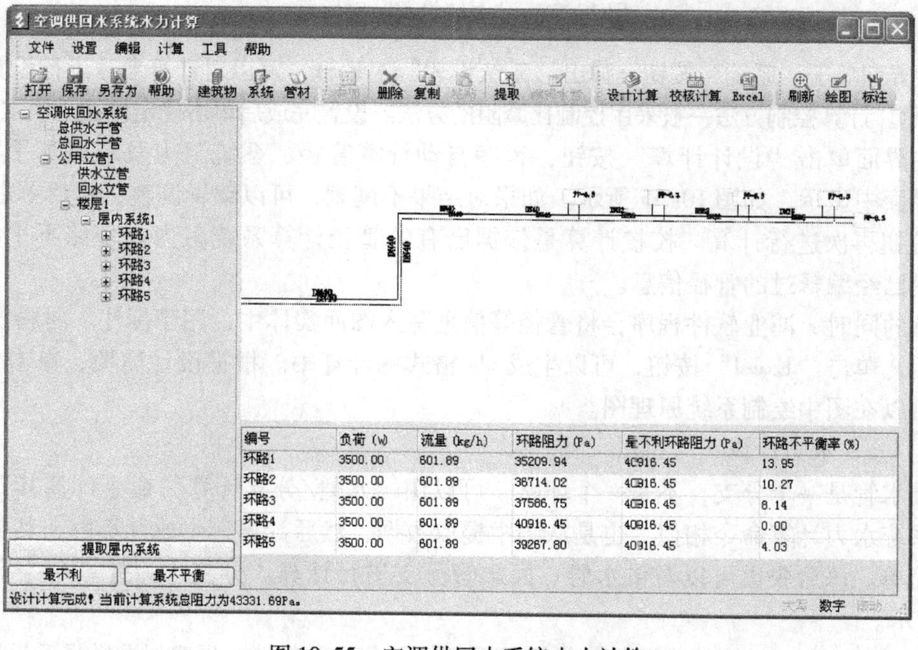

图 10-55　空调供回水系统水力计算

图面，再根据提示，依次选择供回水环路的远端（靠近立管处），程序会自动分析系统形式，提取管道、设备数据，然后返回主界面，如图 10-55 所示。

对于末端的风机盘管，程序会优先提取设备所承担负荷，如果在布置盘管时没有输入负荷数据，程序则提取设备的制冷量，用于计算。

数据提取完成后，主界面中将显示该系统原理图，如图 10-55 所示。通过原理图，也可以检查数据提取是否完整。

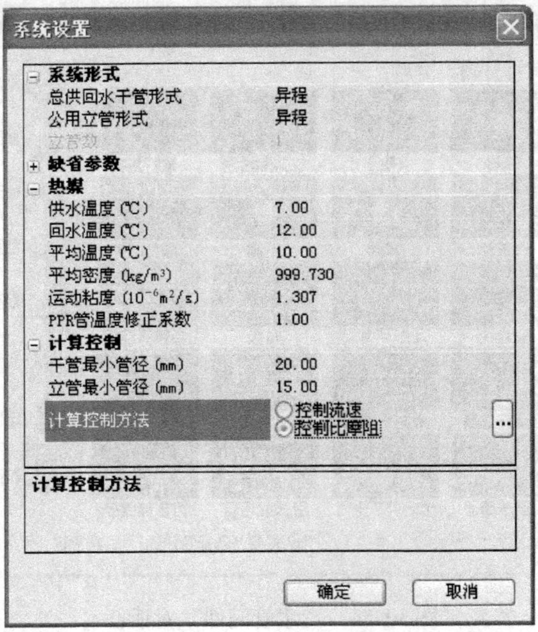

图 10-56 “系统设置”对话框

在主界面单击“系统”按钮，弹出“系统设置”对话框，可以对计算参数进行设置，如图10-56 所示。计算控制方法一般采用控制比摩阻的方法。设置完成后单击确定按钮返回主界面。

在主界面单击“设计计算”按钮，程序自动计算管径、系统阻力及环路不平衡率等，并在主界面中显示，如图10-55 所示。如果对结果不满意，可以编辑调整，然后单击“校核计算”按钮再次进行计算。校核计算是依据已有的管径计算系统阻力及环路不平衡率等，不会改变已经编辑过的管径信息。

计算的同时，鸿业软件程序会将管径等信息写入图面实体中，用于标注、材料统计。计算完成后，单击“Excel”按钮，可以生成 xls 格式的计算书。根据设计需要，单击“绘图”按钮，可以在图中绘制系统原理图。

(10) 分支水力计算

冷凝水管是一个分支，不是一个环路，可以用“水管/分支计算”命令计算其管径。该命令与系统水力计算命令相似，也是从图中提取数据，然后计算，生成计算书，其界面和操作更加简单。该命令也可以对供水管、回水管分支进行计算。分支水力计算命令界面如图10-57 所示。

在主界面单击“搜索分支”按钮，返回图面拾取分支的起端，程序提取数据后返回界面。

冷凝水管只能采用“承担负荷”的控制方法计算管径，如果是供回水管道，可以采用控制流速或比摩阻的方法进行计算。

计算后信息写入图面实体，并可以生成计算书。

(11) 绘制剖面图

与任务 1 相同。

(12) 绘制系统图

执行“水管/绘制系统图”命令，弹出“空调系统图”对话框，如图 10-58 所示。

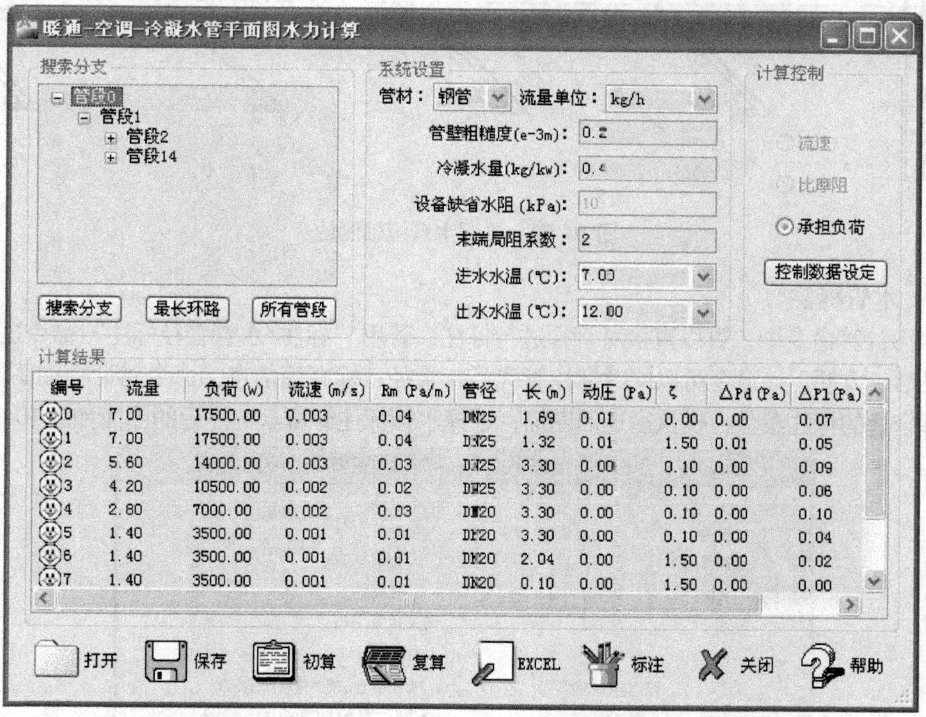

图 10-57　分支水力计算

选择参数，确认后返回图面，根据提示框选平面图中水管实体，程序自动生成系统图（轴测图），如图 10-59 所示。图中交叉遮挡部分可以再进行手工编辑处理。

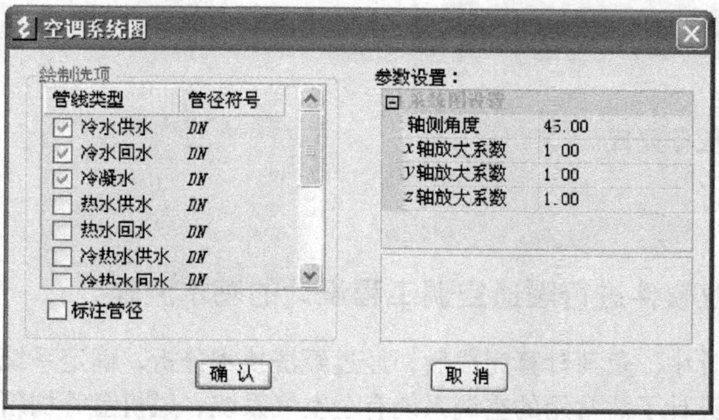

图 10-58　“空调系统图”对话框

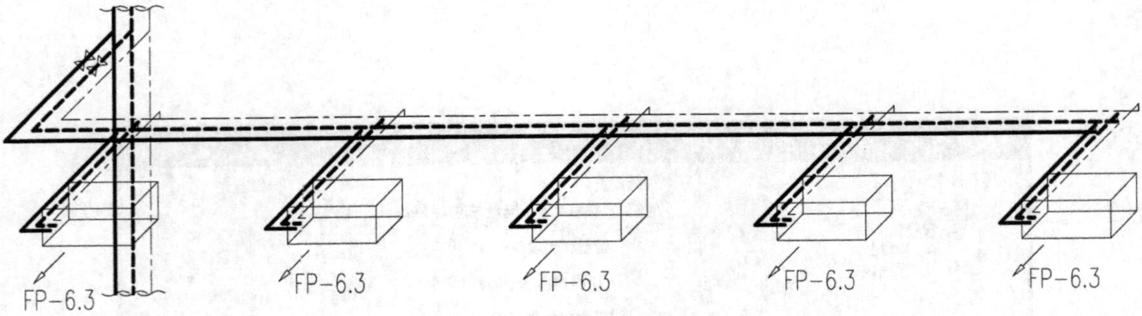

图 10-59　空调水系统轴测图

（13）水管标注

在水力计算命令中，可以直接对管径进行标注。若用“标注/水管管径标注”命令进行标注，则更为灵活、方便。该命令可以同时标注管代号、管径、标高等信息，命令对话框如图 10-60 所示。选择合适的标注参数，确认后返回图面，选择水管标注即可。标注后的图面如图 10-38 所示。

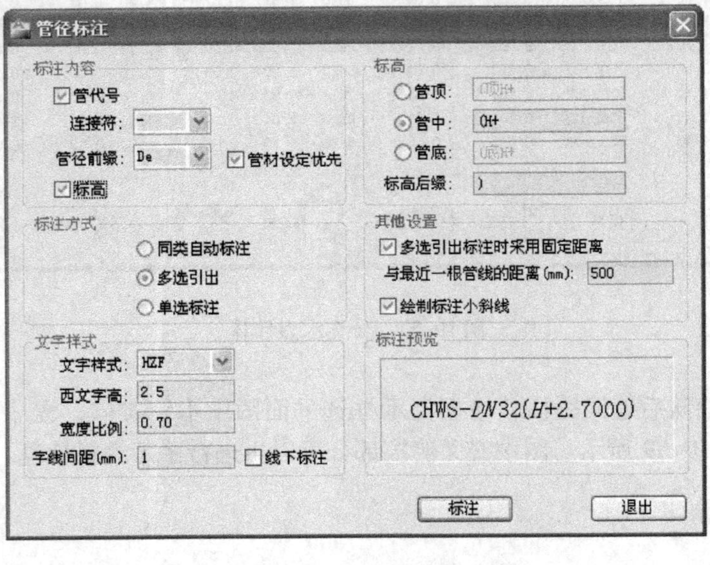

图 10-60　“管径标注”对话框

（14）材料统计

与任务 1 相同。

至此，本设计任务完成。

相关知识

一、应用鸿业软件进行暖通空调工程设计的基本流程

在空调工程设计中，负荷计算完成后，经过经济技术分析，确定系统形式，就可以对具体的空调系统进行设计了。常用的空调系统有全空气系统、风机盘管加新风系统及多联机系统等。本项目介绍应用鸿业软件进行空调风系统和水系统的设计方法，多联机系统将在项目 11 中单独介绍。

1. 空调风系统设计

空调风系统即全空气空调系统，是以空气为介质，对空调区域的温度、湿度及空气品质进行调节。空调风系统的主要设计内容有：

1）根据负荷确定送风量，合理组织气流，布置风口。

2）根据建筑物特点合理确定风管走向。

3）确定风管管径，满足平衡及噪声要求，计算系统阻力。

4）风口、风阀、风管等的标注。

5）根据需要绘制剖面图。

6）材料统计。

根据制图标准要求，空调风系统设计图中风管以双线表示。

2. 风机盘管加新风系统设计

风机盘管系统以水为介质，传递冷量或热量，承担空调区域内的主要负荷；新风系统主要用于改善区域内的空气品质，也可承担部分负荷。空调水系统的主要设计内容有：

1）根据负荷，选择并布置末端设备——风机盘管。

2）根据建筑物特点合理布置空调水管管道。

3）通过计算，确定管径及系统阻力。

4）管径、标高等的标注。

5）根据需要绘制轴测图、原理图。

6）根据需要绘制剖面图。

7）材料统计、保温材料统计。

风机盘管加新风系统的设计过程与空调风系统相同。

二、水力计算

空调风系统或空调水系统的水力计算原理是相同的。系统的阻力分为沿程阻力和局部阻力。沿程阻力是介质在管道内流动，因和管壁摩擦形成的阻力；局部阻力是介质在管道内流动时，因流速和方向改变形成的阻力。单位长度的沿程阻力称为比摩阻，单位是 Pa/m。

在空调水系统中，要求比摩阻在 100～300Pa/m 之间，不超过 400Pa/m；空调房间内，管道流速不超过表 10-3 中的限值。

表 10-3　空调水管流速限值

管径 DN/mm	20	25	32	40	50	70	80	100
最大流速/(m/s)	0.8	0.8	1.0	1.0	1.2	1.5	1.5	2.0

三、各种空调系统的特点

在《实用供热空调设计手册（下册）》第 22 章空调系统中，介绍了各种空调系统的适用条件和使用特点，有兴趣的同学可查阅。

思考与练习

1. 练习图

参照图 10-61、图 10-62，绘制局部的风机盘管加新风系统设计图。

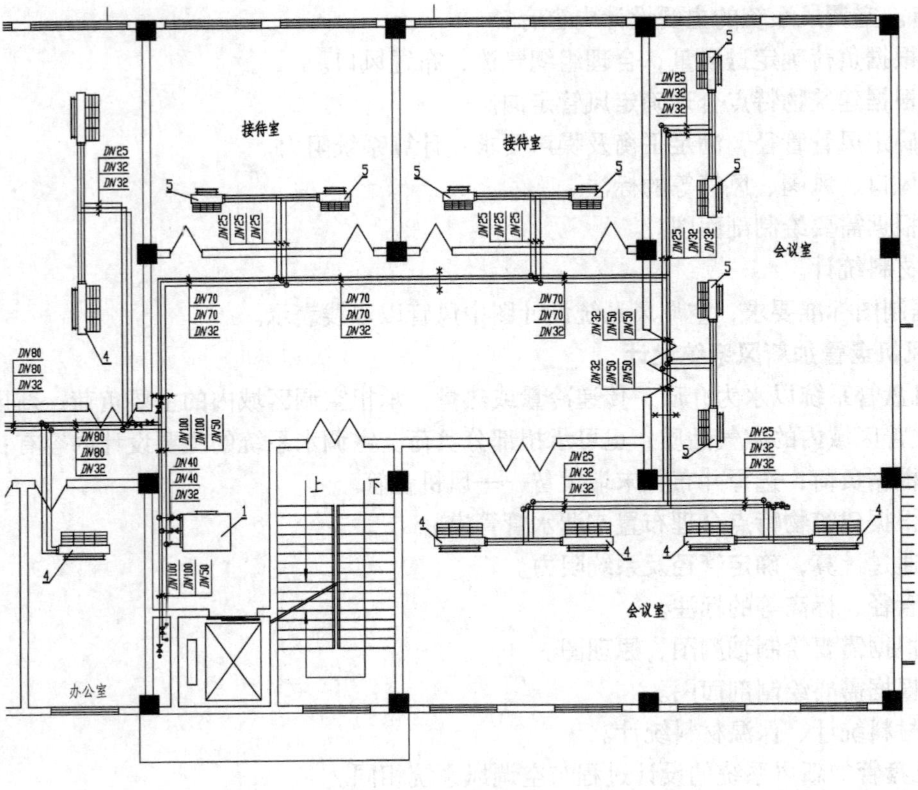

图 10-61　局部的风机盘管图

2. 思考题

在实际的工程设计中，图面上的内容特别多，如图 10-61 与图 10-62 中的风机盘管加新风系统，有新风管，供水、回水、冷凝水管，风口、风机盘管及各种标注等。在打印或输出施工图的时候，为了能看清图样，需要分系统单独打印或输出一张空调水管图和一张新风图。如何才能方便地分系统出图呢?

3. 提示

AutoCAD 提供了图层的概念。可以将新风管、供水管、回水管、冷凝水管及其标注分别绘制在不同的图层上。出图的时候，关闭与本系统无关的图层，打印输出即可。

鸿业软件建立了符合标准的图层分类体系，包含数百个图层。如图 10-63 所示为送风管相关图层，共 19 个。初学者可能觉得图层太多，这么多的图层，如果靠手工建立、切换，确实很麻烦，而使用软件绘制、标注的实体，都建立在各自对应的图层上，不必再关心图层的问题。设计完成后，采用“工具/图层/图层分类控制”命令（图 10-64）可以方便地打开或关闭某系统图层，实现分系统出图。

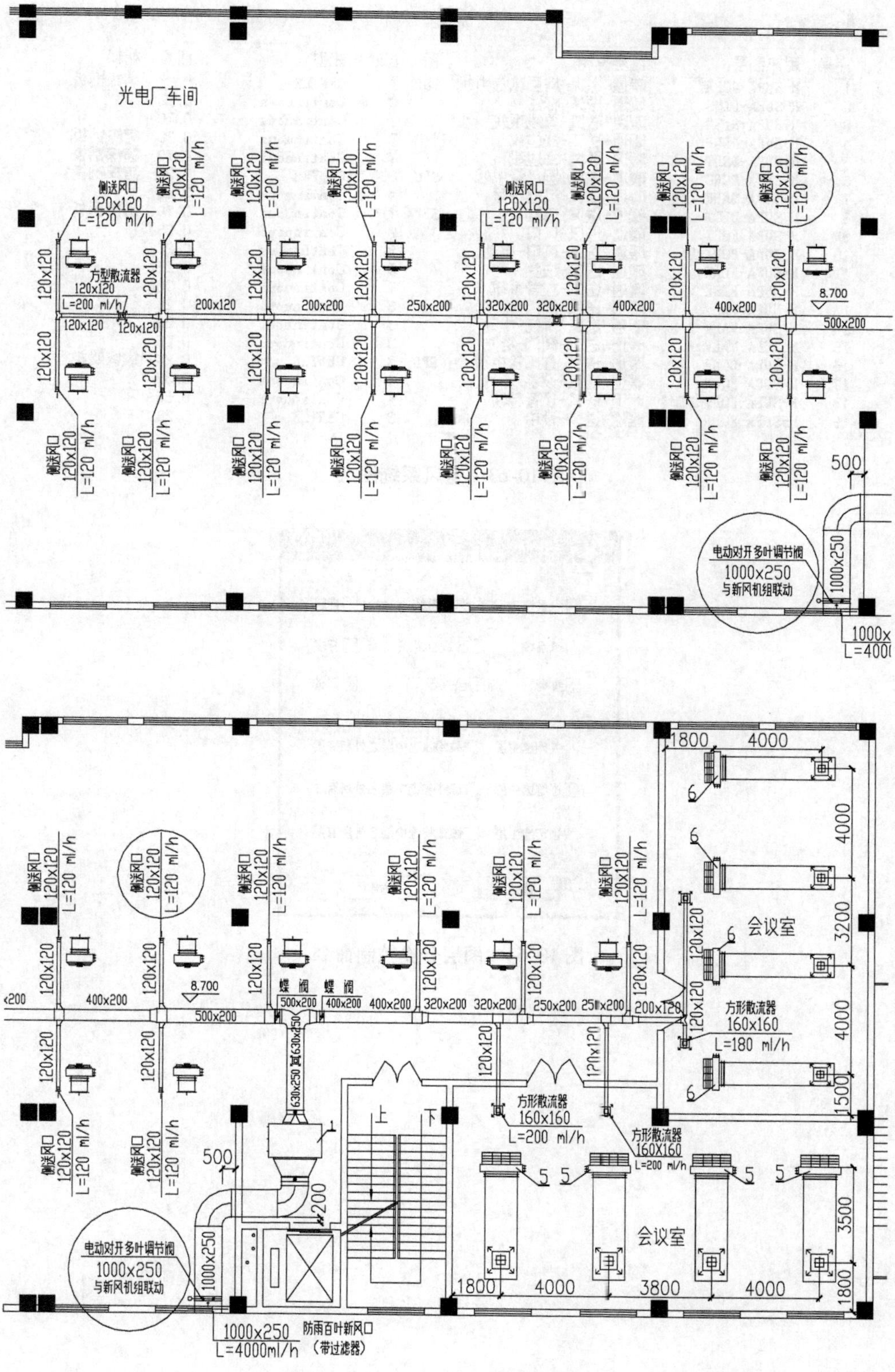

图 10-62　局部的新风管道平面图

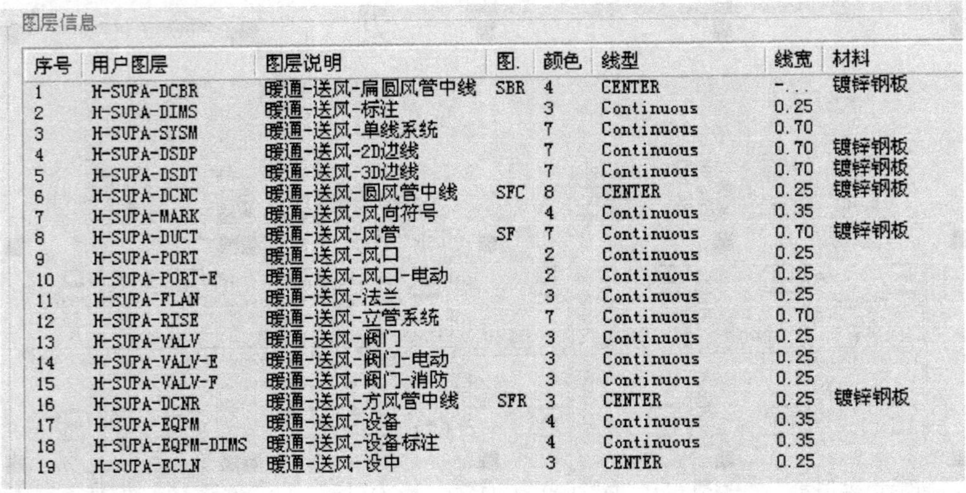

图层信息

序号	用户图层	图层说明	图.	颜色	线型	线宽	材料
1	H-SUPA-DCBR	暖通-送风-扁圆风管中线	SBR	4	CENTER	-...	镀锌钢板
2	H-SUPA-DIMS	暖通-送风-标注		3	Continuous	0.25	
3	H-SUPA-SYSM	暖通-送风-单线系统		7	Continuous	0.70	
4	H-SUPA-DSDP	暖通-送风-2D边线		7	Continuous	0.70	镀锌钢板
5	H-SUPA-DSDT	暖通-送风-3D边线		7	Continuous	0.70	镀锌钢板
6	H-SUPA-DCNC	暖通-送风-圆风管中线	SFC	8	CENTER	0.25	镀锌钢板
7	H-SUPA-MARK	暖通-送风-风向符号		4	Continuous	0.35	
8	H-SUPA-DUCT	暖通-送风-风管	SF	7	Continuous	0.70	镀锌钢板
9	H-SUPA-PORT	暖通-送风-风口		2	Continuous	0.25	
10	H-SUPA-PORT-E	暖通-送风-风口-电动		2	Continuous	0.25	
11	H-SUPA-FLAN	暖通-送风-法兰		3	Continuous	0.25	
12	H-SUPA-RISE	暖通-送风-立管系统		7	Continuous	0.70	
13	H-SUPA-VALV	暖通-送风-阀门		3	Continuous	0.25	
14	H-SUPA-VALV-E	暖通-送风-阀门-电动		3	Continuous	0.25	
15	H-SUPA-VALV-F	暖通-送风-阀门-消防		3	Continuous	0.25	
16	H-SUPA-DCNR	暖通-送风-方风管中线	SFR	3	CENTER	0.25	镀锌钢板
17	H-SUPA-EQPM	暖通-送风-设备		4	Continuous	0.35	
18	H-SUPA-EQPM-DIMS	暖通-送风-设备标注		4	Continuous	0.35	
19	H-SUPA-ECLN	暖通-送风-设中		3	CENTER	0.25	

图 10-63　送风系统图层

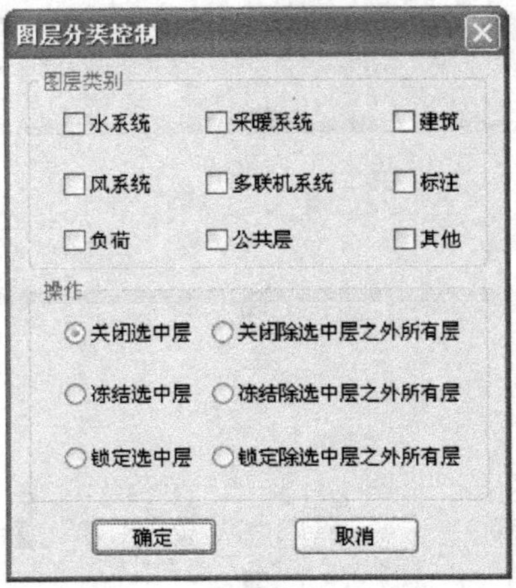

图 10-64　图层分类控制命令

项目11　应用鸿业软件进行暖通空调多联机工程的设计

学习目标

1）了解鸿业暖通空调多联机工程设计的基本流程。
2）掌握鸿业暖通空调多联机工程的设计方法。

工作任务

任务　应用鸿业软件进行暖通空调多联机工程设计

一、例图

本任务的多联机系统图样例图如图 11-1 所示。

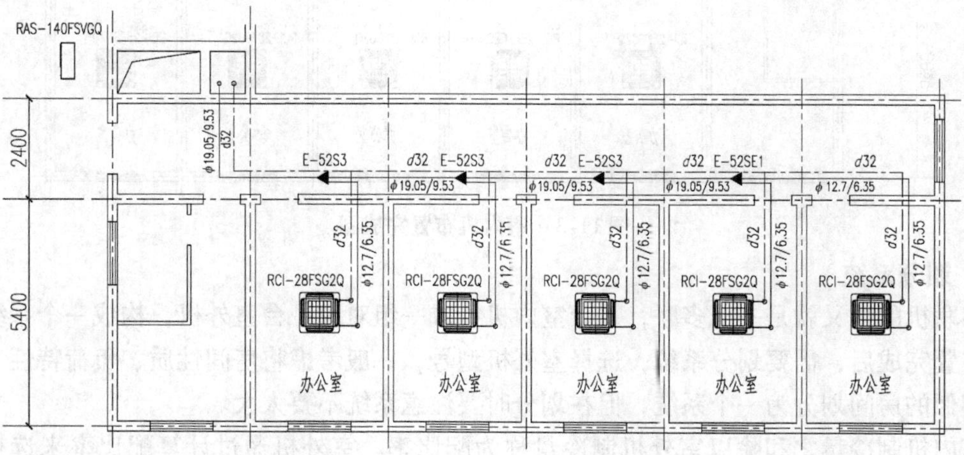

图 11-1　多联机系统图样例图

二、多联机系统设计步骤方法

1. 运行鸿业暖通空调设计软件，初始化多联机模块

安装并运行鸿业软件后，在 AutoCAD 软件环境中增加了鸿业软件的菜单，如图 10-2 所示。

多联机设计是鸿业暖通空调软件中一个独立的模块，使用前应先执行一次“多联机/初始化多联机模块”命令，加载多联机相关程序，后续的命令才可执行。

2. 打开建筑底图

本任务的建筑底图与项目 10 任务 1 的底图相同。

3. 布置室内机

单击“多联机/布置室内机”命令，弹出“多联机设备”对话框，如图 11-2 所示。该命令的程序实际是一个多联机设备管理器，可以添加、编辑设备数据，也可以将设备布置到图面上。

选择设备厂家、设备型式，根据负荷计算的结果选择合适的型号，如图 11-2 所示，单击“布置”按钮，返回图面，将设备布置在合适的位置，如图 11-3 所示。

图 11-2　“多联机设备”对话框

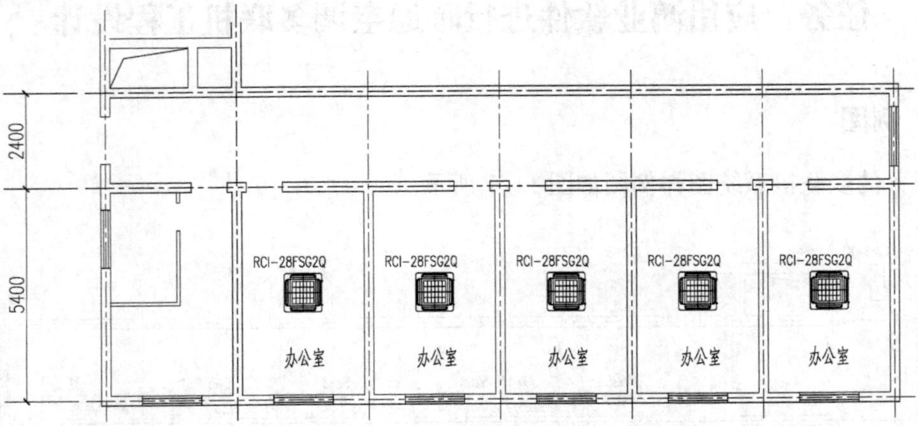

图 11-3　室内机布置完成图

4. 划分系统

多联机的含义就是一机多联，几台室内机组成一组对应一台室外机，构成一个系统。室内机布置完成后，需要划分系统，选择室外机型号，一般考虑将房间性质、负荷特性、使用时间相似的房间划分为一个系统，但在划分时要注意系统不要太大。

室内机制冷量之和除以室外机制冷量称为配比率。室外机通过计算配比率来选择。例如，10kW 的室内机选择 9kW 的室外机，配比率为 111%；选择 11kW 的室外机，配比率为 91%，不同厂家产品推荐的配比率范围不同。考虑到同时使用系数等因素，室外机的制冷量可以稍小于室内机制冷量总和。

执行“多联机/系统划分”命令，弹出“系统划分”对话框，如图 11-4 所示。在对话框中输入系统编号，单击“新建”按钮，建立一个新的多联机系统。单击“选择室内机<”按钮返回图面，选择该系统所包含的室内机。在对话框右侧的室外机列表中，列出了鸿业软件数据库中所有室外机的型号、制冷量和与该系统室内机组的配比率，此列表可单击列标题排序。单击 配比率% ，可按配比率排序，挑选合适的室外机，单击“确认系统划分”按钮，程序记录相应的系统信息。

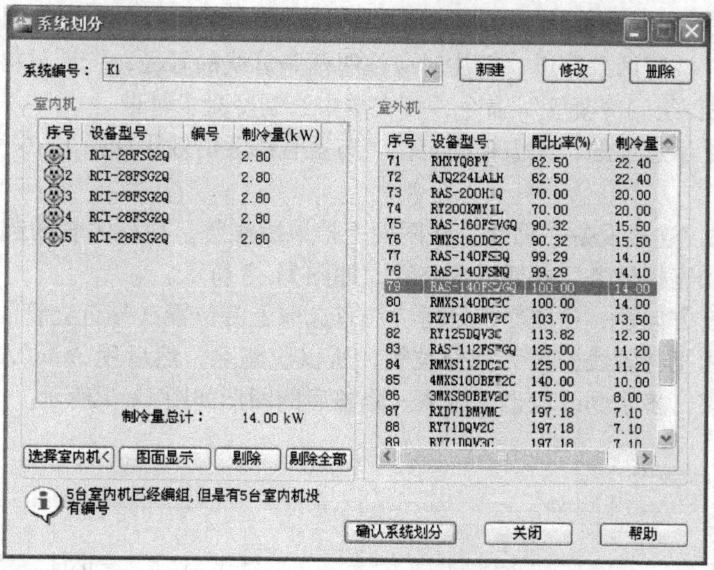

图 11-4　“系统划分”对话框

5. 布置室外机

执行“多联机/布置室外机”命令，弹出“多联机设备”对话框，可以选择、插入室外机，如图 11-5 所示。

经过系统划分，该命令启动后对话框中默认的室外机就是系统划分选中的型号，可以直接单击“布置”按钮，插入图中。

室外机通常布置在屋顶上或同楼层中专为室外机设计的位置。本例布置在墙外，如图 11-6 所示。

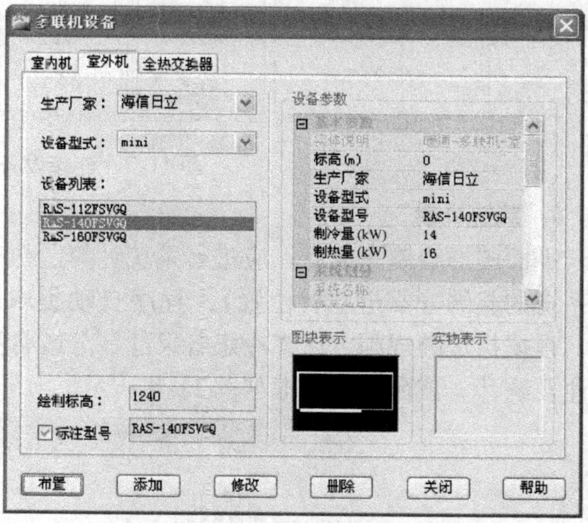

图 11-5　“多联机设备”对话框

6. 布置管线

执行“多联机/绘制立管”命令，可在图中插入冷媒管立管、冷凝水立管。

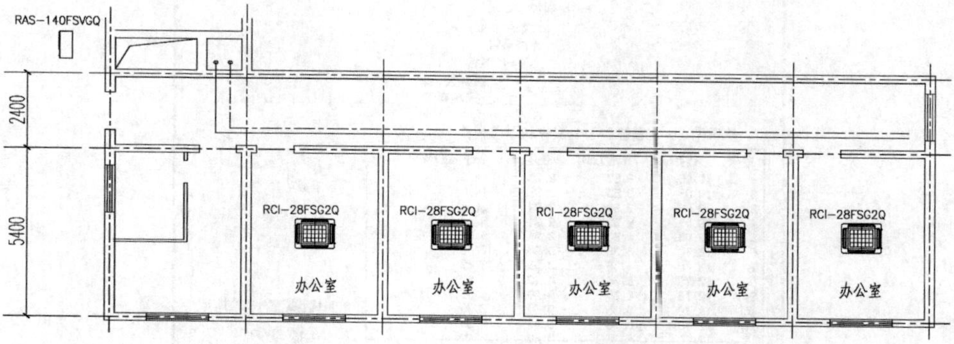

图 11-6　布置室外机及管线

执行“多联机/绘制冷媒管”命令，可在图中绘制冷媒管道。冷媒管用一条线表示，但实际包含了气管、液管两条管道，标注时应注明两条管线的管径，统计材料也应分别计算。

执行“多联机/绘制冷凝管”命令，可在图中绘制冷凝水管道。

管线的位置是示意性的，无需精确定位。布置管线后的效果如图 11-6 所示。

7. 连接设备

执行“多联机/连接设备”命令，在图面上拾取冷媒管、冷凝水管的起始端，然后框选室内机，软件自动连接设备，并插入分歧管，如图 11-7 所示。

分歧管图块有方向性，拾取冷媒管时应注意选取上游位置（靠近立管的位置）。

最末端的室内机与管线连接无需分歧管，所以应删除，然后用 AutoCAD 的圆角命令或倒角命令重新修整，多余的线段也应删除。修整后的图形如图 11-7 所示。

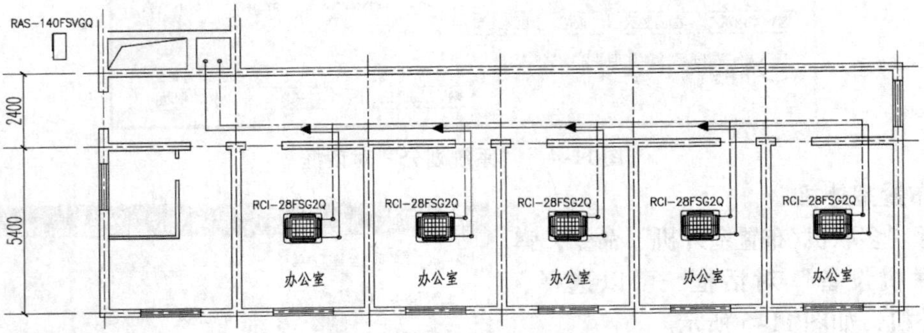

图 11-7　连接设备后管线修整

8. 系统计算

平面图形绘制完成后，应进行系统计算。执行“多联机/系统计算”命令，从图面上拾取系统的起端（靠近立管位置），程序自动提取图面信息，计算每个管段的长度及承担负荷，根据指定的规则，计算冷媒管尺寸、分歧管型号、冷凝水管径，并写入图面实体，用于标注及统计。该命令对话框如图 11-8 所示。

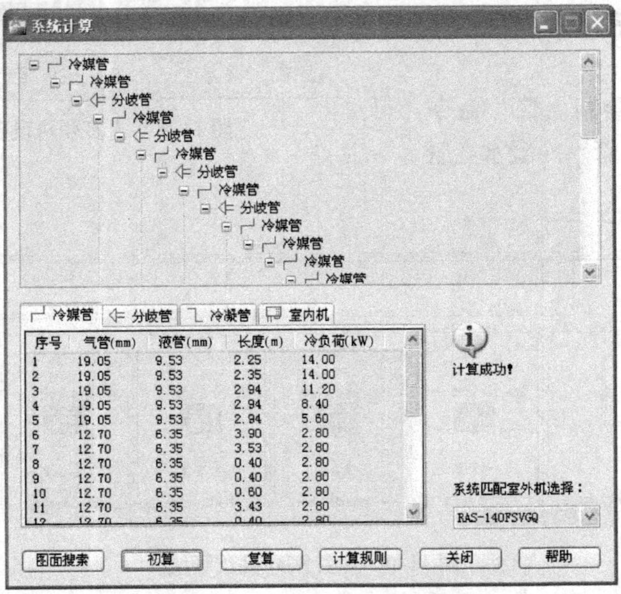

图 11-8　“系统计算”对话框

不同的厂家、不同的冷媒，计算规则也不同。单击“计算规则”按钮，将弹出相应的“计算规则”对话框，如图 11-9 所示，可以扩充或编辑计算规则。

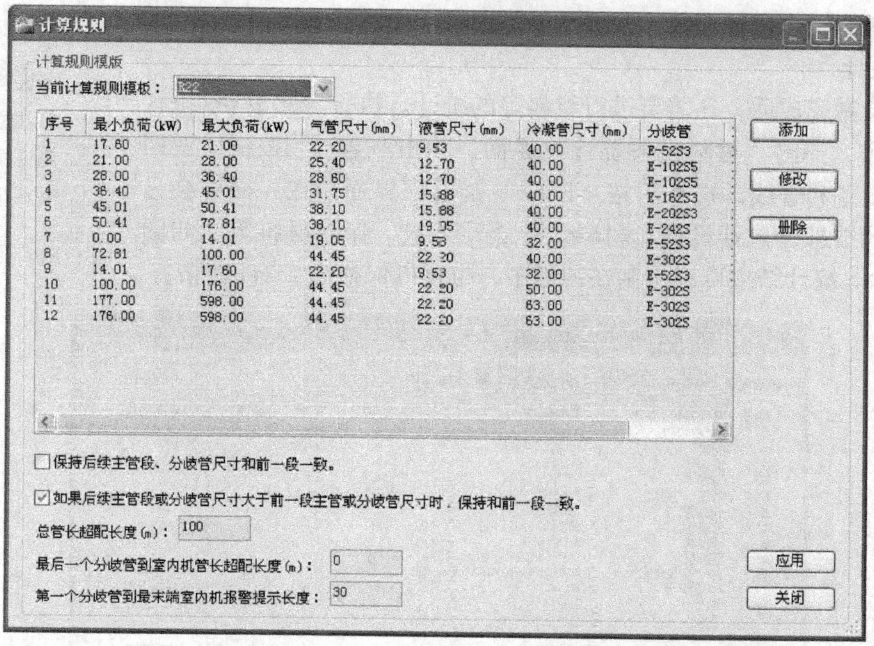

图 11-9　“计算规则”对话框

9. 绘制展开图、轴测图

1）展开图。执行“多联机/绘制展开图”命令，弹出“绘制展开图设置”对话框，如图 11-10 所示。在界面中做好相应的设置后，单击“绘制”按钮，在图面上拾取多联机系统的最远端，程序自动分析图形，并绘制出展开图，如图 11-11 所示。

2）轴测图。根据设计需要，也可以用“多联机/绘制轴测图”命令绘制轴测图。

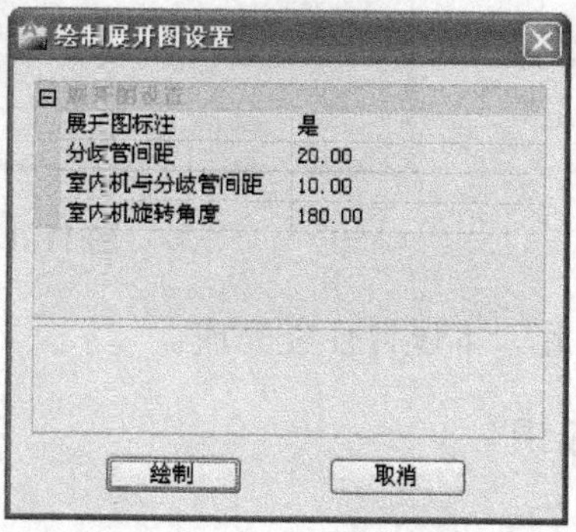

图 11-10　“绘制展开图设置”对话框

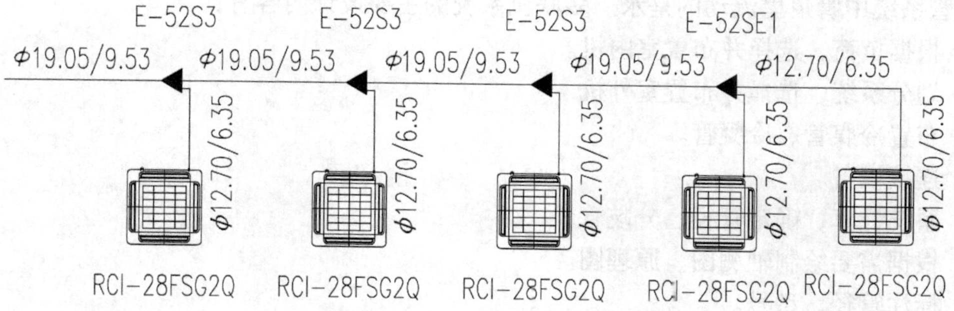

图 11-11　展开图绘制效果

10. 标注

在“多联机”菜单下有一组标注命令（图 11-12），可以标注管径、型号、编号、坡度等。标注命令操作比较简单，按提示操作即可。标注后的图面效果如图 11-1 所示。

11. 统计

图形绘制完成后，还需要进行材料等的统计。执行“多联机/统计材料”命令，弹出“材料设备统计”界面，单击 选择< 按钮，返回图面框选设备和管线，选择后按 < Enter > 键返回界面，在界面中会显示各种统计结果，包括设备、材料、冷媒注入量、保温材料等，如图 11-13 所示。统计结果可以绘制在图形中，也可以保存为 Excel 表格。

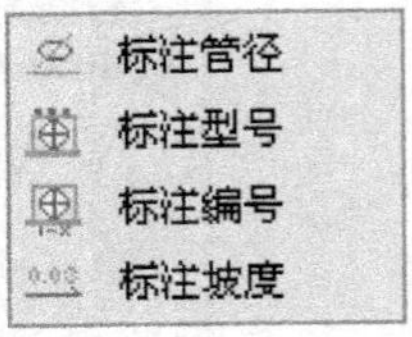

图 11-12　标注命令

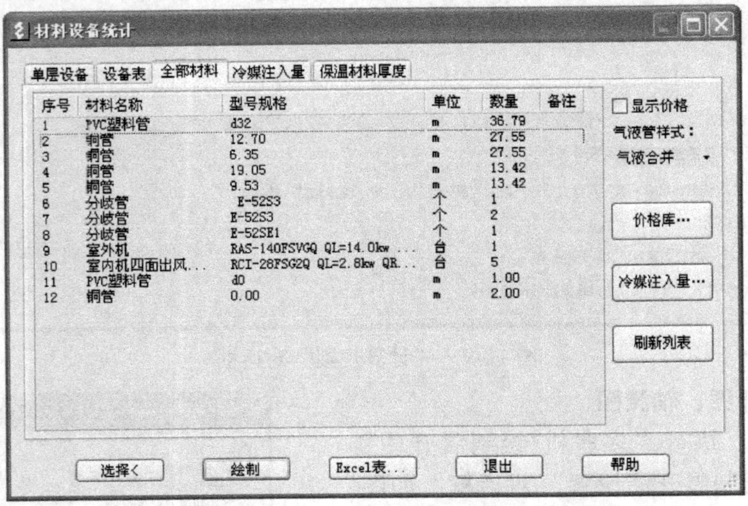

图 11-13　“材料设备统计”界面

至此，本设计任务完成。

相关知识

一、应用鸿业软件进行暖通空调多联机工程设计的基本流程

多联机系统设计与风机盘管系统相似，只不过多联机系统中管道里的介质是制冷剂，而风机盘管系统中管道里流动的是水。多联机系统的主要设计内容有：

1）根据负荷，选择并布置室内机。

2）划分系统，选择并布置室外机。

3）布置冷媒管、冷凝管。

4）连接设备。

5）系统计算，确定管径、分歧管。

6）根据需要绘制轴测图、原理图。

7）标注管径、型号。

8）材料统计；保温材料统计；冷媒注入量统计。

二、多联机系统介绍

1982 年，日本大金公司研制成功多联机，1993 年，多联机技术被引入中国。几十年来，多联机的应用取得了长足发展，据 2009 年统计数据，多联机系统占据了空调市场第一的份额（其次是冷水机组）。

多联机空调控制方便灵活，维护工作量很小，适合分户计量。尤其是在房间数量多、同时使用率低的建筑中使用，具有明显的节能效果。

中央空调系统的能耗通常由三部分组成：①制冷主机能耗；②冷媒、冷却水泵、风机等的输送能耗，占整个中央空调系统能耗的 20% 以上；③末端设备能耗。

多联机充分应用变频技术，压缩机可以根据室内机的实际需求进行能力输出，所以多联机的主机较为节能。输送方面，传统空调采用间接膨胀式系统，能量经冷媒—冷温水—室内空气传递；多联机采用直接膨胀式系统，能量经冷媒直接传递给室内空气，减少了一次热交换。输送能耗降低很多，利于节能。

多联机的运行管理非常简单，但多联机的应用也有限制。首先是制热效果不理想，在东北等寒冷地区的使用受到限制，所以在华东、华南地区的应用要远多于寒冷地区；其次是对新风、湿度的处理能力稍差，所以在这方面要求高的场所不适合使用多联机；另外，在多联机工程设计中，应注意合理划分系统，控制冷媒管长度及室内机和室外机的高差，以免影响效率。

三、多联机工程设计图示例

多联机的设计相对简单，图 11-14 ~ 图 11-16 是某教育基地实际工程设计图的局部图样，供读者参考。

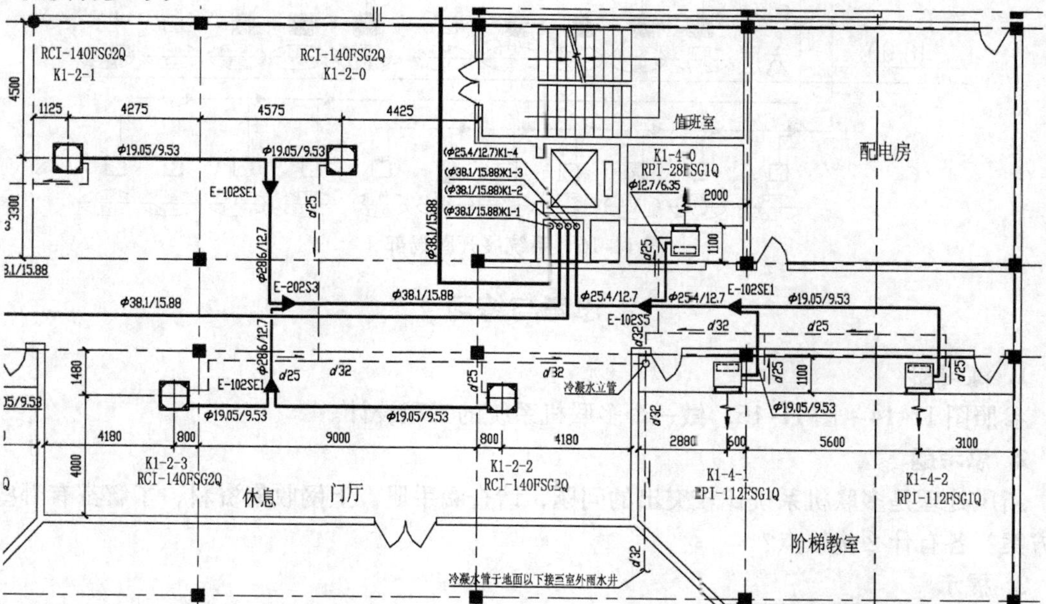

图 11-14　一层空调平面图

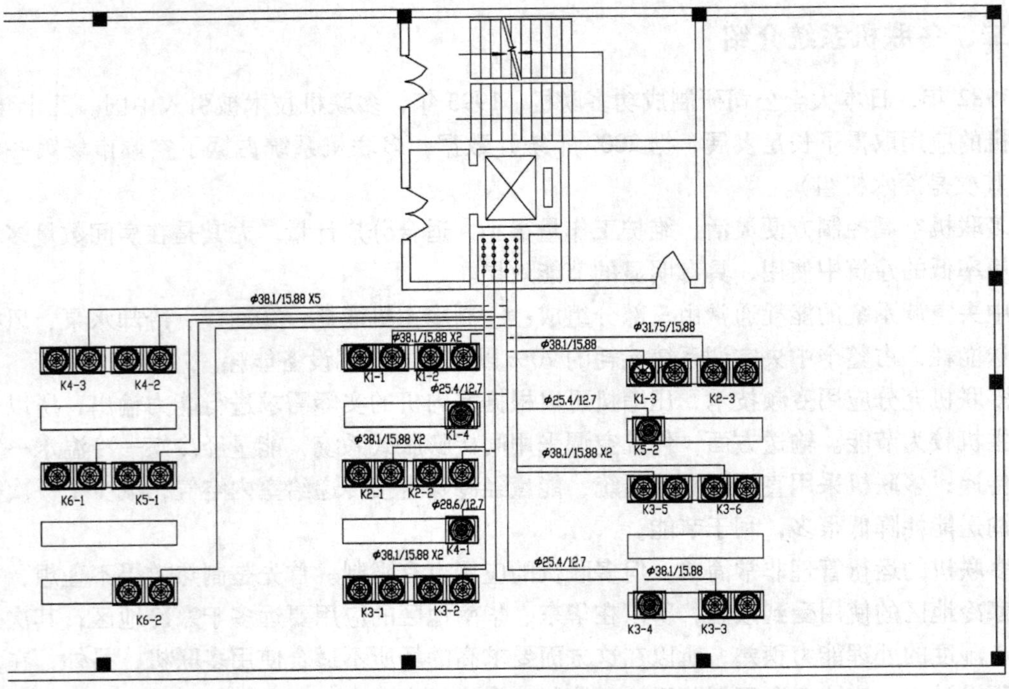

图 11-15　屋顶室外机布置图

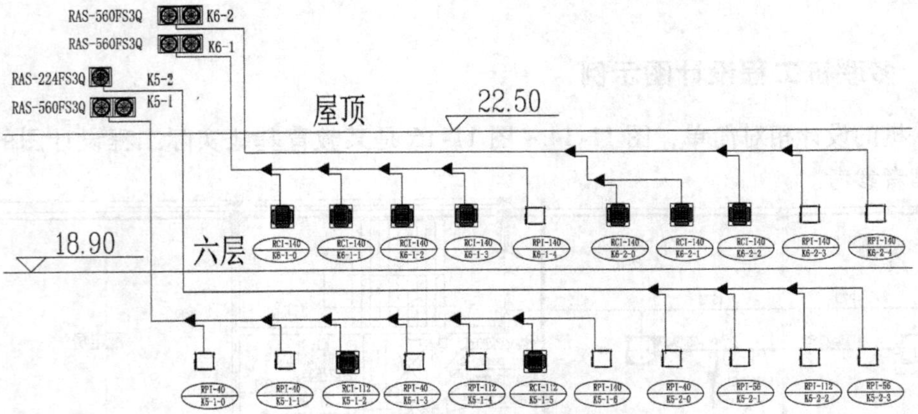

图 11-16　系统展开图局部

思考与练习

1. 练习图

参照图 11-14 ~ 图 11-16，做一个多联机系统的工程设计。

2. 思考题

新风处理是多联机系统比较突出的问题，请查阅手册，上网收集资料，了解都有哪些解决方案？各有什么优缺点？

3. 提示

有学者指出，目前多联机系统解决新风问题的最好办法是开窗，并不是用最贵的设备就能达到最好的效果。空调能耗在建筑能耗中占有相当大的比例，节能减排应从暖通空调设计做起。

项目 12　应用浩辰软件进行暖通工程的计算

学习目标

1）了解建筑负荷计算的目的。
2）掌握应用浩辰软件进行建筑负荷计算数据输入的步骤和方法。
3）掌握应用浩辰软件进行建筑负荷计算及快速编辑的方法。
4）了解浩辰软件负荷计算的使用技巧。

工作任务

任务　某户住宅卧室空调的负荷计算

人们为了生产和生活的舒适，要求室内具有一定的温度和湿度，这就必须向室内供给能量，这部分能量就是房间的负荷。负荷是暖通设计中最基本的数据之一，它直接影响设计方案的选择、系统管道管径的大小、设备的型号和数量，关系到系统的使用效果和经济效益。

一、计算条件

任务工程的建筑例图如图 12-1、图 12-2 所示，计算图中建筑的卧室负荷。

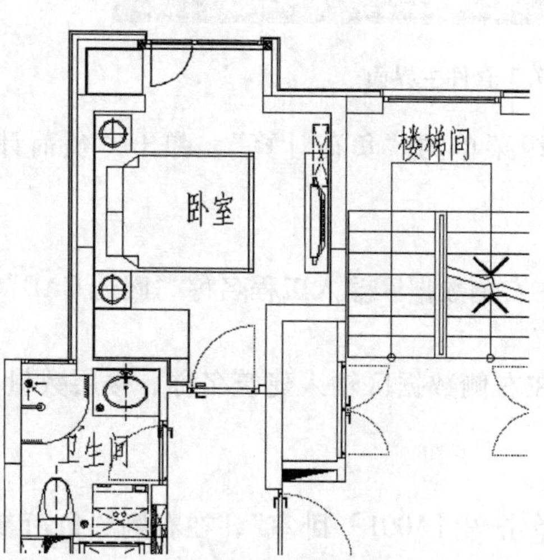

图 12-1　北京某住户卧室

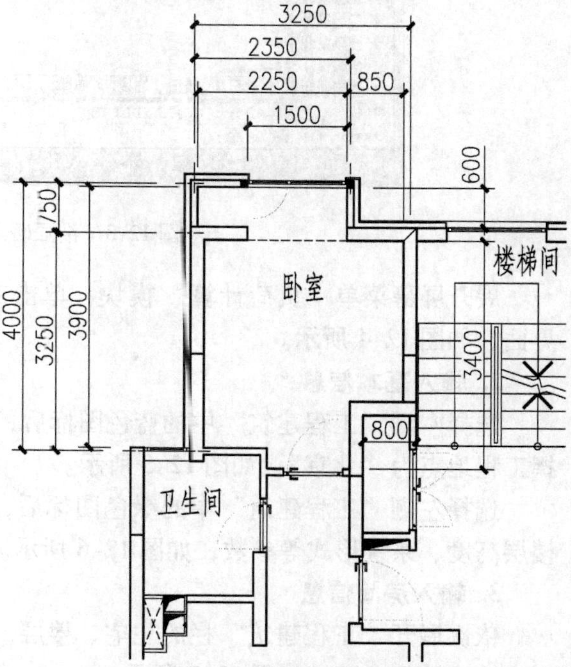

图 12-2　北京某住户卧室负荷计算例图

建筑所在地：北京。

建筑层数：10 层。

建筑层高：3m。

外墙构造：混凝土外墙，传热系数 0.6W/(m^2 · K)。

外窗构造：传热系数 2.8W/(m^2 · K)。

内墙构造：加气混凝土内墙，传热系数 1.37 W/(m^2 · K)。

卧室为一层房间，采暖温度 20℃，房间面积为 10.9m^2，其围护结构有宽 3.9m 的西外墙，宽 2.25m 的北外墙，宽 0.6m 的东外墙，宽 0.85m 的北外墙，宽 1.5m、高 2m 的北外窗，宽 4.2m 的内墙。

二、负荷计算所需参数的录入

1. 启动负荷计算

双击桌面浩辰暖通负荷计算软件的快捷方式，或单击“开始/程序/INt 暖通工程设计软件/浩辰暖通 7.3”菜单，启动浩辰暖通软件，进入浩辰暖通 7.3 窗口主界面，如图 12-3 所示。

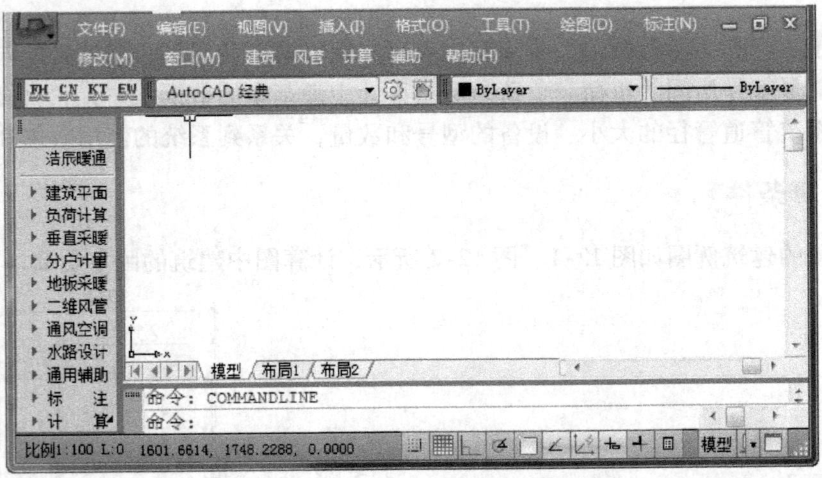

图 12-3　浩辰暖通 7.3 软件主界面

展开屏幕菜单“负荷计算”模块，单击二级菜单的“负荷计算”，弹出“负荷计算”界面，如图 12-4 所示。

2. 输入基本信息

选择左侧“工程建筑”中的蓝色图标后，在右侧数据区输入工程名称“暖通 CAD”，选择工程地点为“北京”，如图 12-5 所示。

选择左侧“工程建筑”中的绿色图标后，在右侧数据区输入建筑名称、楼层数量以及楼层高度、系统形式等参数，如图 12-6 所示。

3. 输入房间信息

依次展开“工程建筑”栏的住宅、楼层，单击“［1001］卧室”，在右侧“负荷参数”栏中输入计算参数，如图 12-7 所示。

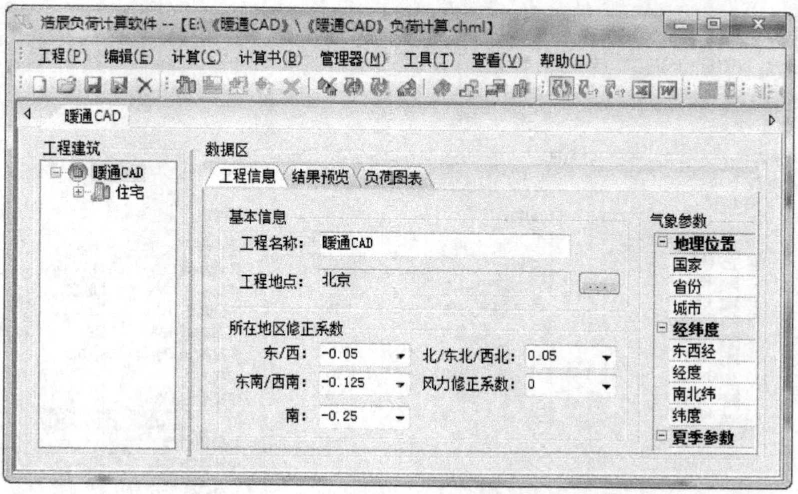

图 12-4　“负荷计算”界面

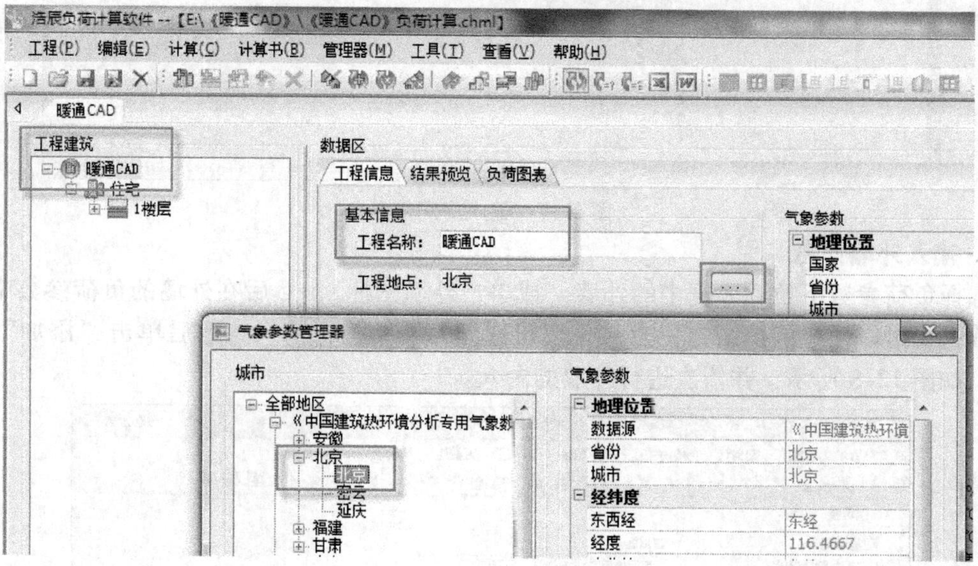

图 12-5　输入卧室暖通工程信息

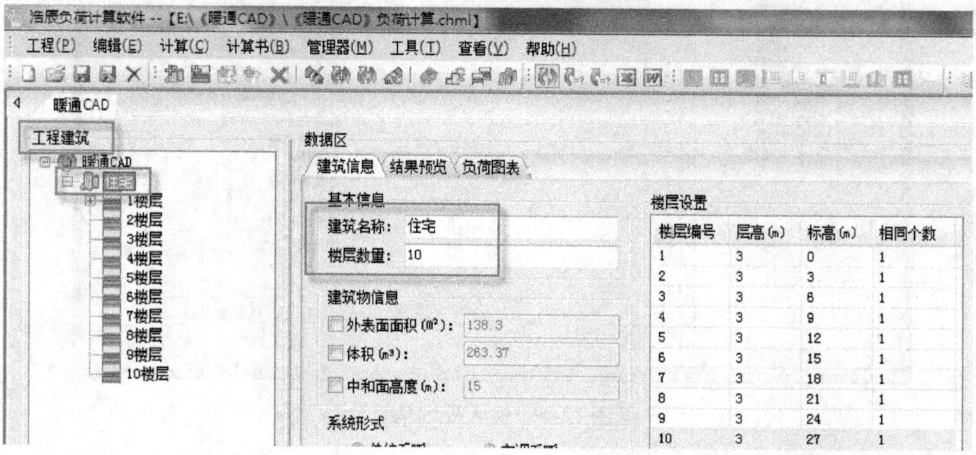

图 12-6　输入建筑信息

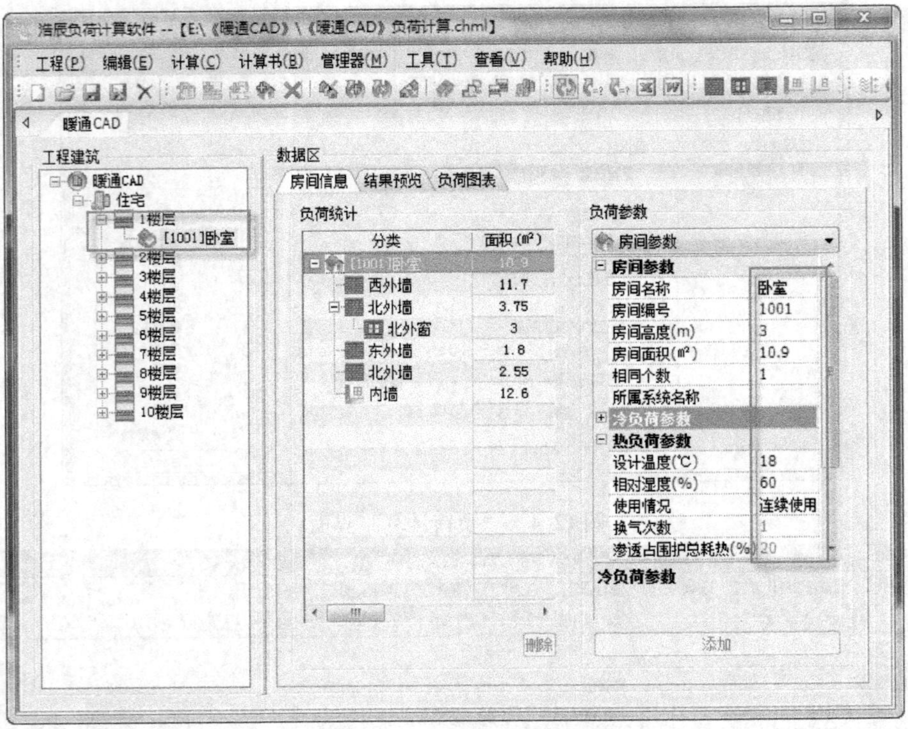

图 12-7　输入房间信息

4. 输入外墙信息

选择负荷参数下拉列表框中的外墙（或单击外墙图标），然后在外墙的负荷参数中输入计算数据，可以通过围护结构一栏的…按钮选择外墙结构，输入参数后单击“添加”按钮完成，如图 12-8 所示，并依次进行外墙的录入。

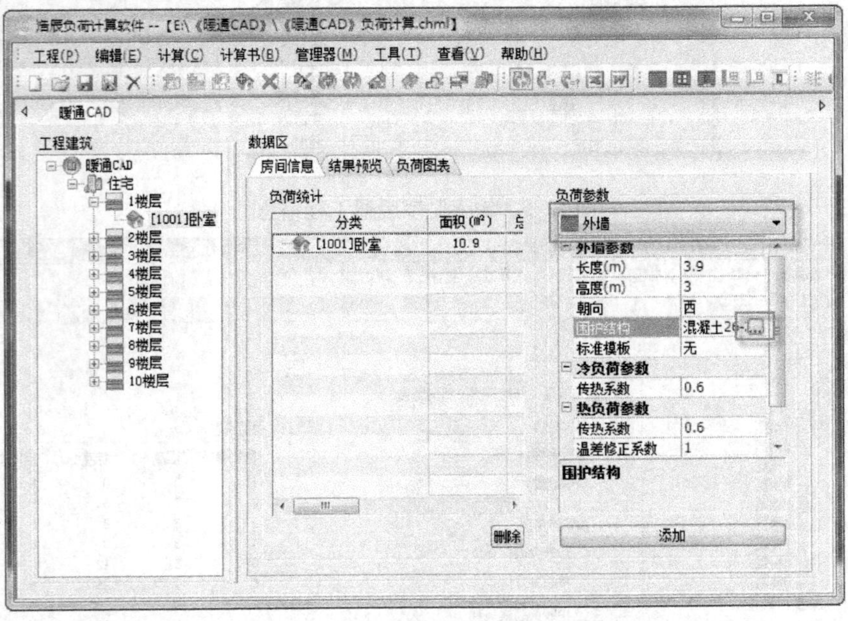

图 12-8　输入外墙信息

5. 输入外窗信息

选择北外墙，然后在负荷参数中选择外窗（或单击外窗图标），输入外窗计算参数后单击“添加”按钮，如图12-9所示。

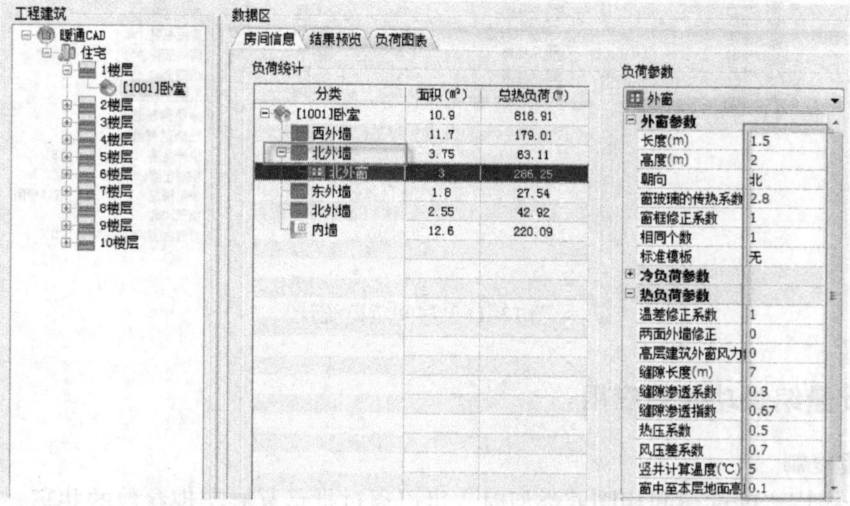

图12-9　输入外窗信息

6. 输入内墙信息

选择负荷参数下拉列表框中的内墙（或单击内墙图标），然后在内墙的负荷参数中输入计算数据，单击“添加”按钮完成，如图12-10所示。

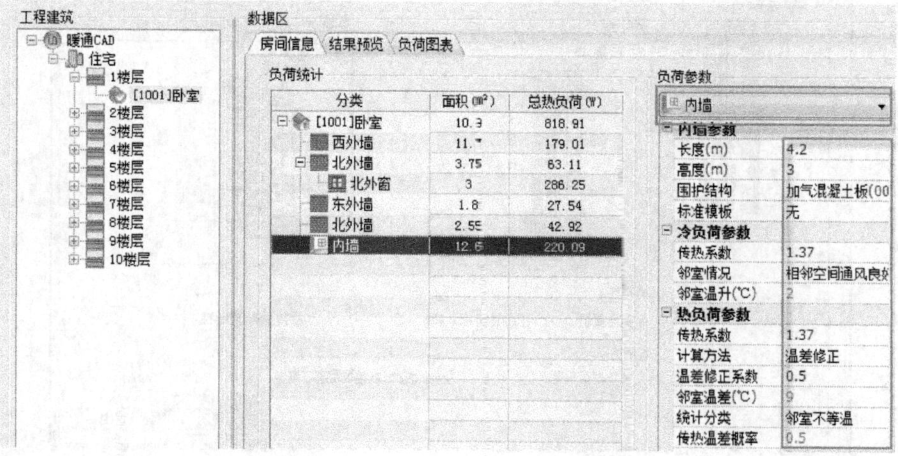

图12-10　输入内墙信息

7. 房间负荷统计

输入以上信息后，可以在负荷统计窗口看到外墙、外窗、内墙的热负荷，以及卧室的总热负荷结果。应当注意的是，添加北外窗的同时北外墙的面积发生了变化，如图12-11所示。

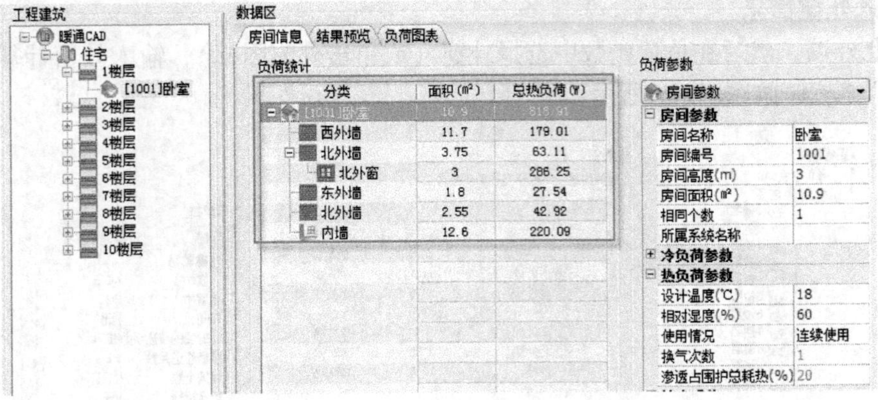

图 12-11 房间负荷统计

三、批量编辑功能的应用

1. 批量复制

当多个楼层之间的房间相同或类似时，可以通过批量复制实现参数的共享。以卧室负荷计算为例，可以将 1 楼层的所有数据复制到其他层，右键单击 1 楼层，选择高级复制，在弹出的窗口中选择源工程的 1 楼层，再选择目标工程的 2～10 楼层，依次单击“复制”“确定”“退出”按钮，这样就实现了参数的共享，如图 12-12 所示。

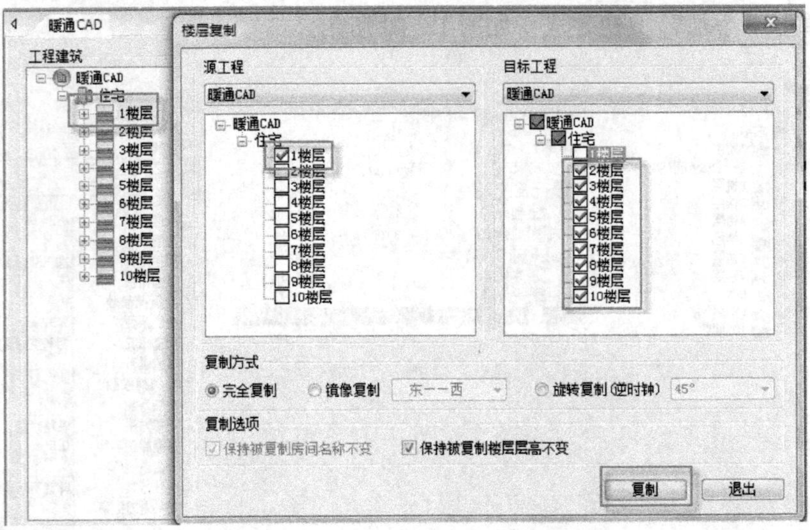

图 12-12 批量复制

2. 批量修改

当多个房间的某项计算参数同时发生变化时，可以通过批量修改实现。以卧室负荷计算为例，要修改所有房间的热负荷计算温度，单击“编辑/批量修改”菜单命令，弹出“批量修改”界面，左侧目标房间栏勾选所有房间，右侧修改条件勾选热负荷参数的设计温度，输入新的温度参数后，依次单击“修改”“确定”“退出”按钮，这样就实现了所有房间参数的修改，如图12-13所示。

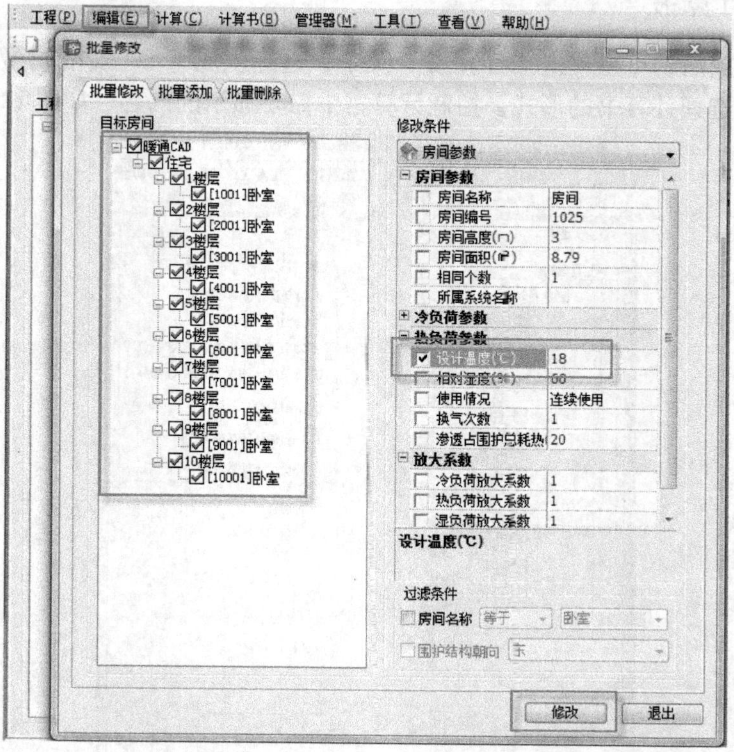

图12-13　批量修改

四、保存文件

单击“工程”菜单的“保存”选项，选择保存文件的位置，输入文件名称，单击“保存”按钮保存，如图12-14所示。

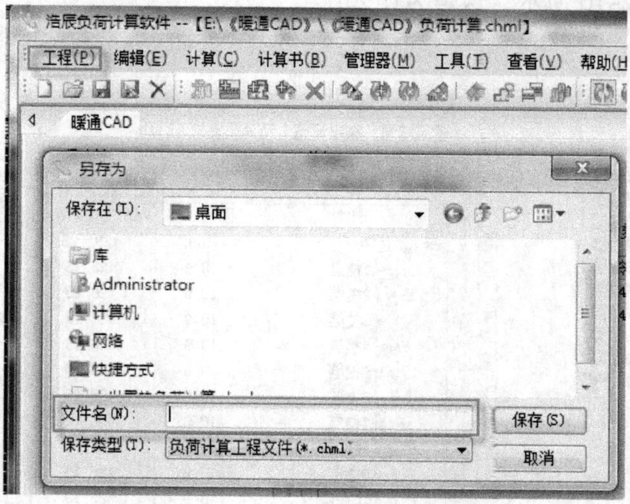

图12-14　保存文件

五、生成计算书

负荷计算完成后，可以单击“计算书”菜单，选择生成 Excel 表格或 Word 文档格式的计算书，还可以选择计算书的形式，控制计算书中需要显示的内容，如图 12-15 所示。

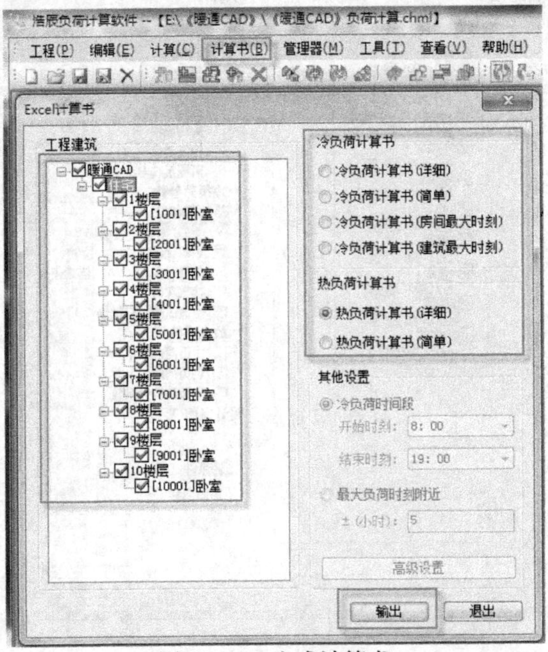

图 12-15　生成计算书

思考与练习

1）房间相同，楼层不同，为何热负荷计算的结果不同？

以卧室负荷计算为例，可以看到建筑各楼层的冷、热负荷数值，各层的冷负荷相同，但热负荷不同，如图 12-16 所示，这是为什么？

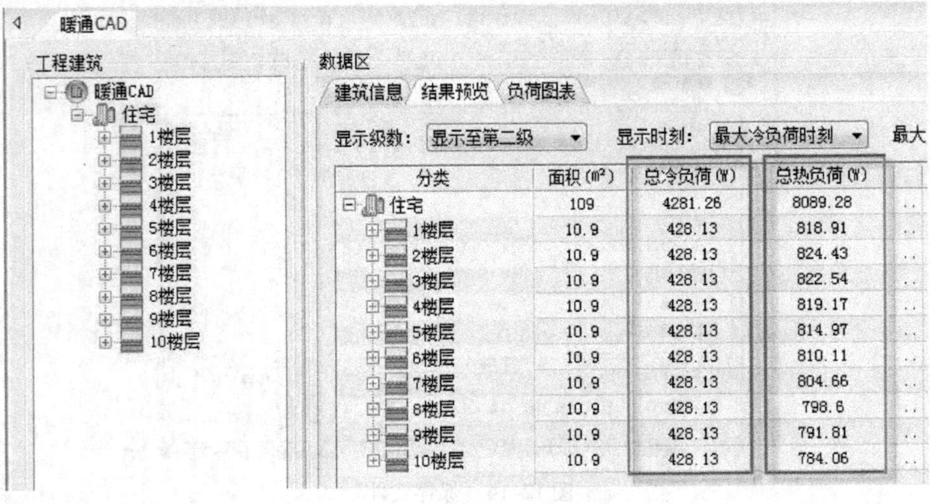

图 12-16　建筑负荷结果预览

2）朝向不同，但其他参数完全相同的两面外窗，为何冷热负荷不同？

创建一个房间，添加一面南外窗、一面北外窗，除朝向不同以外，其他参数完全相同，如图 12-17 所示，分析两面外窗的冷、热负荷结果，为什么不相同？

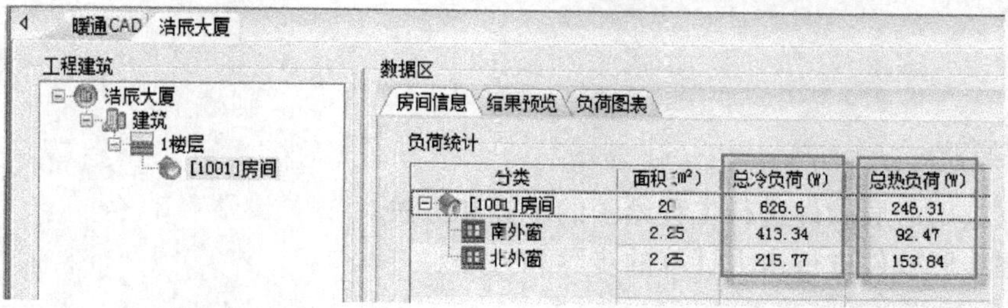

图 12-17　两面外窗负荷结果

项目 13　应用浩辰软件进行暖通工程的设计

学习目标

1）掌握应用浩辰软件进行工程绘图的步骤和方法。
2）掌握浩辰软件进行水力计算的步骤和方法。

工作任务

任务　北方某住户统一供热的采暖工程设计

一、例图

北方某住户统一供热采暖工程平面图例图如图 13-1 所示，其建筑平面图如图 7-71 所示。

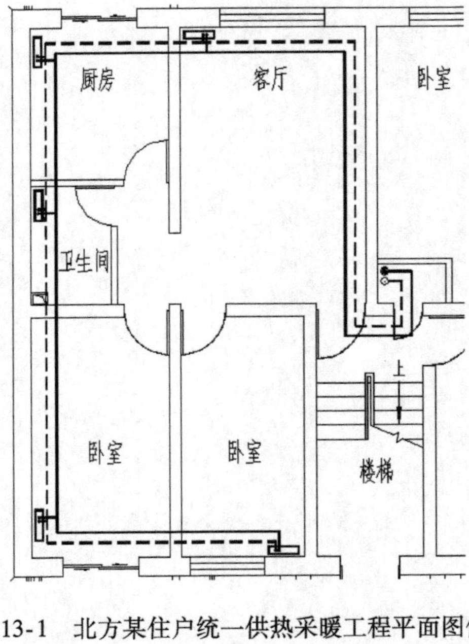

图 13-1　北方某住户统一供热采暖工程平面图例图

二、北方某住户统一供热采暖工程设计的步骤方法

1. 散热器布置

执行“分户计量/散热器”命令，弹出“散热器布置”对话框，如图 13-2 所示进行参数输

入和散热器布置方式控制，逐个确定散热器布置位置。

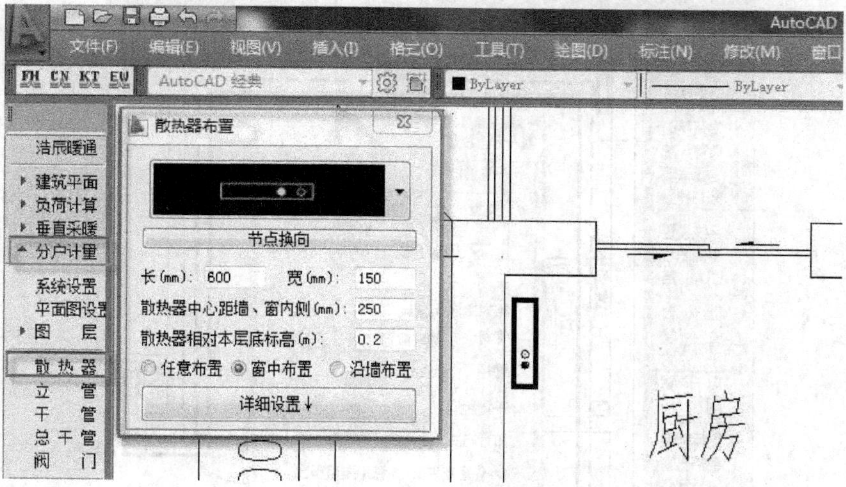

图 13-2　散热器布置

2. 立管布置

执行“分户计量/立管”命令，弹出“立管布置”对话框，如图 13-3 所示进行参数输入和立管布置方式控制，确定立管布置位置。

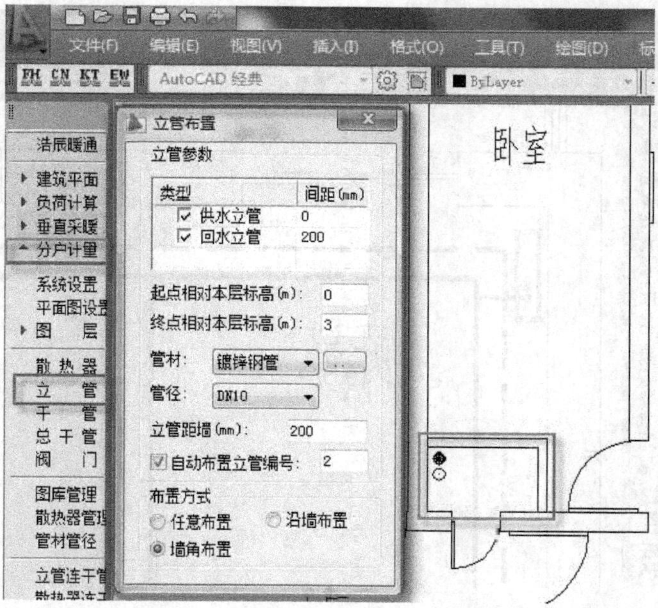

图 13-3　“立管布置”对话框

3. 干管布置

执行“分户计量/干管”命令，弹出“干管布置”对话框，如图 13-4 所示进行参数输入和干管布置方式控制，依次确定各段干管的布置位置。

4. 散热器与干管的连接

执行“分户计量/散热器连干管”命令，框选图面中需要连接的所有散热器和干管，完成二者的就近连接，如图 13-5 所示。

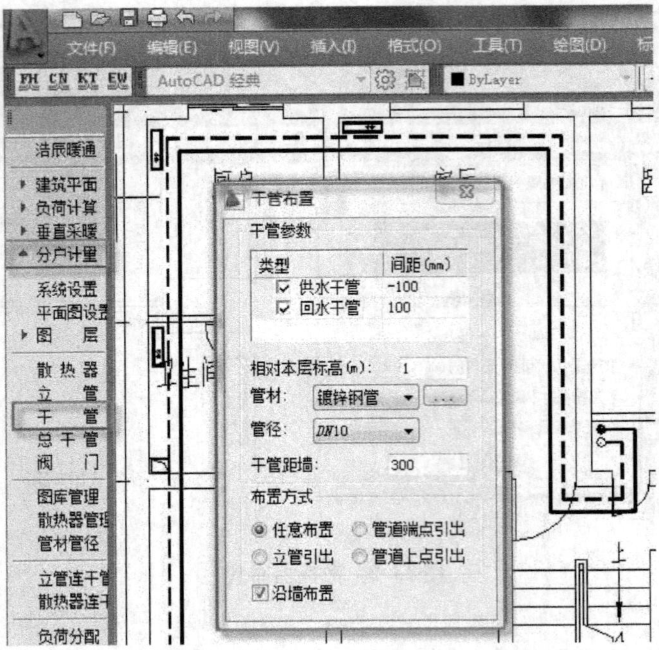

图 13-4　“干管布置”对话框

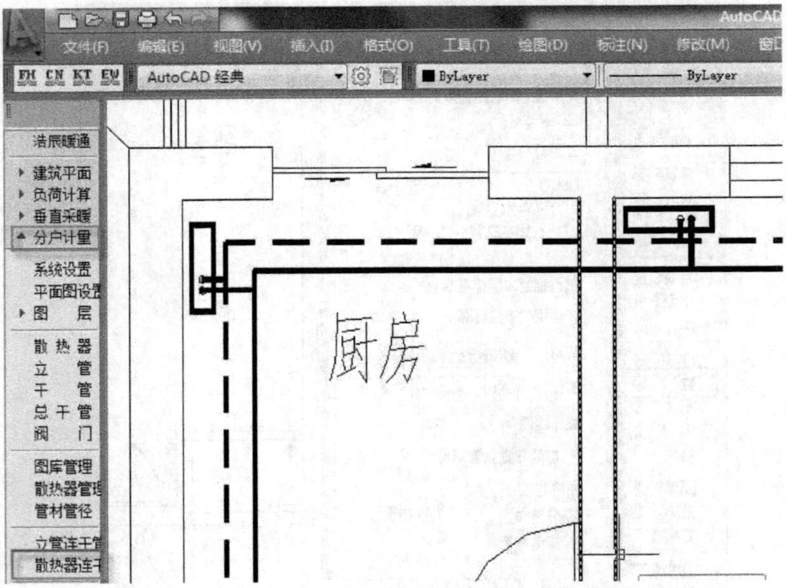

图 13-5　散热器与干管连接

5. 散热器与干管连接详图

执行“分户计量/系统图/入户部分插入”命令，选择所需要的详图，即可进行常用详图的图面插入，如图 13-6 所示。

6. 材料统计

执行“分户计量/材料表/材料统计”命令，在图面中选取所需统计的散热器、供回水

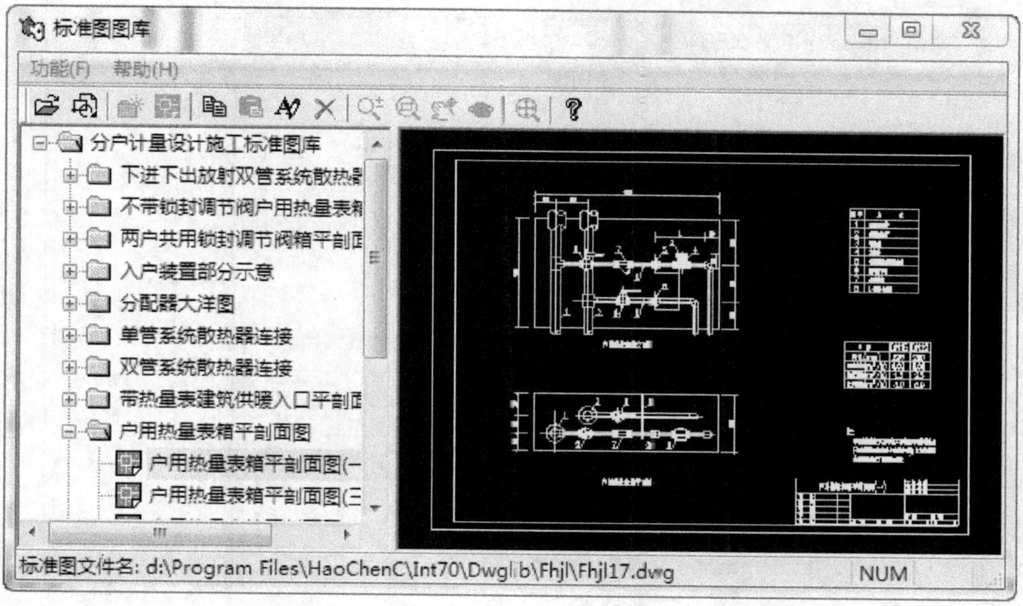

图 13-6　散热器与干管连接详图

管线等，即可完成材料统计，并自动生成材料表格，如图 13-7 所示。

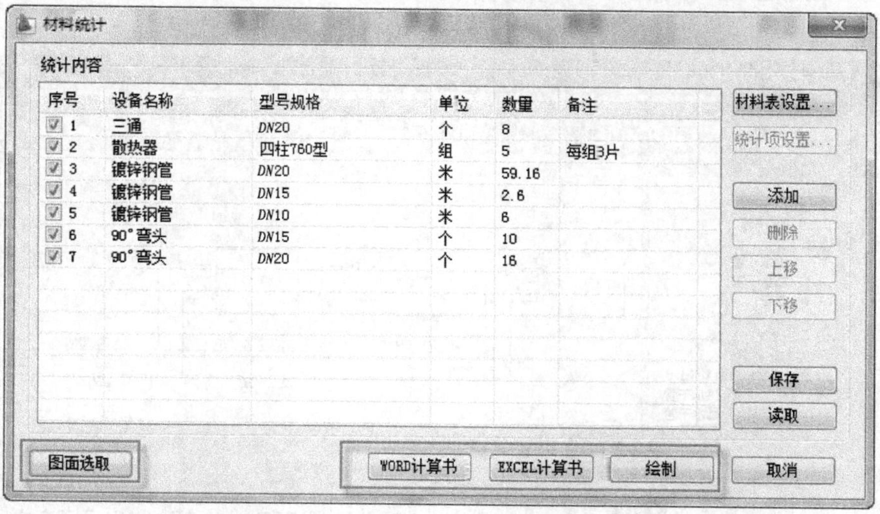

图 13-7　材料统计

7. 水力计算

执行“分户计量/水力计算”命令，在弹出的窗口中输入采暖系统的基本信息后，单击“生成”按钮，如图 13-8 所示。

单击展开“工程”菜单下的“楼层”、“户内系统 1”，右键单击“环路 1”，选择“提取数据”，返回到 AutoCAD 界面，在绘制完成的平面图中，按命令行提示，依次选取“供水起点”“回水终点”，即可完成图样工程信息的读取，如读取各个管段的长度信息、局部构件信息、散热器负荷信息等，如图 13-9 所示。

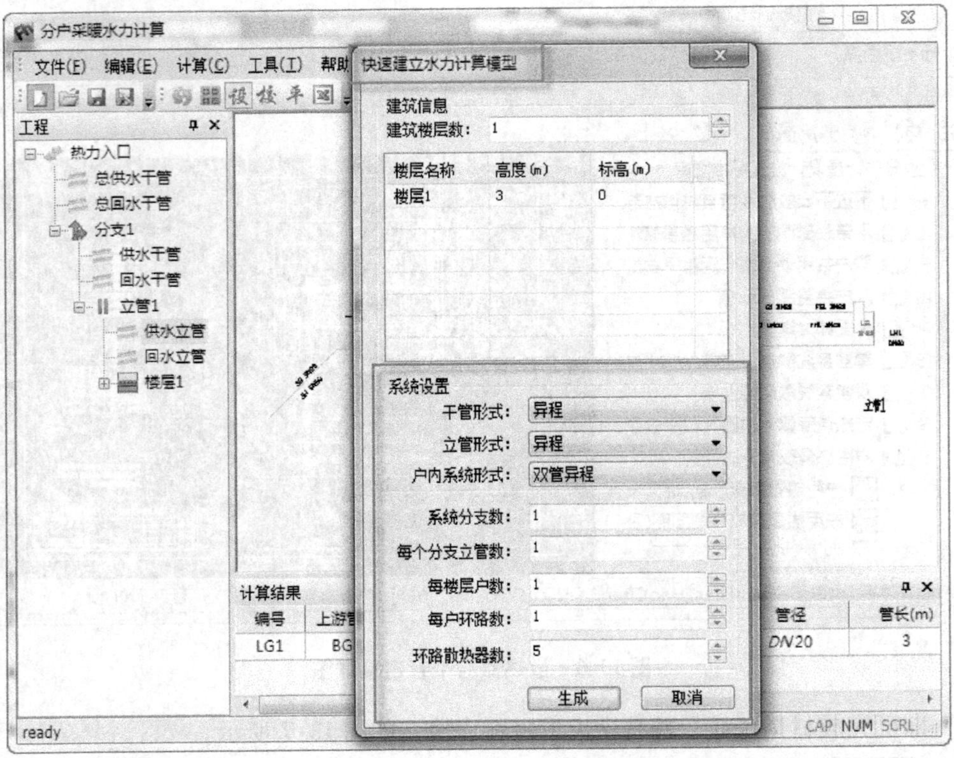

图 13-8　水力计算

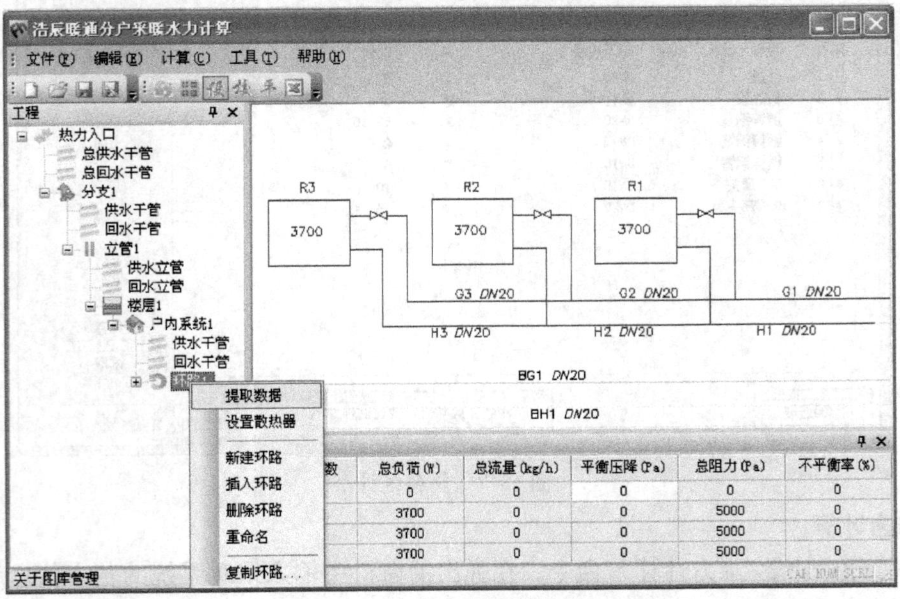

图 13-9　提取平面图信息

信息提取完成后，单击“计算条件”按钮，打开“计算条件”对话框，输入计算条件信息，单击“确定”按钮，确认后即可进行“设计计算”“校核计算”及“平衡计算”，如图 13-10 所示。

计算完成后，可将结果输出为 Excel 表格计算书，计算书中包括工程系统中各管道、设备的压力损失，以及整个系统的压力损失、平衡状态等，如图 13-11 所示。

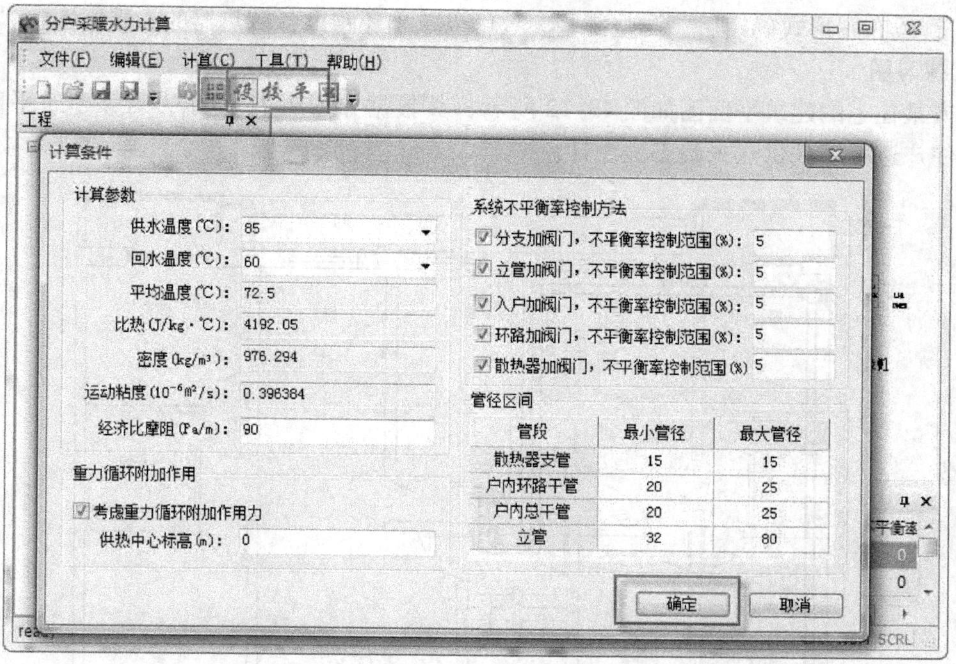

图 13-10　计算条件设置

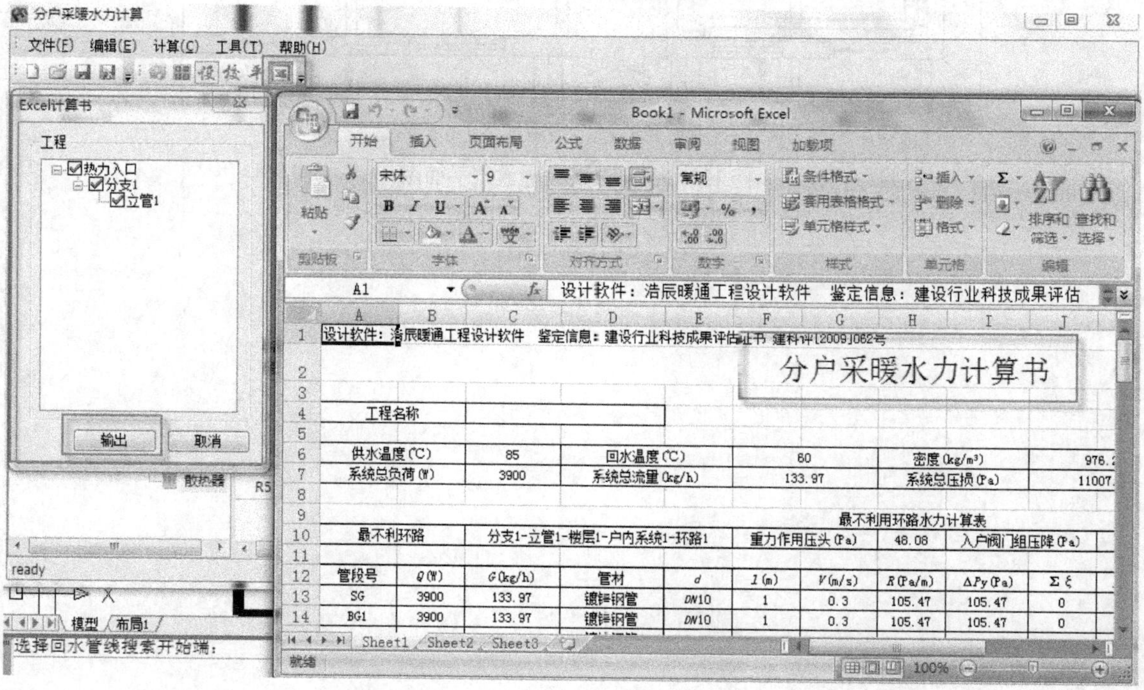

图 13-11　输出计算书

思考与练习

1. 思考题

1）如何修改采暖系统的管线布置形式，以减小环路内各散热器的不平衡率？

2）管线布置形式确定后，调整哪些参数可以减小环路内各散热器的不平衡率？

2. 练习图

北方某住宅的建筑平面图如图 13-12 所示，其数据如图 7-71 所示，对该建筑平面图中右侧的住户进行统一供热采暖工程设计。

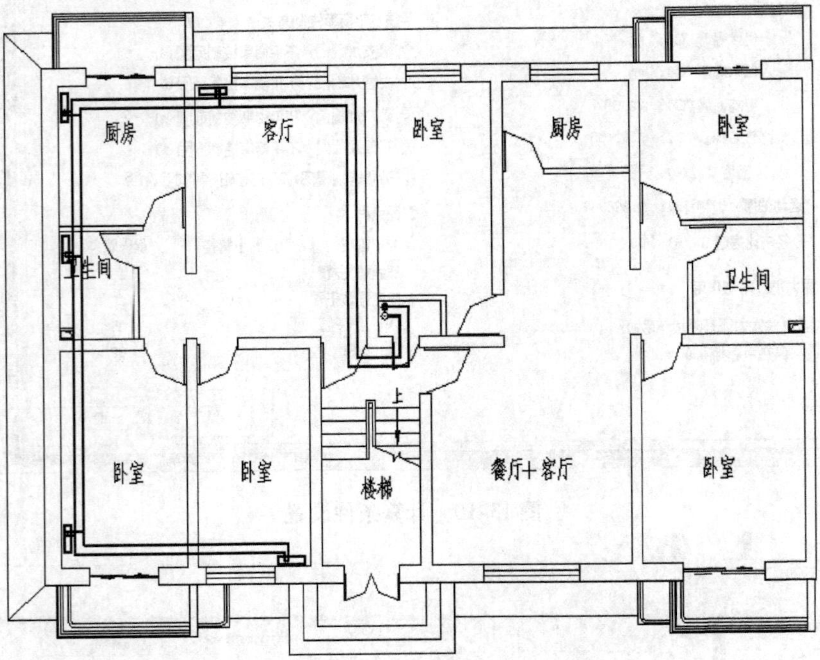

图 13-12　北方某住宅建筑平面图

项目 14　应用天正软件进行暖通工程的负荷计算

学习目标

1）了解暖通空调负荷计算的基本概念。
2）掌握使用天正暖通软件进行空调负荷计算的步骤方法。
3）掌握天正暖通软件负荷计算的相关设置与编辑方法。

工作任务

任务　1 号楼第一层 5 个房间空调的负荷计算

一、工程基本信息

本任务的例图如图 14-1 所示，工程基本信息如下：

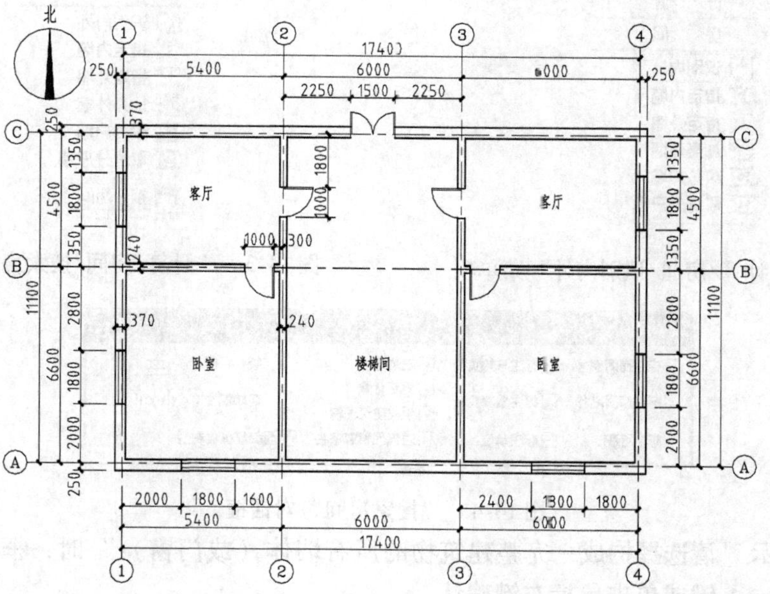

图 14-1　1 号楼第一层 5 个房间空调工程的建筑平面图

工程地址：北京，某建筑一层。
建筑信息：层高 3.0m。
围护结构：外墙——370mm 厚多孔砖（聚苯板），传热系数为 0.54W/（m^2·K）。

外窗——单层塑钢窗，传热系数为 2.6W/m^2 · K。

分户墙——混凝土多孔砖，传热系数为 1.86 W/m^2 · K。

二、负荷计算的步骤方法

采用天正建筑 TArch5.0 及以上版本绘制的建筑平面图，负荷计算可直接提取建筑平面图的围护结构信息。

1. 建筑平面图处理

应用天正暖通软件对建筑平面图样进行预处理，其步骤方法如下：

『操作』125 天正软件对建筑平面图样进行预处理操作

1#，打开文件：运行天正暖通软件，打开需要进行负荷计算的建筑平面图文件。

2#，识别内外：在 AutoCAD 平台左侧的天正菜单中，单击“计算/房间/识别内外”菜单项，如图 14-2 所示。

命令行提示“请选择一栋建筑物的所有墙体（或门窗）:”时，框选整个建筑平面图，然后按 <Enter> 键或单击鼠标右键确认。

命令行提示“识别出的外墙用红色的虚线示意”，完成外墙的识别。

3#，搜索房间：单击天正菜单中的“计算/房间/搜索房间”菜单项，如图 14-3 所示，弹出“搜索房间”对话框，如图 14-4 所示，对话框内各项参数无需修改，按默认设置即可。

图 14-2　“计算/房间/识别内外”菜单项

图 14-3　“计算/房间/搜索房间”菜单项

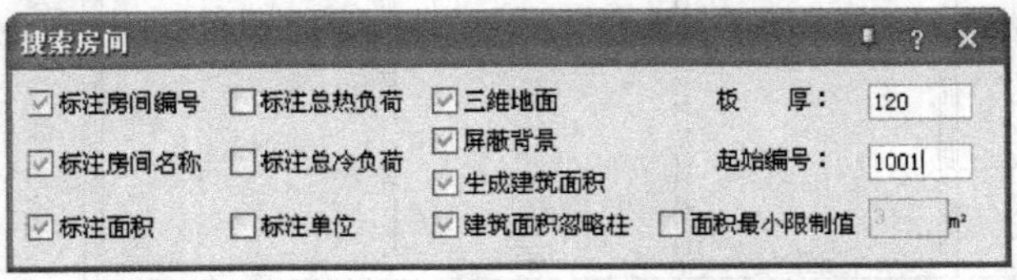

图 14-4　“搜索房间”对话框

命令行提示“请选择构成一完整建筑物的所有墙体（或门窗）:”时，框选整个建筑平面图，按 <Enter> 键或单击鼠标右键确认。

命令行提示“请点取建筑面积的标注位置 <退出>：”时，任意单击选取图上一点，完成建筑面积的标注，如图 14-5 所示。

2. 新建工程

在天正菜单中，单击“计算/负荷计算”菜单项，显示“天正负荷计算”主界面，如图

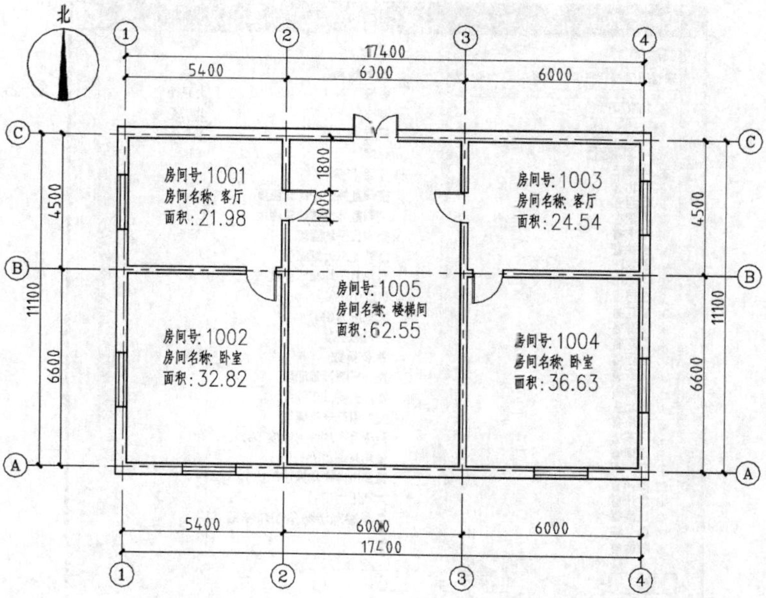

图14-5　搜索房间，完成建筑面积的标注

14-6所示。

新建工程可以自行输入工程名称，也可以采用默认的工程名称“新建工程1”，如图14-6所示。

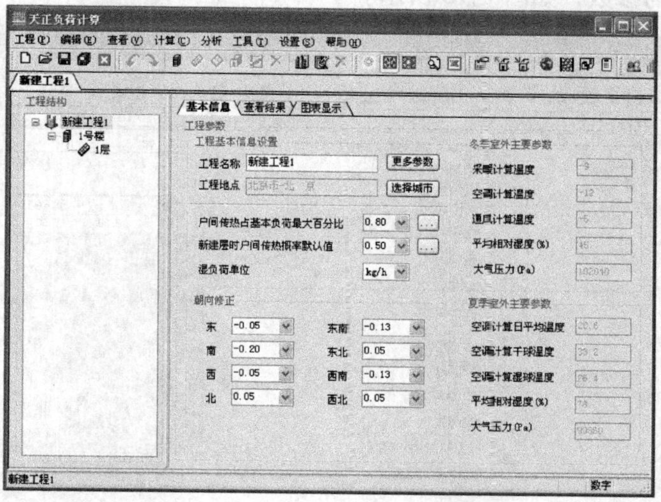

图14-6　“天正负荷计算”主界面

3. 设置工程地点

单击“选择城市”按钮，弹出“气象参数管理”对话框，如图14-7所示，选择后单击“确定”按钮完成。

天正软件根据《民用建筑供暖通风与空气调节设计规范》（GB 50736—2012）和《实用供热空调设计手册》建立了完整的数据库，只需正确选择即可。

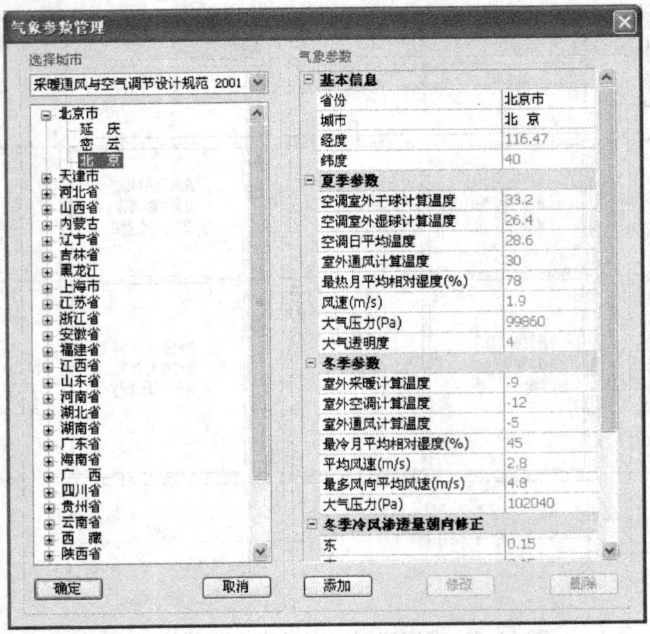

图 14-7　“气象参数管理”对话框

4. 设置围护结构传热系数

单击主界面左侧工程结构中“新建工程 1”下的“1 号楼”，界面右侧单击“基本信息”选项卡，显示建筑物参数，如图 14-8 所示。

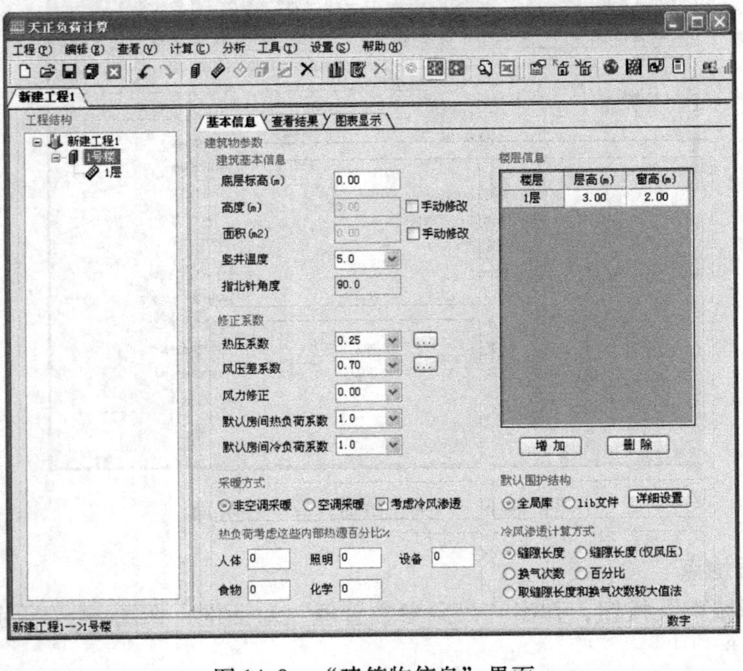

图 14-8　“建筑物信息”界面

单击“详细设置”按钮，显示围护结构“全局库”默认传热系数对话框，可直接设置传热系数值，如图 14-9 所示。

单击“外墙”等围护结构的按钮（图 14-9）可显示天正构造库（图 14-10），库中提供了节能规范中常用的构造做法，可直接选择使用。

5. 直接从建筑图上提取围护结构信息

鼠标右键单击“负荷计算”主界面上工程结构下的“1 层”，弹出右键菜单，如图14-11所示，单击“提取房间”菜单项，弹出“提取房间设置”对话框，如图 14-12 所示。

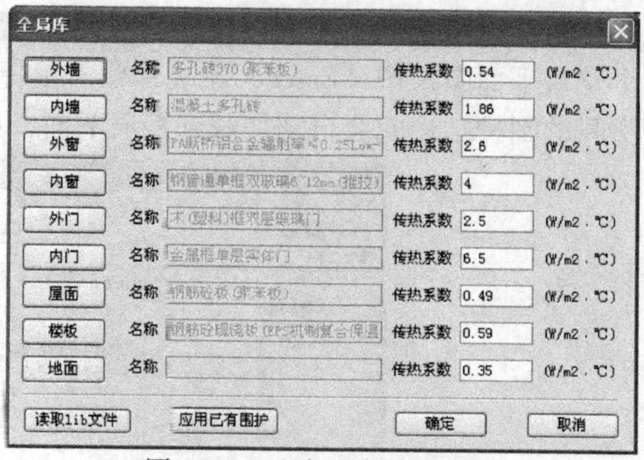

图 14-9　“全局库”对话框

单击“选指北针”按钮，选择建筑图上的指北针符号，会自动提取指北针的角度。

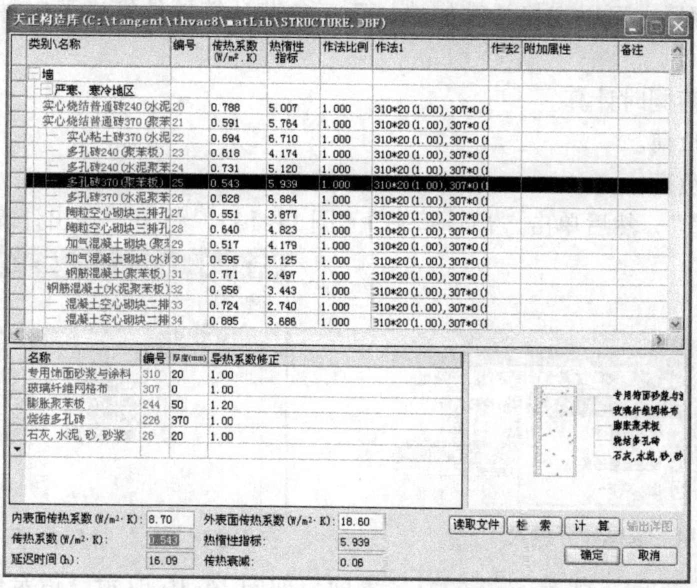

图 14-10　“天正构造库”

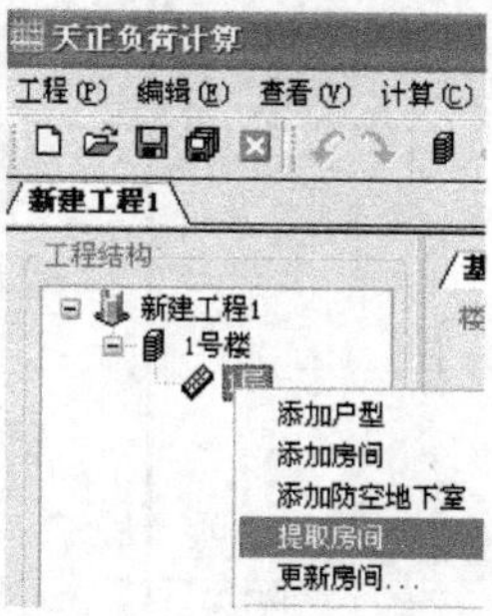

图 14-11　在右键弹出菜单中单击“提取房间”

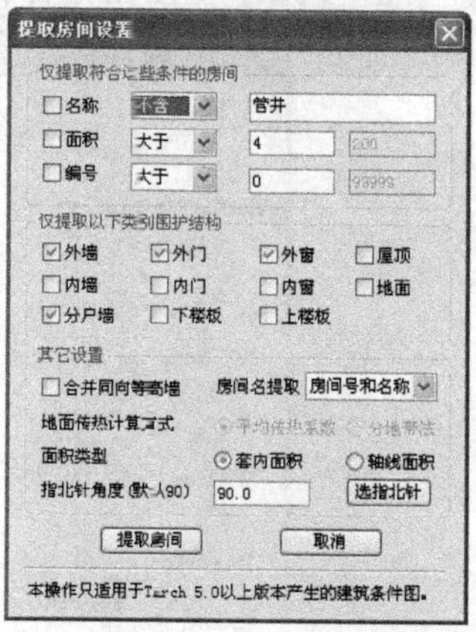

图 14-12　“提取房间设置”对话框

单击“提取房间”按钮，命令行提示“请框选要提取的房间对象<退出>:”时，框选整个建筑平面图，按<Enter>键或者单击鼠标右键确认后，弹出“负荷计算”主界面，各个房间的围护结构就会自动加载到楼层下面，如图 14-13 所示。

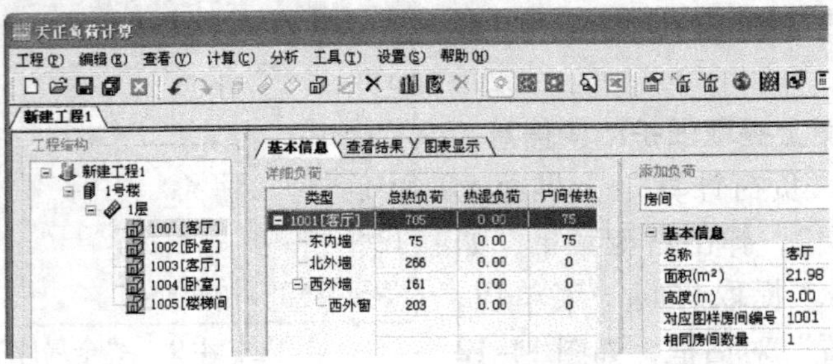

图 14-13　从图中提取的房间信息

6. 输出计算书

建立负荷工程后，可以切换计算模式，天正负荷计算软件提供了三种计算模式，如图 14-14 所示：

A. 冷、热负荷同时计算。

B. 只计算冷负荷。

C. 只计算热负荷。

选择“热负荷”，然后单击“出计算书”（图 14-14），弹出“输出计算书”对话框，如图 14-15 所示。

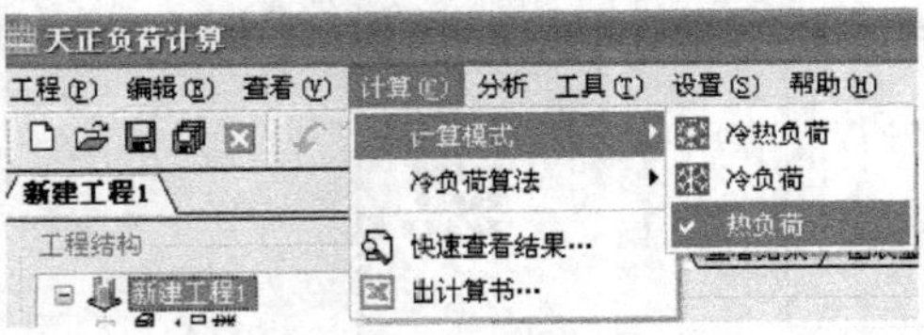

图 14-14　选择计算模式

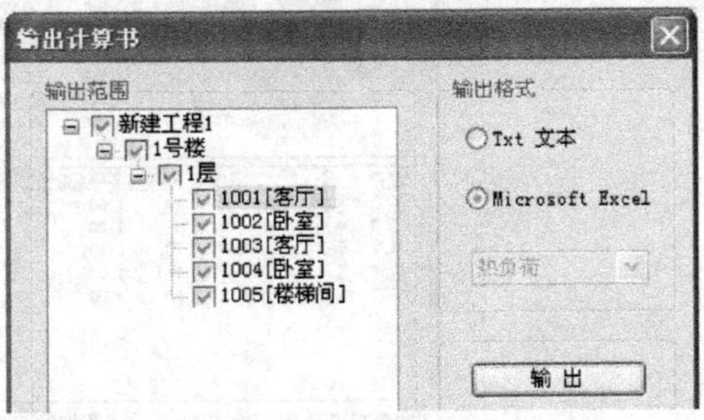

图 14-15　“输出计算书”对话框

单击“输出”按钮，弹出“另存为”界面，如图 14-16 所示，指定保存的路径位置，给定文件名，单击“保存”按钮保存，并自动生成计算书。

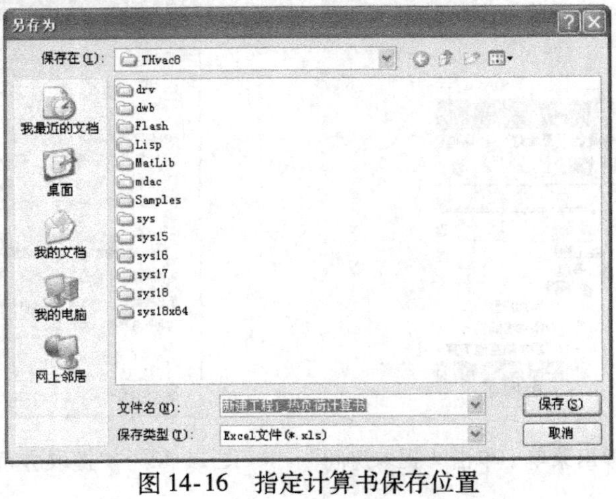

图 14-16　指定计算书保存位置

通过提取建筑平面图的方法建立负荷工程，所提取的是建筑围护结构的负荷。但是，一栋建筑的总负荷不仅有围护结构的负荷，还有室内冷、热源引起的负荷。下面通过手动添加方式，继续完善工程的负荷输入，并输出冷负荷计算书。

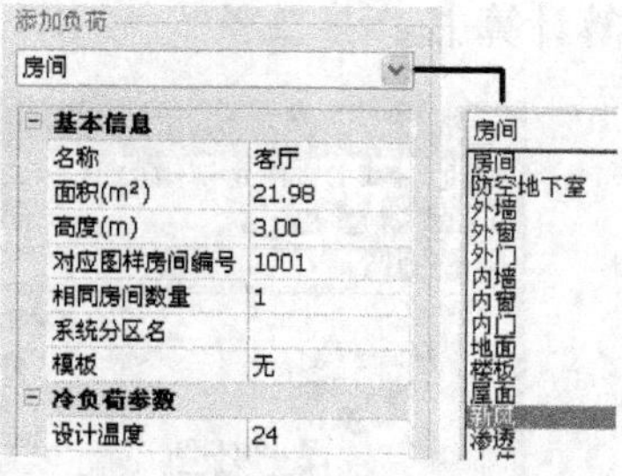

图 14-17　添加负荷下拉列表框

『操作』126 天正软件输出计算书的操作

1#，添加负荷：在“负荷计算”主界面选中房间，在右侧添加负荷的下拉列表框中选择“新风”，如图 14-17 所示，根据工程要求修改风量等参数，然后单击“添加”按钮添加新风负荷，如图 14-18 所示。

2#，修改负荷：单击选择要修改的负荷，如选择新风，如图 14-18 所示，在右侧“添加负荷”栏处会显示新风的参数，可以根据实际工程情况对参数进行修改，完成后单击“修改”按钮，即可重新计算新风负荷。

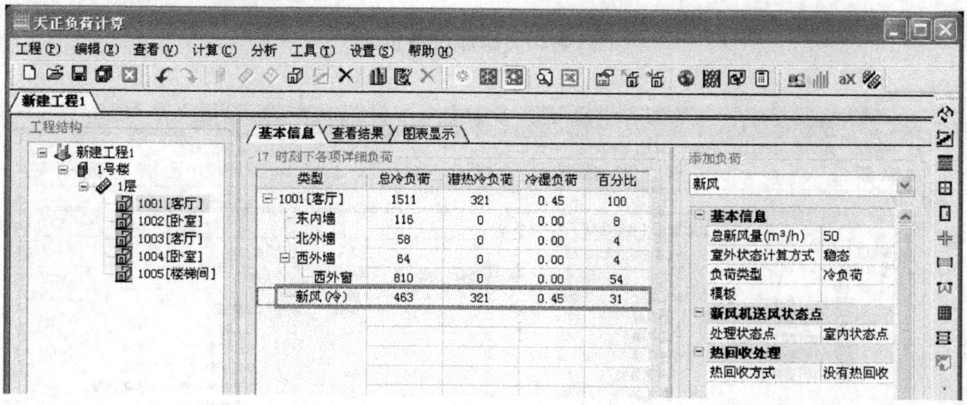

图 14-18　添加新风负荷

同样地，可以对目标房间“照明”“设备”“人体”等负荷进行添加，如图 14-19 ~ 图 14-21 所示。

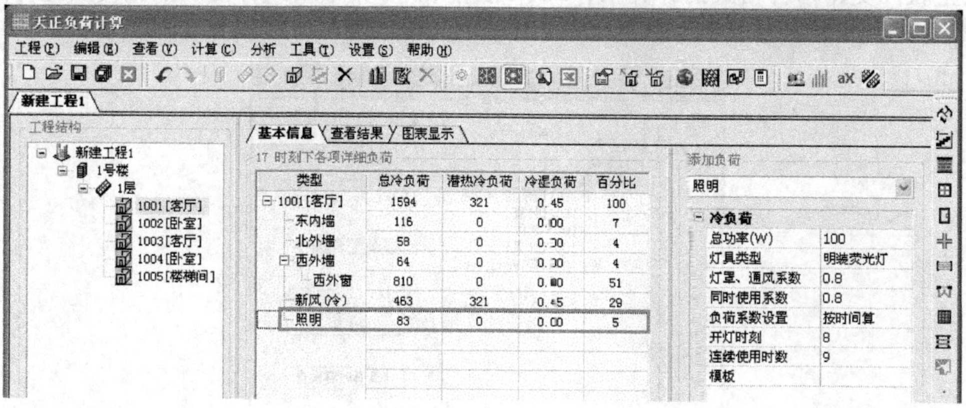

图 14-19　添加照明负荷

3#，输出计算书：在负荷计算主界面“计算”菜单下，选择“出计算书”菜单项，显示“输出计算书”对话框，如图 14-22 所示，选择冷负荷，单击“输出”按钮，输出负荷计算计算书。

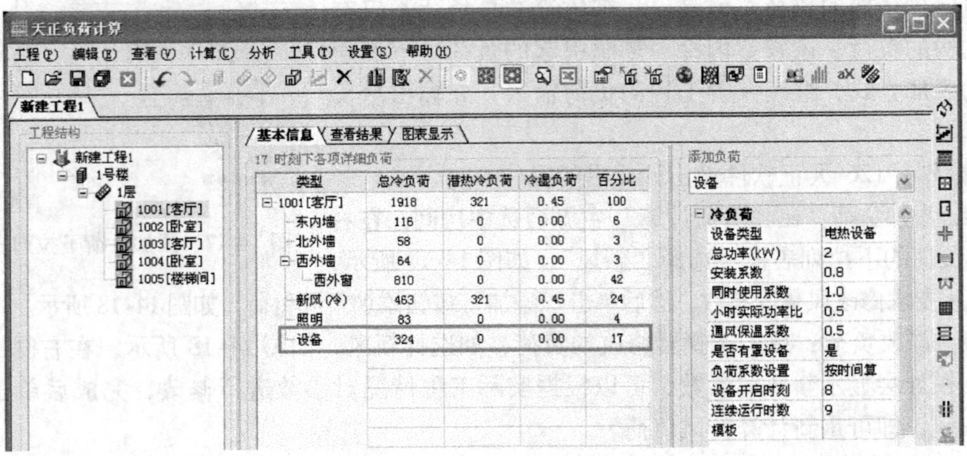

图 14-20　添加设备负荷

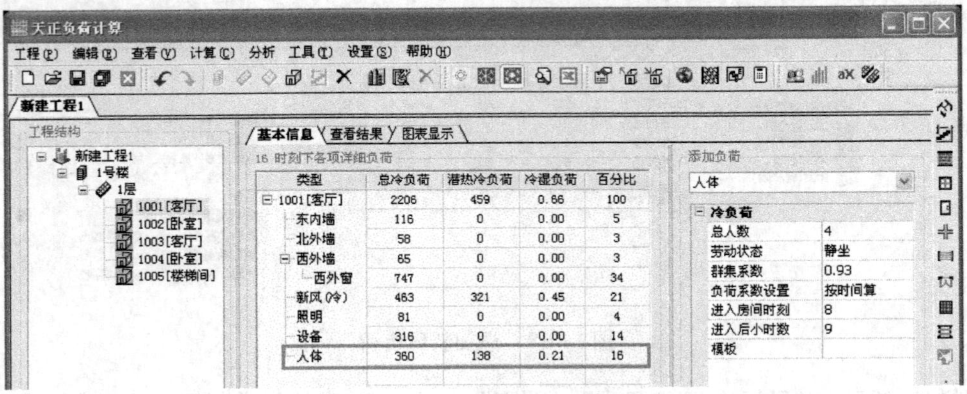

图 14-21　添加人体负荷

天正软件支持两种格式的计算书，Excel 表格和 txt 文本格式，可以根据需要选择进行输出保存。

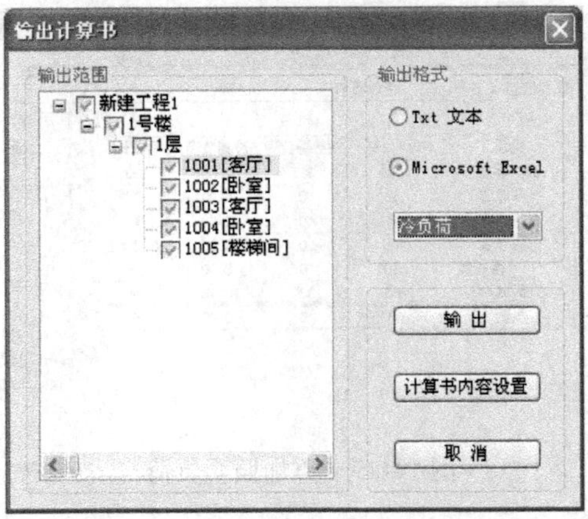

图 14-22　“输出计算书”对话框

相关知识与操作

一、暖通空调负荷计算的基本概念

1. 负荷

为了保持建筑物的热湿环境，需对房间进行能量供应，供应的能量可分为冷负荷、热负荷和湿负荷。为了维持房间相对湿度，在单位时间内需要从房间除去的湿量称为湿负荷。

2. 负荷计算的意义

热负荷、冷负荷及湿负荷是暖通空调工程设计的基本依据，暖通空调设备容量的大小主要取决于热负荷、冷负荷及湿负荷的大小，所以负荷计算在设计过程中很关键。

二、天正软件的启动

天正暖通软件安装后，在桌面上会生成一个软件图标，如图 14-23 所示。

双击桌面图标，弹出软件启动的平台选择界面，如图 14-24 所示，选择需要的 AutoCAD 平台，单击“确定”按钮，即可进入天正暖通主界面。也可以单击“开始/所有程序/天正暖通 8”菜单，单击“天正暖通 8.5”菜单项，启动天正暖通软件。

图 14-23　天正暖通软件桌面图标

图 14-24　天正暖通软件启动平台选择界面

三、负荷计算文件的保存与打开

1. 负荷计算工程文件的保存

按『操作』5 进行保存操作

1#，保存：在关闭天正负荷计算程序时，会弹出提示保存工程的界面，如图 14-25 所示。

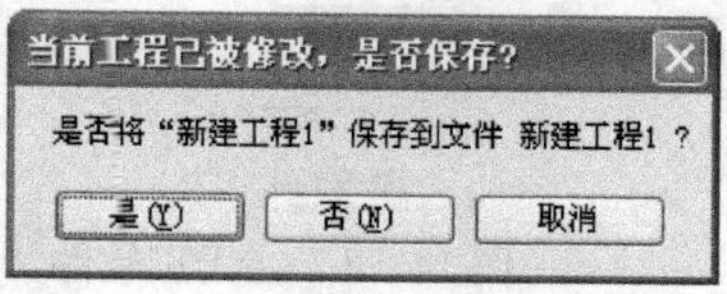

图 14-25　是否保存负荷计算工程的界面

2#，路径：单击“是”按钮，弹出“另存为”对话框（图 14-26），在“保存在”栏中指定文件保存的路径位置。

3#，文件名：在“另存为”对话框中输入文件名，如输入“负荷计算”文件名。

4#，保存：单击“保存”按钮保存。

保存后在指定的路径位置会生成一个“负荷计算 . ldb”文件，如图 14-27 所示。

除了在关闭软件的时候会弹出保存的提示，在负荷计算主界面的工程菜单中也提供“保存”功能，可对负荷计算工程进行保存操作。

2. 负荷计算工程文件的打开

单击天正软件工程菜单中的“工程/打开”菜单项，如图14-28所示，可打开之前保存的工程文件，继续进行编辑。

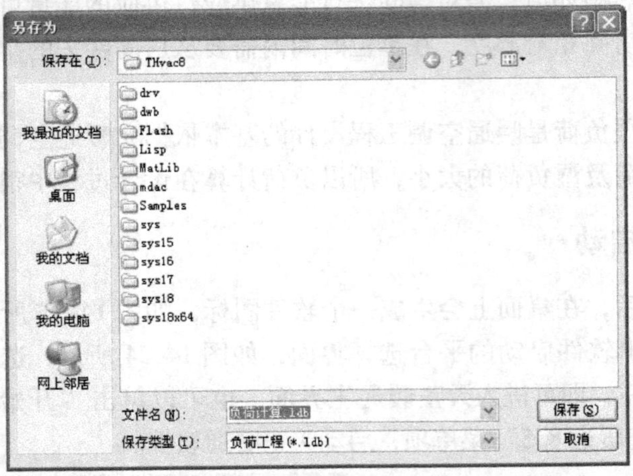

图 14-26 指定负荷计算工程文件的保存路径

图 14-27 保存的负荷计算工程文件

四、房间名称的编辑

方法一：双击房间名称的标注文字，可以对房间名称进行编辑，如图 14-29 所示。

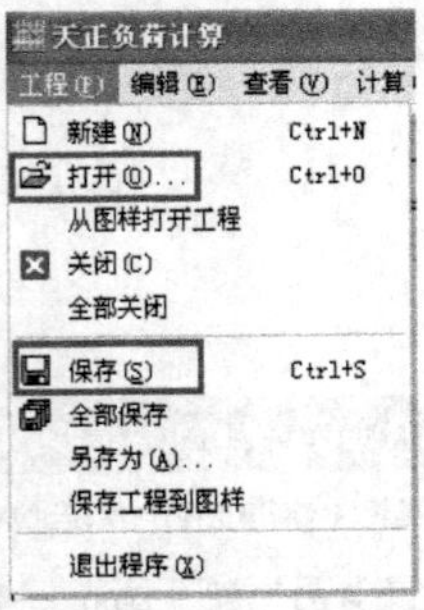

图 14-28 在天正软件负荷计算主界面中打开工程文件

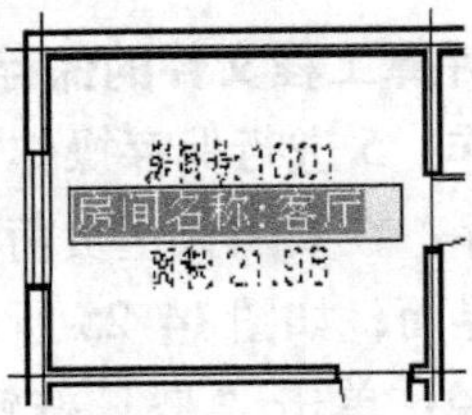

图 14-29 编辑房间名称

方法二：鼠标右键单击房间名称，在右键菜单中选择“对象编辑”，弹出“编辑房间”对话框，可修改名称项，如图 14-30 所示。

五、习惯设置

可以依据工程计算要求进行习惯设置或默认设置。不同的操作者、不同的工程计算，其输入习惯和给出的参数可能会有所不同，在建立负荷工程初始可以进行习惯设置。习惯设置主要是对输入方式的设定。

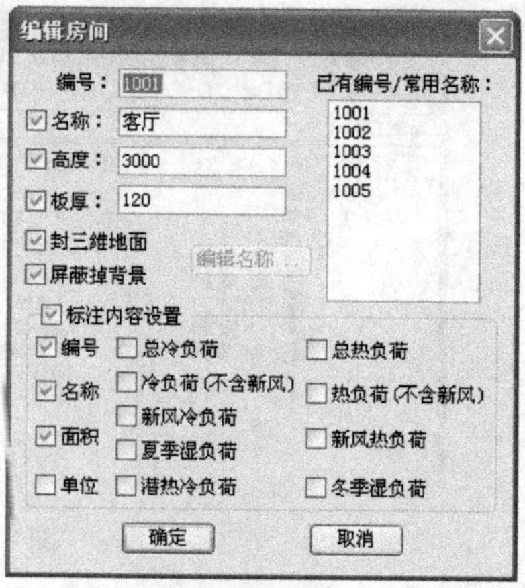

图 14-30　“编辑房间”对话框

『操作』127 天正软件设置习惯设置的操作

1#，启动习惯设置：在负荷计算主界面菜单中单击“设置/习惯设置”菜单项，如图14-31所示。

2#，改变面积输入方式：点击“墙体面积”，然后在下拉列表框中选择面积输入方式为“长×高”，如图14-32 所示，返回到“负荷计算”界面，在添加外墙的基本信息时，将会逐项显示长和高的数据，如图 14-33 所示。

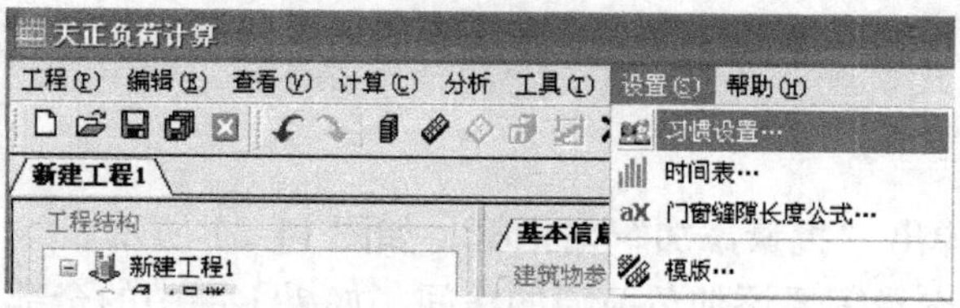

图 14-31　点击设置/习惯设置

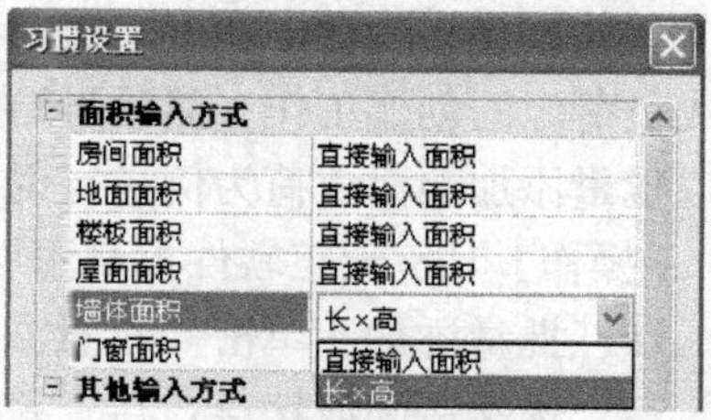

图 14-32　习惯设置——面积输入方式

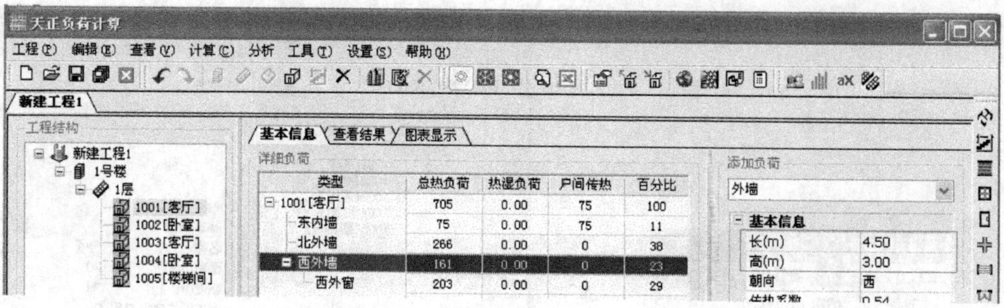

图 14-33　外墙基本信息为“长×高”

3#，改变其他项目输入方式：单击“新风量输入”，在下拉列表框中选择“换气次数（次/h）”，如图 14-34 所示。

返回负荷计算界面，添加新风的基本信息，输入方式会显示为换气次数，如图 14-35 所示。

其他项目均可根据个人的输入习惯进行修改。

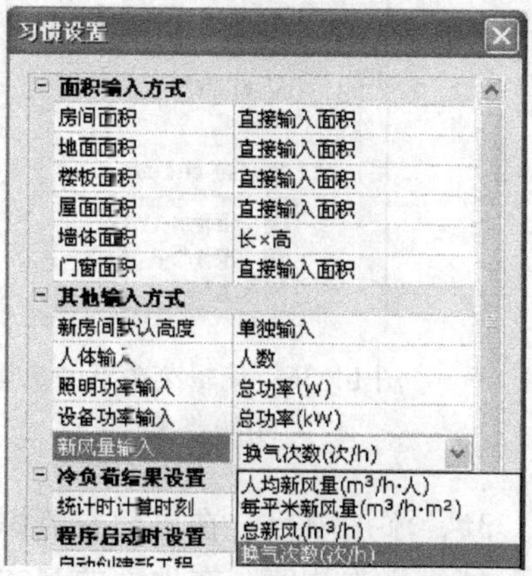

图 14-34　习惯设置——其他输入方式

六、批量编辑工具

在天正负荷计算主界面的编辑菜单中提供了“批量添加”“批量修改”及“批量删除”功能，如图 14-36 所示。

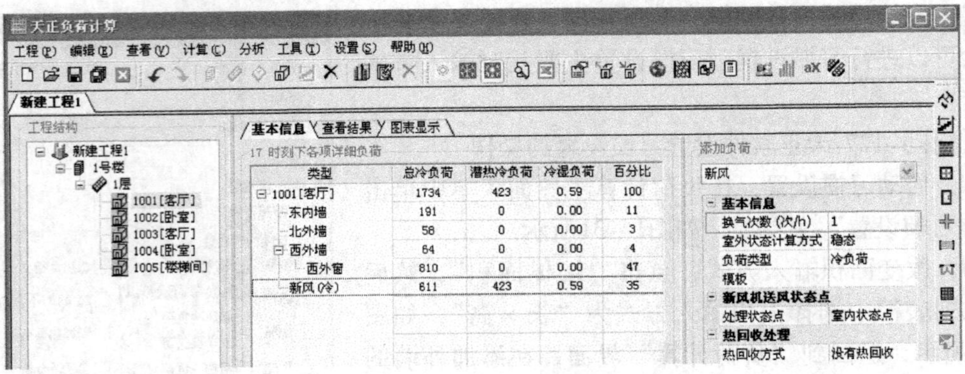

图 14-35　新风输入方式为换气次数

1. 批量添加

负荷计算有时会出现多个房间都需要添加同一种负荷源的情况，可通过批量添加一次性完成负荷源的创建工作，然后再局部微调，完成最终计算，节省逐个添加负荷源的时间。下面以批量添加地面负荷为例进行说明。

『操作』128 天正软件批量添加的操作

1#，批量添加：单击“批量添加”，弹出“批量添加”对话框，如图 14-37 所示。

2#，选择房间或楼层：在工程结构中选择需要添加负荷源的房间，如果 1 层中的全部房间都需要添加，可以直接勾选 1 层，如图 14-37 所示。

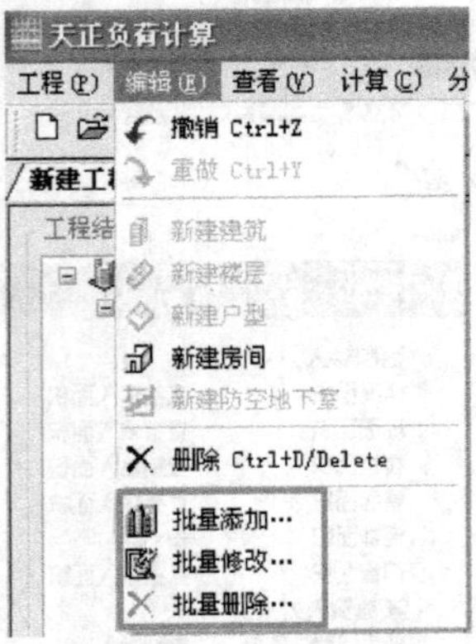

图 14-36　编辑菜单下的批量功能菜单项

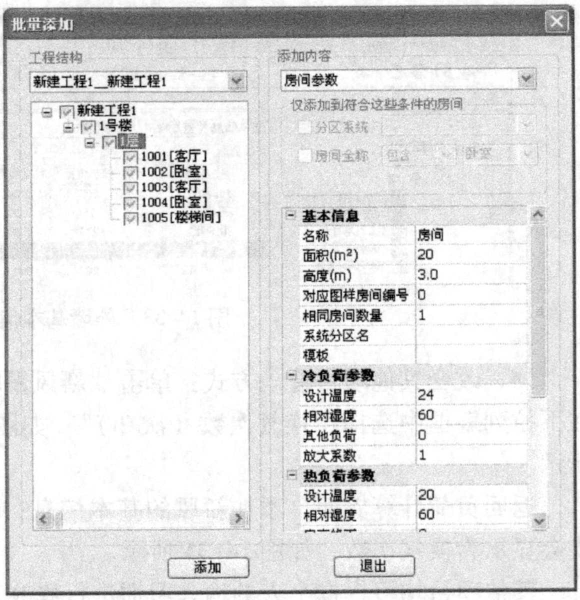

图 14-37　“批量添加”对话框

3#，添加项目：在界面右侧添加内容中选择“地面”，如图 14-38 所示。

4#，修改数值：在地面的基本信息栏中单击选择“传热系数”，并修改数值为 0.35，如图 14-39 所示。

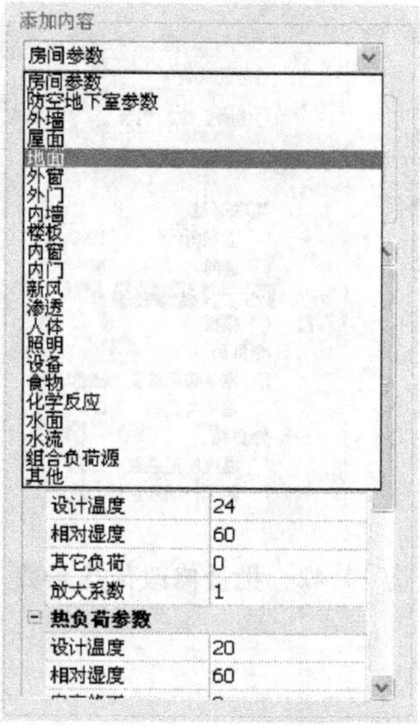

图 14-38　在添加内容下拉列表框中选择要添加计算的负荷项目

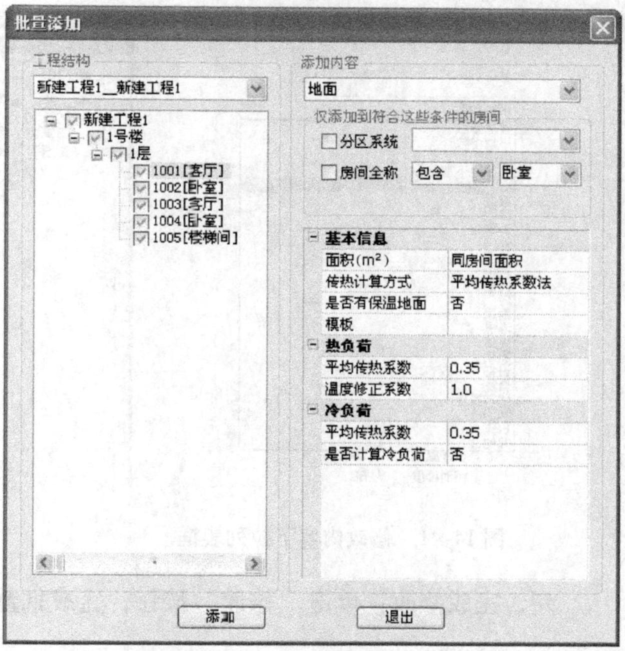

图 14-39　在“批量添加”对话框中修改数值

5#，完成添加：单击“添加”按钮，完成批量添加。

2. 批量修改

设计过程中，计算参数有可能多次变更，如外墙构造变化、房间设计温度调整等，这些都会带来很多重复的数据修改工作。天正负荷计算软件提供批量修改功能，可以对计算参数进行批量调整。下面以批量修改外墙传热系数为例进行说明。

『操作』129 天正软件批量修改的操作

1#，批量修改：单击“批量修改”，弹出“批量修改”对话框，如图 14-40 所示。

2#，选择房间或楼层：在“批量修改”对话框左侧工程结构中选择需要修改负荷源的房间，如果 1 层中的全部房间都需要修改，可以直接勾选 1 层，如图 14-40 所示。

3#，修改项目：在对话框右侧修改内容中选择“外墙”，如图 14-41 所示。

4#，修改数值：在外墙的基本信息栏中单击选择“传热系数”，并修改数值为 0.45，如图 14-42 所示。

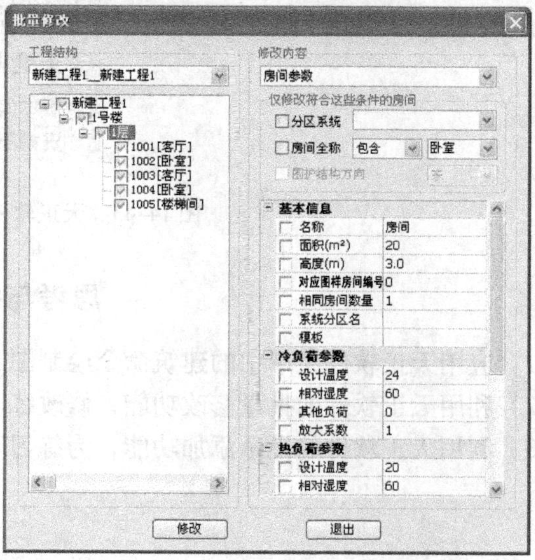

图 14-40　“批量修改”对话框

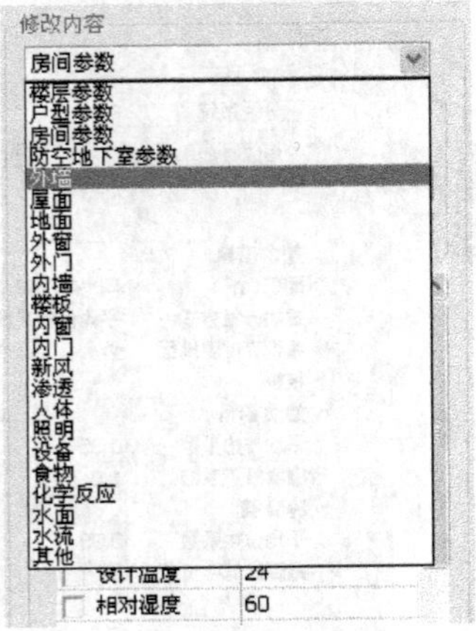

图 14-41　修改内容下拉列表框

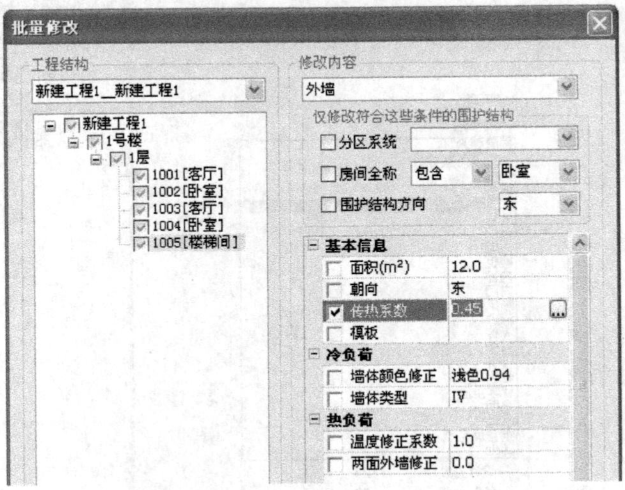

图 14-42　批量修改传热系数

5#，完成修改：单击“修改”按钮，完成批量修改。

七、帮助

软件中负荷计算的相关帮助如图 14-43 所示，有在线帮助、在线演示等帮助项目。其中，“在线帮助”为对天正软件各功能的详细说明，“在线演示”为天正软件重点功能的教学演示。

图 14-43　天正软件中的帮助菜单

思考与练习

1）应用天正软件菜单中的建筑命令绘制图 14-1，然后进行空调工程的负荷计算。

2）利用天正软件的批量修改功能，修改练习 1）空调工程中所有房间的设计温度。

3）利用天正软件的批量添加功能，为练习 1）空调工程中所有房间添加照明负荷。

项目 15　应用天正软件
进行风机盘管加新风系统设计

学习目标

1）了解风机盘管加新风系统。
2）掌握使用天正暖通软件进行风机盘管加新风系统的绘制方法。
3）掌握天正暖通软件相关编辑及出图处理功能。

工作任务

任务　某办公楼一层局部风机盘管加新风系统设计

一、工程基本信息

任务的例图如图 15-1、图 7-75、图 7-76 所示。
工程信息：某办公楼一层，层高 3.5m。
工程要求：对该办公楼一层的局部进行风机盘管加新风系统的设计。

二、利用天正软件进行风机盘管加新风系统设计的步骤方法

1. 空调水系统设计

1）布置风机盘管。

首先，按项目 14 的任务示例进行负荷计算，而后根据计算得到的房间负荷值，进行设备的选型与布置。布置设备时，将风机盘管按 1～10 进行编号，如图 15-2 所示。

按『操作』130 运行“布置设备”，根据房间负荷选择设备样式、型号，标高设置为 3m，如图 15-3 所示。

布置风机盘管时，在命令行输入相应的选项进行操作：

A. 在命令行输入“S”选项进行上下翻转，依次布置风机盘管 1、2、5。

B. 在命令行输入“F”选项进行左右翻转，再输入“S”选项进行上下翻转，依次布置风机盘管 3、4。

C. 在命令行输入“S”选项进行上下翻转，再输入“A”选项进行 90°旋转，依次布置风机盘管 6、7。

D. 在命令行输入“F”选项进行左右翻转，布置风机盘管 8。

E. 卫生间负荷小，选择相应负荷的盘管，如图 15-3 所示，在命令行输入“F”选项进行左右翻转，布置盘管 9、10。

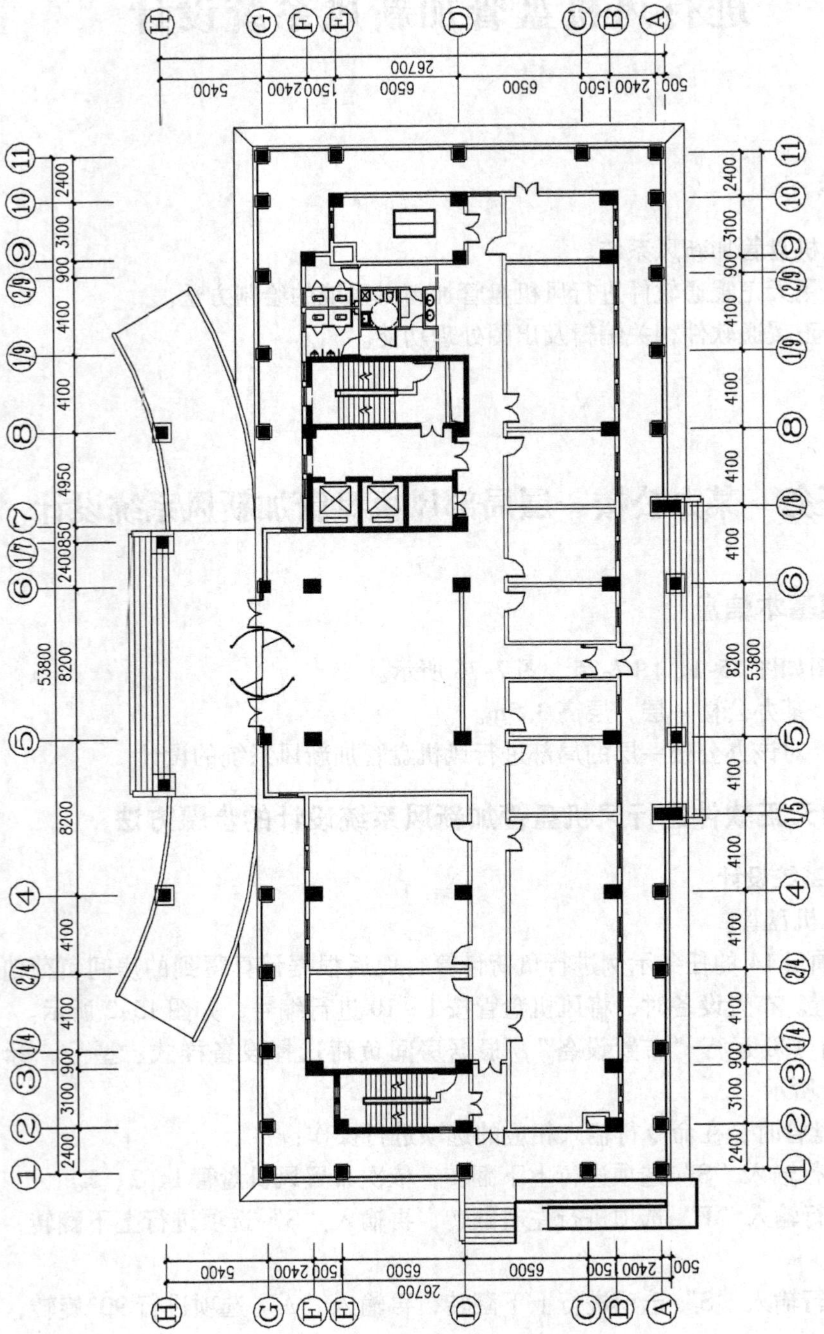

图15-1 某办公楼一层建筑平面图

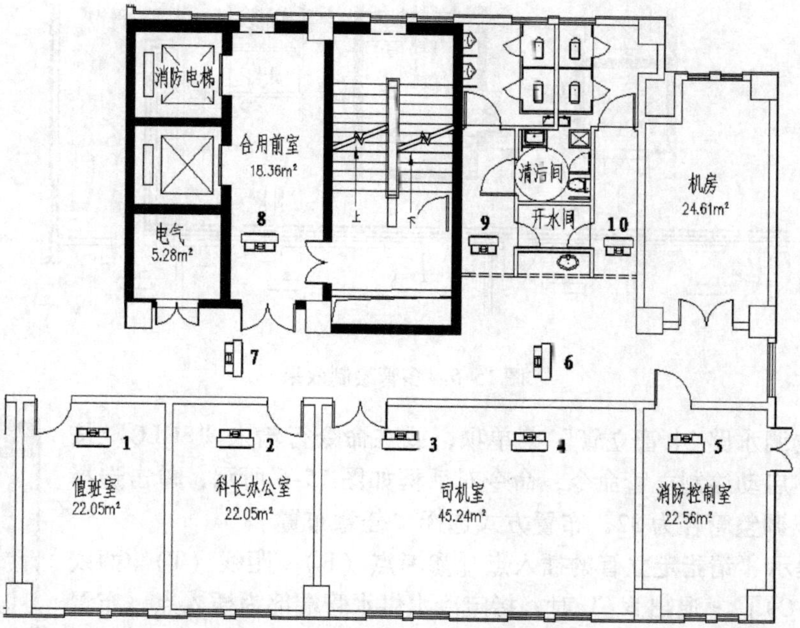

图 15-2 布置风机盘管

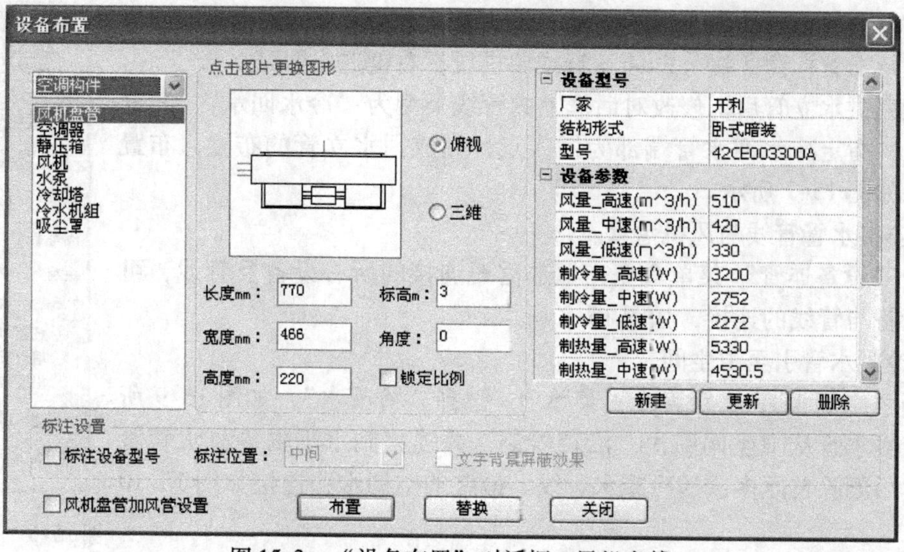

图 15-3 “设备布置”对话框，风机盘管

2）布置水管。

A. 执行“空调水路/多管绘制”，在弹出的对话框中单击“增加”按钮，增加一行后，再单击下拉列表框，将管线类型修改为冷凝水，如图 15-4 所示。

B. 将管线从机房引出，沿墙布管，如图 15-5 所示。图中实线为冷水供水，虚线为冷水回水，点画线为冷凝水。

C. 在机房处的冷水供水和回水端部插入立管。

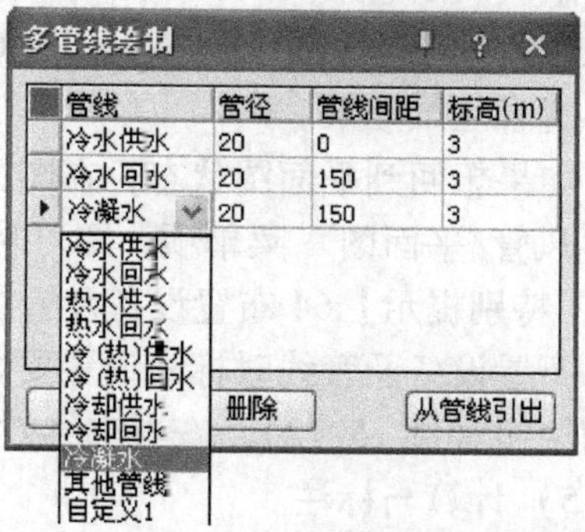

图 15-4 多管线绘制，增加冷凝水管线

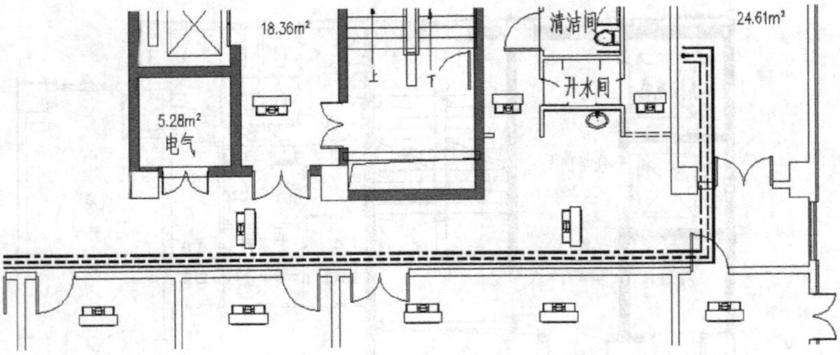

图 15-5　多管绘制效果

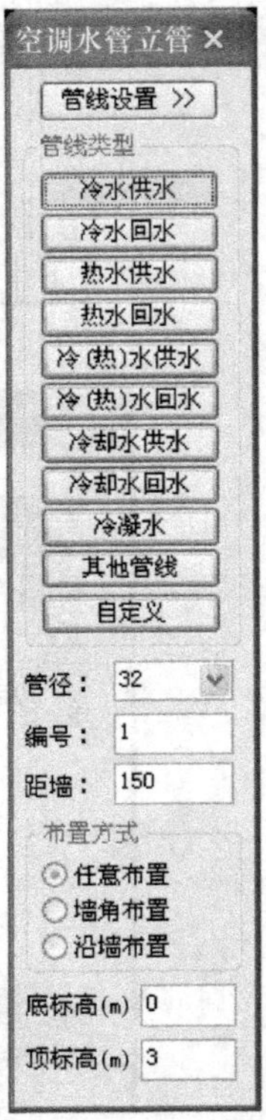

图 15-6　“空调水管立管”对话框

单击“空调水路/水管立管”菜单项，或在命令行输入“SGLG”按<Enter>键，启动绘制立管命令，命令对话框如图 15-6 所示，单击选择“冷水供水”，调整管径为 32，布置方式选择“任意布置”。

命令行提示“请指定立管的插入点［参考点（R）/距线（T）/两线（G）/墙角（C）］<退出>:”时，指定冷水供水管端部为插入点，布置立管。

布置好立管后，命令行继续提示“请点取标注点<退出>：”，如果暂时不进行立管标注，按<Enter>键或单击鼠标右键退出即可。

布置完供水立管后，修改对话框上的管线类型为“冷水回水”，其他设置不变，指定冷水回水管端部为插入点，完成回水立管的布置，布置后的效果如图 15-7 所示。

3）连接水管管线与风机盘管。

单击“设备连管”菜单命令，框选需要连接的所有设备及管线，可以实现设备与管线的连接，如图 15-8 所示。

4）冷凝水管引至卫生间。

单击“空调水路/水管管线”菜单项，选择“冷凝水”，如图 15-9 所示，将冷凝水管从卫生间引出，沿墙绘制，并连接到水平的冷凝水管管段上，然后删除首尾多余的冷凝水管线。最终的空调水路连接如图 15-10 所示。

平面图绘制完成后，单击“风管/三维观察”菜单项，可以显示空调系统布置的三维效果图，如图 15-11 所示。拖动鼠标，可以转换不同视角，观看三维效果。

如果想回到平面图状态，在图面上单击鼠标右键，在右键菜单中选择“退出”，然后单击“风管/平面图”菜单项，即可转回平面图状态。

『特别提示』64 布置设备及管线时，应合理设置标高

布置设备及管线时标高设置要合理，这样在绘制平面布置图后，就可以单击视图工具条上的按钮（图 15-12），查看三维效果图。

5）计算与标注。

进行空调水系统水力计算，确定管径、系统阻力并标注。

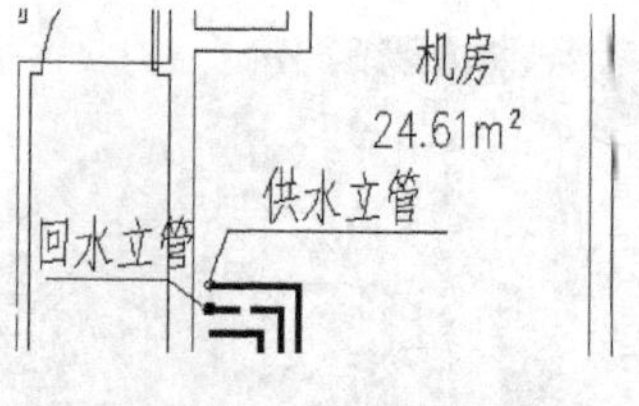

图 15-7　供回水立管布置效果

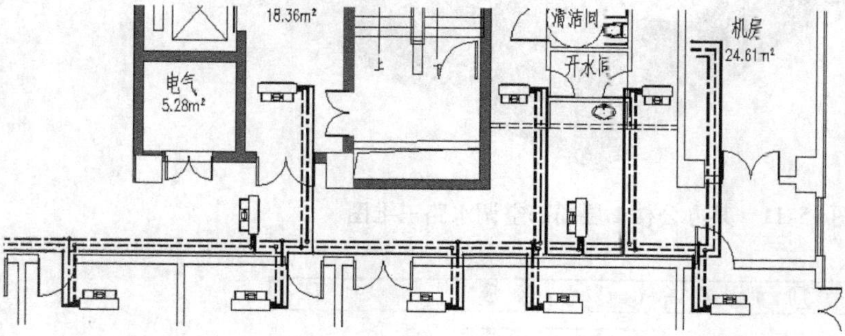

图 15-8　连接设备与管线

图 15-9　“空调水管管线”对话框

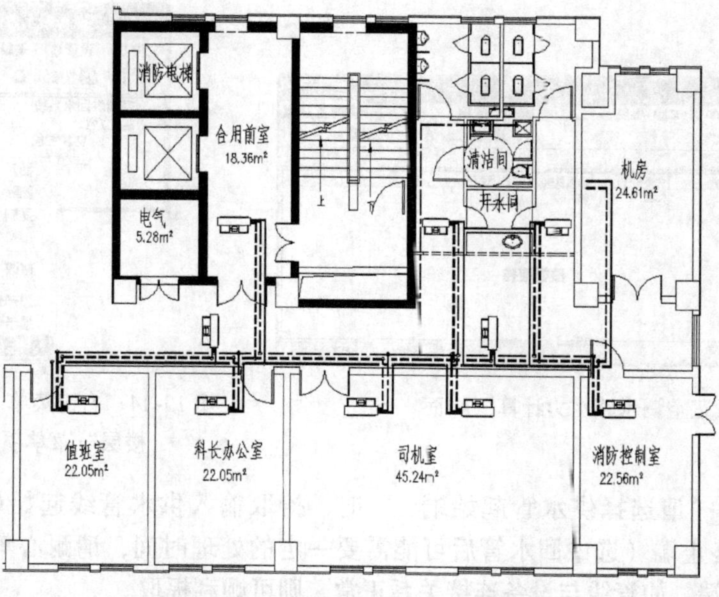

图 15-10　某办公楼 1 层局部空调与水路平面图

单击“计算/水管水力”菜单项，或在命令行输入“SGSL”按 < Enter > 键，弹出“天正空调水路水力计算”界面，如图 15-13 所示。

6）提取工程技术参数。

单击“提图/提取楼层”菜单项，或单击鼠标右键，然后单击弹出菜单中的“提取楼层”（图 15-14），启动命令。

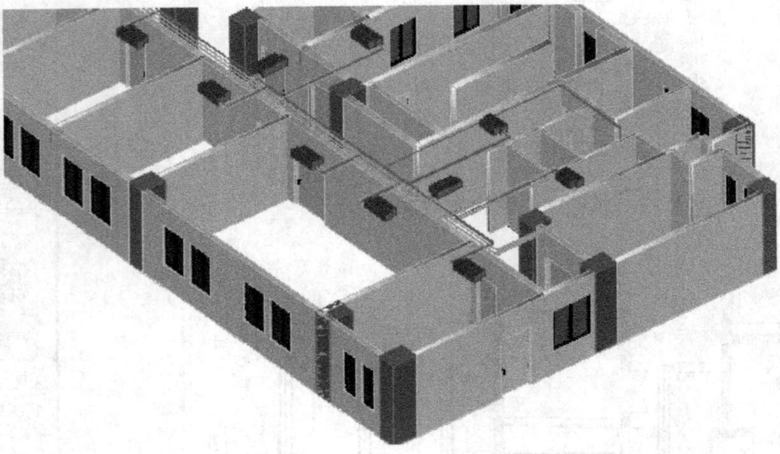

图 15-11　某办公楼 1 层局部空调水路三维图

图 15-12　视图工具条上的按钮

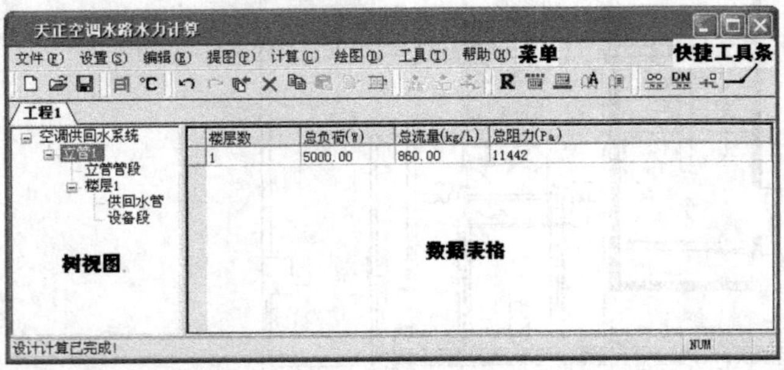

图 15-13　“天正空调水路水力计算”界面

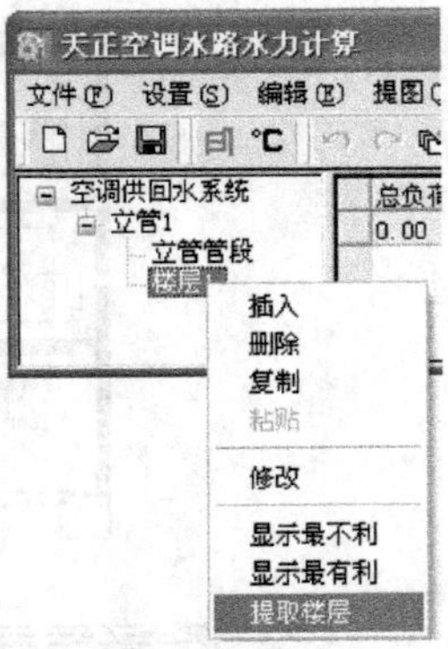

图 15-14　右键菜单“提取楼层”菜单项

命令行提示“请选择供水管起始端：”时，拾取输入供水管线起始端；命令行提示“请选择回水管终止端（选中回水管后可能需要一定的处理时间，请耐心等待）：”时，拾取输入回水终止端，如管线与设备连接关系正常，则可顺利提取。

提取后，弹出确认提示“确认选择（Y）或［重新选择（N）]：”，输入“Y”，确认此次提取，软件弹出提示“已成功提取!”。

『特别提示』65 提图位置必须是在供水起始端和回水终止端，否则不能成功提取

提取工程参数时，在供水管、回水管上拾取输入的位置——提图位置，必须是在供水起始端和回水终止端，如图 15-15 所示。

提图成功后，水力计算所需的工程参数，如负荷、管长等各个管段及设备的技术信息，就可以直接在空调水力计算的界面中显示，如图 15-16 所示，不需要手动填写数据。

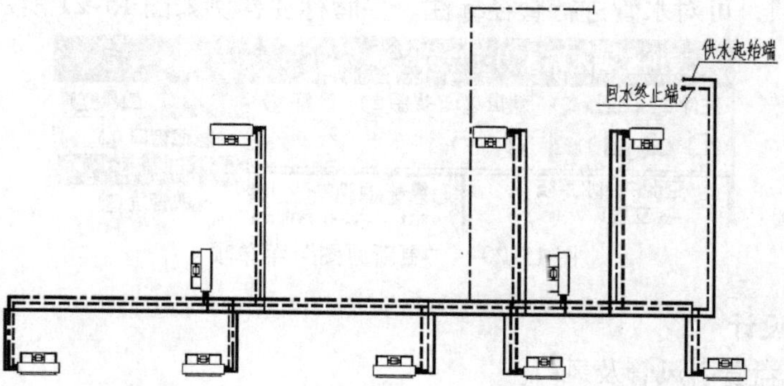

图 15-15　水路系统的提图位置

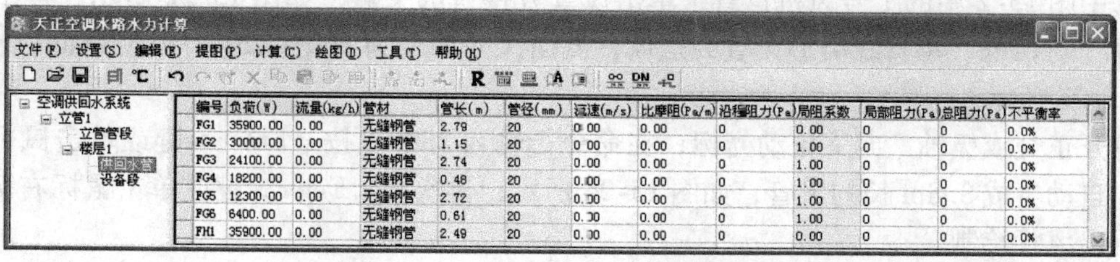

编号	负荷(W)	流量(kg/h)	管材	管长(m)	管径(mm)	流速(m/s)	比摩阻(Pa/m)	沿程阻力(Pa)	局阻系数	局部阻力(Pa)	总阻力(Pa)	不平衡率
FG1	35900.00	0.00	无缝钢管	2.79	20	0.00	0.00	0	0.00	0	0	0.0%
FG2	30000.00	0.00	无缝钢管	1.15	20	0.00	0.00	0	1.00	0	0	0.0%
FG3	24100.00	0.00	无缝钢管	2.74	20	0.00	0.00	0	1.00	0	0	0.0%
FG4	18200.00	0.00	无缝钢管	0.48	20	0.00	0.00	0	1.00	0	0	0.0%
FG5	12300.00	0.00	无缝钢管	2.72	20	0.00	0.00	0	1.00	0	0	0.0%
FG6	6400.00	0.00	无缝钢管	0.61	20	0.00	0.00	0	1.00	0	0	0.0%
FH1	35900.00	0.00	无缝钢管	2.49	20	0.00	0.00	0	0.00	0	0	0.0%

图 15-16　数据表格中列出提取的数据

『特别提示』66 先处理再提图

使用天正软件绘制的平面图、系统图或原理图，有时由于管线间的连接处理不到位，可能造成提图时识别不正确，此时可以使用“提图/更新关系”菜单项，先框选处理，再进行提图。

A. 完善数据，设计计算

单击“计算/设计计算”菜单项进行水力计算，如图 15-17 所示，得出流量、流速、阻力等，如图 15-18 所示。

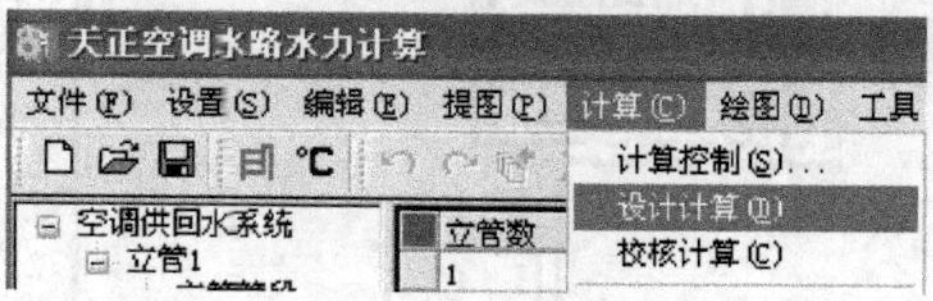

图 15-17　设计计算菜单项

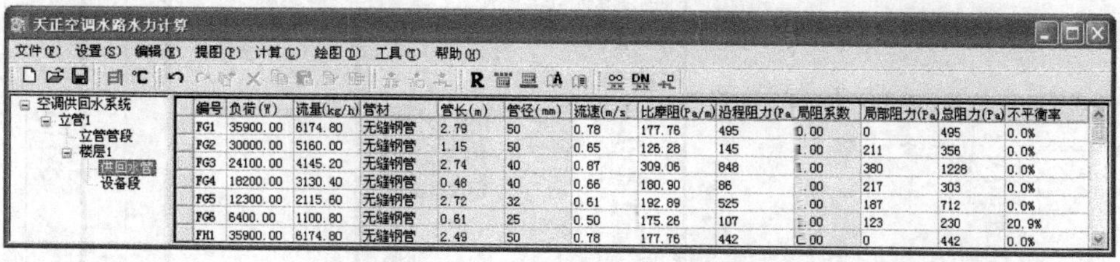

编号	负荷(W)	流量(kg/h)	管材	管长(m)	管径(mm)	流速(m/s	比摩阻(Pa/m)	沿程阻力(Pa	局阻系数	局部阻力(Pa)	总阻力(Pa)	不平衡率
FG1	35900.00	6174.80	无缝钢管	2.79	50	0.78	177.76	495	0.00	0	495	0.0%
FG2	30000.00	5160.00	无缝钢管	1.15	50	0.65	126.28	145	1.00	211	356	0.0%
FG3	24100.00	4145.20	无缝钢管	2.74	40	0.87	309.06	848	1.00	380	1228	0.0%
FG4	18200.00	3130.40	无缝钢管	0.48	40	0.66	180.90	86	.00	217	303	0.0%
FG5	12300.00	2115.60	无缝钢管	2.72	32	0.61	192.89	525	.00	187	712	0.0%
FG6	6400.00	1100.80	无缝钢管	0.61	25	0.50	175.26	107	1.00	123	230	20.9%
FH1	35900.00	6174.80	无缝钢管	2.49	50	0.78	177.76	442	C.00	0	442	0.0%

图 15-18　计算结果显示

B. 输出计算书

单击“计算/输出计算书”菜单项（图 15-19）可输出计算书；单击“绘图/更新原图”菜单项（图 15-20）可将计算出的管径赋回到平面图上。

C. 管径标注

使用“单管管径”“多管管径”“多

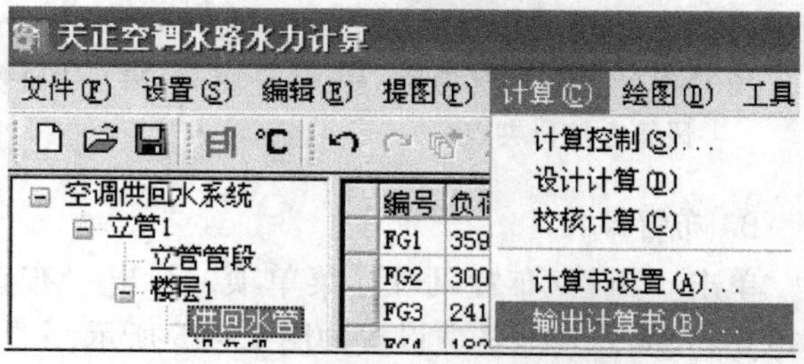

图 15-19　“输出计算书”菜单项

管标注”等菜单项，可对水管进行管径标注。多管标注样例如图 15-21 所示。

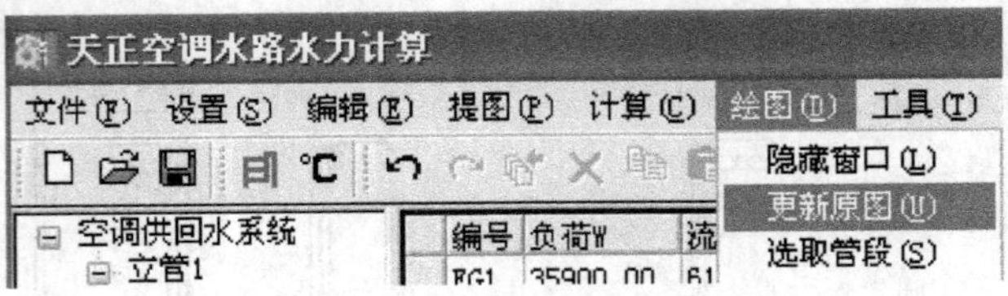

图 15-20　“更新原图”菜单项

2. 新风系统设计

1）布置风机盘管引风管及风口。

A. 风机盘管引风管

选中图 15-2 中的 1 号风机盘管，单击风管方接口的夹点，如图 15-22 所示，弹出“风管布置”对话框，将管线类型设置为送风，截面尺寸调整为 800×120，中心线标高设为 3，如图 15-23 所示。

打开正交或极轴，向下拉动光标，在命令行输入 3800，按 <Enter> 键或单击鼠标右键确认，自动生成 3.8m 长的风管，如图 15-24 所示，再次按 <Enter> 键或单击鼠标右键，完成并退出风管绘制。

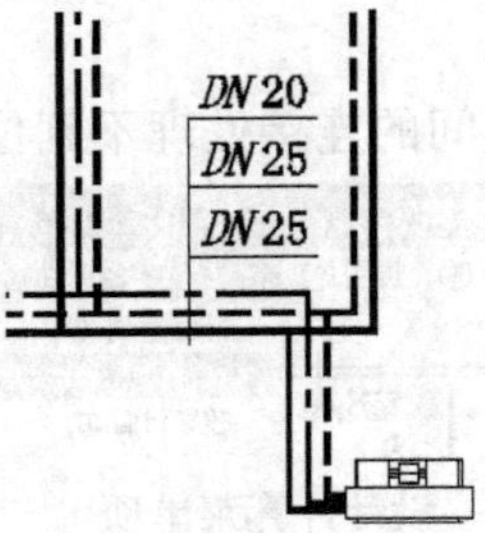

图 15-21　水管标注

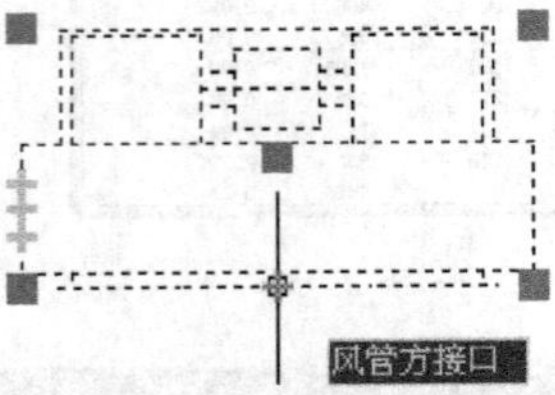

图 15-22　单击风机盘管风管方接口夹点

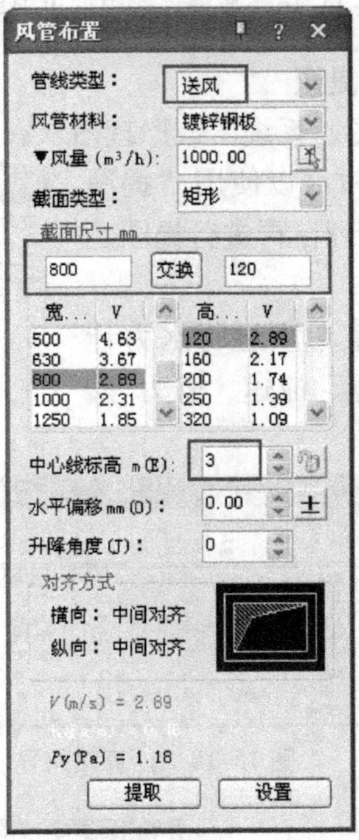

图 15-23　“风管布置”对话框

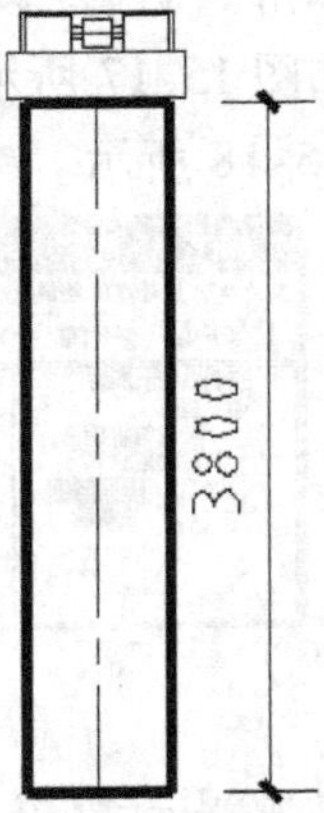

图 15-24　自风机盘管引出绘制风管

B. 布置风口

单击“风管/布置风口”菜单项，弹出“布置风口”对话框，选择“送风”风口，设置标高为 3m，其他各项设置如图 15-25 所示。

命令行提示“请点取风口位置［参考点（R）/沿线（T）/两线（G）/放大（E）/缩

小（D）/左右翻转（F）/上下翻转（S）/换设备（C）<退出>：”时，输入“R”后，提示“请输入参考点：”拾取输入风管下端点，如图15-26所示。

命令行提示“请输入距参考点的距离<>：”时，打开正交，鼠标对齐到参考点上方，以确定风口布置相对于参考点的具体方向，在命令行输入500，按<Enter>键或单击鼠标右键确认，布置后如图15-27所示。

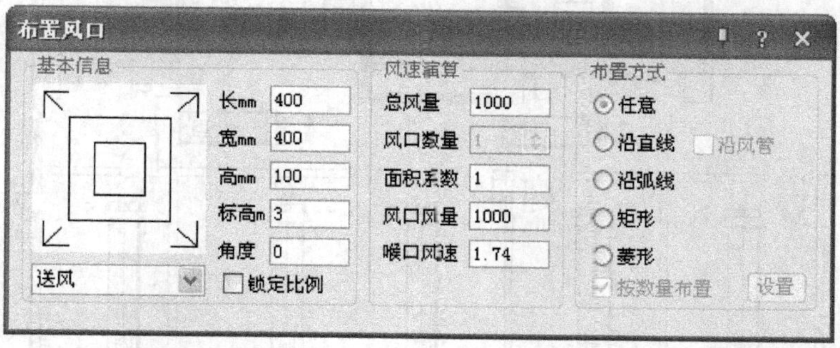

图15-25　“布置风口”对话框

C. 带基点复制

启动复制命令，选中风管及风口，指定风机盘管的风管方接口点为基点进行复制，如图15-28所示，完成2~5号风机盘管风管及风口的布置。

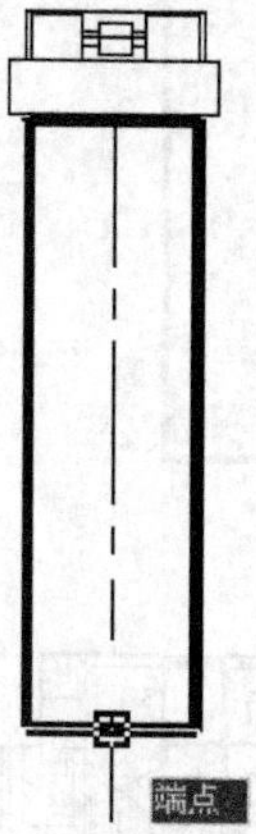

图15-26　参考点拾取风管端部

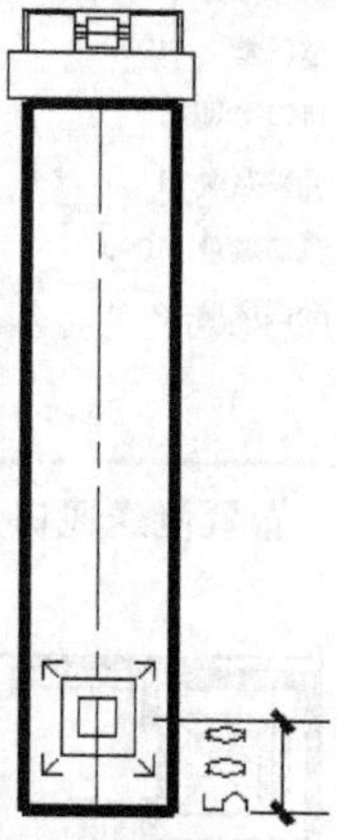

图15-27　距参考点500mm处布置风口

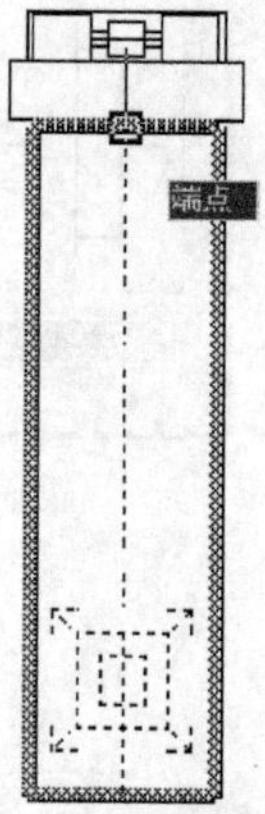

图15-28　复制风管及风口

D. 6~8号风机盘管风管及风口的布置

6、7号风机盘管连接的风管管长为2.3m，8号风机盘管连接的风管管长为3.0m，6~8号风机盘管风管及风口的布置如图15-29所示。

E. 9~10号风机盘管风管及风口的布置

将9~10号风机盘管的引风管引至门口处，并选择侧送风口，按图15-30进行设置，直接布置到风管端部，布置后的效果如图15-29所示。

2）布置新风管。

A. 绘制主管道

单击“风管/风管绘制”菜单项启动命令，参数设置如图15-31所示，绘制时先打开正交或极轴，绘制主管道管段1~3，如图15-32所示。

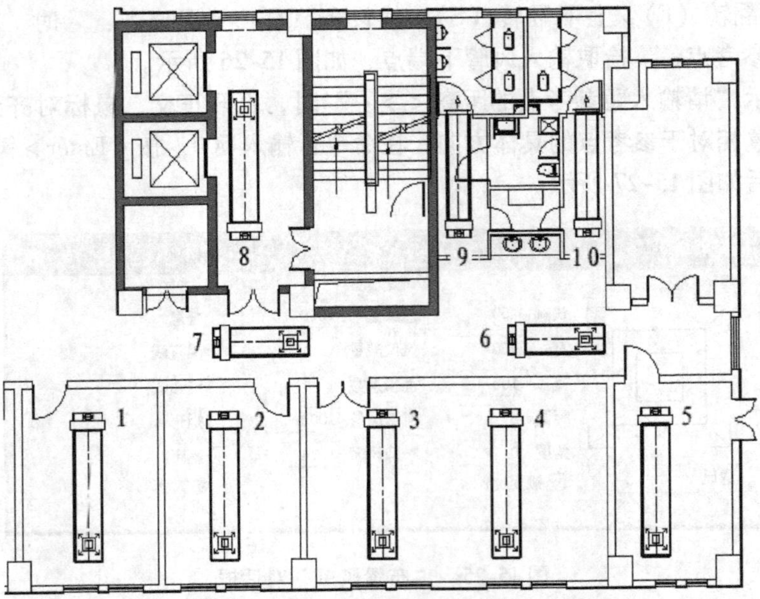

图 15-29　风机盘管风管及风口布置效果图

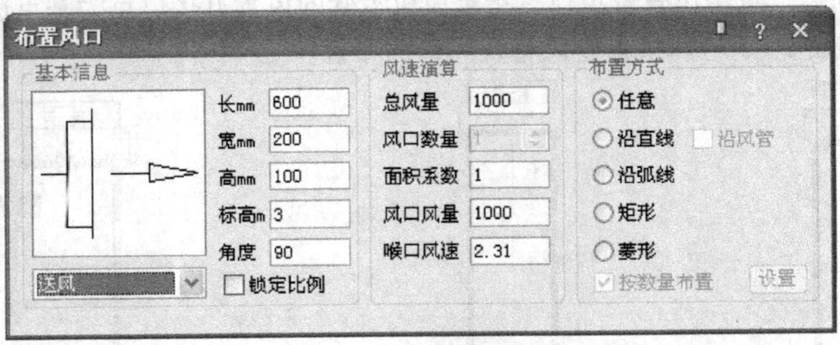

图 15-30　布置侧送风口

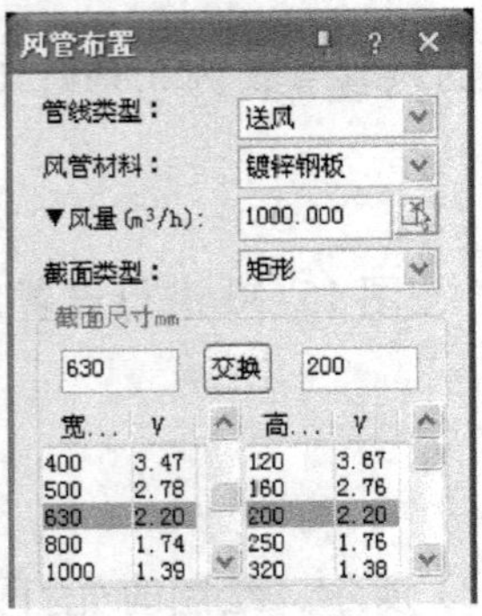

图 15-31　"风管布置"对话框

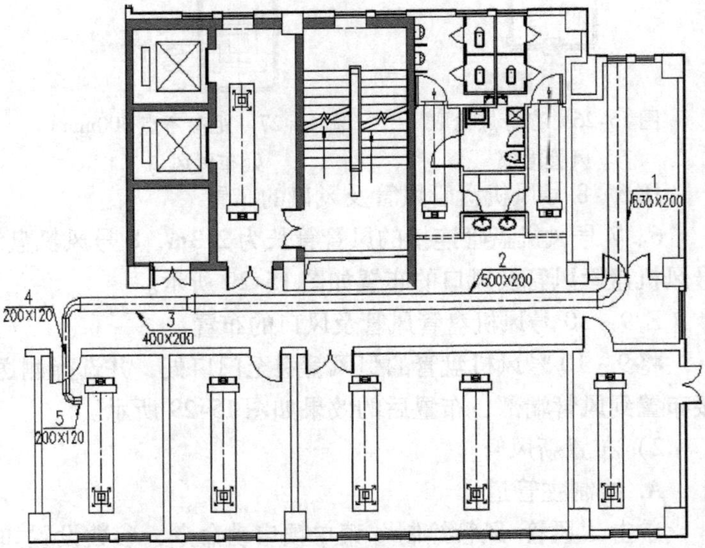

图 15-32　1～5 号管段分布

管段 1 尺寸为 630mm × 200mm，绘制起点选择窗内侧中点，向下拉动光标，在命令行输入 7400，按 <Enter> 键，绘制出管长为 7.4m 的风管，终点在门口处。

此时不要结束风管绘制命令，将“风管布置”对话框中的截面尺寸 630 修改为 500，继续绘制管段 2。向左拉动光标，在命令行输入 13600，按 <Enter> 键，程序会自动生成弯头并绘制出管长为 13.6m 的风管。

将“风管布置”对话框上的截面尺寸 500 修改为 400，向左拉动光标，在命令行输入 4400，按 <Enter> 键，绘制管段 3，程序会自动生成变径并绘制出管长为 4.4m 的风管。

将“风管布置”对话框上的截面尺寸 400 修改为 200、200 改为 120，将光标向下拉，在命令行输入 3200，按 <Enter> 键，绘制管段 4，程序会自动生成弯头并绘制出管长为 3.2m 的风管。向右拉动光标，在命令行输入 600，按 <Enter> 键，绘制出管段 5，如图 15-32 所示。

B. 绘制支管

支管 6 ~ 9 分布如图 15-33 所示，绘制时打开正交和对象追踪，启动风管绘制命令。

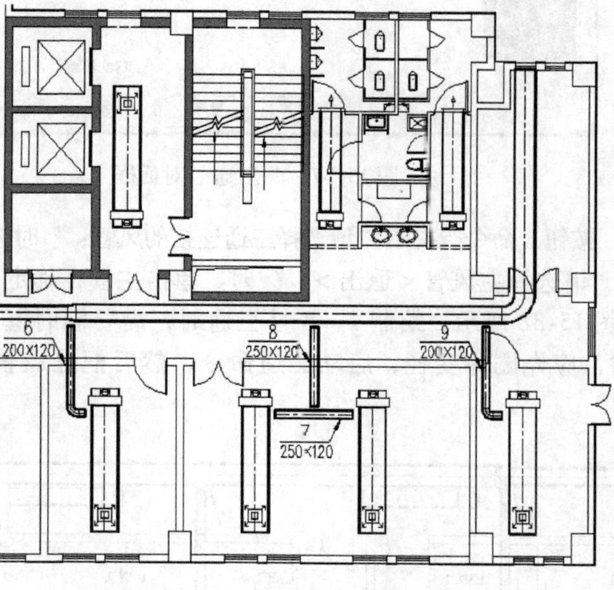

图 15-33　6 ~ 9 号管段分布图

管段 6 的尺寸为 200mm × 120mm，从管段 5 中心线水平向右追踪到适当位置，单击输入起点（图 15-34）；水平向左绘制 0.5m 管段（图 15-35）；再向上绘制 2.3m 管段（图 15-36），并以同样的方法绘制支管 9。

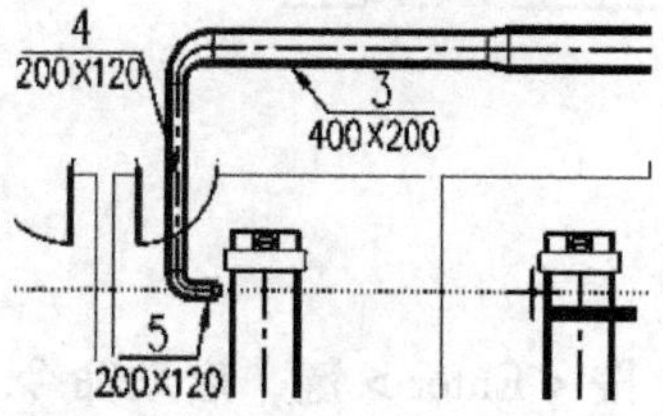

图 15-34　对象追踪输入起点

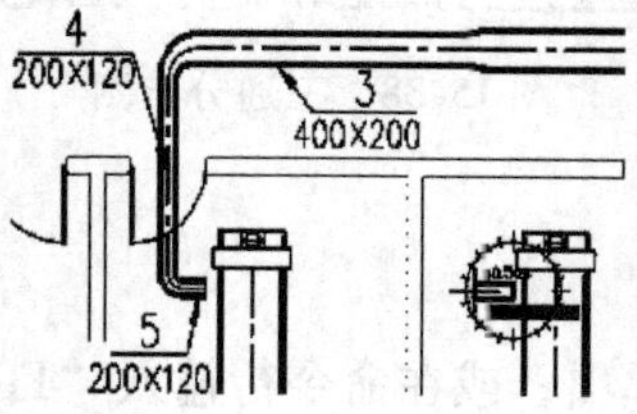

图 15-35　水平向左绘制管段

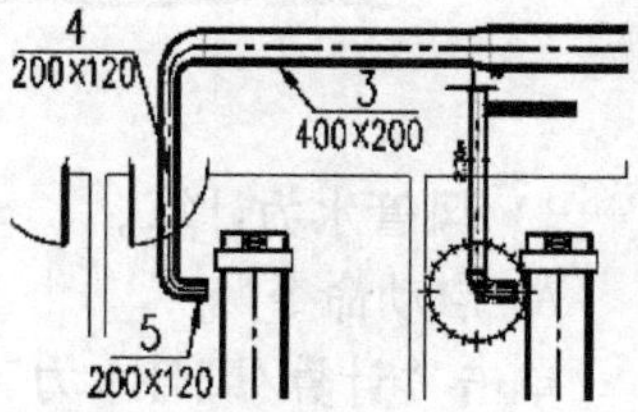

图 15-36　竖直向上绘制管段

支管 7、8 的截面尺寸均为 250mm × 120mm。支管 7 仍旧是从管段 5 中心线水平向右追踪到适当位置单击输入起点，管段 8 布置在管段 7 的垂直方向上。

C. 三通连接

单击“风管/三通”菜单项，启动三通命令，命令对话框如图 15-37 所示，可选择三通样式，被选中的样式以红框显示。

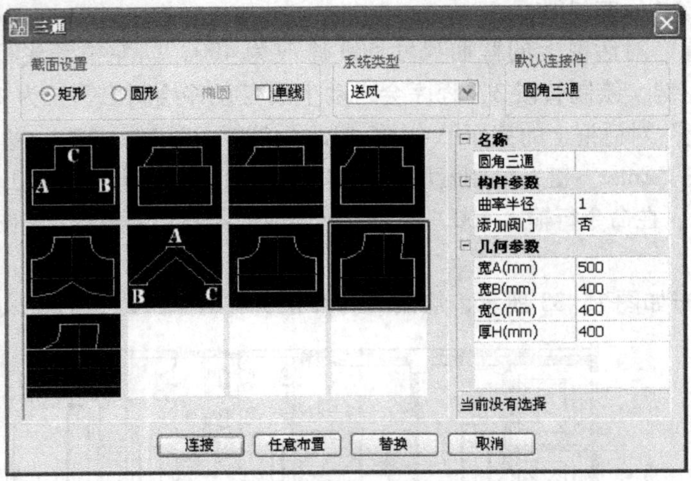

图 15-37　“三通”对话框

单击“连接”按钮，命令行提示“请选择三通连接的风管：”时框选风管，按 <Enter> 键。

命令行提示“请选择主风管 <退出>：”时，单击主管，确定三通气流的方向。

三通分布如图 15-38 所示，绘制 1 ~ 8 号三通时，需要同时框选风管和支管进行绘制；绘 制 9 号三通时，应先删除变径，启动三通命令，然后框选风管和支管三段风管，生成三通。

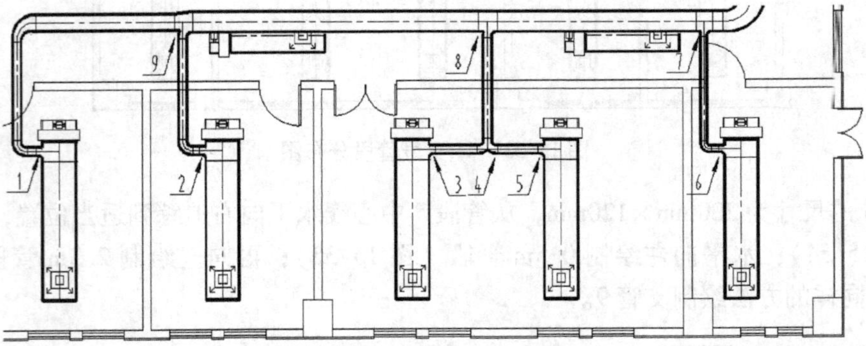

图 15-38　三通分布图

3）风管水力计算。

A. 启动命令

单击“计算/风管水力”菜单项，或在命令行输入“FGSL”按 <Enter> 键，启动命令，弹出如图 15-39 所示的“天正风管水力计算”对话框。

B. 提取风管对象

鼠标右键单击分支 1，选择“提取分支”，如图 15-40 所示。

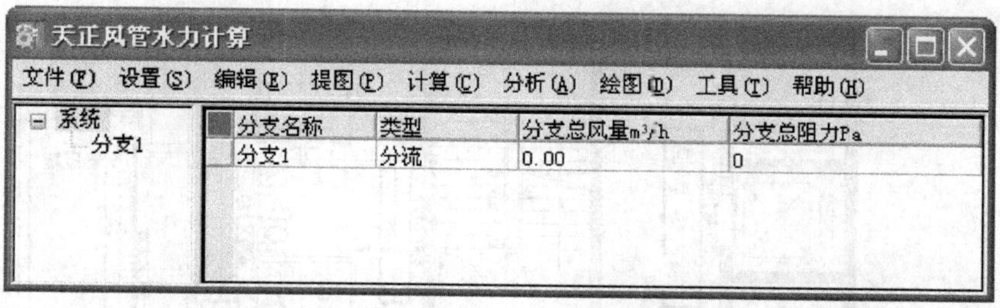

图 15-39　“天正风管水力计算”对话框

命令行提示“请选择风管起始端：”时选择新风管系统端部，如风管连接关系正常，则可进行风管提取。

提取后，命令行提示“确认选择（Y）或［重新选择（N）］：”，选择“Y”确认提取，软件提示“已成功提取!”。

C. 完善数据，进行计算

风管数据提取成功后，“天正风管水力计算”对话框中将列出提取的各个管段信息，如图 15-41 所示。

在鼠标右键的弹出菜单中还有“设计计算”和“校核计算”操作命令，如图 15-40 所示。这两个操作命令也可以在“计算”下拉菜单中执行。

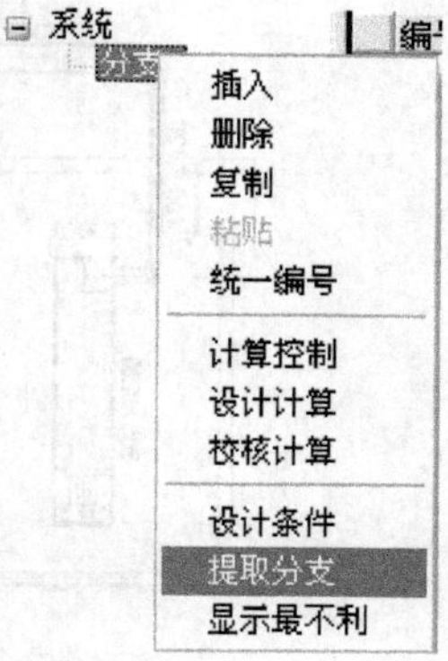

图 15-40　提取分支

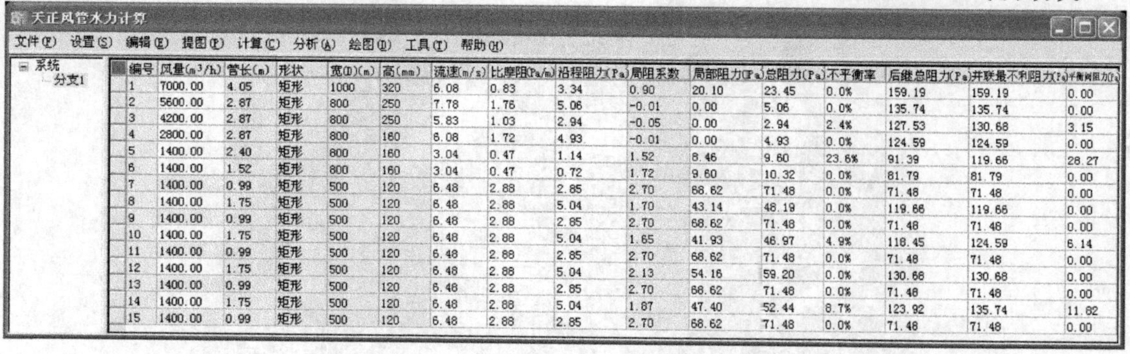

编号	风量(m³/h)	管长(m)	形状	宽(D)(m)	高(mm)	流速(m/s)	比摩阻(Pa/m)	沿程阻力(Pa)	局阻系数	局部阻力(Pa)	总阻力(Pa)	不平衡率	后继总阻力(Pa)	并联最不利阻力(Pa)	平衡阀阻力(Pa)
1	7000.00	4.05	矩形	1000	320	6.08	0.83	3.34	0.90	20.10	23.45	0.0%	159.19	159.19	0.00
2	5600.00	2.87	矩形	800	250	7.78	1.76	5.06	-0.01	0.00	5.06	0.0%	135.74	135.74	0.00
3	4200.00	2.87	矩形	800	250	5.83	1.03	2.94	-0.05	0.00	2.94	2.4%	127.53	130.68	3.15
4	2800.00	2.87	矩形	800	160	6.08	1.72	4.93	-0.01	0.00	4.93	0.0%	124.59	124.59	0.00
5	1400.00	2.40	矩形	800	160	3.04	0.47	1.14	1.52	8.46	9.60	23.6%	91.39	119.66	28.27
6	1400.00	1.52	矩形	800	160	3.04	0.47	0.72	1.72	9.60	10.32	0.0%	81.79	81.79	0.00
7	1400.00	0.99	矩形	500	120	6.48	2.88	2.85	2.70	68.62	71.48	0.0%	71.48	71.48	0.00
8	1400.00	1.75	矩形	500	120	6.48	2.88	5.04	1.70	43.14	48.19	0.0%	119.66	119.66	0.00
9	1400.00	0.99	矩形	500	120	6.48	2.88	2.85	2.70	68.62	71.48	0.0%	71.48	71.48	0.00
10	1400.00	1.75	矩形	500	120	6.48	2.88	5.04	1.65	41.93	46.97	4.9%	118.45	124.59	6.14
11	1400.00	0.99	矩形	500	120	6.48	2.88	2.85	2.70	68.62	71.48	0.0%	71.48	71.48	0.00
12	1400.00	1.75	矩形	500	120	6.48	2.88	5.04	2.13	54.16	59.20	0.0%	130.68	130.68	0.00
13	1400.00	0.99	矩形	500	120	6.48	2.88	2.85	2.70	68.62	71.48	0.0%	71.48	71.48	0.00
14	1400.00	1.75	矩形	500	120	6.48	2.88	5.04	1.87	47.40	52.44	8.7%	123.92	135.74	11.82
15	1400.00	0.99	矩形	500	120	6.48	2.88	2.85	2.70	68.62	71.48	0.0%	71.48	71.48	0.00

图 15-41　风管水力计算对话框与风管数据

设计计算是在管径未知的条件下进行的计算，根据已知条件计算流量、管径、流速、沿程阻力、局部阻力、总阻力和不平衡率等。

校核计算是在管径调整好的前提下进行的计算，校核时不对管径等参数进行调整。校核计算也可用于对系统的调试和诊断工作。

D. 输出计算书

计算结果可通过“绘图/更新原图”菜单项赋回风管平面图，进行数据更新，并可输出为 Excel 表格计算书，也可保存为 fsl 文件，便于今后使用。

E. 管径标注

单击“专业标注/风管标注”菜单项，对风管进行管径标注，如图 15-42 所示。

完成后可进行三维效果的观察，如图 15-43 所示。

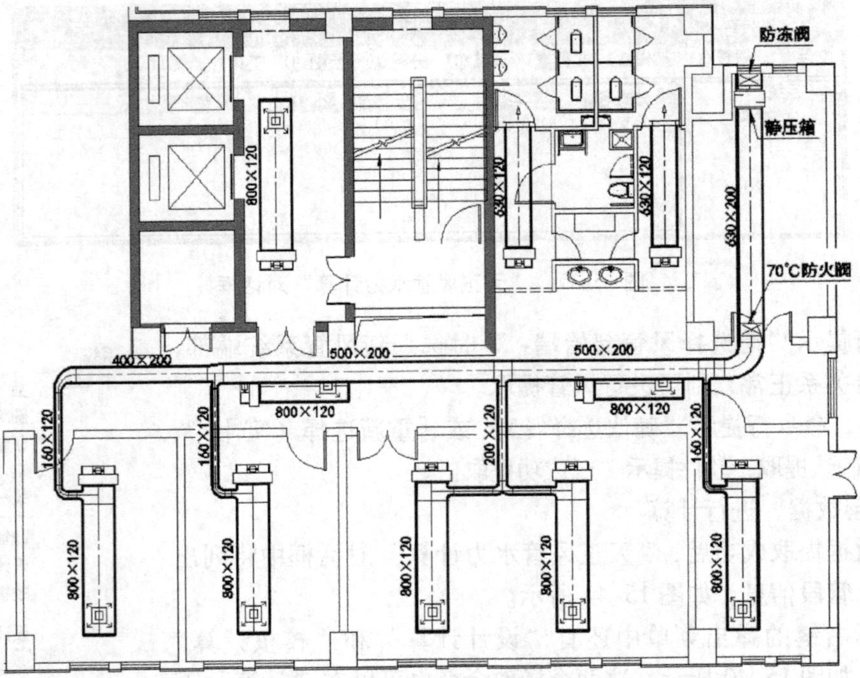

图 15-42　风机盘管加新风系统平面图

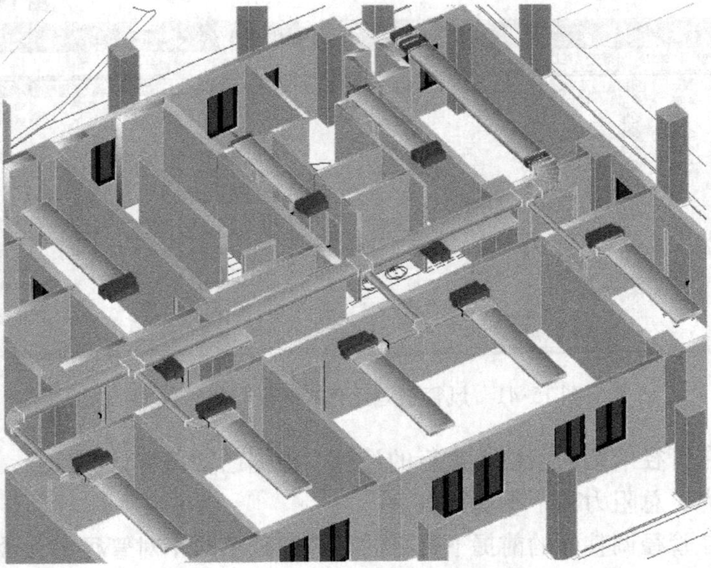

图 15-43　风机盘管加新风系统三维图

相关知识与操作

一、风机盘管加新风系统的基本概念

1. 风机盘管加新风系统

风机盘管加新风系统的风机盘管直接设置在空调房间内，对室内回风进行处理；新风通

常由新风机组集中处理后通过新风管道送到室内，属于“空气—水”空气调节系统。风机盘管加新风系统适用于医院、办公楼、酒店等高层多房间的建筑物及室温需要进行个别调节的场所。

2. 风机盘管加新风系统的特点

风机盘管加新风系统的主要特点见表 15-1。

表 15-1　风机盘管加新风系统的主要特点

优点	缺点
各房间互不干扰，可以独立调节室温	室内气流分布受限
布置灵活，便于安装	设备分散布置，维修管理不便
机房面积小，节省空间	水系统复杂，有漏水现象

二、风机盘管布置

『操作』130 使用天正软件布置风机盘管的操作

布置风机盘管的参数设置操作是通过“布置设备”对话框进行的，其总体的操作示意如图 15-44 所示。

1#，布置设备：单击“风管/布置设备”菜单项，或在命令行输入“BZSB”按 <Enter> 键，启动布置设备命令，弹出“设备布置”对话框，如图 15-44、图 15-3 所示。

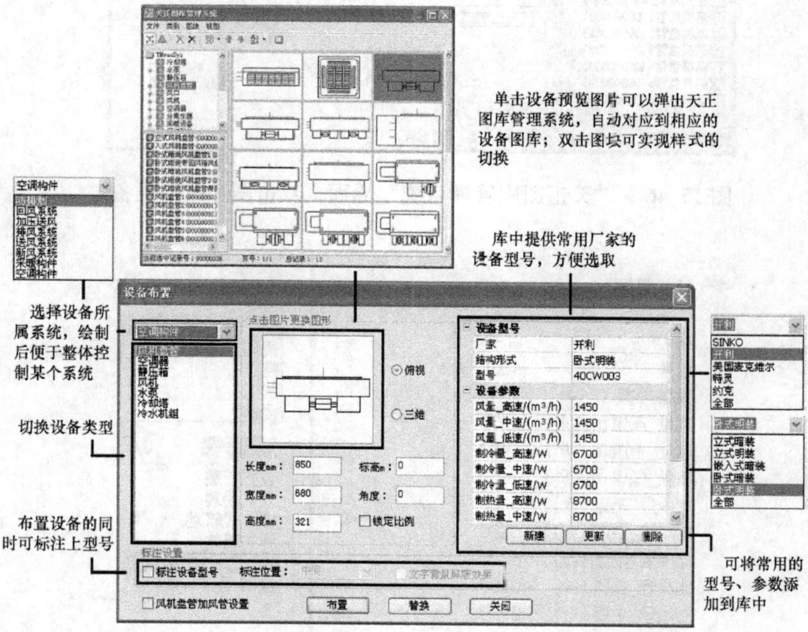

图 15-44　设备布置界面参数设置操作

2#，改换系统：单击“设备布置”对话框左列上部的系统下拉列表框，选择设备所属的系统，如选择“空调构件”，如图 15-45 所示。

3#，改换设备类型：在对话框左列中部列表中单击选择改换设备类型，如选择“风机盘管”。

4#，改换设备：单击界面中的设备预览图片（图 15-44），弹出“天正图库管理系统”界面（图 15-46），双击选择的设备图片改换设备。

天正暖通软件的设备库中提供了常用厂家风机盘管的型号与技术参数。设备库是可以扩充的，操作者可以将常用设备的型号与技术参数添加到库中。

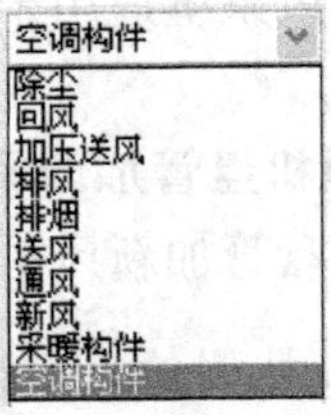

图 15-45　选择设备所属的系统

5#，修改设备参数：在“设备布置”对话框右侧的参数表中修改相应的技术参数，如图 15-47 所示。

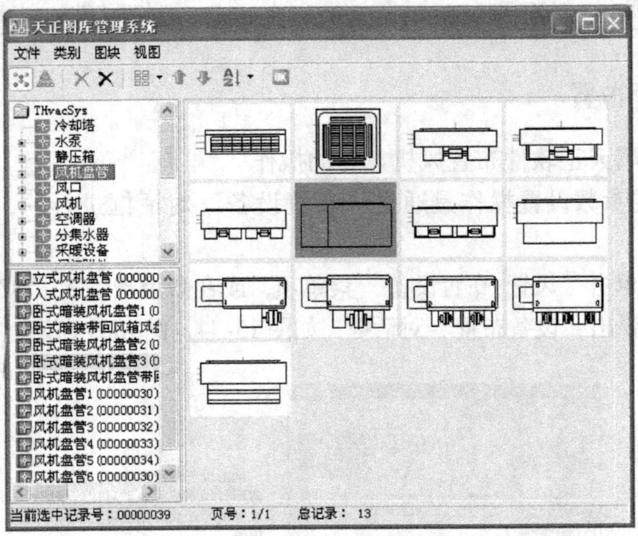

图 15-46　“天正图库管理系统”界面，双击图片改换设备

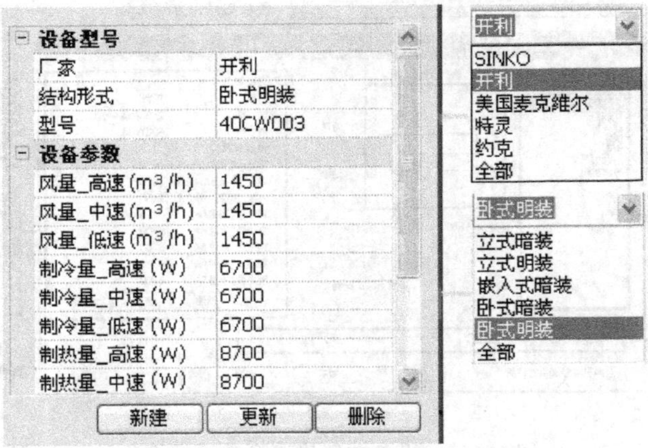

图 15-47　修改设备参数

6#，修改绘图参数：在对话框中修改长度、宽度、高度、标高、角度等绘图参数，如图 15-48 所示。

7#，修改标注设置：勾选“标注设备型号”并修改相应的项目，可以在布置设备的同时进行设备型号的标注，如图 15-49 所示。

8#，布置：设置好参数后，单击“布置”按钮，布置风机盘管。

9#，布置操作：单击“布置”按钮后，“设备布置”对话框关闭，返回到绘图界面，命令行提示“请指定设备插入点｛沿线［T］/两线（G）/转 90 度（A）/改转角［R］/放大［E］/缩小［D］/左右翻转［F］/上下翻转［S］｝<退出>:”。

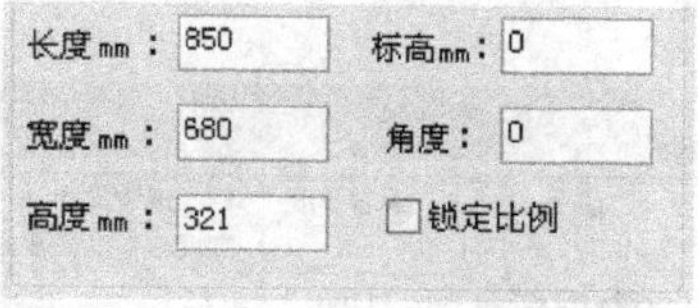

图 15-48　修改绘图参数

图 15-49　标注设置

A. 提示“沿线［T］/两线（G）:”，在命令行输入“T”或“G”选项，可以沿线布置设备，进行精确定位。沿线布置支持直线、多段线、天正墙线。

B. 提示“转 90 度（A）/改转角［R］:”，在命令行输入“A”或“R”选项，可以调整设备角度。

C. 提示“放大［E］/缩小［D］:”，在命令行输入“E”或“D”选项，可以控制设备绘图的大小。

D. 提示“左右翻转［F］/上下翻转［S］:”在命令行输入“F”或“S”选项，可以调整设备及其接管方向。

10#，结束：按 <Enter> 键或单击鼠标右键结束当前操作，返回“设备布置”对话框，可以单击“关闭”按钮结束，也可以重新选择设备、修改参数，再单击“布置”按钮继续进行布置操作。

布置设备时如不需要进行精确定位和调整，可指定任意点布置。布置设备支持连续布置。

1. 夹点功能

风机盘管的接管形式可分为左式和右式，顺气流方向看，进出水管在左手的为左式，反之为右式。布置过程中，图块大小、样式、接口位置等可随时预览，便于调整风机盘管的左、右式。

选中布置到图上的设备后，在 AutoCAD2004 及以上平台会出现十字和蓝色小方块两种夹点，鼠标在夹点上停留时会弹出浮动的提示信息，如图 15-50 所示的“改变位置”“风管方接口”等。

十字夹点为管线接口，支持直接引出绘制；蓝色小方块夹点为图块的边界点，支持移动、定位捕捉。

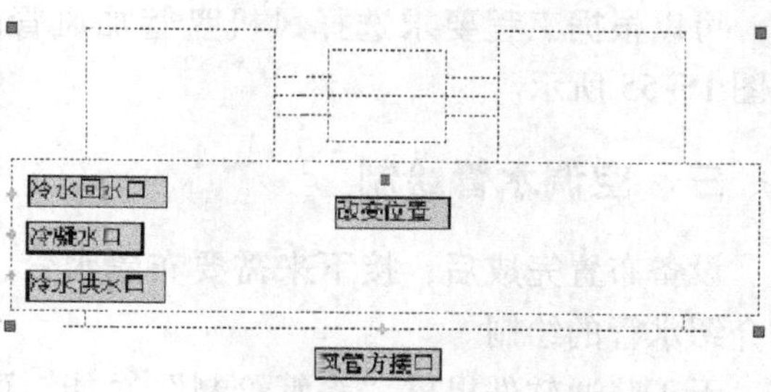

图 15-50　设备夹点及其提示信息

2. 风机盘管加风管布置

当设备类型为风机盘管时，在“设备布置”对话框中勾选“风机盘管加风管设置”选项，勾选后，界面将向下扩展，提供“送、回风管长度设置”“送、回风口设置”“变径设置”等参数与选项，可快捷地进行风机盘管加风管的绘制，如图 15-51 所示。

送风设置，输入送风管长度，单击“送风口设置”按钮，在弹出对话框中，设置送风口样式、个数及总风量，如图 15-52 所示；如果有 2 个及以上风口，可单击“变径设置”按钮，在弹出的对话框中进行变径长度、各个管段的长度及尺寸的设置如图 15-53 所示。

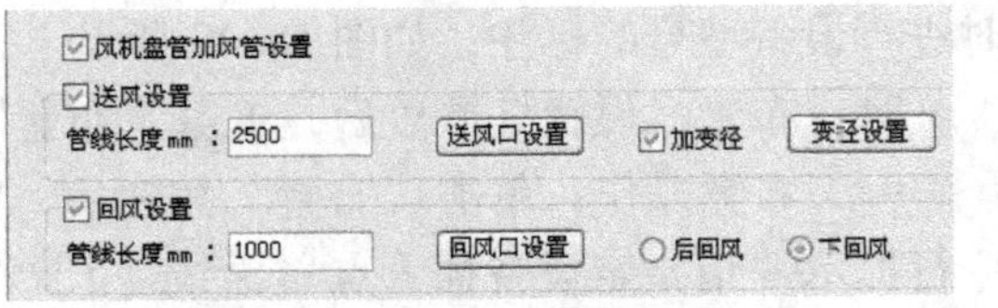

图 15-51　风机盘管加风管设置

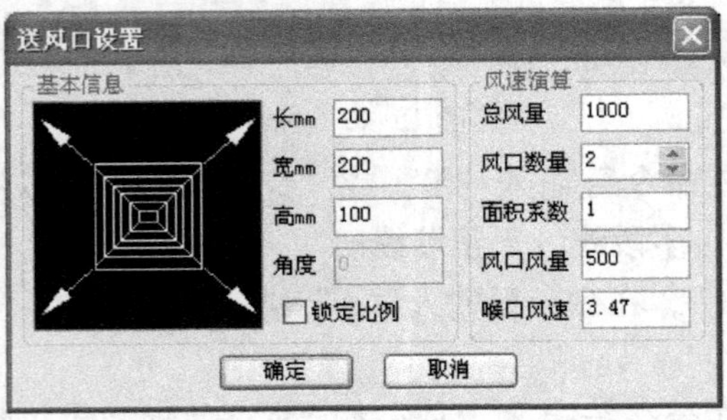

图 15-52　“送风口设置”对话框

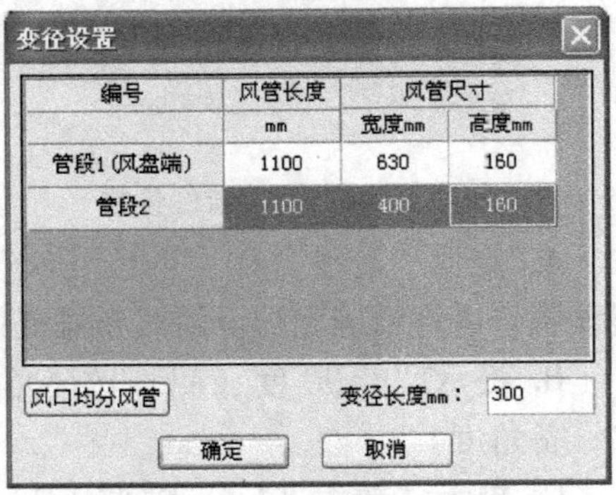

图 15-53　“变径设置”对话框

回风设置，输入回风管长度，单击“回风口设置”按钮，在弹出的对话框中设置回风口样式、总风量，分为后回风和下回风两种样式，如图 15-54 所示。

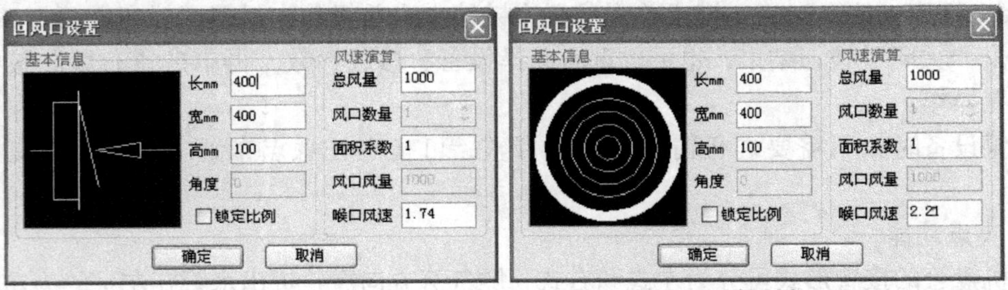

后回风　　　　下回风

图 15-54　回风口设置

可以根据工程要求选择风机盘管加风管的不同组合方式，如图 15-55 所示。

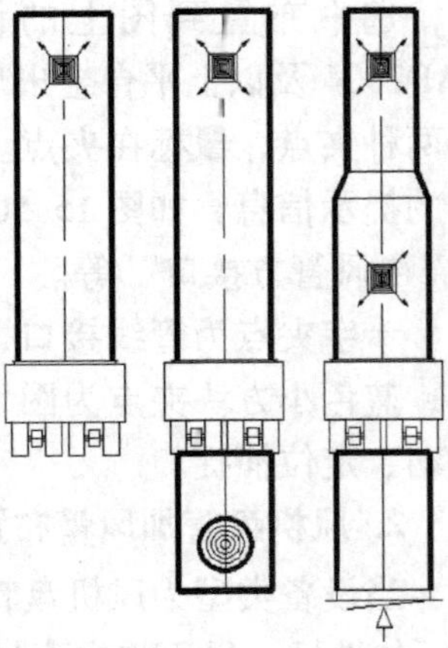

图 15-55　风机盘管加风管布置

三、空调水管绘制

设备布置完成后，接下来需要布置水管、风管等管线，首先介绍水管的绘制。

天正暖通软件提供“多管绘制”功能，可同时绘制多根管线，并可通过“设备连管”与之前布置的设备进行自动连接。

单击“空调水路/多管绘制”菜单项，或在命令行输入“DGHZ”按 <Enter> 键，启动命令，弹出如图 15-56 所示的对话框，可以进行增加行、删除行、从管线引出等操作。对话框显示有管线类型、管径、管线间距、标高等信息的列表，可根据工程要求对这些参数进行调整。

1. 增加行

单击“增加”按钮，相当于新建行，即增加同时绘制的管线根数。单击“管线”列中的单元格，在其下拉列表中可选择更改管线类型，如图 15-4 所示。

2. 删除行

选中某行后，该行置黑，然后单击“删除”按钮，即可删除行。

可以利用表行的右键菜单，实现插入行、删除行、新建行的操作，如图 15-56 所示。

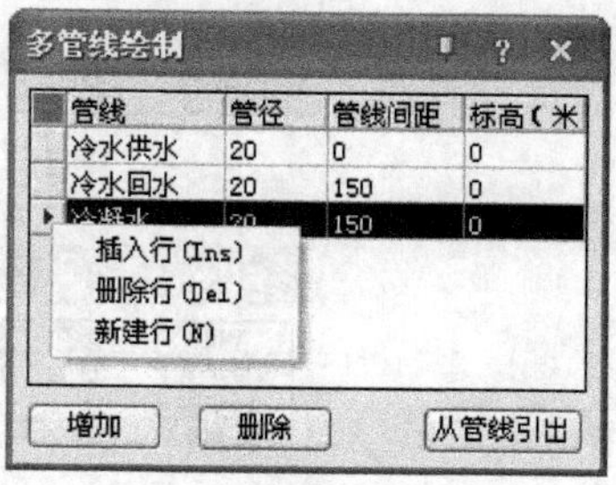

图 15-56　“多管线绘制”对话框，右键菜单

3. 从管线引出

单击“从管线引出”按钮，可以从已绘制的管线上或端部直接引出绘制新的管线，点取引线起点位置后，将从该点引出与所选管线类型相同的管线：

执行“从管线引出”命令，命令行提示“请选择需要引出的管线：”时，支持框选或者拾取选取管线。

命令行提示“请选取要引出管线的位置 <退出>：”时，在选取的管线上点取引出点。

命令行提示“请输入引出管的统一间距值 <随主管间距>：”时，默认随主管，也可设置间距。

在对话框中完成管线类型、管径、管线间距、标高等信息的设置后，可以开始管线的绘制：

命令行提示“请点取管线起始点［参考点（R）/距线（T）/两线（G）/墙角（C）/管线引出（F）］ <退出>：”时，点取管线的起点位置。

命令行提示“请输入终点［生成四通（S）/管线置上（D）/管线置下（F）/换定位管（E）］（当前状态：置上） <退出>：”时，点取管线的终点位置。

起始点提供定位功能，可以进行精确定位，也可直接从已绘制的管线引出。

确定起点后，需确定管线终点，此时输入选项，可将同类型管线处理为四通、管线置上、管线置下三种管线关系：

在命令行输入“S”，处理为四通关系，如图 15-57a 所示。

在命令行输入“D”，处理为管线置上关系，如图 15-57b 所示。

在命令行输入“F”，处理为管线置下关系，如图 15-57c 所示。

多管线绘制举例如图 15-58、图 15-59 所示。

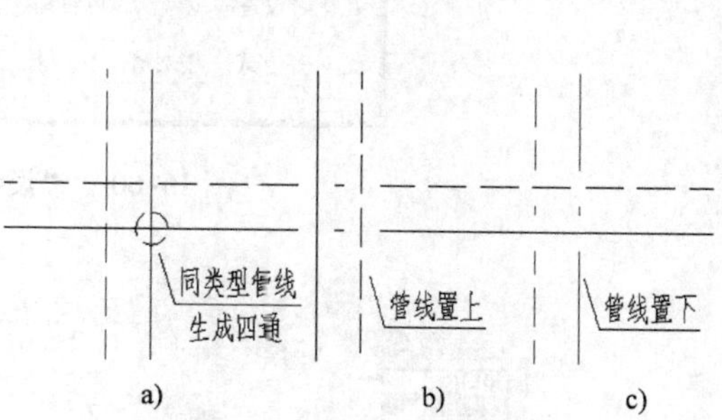

图 15-57　水管管线的三种关系

四、风机盘管与水管的连接

单击“空调水路/设备连管”菜单项，或在命令行输入“SBLG”按 <Enter> 键，启动命令，弹出如图 15-60 所示的“设备连管设置”对话框。

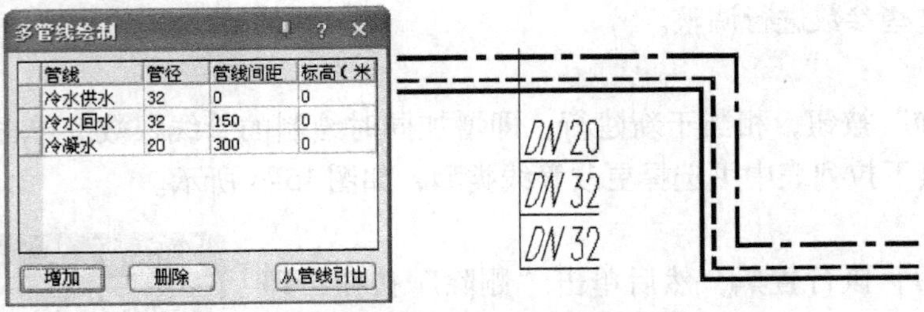

图 15-58　多管线绘制同标高不等间距管的样式

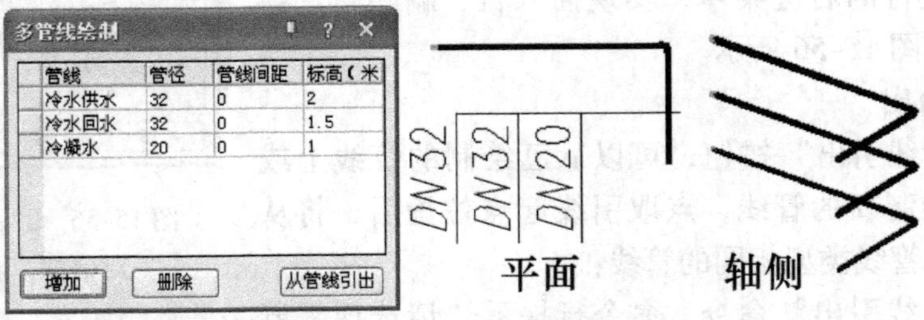

图 15-59　多管线绘制等间距不等标高的样式

风机盘管与水管连接的设置说明如图 15-61 所示。

水管设置：设置连接管管径及连接管间距，支持从下拉列表框中选择，也可以直接输入。

其他设置：可控制连接管是否带有标注。

完成设置后，执行连接操作，命令行提示“请选择要连接的设备及管线 <退出>：”时，框选或点选设备和管线即可。

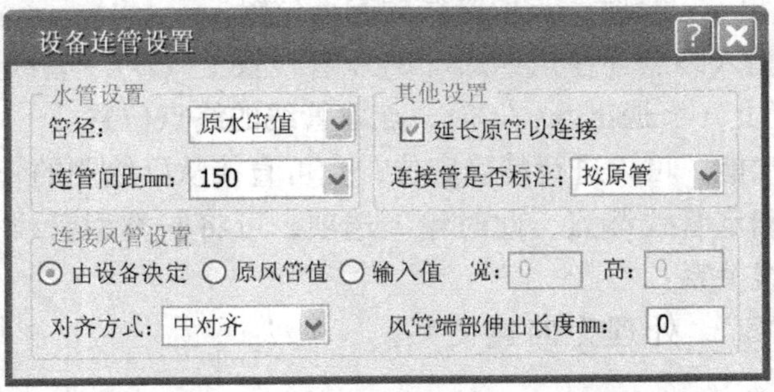

图 15-60　“设备连管设置”对话框

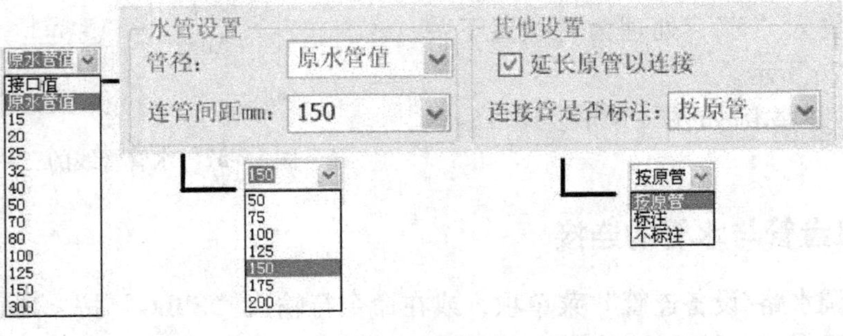

图 15-61　水管与设备连接设置界面

五、风管绘制

空调水路布置完成后，接下来布置风管系统。天正暖通软件中提供“风管绘制”“布置风口”等命令，可快速完成风管系统的绘制，同时提供“构件换向”“局部改管”等编辑命令，用于后续改图工作。

单击“风管/风管绘制”菜单项，或在命令行输入“FGHZ”按<Enter>键，启动命令，弹出“风管布置”对话框，如图 15-62、图 15-23 所示。绘制过程中对话框一直出现，不退出，可以实现一边绘制一边修改参数。“风管布置”对话框中各参数的设置如图 15-62 所示。

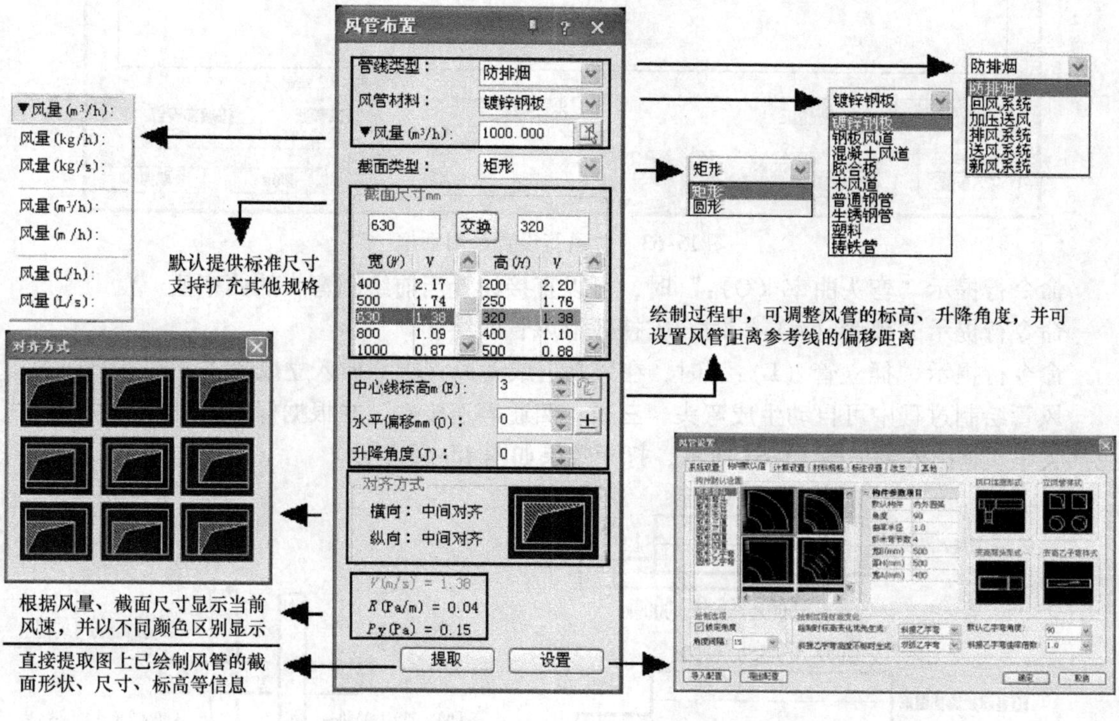

图 15-62　“风管布置”对话框参数设置操作

单击“风管布置”对话框中的“设置”按钮，弹出“风管设置”对话框，如图 15-63 所示，可对风管参数进行设置。

执行后，命令行提示“请输入管线起点［宽（直径）(W)/高(H)/标高(E)/参考点(R)/两线（G）/墙角（C）/弯头曲率（Q）］<退出>:”时，点取输入管线的起点位置。

命令行提示“请输入管线终点［宽（直径）（W）/高（H）/标高（E）/弧管（A）/参考点（R）/两线（G）/墙角（C）/弯头曲率（Q）/插立管（L）/回退（U）］：”时，点取输入管线的终点位置。

命令行提示“宽（直径）（W）/高（H）/标高（E）:”时，对话框交互，通过命令行提示修改对话框上的参数。

命令行提示“参考点（R）/两线（G）/墙角（C）:”时，输入“R”“G”或“C”，可进行精确定位。

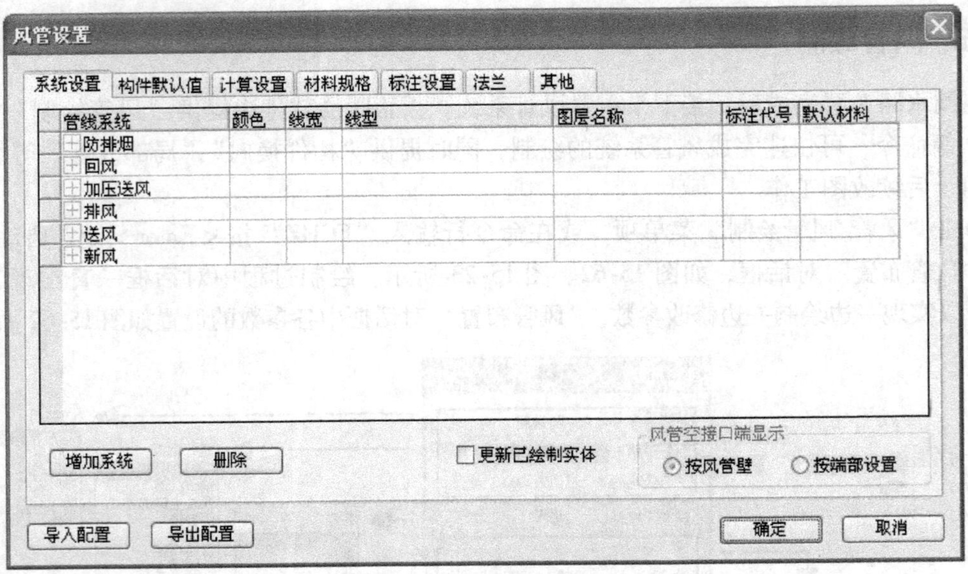

图 15-63　“风管设置”对话框

命令行提示“弯头曲率（Q）:”时，可以直接设置当前绘制弯头的曲率值。

命令行提示“弧管（A）:”时，支持弧形风管的绘制。

命令行提示“插立管（L）:”时，在风管上或者风管端部插入立风管。

风管绘制过程中可自动生成弯头、三通、四通等连接件，并根据标高信息自动处理管线遮挡关系，遮挡效果如图 15-64 所示，打断效果如图 15-65 所示。

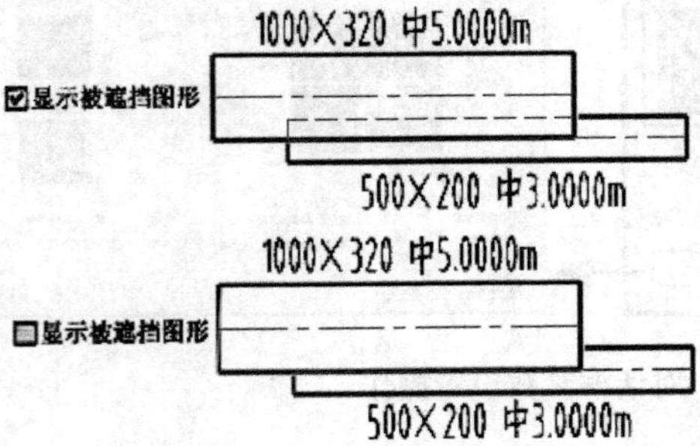

图 15-64　风管遮挡显示

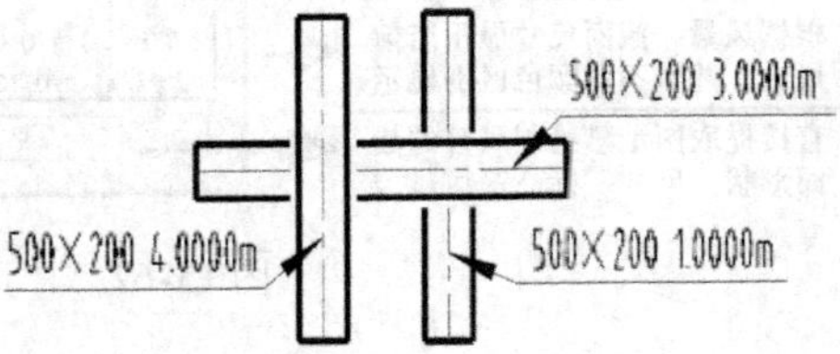

图 15-65　风管打断显示

1. 夹点功能

选中绘制的风管，AutoCAD 2004 及以上平台有十字和蓝色小方块两种夹点，将鼠标放到夹点上，会弹出浮动的提示信息，如图 15-66 所示。

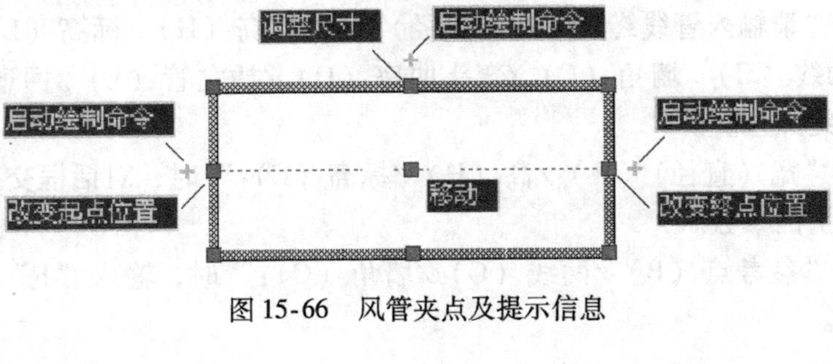

图 15-66　风管夹点及提示信息

十字夹点为启动绘制，风管端部的十字夹点可引出继续绘制，风管边上的十字夹点可直接引出生成三通。蓝色小方块夹点有 3 种用途：

A. 调整尺寸夹点——可以拖拽夹点来改变风管的宽度。

B. 改变起、终点位置夹点——可实现风管的拉伸，改变风管的长度。

C. 移动夹点——风管端部 4 个角点及中心点支持移动及定位捕捉。

2. 联动功能

运用联动功能，可以非常方便地进行设计更改。位移联动如图 15-67 所示，尺寸联动如图 15-68 所示。

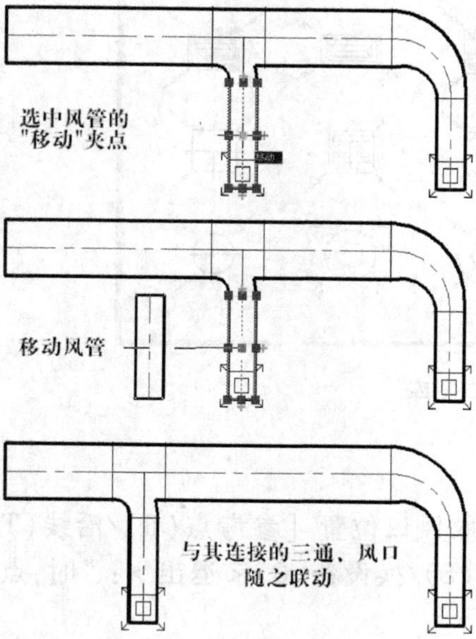

图 15-67　位移联动

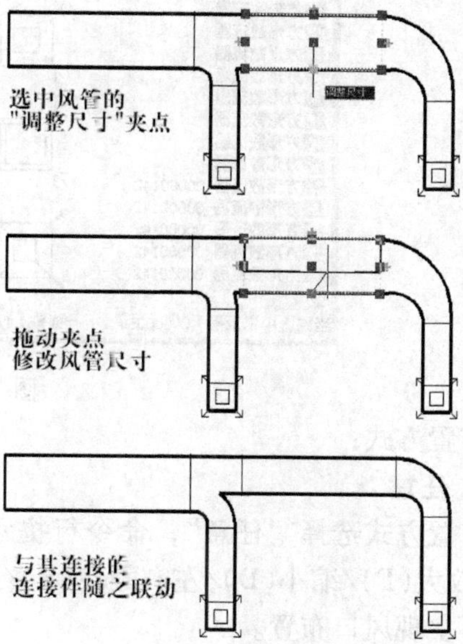

图 15-68　尺寸联动

六、风口布置

单击“风管/布置风口”菜单项，或在命令行输入“BZFK”，按 <Enter> 键启动命令，弹出“布置风口”对话框，如图 15-25、图 15-30、图 15-69 所示。

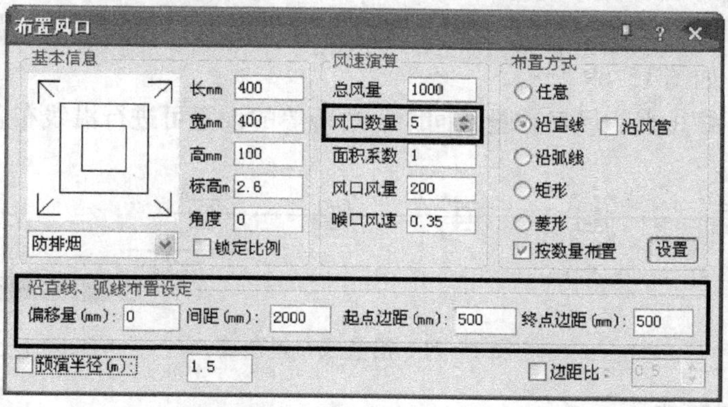

图 15-69　布置风口，沿直线、弧线布置设定

单击风口预览图，弹出风口图库，如图 15-70 所示，双击可选择风口图块样式。

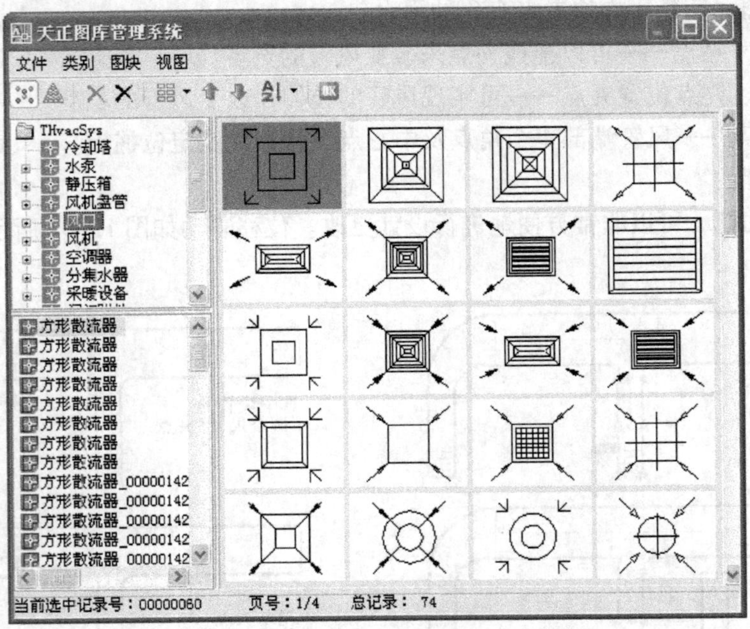

图 15-70　风口图库

布置方式：

1. 任意

布置方式选择“任意”，命令行提示“请点取风口位置［参考点(R)/沿线(T)/两线(G)/放大(E)/缩小(D)/左右翻转(F)/上下翻转(S)/换设备(C)＜退出＞：”时，点取任意点即可实现风口布置。

2. 沿直线

布置方式选择“沿直线”，命令行提示“请点取沿线布置起始点［参考点（R）/距线（T）/两线（G）/墙角（C）］＜退出＞：”时，输入起始点或选项；命令行提示“请点取沿线布置终止点［参考点（R）/沿线（T）/两线（G）/墙角（C）/偏移方向（X）/风口角度切换（A）］＜退出＞：”输入终止点或选项。

直接点取沿线的起始点及终止点，利用命令行的提示可精确定位。

单击“设置”按钮，展开“沿直线、弧线布置设定”，可设置偏移量、间距、起点边距、终点边距等，如图 15-69 所示。

根据起始点、终止点、风口数量及间距、边距等的设置可进行沿线布置，布置预览如图 15-71 所示。

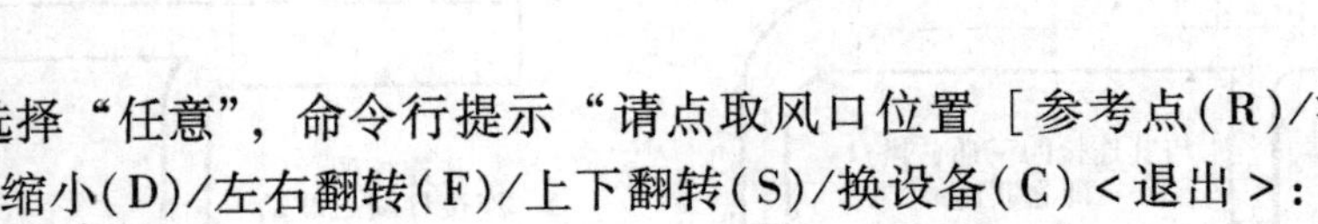

图 15-71　沿直线布置预览

3. 沿直线且沿风管

布置方式选择 ◉沿直线 ☑沿风管，命令行提示“请点取风管上布置起始点＜退出＞：”时，

输入起始点或按 < Enter > 键退出；命令行提示："请点取风管上布置结束点［偏移方向（X）/风口角度切换（A）］ < 退出 > : < 正交 开 > "时，输入结束点或选项。

在风管上点取起始点及终止点，根据起点与终点的距离、风口数量及偏移量、间距、起点边距、终点边距等（图 15-69），可沿直线且沿风管布置风口。

沿直线且沿风管布置后，风口自动与风管进行贴壁连接，将忽略当前对话框中风口的标高信息，平面预览如图 15-72 所示，三维显示如图 15-73 所示。

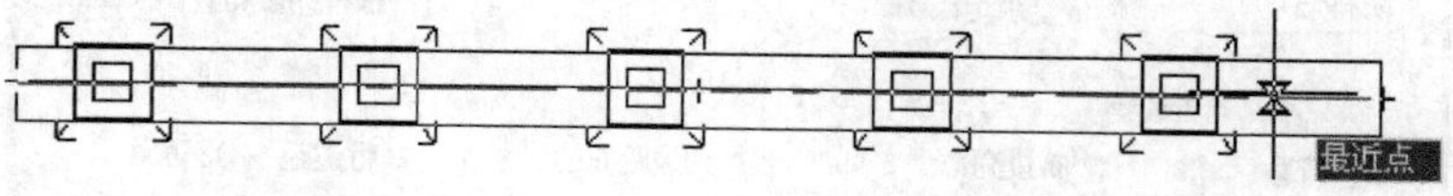

图 15-72　沿直线且沿风管布置预览

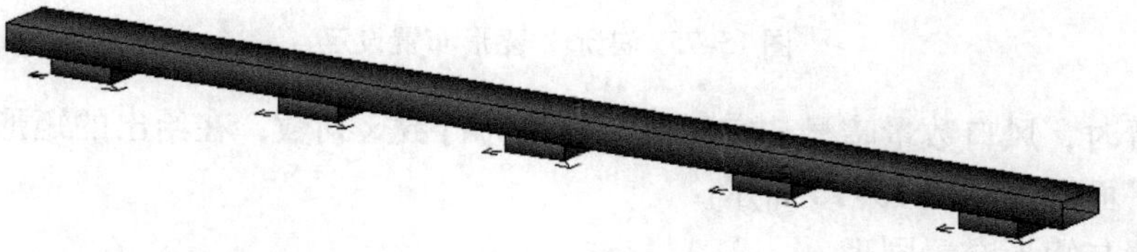

图 15-73　沿直线且沿风管布置后三维效果

4. 沿弧线

布置方式选择"沿弧线"，命令行提示"请输入弧起始点［参考点（R）/距线（T）/两线（G）/墙角（C）］ < 退出 > :"时，输入起始点或选项；命令行提示"请输入弧终止点［参考点（R）/距线（T）/两线（G）/墙角（C）］ < 退出 > :"时，输入终止点或选项；命令行提示"请输入弧上一点［偏移方向（X）/风口角度切换（A）］ < 退出 > : "时，输入一点或选项。

关闭正交，点取弧线的起始点、终止点及弧上任意点，根据三点确定的弧线、风口数量及偏移量、间距、起点边距、终点边距等，可沿弧线布置风口，其平面预览如图 15-74 所示。

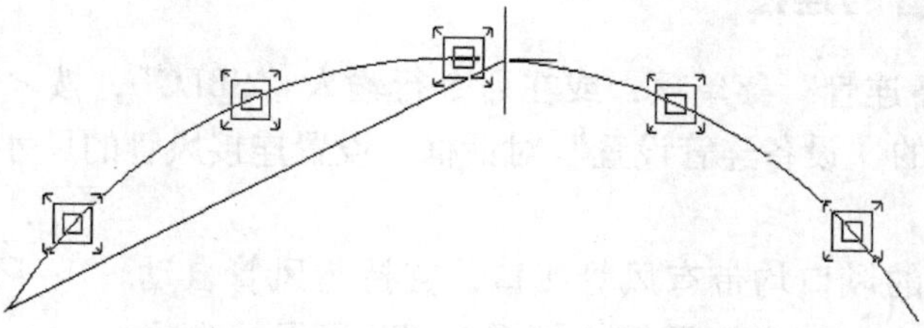

图 15-74　沿弧线布置预览

5. 矩形

布置方式选择"矩形"，命令行提示"请点取矩形布置起始点［参考点（R）/距线（T）/两线（G）/墙角（C）］ < 退出 > :"时，输入起点或选项；命令行提示"请点取矩形布置终止点［参考点（R）/沿线（T）/两线（G）/墙角（C）/0 度（A）/30 度（S）/45 度（D）/任意角度（Q）］ < 退出 > :"时，输入终止点或选项。

关闭正交，点取矩形对角的两个点，利用命令行的提示可精确定位，根据确定的矩形及布置行数、列数、列边距、行边距等，如图 15-75 所示，可按矩形布置风口。

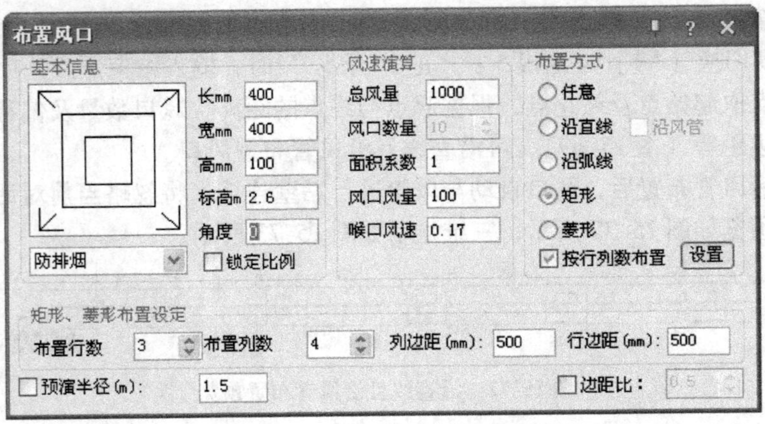

图 15-75　矩形、菱形布置设定

矩形布置时，风口数量暗显，实际风口数量为行数×列数，在给出的矩形区域中均匀分布布置，其平面预览如图 15-76 所示。

菱形布置与矩形布置同理。

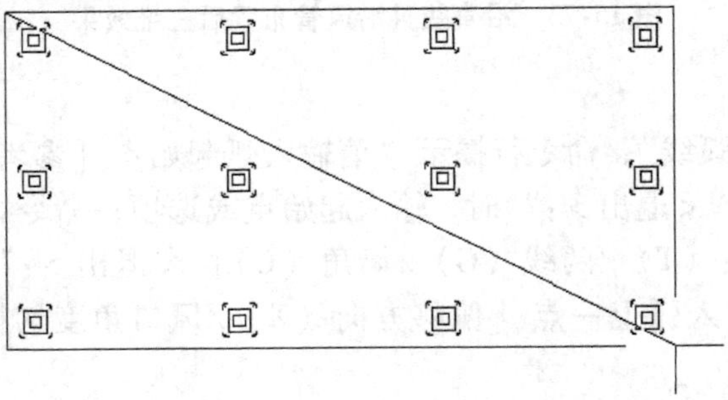

图 15-76　矩形布置预览

七、风口与风管的连接

单击“风管/设备连管”菜单项，或在命令行输入“SBLG”，按 <Enter> 键启动命令，弹出如图 15-60 所示的“设备连管设置”对话框，设置连接风管的尺寸及对齐方式。

1. 由设备决定

天正图库中提供的风口均带有风管接口，支持与风管自动连接，也可以启动夹点直接引出风管，如图 15-77 所示。选择“由设备决定”时，连接风管的尺寸为设备接口定义的尺寸。

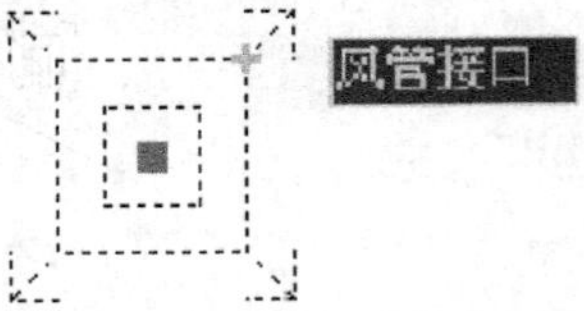

图 15-77　风口上的风管接口

2. 原风管值

选择“原风管值”时，连接风管的尺寸与原风管的尺寸相同。

3. 输入值

选择“输入值”时，连接风管的尺寸由对话框给定的高宽数值决定。

风管端部伸出长度为大于等于 0 的值，图 15-78 左侧的为默认为 0 的情况，图 15-78 右侧的为伸出长度为 200mm 的情况。

完成设置后，执行连接操作，命令行提示“请选择要连接的设备及管线 <退出>：”

时，框选或拾取选择设备和管线即可。

八、风管编辑

初步设计完成后，后续还会经历大量的改图工作，天正暖通软件提供了方便的编辑、调整功能，提高了图样修改效率，减少了重复操作。

1. 局部改管

辅助风管绘制，实现绕梁、绕柱效果。

单击“风管/局部改管”菜单项，或在命令行输入“JBGG”，按<Enter>键启动命令，弹出如图15-79所示的“局部改管”对话框。

通过对话框中的“局部偏移”“局部升降”选项，对风管进行局部调整，调整后平面图如图15-80所示，局部偏移的三维效果如图15-81所示，局部升降的三维效果如图15-82所示。

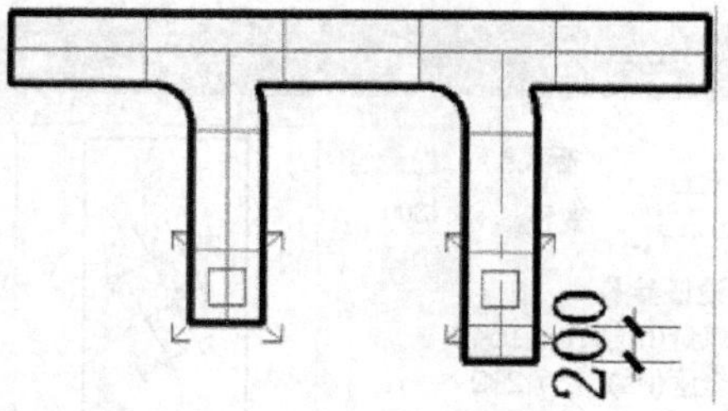

图15-78　风管端部伸出长度

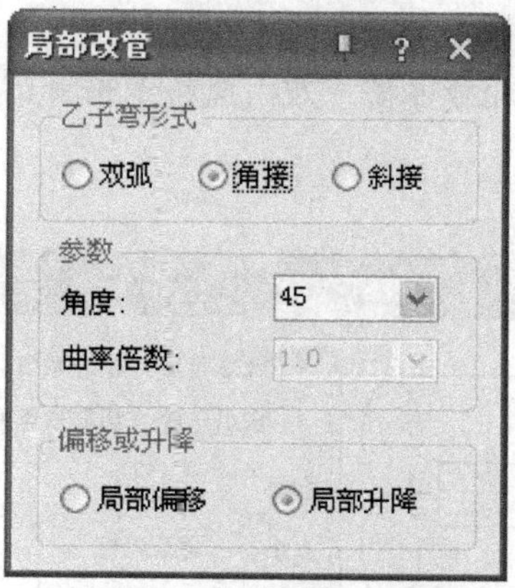

图15-79　“局部改管”对话框

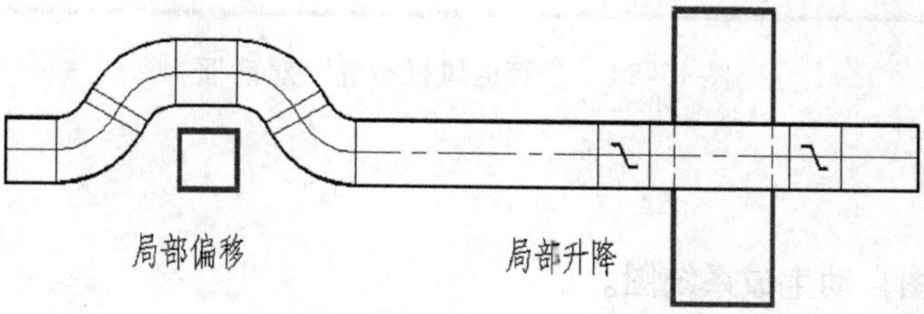

图15-80　局部偏移及升降

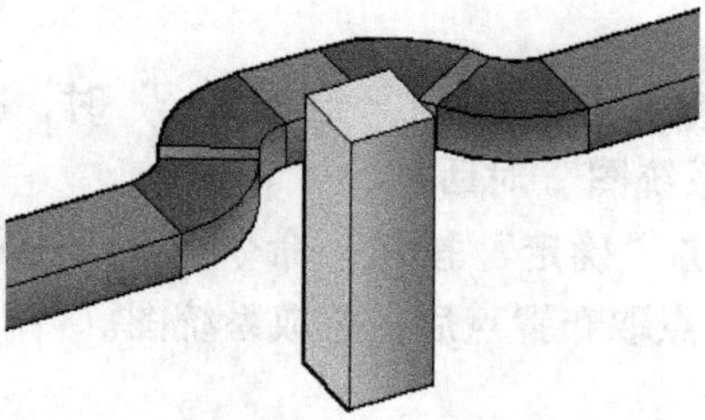

图15-81　局部偏移三维效果

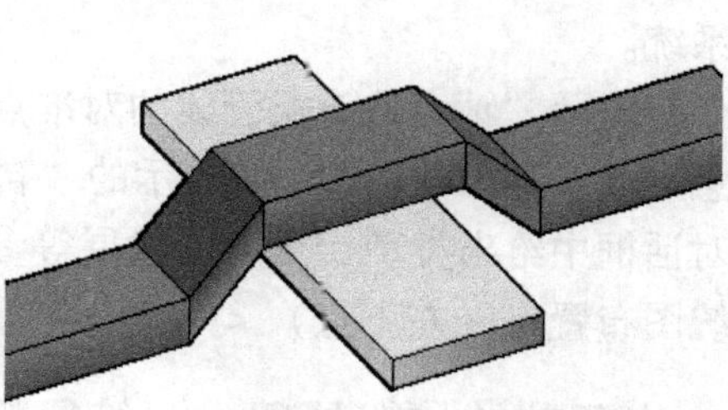

图15-82　局部升降三维效果

2. 竖向调整

整体升降设定区间范围内的风管及管件。

单击“风管/竖向调整”菜单项，或在命令行输入“SXTZ”，按 <Enter> 键启动命令，弹出如图 15-83 所示的“竖向调整”对话框。

按图 15-83 所示对话框的设置，将框选范围内的标高在 0.5 ~ 3m 之间的风管及连接件整体抬高 3m。此功能用于建筑层高修改后，风管系统的整体抬高或者降低。

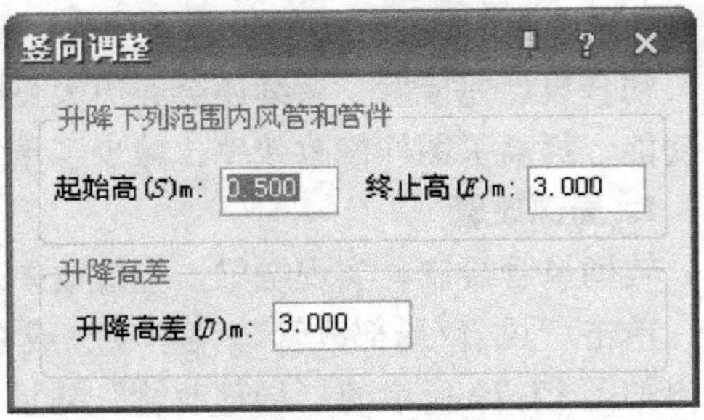

图 15-83　“竖向调整”对话框

3. 管道风机

在风管上布置风机。

单击“风管/管道风机”菜单项，或在命令行输入“GDFJ”，按 <Enter> 键启动命令，弹出如图 15-84 所示的“管道风机布置”对话框。支持将风机布置到已有的风管上，并自动生成变径和软连接。双击风机图形，可以进行风机型号、名称等的编辑修改。

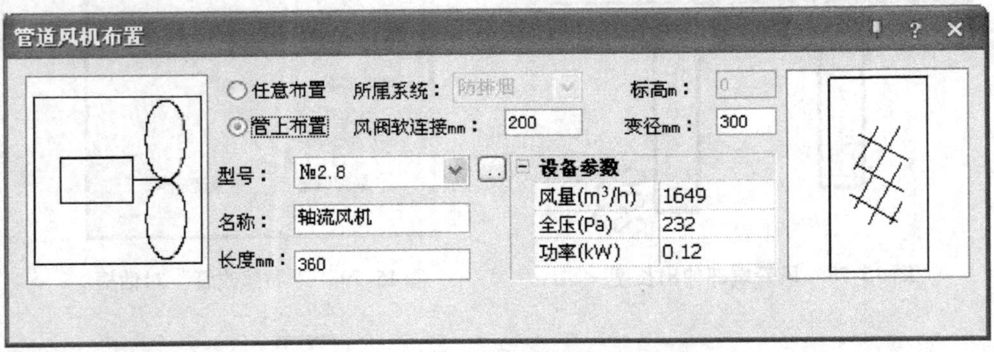

图 15-84　“管道风机布置”对话框

九、系统图

将选择的平面图自动生成系统图。

单击“风管/风系统图”菜单项，或在命令行输入“FXTT”，按 <Enter> 键启动命令。

命令行提示“请选择该层中所有平面图管线 <上次选择>：”时，框选绘制的风机盘管加新风系统。

命令行提示“请点取该层管线的对准点 {输入参考点 [R]} <退出>：”时，在图上点取任意一点，弹出如图 15-85 所示的“自动生成系统图”对话框。

在对话框中给出类型、角度、楼层等参数，单击“确定”按钮；命令行继续提示“请点取系统图布置点（左下点）<取消>：”，在图上点取布置点后，生成系统图。

十、出图前的加粗处理——管线粗细

单击“管线工具/管线粗细”菜单项，或在命令行输入“GXCX”，按 <Enter> 键启动

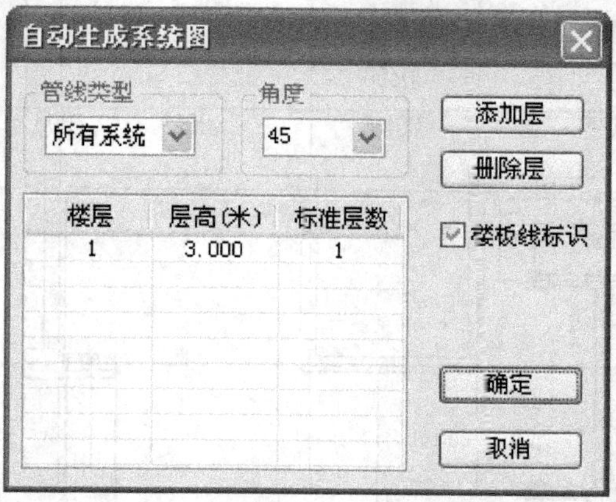

图 15-85　“自动生成系统图”对话框

命令。

启动命令后，不论原图中的管线为粗线还是细线，所有管线的粗细一律按设定的管线宽度进行修改。

管线宽度可在“初始设置”菜单的“管线设置”中进行调整，修改宽度后可以勾选“强制修改管线”选项，将全图所有管线的线宽一并进行修改。

细线管线与粗线管线的对比如图 15-86 所示。

图 15-86　细线管线与粗线管线

由于天正暖通软件的设计原则为所见即所得，管线的粗线形式是依据设定好的粗线线宽以实际出图宽度绘制，细线形式则是按细线线宽绘制，因此，设计师可以根据个人习惯选择以粗线或细线形式绘图，但在出图时应将管线修改为粗线，以保证出图效果。

思考与练习

1）根据图 15-87，利用天正软件提供的多种布置方式进行风口布置，通过设备连管与风管自动连接生成系统图，并进行管径标注，如图 15-88 所示。

2）应用天正软件完成图 15-89 所示的空调水路系统设计。

3）应用天正软件进行风管水力计算及水管水力计算，对上一题的风管系统及空调水路系统进行水力校核。

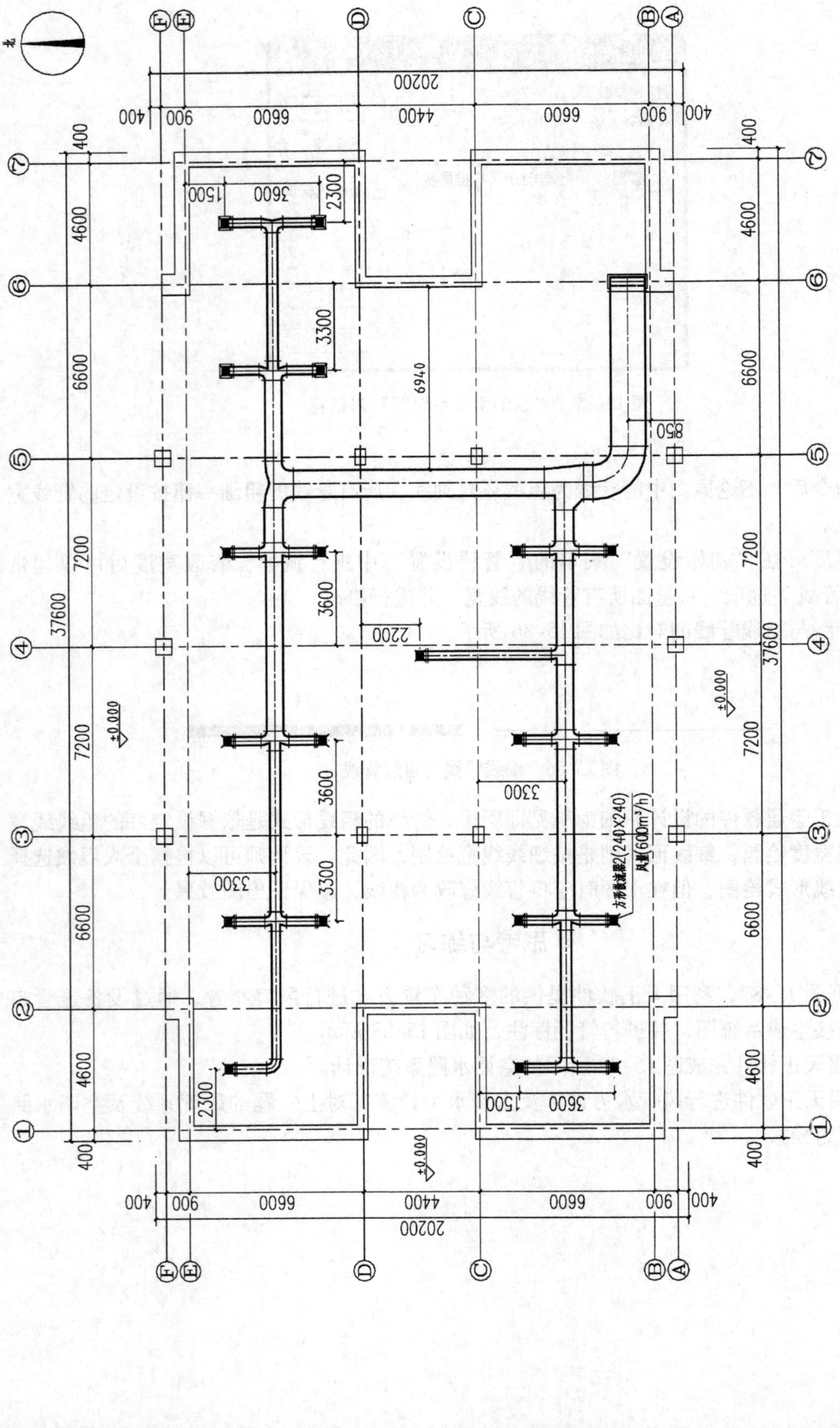

图 15-87　风管平面图

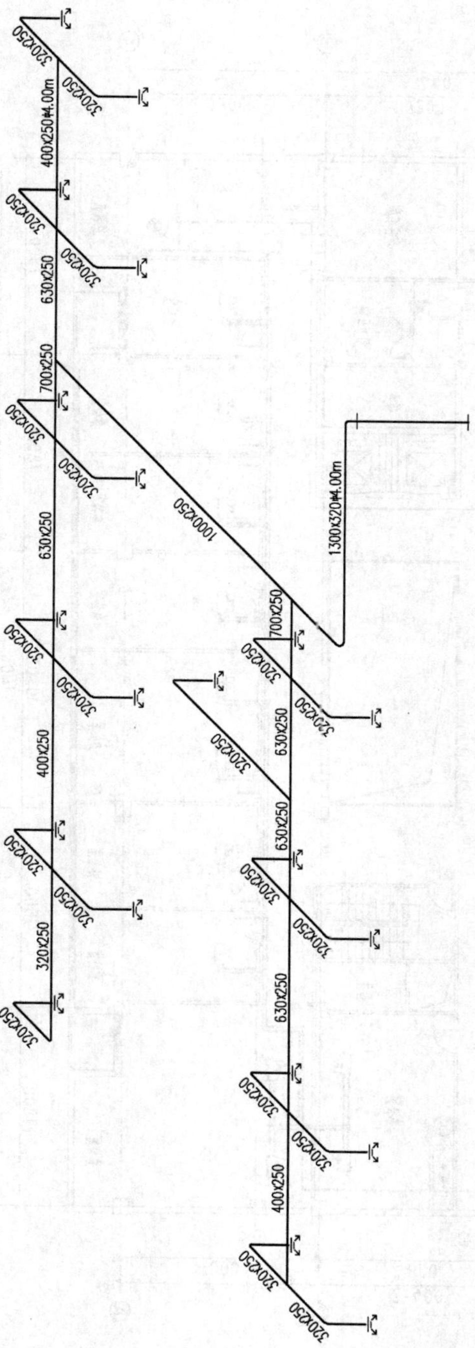

图 15-88　风管系统图

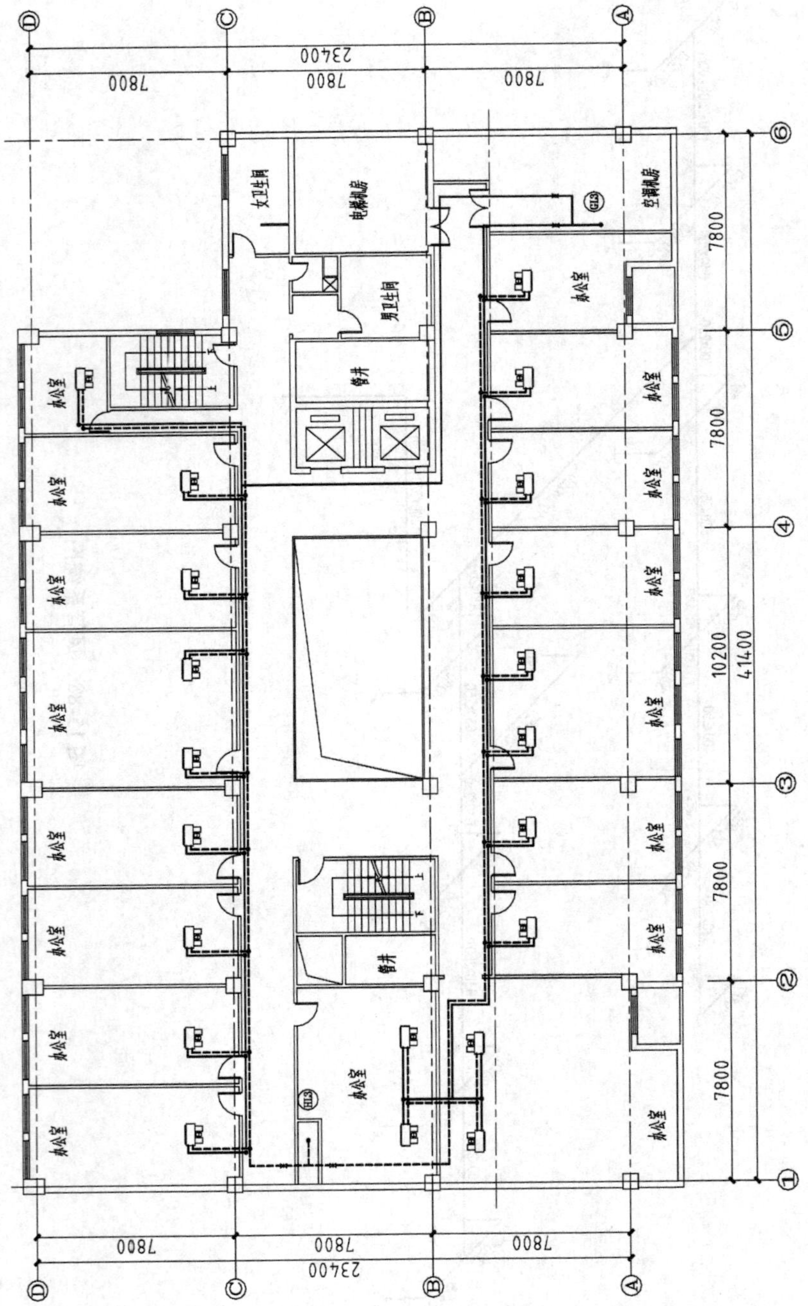

图 15-89 某办公楼一层空调水路平面图

参考文献

[1] 曹岩，秦少军．AutoCAD2010 基础篇［M］．北京：化学工业出版社，2009.

[2] 崔洪斌，肖新华．AutoCAD2010 中文版实用教程［M］．北京：人民邮电出版社，2009.

[3] 张玉琴．AutoCAD 上机实验指导与实训［M］．2 版．北京：机械工业出版社，2012.

[4] 刘志麟．建筑制图［M］．2 版．北京：机械工业出版社，2008.

[5] 刘志麟．建筑制图习题集［M］．2 版．北京：机械工业出版社，2008.

[6] 陆亚俊．马最良，邹平华．暖通空调［M］．北京：中国建筑工业出版社，2002.

[7] 中国建筑标准设计研究院．GB/T 50114—2010 暖通空调制图标准［S］．北京：中国建筑工业出版社，2011.

[8] 中国建筑科学研究院．GB 50736—2012 民用建筑供暖通风与空气调节设计规范［S］．北京：中国建筑工业出版社，2012.

[9] 建设部工程质量安全监督与行业发展司，中国建筑标准设计研究院．全国民用建筑工程设计技术措施·节能专篇：暖通空调·动力［M］．北京：中国计划出版社，2007.

[10] 陆耀庆．实用供热空调设计手册［M］．2 版．北京：中国建筑工业出版社，2008.

[11] 李岱森．简明供热设计手册［M］．北京：中国建筑工业出版社，1998.

[12] 北京天正工程软件有限公司．THvac8.0 天正暖通设计软件使用手册［M］．北京：中国建筑工业出版社，2010.

[13] 苏州浩辰科技发展有限公司，北京鲁班建筑工作室．浩辰暖通设计软件使用手册［M］．北京：中国水利水电出版社，2006.

[14] 邵长波．暖通 CAD 工程绘图与设计教程［M］．北京：机械工业出版社，2004.

[15] 贺平，孙刚．供热工程［M］．4 版．北京：中国建筑工业出版社，2009.